U0325190

智慧巨人书系

不可抹灭的印记之

物种起源/人类和动物的表情

【英】查尔斯·达尔文 著
【美】詹姆斯·D. 沃森 导读
谢蕴贞/曹 骥◎原译 李绍明◎校订

湖南科学技术出版社

图书在版编目（C I P）数据

不可抹灭的印记之 物种起源/人类和动物的表情 / (英) 达尔文 (Darwin, C. R.) 著 ; 谢蕴贞，曹骥原译；李绍明校订. -- 长沙 :湖南科学技术出版社，2015.7
（智慧巨人书系）
ISBN 978-7-5357-8629-6
Ⅰ. ①不… Ⅱ. ①达… ②谢… ③曹… ④李… Ⅲ. ①达尔文学说Ⅳ. ①Q111.2
中国版本图书馆 CIP 数据核字(2015)第 031501 号

出版者启：由于一直无法联系本书原译谢蕴贞、曹骥两位先生及其著作权代理人，在此致歉！并请知其联络方式的读者告知我们，以便支付稿酬。

智慧巨人书系
不可抹灭的印记之 物种起源/人类和动物的表情
著　　者：[英]查尔斯·达尔文
导　　读：[美]詹姆斯·D.沃森
原　　译：谢蕴贞　曹　骥
校　　订：李绍明
责任编辑：孙桂均　吴　炜
文字编辑：陈一心
出版发行：湖南科学技术出版社
社　　址：长沙市湘雅路 276 号
网　　址：http://www.hnstp.com
湖南科学技术出版社天猫旗舰店网址：
http://hnkjcbs.tmall.com
印　　刷：长沙鸿发印务实业有限公司
（印装质量问题请直接与本厂联系）
厂　　址：长沙县黄花镇印刷工业园 3 号
邮　　编：410137
出版日期：2015 年 7 月第 1 版第 1 次
开　　本：710mm×1000mm　1/16
印　　张：45.75
插　　页：6
字　　数：640000
书　　号：ISBN 978-7-5357-8629-6
定　　价：108.00 元

达尔文像

唐恩老屋

晚年达尔文

目录

物种起源

图版目录

人类和动物的表情

图版目录

物种起源

（英）查尔斯·达尔文　原著
谢蕴贞　原译
李绍明　校订

《物种起源》导读

詹姆斯·D. 沃森

1859 年 11 月 2 日，达尔文的出版者约翰·穆瑞给居住在唐恩老屋的达尔文邮去《物种起源》（以下简称《起源》）的第一本。次日，达尔文热情地回复说："这是我的孩子。我为他的出世感到无限的喜悦和自豪。"他的感受理应这样。为了《起源》里的思想，他已经工作了二十年。

达尔文开始构思他的想法，还是在女王陛下的贝格尔号舰上度过的五年期间。作为舰上的博物学者，他记录下自己的观察、解剖和标本，同时也开始把自己的想法和猜测另外记在一系列笔记本上。回到英国后，达尔文继续这样的行径，自得其乐地沉浸在这些笔记本里，因为它们帮助他理清一些关于"演变"的想法，对于当时的许多人，这些想法无疑是离经叛道的。

非常之立说，必要求非常之证据。于是，达尔文开始了一个长长的过程，积累起一宗又一宗事实，解释它们，用进化论的途径胜过其他任何视角。正是在这样的处所，他才需要从全世界征募帮助。达尔文的通信雪片似飞向各地，询问印度的本地马是何颜色；南威尔士的石灰岩地层到底多厚；或者是蜜蜂筑巢第一步是怎样做法，等等，等等。他也在家里进行试验。远海中岛屿上的植物，是不是通过种子飘过大海，去到该地的？约瑟夫·胡克（Joseph Hooker，谢本作霍克）以为不是，说盐水会杀死它们。可是达尔文把种子浸到盐水里做实验，发现许多种子的确能经受长时间浸泡。种子有没有可能是鸟类由脚带去的？达尔文在雨季之后检查了鸟类的脚，在上面的泥巴里找到了种子。

然而，不全是达尔文对于细节的执着延缓了此书的出版。达尔文很明白，进化论定然会引起一些人的恐慌，那些人相信，人在万物当中是特殊的，是上帝照着自己的样子创造的。而进化说却把人确定地打入畜类。他也思虑到出书对他夫人的打击，他夫人爱玛是虔诚的基督徒。两个人婚前通过书信，爱玛对达尔文明显的信心淡薄表示过担心。她在1838年写信给他说：

> 和你在一起的时候，我没有丝毫忧郁的感觉；可是，你不在的时候，就有一些悲哀的思虑袭上心头：我害怕，在最最要紧的事体上，我两人的看法究竟大为不同。理性告诉我，真诚而本乎良心的怀疑不会是一桩罪恶，可是我感觉到，在我们之间，免不了会隔着一片痛苦的虚空了。

然而，在两人长期而成功的婚姻生活中，爱玛似乎接受了丈夫的少信。换了旁人，情况就不好说了。

· · ·

1842年，达尔文写了一篇长文，勾画出进化说的基本要素：变异和自然选择，然后就置之高阁了。1843年，他把这篇论文扩充为一本小册子的模样。很清楚，他意识到自己想法的意义，认为这篇论文将会是一个重大的成就。尽管达尔文秘而不宣，他还是在1844年7月5日给爱玛写了封信，指示她，如果自己突然死亡，她该怎么做。他说，把论文公之于众，将是他“最为严肃的和最后的愿望”，并嘱咐爱玛预留四百英镑以充出版之资。

大约与此同时，达尔文也向查尔斯·赖伊尔（Charles Lyell，谢本作莱伊尔）吐露了心曲——在达尔文乘贝格尔号旅行期间，赖伊尔的《地质学原理》曾是达尔文最倚重的书籍。1856 年 5 月，赖伊尔劝说达尔文动手把他的进化思想写作成书，“高兴的话，可以先写写鸽子嘛”，这样就不至于让别人占了先。“动手吧，先备一说，踩个先儿，然后由人引用，让人理解”，赖伊尔提醒道。

达尔文尽管不大情愿，慢慢吞吞，但还是照着做了。写得很慢，因为还有那么多事情要做：要给通讯朋友写信；温室里有实验要做；还要研究藤壶。达尔文觉得，要想让他的物种起源思想被人认真对待，他必须展示自己在分类学上够专业水平。所以他选择了藤壶这种带壳的小动物，它们纠缠海里任何的坚硬东西，牢牢地附在人家表面上。没承想研究会如此耗费精力，随着达尔文关于藤壶的生涯作出新的发现，工作越钻越深，几乎是无穷无尽，欲罢不能了。一家人如此着迷于藤壶，以至于达尔文有个儿子到朋友家串门儿，竟然问人家“你爸爸在哪儿研究藤壶?”!

时到 1858 年 7 月，达尔文还在研究着他的藤壶，不料，一封来信把他推上绝境。写信的人是阿尔弗雷德·罗素·华莱士，那时候正在地球的另一边，爬梳着马来群岛。华莱士写这封信，是要跟达尔文分享他自己关于进化的描述，并请求达尔文把信转交赖伊尔。达尔文垮了：“这下子，我的所有优先权，不管有多么重要，就要化为泡影了”，他写信这样对赖伊尔说。然而，他还是应华莱士之请，把信转交给赖伊尔。

收到此信，赖伊尔找到胡克商量对策。两人决定，把华莱士的信跟达尔文早许多时写的一些东西在林奈学会上同时宣读，以此确立达尔文的优先地位。对于两人的做法，后人至今议论纷纭。不管怎样，华莱士 1862 年回到英国时，对胡克和赖伊尔的处置完全首肯。华莱士活到了 1913 年，终其高寿的一生，从没有停止对于达尔文首功的承认。他一直是达尔文主义的最主要捍卫者之一。

《起源》第一版印出的第一天之内即告售罄。人气如此之旺，于是穆瑞数天之后即要求再版。达尔文立即动手修订，赶在当年圣诞节前完工。

T. H. 赫胥黎读了《起源》后作出热烈的反应，他说："没有想到这个，真是愚蠢透顶!"然而即令是他，连同达尔文的其他业内好友，包括胡克和赖伊尔，对达尔文的某些论点也有所保留。赫胥黎认为，自然选择作用于大的变异而不是达尔文所提出的微小变异，认为外部条件所起的作用要大得多。尽管如此，赫胥黎也知道，那个总体构想无疑是正确的，值得为之一战，以打退那些"狺狺狂吠的狗杂种。你要记着，你这班朋友，不管怎样还是有些战斗力……对你有些用处的。我正在磨牙利爪，准备厮打。"

赫胥黎的助战当然是需要的。最早的抨击之一来自亚当·薛知微，达尔文在剑桥时的地质学老教授。薛知微因达尔文"忽视大自然的道德或形上方面"而表示惊骇。他写道："一个人要是否认这个，那就陷入了愚蠢的泥沼。"最为义愤填膺的可怕对手还数时任皇家外科医师学院亨得利安教授的理查德·欧文；达尔文从南美洲带回的骨骼化石就是由他研究鉴定的。欧文基本在幕后活动，威尔伯福斯主教在《书评季刊》发的那篇中伤性书评，其材料就是由他提供的。该文称达尔文的想法"是由彻头彻尾堕落腐臭的猜想和臆测编造而成。"达尔文于1859年拜访了欧文，后来他跟赖伊尔说，"彼人伪装的道貌岸然，其实是极端地仇恨和蔑视我。"幸而，欧文根本不是赫胥黎的对手。赫胥黎斗志满幅，不管是谁，只要妨碍了英国的科学大业，他便亮出尖牙利齿狠咬不放。

后人一直认为，达尔文温文尔雅，怯生生地，隐居在唐恩老屋，远离那些风风雨雨；那是错的。达尔文乃是运筹帷幄，组织着持久的战争。他给朋友们宣读每一篇有关评论并加以点评，提出己方下一篇评论和论文可以取何种论点。他甚至自费重印来自美国的一篇赞同的评论，分送给一些有势力的朋友。达尔文决意要保证自己的产儿尽可能顺风顺水来到人间。

产儿果然是顺风顺水了。1860年，德文本问世（尽管翻译者不甚尊重原文，至于1862年旋出修订本）；1862年，法文本出版；1864年，连出了荷兰文本，意大利文本和俄文本。再后来，丹麦文本，波兰文本，匈牙利文本，西班牙文本和瑞典文本也相继面世。在美国，则有阿萨·格雷为力顶《起源》而大战路易斯·阿加西斯，后者可谓是美洲大陆的理查德·欧文。对达尔文本人是有誉有毁，但是，进化论思想一旦放出魔瓶就再难收回。有一位伍斯特主教的夫人（她以谈论过从猿到人的想法而出名）曾经表示，“让我们希望，这不是真的；但假如真是这样，那就让我们祈祷：这个想法不要广为人知。”事情恰好相反。它变得非常广为人知。江河到海不复回。世界变了：从一个以居为常的世界，变成了一个以变为常的世界。

校订者言

达尔文最重要的著作，*The Origin of Species*，汉文通译《物种起源》，在本辑四部书中，版本情况最为复杂。原文就有六个版本，从第一版到第六版，都是达尔文生前亲手订定的。第一版，题为 *On the Origin of Species by Means of Natural Selection, or the Preservation of Favoured Races in the Struggle for Life*（意思是"论通过自然选择的物种起源，或生存斗争中优势种族的保存"），刊行于1859年11月24日；六个星期之后，1860年1月7日，第二版刊出；1861年出第三版；1866年出第四版；1869年第五版；1872年第六版。自第二版起，各版均有文字修改，其中包括整章的增加。第三版增加一章"物种起源说发展史略"，列于卷首；第六版中，又在前五版的第六章之后，加入一章"对于自然选择学说的各种异议"。重订之频繁，透露着当年论争的激烈和反应的急迫。

这本书在我国最早的译本是马君武的，全译本题为《达尔文物种原始》，1920年9月中华书局第一版，分四册。此前已有马君武的部分译本陆续刊发。(一说全译本系1919年商务第一版［叶笃庄］)。然后是周建人的不完全本，题为《种的起源》，完成于1945年，1947年1月生活书店初版，只出了上册，从引论到第八章。在周本的基础上，又有周（建人）叶（笃庄）方（宗熙）本，题《物种起源》，1954年三联书店第一版；1963年商务第一版；1981年纳入商务版汉译世界学术名著丛书后多次印行；1995年商务印书馆叶笃庄修订本第一版；谢蕴贞本，题《物种起源》，1955年12月科学出版社第一版；1972年8月科学出版社修订第一版；2007年1月，新世界出版社第一版；2012年7月，中华书局第一版；舒德干等多人本，题《物种起源》，1999年陕西人民出版社第一版；2005年北京大学出版社第一版；赵娜本，题《物种起源》，2000年中国社会出版社第一版，2010年陕西师大出版社第一版；以上六个译本，都是根据原书第六版翻译的。又有李虎本，2012年6月，清华大学出版社第一版，题为《物种源始》，是第一个以原书第一版为底本的汉译本；以上七种是校订者曾寓目者。此外查到的还有钱逊本，题《物种起源》，2009年重庆出版社第一版；安海本，题《物种起源》，1999年延边人民出版社第一版；王敬超本，题《物种起源》，1999年中国社会出版社第一版。这三种只见于著录，校订者并未寓目。

本来，我们有所有理由，选用一个根据原书第一版翻译的本子。因为，第一，本辑选编者沃森氏选用的是第一版；第二，1950年代后，学界普遍认为，第一版在思想意义和学术价值上胜过第六版（关于这第二点，随后还要略作说明）。然而，根据第一版翻译的本子还不够成熟，而校订者一时没有能力对仅有的一个本子作校订的功夫，甚或根据原书第一版从新翻译。所以，我们不得已而求其次，只好暂从根据第六版翻译的诸本中，选用较优胜者。我们选的是谢蕴贞本。

谢本的好处，是文字老成，译法灵活，信、达而雅，远为校订者见过的他本所不及。谢氏（1909.1～2000.6）本是生物学者；译本后来又经动物学者陈世骧（谢氏之夫，执掌中科院动物所达三十年），动物学者伍献文和其他多位动物学者详加订定。尽管仍有一些问题，比如生物学学名陈陈相因，仍嫌过时等，然综合考虑，这个本子仍是难以再得的佳译。

说起谢本，它还有一番小小的“进化”历程。初稿完成于1942年到1944年间，其时译者在前国立编译馆工作。战乱中未遑出版。直到1950年，译者在上海文物管理委员会上海文化局任职时，又把译稿作了整理，并先后请陈世骧、伍献文两位教授帮助校订。1953年8月方校订完毕。其间还请胡先骕老人校阅一遍。1955年科学出版社本即署名为“谢蕴贞译，伍献文、陈世骧校”，然没提胡先骕先生的名字。

55年本中，没有用“进化”一语，用的是“演化”；这在这本书汉译的演化史上是很重要的。

1972年科学出版社的修订本，有一则出版说明，很简短，不妨全文抄录如下：

> 本书的重译工作，是在谢蕴贞（科学出版社1955年12月出版）译本的基础上进行的。参加工作的有下列五位同志：陈世骧（导言及第1—4章）；王平远（第5章）；郑作新（第6—10章）；郑葆珊（第11—15章）；朱弘复（校阅）。

1972年本，虽曰重译，实属修订。文字多因依55年本。改动之处，有得有失。总的来说，更加流畅可读，较为符合现在读者的口味。署名仍旧是谢蕴贞译，伍、陈二先生校。

此后的两个本子，2007年的新世界本，文字完全按照72年本，仅作了极少量技术上的改动。2012年的中华书局本，又对07年本作了极少量改动。两个本子对这类改动，均未加说明。署名均为谢译，伍、陈二先生校。

我们此次的本子，是依据2012年中华书局本所作的校订本。

却说原书第一版之优越处，一在于年轻气盛的达尔文锋芒毕露，措辞痛快淋漓。第一版刊出后，旋即遭到质疑和攻击。为顺利推行自己的主义，达尔文作了些妥协，措辞上收敛了些，比如把“我的理论”（原文 my theory，一版凡 57 见，六版 14 见）改为“这一理论”等等；二在于有些想法，特别是在生物器官的用进废退和获得性特征可遗传这个想法上，第六版出现了滑坡，过于依从了拉马克的主张。而后人大多认为，拉马克的想法是错的。

然而，过分强调第一版的科学正确性和作为历史“原生态”的好处，而过分贬抑第六版的老成持重，恐怕也不尽妥当。在校订者看来，对于生物学者和思想史学者来说，第一版或许更有价值——实际上，对于思想史学者来说，第一版的思想意义和学术价值，亦不能孤立地去看待，而是在同第六版乃至第二版至第六版的所有版本的比较中才得到彰显——然而，对于专业研究者之外的一般读众，第六版自有其优长之处。第一，由于增加了第一章，“物种起源说发展史略”，非但全书的结构更趋完善，也让对于这个课题无多准备的读者知所从来，且易于接受；第二，增加了第七章，“对于自然选择学说的各种异议”，这就使得各有关论点更形稳健，也便于读者在反复辩证中得到心智的乐趣；第三，有些提法，如“进化”（evolution），如“适者生存”（survival of the fittest），几乎已成为达尔文学说的同义语，而这些措辞恰是第六版所有，而第一版所无的（第六版用 evolution［进化，演化，演进］处，第一版中用的是 transmutation［历经世代的嬗变］或者 descent with modification［伴有修改的世代传承］）。要把这些通看成是第一版的优胜而第六版的缺点，就未免强人所难了。第四，第六版增加了许多详细的解说，使普通读者更易理解。第五，总的来说，第六版行文更加绵密顺畅，较少游词赘语和牵强凿空之论。就连崇尚第一版的达尔文学者庚镇城先生，也承认第六版、特别是所增之第七章中对于反对意见的解答“充满精彩和睿智”。第六版之在全世界更为通行，而几乎所有的中国翻译者都根据第六版，不为无因。

校订者知道，以上所言，难免自我辩护之嫌。是的；校订者的初衷，是在第六版的基础上，同时再反映第一版的原貌，做法是，以谢译为底本，而以第一版与第六版显现重要不同处为异文，详细出注。已经委托同门好友徐彬代为做了两个版本的逐句逐词对照；正是这个对照的结果，使我望而生畏，深知以自己目前的身体状况，难以短时间克竣其事。询之责编，承蒙答允，暂时采用谢本，俟日后有机会有条件时，再更上层楼，完成上述兼得两版之胜的夹注本。赘言至此，不求贤读友谅我之短，只望贤读友责我以成，则幸甚！

高密李绍明

2013 年 11 月 6 日

于济南寓中

本书初版刊行前物种起源说的发展史略

我愿对有关物种起源的见解的发展情况，在此作一概略的叙述。直到最近，大部分自然学者仍然相信物种是不变的产物，它们都是分别地创造出来的。许多作者还很巧妙地支持这种说法。但在另一方面，某些少数的自然学者已相信物种是经历着变异的，他们相信，现在生存的生物类型，都是先前存在过的类型所传下来的后代。古代学者[1]对于这个问题，只有模糊的认识，现在姑置不论。近代学者以科学精神讨论这个问题的，当

---

〔1〕 亚里士多德在他所著《听诊术》第2册第八章第2页上提到：下雨并不是为使谷物生长，也不是为使农民门前打好的谷物受损。之后，他以同样的议论，应用到生物的机构，并且说（格里斯先生翻译此书时，最初指以示我）："有什么会阻止身体的各部分会受遇自然界中的这种单纯的偶然关系呢？以牙齿为例，为了需要而生长了，门牙是锋利的，适合于切断食物；臼齿是圆钝的，适合于咀嚼；这不是为了这些作用而造成，而不过是偶然遇合的结果。身体的其他部分，似乎适应于一定目的而存在的，亦属同样情形。因此，一切构造（即整个物体的各部分），似乎是为了某项目的而造成的，却由于一种内在自然力的作用而适当组合，就被保存下来了；反之，凡不是如此组成的，则都已灭亡，或者趋向于灭亡。"这里我们已可看到自然选择论的萌芽。但是亚里士多德对于此项原理了解程度的浅薄，可以在他论述牙齿的构成一点上表现出来。

以布丰为第一人。但是他的见解在不同的时期中变动很大，也没有论到物种变异的原因和途径，所以这里也不必详细讨论。

对于这问题的探讨引起极大注意的，应首推拉马克。这位名副其实的著名自然学者最初在1801年发表他的观点，在他1809年出版的《动物学的哲学》一书内和在1815年出版的《无脊椎动物学》的导言内，更把他的观点大大地充实。在这几种著作内，他坚持这一原理，即一切物种，包括人类在内，都是从其他的种传衍而来。他的卓越贡献，就是最先唤起世人注意，有机界的一切改变，与无机界同样可能根据于一定的法则，而不是由于神奇的干预。拉马克关于物种渐变的结论，似乎主要是根据于种与变种的不易区别，根据于有些种类中间有各级中间性类型的存在，以及家养生物的类似对比。至于变异的原因，他认为物理的生活条件的直接作用和杂交等都有关系，而尤其着重于使用和不使用——即习性的影响。一切生物界美妙的适应现象，根据他的意见，大概都是“使用与不使用”的结果。例如长颈鹿的长颈，乃由时常伸颈取食树叶所致。但是他也相信向上发展的原则；既然一切生物都有向上发展的趋向，为了解释目前简单生物的存在，他乃主张这些类型现时还在自然发生。〔1〕

圣提雷尔，依据其子所作的传记，早在1795年已开始猜想，我们的所谓物种，是同一类型所衍生的各种退化物。但是直到1828年，他才发表他的信念，认为自从一切生物起源以来，同一类型并不保持永久不灭。至于变异的原因，圣提雷尔似乎以生活条件（即周围世界）为主要，但是他慎于作结论，并且不相信现在的物种还在变异。所以其子附加地说：“假设

---

〔1〕 我所记拉马克学说首次发表的年代，系根据小圣提雷尔在1859年所出版的《自然学通论》第2卷，第405页。这是一部讨论本题历史的极优秀的著作，对于布丰的主张，亦有详尽的记述。奇怪的是，我的祖父达尔文医师，在其1794年出版的《动物学》第1卷，第500—510页里已早持有与拉马克相同的观点和错误见解。据小圣提雷尔的意见，歌德无疑是持同一主张的最力者，这见于他在1794—1795年间所写的一部著作的导言中，但是这部著作的出版却很迟。又根据柯尔梅定博士所著《自然学家的歌德》第34页所记：歌德曾经主张过，以后自然学家的问题，当是牛的角是怎样来的，而不是牛的角是作什么用的。在1794—1795年期间，德国的歌德，英国的达尔文医师，法国的圣提雷尔对于物种起源的问题，差不多在相同的时期发生了同样的思潮，得到了同样的结论：这是一件奇事。

未来必须讨论这一问题，那将是完全留给未来的一个问题。”

1813年，威尔斯博士在皇家学会宣读论文，题目是“关于一个白种妇人的皮肤局部类似黑人的报告”。这篇文章，直到1818年他的著名的关于复视和单视的两篇论文发表时方才出版。在这篇文章里，他清楚地认识到自然选择的原理，这是对这个学说的最早认识；但是威尔斯的所谓自然选择是专指人种，并且仅限于人类的若干性状。当他指出了黑人和黑白混合种对于若干热带疾病都有免疫性的事实之后，他说：①所有动物在某种程度上都有变异的趋向；②农学家用选种的方法来改良家畜的品质。在后一情况下，他又说：“人工所能做到的，看来自然界也能同样有效地做到，以形成人类的一些变种，使它们适合于所居住的地域，只是这过程比较缓慢而已。最初散居在非洲中部的少数居民中，可能出现一些偶然的人类变种，其中有的较其他的更能抵抗本地的疾病。结果，这个种族将繁衍增多，而其他种族则将减少，因为他们不仅无力抵抗疾病，并且也不能和他们强壮的邻族竞争。如上所述，这个强壮的种族我认为当然是黑色的。但是在这黑肤的种族内，变异的倾向依然存在，于是有肤色更黑的人种产生。肤色愈黑，就愈能适应当地的气候，结果肤色最黑的人种，在其发生地，即使不是独一的，也会成为最繁盛的种族。”他更以同样的观点，推论到居住在较寒地带的白种人。我感谢美国的罗莱先生，他通过白莱斯先生，唤起我注意到威尔斯的著作中有上面所述的一段。

后来曾任曼彻斯特区教长的赫倍托牧师，在1822年出版的《园艺学会记录》第4卷内，及1837年发表的《石蒜科研究》一文（19页，339页）中声称：“园艺的试验，已无可辩驳地证明了，植物学上的种，不过是比较高级的和比较稳定的变种而已。”他把这个观点引申到动物界。他相信每一属内的单独种都是在原来可塑性很大的情况下创造出来的，这些创造出来的种，主要是再经杂交，同时亦因变异，而产生我们现在所有的许多物种。

1826年，葛兰特教授，在他的一篇著名的论文《淡水海绵》（第14卷，第283页）的结尾一段内，明确地申说了他的信念，说物种是由别的物种传下来的，并且能因变异而改进。这项意见，在他 1834 年发表的第 55 次演讲录内（载于《医学周刊》）亦同样谈及。

1831 年，马修先生在他所著《造船木材及植树》一文内，对于物种起源问题所持的观点，和华莱士先生与本书作者在《林奈学会杂志》所发表的（下详），以及本书所将要申说的恰好相同。遗憾的是，马修先生的观点极其简略，而又散见于一篇与本题题旨很不相同的著作的附记之中，所以直到 1860 年，经马修先生本人在《园艺家时报》上重新提出之后，才引起人们的注意。马修先生的观点和我的观点之间的不同是无关紧要的。他似乎认为，地球上的居住者，曾经反复相继地几尽灭绝和重行充实；他还以为没有“先前生物的模型和胚芽”，也可能产生新类型。关于他的理论，作者也许有误解的地方；他似乎很重视生活条件的直接影响。无论如何，他已清楚地看到自然选择原理的全部力量。

著名地质学家及自然学家冯布赫，在《加那利群岛自然地理志》这一优秀著作内，很明确地表示，变种可以渐变为恒久的种，而在变成之后，就不能再行杂交。

拉菲奈斯克在他 1836 年出版的《北美洲新植物志》一书第 6 页上曾说：“一切物种，可能都曾经过变种的时期；而许多变种，也很可能因渐渐地获得固定和特有的性状，而成为物种。”但在第 18 页上，他却加了一句话：“属的原型或祖先是例外。”

1843 至 1844 年间，哈德曼教授对于物种的发展和变异的理论，就正反两方面的论点很好地作了介绍，他个人似乎是倾向于变异这一面的。此文发表于美国《波士顿博物学杂志》（第 4 卷，第 468 页）。

1844 年，《创造的遗迹》一书出版。在第 10 次增订版（1853 年）里面，此书佚名作者有下面的一段话：“经过了详细考虑之后，我们的意见是，生物界的各系列，从最简单的和最原始的，直到最高级的和最近代的，都是在上帝的意旨下，受着两种冲动支配的结果——第一种是生物类型被赋予的一种冲动，在一定的时期，用生殖的方法，经历各级体制，由最低等的达到了最高等的双子叶植物和脊椎动物，使生物前进；此种级次并不多，而且往往有着有机体性状间断的征候，这些，在决定亲缘关系的时候，我们发觉它们形成了实际的困难。第二是和生命力有关的一种冲动。这种冲动，在许多世代的过程中，能遵循环境的影响，如食物、居所、气候等等，而使构造发生变化，这就是'自然神学家'的所谓'适应'。"这位作者显然相信生物体制的进展是突然的、跳跃式的，但亦相信因环境所生的影响却是逐渐的。他根据一般的理由，大力主张物种并不是不变的产物。但是很难明了他所设想的两种冲动，如何在科学意义上去阐明自然界许多神妙的互相适应的现象。例如啄木鸟曾经怎样转变而成为适合于它的特殊的生活习性，我们就不能根据他的说法，有所了解。这一著作，在它初出的数版内，虽然显示出很少正确知识，而且极其缺乏科学的严谨，但由于它的锋利、瑰丽的风格，却销传得很广。据我的意见，此书在英国有着极大的贡献，曾经唤起一般人士对于此项问题的注意，废除了成见，以备接受相似的学说。

1846年，经验丰富的地质学家德马留斯·达洛在布鲁塞尔皇家学会公报上发表了一篇短小而精湛的论文。他的意见，认为新种由演变而产生的说法，似较分别创造的说法可靠。这个意见曾在1831年首次发表。

欧文教授在1849年《肢的性质》(第86页) 一书中写道："原型的概念，从生物体的种种变化情况而表示出来，在这个行星上，远在实际例示它的那些动物种类存在之前就存在了。至于凭借什么自然法则或次生原因，使有秩序的继承和进展能实现于生物现象，我们却尚无所知。"1858年，他在不列颠科学协会的演讲中谈到"创造力的连续作业、或生物按规定而形成的原理"(第51页)。再后 (第90页)，在谈到地理分布之后，他又说："这些现象，使我们于新西兰的无翼鸟和英格兰的红松鸡，是各自在这些岛和为了这些岛而被分别创造的信念，发生了动摇。还有，应当永远牢牢记住，动物学者所谓'创造'的意思是，'他不知道这是一个什么过程'。"他更发挥这个意见而补充说，当红松鸡等这类例子，"被动物学者举作专门在、并且专门为了这些岛屿而被特创的禽类的证据时，他主要地表示出，他不知道红松鸡怎样会产生在那里，而且又专限在那里；同时，从这种表示无知的方式，也表示出他的信念，即那种鸟和那些岛的起源，都是由于一个伟大的、最初的创造原因。”如果我们把同一讲演中的这些词句先后比较，用这句和那句对照解释，看来在1858年，这位著名哲学家先前认为他不知道无翼鸟和红松鸡最初如何在它们各自的乡土上出现，或者，不知道是经由“什么”过程；而今，他感到他的这个信念动摇了。

欧文教授的演讲，发表于即将提到的华莱士和我在林奈学会宣读物种起源学说之后。当本书第一次出版的时候，作者与许多其他人士，完全被欧文教授的“创造力的连续作业”之类的说法所迷惑，认为他和其他古生物学者一样地坚信物种是固定不变的。但是根据他的《脊椎动物解剖学》第三册第796页所说，那似乎是我的一种荒谬的误会。在本书的最近一版，作者曾经根据他在《解剖学》第一册上有关“模式型”的一段话（第35页）而推断他的意见，认为欧文教授亦承认自然选择作用对于新种的造成颇有关系，此项推断即便在目前看来，仍属正确合理；但根据该书第三册第798页所说，这推断又似乎是不正确而缺乏根据。最后，作者曾摘录欧文教授与《伦敦评论报》记者的通讯。从这篇通讯，该报记者和我本人都觉得欧文教授在表示，他早在我之前已发表了自然选择学说。对此声明，我曾表示惊奇与满意。然而据我所能了解的他最近发表的某些章节（同书第三册第798页），我又是全部或部分地陷于错误了。有一点我值得引以自慰的，就是别人也和我一样，对于欧文教授的议论矛盾的文章，也是觉得难以了解，难以调和。至于自然选择学说的发表，欧文教授是否在我之前，那不是紧要的问题。因为在本章已经谈过，远在我们之前，尚有威尔斯和马修两人。

小圣提雷尔在他1850年的演讲词内（其摘要刊载于1851年1月出版的《动物学评论杂志》），很简略地申说了他的信念，就是：“种的特征，在同一环境条件下固定不变，但在不同的环境条件下，则能有所变异。”他又说：“总之，我们对于野生动物的观察，已证明物种的有限的变异性。根据野生动物变成家养，或家养动物再度变为野生的经验，更明确地证明了这一点。这些经验更证明了这样发生的差异可以达到属的特征的水平。”在1859年出版的《自然史通论》（第二卷，第430页）内，小圣提雷尔对于上述理论，又进一步加以发挥。

根据最近发表的一种分送的小册子，弗莱克博士于1851年已在《都柏林医学报》上发表了他的主张。他认为，所有的生物种类，都是从最初的一种原始类型传下来的。但他所依据的理由和处理材料的方式，却和我极不相同。现在，弗莱克博士又发表了他的《从生物的亲缘关系解释物种起源》一文（1861年），所以要费力叙述他的观点，在我已是多余的了。

斯宾塞先生于1852年在《领导报》发表一文（1858年重刊于他的论文集中），对于生物的创造论和发展论，作了精确有力的对比。他根据由家养而来的性状的对比，许多物种胚胎发育的变化，种与变种的不易区别，以及各类生物形体的等级性等数点，认为生物的种，都是经过了变异，而以环境的改变作为引起变异的原因。这位学者还根据每一智力或才能必然是逐渐获得的原理来讨论心理学（1855年）。

1852年，著名的植物学者诺定先生，在一篇关于物种起源的卓越论文里（原发表于《园艺评论》第102页，后重刊于《博物院新刊》第一卷，第171页）明确地表示，他相信，物种的形成和栽培植物变种的发生，情形相似。他把后一过程归功于人类的选择力量，但是他并没有指出在自然状态下选择如何起作用。他和赫倍托教长一样，相信初生的物种，其可塑性比较大。他特别重视他自己所谓的定命论，说："一种神秘的不可名状的力量，对有些人来讲是命运，对另一些人来讲是上帝的意志。这一力量，在世界存在的年代里，对生物不断起作用，为了它们中的每一个在它所参与的事物秩序中的命运起见，决定了它们各自的形态、体积和寿命。就是这个力量，把个体协调到整体中去，使其适应它在大自然中全体有机界里面所应完成的作用，也正是它之所以存在的理由。"〔1〕

〔1〕据布隆所著《进化规律的研究》所载，植物学者及古生物学者翁格，在1852年曾发表他的信念，说物种是发展的、变异的。道尔登在他和潘特合著的《树懒化石》一文内，亦有同样的意见（1821年）。奥根在《自然哲学》中亦主张这种说法。据高特龙所著《物种论》所说，看来圣范桑、布达赫、坡阿莱和弗利斯诸人都曾经主张新种继续地在产生。

本章所举的34位作家，都相信物种可以变异，或者至少不相信分别创造的作用。他们中间，有27人对于博物学或地质学都有专著行世。

1853年，著名的地质学者凯塞林伯爵提出（《地质学会汇报》第二编，第10卷，第357页），新的疾病，假定是由某种瘴气引起的，曾经发生而且传播到全球，那么，在某一时期内，现存物种的胚，也可能从其周围的、具有特殊性质的分子那里受到化学影响，而产生出新的类型。

同年，沙夫霍生博士发表了一本卓越的小册子。在这里面，他主张地球上的生物类型是发展的。他推想许多物种可以在长时期内保持原状不变，然而有少数物种则起了变异。依他的说明，生物种的区别，因中间各级类型的灭亡而显著。现在的植物与动物，应视为古代生物连续繁殖下来的子孙，并不是新的创造而和以往隔绝。

法国著名植物学家勒谷克，在其1854年出版的《植物地理学》第一册第250页上写着："我们对于物种的固定或变异的研究，其结果和两位名人的思想相合，这两位名人就是圣提雷尔和歌德。"而散见在勒谷克这本巨著内的其他章节，却使人不免有点怀疑：他这种物种变化的见解究竟引申到多远。

鲍威尔牧师，在其1855年出版的《世界的统一性》一文内，对于"创造哲学"有很精辟的论述。其中最动人的一点，是他表示新种的产生，是"有规则的，而不是偶然的现象"。正如赫谢尔所说，这是"一种自然的、而不是什么神秘的过程"。

《林奈学会杂志》第3卷，载有1858年6月1日华莱士先生和我在该会同时宣读的论文。正如本书导言所述，华莱士在其论文内对于自然选择学说，有很清晰的说明与有力的发挥。

动物学界深受尊敬的学者冯贝尔大约在1859年曾表示相信，现在完全不同的类型，都是源出于单一的祖型。他的信念主要根据于地理分布的法则（参阅瓦格纳教授著《动物学-人类学研究》，1861年版，第51页）。

1859年6月，赫胥黎教授在皇家学院作了一个报告，题目是"动物界的固持型"。关于固持型的情况，他说："假定动植物的每一个种或者每一个大类，是出于创造力的特殊作用，而在不同的长期间隔内，被个别地造成并安置于地球之上，那么，体会这些固持型的情况，就很难理解它的意义。同时，我们应当好好地回忆一下，这种假定，既无传统或天启的支持，而且也和自然界的一般类推法相抵触。相反，如果我们假定生活在任何时代的物种，都是以前物种逐渐变异的结果，以此假定来考察固持型，虽然这个假定没有得到证明，而且是被它的某些支持者可悲地损害了，但它还是生物学[1]所能支持的唯一假定——那么，固持型的存在，似乎正说明，生物在地质时期所发生的变异量，和它们所经历的整个一系列的变化比较起来，是极其微小的。"

1859 年 12 月，霍克博士的《澳洲植物志绪论》出版。在这伟大著作的第一部分里，霍克即认为物种的绵延和变异是真确的，并且以许多新事实来支持此说。

1859 年 11 月 24 日，本书第一版发刊；1860 年 1 月 7 日，本书第二版发刊。

---

〔1〕 原文"Physiology"，按字面译应为生理学，19 世纪学者常常用此字指生物学。——译者注

导　言

当我作为一个博物学者参加“贝格尔号”皇家军舰的环球远征时，在南美洲看到某些事实，有关于生物的地理分布和古代与现存生物的地质关系，我深深地被这些所打动。这些事实，即以下各章所将述及的，对于物种起源的问题似乎投射了若干光明——这个问题，一位大哲学家曾经认为是神秘中之神秘。回国以后，在1837年，我便想到，如果耐心搜集和思索一切与这问题可能有关的种种事实，也许可以得到一些结果。经过了五年的工作，专心思考这个问题，作出了一些简短的札记。到1844年，更将此项札记，加以充实，而就当时认为可能的结论，作一纲要。从那时起直到现在，对于这问题的探讨，始终没有间断。我希望读者能原谅我做这番琐屑的陈述，因为这些可以表示，我能做出今日的结论，并不是轻率而速成的。

我的工作，现在（1859年）将近结束，但是全部完成，尚需更多年月。可是我的体力渐感不支，所以不得不先将这摘要付印。现在正在研究马来半岛自然史的华莱士先生，对于物种起源问题所得到的一般结论，几乎和我的完全吻合，这尤其是促使我早些发表的一个原因。华莱士于1858年，曾寄给我关于本题的一篇论文，嘱我转交莱伊尔爵士。后来就由莱伊尔送给林奈学会，在该会会刊的第3卷上发表。但莱伊尔爵士和霍克博士都知道我的工作，霍克博士并且曾读过我1844年草就的纲要。由于他俩的盛意，认为我应该就原稿提出若干摘要，和华莱士的优秀论文同时发表。

我现在刊印的这个摘要，毕竟是不完备的。我不能在这里对我的许多论述指明其出处和参考资料，这不得不期望读者们信任我的正确。同时我虽然力求审慎，只信赖可靠的根据，但错误的窜入，还是不可避免。我所得到的一般结论，用少数事实作为说明，我想在一般情况下，这已经足够了。没有人会比我更感觉到有这需要，把我的结论所根据的一切事实和参考文献，详尽地刊布出来，我希望在将来的著作中能做到这点。我很清楚，本书所讨论的，几乎没有一点不能援引事证，而又显然常会引到与我直接相反的结论上去。只有把每一问题双方面的事实和论据，充分地叙述明白，相互权衡，才能得出公平良好的结果，但这里不可能这样做。

本书因限于篇幅，不能向曾经协助过我的许多自然学者——其中亦有未曾晤面的——一一道谢，深深地觉得这是一件憾事。但是我不能失此机会，向霍克博士表示深切的感谢。最近十五年来，他以他的丰富学识和精湛的论断，尽一切可能给我以帮助。

关于物种起源的问题，如果一位自然学者，对于生物的相互亲缘关系、胚胎关系、地理分布、地质演替，以及其他此类事实加以思考，那么，我们很可以推想得到，物种和变种一样，也是从其他物种所传下来的，而不是分别地创造出来的。这样的结论，即使很有根据，但如不能说明地球上的无数生物，怎样经历变异而获得了这样完善的、让人赞叹的构造和相互适应，仍是难能令人满意。自然学者们常以外部环境，如气候及食物等等，为唯一可能引起变异的原因。就某一狭义来说，这是正确的，这点以后当再讨论到。然而若以外部环境解释一切，则仍然是不合理的，例如啄木鸟的构造，它的足、尾、嘴和舌这样巧妙地适应于取食树皮内的昆虫。又如槲寄生，它从某些树木吸取养料，它需要鸟类传布它的种子，更因它是雌雄异花，又必须依赖昆虫才能完成传粉作用。我们假使仅取外部环境，或习性的影响，或植物本身的倾向，来解释这种寄生植物的构造以及它和好几种其他生物的关系，必定是同样不合理。

因此，搞清楚生物的变异及相互适应的途径，是极其重要的。当我从事本题研究的初期，觉得要解决这个困难问题，其最有希望的途径，应从家养动物和栽培植物方面的研究着手。我果然没有失望，我常觉得这由家养而变异的知识，虽然尚不够完备，但总是能为处理这个问题和其他一切复杂事件提供最良好和最可靠的线索。所以这类的研究，虽然常为一般自然学者所忽略，但我敢于相信其价值的重大。

根据上述理由，我把摘要的第一章用来专门讨论在家养状态下的变异。由此，我们将看到，大量的遗传变异至少是可能的；同样的或更为重要的是，我们将觉得人类选种力量的伟大，能使微小的变异逐渐累积起来。然后我们将讨论到物种在自然状态下的变异。遗憾的是，我在这里所能说的，不得不很简略，因为要使这个问题讨论得恰当，必须附以长篇的事实。但是我们至少可以讨论什么环境条件对于变异最有利。第三章将讨论全世界一切生物的生存斗争现象，此现象是生物照几何比率繁殖所造成的必然后果。这把马尔萨斯的学说应用到整个动物界和植物界。因为每种生物产生的个数，远超过其所能生存的个数，所以常引起生存的斗争，于是生物的任何变异性质，不论如何微小，只要是在复杂的和殊异的生活状态下有利于它本身的，即将有较佳的机会生存，因而它就自然地被选择了。由于坚强的遗传原理，任何被选择的变种，将会繁殖它的新的变异了的类型。

自然选择的基本问题，将在第四章内相当详细地讨论到。由此我们将可看到，自然选择怎样使改进较少的生物类型几乎不可避免地大量灭亡，并且由此引起我所称的特征分歧。在第五章，我将讨论关于变异的各项复杂的和不甚明了的法则。在其后的五章内，将对妨碍接受此学说的最显著、最严重的困难之点，加以探讨：第一，转变的困难，即简单的生物或器官，怎样能经历变异而改进成为高度发展的生物或精密的器官；第二，本能或动物的智力问题；第三，杂交问题，或异种杂交的不育性，及变种杂交的可育性；第四，地质记录的不完全。第十一章将讨论生物在时间上的地质演替。第十二、十三两章，则讨论生物在空间上的地理分布。第十四章叙述生物的分类或相互亲缘关系，包括成熟期及胚胎状态。最后一章，我将对全书作一简括的复述，并附若干结语。

生活在我们四周的许多生物，它们的相互关系究竟如何，倘若我们承认我们对这些认识还高度地无知，那么，关于物种或变种的起源问题，即使我们至今有很多地方不能解释，那也是不足为奇的。为什么某一物种的分布广、个数多，而它的近缘种却分布很狭而个数极少，谁能解释这个问题呢？然而这些关系却是非常重要，因为这决定着这个世界上一切生物现在的安全，并且我相信也决定着生物将来的成功或变异。在地史上许多已往的地质时代里，居住在世界上的无数生物，它们的相互关系如何，我们知道得就更少了。虽然许多情况现在还是隐晦不明，而在未来的长时期内也未必会弄清楚，但是经过了我所能做到的最审慎的研究和冷静的批判，可以全无疑虑地断言，许多自然学者直到最近还保持的、也是我过去所曾接受的那种观点——即每一物种都是分别创造出来的——是错误的。我完全相信，物种不是不变的；那些所谓属于同属的物种，都是另一个一般已经灭亡的物种的直系后代，正如现在会认为是某一个种的变种的，都是这个种的后代。此外，我确信，自然选择是变异的最重要的、但不是唯一的途径。

第一章

家养状态下的变异

变异的原因——习性和器官的使用与不使用的效果——相关变异——遗传——家养变种的性状——种与变种区别的困难——家养变种从一种或多种起源——家鸽的品种，它们的差异和起源——古代所依据的选择原理及其效果——家养生物的未知的起源——有计划的选择和无意识的选择——有利于人工选择的环境条件

变异的原因

我们试就家养历史较久的动植物，把它们的同一变种或亚变种的许多个体来互相比较，其最值得注意的一点，是它们彼此间的差异，常较自然界任何物种或变种的个体间的差异为大。我们若回想这么多的形形色色的动物和植物，是人类在极不同的气候和管理下，经过长期的培养和变异，我们势必得出这样的结论，即这种巨大的变异，是由于家养下的生活条件，不像它们的亲种在自然状况下所处的条件那么一致。照奈特提出的意

见，家养生物的变异，和过多的食物有部分的关系，这也很有可能。很明显，生物必须在新的条件作用下，经过几个世代，才能发生大量的变异；一旦变异开始，也往往能继续变异到好几代。一种变异的生物，经培养后反而停止变异的事情，却还没有人记载过。我们的最古的栽培植物如小麦，在目前仍有新变种发生；我们的最古的家畜，到现在也还有迅速改进或改变的可能。

图1　佩尔什挽马

我对于本题经过了长时期的研究，据现在所能判断的，觉得生活条件，似乎有两种不同的作用：一种是直接加诸生物体全部或局部的作用，一种是间接地影响到生殖系统的作用。关于直接作用，我们必须注意，在各种情形之下，都包含有两种因子，即生物本身的性质和条件的性质。魏斯曼教授在最近已经特别指出这点，而我在以前所著的《在家养状态下的变异》一著作内，亦曾偶然提及。生物的本性，似较条件尤其重要。因为据我们所能判断，相似的变异能在不同的条件下发生；而另一方面，不同的变异，又能在相似的条件下发生。生活条件之影响于后代的变异，可能是一定的，也可能是不定的。所谓一定的变异，是指生长在某些条件下的个体的所有后代或差不多所有后代，能在若干世代以后都按同样的方式发生变异。不过对于这种一定地诱发出来的变化的范畴，要下任何结论都是非常困难的。但有许多微小变异，如食物的多寡与体积、食物的性质与肤色、气候与皮毛的厚薄等关系，却是没有什么疑问的。我们看到家禽羽毛的无穷变异，其某一变异必有其某一有效的原因；如果同样的原因，亦作用于很多个体，经历很多世代，连续地发生作用，则可能引致同样的变异。虫瘿昆虫以其极小量的分泌物而引起复杂的和异常的树瘿，这个事实，证明了植物体液的性质如果发生化学变化，便会产生怎样奇异的变形。

不定变异比一定变异更常是改变了的条件的结果，并且对于家养品种的形成，其所起作用亦更为重要。我们在无穷尽的微小的特征中看到不定变异性，这些特征区别了同种的各个个体，它们不能认为是由父母或远祖遗传下来的，因为即使在同胎或同一蒴果种子所产生的幼体中，亦可能有极其明显的差异。在同一地方，用差不多同样的食料饲养的生物，往往在长时期内，在数百万的个体之中，偶然会发生非常显著的构造上的变异，而足以使人称为畸形；但是畸形与其他比较轻微的变异之间，实在也没有什么明显的界线。所有这一类的变异，表现在一起生活的许多个体之间的，不论是很轻微或是很显著，都应该认为是生存条件对于个体所引起的不定的效果，正如寒冷的天气之使人咳嗽、伤风、风湿或各种器官发炎的症状，依各人的体质而异。

关于我所称的改变了的条件所引起的间接作用，即影响到生殖系统而

图2　英国赛马

起的作用，我们可以设想这作用之所以能引起变异，一部分是由于生殖系统对于条件的任何变化都具有特殊敏感；一部分，如科尔勒托等所说的，是由于新的或不自然的条件下所起的变异，有时会和异种杂交所起的变异很相类似。有许多事实，可以表明生殖系统对于环境条件的微小变动是怎样地敏感。驯养动物是一件最容易的事，但是要它们在幽禁状态下自由繁殖，即使雌雄实现了交配，亦是再难不过。有多少动物，即使在它们的原产地，在接近于自然情形下饲养，也还是不能生育。这种情形，通常都以为是生殖本能的受伤，其实是错误的。许多栽培植物生长极茂盛，但是很少结实，或永不结实。有的时候，一些极其微细的变动，如水分的约略增减，发生在生长的某一特殊时期，就足以决定它会不会结实。关于这个奇异的问题，我所搜集的详细事实已在别处发表，这里不再赘述。我所要说的，只是表示那决定槛内动物生殖的法则，是怎样的奇特。例如肉食兽类，除熊科的动物很少能生育外，虽来自热带，槛养于英国，都能自由生育。反之，肉食鸟类，除了极少数的例外，却很难产生可孵化的卵。许多外来的植物，它的花粉常常完全无用，和最不能生育的杂种情形相同。所以一方面，我们看到家养的动物和植物，虽然常是柔弱多病，却仍旧能够在豢养的环境中自由生殖；另一方面，我们看到在幼年期从自然界取来饲养的生物，虽然是驯顺长命而且健全（此类可举的例子极多），然而它们的生殖系统，却受了未知原因的严重影响而失去了作用。因此我们对于这个系统，有时会在槛养情形下起了不规则的作用，然则产生出和它们的父母不甚相似的后代，也就不足为奇了。我还应补充一点：就是有若干生物，虽在极不自然的生活状态下（如兔与雪貂之养在箱内），亦能自由生育，这表示它们的生殖器官不易受影响。所以有的动物和植物，能耐得起人类的驯养或栽培，很少变异，或者所呈现的变异，并不比在自然环境下所发生的为多。

有些自然学者主张，一切变异都和有性生殖的作用相关联，这一定是错误的。我曾在另一著述内，就园艺家所谓“芽变植物”，列成一个长表。这类植物能突然发生一个芽，呈现出新的而且有时和同株的别的芽很不相同的特征。这种可称为“芽变”的变体，可用嫁接、插枝等方法，有时也可用播种的方法使其繁殖。这种芽变的现象，在自然状态下极少发生，但是在栽培状态下，就并不稀见。在同一条件下的同一树木上，从年年生出来的数千个芽中，突然出现了一个具有新性状的芽；而且生长在不同条件下的不同树上的芽，有时亦能产生几乎相同的变种，像桃芽产生了油桃，普通蔷薇产生了苔蔷薇之类。所以我们可以清楚地看到，对于决定变异的某一特殊类型来讲，条件性质的重要性，若和有机体的本性比较，仅属于次要地位，也许并不比那引起可燃物料燃烧的火花的性质，对于决定所发火焰的性质来讲更为重要。

习性和器官的使用与不使用的效果；相关变异；遗传

习性的改变能产生可遗传的效果，如植物从一地方迁到气候不同的另一地方，它开花的时期就受影响。就动物来说，身体各部分之常用和不常用的影响，尤为显著。作者曾经把家鸭的翅和足在全部骨骼的比重方面，来和野鸭比较，发现家鸭的翅骨较轻，足骨较重。这种变化，可以很确定地说，是因为家鸭比它的野生祖先少飞翔而多行走的缘故。母牛和母山羊的乳房在惯于挤乳的地方，常较在不挤乳的地方发育得更好，并且这种发育是遗传的，这大概是使用效果的另一例子。我们的家养动物，在有些地方没有一种不具有下垂的耳朵。有人以为耳的下垂，是因为这类动物少受惊而不常使用其耳肌的缘故，这似乎是可能的。

支配着变异的法则很多，可是我们只能模糊地看出有限的几条，这点将在以后约略讨论；这里我只想谈一下所谓“相关变异”。胚胎与幼体的重要变异，或将引起动物成体的变异。在畸形生物身上，很不相同的部分之间的相关现象，有时极其奇异，这点在小圣提雷尔的伟大著作中举例甚多。饲养者们相信长肢的动物差不多总是有长头。还有若干相关变异的例子，相当古怪。比如毛色全白而蓝眼的猫，一般是耳聋的。最近据泰托先生说，这种现象只限于雄猫。色彩与体质特征的配合，在动植物中有很多的显例。据赫辛格所搜集的事实，似乎有些植物对于白色的羊和猪是有害的，但是颜色深的却可以避免。淮曼教授最近告诉我此现象的一个很好例子：他曾经询问弗吉尼亚的农民，何以他们的猪全是黑色。据说有一种植物，俗称色根，猪吃了以后，骨头就变成淡红色，而且除了黑色变种以外，猪蹄都脱落了；该处一个牧人又说：“我们在一窝猪仔里边常选择黑色的饲养，因为只有这些才有生存的机会。”其他如无毛的狗，牙齿不全；长毛和粗毛的兽，往往会有长角和多角；毛腿的鸽子，外趾中间有皮膜；短喙鸽子的足一定小，长喙的一定大。所以人若针对任何一项性状进行选种，便会把这种性状加强，同时还因这神奇的相关变异法则，在无意中将会获得其他构造上的改变。

各种未知的或不甚了然的变异法则的结果，是无限复杂而多样的。仔细考究几种关于古老的栽培植物，如风信子、马铃薯以至大理花等的著作，实在是值得的。看到各个变种或亚变种之间所呈现的在构造和体质方面的无穷无尽的轻微差异，确会使我们感到惊异。这些生物的整个构造，似乎已变成可塑，而和它亲型的原来构造有了微小的距离。

各种不遗传的变异，对于我们是无关紧要的。但是能遗传的构造上的歧异，不论是轻微的或在生理上具有重大价值的，其数量与多样性实无限制。关于这个题目的文献，以鲁卡斯博士两巨册的著作最为完善。遗传倾向的强大，饲养者从不置疑，他们的基本信条是物生其类。只有擅谈理论的著作家，对于这原理才有怀疑的表示。当任何构造上的偏差常常出现，而且在父和子都可看到，我们很难说这是否由于同样的原因在两者同起作用的缘故。但是很稀见的偏差，由于环境条件的某种异常结合，在数百万个体之中，偶然发生于一母体，而又重现于其子体，这时单是概率论就会逼使我们承认这重现的事实是遗传的结果。每个人想必都听到过，在同一家族的若干成员之中，有皮肤变白症、刺皮肤或多毛等情况出现。假如怪异而罕见的构造偏差确实是遗传的，那么，不大奇异而比较普通的构造上的偏差，当然也可承认是遗传的了。我们若认为一切特征的遗传是通则，而不遗传是例外，这也许是对待本题的一种适当看法。

支配遗传的定律，大部分还不明了。没有人能够说明为什么同一性状，在同种的不同个体之间，或异种之间，有时能遗传而有时不能；为什么幼孩常常重现其祖父母或远祖的某种性状；为什么一种性状常由一性别传于雌雄两性，或者只传于一性，比较普遍、但不是绝对的只限于同性。雄性家畜的性状，仅传于雄性，或大都传于雄性，这个事实值得我们重视。还有一种更重要的规律，并且是可以确信无疑的，就是一种性状，在一生的某一时期最初出现，往往到了后代亦在相同时期出现（虽然有时可以提早）。在许多场合，这种性状的定期出现，极其准确。例如牛角的遗传性状，仅在它后代将近性成熟的时期出现；蚕体的性状，亦限于相当的幼虫期或蛹期出现。根据遗传的疾病及其他事实，使我相信这种定期出现的规律适用的范围很广。遗传性状何以准期出现，虽没有明显的理由可说，但事实上有这样一个趋向，就是在后代出现的时期，要和它的父母或祖先最初出现的时期相同。我相信这种规律，对于解释胚胎学的法则，极其重要。以上的陈述，自然是仅限于性状的"最初出现时期"这一点，并不是对于胚珠或雄性生殖质所起作用的基本原因而言。例如一只短角母牛和长角公牛交配，会使它的后代的角增加长度。虽出现的时期较迟，但这明显地是由于雄性生殖质的作用。

祖性重现的现象，上面已经说到了，这里再说自然学者所时常提到的一点，就是我们的家养变种，当回返到野生状态后，必定渐渐地重现其原始祖先的性状。因此有人以为我们不能从家养品种的研究，以推论及于自然情况下的物种。这种议论，虽然时常有人大胆地提出，但我始终没有找到它的事实根据。要证明它的真实性，确是极其困难，我们可以确定地这样说：许多习性最显著的家养变种，将不能再营野生生活。并且有许多我们不知道它们的原种是什么，因此也不能说近于完全返祖的现象是否发生。为了防止杂交的影响，必须将试验的变种单独地放在新的地方。虽然如此，家养变种有时的确能重现其祖先的若干性状，所以，如果拿几种甘蓝的品种，种在瘠土中，经过了好几代，可能会使它们在很大程度上或完全恢复到野生原种的状态（不过在这种情形之下，瘠土亦会起一定的作用）。这种试验能否成功，对于我们的论点，并不十分重要，因为在试验的过程中，其生活条件已经发生了改变。如果能够指出，当我们把家养变种放在同一条件之下，并且大量地养在一起，使它们自由杂交，通过互相混合，以防止构造上的任何微小的偏差，在这种情况下，如果它们还显示出强大的返祖倾向——即失去它们的获得性状，那么我自当承认我们不能从家养变异来推论到自然界的物种。如果断定说我们不能把拖车马和赛跑马、长角牛和短角牛、各种家禽以及各类可食的植物，无数世代地繁殖下去——这种观点是全无事实根据的——那是违反一切经验的。

家养变种的性状；种与变种区别的困难；家养变种从一种或多种起源

我们如果观察家养动植物的遗传变种或品种，把它们和密切接近的物种相比较，就可发现各个家养变种的性状，如以前所述，没有真种那么一致。家养变种常具有畸形性的特征。这就是说它们彼此比较或和同属其他的种比较，除了若干点微小的区别之外，往往在某一部分呈现出极显著的特殊的差异，尤其是当它们和自然状态下的它们的最亲近物种相比较时，更加如此。除了畸形特征之外（以及变种杂交的完全可育性——这点将来还会讨论到），同种各家养变种之间的区别，和自然状况下同属各近缘种之间的区别，原无二致，不过通常差异的程度较为微细而已。这点我们必须认为真确，因为许多动物和植物的家养品种，据某些有能力的鉴定家说，是不同物种的后代；而另一些有能力的鉴定家，则说它们仅仅是一些变种。如果家养品种与物种之间有明显的区别，则此种疑团，当不会如此长久存在。有人常常说，家养变种间互相差异的性状，不会达到属的程度。我们可以指出，这种说法是不正确的。但是自然学者对于生物的性状，怎样算是达到了属的程度，各有各的见解，鉴定的标准亦无非根据各人的经验。当属在自然界的起源明了以后，就可以知道，我们实没有理由期望，在家养品种中，时常会找到性状差异足够达到属的水准。

在试图评估近似的家养品种之间的构造差异量时，我们就不免要陷入疑惑，因为不知道这些品种，究竟是由一个亲种还是由多数亲种所传来。这一点如果能搞清楚，应该是很有趣的。例如长嘴跑狗、血猎狗、㹴、长耳狗及激牛狗等，大家知道都能营纯系繁殖，如果能证明它们都是某一物种的后代，就很能使我们对于自然界许多近缘物种（例如世界各处的许多狐的种类）是不改变的说法，大大地产生怀疑。我不信这几种狗类的全部差异，都是在家养状态下产生的，这点在下面就要谈及。我相信一小部分的差异，是由于不同的原种传来的。但在有些别的家养物种，其特征显著的品种，却有假定的或者甚至强有力的证据，说明它们是从一单个野生的原种传下来的。

图3　印度瘤牛

有人曾经设想，人类总选择具有极大的变异性的本质而同时又能忍受各种气候的动植物作为家养物。这种性能，曾大大地增进我们家养物的价值。这点我并不争辩。可是未开化人当初驯养动物的时候，怎么能知道它将在后代能够发生变异？能够忍受其他的气候？且驴与鹅变异性弱，驯鹿耐热力不强，寻常骆驼不能耐寒，难道这些性质，就会妨碍它们成为家养的吗？我不能怀疑，如果从自然状态下取来一些动物和植物，在数目、产地及分类纲目上都相当于我们的家养物，并且同样地豢养到这样多的世代，那么，一般说来，它们将会发生像现有家养物的原种所曾发生的那样大的变异。

大部分从古代就家养的动植物，究竟是从一种还是数种野生动植物所传衍而来，现在还不能得到明确的结论。那些相信家养动物是多源的人们的论点，主要是根据于最古埃及碑石及瑞士湖上住所所发现的记录，从这些记录所看到的品种，已经是很繁杂了，并且其中有许多和现有的极相像，甚至相同。然而，这不过证明人类文化历史的久远，而物种的驯养，较我们目前所设想的还要更早而已。瑞士湖上的居民曾经种植若干种大麦、小麦、豌豆、取油用的罂粟和亚麻，驯养的家畜亦有多种。他们已和其他民族通商。这些都明显地指出，如希耳所说，在这样早的时期，他们的文化已很进步；同时还可表示在这时期之前，更有一长久的文化较落后的时期，在那个时候各地不同的民族所豢养的家畜，已经变异而成为不同的品种了。自从在地球表层许多地方发现燧石器以来，地质学家都相信，未开化民族的存在，已有异常久远的历史。在今日，我们知道，没有一种民族，不开化到不知道养狗的程度。

图 4　荷兰奶牛

大部分家养动物的来源，也许会永远暗昧不明。但是在这里可以指出，关于全世界的狗类，我曾经费力搜集一切已知的事实，而得出这样的结论：狗科有几个野种曾经驯养过，它们的血在某些情况下混杂在一起，在我们家养品种的血管里流着。关于绵羊和山羊，我没有决定性的意见。据勃里斯告诉我的事实，印度产的驼牛，从其习性、声音、体质和构造等几点而言，差不多可以断定它和欧洲牛源出于不同的祖先。某些有能力的鉴定家还相信，欧洲牛有两三个不同的野祖，但不知它们是否能够称作物种。某些有能力的鉴定家还相信，这一结论，以及驼牛和普通牛的种性区别的结论，其实已被吕提梅叶教授的可称赞的研究所确定了。关于马类，我和几位著作者意见相反，我大致相信所有的品种都属于同一个物种，理由不能在这里提出。我搜集到几乎所有的英国鸡种，使它们繁殖和杂交，并且还研究它们的骨骼，似乎可以确定地说，它们都是印度野生鸡的后代，这也是勃里斯和其他学者在印度研究此禽所得的结论。关于鸭和兔，有些品种彼此区别很大，可是它们起源于同一的野鸭和野兔，是有明显证据的。

有的学者对于若干家养品种，支持多源论的主张，达到极端荒谬的地步。他们认为凡是能纯系繁殖的品种，即使其可区别的特征极为微小，也各有它的野生原型。照此估计，在欧洲至少曾有野牛 20 种，野羊 20 种，野山羊数种，甚至在英国一隅，亦当各有好几种。还有一位学者，竟相信先前英国特产的野羊竟有 11 种之多！如果我们记得，目前英国已没有一种特产的哺乳动物，而法国的哺乳类，跟德国不同的亦很少。匈牙利、西班牙等国的情形，也是如此，可是这些国家，每国都有好几种特产的牛羊品种，所以我们必须承认，许多家畜的品种必然起源于欧洲，否则它们从哪里来呢？在印度的情形也是如此。即就全世界所有的狗类品种而言，我承认是从几种野狗传下来，它们具有极大遗传的变异量，是无可置疑的。因为如意大利长嘴跑狗、血猎狗、激牛狗、巴儿狗、伯来尼长耳狗等，与狗科野生的种类如此不同，很难相信和它们相似的动物曾经在自然状态下生存过。有人常常随意地说，我们所有的狗类品种，都是由少数原种杂交所产生的。但是杂交的结果只能得到处在父母之间的多少带着中间性的体型，因此如果我们用杂交来说明某些品种的起源，我们亦得承认必先有极端性型的狗，如意大利长嘴跑狗、血猎狗及激牛狗等，曾经野生于自然界。对于杂交之可能产生特殊品种，实在未免夸张过甚。许多记载指示出，我们用杂交的方法，再加人工选择其具有所需要性状的个体，可以达到品种改良的目的；但是希望从两种很不同的品种，得到一中间性的品种，却是极其困难。希白莱特爵士曾经为了这个目的做过实验，没有成功。两纯种第一次杂交所产生的子代（如我在鸽类中所见的那样），它的性状往往相当一致，一切情形似乎很简单。但这类杂种，如果彼此交配，经过好几代，结果几乎没有两个个体是相似的，于是这事情的困难就显露出来了。

家鸽的品种，它们的差异和起源

我相信最好的方法，是用特殊的种类来做研究，因此经过了熟思之后，就择定家鸽作为研究家养变异的材料。凡是能求得到的或买得到的品种，我都设法搜求保存；我还从世界好些地方，得到了热心惠赠的各种鸽皮，特别是厄里奥特从印度寄赠的和墨雪从波斯寄赠的。关于鸽类的著作，用各种文字写的，都有很多，有些因年代很古，所以极其重要。我又和好些养鸽的人联系，同时又参加了伦敦的两个养鸽会。鸽类品种的繁杂，实在使人惊奇。试把英国信鸽和短面翻飞鸽比较，可以看到它们喙的巨大差异，以及头颅的差异。信鸽，尤其是雄性的，头皮上肉阜特别发达，与此相伴的还有很长的眼睑，很大的外鼻孔和阔大的口；短面翻飞鸽的喙，外表和雀类的喙很是相像；普通翻飞鸽有一种奇异的遗传习惯，就是它们常在高空密集成群，颠转飞翔，翻筋斗。西班牙鸽的体形很大，喙粗长，足亦大；在同一的品种中，有些亚品种有很长的颈，有些有长翼和长尾，有些有短的尾，而且短得很奇怪。巴巴鸽和信鸽接近，但是它的喙很短而阔，不像信鸽那么长。球胸鸽的身体、翅膀和足都很长，它的嗉囊异常发达，当它得意地膨胀时，尤其使人觉得怪异而可笑。浮羽鸽喙短，呈圆锥形。胸部有翻毛一道，它具有能使食管上部不断地微微胀大起来的习性。凤颈鸽颈背的羽毛，向前倒竖，呈凤冠状；依身体的比例来说，它的翼和尾都可说是长的。喇叭鸽和笑鸽的鸣声，正如它们的名称所示，和其他品种很不同。扇尾鸽的尾翎，多至30—40根，而不是12—14根——此数是庞大鸽科里一切成员的正常数目。这些尾翎时常竖立展开，比较好的品种，它的头和尾，能互相接触；它的脂腺十分退化。此外，还可举出若干差异比较小的品种。

就骨骼而言，面部骨片的长、阔和曲度的发育，在各品种间有巨大的差异。下颌支骨的形状，长度和阔度，变异得最为显著。尾椎骨及荐椎骨的数目各有不同；肋骨的数目，它的相对阔度，和有无突起，亦都有差异。口裂的相对阔度，鼻孔、眼睑及舌（并非永远和喙长严格相关）的相对长度，嗉囊的大小和食管上部的大小，脂腺的发达与消退，第一列翅羽和尾羽的数目，翅与尾彼此间的相对长度及其与身体的相对长度，腿与脚的相对长度，趾上鳞片的数目和趾间皮膜发达的程度等，都是构造上易起变异的地方。羽毛长成所需要的时间和初生雏鸽所被茸羽的状态，都有变异。卵的形状和大小各有不同。飞翔的姿势，有些品种的鸣声和性格，有显著的差别。最后，在有些品种中，雌雄个体还有微小的区别。

我们至少可以选出20种家鸽，假使对鸟学专家说这些都是野鸟而请他鉴定，结果必将被认作明显不同的种。并且在此情况下，我不相信任何专家会把英国信鸽、短面翻飞鸽、西班牙鸽、巴巴鸽、球胸鸽和扇尾鸽列为同属；尤其是把这些品种中的那些纯系遗传的亚品种——这些他会称作物种的——指给他看的时候。

鸽类品种的差异虽如此之大，但我深信自然学者的一般意见，认为它们都是从野岩鸽传衍而来，是正确的。所谓野岩鸽，实包括有几个地理族或亚种，彼此仅有极微小的差别。使我相信此说的各种理由，在某种程度下，也可以适用于其他的场合，所以在这里要略加讨论。假设这些鸽类品种，不是变种，而且不源出于岩鸽，则它们至少必须从七八个原种传衍而来，因为目前的许多家养品种，绝不能从比较少数的原种杂交产生。试以球胸鸽为例，除非它的理想祖种之一，具有十分巨大的嗉囊，否则如何能

图 5　岩鸽

经杂交而产生这样的性状呢？这许多想象中的原种，必定都是岩鸽类，它们不在树上生育，也不喜欢在树上栖息。可是除了这种岩鸽和它的地理亚种之外，已知的其他野岩鸽不过两三种，并且这两三种，都不具家鸽的任何性状。因此，关于这些理想原种的下落，只有两种可能：或者它们尚在最初家养的地方生存着，不过现在鸟类学家还不晓得；或者它们已经没有野生的了。从它们的体积、习性及其他显著的特性而论，第一点似乎不可能。第二点亦不可能，因为鸟类之生长于岩壁，而且善于飞翔的，似乎不至于灭绝；和家鸽习性相同的普通岩鸽，在英国好些小岛上及地中海沿岸，亦并未灭绝。因此，假定许多和岩鸽习性相似的种类已经灭绝，未免失之轻率。还有，以上所述的好些家养的品种，传布到全球各处，其中必有回到它们的原产地的，但是除了和岩鸽稍异、而且在有些地方野生的鸠鸽以外，并没有成为野生的。并且最近一切实验的结果，都证明野生动物在家养情形下很难自由繁殖。但是依据家鸽的多源说，就必须假定在古代至少有七八种的野鸽，却为半开化人所驯养而能在笼养状态之下繁殖自如。

还有一项有力的论点，同时可以适用于其他场合的，就是上面所述的许多鸽类品种，就体质、习性、声音、颜色及其大部分构造而言，虽然和野生的岩鸽大致相符合，但是尚有其他部分却又确实是高度异常。我们若在鸽科全体中，想找寻出像英国信鸽、短面翻飞鸽和巴巴鸽那样的喙，像凤头鸽那样的倒生毛，像球胸鸽那样的嗉囊，像扇尾鸽那样的尾羽，终究不可得到。因此，如果我们相信家鸽的多源说，必须假定上古的半开化人，不仅能成功地使好几种野鸽彻底驯化，并且能在有意或无意中选择出非常特别的种类，而这些种类，自此以后已经全部灭亡，或者尚未发现。这一连串奇怪偶然的事件，看来是绝不会有的。

关于鸽类的色彩有几点很值得考究。原鸽是石板蓝色的，腰部白色；但其印度亚种斯特利克兰的原鸽，腰部蓝色。原鸽的尾端有一条暗色横纹，外边尾羽的基部有白色的外缘，翼有两黑条；但有些半家养和纯野生的品种，除了两黑条外，还有许多黑色方形斑点。这些特点，在本科中任何其他的种，都不会同时具备的。但在每一家养品种，只要是充分饲养好的鸽子，均可见这几种性状，甚至外尾翎的白边，有时亦会同时发达完全。而且当两个或几个不同的品种杂交，虽然它们原非蓝色，或不具有任何上述特征，但它们的杂种后代，却很容易突然获得这些特征。现在把我所观察到的几个实例之一举述于此：我曾经以极纯粹的白色扇尾鸽数只与黑色巴巴鸽杂交（巴巴鸽极少蓝色变种，据我所知，在英国还未曾有过这例子），结果其杂种的子代有黑色的、褐色的和杂色的。我又拿一只巴巴鸽和一只极纯的斑面鸽所产的杂种交配，结果，产生了一只美丽的白腰的蓝色鸽，有具双黑条的翅和黑条白边的尾羽，跟任何野生原鸽无异！如果一切家鸽的品种都起源于原鸽，那么，这些事实，就可根据我们所习知的祖性重现原则得到解释。但是如果我们反对此说，就不得不采取下列两种不近情理的假说之一：第一，我们可以假定所有想象的原种，都有和原鸽相似的颜色和斑纹，因之每一品种都有再现这项色彩和斑纹的倾向，可是事实上，现存的其他鸽类，没有一种是具备这些条件的。第二，每一品种，即使是最纯粹的，亦必定在十二至多二十代以内曾经和原鸽杂交过；我必须指明在十二或二十代之内的缘故，是因为我们还不知道有一个例子，在超过二十世代以后，还能重现它的外来血统的祖先性状的。曾行杂交一次的品种，重现这次杂交得到的任何性状的倾向，自然会逐代减少。因为每增隔一代，这外来血统将会次第减少。但是一个品种，假使没有杂交过，则有重现其前几代中已经消失的性状的倾向，而我们可以看到，这一倾向，和上一倾向相反，可以毫不减弱地遗传到无数世代。这两种不同的返祖重现现象，常为一般论述遗传问题的人所混淆。

最后，一切鸽类品种间杂交所产生的杂种，都是完全能育的。这一点，据我个人对极不同的品种所作的有计划的观察，可以说明。但是，两个很不同的动物种的种间杂种，几乎没有一个例子，可以确切证明它们是完全能育的。有的学者相信长时期的家养，可以减除异种杂交不生育性的强烈倾向。根据狗类和有些其他家养动物的历史，这结论如果应用于近缘的物种，该是十分正确的。但若引申过远，以假定那原来就具有像今日的信鸽、翻飞鸽、球胸鸽及扇尾鸽等那么显著差异的物种，而说它们经杂交产生的子代，完全能自相交配生殖，那就未免太轻率了。

根据这几种理由，即：人类不可能在以前曾经驯养七八种假定的鸽种，使之在家养状态下自由生殖；这些假定的鸽种从未有野生状态发现，且亦未曾在任何地方有恢复野生的事实；这些物种虽在多方面和岩鸽如此相似，但和鸽科其他种类相比较，却显示出某些非常奇特的性状；一切品种，不论纯品种或杂种，都偶有重现蓝色和黑斑的；最后，杂种后代完全能生育；综合这种种理由，我们可以安全地作结论说，一切家鸽品种，都是从原鸽和它的地理亚种所传衍下来的。

为了支持上面所说的意见，我还可补充几点。第一，野生原鸽在欧洲和印度都曾证明可以驯养，它的习性和构造上，许多地方和一切家养品种相符合。第二，英国信鸽及短面翻飞鸽虽然有若干性状和原鸽大不相同，但若把这两个品种的一些亚品种来比较，特别是从远地带来的，我们可以在它们和原鸽之间，排成一个几乎完整的顺序；在其他品种亦可以有同样的情形，但不是一律都如此。第三，凡是一品种显示差别的主要性状，往往也就是该品种最显然易变的性状，例如信鸽的肉垂和长喙，以及扇尾鸽尾羽的数目，对于这一事实的解释，等我们论到选择时就明白了。第四，鸽类曾被许多国族所珍爱，看护饲养可说无微不至；它在世界各地饲养的历史，亦已有数千年。据莱卜修斯教授向我指出，最早的养鸽记载是在埃及第五王朝，大约在公元前三千年。但勃胥先生告诉我，在其前一朝的菜单上就已经有了鸽的名称。据普林尼记述，在罗马时代，鸽子的价格很高，“而且他们已达到这种地步，能够评价鸽类的品种和谱系了。”约当公元 1600 年的时候，印度的阿克巴可汗极珍爱鸽，他宫廷里所养的鸽类，常在两万只以上。宫廷史官写道，“伊朗及都伦的国王，都曾以稀罕的鸽类送赠可汗”；又写道，“陛下把各品种杂交，获得了惊人的改进，这种方法，前人从未用过。”在差不多相同时期，荷兰人的好鸽，亦不亚于古罗马人。这些考据对于说明鸽类大量变异的由来，非常重要；我们在以后说到选择时就会明了，而对于若干品种为什么时常呈现畸形的性状，亦可以了然了。家鸽配偶能够终身不变，这是产生各类品种的一种有利条件，因为这样才能饲养不同品种于同一棚房之内。

我已对家鸽的可能起源作了若干论述，但还是很不够的。因为当我最初饲养并观察几种鸽类的时候，知道了各品种的纯粹性，也觉得很难相信它们是从同一亲种所出，正如任何自然学者对于自然界的各种雀类或其他鸟类所提的结论一样。很多饲养动物的或栽培植物的人，凡是我曾和他们谈过话或者曾经阅读过他们的著作的，几乎都坚决地相信他们所培养的许多品种，是从很多不同的原始物种所传下来；这一点给我的印象很深。请你向一位知名的黑尔福德饲养者问一下（如我所曾询问过的），他的牛是否源出于长角牛，或者和长角牛两者都出自同一亲种，则结果必将招致轻蔑的嘲笑。我从未遇到一个养鸽、养鸡、养鸭或养兔的人，不深信他所养的每一主要品种，都是从一个特殊的物种所传来。范蒙斯在他所写的关于梨和苹果的著作内表示，他绝对不信这些品种，像利勃斯顿匹平苹果和科特灵苹果等，是能够从同树的种子传衍而来。其他例子，不胜枚举。我认为原因很简单：长久不断的研究使他们对于各品种的区别，印象很深；明知每一品种，变异轻微（因为他们曾根据轻微差异来选种，而获得奖章），但是他们对于一般的论点，却全无所知，而且也不肯动脑筋总结，轻微差异可因多代的继续而积聚增大。现在有些自然学者，他们对于遗传法则，知道得远较养殖家为少，对于悠长系谱线中的中间链环的知识，所懂的亦并不较多，可是他们却承认许多家养品种都出自相同的亲种。这些自然学者，当他们嘲笑"自然界的物种是其他物种的直系后代"这个观念时，还不应当学一下"谨慎"这一课吗？

古代所依据的选择原理及其效果

现在让我们对家养品种从一个原种或多个近缘原种产生的步骤，简略地讨论一下。有些效果可归因于外界生活条件的直接的和一定的作用，有些可归因于习性。假使有人根据此等作用来解释拖车马和赛跑马的差异，长嘴猎狗和血猎狗的差异，或信鸽和翻飞鸽的差异，那就未免大胆了。家养品种最显著的特性之一，就是它们的适应往往对于本身并无利益，而只是适合于人类的利用和爱好。有些有益于人类的变异，可能是突然发生的，或者可说是一步跳出来的。例如许多植物学者，都相信有刺的起绒草的刺钩，不是任何机械的设计所可比拟，这种植物实在是野生川续断草的一个变种，而这个变化大概是在幼苗上突然发生的。弯腿狗的起源和英国短腿羊的出现，可能都属于同样的情形。但是当我们比较拖车马和赛跑马、单峰骆驼和双峰骆驼、适于耕地和适于山地牧场的以及毛的用途各异的不同品种的绵羊时，当我们比较各种用途的许多狗品种时，当我们把顽强善斗的斗鸡和很少争斗的品种比较，和永不坐孵的"卵用鸡"比较，以及和娇小美观的矮脚鸡比较时，当我们比较那无数的农艺植物、蔬菜植物、果树植物以及花卉植物的品种时，它们在不同的季节和不同的目的上大有益于人类，或者足以使他赏心悦目；这些情况，我想我们不能单用变异性来解释的；我们必须作更深入的探讨。我们不能想象这一切的品种，在突然发生之后，就会这样完美有用，像我们目前所见的。在许多场合，的确，我们知道它们的历史并不是这样的。这事情的关键，全在于人类的积聚选择或连续淘汰之力。自然给予不断的变异，人类却朝着对自己有利的方向，使它积聚增进；这样，可以说人类是在造成对于自己有用的品种。

选择原理力量的伟大，并不是臆想的。确实有几个卓越的饲养者，就在他一生的时间以内，可以把所养的牛羊品种，大大地改进。若要彻底了解他们的成就，必须阅读许多关于这种问题的著述，同时对于动物本身，亦要作实际的考察。畜养家常说，动物的机体好像是可塑的东西，几乎可以随意塑造。如果篇幅允许，我当引证有能力的权威作者对于这种效果的

图 6　美利奴羊（雄者）

许多著述。尤亚脱对于农艺家的工作的认识，似较任何人为深刻，而且他本人又是一个极优秀的动物鉴定者，他认为选择的原理“不仅使农学家能把畜群的性状改良，而且能够使之全然改观。这是魔术家的杖，有了它，可以随心所欲地把生物塑造成任何类型和模式。”苏麦维尔爵士谈到饲养者养羊的成就，曾经说：“他们好像预先在墙上用粉笔画成一个完善的模型，然后使它变活的。”在撒克逊尼，选择原理对于饲养美利奴绵羊的重要性，已经完全了然，有人照它做而成为一种特殊的职业：他们把绵羊放在桌上研究，有如鉴赏家鉴赏图画一般；他们每隔数月进行一次，每次把各羊加上标记和分类，这样连续三次，最后乃选出最上品的使它繁殖。

英国饲养家的实际成就，可以从优良品系价格的高昂得到证明；此类优良动物，曾经输出而运到世界各处。这种改良，一般并不是通过不同品种的杂交。第一流育种家都强烈反对采用这个方法，除了有时实行于极接近的亚品种之外。但若既经杂交，则和一般情况相比，更需要作严密的选择。如果选种手续，只在于把极显著的变种分离繁殖，那么，这一原理就显然不值得我们注意了。可是它的重要性并不在此，而在于把变异照一定的方向，使它累代积进，以收极大的效果，而这种变异，又是非常细微，绝不是未经过训练的人所能觉察到的。作者便是这样的一个人，虽曾尝试，亦未能觉察得出。在一千人中，难得有一个人，他的眼力及判断力足以够得上成为一个大养殖家。纵使他拥有这种品质，还需多年坚忍的研究，当他的终身事业去做，然后才可以成功，并可有伟大的贡献，否则必定会失败。很少人会轻易相信，仅仅凭天资和多年的经验，便可成为即使是一个熟练的养鸽者。

园艺家亦应用同样的原则，不过植物的变异，往往比较突然。没有人设想我们精选的产物，是从它们的原种仅经一次变异而产生的；在若干场合，我们有正确的记录可作证明，如鹅莓的逐渐增大，就是一个小小的例子。如果二十年前或三十年前所画的花朵，和现在的花朵互相比较，我们就可以看到花卉栽培家对于花卉有惊人的改良。当一个植物品种已经育成以后，育种的人，并不是在子苗生长的时候，把最优良的植物拣出；他们只要在苗床内把那些不合标准的植株，称为“无赖汉”的，拔去就行。实际上，在动物亦应用这种选择方法。无论何人，绝不至如此轻率，把最劣的动物拿来繁殖。

关于植物，还有一种方法，可以观察选择的积累效果，那就是，在花园里把同种各变种的植物，比较它们的花的多样性；在菜园里把植物的叶、荚、块茎或任何其他有价值部分，在和同一族变种的花相比较时所表现的多样性；在果园里把同种果树所结的果子，在和同族变种的花与叶相比较时所表现的多样性。试观察甘蓝的叶子怎样的不同，它的花又怎样的相似；三色堇的花怎样的不同，它的叶子又怎样的相似；各品种鹅莓果实的大小、颜色、形状与毛茸变异很多，但它们的花却很少差别。以上种种，并不是说，凡变种在某一点上具有显著的差异，在其他各点上便没有任何差异——据我留意观察的结果，可以说这是很少有或者是绝无仅有的事。相关变异法则的重要性决不可忽视，它能保证某些差异的发生。可是按照一般法则，轻微变异的持续选择，无论在于叶、或在于花、或在于果实，就会产生特别在这几点上具有主要差异的品种，这是无可置疑的。

选择原理的有计划实行不过是近七十五年来的事情，这种说法，也许会有人反对。近年来人们对于这个问题，的确较以前要注意，出版的书籍亦很多，因此得到的成效，亦相当的迅速和重要。但是，如果以为这种原理是近代的发现，那就未免与事实相差太远。我可以举出几种古代的文献，在这些文献里，已充分承认这种原理的重要性。在英国历史中的蒙昧和未开化时代，已常有优种动物输入，而且定出法律禁止其输出；马类的体格小于某种尺度时，有法令规定把它们灭绝，和园艺者拔除苗株的“无赖汉”相似。在一部古代的中国百科全书中，已有关于选择原理的明确记述。罗马时代的学者，则已明白地拟订出选择大纲。据创世记所载，可知在这样的早期，已经有人注意到家畜的颜色。近代的未开化人，有时以他们所养的狗和野生狗类杂交，以改良品种。读普林尼的书，就可以知道这方法在古代早已实行。南非洲的未开化人，常依据他们所畜牛的颜色实行配合；爱斯基摩人对于其所畜的拖车狗，亦是如此。李温士敦说，非洲腹地不曾与欧洲人接触过的黑人，亦知道珍惜家畜的优良品种。这些事实，虽不能全部证明实际的选择，然而从此可以显示古代人和近代最不开化的人，都已密切地注意家畜的养殖。因为优性与劣性的遗传，既如此明显，如果饲养家畜，而不注意到选择，那才是一件可奇怪的事情。

无意识的选择

现代的大育种家常照一定的目的，有计划地选择，想造成在国内无与伦比的一个新品种或亚品种。但是我们认为更重要的，却是另外的一种选择，就是所谓无意识的选择，这是由于人们常希望得到优良的动物，而又常把最好的个体来繁殖的结果。譬如饲养向导狗的人，当然要竭力获得最优良的品种，以后，就用它的最优良者来繁殖，虽然这样做，他却没有既定的要改变这品种的用心或期望。不过事实上我们可以推想，这个方法，如果持续数百年之久，必定会使任何品种得到改良，正如贝克威尔、柯林斯等所得到的结果一样；贝、柯等采取同样的方法，不过比较地有计划，所以就在他们还活着的时候，已能大大地变更他们所养牛种的形状和性质。缓慢而不容易察觉的改变，除非所养的品种，在很久以前，曾经有实际的测量或精细的图画，才可据以比较。然而，在某些情况下，同一品种的没有改变或略有改变的个体，在文化落后的地区存在，也是有的，因为那里的品种很少改进。我们有理由可以相信，查礼士王的长耳狗[1]，从那一朝代起，在无意识的状态下曾有巨大的改变。有几位极有才能的权威学者，确信侦察狗是长耳狗的直系后代，并且可能是逐渐变异而来的。我们知道，英国猎狗曾在上一世纪内发生巨大的改变；这种改变，据一般意见，都以为主要是和猎狐狗杂交所致。可是这里所当注意的是，这种变化是无意识地慢慢地进行着的，但它的成果却非常显著；当然以前的长耳狗的确来自西班牙，但据鲍罗告诉我，他在该国从未看见有本地的狗和现在的英国猎狗相似的。

〔1〕 亦称“西班牙猎狗”。

经过了相似的选择手续和严格训练，英国赛跑马的速率和体格已经超过其亲种阿拉伯马，所以按照古德坞赛马规则，阿拉伯马的载重量被减轻了。斯宾塞爵士和其他学者曾经指出，英国的牛较从前所养的，重量已有增加，并且比较早熟。把不列颠、印度和波斯的信鸽与翻飞鸽的目前状态和各种旧著作中所载的过去状态相比较，我们就可以追踪出它们的逐渐的、不容易察觉的变异阶段，以及演变到现在与原鸽迥然不同所经的过程。

尤亚脱举出一个极好的例子，来说明一种选择过程的效果，这可以看作是无意识的选择，因为饲养者没有预期过的，或甚至没有希望过的结果产生了，这就是说，产生了两个不同的品系。尤亚脱说，勒克莱先生和伯吉斯先生所养的两群雷斯忒羊都是经过五十年以上的时间，从贝克威尔先生的原种纯系繁殖下来的。任何熟悉这个事情人，定不会怀疑这两个人的羊种和贝克威尔的羊种有任何一点不同，可是到后来，这两人的羊群彼此间的差异竟如此之大，使它们呈现为两个很不相同的变种。

如果现在有一种未开化人，很野蛮，甚至从不考虑到他们所养的家畜后代的遗传性状，即使如此，他们还会常常在遇到饥馑或其他灾害的时候，为了一个特殊目的，把任何一个特别对他们有用的动物小心地保存下来。这样选出的动物，自将比那些劣等的动物产生更多的后代；这种情形，就是一种无意识选择的实行。我们知道，甚至火地岛的未开化人亦珍爱他们的动物，在饥馑的时候，他们情愿杀食年老妇人；在他们看来，年老妇人的价值还不及狗。

在植物也是如此，通过最优良个体的偶然保存，而得到了逐渐的改进，不论其最初出现时是否合乎变种的水准，不论其是否由于两种或两种以上的种或品种的杂交混淆，我们都可以清楚地看出这种逐渐改进的过程，正如我们现在看到的三色堇、蔷薇、天竺葵、大理花以及其他植物的变种，若和旧的变种或原种比较，在美观和大小方面都已有了改进。没有人会期望从野生三色堇或大理花的种子，就产生上等的三色堇或大理花。也没有人会期望从野生梨的种子，培养出上等的软梨，即使他可能把野生

图 7　波斯灵猩

的瘦弱梨苗育成佳种，如果这幼苗原是从果园品系来的。梨虽然在古代已有栽培，但据普林尼的记述，看来那时候的果实品质是很恶劣的。我曾经看过园艺书籍上对于园艺者精妙的技巧，表示赞赏，因为从低劣材料着手改良而产生这样优良的结果；然而技术是简单的，就最后所得的结果而论，可以说几乎是出于无意识的。无非是，老是把最有名的变种拿来栽培，播下它的种子，当偶然碰到较佳的变种出现，马上把它选出来种植，依此进行而已。我们今天的优良果品，在某种程度上虽对他们所能得到的最好品种自然地进行选择和保存，然而他们在栽培所能得到的最好的梨树时，却从未想到我们今天要吃到怎样味美的梨。

大量的变异，是这样的缓慢地在不知不觉中积聚起来的，我想这解释了以下的熟知事实：即在许多情况下，我们对花园内或菜园内种植历史已经很久远的植物，已不认识它们最早的野生原种，亦不晓得它们的来源。许多植物达到现在有用于人类的地步，已经经历了数世纪或数千年的改良和变更，所以我们不难了解为什么在澳洲、好望角，或其他未开化人所住的地方，竟没有一种植物值得栽培。在这些地方，植物的种类既如此繁庶，并不是由于一种奇突的偶然，而没有任何有用植物的原种，而只是因为这类土产植物，没有经过持续选择的改良，以达到一完善的标准，足以和古代文化发达地方所产的植物相比拟。

关于未开化人所豢养的家养动物，不可忽略的一点，就是它们至少在某些季节，几乎经常要为自己的食物而进行斗争。在情况极其殊异的两个地方饲养体质上或构造上都稍有差异的同种个体，必然会有在一地方生活较胜于另一地方的，因此，由于以后还要较详说明的自然选择作用，就有成为两个亚品种的可能。若干著作者曾经指出，未开化人所养的品种，常较文化发达地方所养的具有更多的真种性状，也许一部分可以用上面的事实来解释。

据上述人工选择作用的重要，就可以明了为什么家养品种的构造与习性，都显然适应于人类的需要和喜好。同时我们更可以了解家畜品种何以常具有畸形性状，以及大的差异常多在身体的外部而少在内部。除了外部可见的性状之外，人类几乎不可能选择构造的歧异，即使可能，也是非常的困难；而且事实上，人类亦极少注意到内部的性状，除非自然首先给它一些轻微变异，人类绝不能进行选择。若不是有一只鸽子的尾巴，已具有一些不平常的状态，绝没有人会去尝试把它育成扇尾鸽；若不是看到一只鸽子的嗉囊，已出现一些异常的膨大，亦绝没有人会想把它育成球胸鸽。任何性状，最初出现的时候愈和寻常的不同，就愈会引起人类的注意。但是我们如果说要育成一种扇尾鸽，这种说法，我想在任何情形之下必定是很不正确的。最初选育尾巴略大的鸽子的人，绝没有梦想到，在经过长期的、局部无意识的、和局部有计划的选择之后，这个鸽子的后代将变成什么样子。也许一切扇尾鸽的始祖，和现在的爪哇扇尾鸽一样，仅有14根略

图 8　贴毛㹴和乍毛㹴

能开展的尾羽，或者有如其他的特殊品种，已具有 17 根尾羽。也许最初球胸鸽的嗉囊的膨胀，仅和现在浮羽鸽食管的膨胀情形相似；但膨胀食管的习性，不为养鸽者所注意，因为这不是家鸽品种的要点之一。我们不要以为必须有巨大的构造上的差异，才能引起养鸽者的注意，他能觉察到非常微小的差别，因为人类的天性，对于自己的物品，如有新奇的地方，不论如何微小，也一定要珍视的。不能用现在的眼光，用现在好几种品种成立之后的标准，去判断以前对于同种诸个体所发生的微小变异的估价。我知道，现在家鸽亦偶有微小的变异出现，可是这些都被认为是不合标准的偏差而被舍弃了。寻常家鹅并没有产生任何显著的变种，所以都鲁士种与普通种虽然仅在颜色上有些差别，且这种差别是极不稳定的，却亦被视为不同的品种，而在最近家禽展览会上展出。

这些观点，对于时常谈起的，即我们对任何家养品种的起源或历史几乎全无所知的说法，似乎可以给予解释了。但是事实上品种与方言相似，很难说是有明显的起源。有人保存构造微有差异的个体，要它繁殖，或特别注意于最优良的个体的配合，使它改良，这改良的动物便逐渐地传布到邻近各地。可是这项改良的品种还没有特别的名称，且因为它的价值，还不能被一般人所重视，所以没有人会注意到它的来历。此后，这种动物，再经过同样的缓慢而渐进的改良，它的传布区域也逐渐地增广，它的特点和价值，才会被人们所认识，在这时候，也许才开始有一个土名。在半文明地方，因交通不便，一个新的亚品种的传布是缓慢的。一旦品种的价值

图 9　猎狐犬

得到公认，则该品种的特点，不论是什么性质，都会照以上所述的无意识的选择原则，慢慢地前进。品种的盛衰要看各地居民的时尚而定，所以有一个时期会养得多些，而有一个时期养得少些。分布的广狭也要看各地人民的文化程度情形而定，所以有些地方养得多些，有些地方养得少些。但

是无论如何，这品种的特性总会慢慢地加强的。不过对于改进的过程，因为进行异常缓慢，又时常改变，而且不容易觉察，所以很少有机会把任何记录保存下来。

人工选择的有利条件

现在我要谈谈人工选择的种种有利的或不利的情况。凡是有高度的变异性能的，都显然有利于人工选择，因为可以有丰富的材料，使选择的工作顺利进行。即使这种变异仅是个别的差异，也不能算是不够，因为如能加以注意，就可以使变异的量就任何所期望的方向积聚并推进。但是明显适合于人类的用途或爱好的变异，仅偶然出现，如果能大量增加饲养的个体，则此等变异出现的机会，亦可以大大地增多。所以数量是成功的关键。根据此项原则，马歇尔曾指出，在约克郡好些地方所饲养的羊，“永没有改良的希望，因为这些羊群大都是贫农养的，而且饲养的数目极小。”反之，育苗家因为栽培同种植物的个体非常的多，所以对于育成新的而有价值的品种，往往远较一般业余种植者为成功。一种动物或植物的大量培养，只有在对它的繁殖有利的环境下，方能实行。如果个体极少，就会不管品质好坏，让它全部生殖，这实际是阻止了选择。但是，看来最重要的一点，就是人类必须对于他所培养的动植物估价很高，而深切地注意到品质或构造上的极微小差异；如果不是这样，便绝无成效可言。我曾经见到人们严肃地指出，正当园艺者开始注意到草莓的时候，它开始变异了，这是极大的幸运。草莓自种植以来，无疑地时有变异，不过那微细的变异不为人们所注意罢了。一旦园艺者开始选拔那些较大、较早熟或果实较好的个体植株，并从这种植株培植子苗，再选出最优良的子苗做繁殖的用途(更辅以种间杂交)，于是许多优良的草莓品种就这样产生；这是最近五十年内的事情。

在动物方面，防止杂交是成立新品种的重要因素，至少在已经有其他品种的地方是如此。因此，圈地饲养是有作用的。流动的未开化人和旷阔平原上的居民所畜的动物，在同种内很少有超过一个品种以上的。鸽类的

图 10　血猎犬

配偶终生不变，所以许多品种，虽然杂居于同一鸟屋，仍能保持其纯种而且可以改良；这点给养鸽者以无比的方便，而对于新品种的造成，自必十分有利。还有，鸽类可以很迅速地大量繁殖，并且劣等的家鸽亦因可供食用，极容易除去。相反，猫类因为有夜间漫行的习性，其交配很难控制，所以虽然为妇女及孩子们所珍爱，我们很少看到一显著的品种，能够长久地保存；我们有时看到特殊品种，大都是从国外输入的。虽然我并不怀疑，某些家养动物的变异少于另一些家养动物，像猫、驴、孔雀、鹅等等，所以品种少或简直没有特殊品种，主要是未经过选择作用的缘故：对猫，因为它交配难以控制；对驴，因为通常仅有少数由贫农饲养，而又不注意于选种，但是近来在西班牙及美国等处，已经有人注意选择，这种动物就有了惊人的改进；对孔雀，因为不容易饲养，且没有大的数量；对鹅，因为用途仅限于肉与羽毛两项，更因为一般对于殊异品种，都不感兴趣；正如我在别处所讲过的，鹅处在家养的条件之下，尽管也有轻微的变异，却似乎具有特别不易变化的体质。

有些作者主张，家养物的变异量，不久即将达到一定限度，以后便不能再有所增进。在任何场合，如果断定已经达到了这种限度，那就未免有些轻率，因为所有的动植物，在近代差不多在各方面都有巨大的改良，这就表示它们还在变异。如果断定现在已经发达到极点的那些特性，经过数百年的固定之后，即使在新的生活条件之下，亦可以仍旧不变，也将是同样的轻率。无疑，像华莱士先生指出的，一定的限度终有一天要达到，这句话很有道理。例如陆上动物的速率，必有一定的限度，因为行动速率是受它们的身体重量、肌肉伸缩力以及克服阻力的程度所限制的。但是与我们有关的是，同种的家养变种，在人类曾经注意到、因而选择过的几乎每一个性状上的彼此差异，要比同属的异种间的彼此差异为大。小圣提雷尔曾就体型的大小，来证明这一点，在颜色方面亦如此，在毛的长度方面大概也是如此。行动速率与身体上许多特性有关，如伊克里泼斯马是跑得快的，拖车马是体格壮大的，这两种不同的性状，在同属中任何两个自然物种都不能和它比拟。植物也是如此，豆或玉蜀黍的种子，其大小的差异，恐怕在这两科植物中，不是任何一属中之种别差异所可比拟的。李子各变种的果实，情形亦是相同，甜瓜则更为显著，此外尚有许多其他类似情形。

现在把上面所讨论的关于动植物家养品种的起源作一总结。生活条件的变化，在引起变异上具有高度的重要性。一方面对于整个机构起了直接作用，另一方面又能间接地影响到生殖系统。变异的发生，如果说在一切境况之下都是天赋的和必然的事，那大概不会正确。遗传性与返祖性的强弱，决定变异能否继续。变异性受许多未知的定律所控制，其中相关生长大概最为重要。有些可归因于生活条件的一定作用，但究竟到多大程度，我们还不知道。身体上各部分的使用与不使用，对于变异应当有些效能，也许相当巨大。所以最后的结果，非常复杂。在有些场合之下，不同的原种杂交，对于我们现有品种的起源，有它的重要性。在任何地方，当若干品种一经形成后，它们的偶然杂交，加以选择淘汰，无疑地对于新亚品种的成立有很大帮助；但是杂交的重要性，在动物及以种子繁殖的植物，曾经不免过于夸张。在暂时以插枝或接芽等方法繁殖的植物，杂合自然是非常重要，因为栽培者在此可以不必顾虑杂种的极度变异性和不育性；可是这种不以种子繁殖的植物，对我们不甚重要，因为它们的存在只是暂时的。在这一切的变化原因之上的是选择的积累作用，不论是有计划而速成的，或是无意识而缓慢的（然而是更为有效的），它似乎都是最突出的力量。

第二章

自然状态下的变异

变异性——个体差异——可疑的物种——分布广远的、分散的及常见的物种，变异最多——各地大属内的物种常较小属内的物种变异更频繁——大属内有许多物种和变种一样，彼此间有密切而不相等的关系，而且分布有限制

在把前章所得到的原理应用到自然状态下的生物之前，我们必须约略地讨论一下自然状况下的生物是否易起变异。对于这一问题，若要作充分的讨论，势必要列举许多枯燥乏味的事实，所以只能留待将来在另一著作中发表。我也不拟在此讨论那加在物种这个名词上的许多定义。没有一种定义能使所有自然学者满意，而每一自然学者，当他谈到物种的时候，又都有模糊的认识。这名词一般含有所谓特殊创造作用这一未知因素。变种这一名词，亦是几乎同样地难下定义，它几乎通常含有系统上共同性的意义，不过这点也难以证明。还有所谓畸形也是如此，但它们逐渐混入变种

的境界。我认为畸形系指构造上的某种巨大偏差，对于物种本身通常是有害或无用的。有些学者以为变异这一名词的专门意义，是指那种由生活的物理条件所直接引起的变异，而这样的变异，又假定是不能遗传的。可是波罗的海半咸水内的贝类的短小情形，阿尔卑斯山顶上的矮小植物或极北区域动物的厚毛，谁能说它们在某种场合，不能遗传到至少数代呢？像这样的情形，这种的生物，我认为是应该称作变种的。

我们有时在家养物（尤其是植物）中所看到的，突然发生的巨大的构造上的偏差，是否在自然界能永久繁殖，是一桩可疑的事情。几乎每一生物的每一部分，都和它的复杂的生活条件有微妙的关系。所以任何一个构造的产生，如果把它看成和人类发明复杂的机器相似，能够突然造出，即臻完备，这似乎不可能。在家养状态下所产生的畸形，有时和很不同的动物的通常构造相似。猪类有时生下来就有一种长吻，假定同属中任何野生种，原来也有这种长吻的，那么也许可以说它是作为一种畸形而出现的。但是我经过了努力的搜求，这种家养畸形情况，也没有能够在近缘种类的常规构造上找到，而这点正是本题的关键。假使这种畸形类型确曾在自然状态下出现，而且能够生殖（事实上不常如此），但亦将因它的出现是单独的或者稀少的缘故，必须要在十分有利的情况之下，才能得到保存。当它们在最初及以后数代，就会和普通的类型杂交，而使这畸形怪状，几乎不得不消失。关于单独或偶然变异的保存与延续的问题，当在下一章再行讨论。

个体差异

在同一父母的后代中所出现的许多轻微差异，或者从栖居在同一局限地区的同种个体中所观察到、而可以设想为同祖后代的那许多轻微差异，都可称为个体差异。没有人会设想同种的一切个体，皆由同一模型所铸成。这些个体差异，对我们来说是非常重要的，因为众所周知，它们往往是遗传的，它们供给了材料使自然选择作用能进行并积累，正如人类就任何方向，增积家养物的个体差异一样。这些个体差异，一般发生在那些被自然学者认为是不重要的部分。可是我可以举出一大批事实，来证明在生理学或分类学观点上都必须认为重要的那些部分，有时在同种的个体间也有变异。我深信，最有经验的自然学者，如果能就可靠的根据搜集事实，有如我多年来所搜集的一样，即使仅就重要的构造部分去搜集，亦必以变异例子的繁多而感到惊异。我们知道，分类学者并不喜欢在重要特征中发现有变异性，并且很少人愿意就内部的重要器官，在同种的许多标本间用心去研究比较。大概从来不曾预料到，昆虫的大的中央神经节周围的主要神经分枝，在同种内会有变异，也许通常都以为这类性质的变异只能是缓慢的。可是卢布克爵士就曾证明，介壳虫的主要神经的分枝变异，有如树干的分枝，全无规则。这位自然哲学家更指出，昆虫幼体内肌肉的排列，并不一致。当学者们声言重要的器官绝不变异时，他们往往采用了一种循环论证，因为他们实际上把不变异的部分列为重要器官，如少数自然学者的忠实自白，在这种观点下，我们当然不能找到重要部分会变异的例子，但是若从任何其他观点，肯定有许多的例子可以举出来。

有一点和个体变异有关，而使人极感困惑的，就是那些所谓变型的或多型的属。在这些属内，物种常呈现过度分量的变异，因此对于这类变异类型之应否列为物种或变种，难得有两位自然学者意见相同。我可以举植物中的悬钩子属、蔷薇属和山柳菊属以及昆虫类和腕足类的一些属为例。但在大部分多型性的属内，亦有好些物种是有固定特征的。除了少数例外，凡一个属在某一地方是多型的，在其他地方也是多型，更如腕足类在古代也已经是如此了。这些事实使人极感困惑，因为它们显示出，这类变异似乎和生活条件没有关系。我猜想我们所看到的变异，至少在一部分多型属内，似乎对物种本身并无利害关系，因而自然选择对它们就没有作用，这点待以后还要说明。

我们大家知道，除了变异之外，生物的同种个体，往往还有其他构造上的大差别，例如各种动物的雌雄两性，昆虫的不育性雌虫即工虫的两三个不同职级，以及许多低等动物的幼期及未成熟期。在动物和植物两界，还有两型性和三型性的现象。关于这点，华莱士先生最近曾举出马来半岛某种蝶类的雌体，常常有规则地现出两种或三种显然有别的体型，并且在这种不同体型之间，并没有中间性的变种。弗利兹·穆勒记述巴西的甲壳类动物，有相似的情形。但是更为奇特的是：例如异足水虱经常产生两种不同的雄体，一种具有强大而形式不同的螯，另一种具有很多嗅毛的触角。动植物所呈现的两三种不同体型，虽然在目前已没有连续的中间阶段，但是在以前，也许曾有此种中间性体型存在。例如华莱士先生所述某岛的某种蝶类变种很多，可以排列成一连续的系列，在这系列的两极端的蝶，却和马来半岛其他部分所产的一近缘而双形种的两个类型极其相似。在蚁类也是如此，工蚁的若干职级，通常形态殊异，但在某种场合，职级之间却有好些渐渐改变的变种体型，使彼此互相连接，此点将待以后再谈。据我所见的两型性植物，也是如此。一只雌蝶，有同时产生三种不同雌体和一种雄体的能力；一雌雄同株的植物，在一蒴果内产生出三种不同的雌雄同株的个体，包含有三种不同的雌体和三种或六种不同的雄体。这些事实，初看确是奇特，但究其实际，也不过是这个寻常事实的夸大，即雌的可以产生雌雄两性的子息，其彼此差异，有时可以达到惊人的状态。

可疑的物种

有的类型，在相当程度上具有物种的性状，可是因为它们和别的类型如此密切相似，或者还有许多中间性体型阶段，把它们和别的类型如此紧密地连接在一起，以致一般自然学者不愿把它们认为分明的种。就几方面来讲，这些类型对于我们的观点，实在很是重要。我们有各种理由可以相信，这些分类地位可疑而极相类似的类型，有很多在长期内持久地保有它们的特性，正像我们所知道的良好的真种那样。实际上，当一个自然学者能够以中间性体型联合任何两个类型时，他就把其中之一列为另一类型的变种。他把最普通的、但常常是最初记述的作为物种，而把另一类型作为变种。不过有的时候（这里不拟列举），虽然具有密切的中间链环，亦还有很大困难，来决定一类型应否列为另一类型的变种，即使这些中间体型，通常认为是具有杂种性质的，也不一定能够解决困难。可是在很多场合，一类型之所以被列为另一类型的变种，并不是因为在它们之间，已找到中间链环，而只因根据构造上的对比，使观察者推想此等中间体型，或者现存于某一地域，或者在以前时期曾经存在过，这样就不免为疑惑和臆断大开门户了。

所以，要决定一类型是否应列为物种或变种，具有丰富经验和明确判断力的自然学者的意见，似乎是应遵循的唯一指针。然而在许多情况下，我们也必须依据大多数自然学者来做决定，因为很少有一个显著而熟知的变种，不曾被几个有资格的鉴定者列为物种的。

此等可疑性质的变种并非稀有，乃是无可争论的。试取各植物学者所著的大不列颠的、法国的或美国的植物志来比较，就可见被一植物学者列为物种而为另一植物学者列为变种的类型，数量之多，出人意料。曾经多方面协助我而使我深深感激的华生先生，曾为我举出不列颠 182 样植物，现在一般都认为是变种的，但所有这些也都曾经被植物学者列为物种。他做这个表的时候，还曾把许多细小的变种除去，而这些变种也曾经是被植物学者认作物种的。此外，另有许多显著的多型性的属未曾列入。在包含有最多型的类型的属之下，巴宾顿先生举出 251 种，而边沁先生则仅举 112 种，其相差的疑种数目竟达 139 种之多。对于每次生殖必须交配而又具有高度活动性的动物，被一动物学者列为物种而为另一动物学者认为变种的可疑体型的例子，在同一地区是很少的，但在隔离的地区却极为普遍。在北美洲和欧洲，多少鸟类和昆虫，它们仅有微小的差异，但是常被一著名学者认为无可怀疑的物种，而为另一学者列为变种，或者称为地理族！华莱士先生在他的几篇有价值的动物学著作里，尤其是关于马来半岛鳞翅目昆虫方面，曾经说此等动物，在该地可以分为四类，就是变异类型，地方类型，地理族（即地理亚种）以及真正的代表性物种。第一类变异类型，在同岛的范围内变异很大。地方类型则相当固定，而在每一隔离的岛上，各有区别。可是如果把几个岛的所有标本加以比较，可见它们彼此间的差异，微小而逐渐，以致不能给它们以区别或描述，虽然同时在极端体型之间有足够的区别。地理族，即地理亚种，是性状完全稳定的、隔离的地方类型，不过它们既没有显明而重要的区别特征，“所以要确定何者为种，何者为变种，除了凭个人的意见之外，也没有可资考验的方法。”最后，代表性物种在各岛的自然经济圈中，和地方类型及亚种等占有同样的地位，可是它们彼此间的差异量，较其他二者为大，因此自然学者几乎普遍地把它们列为真种。虽然如此，我们并没有一定的标准，作为辨别变异类型、地方类型、亚种和代表性物种的依据。

多年以前，作者曾就加拉帕戈斯群岛中各邻近岛屿上所产的鸟类，彼此比较，并把它们和美洲大陆上所产的比较，更见其他学者亦有从事此同样工作的，结果使我深切地感觉到物种与变种的区别，完全是含糊而任意的。马德拉各小岛上所产的昆虫，有许多在吴拉斯吞先生的可称赞的著作中鉴定为变种，而这些，一定会被许多别的昆虫学者列为显明的种。甚至在爱尔兰亦有少数动物，现在通认为变种的，曾被某些动物学者列为物种。若干有经验的鸟类学者，认为英国红松鸡只是挪威种的一个显异的族，但是大多数的学者却把它列为英国的一个特有的、无疑的物种。两个可疑类型的产地，如果相距遥远，自然学者就会把它们分成为不同的种。可是我们得问：这距离多少才够？如果说美洲与欧洲的距离足够大了，那么欧洲与亚速尔、马德拉或加那利诸岛之间，或此等小群岛中各岛屿间的距离，是否足够大呢？

美国杰出的昆虫学者华尔许先生，曾把吃植物的昆虫，描写为他所称的植食性物种和植食性变种。大多数植食性昆虫常食一种或一类植物，也有不加区别地取食许多种类的植物而结果并无变异的。可是在若干场合，华尔许观察到吃不同植物的昆虫，常在幼虫或成虫期内，或者在两期内，于色彩、大小或分泌物性质方面，具有微小而固定的差异。这些差异，有时仅限于雄体，有时则为雌雄两体所同具。如果此类差异相当显著，而又同时发生于雌雄两性和成幼各期，所有昆虫学者都会把这些类型列为良好的物种。但是没有一位观察者可以代替别人鉴定这些植食性的昆虫，哪一类型应列为物种，哪一类型应列为变种，即使他自己能作这样的鉴定。华尔许先生把那些假定可以自由杂交的类型列为变种，那些似已丧失此种能力的列为物种。不过这些差异的形成，由于昆虫在长期内习食不同植物所致，所以我们现在已不能希望找到它们的中间链环。这样，自然学者在决定把可疑类型列为变种还是列为物种时，便失去了最好的指示。生长在不同的大陆或群岛上的密切接近的生物，必有类似的情形存在。在另一方面，一种动物或植物，遍布在同一大陆或同一群岛的许多岛上，而在各地都有特殊的类型的，就会有良好机会，在极端的殊异类型间找到中间链环，于是这些类型的地位便被下降到变种的一级。

少数自然学者主张动物绝没有变种，于是他们把极微小的差异也认为具有种别特征的价值。如果在两个不同地域或不同地层内遇着相同的类型，他们仍相信是两个不同的种，隐藏在同一外衣之下。这样，物种就成为一个无用的抽象名词，而意味着和假定着分别创造的作用。确有许多类型，被卓越的鉴定者所认为变种的，在性状上这样地和物种完全相似，以致它们被另一些卓越的鉴定者列为物种。不过在名词的定义未经一般公认之前，我们来讨论什么该是物种或者什么该是变种，乃是徒劳无功的。

有许多显明变种或可疑种的情形是值得考虑的，因为在试图决定它们的分类级位上，从地理分布、类似变异、杂交等方面，已经展开了几条有兴趣的讨论线，这里只因限于篇幅不能加以讨论。在许多场合，密切的研究，无疑地可以使自然学者对于可疑类型的分类得到相同意见。然而必须承认，研究得最透彻的地方，可疑类型的数目亦最多。下列事实，深深地引起我的注意：凡是自然界的动植物，如果对于人类很有用，或者由某种原因而引起人特殊兴趣的，那么，它的变种就会普遍地被记载下来。而且这些变种，常常被某些著作者列为物种。试以普通的栎树为例，对它的研究不可谓不精细，但是有一位德国学者，根据它的各种体型，竟分为 12 个种以上，而这些几乎都是被其他植物学者所通认为变种的。即在英国，许多著名的植物学权威和实际工作者，对于无柄及有柄栎树应否认为不同的种或仅是变种，亦是意见各殊。

这里当略论德康多最近发表的关于全世界栎树的一篇著名报告。他所用材料的丰富，工作的热情和敏锐，实为任何人所不及。他首先就若干物种，详细举出其在构造上的许多变异情况，并且用数字计算出变异的相对频数。他指出在同一枝条上发生变异的12种以上的特征，有时和植物的年龄或生长有关，有时则无明显理由可言。这种特征，当然没有物种的价值，但据阿沙·葛雷的评论，则谓它们常通用于种征记载之中。德康多接着还说明他鉴定为物种的类型，所根据的特征，是在同株上没有变异，并且没有中间性的联系。这是他辛勤工作所得的结果。经过讨论之后，他又强调指出："有人以为我们大部分的物种都有明确的界限，而可疑种仅属于极少数，他们是错误的。只有在知识极不完全的属内，而其种的建立亦只凭少数标本而成，即所谓假定的时候，此说才似乎确实。但是当我们对于该属的知识扩大，中间类型不断出现，则对于物种界限的怀疑，亦必会增加了。"他更说，正是知道得最详尽的种，才具有最大数目的自发变种和亚变种。夏栎有28个变种，除了6个外，其余都环绕于有柄栎、无梗花栎及柔毛栎这三个亚种的周围。连接这三个亚种的中间类型是比较稀少的。又如阿沙·葛雷所说的，这些连接的类型，目下既已稀有，如果一旦完全绝迹，则此三个亚种的相互关系，正和密集于模式型夏栎的四五个假定种完全相同。德康多承认，在其序论中所列举栎科（即山毛榉科）300种中，至少有三分之二系假定物种，因为它们和上述的真种定义，并不严格符合。应该补充说明，德康多已不再相信种是不变的创造物，他断言转生学说是最合于自然的学说，"并且和古生物学、植物地理学、动物地理学、解剖学和分类学上的已知事实，最为符合"。

当一位年轻的自然学者开始研究一类不熟悉的生物的时候，首先使他深感困惑的，就是决定什么差异可作为物种的差异，什么可作为变种的差异，因为他对于这一类生物所经历到的变异的量和种类不甚了解，可是这至少也可以表示生物的变异是一种极普遍的现象。如果他的研究，仅限于某一地域的某一类生物，就会很快决定怎样去措置大部分的可疑类型。最初，他必有多定物种的倾向，因为正如以前所讲到的爱养鸽类或爱养家禽的人那样，他所不断研究的那些类型的差异量，将会给他深刻的印象；并且因为他很缺少有关别类或别地生物的类似变异的一般知识，以致不能用来校正他的最初印象。当他观察的范围扩大，他的困难亦必因遇到较多的近似类型而逐渐增加。可是他的观察范围如果大大地扩大，到了最后，他必能建立自己的主张。不过要达到这个地步，必须先能承认生物之富有变异性，而承认这项真理，常常会遇到其他自然学者的争辩。如果他研究到那些从现今已不连续的地方得来的近似类型，因不能找到中间链环，所以不得不完全依赖于类推的方法，于是他的困难，亦就达到了最高点。

在物种和亚种之间，确还没有明显的界线可以划分。所谓亚种，就是某些自然学者认为很接近于物种而尚未完全达到物种级的那些类型；其次，如在亚种和显著的变种之间，或者不甚显著的变种与个体差异之间，亦没有分明的界限。这些差异被一条不易觉察的系列彼此混合在一起，而这条系列使人意识到这正是演变的实际途径。

因此我认为，个体差异，虽然不为分类学者所重视，而对于我们却非常重要，因为这种差异正是走向轻微变种的最初的步骤，而这些轻微变种，在自然学史的著作中，是勉强被认为值得记述的。同时我认为，在任何程度上较为显著和较为固定的变种，是走向更显著和更固定的变种的步骤，更由此而走向亚种，再走向种。从一阶段的差异达到另一阶段的差异，在许多场合，只是生物的本性以及生物在长期内处于殊异的物理条件的简单结果。但是就更重要的和更能适应的特性而论，这个过程可以很安全地归因于自然选择的积累作用（以后当再说明）以及器官的使用和不使用的效果。所以一个极显明的变种，可以称之为初期的物种。不过此项信念是否合理，必须根据本书所举的各种事实和讨论的分量来做判断。

不要以为一切变种或初期物种，都会达到物种的阶段。它们可以灭绝，或者在极长时期内停留在变种阶段，有如吴拉斯吞先生所举的马德拉产陆生贝类化石变种的例子，或萨保塔所举的植物变种的例子。如果一个变种的繁殖，超过它的亲种数量，它就会被列为物种，而原来的亲种则被降为变种；或者它会把亲种消灭而代替了它；或者两者并存而各自被列为独立的物种。此点将在以后再说。

据上所述，可见“物种”这名词，我认为完全是为了方便起见，任意地用来表示一群相互密切类似的个体的，它在本质上和“变种”没有区别。“变种”这名词是用来表示差异较不显著和性状较不稳定的类型的。同样地，我们以“变种”这名词和“个体差异”相比较，也是为了方便起见而随意采用的。

分布广远的、分散的及常见的物种，变异最多

从理论方面讲，我想如果把几种编著良好的植物志内所记载的一切变种，排列成表研究，则对于变异最多的物种的性质以及它们彼此间的关系，必定可以得到有趣的结果。这个工作初看似乎简单，但是不久，给我很多帮助和指教的华生先生使我了解到这里有很多困难，其后霍克博士也这样说，甚至更强调了这种困难。我将在另一著作中讨论此等困难，并列举变异物种的比例数目表。霍克博士允许我补充说，仔细地阅读了我的手稿和图表之后，他认为下面的陈述是很可以成立的。然而，这整个问题，本极错综复杂，而这里却不得不很简略地讨论；至于“生存斗争”、“性状分歧”等，虽将在以后说明，但亦不能不附带提到。

德康多和其他学者，曾证明分布很广的植物，通常都具有变种。这是可以推想得到的，因为分布在广大的区域内，它们常处于各种不同的物理条件之下，并且会遇到各类的生物群而发生竞争（这点亦同样重要或更重要，将于以后论及）。但是我的图表，更指明在任何地方之内，最常见的物种（即个数最多的物种）和最分散的种（指在它所生的地方上；“分散”的意义和“分布广远”不同，和“常见”亦略有不同），往往最能产生变种，而且这些变种，常是相当显著，足以使植物学者认为有记载的价值。所以，最繁庶的物种，也就是可称为优势的物种（它们分布广远，在其产地内分散最大，个数最多），常常产生显著的变种，或者，如我所称的，初期物种。此等事实，或许是可以预期的。因为变种如果在某种程度上成为永久，必须和居住于本地的其他生物斗争；既占优势的物种，势必最能繁殖，其后代虽稍有改变，但仍遗传了它们父母之所以能战胜同地生物的优点。这里所说的优势，是指那些相互进行斗争的生物，尤其是同属或同类的生物，而具有相似的生活习性的。物种个体的多寡或常见与否的比较，亦仅是指同类的成员。一种高等植物，如果比在本地相同条件下生活的其他植物的个体更多，散居更广，即可称为占有优势。虽然在它本地的水中生长的水绵或寄生菌类中，有几种的个体更多，分散得更广，但是这高等植物，仍不失为优势物种。假使水绵和寄生菌与它们的同类比较，亦如上面所说的，在各方面处处超出，那么，这水绵和寄生菌亦就是优势的了。

各地大属内的物种常较小属内的物种变异更频繁

如果把任何植物志中所记载的某一地方的植物，分为两个相等的群，把一切较大的属（即含种较多的）的物种放在一群，再把较小诸属的物种放在另一群，就可见到前者所含的常见、分散而优势的物种，数目常较后者为多。这件事很可以预料得到，因为仅就一个属在任一地方上能有众多物种这个事实，就足以显示，在这地方的有机或无机条件中必定有对于这个属是有利的。所以我们在大属或含有许多种数的属内，亦可以期望找到较多数的优势物种。不过尚有许多原因，可以使结果不能像预期的显著，如在我的表上，足以使我骇异的，就是大属所具优越种的比例数并不太高。这里我只要指出两个原因：淡水及喜盐的植物，一般分布很广，而且很分散，但这似乎和它们居住场所的性质有关，而和它们所归的属类的大小并无多大关系。还有，低等植物的分布，本来远较高等植物为分散，而和属的大小也没有密切的关系。低等植物分布广阔的原因，将在地理分布一章内加以讨论。

因为我把物种仅仅看作是特征显著而界限分明的变种，所以我推想，在每一个地方，大属的物种所产生的变种，当较小属物种所产生的为多。因此，任何地方在过去既已形成了许多近缘物种（就是同属的物种），按照一般规律，在现今亦当有许多变种或初期物种正在形成。凡是在有许多大树生长的地方，我们可以期望找到幼树。凡是在一属内因变异而形成了许多物种的地方，各种条件必于变异有利，因之我们可以期望这些条件还会继续有利于变异。但是我们如果把各个物种看作是分别创造出来的，那么，便没有明显的理由可以说明含种多的物群所产的变种，为什么多于含种少的物群。

为了试验这个推想是否确实，我曾取12个地方的植物和两个地方的甲虫，分为大致相等的两块进行研究，把大属的物种放在一块，而以小属的放在另一块，结果确又证明变种的出现，以大属物种的比例数比小属物种为大；而变种的平均数，亦以大属的物种所产生的较小属的物种为大。曾经采取另外一种分群的办法，把表里那些只包含一个种到四个种的最小的属除去，所得结果亦仍相同。这些事实，对于“物种仅仅是显著而固定的变种”这个观点，具有明显的意义。因为在同属内有许多物种形成的地方，或者我们可以这样说，在物种的制造厂曾经是活跃的地方，我们应当可以看到这些工厂还在活动；过去既曾活跃，目前亦应如此，尤其因为我们有充分的理由相信新种的制造是一个缓慢的过程。假定把变种看作是初期物种，则此点必属确定无疑。因为我的表上指明一种通则，凡是一个属有许多物种形成的地方，这个属的物种所呈现的变种（即初期物种）数目，亦往往较一般情形为多。这不是说一切大属，现在仍旧都有多量变异以增加它们的物种数目，或者一切小属目下已无变异，亦不增加其种数。果真是这样，则我的学说恐将受致命伤。据地质学所示，小属经时代的推移，常常能增大其范围；而大属在达到它们发展的最高峰以后，亦常有衰落而消灭的现象。我们所要说明的仅仅是：就一般而论，凡一属内有许多物种曾经形成的地方，往往亦必有许多物种在形成之中。这点一定是合理的。

大属内有许多物种和变种一样，彼此间有密切而不相等的关系，而且分布有限制

在大属中的物种和它们已有记载的变种之间，还有其他的关系值得注意。我们已经看到，物种与显著变种的区别，并没有明确的标准，如果在两个可疑类型之间，不能找到中间链环，则自然学者不得不取决于它们间

的差异量，依对比方法判定这量是否足够把两个或其中的一个列为物种。所以差异量是决定两个类型之应否列为变种或物种的一个极重要标准。弗利斯在植物方面，魏斯渥特在昆虫方面都说明，在大属中，物种间的差异量往往非常微小。我曾用平均数字来试证其是否确实，据所得不完全的结果，和此说实相符合。我还曾向一些敏锐而有经验的观察家咨询探讨，他们在仔细考虑之后，也都赞同此说。由此而论，大属的物种比小属的物种更像变种。这种情况或者还可用另一种办法来说明，这就是说，在大属内，不仅有超过平均数的变种或初期物种在形成之中，即在已造成的物种中，亦还在一定程度上和变种相似，因为这些物种彼此之间的差异量，较通常物种间的差异量为少。

尤有进者，大属内物种之间的联系，和任何一物种的变种之间的联系，方式略同。没有一个自然学者会说，一属内一切的物种，在彼此区别上是相等的；它们常常可以分列成亚属或支，或较小的群。正如弗利斯清楚指出的那样，小群的物种常似卫星一般地集附于其他物种的周围。所谓变种，亦不过是成群的类型，彼此间关系不等，而集附于某些类型——即集附于其亲种的周围。变种与物种之间，固然有一点最重要的区别，就是变种之间或变种和其亲种之间的差异量，常远较同属各物种之间的差异量为少。我们于下一章讨论到我称为性状分歧原理的时候，就可以明了这点如何解释，更可以看出变种间较小的差异怎样可以增加而成为物种间较大的差异。

还有一点值得注意的，就是变种的分布范围通常都很狭小。这确是不讲自明的，因为如果我们发现变种的分布比较其假定的亲种还要广大，则它们的名号就要彼此互换。不过我们有理由可以相信，和其他的物种极其接近而和变种相类似的物种，其分布范围亦常常很有限制。例如华生先生曾就精选的《伦敦植物名录》（第四版）中，给我指出 63 种植物，虽都列为物种，但是因为和其他物种非常接近，所以它们的地位尚有可疑之处。根据华生所做的大不列颠区划，这 63 个可疑物种的分布范围平均为 6.9 区。在这《名录》中又记载有通认的 53 个变种，其分布范围为 7.7 区；而这些变种所属的物种，则分布到14.3区。所以这些公认的变种，其有限制的分布范围与近缘类型，即华生所谓可疑物种的，极其相似，这些可疑种，原为英国植物学者所通认是良好而真实的物种。

小　结

最后，变种是不能和物种区别的，除非：第一，发现有中间的链环类型；第二，它们之间具有若干不定的差异量；如果有两个类型差异极小，则虽彼此并非密切近缘，一般亦将被列为变种；但是差异量必须达到怎样程度，才能使任何两个类型可以算是物种，却是不能规定。具有超过平均数的物种的属类，它们的物种也常有超过平均数的变种。大属的物种，彼此间的关系，往往是接近而又各不相等的，它们组成小群，围绕在其他物种的周围。和别的物种密切接近的物种，显然具有有限的分布范围。就这几点说，大属内的物种，都和变种很相类似。如果物种先前曾是变种，并且由此起源，则这些所谓类似，都可解释明白，但是如果说物种是被独立创造的，那就完全不能解释了。

我们已经看到，在各个纲里，正是各大属的那些最繁盛的或优势的物种，平均会产生最多的变种，而变种，我们以后将会看到，有变成新的和分明的物种的倾向。因此，大属将变得更大。在自然界中现占优势的生物类型，亦往往因为产生许多改变和优越的后代而更占优势。但是较大的属类，亦能经历了某种步骤（以后说明）而分裂为许多小属。世界上的生物类型，就这样地成为类下再分类了。

第三章

生存斗争

生存斗争与自然选择的关系——生存斗争这名词广义的使用——照几何比率的增加——归化动植物的迅速增加——抑制个体增加的因素的本质——斗争的普通性——气候的影响——个体数目的保障——一切动物植物在自然界的复杂关系——生存斗争以在同种个体间及变种间为最剧烈，在同属物种间亦往往剧烈——生物和生物的关系是一切关系中最重要的

在进入本章题旨之前，我得先略述数语，以说明生存斗争对于自然选择有什么关系。在前一章，我们已经看到自然状态下的生物是有一些个体变异的——的确，我不知道关于这点曾经有过争论。把许多可疑类型称作物种或亚种或变种，对于我们是无关重要的，例如英国植物的二三百个可疑类型，不论其归列何级，我们可以不管，只要承认有一些显著变种的存在就是了。可是仅知有个体变异和少数显著变种的存在，虽然作为本书的

基础是必要的，但很少能帮助我们去理解物种在自然界是如何产生的。体制的这一部分对于另一部分，对于生活条件，以及一种生物对于别种生物，所有这些美妙的适应，究竟是怎样发达而臻于完善的？这些美妙的相互适应，我们可以看到，最明显的如啄木鸟和槲寄生，其次如附着于兽毛或鸟羽上的低微的寄生虫，潜水游泳的甲虫的构造，随微风吹送而具茸毛的种子等等。约言之，生物界的美妙适应现象，是在任何部门、任何地方都可看到的。

再者，我们可以这样问，我所称为初期物种的那些变种，终究是如何演变而成为良好分明的物种的？这些物种的彼此差异，通常较同种诸变种间的差异为显著。同样地，那些组成为不同属的种类间的差异，要比同属的物种间的差异为大，而这些种类又是如何产生的？凡此一切，都是生存斗争所引起的结果，我们在下一章内，当有更详尽的讨论。由于这种斗争，凡变异，不论如何微小和不论因何原因发生，只要在生物的非常复杂的相互关系中，或者在它们生活的物理条件中，对于某一种的某些个体有任何利益，则此等变异往往可以使这些个体生存，而这些变异本身亦大致可以遗传给其后代。凡后代具有这些遗传性的，也就会有较好的生存机会，因为任何物种在按周期产生的许多个体之中，只有少数能够生存。这种原理，就是说每一微小而有利的变异得到保存的原理，我名之为自然选择，以与人工选择相对照。但是斯宾塞先生所常用的“适者生存”这个名词，比较更为确切，并且有时亦同样方便。我们已经看到，人类利用选择，确能产生巨大的效果，使生物适合于自己的用途，其方法，在于积累“自然”给予的微小变异。但是自然选择的作用（以下即将论及），是永久不息的，其力量的伟大，较之渺小的人力，实在有天壤之别，正如自然的物品和人工的物品相比拟一样。

我们现在要把生存斗争的问题，稍加详论。在我将来另一著作中，还要作更详尽的探讨，因为这是值得的。老德康多和莱伊尔两先生，曾从哲理方面，渊博地说明，一切生物都暴露在剧烈的斗争之中。就植物来说，当以曼彻斯特区赫倍托教长的论述，最为精当，这显然是因为他对于园艺学造诣极深的缘故。至少我觉得，在口头上认识生存斗争这一真理的普遍性，是再容易不过的事情，不过要把这项真理常记心头，却是非常之难。若非对这一点有深切的体会，则对于整个自然界的经济，连同分布、稀少、繁多、灭绝、变异等每一个事实，必将感到迷惑或误解。我们常常从光明愉快的方面去看自然界的外貌，我们常看到了极丰富的食物，而没有注意到在我们四周闲散歌唱的鸟类，大都取食昆虫或植物种子，因而不断地毁灭了生命；我们忘记了这等鸟类和它们的卵或雏鸟，亦常常被鸷鸟猛兽所残噬；并且也没有注意到食物在目前虽称丰富，但并不是年复一年，每一季节都是如此。

生存斗争这名词广义的使用

我应该先说明，我应用生存斗争这个名词是广义的、比喻的，包含有生物的相互依赖性，而更重要的是包含不仅有生物的个体生存，并且亦有“繁殖其类”的意义在内。两只狗类动物在饥馑的时候，彼此争夺食物以生活，可说是真正的生存斗争。生长于沙漠边缘的植物，虽然更恰当地说它们是依赖水分的，但是亦可以说是为了抗旱而发生生存斗争。一株植物年产一千颗种子，而平均仅有一颗种子可以长成，更确切地说，这是和原已铺满地面的同种或别种植物相斗争。槲寄生依赖苹果树和少数别的树为生，只能勉强地说它们是和寄主斗争，因为在同一树上，如果槲寄生过多，这棵树就不免枯萎而死。但如有多数槲寄生幼苗密生于同一树枝上，那就可以更确切地说它们是在相互斗争。槲寄生靠鸟类以传布种子，它们的生存，全赖鸟类；以比喻方式说，它们和别的种子植物作斗争，引诱鸟类吞食和传布自己的种子。这几种意义是彼此相贯通的，我为了方便起见，都概括于生存斗争这一名词中。

照几何比率的增加

一切生物都有高速率增加的倾向，所以生存斗争是必然的结果。各种生物，在它的自然生活期中产生多数的卵或种子的，往往在生活的某期内，或者在某季节或某年内，遭遇到灭亡。否则，依照几何比率增加的原理，它的个体数目将迅速地过度增大，以致无地可容。因此，由于产生的个体超过其可能生存的数目，所以不免到处有生存的斗争，或者一个体与同种的其他个体斗争，或者与异种的个体斗争，或者与生存的物理条件斗争。这是马尔萨斯的学说，以数倍的力量应用于整个动植物界。因为在这种情形之下，既不能人为地增加食料，更不能谨慎地约束婚姻。虽然某些物种，目前或多或少地在迅速增加数目，但不是一切生物都能如此，因为如果这样，这世界将不能容纳它们了。

各种生物都以这样的高速率自然地增加，如果没有死亡，则仅是一对配偶的子孙，即可在短期内充塞全球，这条规律是没有例外的。人类的生殖率虽低，亦可在25年内增加一倍，依此速率计算，不需千年，其子孙在地球上就没有立足之地。林奈曾经计算，一种一年生的植物，只要生产两颗种子（实际上没有这样少产的植物），每颗所长成的幼苗于次年再生两颗，如此类推，在20年内，即可得到一百万株植物。在一切已知动物中，象类是被认为生殖最慢的，我曾费了不少力去估计它自然增加率的最低限度。我们可以很确定地假定它能活100岁，自30岁起开始生产直到90岁为止，在这期间共产六子，如果这样，在740—750年以后，就可以有近一千九百万头的象生存着，都是最初一对配偶所传下来的。

但是，对于这题目，我们还有比单纯理论计算更好的证据，那就是关于各种动物在自然情况下突然增加的许多记录。这些记录说明，如果动物遇到了连续两三季节有利的情况，个体数目的增加即会达到惊人的速度。尤其使人惊异的，是关于多种家养动物，在世界多处变为野生后繁殖情形的记载。例如生殖极慢的牛马，在南美，以及最近在澳洲，若不是有确实证据，其增加的速率，将难以令人置信。植物的情形亦是如此，以外地移入的植物为例，不到十年，就蔓延遍及全岛，而成为普通的植物了。例如拉普拉塔的刺菜蓟及高蓟，原自欧洲输入，现在已是这个地方广大平原上最普通的野生植物，往往在数平方英里地面上，几乎没有他种植物杂生。法孔纳博士告诉我，自美洲发现后输入印度的植物，现在分布之广，已从科摩林角达到喜马拉雅。在这些以及其他许许多多可举的例子中，没有人会设想到，动植物的生殖力会突然地、暂时地有显著的增进。明显的解释是，它们的生活条件非常有利，因而老的和幼的都很少死亡，而且新产的个体几乎都长大而生育。它们在新的地方能异常迅速地增加和蔓延，其结果永远是可惊的，据几何比率增加的原理去说明，便很简单而明白了。

在自然情形之下，差不多每一完全长成的植物，均能按年产生种子；就动物来说，每年不交配的乃是极少数。所以我们可以确定地断言，一切动物和植物，都有依照几何比率增加的倾向，各个场所，只要它们能够生存，便会很快地把它充塞；亦可以断言，这种几何比率增加的倾向，必然会在生存的某时期内，因有所死亡而受到抑制。我想，因我们对家养大型动物的情形颇为熟悉，从而会有误解，以为没有看见它们大量死亡，其实我们不留意，每年有成千成万的被屠宰掉作为食料；在自然情况之下，亦会有相当的数目，因种种原因而被处理掉。

生物有每年生产卵或种子以千计的，亦有生产数目极少的，两者之间的仅有差异是，生殖率较低的生物，在有利的条件下，需要稍长的年限才能占布整个地区，假定这地区是很大的。新域鹫产两个卵，鸵鸟产 20 个卵，但是在同一地区，新域鹫的数目可能较鸵鸟为多。管鼻鹱仅产一卵，但人们相信这是世界上最多的鸟。一只苍蝇一产数百个卵，虱蝇则每次仅产一个幼体，但这种差异不能决定两者在一区域内所能生存的个体数目。凡依食料变动而变动的生物，则大量产卵应有相当重要性，因为它们的个数，可以在食料充足时迅速增加。可是大量产子的真实意义，却在于补足生存期内个体的大量死亡，这大量死亡的时期，依大多数情形而论，是在早期。如果一种动物能以任何方法保护其卵或幼体，则虽生产不多，却仍能保持平均数不减；但如卵或幼体的死亡率极高，则必须多产，否则这个种即将趋于灭绝。如有一种树，平均生存年龄为一千年，而在每千年中仅产生一粒种子，假定此种子不致死亡，而且能在适当地方安全发芽，则这树的数目，就不至于减少。所以在一切情况下，任何动物与植物的平均生存个数，和它们的卵数或种子数，仅有间接的关系而已。

我们观察自然，必须把上面所考察到的常记在心头，而不要忘了，每一生物，可说是都在竭力奋斗中求个体的增加；在生命的有些时期内，都有生存的斗争，而在每一代或间隔了一定时期，幼的或老的，往往难免有重大的死亡。减轻一些抑制作用，即使是微微地减少灭亡，就会使这个种的数量几乎立即地大大增加起来。

抑制增加的因素的本质

抑制着各物种增加的自然趋向的原因，很难明了。试观察极强健的物种，它的数量之多，聚集成群，它的增加趋势，亦必同样强烈。什么是这种增加的抑制因素，我们甚至没有在一个事例中能确实知道。这事是不足为怪的，任何人只要回想一下，便可知道我们对于这方面是怎样的无知，即使对于人类，我们所知道的远较其他动物为多，情形亦是如此。关于抑制增加这一问题，已有若干人很好地讨论过，我希望将来于另一著作中，特别是讲到南美洲的野生动物时，再行详细讨论。这里我只把有些要点提出来，以引起读者的注意而已。动物在卵期或幼期，似乎普遍受害最甚，但亦不常如此。就植物而言，种子所受的损害是大的，但是据我的观察，似乎以在其他植物丛生的地域上萌芽的幼苗受害最大。此外，幼苗又常为许多敌害所毁灭。例如，在三英尺长二英尺宽的一块地面上，我曾将泥土耕松并清理干净，使新生的幼苗，可以不受其他植物的排挤，当我们的土著杂草生出后，我在所有的幼苗上作了记号，结果在357株中，受害的至少有295株，大都被蛞蝓及昆虫所毁灭。长期刈割过的或者为兽类所食尽的草地，情形是一样的，如果任其自然生长，则较弱的植物，即使已完全长成，亦将渐为较强的植物所排挤而灭亡。例如在已割的一小块长三英尺宽四英尺的草地上，有杂草20种，其中有9种，由于其他植物的自由生长被排挤而灭亡了。

每一物种所能增加的极端限度，当然依照食物的量额而定；但往往不是它食料的供给情形，而是它被其他动物吞食的情形，决定了一个物种的平均数。鹧鸪、松鸡和野兔在任何大片田野内的数量，无疑地和它们的敌害的驱除有重要关系。如果英国在以后 20 年内，连一头猎物都不予射杀，而同时亦不驱除它们的敌害，则猎物的数量，很可能比现在还要少，即使现在每年射杀的猎物，何止数十万只。在另一方面，如象那样的动物，素不受猛兽的残杀，即使是印度的老虎，亦很少敢去攻击母象保护下的幼象。

关于一物种平均数的决定，气候实有重大作用，极寒冷或极干燥的季节，似为抑制因素中最有效的一种。我曾估计（主要根据春季鸟巢数目的大量减少）在 1854—1855 年的冬季，我住处的鸟类的死亡数为全数的五分之四，这实在是巨大的死亡。试想人类遇着传染病，死亡率达到十分之一的时候，已是非常严重的事情了。气候的作用，初看似乎与生存斗争无关，但如果气候的主要作用是使食物减少，那就不论是同种还是异种的许多个体，凡是靠同样食料生活的，都因此而起剧烈的斗争。即使气候有直接的作用，用严寒做例子，只有比较孱弱的，或者是在整个冬季中获食最少的个体，受害最大。我们如果从南方旅行到北方，或者从潮湿的地方到干燥的地方，就可看到有些物种逐渐地趋于稀少而终至绝迹。在整个途程中，气候的转变既极明显，我们便不免要把这种现象看作气候直接作用的效果。可是这种观点是不正确的，我们忘记了每一物种，即使在它最繁庶的地方，亦常因敌害的袭击，或地盘和食料的竞争，而在生活的有些时期内，受到重大的毁灭；如果这些敌害或斗争者，因气候稍微改变而得到最微小的利益，就可以增加个数；又因每一区域早已布满了生物，其他物种势必减少。当我们向南方旅行而看到一物种的个体逐渐减少，我们就可以知道，必定有其他物种得到了利益，而这个物种便蒙受了损害。我们若向北方旅行，亦可以看到同样而情形稍逊的事实，因为一切物种的数目，向北都逐渐减少，因此斗争者的数目，亦会同时减少了。我们若走上高山，因不利的气候的直接影响，会遇到矮小的生物较多，跟向南方走或者从山顶下行所看到的情形不同。如果到了北极区域，积雪山顶，或沙漠之地，则生存斗争的对象，几乎全是自然因素了。

园圃里许许多多的植物，完全能够忍受我们的气候，但是它们永远不能归化，因为它们既不能和我们的本地植物斗争，又不能抵抗本地动物的侵害。由此可以清楚地看出，气候的作用，主要是间接有利于其他物种的。

如果一个物种，由于高度适宜的环境，在一小区域内繁殖过度，往往会引起传染病的发生（至少在狩猎动物通常如此），这里有一种和生存斗争无关的抑制。但是有些所谓传染病，常由寄生虫所致，而这些寄生虫，由于某些原因，可能部分地由于在密集动物中容易传布，而特别处于有利情形：这里就发生了一种寄生物与寄主间的斗争。

但就另一方面说，在许多场合，一种生物绝对需要有较多于其敌害的个体，然后乃可以保存。我们很容易在田间收获多量谷类及油菜籽等等，因为这些种子的数目，远较来吃的鸟类为多。而这些鸟类，在这一个时期内，即使食物过剩，亦不能依照种子供给的比例来增加它们的个体，因为它们的数目在冬季受了限制。可是任何人曾在花园内试种几株小麦或其他类似的植物，他会知道收取种子很不容易，我在这种情形下未曾有一粒种子的收获。这个观点——就是同种的大群个体对于种的保存是必要的——可以解释自然界若干奇异的事实，例如极稀少的植物，有时能在它们的少数发生地点极其繁茂；又如丛生性的植物，即在它们分布范围的边界，亦是丛生而个体繁多。在此等场合，我们可以相信，一种植物只有在多数个体能够共同生存的优异生活条件下，才能生存而不至于完全灭绝。同时，我还要补充说，远亲杂交的良好效果，和近亲交配的恶劣影响，在这类事例中无疑地会有作用，不过这一点，我不拟在此多加讨论。

在生存斗争中一切动植物彼此之间的复杂关系

许多见于记载的事例指出，在同一地方互相斗争的生物，其相互关系和彼此牵制的情形是怎样地复杂而出人意料。我只拟举一个例子，这个例子虽然简单，却使我感兴趣。斯塔福德郡有我亲戚的一片地产，可供我作充分的研究。那里有一块广大的荒地，从未经过垦殖；但其中有数百英亩性质完全相同的土地，在25年前曾经围起来种植苏格兰冷杉。这块种植地上原有的植物群，出现了极显著的变化，和未种植的荒地比较，其差异程度，比之通常在两种土质很不相同的地方所看到的还更明显。在这片树地上，不仅荒地植物的比例数完全改变，并且有12种植物（草类不计），是荒地所没有的，繁殖极茂。其对于昆虫的影响更大，因为有常见的食虫鸟6种，亦是荒地上看不到的，而荒地却另有两三种食虫鸟类。在这里我们看到，一种树引进以后所产生的影响是怎样巨大；在这片地上，除了筑围栅以防止牛闯入外，并无其他设施。把一块地围起来这一因素的重要性究竟怎样，我在萨利的法汉姆附近地方就清楚看到了。此处有极广大的荒地，在远山顶上，尚有几片老的苏格兰冷杉林。在最近十年内，有人将大块地段围起来，于是这种冷杉就自行繁殖，其密度之大，不能使全部幼树都能长成。当我断定这些幼树并非人工种植的时候，我从好些地点看去，就十分惊奇这种树数量之多。我更观察那开放的数百英亩荒地上，除原有老冷杉外，未见有一株新生的树。但是我在荒地上林间详细检查，发现有许多树苗及幼树，都已被牛群所咬掉。在离开一株老树大约数百码远一块三英尺见方的地上，我计算一下，有小树32株，其中一株是具有26圈年轮的，虽经多年的生长，终究不能把树梢伸出一般树干之上。不难想见，这荒地一旦被围起来，健全的幼龄冷杉就会密集丛生。不过在这样荒瘠而广大的地面上，没有人会梦想到牛会这样仔细而有效地搜求食物吧。

由此，我们看到牛能完全决定苏格兰冷杉的生存。但在世界上有些地方，牛的生存又为昆虫所决定。关于这件事情，当以巴拉圭的例子为最奇异，因为那里从来没有牛、马或狗变成野生的，虽然往南或往北，都有这类动物在野生状态下成群地游行。阿扎拉和伦格曾指出，这种情况是由于巴拉圭有一种蝇类，数量极多，当此等兽类初生的时候，就把卵产在它们的脐中。但是，此蝇的繁殖力虽大，它们的数目增加必定经常要遭受到某种抑制，这种抑制可能是别的寄生昆虫。因此，如果巴拉圭的某种食虫鸟类减少，这些寄生的昆虫将会增加，而这种产卵于兽类脐部的蝇类的数目就会随之减少，于是牛和马就可成为野生，而这又必使当地的植物大起变动（我确实曾在南美洲好多地方看到）；植物的变动又会大大地影响到昆虫，从而又影响到食虫的鸟类，恰如我们在斯塔福德郡所看到的那样，于是，这种复杂关系的范围，便愈来愈扩大了。事实上，自然界的各种关系，还不止这样简单；在战争之中，更有战争，此起彼伏，胜负迭见。然而到最后，各方面的势力往往达到一个均衡的状态，虽细微的变动足使一种生物压倒另一种生物，而自然界的面貌，却可以在一个长时期内保持一致。可是我们对于这一切是这样地极度无知，又是这样地好作过度的臆测，所以听到一种生物绝迹，就不免惊奇。更因我们不知道它的原因，便乞助于灾变来解释世界上生命的毁灭，或者更创造定律，来说明物类的寿命。

我想再举一例，以表示在自然界地位相距极远的动植物，如何被一种关系复杂的网联系在一起。我此后将有机会谈及一种外来植物墨西哥半边莲，在我园内从没有昆虫去访问它，结果，由于构造特殊，不能结实。我们的兰科植物，大都需要昆虫传递花粉，才能授精。据我的实验结果，熊蜂几乎是三色堇授精所必需的，因为别的蜂类都不访这种花。我又发现几种三叶草的授精，亦需要蜂类为媒介。例如白三叶草有 20 串花序，结 2290 颗种子，其他 20 串，遮住了不让蜂类接触，即不结种子。又如红三叶草有 100 串花序，结种子 2700 颗，而遮盖起来的另 100 串，也不结种子。只有熊蜂才访红三叶草，因其他蜂类是不能采到它的花蜜的。有人以为蛾类也能使三叶草受精，不过我怀疑它们对红三叶草是否如此，因为蛾的重量，不能把翼瓣压下去。所以我们可以满有把握地推论，如果整个蜂属在英国绝迹，或变得极其稀少，则三色堇和红三叶草亦将极其稀少，或甚至绝迹。一个地方熊蜂的数目又和田鼠的数目很有关系，因为田鼠常破坏它们的蜂窝。纽曼上校曾长期研究熊蜂的习性，他相信全英国三分之二以上的熊蜂是这样被毁灭的。大家都知道田鼠的数目又和猫的数目很有关系。纽曼上校又说："在村落及小城市附近，我找到的熊蜂窝，常较别处为多，我以为这是由于有大量的猫把田鼠灭掉的缘故。"因此，完全可以相信，一区域内有了大量的猫类，通过首先对田鼠，随着又对蜂的干预作用，可以决定该区域内某些花的多少。

对每一个物种来说，在不同的生命时期、不同的季节或年份，大致总有许多不同的抑制因素在作用着；其中常以某一种或某数种的作用力量最大，但是总要凭全部作用的汇合，来决定该物种的平均数，或者甚至于决定它的存亡。在某些场合，可以看到同一物种可在不同地方内受到很不相同的抑制。当我们在河岸上看到密生的花草和灌木，以为它们的种类和数量比例的决定，是由于所谓偶然的机会，但是这个看法是多么荒谬！每个人都听说过，当美洲的一片森林斫伐以后，会有一片极不相同的植物群出现。但站在美国南部古代的印第安废墟上，我们可以悬想，以前地面的树木，必曾全部清除过，可是现在所生的植物却和周围的原始森林相似，显示了同样美丽的多样性和同样比例的树种。在悠长的若干世纪中，在每年各自散播成千种子的若干树类之间，曾经进行着何等激烈的斗争；昆虫与昆虫之间，进行着何等激烈的斗争；昆虫、蜗牛及其他动物与鸷禽猛兽之间又进行着何等激烈的斗争！一切动物都力求繁殖，都彼此相食，或者吃树，吃树的种子和幼苗，或者吃最初丛生于地面、而曾经阻止这些树木生长的他种植物。将一把羽毛向空中掷去，它们会依一定的法则坠落到地上。但是每支羽毛应落到什么地方的问题，比之数百年来，无数动植物的作用与反作用，决定了古印第安废墟上今日树木的种类和数量比例的问题，却又显得何等的简单了。

生物的依存关系，有如寄生物之于寄主，常发生于自然地位相距极远的生物之间。但是远缘的生物，有时也会发生那种可以严格地说是彼此之间的生存斗争，像蝗虫和食草兽类那样。不过最剧烈的斗争，差不多总是发生在同种的个体，因为它们居住在同一地域，需要同样食料，遭受同样威胁。在同种的变种之间，其斗争的剧烈，大概与此相等，并且有时在短期内即见胜负。例如：把小麦的数变种同植一处，再把它们的种子混合后播种，其中最适宜于该地的土质或气候的，或是自然生殖率最高的变种，将战胜其他变种，而结实最多，因此在数年之内，即将排挤其他的变种。即使是极相近的变种，如颜色不同的芳香豌豆，若混合种植也必须分别收获，而将种子依适当比例混合播种，否则较弱的变种，必渐趋于减少而至于消灭。绵羊的变种亦是如此；有些居住于山地的变种，如和其他山地变种杂居，必将使后者饿死，所以不能畜养在一处。若将医用蚂蟥的各变种畜养在一处，也有同样的结果。假如把我们的一些家养动植物变种，让它们像在自然状态下那样自由斗争，它们的种子或幼体每年亦不依适当比例保存。那么，这些变种，作为一个混合群（阻止杂交），是否能经过六代之久，保持原来的比例以及和原来完全相同的体力，体质和习性，这甚至都是可以怀疑的。

生存斗争以在同种个体间及变种间为最剧烈

因同属的物种通常在习性和体质方面是很相似的（虽不绝对如此），所以它们如果为生存而斗争，亦常比异属的物种为剧烈。我们可以从以下事实看到这一点。最近有一种燕子，在美国的一些地方分布范围扩展了，使得其他的一种减少。在苏格兰有些地方，取食槲寄生果实的槲鸫的数量近来增加很多，因而使歌鸫的数量减少。我们时常听说，在极端不同气候下，一种鼠代替了另一种鼠！在俄国，自亚洲小蟑螂入境以后，到处驱逐同属的大蟑螂。在澳洲，则自蜜蜂输入以后，本地的无刺小蜜蜂竟至灭绝。我们知道一种野芥菜，可以排挤另一种田芥菜。诸如此类的事实，实在不胜枚举。由此，我们隐约地可以看到，凡是亲缘接近的，而在自然界处于相似经济地位的物种，其斗争必定最剧烈。可是我们还没有一个例子，可据以确实说明，在生存的大战中，为什么一个物种能战胜另一个物种。

根据以上所述，我们可以得到一种极其重要的推论，即每一种生物的构造，以最基本的然而常常是隐蔽的状态，和一切其他生物的构造相关联，这种生物和其他的生物争夺食物或住所，或是它要避开它们，或是向它们进攻而把它们吃掉。这种情形，在虎齿与虎爪的构造上，以及附着于虎体表毛上的寄生虫的足和爪的构造上，表现得很明显。蒲公英的美丽的具有茸毛的种子和水生甲虫的扁平的饰有缨毛的足，初看似乎仅仅与空气和水有关系。可是种子具有茸毛的好处，和陆地上已经生遍其他植物这一件事情有关系，因为这样的种子，才可以传布得广远，以达到未经占据的地面上去。水生甲虫的足的构造非常适于潜水，使它能和其他水生昆虫斗争，而猎取食物，并逃避其他动物的捕食。

许多植物的种子内部积贮养料，初看似乎和其他植物无甚关系。但是从这样的种子，如豌豆、蚕豆等等，即播在草丛之间，其幼苗亦能强壮发育，可知滋养料在种子中的主要用途，是为了助益幼苗的生长，而能和丛生于四周的其他植物斗争。

观察一种生长在分布中心的植物，为什么它的个数不能增加到二倍或四倍？我们知道它完全能抵抗稍暖、稍冷、稍干、稍湿的气候，因为它也能分布到这些气候稍微不同的地方。在这种情形下，我们可以明显看出，如果我们幻想要使此植物有增加其数量的能力，必须给以若干优越条件，可以压倒它的竞争者，或抵御残食它的动物。在它的分布范围以内，如果它的体质能依气候有所变化，这对于这植物本身是有利的。不过我们有理由相信，只有很少数的动植物，分布过远，以致为严酷的气候所摧残消灭。因为除非到了生物分布的极端界限，如北极地带或荒漠边缘，斗争是不会停止的。即使在极寒冷或极干旱的地方，在少数物种间，或在同种的个体间，亦会因要占据最暖或最湿的地点而发生竞争。

由此可见，一种植物或动物，当它到了新的地方，在新的竞争者中间，即使气候跟以前生长的地方完全一样，而生活条件的基本情况通常已起了变化。所以要使它的个体平均数在新安家的地上增加，必须应用新的改进方法，而不能再取它在本土所曾用的方法了，因为我们必须使它对这一群不同的竞争者和敌害占有一些优势。

所以，一种不无裨益的做法，就是去幻想，要使一种生物对另一种占有优势；然而，恐怕在任何一种情形中，我们又不知道该怎样去做。这种假想试验，应能使我们相信，我们对于一切生物的相互关系实在是无知。这种信念是必要的，亦是不容易得到的。我们所能做的，就是要牢牢记住，每一生物都在奋斗中求几何比率的增加；每一生物在生命的某时期内，在某年的某季节内，在每一代或间隔的时期内，必得进行生存斗争而不免遭遇重大的死亡。当我们想到这种斗争，我们可以自慰的，就是完全相信，自然界的战争并不是没有间断的，恐惧是感觉不到的，死亡通常是迅速的，而那些强壮的、健全的和幸运的总会生存，并且繁殖。

第四章
自然选择，或曰最适者生存

自然选择——它的作用与人工选择的比较——它对于不重要性状的作用——它对于年龄和雌雄两性的作用——性选择——同种个体间杂交的普遍性——对自然选择的结果有利与不利的诸条件，即杂交、隔离、个体数目——缓慢的作用——自然选择引致灭绝——性状分歧，与任何小地区生物的分歧的关联以及与归化的关联——通过性状分歧和灭绝，对一个共同祖先的后代可能发生的作用——一切生物分类的解释——生物体制的进步——低等类型的保存——性状趋同——物种的无限繁生——小结

自然选择的力量

前一章所约略讲到的生存斗争，对于变异究竟发生什么作用呢？我们所看到的在人类手里发生巨大作用的选择原理，能够应用于自然界吗？我想我们将会看到，它是能够极其有效地发生作用的。让我们记住：无数的

微小变异和个体差异，在家养产物中不断发生，在自然产物中也常出现，不过程度稍逊而已；同时，还有遗传倾向的力量。在家养情形之下，可以确实地说，整个机构在某种程度上变得可塑。我们普遍遇到的家养变异，正如霍克和阿沙·葛雷所说，并不是由人力所直接产生。人类既不能创造变种，亦不能阻止变种发生，他只能把已发生的保存积累而已。他在无意中把生物放在新的、改变的生活条件之中，于是变异便发生了；但是，生活条件的类似变化，在自然界可以而且亦确实发生。要记住一切生物彼此的关系，以及对于它们的物理条件的关系，是何等复杂和密切；所以构造上无穷尽的分歧，对于生活在变动的条件下的生物，总会有些用处。我们既然看到，有用于人类的变异无疑是有的，那么，在广大而复杂的生存斗争中，有利于生物本身的变异，难道在许多世代的历程中就不会发生吗？如果会发生（要记住个体产生的数目比能够生存的数目大得多），那么个体之具有任何优越的性质，无论怎样细微，将有较好的机会生存繁殖，我们对这件事还有疑问吗？从另一方面讲，任何有害的变异，虽为害程度极轻微，亦必然导致消灭。这种有利的个体差异、变异的保持和有害变异的消除，我称之为“自然选择”，或曰“适者生存”。至于那些无利也无害的变异，将不受自然选择作用的影响，它们或者成为变动不定的性状，有如在某些多型物种所呈现的性质，或者终于成为固定，要看生物本身或环境的本质而定。

对于“自然选择”这个名词，著作者有误解的，也有反对的，甚至有人想象为自然选择可以引起变异。其实它的作用，只在于保存那已经发生的、对生物在其生存条件中有利的变异而已。没有人反对农学家所说的人工选择的巨大效果，不过在此场合，必须先有自然发生出来的个体差异，人类才能依某种目的而加以选择。还有人反对“选择”这个用语，以为这字包含“被改变的动物本身有意识的选择”这意思在内；并且主张植物既没有意志作用，自然选择一词就不能适用！照字义讲，自然选择无疑地是一个不确切的名词；可是化学家所称各种元素的“选择的亲和力”一词，有谁曾经反对过呢？我们不能严格地说酸类特意选择了盐基而跟它化合。

有人说我把自然选择说成是一种动力或神力；然而有谁反对过一位学者说万有引力控制着行星的运行呢？这种比喻的说法所指的意义人人都知道，而且名词必须简约。就是“自然”两个字，应用时亦难免拟人化；不过我所谓的自然，是指许多自然定律的综合作用及其产物。所谓定律，是指我们所能证实的各种事物的因果关系。在稍微熟悉之后，这些肤浅的反对意见自然会被人忘记。

我们要明了自然选择的大致过程，莫如就某一地方，在经历轻微的物理变化，如气候的变化时，加以观察。在气候变化之下，当地生物的比例数，几乎立时起变化，有些物种或不免绝迹。我们已经看到每一地域内所有生物彼此相互联系的密切性与复杂性，从这里我们可以断定，即使不考虑气候的变化，一地生物比例数的变化，亦将会严重地影响其他生物。如果这个地方的边界是开放的，则新的种类必会迁入，这将会严重地扰乱某些原住生物间的关系。请注意从外地引进一种树或一种哺乳类动物以后所发生的影响是何等巨大。可是在一个海岛上，或者在一个边界有障碍物的地方上，新的或适应较优的生物不能自由侵入，因而原有生物中如果有一些能在某些方面有所改变，它们必将使当地自然经济中的地位更好地填充起来；而这些地位，若是迁徙方便的话，早该被外来生物所捷足先占了。在这种情形下，凡微小变异，只要对任何物种的个体有利，使能适合于变更后的环境，必定会得到保存，而使自然选择有机会进行它的改进工作。

正如第一章所说的，我们有足够的理由，相信生活条件的变动，有使变异性增加的倾向。在上节所说的情形下，条件既变，有益变异的发生机会便增多，这对于自然选择显然是有利的。没有有益的变异发生，自然选择就不能有所作为。于此，不可忘记，个体差异亦包括于“变异”一名词中。人类既能就一定的方向，使个体差异累积，而在家养动植物中产生极大的效果，自然选择作用亦会如此，但因有不可比拟的长时期的作用，所以更容易得到结果。我并不相信必须有巨大的物理变迁，如气候或严密的隔绝以阻止迁移，借以腾出一些新的空隙地位，然后自然选择才能改进某些变异着的生物，使它们填充进去。因为在每一地方，所有生物都以极微妙的均衡力量彼此竞争，所以一种生物的构造与习性发生了极微小的变化，常会使它超越别种生物。只要这种生物继续生活在同样的条件下，并且以同样的生存和防护手段获得利益，则同样的变异将愈益发展，而常会使它的优势愈益增大。还没有一个地方，在那里一切生物可以说是已达到彼此完全适应，或与生活的物理条件完全适应的地步、因而它们之中没有一个能再继续改进或适应得更好了。因为在一切地域内，常常有外来生物战胜土著生物、而很坚定地获得立足地位的事实。外来生物既能在各处战胜一些土著生物，我们就可断定土著的生物亦曾产生过有利的变异，然后能与外来的生物作比较有利的抵抗。

人类应用有计划的和无意识的选择方法，能产生而且的确已经产生巨大的结果，那么，为什么自然选择就不能发生效果呢？人类仅就外部的和可见的特性加以选择；“自然”（如果允许我把“自然保存”或“适者生存”加以拟人化）并不计较于外貌，除非这些外貌对于生物是有用的。“自然”的作用遍及内部各器官，遍及微细的体质差异，遍及整个的生活机构。人类只为了自己的利益而选择；“自然”只为了被它保护的生物本身的利益而选择。每一被选择的性状，正如它们被选择的事实所指出，都是充分地受着“自然”的锻炼的。人类把许多不同气候的产物，畜养于同一地方，他很少用特殊的或适宜的方法锻炼每一个选拔出来的性状；他以同样的食料，饲养长喙鸽和短喙鸽；他不用特别的方法去训练长背的或长腿的四足动物；他把长毛羊跟短毛羊畜养在同一气候下；他不让最强壮的雄体相斗争以获得雌的；他并不严格地把一切劣等动物除去，反而在每一变动的季节内，只依他的权力所及，不分良莠地保护其所有的产物。他往往依据某些半畸形的类型，或者至少依据显著的变异中，能够引起注意的，或显然于他有利的，开始选择；在自然状态下，构造上或体质上的极微小的变异，便能改变生存斗争的微妙均衡而被保存着。人的愿望和努力，只是瞬息间的事，时间是那么的短，若和“自然”在全部地质时期内累积所得的成果相比，他的成果是何等的贫乏！因此，自然产物的性状，远较人工产物为“真实”；它们对于极复杂的生活条件适应得更好，所表现的工作技巧，显然是高明得多，我们对于这些事情还会惊异吗？

用比喻的说法，可以说自然选择是每日每时在世界上检查最微细的变异，把坏的去掉，把好的保存和推进；不论时间，不论地点，一有机会就在默默不觉中进行工作，把各种生物与有机的和无机的生活条件的关系加以改进。我们对于这些缓慢变化的进行，一点也不能觉察，除非存在时代变迁的标记。然而我们对于过去的悠久的地质时代的知识极为有限，所以我们能看到的，仅是现在的生物跟以前的不同而已。

一个物种要得到任何大量的变异，必须在一个变种成立之后，继续再起（或经过一长时期后再起）同样性质的有利变异或个体差异，而这些变异必须再被保存，这样一步一步地向前推进。这种设想，不能视为无理，因为同样性质的个体差异，时常出现。但是否正确，则必须考察这假设能否符合或能否解释自然界的一般现象。从另一方面讲，通常相信变异量有其严格的限度，也只是一种简单的设想。

虽然自然选择只能通过生物的利益、为了生物的利益而发生作用，但是对于那些我们所认为是绝非重要的性状和构造，亦会有作用。当我们看见食叶的昆虫呈现绿色，食树皮的呈现灰斑色；高山的松鸡在冬季变白色，红松鸡的颜色似石南花，我们必定相信这种颜色，对于虫与鸟具有保护作用，使它们避免危险。松鸡若在生活的某时期内，没有多大死亡，则它们的个体，将增加到不可数计；我们知道它们受鸷鸟的侵害很大。鹰类的捕食，全仗眼力，而白色的鸽子，最容易受害，所以欧洲大陆上某些部分的人相戒不养白鸽。因此，自然选择有效地使每一类松鸡有适宜的颜色，更使这颜色在获得之后，能保持其真纯不变。我们不要以为把具有特别颜色的个体除去是很少作用的；要记住在白色的羊群里灭除一只略见黑色的羔羊是何等重要。以前讲到的弗吉尼亚的猪，吃了色根以后是否要死，全要看猪的颜色而定。拿植物来说，果实的茸毛，果肉的颜色，植物学者看作极不重要的特性；但据一位优秀的园艺学者唐宁所说，在美国，无毛果实远较有毛果实易受一种象鼻虫的侵害；紫色李子远较黄色李子易受某种疾病；而在桃子，黄色的比别种颜色的更易受到某种病害。假如我们用人工选择的一切方法，来栽培这几个变种，可使小差异成为大差异；但在自然情况之下，这些树木与其他树木，以及与许多敌害，常在斗争之中，这感受病虫害的差异性，便将确实有效地决定每一变种——果皮光滑或生毛，果肉黄色或紫色——的成功和失败。

物种间的许多微小差异，以我们有限的知识来判断，似乎并不重要，但是不可忘记，气候和食物等，对于它们必定有直接的功效。同时，我们得注意，根据相关定律，当一部分性状既发生变异，并为自然选择所累积，则其他意想不到的变异，亦将连带发生。

我们曾经述及家养情形下所起的变异，其在生活中某一特殊时期出现的，在后代亦往往于同时期重现，如许多蔬菜和庄稼变种的种子的形状、大小和气味，家蚕的变种的幼虫期和蛹期，鸡的卵，雏鸡绒毛的颜色，以及牛羊将近长成时的角等等皆是。同样地，在自然情况下，自然选择亦能对于生物任何一时期发生作用而使之变更，它把这时期内有益的变异累积增进，并且使其在同时期内遗传。假如一植物的种子，借风力向远处传布是有利的，则自然选择亦会对它发生作用，不比棉农用选择的方法来增长和改进棉絮的纤维更困难。自然选择能使昆虫的幼虫期多方变动适应，而与成虫期截然不同；并且这些变异，通过相关律，可以影响到成虫的构造；反之，成虫的变异，亦可以影响幼虫的构造。不过在一切场合，自然选择将保证那些变异绝不是有害的，否则此物种必将灭绝了。

自然选择能使子体的构造在其与亲体的关系上发生变异，又能使亲体的构造在其与子体的关系上发生变异。在社会性动物中，假如选出的变异对全群有利，自然选择能使各个体的构造，适应于全群的利益。可是自然选择不能变更一种构造，于此种动物自己无益而反于他种有利。自然史著作中虽有此等事实记载，但是没有一个例子，值得我们去研究。动物有一生仅用一次的构造，如果非常重要，则自然选择亦能使它起很大的变化。例如有些昆虫专用以破茧的大颚，或雏鸟用以破卵的坚硬喙尖等都是。有人说过，优良的短喙翻飞鸽死在卵内的多而能够破卵孵出来的少，所以养鸽者必须帮助它们孵化。假如造化为了翻飞鸽本身的利益，使长成鸽的喙变成极短，则这种变异的过程必甚迟缓：一方面，在卵内的雏鸽，本身必要经受严格的选择，就是选取有最坚硬嘴喙的，而且弱喙的雏鸽都不得不死亡，另一面，卵壳较脆弱易破的得被择留；我们知道卵壳的厚度，亦和其他构造一样，能起变异。

这里所当注意的，就是一切生物，都有许多意外的死亡，而这种死亡，对于自然选择的进行很少影响，或者全无影响。例如每年总有大量的卵和种子被吃掉，只有它们发生某种变异以避免敌害的吞食，它们才能通过自然选择而改变。但是许多这等卵和种子，如果不被毁灭，成为个体，它们对于生活条件的适应，可能比那些遭意外的来得更好。已经长成的动植物，不论其是否十分适应于环境，都会由于偶然的原因而年有死亡；即使它们在构造上或体质上有某些改进、而在其他情况下对物种有利，但是对于这种偶然性的死亡，却不能有所减轻。不论长成体的死亡率如何重大，只要它们在任何区域内生存的个体，不会因此而完全毁灭——或者，不论卵与种子的毁灭量如何巨大，只要有百分之一或千分之一能发育生长——则在此等生存者之中，其适应最好的个体，假使能就有利的方面起任何变异，其繁殖数目，必会比适应较差的为多。但若此等生存的个体，全为上述原因所毁灭（事实上常有此等情形），那么，自然选择对有利方向也就无能为力了。可是我们不能根据此点，因而对自然选择在别的时期和别的途径下的效能有所怀疑，因为我们没有任何理由，可以设想许多的种，会在同时间同地域内，都有变异而得到改进。

性选择

在家养情况下，有些特性往往仅见于一个性别，而且亦仅由这性别遗传；在自然情况下无疑亦是如此。这样，如有时所看到的，可使雌雄两性通过自然选择，针对不同的生活习性而起变异；或者更常见的是，就一性别对于另一性别的关系而起变异。这引导我要对我所称的性的选择，略述数语。这种选择并不在于一种生物对于其他生物，或对于外界条件的生存斗争上，而仅在于同性别的个体，通常是雄的，为了获得配偶所发生的斗

图 11　竖琴鸟

争。斗争的结果，失败的个体并不至于死亡，无非生殖较少或不生殖而已。所以性的选择（性择）不及自然选择激烈。一般地说，最强壮的雄性，最适于它们在自然界中的位置，它们留下的后代最多。但在许多场合，胜利的获得并不全在乎体格的一般强壮，而尤其需要雄性有特别的武器。无角的雄鹿，无距的公鸡，恐怕就少有多量繁殖的机会。由于总是战胜者得到繁殖，性的选择，几乎同残忍的斗鸡者精心选择他的最好的公鸡一样，定会赋予公鸡以不屈不挠的勇气、距的长度以及翅膀拍击距腿的力量。我不知道从动物的自然阶梯下降，直到哪一类生物，才没有性的选择

图 12　阿氏雉（雌雄）

作用。有人曾描述雄性鳄鱼，为争取雌体，而叫嚣绕转，和美洲印第安人的战争舞蹈相似；雄的鲑鱼常常整天地互相争斗；雄锹形虫的巨型大颚常被其他雄虫咬伤；卓越的观察者法布尔先生，常常看见有些雄的膜翅目昆虫，为争夺一个雌的而发生战斗，雌虫却歇在那里漠不关心地观战，但最后与战胜者同去。这种战争，大概以多妻动物的雄性之间最为惨烈，雄的常有特别的武器。食肉动物的雄者本已具有优良武器，但是经过性的选择作用，它们和别的动物都更能获得特别的防御工具，例如雄狮的鬣，雄鲑钩形的上颚都是；因为要在战争中求得胜利，盾牌会同剑和矛一样的重要。

鸟类的争斗往往比较和平。凡是注意到这问题的，都相信许多鸟类的雄者，它们最剧烈的斗争是用歌声引诱雌鸟。圭亚那的岩鹅、极乐鸟以及其他鸟类，常常集合成群，雄的一个个地在雌鸟的面前，很殷勤地用最好的姿态，来炫示它们艳丽的羽毛，并且表现滑稽的神情；雌鸟站在旁边观察，末后乃选择最有吸引力的做配偶。凡曾密切注意笼养鸟类的人，都知道它们亦常有个别的好与恶。赫龙爵士曾描述他的一只斑纹孔雀如何突出地吸引了所有的雌孔雀。这里我虽不能作必要的详细讨论，但是如果人类能依照他的审美标准，使班腾矮鸡在短时期内获得美丽的颜色和优雅的姿态，我们就没有充足的理由来怀疑那些雌鸟能依据它们的美的标准，在成千的世代过程中，选择鸣声最佳、颜色最美的雄性，而产生显著的效果。某些著名的法则，讲到鸟类雌雄两性的羽毛和雏鸟的羽毛之间的比较，部分地可以用性择的作用来解释，作用于不同龄期内发生的变异，并在相当的龄期内单独遗传于雄体，或兼传于雌雄两体。可是此处因限于篇幅，无法讨论这个题目。

因此，任何动物的雌雄两体，如果生活习性相同，而构造、颜色或妆饰不同，则这些差异，可以相信主要是由性的选择所促成：就是说，雄性个体往往在连续的世代中，将攻击的武器、防御的手段或美媚的情态等等，只要是比其他的雄性稍有优胜的地方，便遗传给它们的雄性后代。但我们不愿把一切两性间的差别，全数归因于这项作用，因在家养动物中，

图 13　兜帽秋沙鸭

我们看到一些特性的发生并为雄性所专有，显然不能通过人工选择而增大。野生雄火鸡胸间的丛毛，并无什么用处，而在雌火鸡的目光中，是否是一种装饰品，却是一个疑问；不错，假使这毛丛见于家养物中，则必将称为畸形了。

自然选择，即适者生存的作用的事例

要明了自然选择如何起作用，请允许我举出一两个假想的例子。让我们以狼为例。狼捕食各种动物，有的用狡计，有的用强力，有的靠捷速。我们设想被捕动物中最捷速的要算鹿，如果在狼获食最艰难的季节内，鹿的数目，因当地情形有所变动而增加，或者其他作为狼的食物的动物数目有所减少，那么，只有最敏捷和身材最苗条的狼，才有最优良的生存机会而被选择或保存，只要它们在不得不捕食其他动物的这个或那个季节里，亦仍保持有足以制服这些猎物的力量。我想我们没有理由可以怀疑，人工选择的方法也会得到同样的结果。人类或是用审慎的和有计划的选择，或是由于无意识的选择（各人务求保育最优良的个体，初无变更其种类的用心），曾经改良了长嘴猎狗的捷速性能。我可以在此附记一事，据皮尔斯先生说，美国卡兹基尔山有两种狼的变种，一种的性状略似长嘴猎犬，逐鹿为食，另一种的身体较粗，足较短，常会袭击牧人的羊群。

在上述的例子中，应当注意，我所说的是身材最苗条的狼的个体得被保存，而并不是任何单独的显著变异被保存。在本书前几版中，我有时说起来，好像后者的保存亦属常事。我看到个体差异的高度重要性，就详细讨论人类无意识选择的结果，是靠保存多少有价值的个体，而除去不良的个体。我又看到在自然情况下，任何偶然发生的构造上的差异，如畸形之类，是很少被保存的，即使在最初得被保存，亦常因此后与寻常个体杂交而至于丧失。虽然如此，直到我阅读了1867年出版的《北英评论》上所登的一篇有力而有价值的文章，才明了单独的变异，不论微小或显著，其能永久保存的，是怎样地稀少。这位作者举出一对动物做例子，它们一生可产子二百个，但是因为种种原因以致死亡，平均仅有两个子代生存着，来繁殖它们的种类。在大多数高等动物里，这可说是一种极端情形的估计，但在许多低等动物里并不如此。于是他指出，如果产生出某一个子体，有某种变异而使它的生存机会较其他的个体多两倍，但是因为死亡率高，阻止它生存的倾向还是非常强大。假设它能生存繁殖，有半数的幼体传得有利的变异性质，可是，像这位评论者所继续指出的，此种幼体的生存和生殖机会，亦仅仅是稍胜一筹而已；并且这种机会还会随世代的续增而逐渐减少。我想这理由的正确性是毋庸争辩的。举例来说，如果某一种鸟类，其具有曲喙的容易得到食料；假设有一鸟生出来就有极曲的喙，于是它就得到繁育。但即使如此，此个体若要排斥寻常的体型，而独自繁殖其类，机会还是很少。但是不容置疑，根据我们在家养状态下所发生的情形来判断，则若在许多世代内，使大量的多少具有强壮曲喙的个体得到保存，同时，使更大量的具有直喙的个体灭亡，最后就会达到这一结果。

有些极显著的变异，不能仅视为个体差异的，由于类似的机构感受类似的作用而屡次出现，这是不可忽视的事实。这种事实，在家养物中可举的例子很多。在这种情形里，即使变异的个体不把新获得的性状在目前遗传给子孙，只要生存条件保持相同的情况，它无疑地会把同样方式的变异而且是更强烈的倾向遗传给后代。这种依同样方式变异的倾向，往往非常强烈，可使同种的一切个体，不需经过任何选择，而起相似的变化，这也是没有什么疑义的。或者仅有三分之一、五分之一或十分之一的个体这样地受了影响，这种事实，亦有许多实例可举。格拉巴估计法罗群岛的海鸠，约有五分之一的个数，属于一极显著的变种，以前曾经被列为特殊的一种，学名定为*Uria lacrymans*。在此等情况下，倘若这性质的变异是有利的，则依适者生存的原理，它的原有类型很快就会被变异了的类型所排斥。

关于杂交有消除各种变异的作用，以后还会再谈。在这里应当注意的，即大多数的动植物，都是固守本土，一般不作不必要的流动；甚至迁徙的鸟类亦常常回到原处。因此每一新形成的变种，最初常限于局部的原产地域，这似乎是自然界内诸变种所遵循的通常法则；所以许多彼此相似而改变过的个体，往往集合成为一个小团体，在一起繁殖。假使这新变种在生存的战争中顺利成功，就会由此中心区域徐徐向外扩展，而在扩展的过程中，在继续增大的区域边缘上同没有改变的个体斗争，并征服它们。

再举出一个更复杂的自然选择作用的事例是值得的。植物有分泌甜汁的，这显然是为了排除体液内有害物质的缘故。例如某些豆科植物，其分泌物由托叶基部的腺体排出，普通的月桂树则自叶背排出。此蜜汁的量虽少，却为昆虫所贪婪追求；不过昆虫的访问，对于该植物并无任何利益。现在让我们设想，假如任何一种植物有若干植株，这蜜汁是从花内排出的，那么昆虫为了寻觅蜜汁或花蜜的缘故，不免常常沾染了花粉，而把它从这朵花传递到别朵花上。同种的两个不同个体的花，便可因此而配合。异株的杂配，既可完全证明其能产生强壮的子苗，因而这些子苗，也就有最优良的机会来生存繁殖。凡是植物的花，具有最大花蜜腺的，分泌的蜜汁最多，昆虫的访问最频繁，而杂配的机会亦最多，因此终将会占有优势而成为一个地方性的变种。花内雌雄蕊的位置，如果和那种来访的特殊昆虫的习性和身体大小，起了适当的关联，使花粉的移运得到若干便利，则对于这些花亦是有利益的。我还可以举出一种情况，就是不采花蜜而专采花粉的昆虫，因为花粉的生成是专为授精用的，它的被毁坏对植物分明是一种纯粹的损失。可是就在这个场合，如有少许花粉，由于喜食花粉的昆虫的媒介，最初是偶然的，以后成为习惯性的，从这朵花传到那一朵花，因而促成了杂交，即使有十分之九的花粉损失掉，结果对于被劫掠的植物仍然有极大的利益，而产花粉较多，具粉囊较大的个体，亦将会被选择出来。

植物依上述的过程长期继续，就很会吸引昆虫，而昆虫也就在不知不觉中经常从此花到彼花传送花粉；它们能有效地做这一工作，我可以容易地用许多显著的事实来证明。这里我只举一例，同时可以显示出植物界雌雄分株的一种步骤。有些冬青树仅有雄花，每花有四个雄蕊和一个发育不良的雌蕊，雄蕊所产的花粉量极少，还有些冬青树仅有雌花，即一个雌蕊发育完全，而四个雄蕊的粉囊都萎缩，那里找不出一粒花粉。我曾经看到一株雌树，和一株雄树相隔恰为 60 码。我从不同的枝上采得 20 朵花，把它的雌蕊柱头，放在显微镜下观察，看到各柱头上，全无例外地均已粘有少数花粉粒，有的而且花粉很多。那几天的风向都是从雌树吹向雄树，所以这些花粉，并非由风力所传送；这时期气候很冷，暴风雨很多，对于蜂类是不利的，可是我所观察的每一雌花，却已因蜂类逐树找寻花蜜，而有效地得到授精。再回来说我们所可想象的情况：一旦植物很能招致昆虫而昆虫便经常地在花间传递花粉，那么，另外一种作用的程序亦将开始。没有一个自然学者会怀疑所谓“生理的分工”的利益。因此，如果一树或一花专产雄蕊，另一树或另一花专产雌蕊，我相信对于植物的本身必然有利。栽培的植物，处在新的生活条件之下，它的雄性或雌性器官有时多少会失去功能；假如在自然界，亦有此等情形发生，不论其如何细微，我们根据分工的原理和花粉已在异花间经常传递的事实，可知雌雄两性，若能更彻底分离，必于植物更为有利。因此，倾向于性别分离的个体，必继续受到好处而得以被选择。这样，雌雄两性，最后便达到完全分离的地步。

现今有许多植物，其性别的分离，似乎正在进行中，但若要说明性别分离所取的各种步骤（如经过多型性或其他的程序），不免要耗费太多篇幅。不过我可以附提一事，就是根据阿沙·葛雷的观察，在北美的冬青树中，有若干种完全是处在一种中间状态，或者照他的说法，这多少是属于“异株杂性”的（diœciously polygamous）。

我们且再谈食花蜜的昆虫。假设由于连续选择而得逐渐增加蜜汁的植物是一种普通的植物，假设又有某些昆虫依赖这花蜜作它们的主要食料。我可以举出许多事实，来说明蜂类怎样急于节省时间：例如它们有在某些花的基部咬洞吸蜜的习性，虽然只要稍微麻烦一点，它们原可以从花口进去。记住了这种事实，就可相信在某种情形之下，个体的差异，如口吻的长度或曲度的不同等等，虽然十分微小，为我们所不能觉察，但对于蜂类或其他昆虫类，可能得到利益，因而有些个体就较其他个体可以更快地取得食物，使它们所属的群体滋生极繁，而分出许多蜂群，亦都继承了同样的性状。普通的红三叶草和肉色三叶草的管形花冠的长度，粗看似乎并无差异，但蜜蜂容易吸取肉色三叶草的花蜜而不能吸取红三叶草的花蜜，后者仅有熊蜂能采取。所以红三叶草，虽花蜜丰富，遍布田野，却不能为蜜蜂所享受。然而蜜蜂嗜食此种花蜜是一定的，因为我在秋季多次看到有许多蜜蜂，就着花管下熊蜂所啮破的孔道吸取花蜜。这两种三叶草花冠长度的差异，以决定其能否招致蜜蜂的，必很微小。有人向我说，红三叶草在收割以后，第二茬作物所开的花颇小，即有许多蜜蜂来采取。我不知道此说是否确实。还有一种发表的记载，我也不知道是否可信，据说意大利种蜜蜂能采吸红三叶草花的花蜜，而一般认为它只是普通蜜蜂的一个变种，彼此能自由杂交。所以凡是在充满红三叶草的地方，蜜蜂必以具有略长的或构造不同的吻为有利。反之，红三叶草的授精，既全赖蜂类做媒介，若在任何一地方内熊蜂稀少，则此植物本身即以具有花冠较短或分裂较深的为有利，因这样才可以使蜜蜂能够采吸。由此我可以理解，花和蜂，以继续保存其具有互相有利的构造上微小差异的一切个体，如何同时地或先后地逐渐发生变化，使彼此间互相适应达到极其完善的地步。

我深深知道，用上述理想例子所说明的自然选择原理，将会引起人们的反对，正像莱伊尔爵士的卓越见解，“以近代地球的变迁解释地质学”一样，最初曾遇到反对，而今，我们对于应用目前还在活动着的各种作用，来解释深谷的凿成和内陆长行崖壁的形成时，已很少听到说是微不足道，或是没有意义的了。自然选择的作用，仅在于保存和积累每一点于生物有利的微小的遗传变异。正如近代地质学几乎废弃了一次洪水波涛可以凿成大山谷之类的观点；同样，自然选择说也将把连续创造新生物的信念或生物构造能起任何巨大的和突然的改变的信念排斥掉。

个体杂交

这里，我们必须约略地讨论一个侧面的题目。凡是雌雄异体的动植物，很明显的，每次生产必须有两个个体交配（奇异而不甚明了的孤雌生殖是例外）；可是在雌雄同体的情形下，是否需要这样，却很难说。不过我们有理由相信，一切雌雄同体的生物，亦必须偶然地或经常地实行两个个体结合，才得繁殖其类。这个观点，很久以前就由斯泼林格尔、奈特及科尔勒托含糊地提出来了。我们不久即可看到它的重要性。虽然在这方面我准备有许多材料，足供详细讨论，但是在这里却不得不力求简略。一切脊椎动物、一切昆虫以及若干其他的大类群动物，每次都必须配偶后才能生育。近代研究的结果，把以前认为是雌雄同体的数目，大为减少；对于真正雌雄同体的，亦知道大多数也必须交配，就是说两个个体为了生殖而正常地配合，这就是我们所要讨论的。但是此外仍有许多雌雄同体的动物，并不需要经常配合，又有大多数的植物是雌雄同株的。试问在此等场合，我们有什么理由，会设想两个个体必须配合以生殖？凡此一切，我们不能在此详细地讨论，只能述其大概而已。

第一，我曾经搜集了大量事实，并且做了许多实验，证明在动物和植物，如果用不同的变种，或用同变种而不同品系的个体实行杂交，可使产生的子孙强壮而富于生殖力，这是和养殖家的一般信念相符合的；反之，近亲相交，必致减少其强壮和生殖力。这些事实使我相信，自然界的一般定律是：没有一种生物，能够自行授精以传至无穷世代，而偶然地，或间隔相当时期后实行异体杂交，却是必要的。

假如相信这是自然定律，我想我们能够了解下列的几大类事实，否则，根据任何其他观点，是不可解释的。凡是培养杂种的人，都知道暴露在雨水下是如何地不利于花的授精，但雌雄蕊完全暴露的花却又何等的多！如果不时实行异体杂交是必要的（尽管植物花朵内雌雄蕊排列极近，几乎可以保证自花授精），则上述雌雄蕊的暴露情况，即可得到解释，就是为方便他花的花粉自由进入的缘故。从另一方面讲，有许多花的结实器官是紧闭的，如在蝶形花科或豆科这一大科植物；可是此等花几乎都有美丽而奇巧的适应，来招引昆虫。许多蝶形花必须要蜂类作媒介，如果不许蜂类接近，它们的能育性便会大大减少。可是，既然有昆虫在花间飞来飞去，要避免传粉几乎是不可能的，这就使植物大受其益。昆虫的作用恰如驼毛的刷子，只要这刷子触到一花的雄蕊后再和他花的雌蕊接触，便足以保证授精作用。可是不能假定，以为这样蜂类便可产生大量的种间杂种。正如革特纳所指出，如果植物自己的花粉粒和异种的花粉粒放在同一雌蕊上，则前者具有极大优势，而且一定能完全消除异种花粉粒的影响。

当花内雄蕊突然弹向雌蕊，或慢慢地一枝一枝地弯向雌蕊，这可说是专门适合于自花授粉的机巧，其有用于自花授精是没有疑问的。可是要雄蕊弹动，常常需要昆虫的助力，科尔勒托曾证明小蘖（伏牛花）的情形就是如此。这属内的植物似乎具有自花授粉的特别机巧，我们知道，如果近缘的品种或变种，种植在很相近的地方，往往难得到纯粹的种子，因为它们多已自然杂交。在许多其他场合，自花授粉既不便利，并且还有特殊装置，来有效地阻止雌蕊从本花接受花粉；关于此事，在斯泼林格尔以及其他人士的著述中都有谈及，而我个人的观察，亦可证实。例如一种半边莲，确实有精美巧妙的设计，在雌蕊还不能接受花粉之前，它的无数花粉，先从花中彼此连接的花粉囊内扫出，这花从没有昆虫来访问（至少在我花园内是如此），因此永不结子；但是如果把一花的花粉，放在另一花的雌蕊柱头上，却可得到很多种子而育成幼苗。此外另有一种半边莲，却有蜂类趋附于它的花上，在我园内便能自由结子。在很多其他场合，虽然没有特别的装置来阻止雌蕊自花受粉，但是，像斯泼林格尔以及最近希得白朗和其他诸人所示（我亦可以证实），不是在雌蕊未能授粉前粉囊已先破裂，便是在花粉粒未成熟前雌蕊已能授粉，所以此等所谓雌雄蕊异熟的植物，实际上和雌雄异体的没有两样，而通常必须杂交。以前所述及的两型性和三型性交替的植物，亦是如此。这些事实是何等的奇异！同花内的花粉位置和柱头位置既是如此接近，似乎专为自花授粉而装置，却在许多场合中又彼此都无用处，这不是很奇怪吗？可是我们根据这种见解，就是异体的偶然杂交是有益的，或者是必需的，那么，这些事实又何其简单易解啊！

如果把甘蓝、萝卜、洋葱以及若干其他植物的一些变种，种植在相近的地方，所产的种子育成幼苗，我发现大部分都是杂种。试举一例：我曾把近处种植的不同的甘蓝变种所产的幼株，栽植了233株，结果只有78株是纯种，其中有几株还不是完全的纯种。可是每一甘蓝花的雌蕊，不仅被本花的六雄蕊所包围，并且还有本株别花的雄蕊包围着；每一花内的花粉，不需昆虫的帮助即可落在雌蕊柱头，因为我曾见严密防止昆虫传粉的植株，亦能完全结实。但是上面所说的幼株，何以竟有这样多的杂种？这一定是不同变种的花粉授精力量，较强于本花花粉的缘故；这事实亦可说是包含在“同种异体杂交是有利的”这个一般定律之内的。用异种来杂交，情形适与此相反，因为本种花粉的力量，几乎总是较强于异种的花粉；这问题待下章再作讨论。

就一株具有无数花朵的大树而言，可以反对说：花粉很难在异株间传送，至多是同株的花与花间传送而已；并且同一株树上的花朵，只有在有限的意义上才可认为是殊异的个体。我相信这种反对论调是正确的；但是，造化对此也有补救办法，使大树所生的花，倾向于两性分离。两性分离后，虽雌花和雄花仍产生在同一树上，但花粉已必须经常地由此花传到彼花；这样，也就增加了传送到异株的机会。一切科目中的大树，两性分化的，常较其他小型植物为多，我在英国所见的情况便是如此。应我的要求，霍克博士曾经把新西兰的树木，列出表来检查；阿沙·葛雷博士则把美国所产的做了同样工作。结果正如我的预期。反之，霍克博士曾告诉我说，此通则并不适用于澳洲；不过澳洲的树木，如果有大多数是雌雄蕊异熟的，则其结果当和雌雄异花的情形相同。我之所以把大树提出来说一下，就是要引起人们对于这问题的注意。

现在转向动物方面，略作讨论。各类陆生动物有雌雄同体的，有如陆生软体动物和蚯蚓等，但这些都需要交配；我还没有看到有一种陆生动物能自行授精的。这显著的事实（正和陆生植物成一强烈对照），可以根据偶然实行杂交是必要的这个观点得到理解；因为动物和植物的生殖素质不同，除了两个体相交之外，没有其他的方法，类似于植物之虫媒、风媒等的，可以使陆生动物偶然杂交。在水生动物中，则有许多自行授精的雌雄同体者；这里，很明显的，水流有时可使它们得到偶然杂交。我曾经和一位最高的权威学者赫胥黎教授讨论，希望能发现一种雌雄同体的动物，它的生殖机构具有完善的封闭，可以排除外来的闯入或异体的偶然影响，结果，和花的情形一样，竟是找不到。由此观点而论，我久以为蔓足类的情形极难了解，幸而得有机会看到，并证明两个自行授精的雌雄同体的个体，有时亦实行相交。

不论动物和植物，有时在同科内或甚至在同属内的一些物种，虽然它们的整个机构彼此很是一致的，可是有些是雌雄同体，有些却是雌雄异体，这不免使大多数自然学者觉得非常奇异。但是事实上，一切雌雄同体的生物，假使都偶然实行杂交，则至少在机能方面讲，雌雄同体和异体，实在没有多大差别。

由上述种种以及我所搜集的、但在这里不能列举的许多事实，可知动植物分明个体的偶然杂交，如果不是普遍的，亦应该是一种极普通的自然定律。

通过自然选择产生新类型的有利条件

这是一个极错综复杂的问题。大量的变异（这名词常包括个体差异在内）是显然有利的。因为个体数量大，在一定时期内有利变异的出现机会亦多，即使每个个体的变异量较少，亦可得到补偿，我相信这是成功的最重要一种因素。虽然自然界允许极长的时期，给自然选择来进行工作，但是这时间不是没有限度的，因为一切生物，都争取自然经济中的地位。假如任何一种，不能得到和它的竞争者程度相当的改变和改良，便即不免于灭亡。有利的变异，若不是在子孙方面至少有一部分得到遗传，自然选择便无从发挥它的作用。祖性重现的倾向，可能常会抑制或阻止自然选择的工作；不过这种倾向，既不能阻止人类用选择方法造成许许多多的家养品种，又怎能阻止自然选择的作用呢？

在有计划的选择中，饲养者依一定的目标进行选择，如果他允许个体自由杂交，他的工作便将全部失败。可是有许多人，本来并不致意于改变品种，却有一个近乎共同的要求完善的标准，大家都试图获取最优良的动物来繁殖后代，这样，虽没有将已选择出的个体分离，但是由于此项无意识的选择方法，虽然是慢，却确实能达到改良的结果。在自然的情形下亦应如此，因为在限定的地域内，其自然组织中尚有空隙的地位未经完全占据，一切依正确方向变异的个体，尽管程度不同，都将得到保存。假使这地域很大，则其若干小区域的生活条件必有不同；如果同一物种，在这些不同的小区域内发生了变更，那么这些新成的变种，将各在其区域边界上互相杂交。生在中间区域的中间性变种，最后常为邻近诸变种中的一种所排挤，此事将在第六章内再行讨论。流动的、每次生殖必须配合而生殖率不很高的动物，特别会受杂交的影响。所以具有此种性质的动物如鸟类，它们的变种一般仅存在于隔离的地域之内。我所见的情形，正是如此。但在偶行交配的雌雄同体的生物，以及极少移动、每次生殖必须配合而繁殖极速的动物，则新的改良变种，可在任何地点上迅速形成，并且在那里聚集成群，然后再向外散布，这样，这个新变种的个体间通常会彼此配合。育树苗的人，往往根据此项原理，喜欢在大群的植物中留种，也就是因为在这种情况下杂交的机会较少的缘故。

即使在每次生产必须配合而繁殖不速的动物，我们亦不能设想自然选择的效果，常会被自由杂交所消除。因为我可以举出许多事实来证明在同一地方内，一种动物的两个变种，由于栖息场所的不同，生殖季节略有差异，或者各变种的个体喜欢同各自变种的个体配合等等缘故，可以长期保持它们的区别。

杂交在自然界有一种极重要的作用，那就是使同种或同变种中各个体的特性，保持纯粹和一致。这作用在每次生产都需要配合的动物，显然更为有效；不过上面已经讲过，我们有理由相信，一切动植物都要偶然实行杂交。即使此等杂交，仅在长期间隔后偶尔实行，但因所产的幼体在体力和生殖力方面，都远胜于久经自交所产生的子孙，因而它们也将有更好的机会来生存和繁殖其类；这样在长时期内，虽然杂交的次数极少，终久亦将发生巨大影响。就最低等的生物而论，它们的生殖不是有性的，并且也没有个体间的结合，根本不可能有什么杂交，它们在同一的生活条件之下，只有通过遗传的原理和通过自然选择把那些和原来体型分歧的个体消除掉，才能使它们保持性状的一致。假如生活条件变迁而体型亦发生变异，那么，要使这些改变了的子孙具有一致的性状，就只有依赖自然选择来保存它们的相似的有利变异了。

在通过自然选择使物种起变化的过程中，隔离亦是一种重要因素。在一个局限的或被隔离的地域内，如果范围不很大，则其有机的和无机的生活条件大概几乎是一致的。因此，自然选择将使同种的一切处在变异中的个体，趋向于同样的情态，与邻近区域内生物的杂交，亦将被阻止。最近华格纳对这问题发表了一篇有趣的论文。他所指出的、隔离对阻止新成变种之间的杂交所起的作用，甚至比我所设想的还要大。不过根据以前所述的理由，我实在不能同意这位自然学者所认为的迁徙和隔离是新种造成的必要因素。当物理环境起了任何变迁之后，有如气候的变异、陆地的高度的变化等等，隔离作用对于阻止适应较佳的生物迁入，是很重要的，因为这样可以使自然经济中留有新的地位，以便旧有的生物发生了变化去补充。最后，隔离又可给新变种缓慢改进提供时间，这点有时也是很重要的。但如被隔离的地域，因有障碍物环绕，或者因物理条件殊异，以致面积极其狭小，则其全部住民的数量亦必稀少，这样，就不免减少了有利变异发生的机会，而延缓了通过自然选择产生新种的作用。

单是时间的过程，从本身来讲是没有作用的，对自然选择既无帮助亦无妨碍。我要说明这一点，因为有人误会我曾经假定时间的因素对于改变物种有莫大力量，好像一切生物类型，由于某些内在定律而必然要发生变化似的。时间的重要只在于：它使有利变异的发生、选择、累积和固定有较好的机会，在这方面，它的重要性是很大的；同样地，时间也能增强物理的生活条件对生物体质的直接作用。

假如我们转向自然界，来考验上面所讲的是否正确，我们把任何被隔离的狭小地域，如大洋中的岛屿，来实行观察，可见这些岛上所产生的物种数目虽小，但是，将如地理分布一章所述，这些物种却有极大部分是本地的特产种，这就是说，产生于该地而为世界别处所没有的。所以初看起来，海洋岛屿似乎是极有利于产生新种的。但这样我们不免欺骗了自己，因为要确定一个极小的隔离区域，或是一个广大的开放区域如大陆，究竟哪一个最有利于生物新类型的产生，我们应当以相等的时间来做比较，但这是不可能的。

隔离对于新种的产生虽是至关重要，但就全部而言，我仍相信地域的宽广更为重要，特别是在产生能经久和能广布的物种尤其如此。在广大而开放的地域内，不仅因为可以养活同种的大量个体，从而使有利的变异得有较好的发生机会，并且因有许多物种存在，使生活条件更为复杂。假使在这许多物种之中，有些已经改变和改进了，那么，其他物种亦必须改进到相当程度，否则它们将会灭亡。每一新类型，一旦有了很大改进，即能向开放而相连的地域上扩展，因之又与许多其他类型接触而发生斗争。不仅如此，目前连续的广大地域，亦往往可能因以前地面变动的缘故，曾经处于不连续状态，而从前隔离时代的优良影响，一般还多少保存着。最后，我可以总结，狭小的隔离地域，虽然在某些方面极有利于新种的形成，可是变迁的进行，通常以在大地域内为迅速；并且尚有更为重要的一点，即大地域内所产生的新类型，既已战胜了许多竞争者，亦必将成为分布最广、产生新变种及新种最多的类型，因此它们在生物世界的变迁史中，必占着较重要的地位。

根据这种观点，也许可以使我们明了若干事实（将于地理分布一章内再行述及），例如较小的澳洲大陆的产物，比之较大的欧亚区域就不免逊色。正是大陆上的产物，在海岛上到处归化。小岛上生存的斗争不很剧烈，所以少有变化，亦少有灭亡。因此，我们可以理解，为什么马德拉的植物区系，据希耳说，在一定程度上和欧洲已灭亡的第三纪植物区系相似。一切淡水盆地，合并起来，与海洋或陆地相比较，只是一个小小的地区。所以淡水产物间的斗争，不像他处那样剧烈，新类型的产生，旧类型的灭亡，亦都较为迟缓。硬鳞鱼类从前曾经是一个大目，我们尚能在淡水盆地中找到 7 个属遗留到现在。现在世界上形状最奇怪的几种动物，如鸭嘴兽和美洲肺鱼，亦产生在淡水湖中，它们正如化石一样，多少可以作为现今在自然等级中相去很远的诸目间的一种联系。这些异常的生物，可以叫做活化石。由于它们生活在局限的地区内，所遇到的竞争较不复杂，较不剧烈，所以能够保留到今天。

现就此极错综复杂的问题所许可的范围内，对通过自然选择而产生新种的有利和不利条件作一总结。我的结论是：对于陆地产物，地面经过多次变动的广大地域，最有利于产生许多新生物类型，它们既适于长期生存，也适于广泛分布。如果那地域是一片大陆，生物在个体和种类方面都会很多，它们自然要进入剧烈的斗争。如果地面下陷，变为分离的大岛，每一岛上，也还会有许多同种的个体存在；各个新种在分布边缘上杂交的事将被阻止；起了任何性质的物理变化之后，迁入也要受到妨碍，因此各岛上自然组织中的新地位，就只有留待旧有生物去变异而填充；并且时间也容许各岛上的变种适当地改变和改进。假如地面复行升起，使各岛再度连接而成为一大陆，则斗争又趋于剧烈；最优异或最大改进的变种，便能向各处扩展；改变较少的类型，就要大量灭亡；因此，在这重新连接的大陆上，各种生物的相对比例数将再起变化；于是这里又成为自然选择的美好的活动场所，促使生物更进一步得到改进，因此再产生新的物种。

自然选择的作用往往非常迟缓，这是我完全承认的。只有在一区域内，其自然体制中留有地位，可以给现有生物改变后更好地占有时，自然选择才能发挥作用。此种地位的存在，常和物理变迁有关，不过此等变迁的发生，大概很是迟缓；此外，又和适应较佳的类型的被阻止迁入有关。在旧有生物中，有一些既起了改变，则其他生物间的相互关系，亦将随之发生变动；新的地位即由此产生，而将为适应较佳的类型所占据，但是这一切经过都很缓慢。同种的一切个体，虽然彼此皆微有区别，可是要使它们机构的各部分表现出适当的差异，却需要很长的时间，而且这结果又常为自由杂交所延迟。许多人会说，这几种原因已很足以抵消自然选择的力量，可是我不相信它是这样。我相信自然选择的作用，通常很是缓慢，须经过长久的时间，并且只作用于同一地域的少数生物。我又相信这种缓慢的、时断时续的结果，和地质学所告诉我们的，这世界上生物变迁的速度和方式，是很相符合的。

选择的过程虽很缓慢，但如以弱小的人力，尚能用人工选择而大有作为，那么，在很长的时间内，通过自然力量的选择，即通过适者生存，其所起的变化，所导致的一切生物彼此间及其与生活的物理条件间相互适应的美妙与复杂关系，实在是没有止境的。

自然选择引致灭绝

这个问题将在地质学一章内详细讨论，但因为和自然选择有密切关系，这里不得不略为说一说。自然选择的作用，仅在于保存在某些方面有利的变异，从而使这些变异持续下去。由于一切生物，都依高度的几何比率而增加，所以每一地域都已充满了生物；因此，优越类型在数目上的增加，就不免使较不优越的类型减少而变得稀少。地质学告诉我们，稀少是灭绝的前奏。我们可以看到，仅有少数个体的生物，在季候性质起大波动的时候，或者在敌害的数量暂时增多的时候，即有极大的可能性趋向于完全灭亡。我们可以进一步说，新类型既产生了，许多旧类型势必趋于灭亡，除非是物种类型可以无穷地增加。但是物种的数目，据地质学所显示，是不能无限制增加的。我们即将试行说明，为什么全世界的物种没有无限地增加。

我们已经看到，凡是个体数量最多的种，也就有最优良的机会，在任何一定的时期内，产生有利的变异。这个我们是有证据的。第二章内提到的事实指出，常见而广布的、亦即优势的物种，记载的变种最多。所以，稀少的物种在任何一定的时期内的变化或改进比较缓慢，因而在生存的竞赛中，不免被那些较普通的物种的已经变异改进的后代所打败。

从这些方面考虑，可知在时间的历程中，新的物种既经自然选择而形成，其必然的后果，是其他的物种即将逐渐变少，最后终于灭亡。那些和变异改进中的生物斗争最密切的类型，自必受祸最烈。在生存斗争一章中，我们已经看到，最密切接近的类型，如同种的变种及同属或近属的物种等，因为具有最近似的构造、体质及习性的缘故，往往彼此斗争最剧烈，于是在每一新变种或新种的形成过程中，常常对于最近缘的种类压迫最甚，并且还有消灭它们的倾向。我们在家养产物中，通过人类对于改良类型的选择，亦可看到同样的消灭过程。有许多奇异的事实，可举出说明牛羊及其他动物的新品种，以及花草的变种是怎样迅速地代替了那些老旧而低劣的种类。在约克郡，据方志记载，古代的黑牛被长角牛所替代，而长角牛，用一位农学家著作中的话说，“又为短角牛所排挤，好像被某种残酷的瘟疫所扫除一样。”

性状分歧

我用这名词所指的原理是极其重要的，并且我相信能解释几种重要的事实。第一，拿变种来讲，即使是极显著而多少具有种别特征的，正如在许多场合，对它们如何分类，常是没有解决希望的疑问——可是它们彼此间的区别，却肯定远较那真确而清晰的物种为小。虽然如此，按照我的观点，变种是正在形成中的物种，所以我又称它们为初期物种。但是变种间的较小差异，怎样会增进而成为物种间的较大差异呢？这种过程的经常发生，我们可以从自然界全部的无数物种去推想，它们大都呈现了极显著的差异。可是变种，这未来的显著物种的假想原型及亲体，却仅有细微而不甚确定的差异。纯粹的偶然性，我们可以这样说，或者可能使一个变种在某些性状上与亲体有所差异，以后这一变种的后代在同一性状上与它的亲体有更大程度的差异。但仅仅是这一点，绝不能说明同属异种间所惯常呈现的那种巨大差异。

我曾依照惯常的做法，就家养物去寻求此事的解释。在这里我们会看到某些相似的情形。人们当可承认，凡是极相殊异的品种，如短角牛与黑尔福德牛，赛跑马与拖车马，以及鸽的若干品种等等，绝不是在许多连续的世代里，只从相似变异的偶然积累所可产生的。实际上，养鸽者有的对于嘴稍短的鸽类感兴趣，有的对于嘴较长的鸽类有所注意；并且据一般公认的原则，“养鸽者不会喜欢中间标准，只喜欢极端类型。”他们就都选择和饲养那些嘴愈来愈长的或愈来愈短的鸽，正如目前人们饲育翻飞鸽的亚品种一样。还有，我们可以设想，在历史的初期内，一国家或一地方的人民需要快马，而别地方的人民却需要壮硕的马。两者最初的差异当然很微小，但是在时间过程中，一方面继续选择比较快的马，另一方面继续选择比较强壮的马，这样两者的差异便逐渐增大而会成为两个亚品种。最后，经过若干世纪，这两个亚品种便成为两个确定的不同品种了。当两者的差异增大，其具有中间性的劣等马，就是不甚快又不甚强壮的马匹，将不会被选作为育种之用，于是便被淘汰而趋于消灭。这样，我们从人工的产物中，看到了所谓分歧原理的作用，这种作用，使差异由最初的难觉察的程度徐徐增进，而使品种的特性，在它们彼此之间及在它们与共同亲体之间，发生了分歧。

但是，也许要问：怎样才能把类似的原理应用到自然界呢？我相信是可以应用而且应用得非常有效的（虽然我经过了许多时间，才知道怎样应用），因为就简单的情况而论，任何一个物种的后代，其所有的构造、体质及习性愈分歧，则在自然组成中，就愈加能够占有各种不同的地方，来使它们的数目增加。

在习性简单的动物中，我们可以清楚地看到这种情形。以肉食的四足兽为例，它们在任何地域内所能给养的数目，久已达到了饱和的平均数。假如听任它自然增加（在这地域的条件不起变化的情形下），则只有它的变异的子孙能攫取目前为其他动物所占据的地位，而得到成功。例如有的变得能取食新的猎物，生的或死的；有的能生活在新的场所，爬树入水；或者更有的能减少它的肉食习性等等。总之，这肉食动物的子孙的习性和构造愈形分歧，则其所能占据的地位亦愈多。这道理能应用于一种动物，便能应用于一切时期内的一切动物，只要它们能起变异；因为没有变异，自然选择就不能有什么作为。植物的情况亦是如此。据实验证明，如果一块地上仅播种了一种草类，而另一块相似的地上播种了多种异属的草类，后一块地上所得植物的株数和干草的重量，都较前者为多。若以小麦的变种，分成一种的及多种混杂的两组，在相等的地面上种植试验，亦将得到同样结果。所以任何一种草类，如果继续发生变异，而且各变种又连续被选择，则它们将像异种及异属的草那样彼此相区别，虽然程度上很微小，这样，该物种的大多数个体，包括它的已变更的后代在内，亦能成功地在同一土地上生活。我们知道，草类的每一物种及每一变种，每年散播的种子几不可以数计，所以它们可说是竭尽全力来求数量的增加。因此，在数千世代的过程中，任何一种草类的特殊显著的变种，当有兴旺和繁生的最优良机会，而能排除不甚显著的变种，当变种之间达到了判然分明的地步，便可取得物种的等级了。

生物能由构造的多样分歧性而得到最大数量的给养，这个原理的真确性，可在许多自然情况中观察得到。在一极小的地域内，尤其是开放而可以自由迁入的，个体与个体的斗争必很剧烈，我们于此常看到其产物分歧极大。例如，我曾经观察一片三英尺宽四英尺长的草地，多年来皆处于完全相同的情况之下的，地面上产生 20 种植物，这 20 种植物，竟分隶于 8 目 18 属，可见其彼此差异之大。在情况一致的小岛上和淡水池内，其所产植物及昆虫的情况，亦是如此。农民知道，把科目极不同的植物轮种，收获最多。自然所遵循的，可称为同时轮植。稠居在任何小块土地的大多数动植物，能够在那里生活（假如土地的性质不甚特殊），但也可以说是在那里竭力挣扎求存。但是可以看到，凡在斗争最尖锐的地方，构造多样的优势，及其连带的习性与体制的歧异，一般说来，决定了该地最稠密拥挤的住民，当是那些我们所称为异属或异目的生物。

经人类的作用而使植物在异地归化的情况，亦属于同样原理。可能会这样设想，以为在一地方上能够归化的植物，应是和该地方的土著植物在亲缘上密切接近的种类，因为通常都视土著植物是特别创造来适应于本土生长的；或者又以为归化的植物，大概仅属于少数类别，而特别适合于它们新乡土的一定地点的。可是实际情况却与此很不相同。德康多在他的可钦佩的大著中明白指出，外来的归化植物，若和土著植物的种属比率作比较，是新添的属数远较种数为多。试取一个简单的例子。在阿沙·葛雷博士所著《美国北部植物志》最近一版中，列举了260种归化植物，它们分隶于162个属；由此可见，这些归化植物具有极其分歧的性质。而且它们和土著植物大不相同，因为在162个归化的属中，非本土的竟不下于100个属，所以现在生存在美国的属，就大大增加了。

试就任一地域内与本地土著斗争胜利，而在那里归化的那些动植物的性质，加以探讨，我们即可约略得到一些概念，就是某些土著生物应该如何变异，才能战胜它们的同住者；至少我们可以推测，构造上歧异达到新属的差别的，对于它们是有利的。

实际上，同一区域内生物的构造分歧所具有的利益，正像同一个体内各器官的生理分工所具有的利益一样，爱德华已对此问题有详细的说明。适应于素食的胃，于素的食物中吸取营养最多，适应于肉食的胃，则于肉类食物中吸取营养最多，这是没有一个生理学者会怀疑的。所以在任何一地的自然体制中，其动植物于生活习性上的分歧，愈是广大和完善，则其可给养的个体数目亦愈多。一个在机体上很少分歧的动物组群，便难以和构造上更完全分歧的组群相竞争。例如澳洲的有袋类哺乳动物，其所分类别，彼此差异极微，正如华德豪斯先生和其他人所指出的，它们勉强可代表我们的食肉类、反刍类及啮齿类等，可是有袋类能否和这些发达良好的动物竞争而取胜，却属可疑。在澳洲哺乳动物里，我们看到，分歧过程还处在早期和发达不完全的阶段。

通过性状分歧和灭绝，自然选择对一个共同祖先的后代可能发生的作用

从上面极压缩的讨论，我们可以假定，任何一个物种的后代，在构造上愈分歧便愈能成功，并且愈能侵入其他生物所占据的地方。现在让我们看一看，从性状分歧得出的这种有利的原理，结合到自然选择原理和灭绝原理，将起怎样的作用。

下面的图表可以帮助我们了解这个极复杂的问题。今以 A 到 L 代表一个地方大属的各个物种；又假定这些物种彼此间的类似程度，并不相等（正如自然界的普遍情况一样），因此在图表中的各字母，亦以不相等的距离排列，作为表示。我说的是一个大属，因为在第二章内曾经述及，平均而论，大属中变异的物种数目较小属中的为多，并且大属中的变异物种，亦具有更多的变种数目。我们又曾述及，最普通最广布的物种常较稀少而狭布的物种更多变异。今以 A 代表一个普通而散布宽广的变异物种，隶属于一个本地大属。从 A 分出的不等长的分歧虚线，可代表它的变异后代。假定此等变异非常微小，但性质却极分歧；又假定它们并非同时出现，而常在长期间歇后出现，并且出现以后能保持多久，亦各不相等。只有那多少有些利益的变异，才得保存或为自然所选择。在此情形之下，性状分歧的有利原理的重要性即可发挥；因为根据这个原理，最分歧的变异（即虚线所代表的）通常当为自然选择所保存累积。当一条虚线和一条横线相遇，在那里有标着数字的小写字母，那就是假定变异已有充分累积，足可成为一性质显著的、在分类文献中有记载价值的变种。

图表中每两条横线间的距离，可以代表一千代或更多世代。一千代以后，假定 A 种产生极显著的两个变种 a^1 和 m^1。这两个变种所处的条件，大概仍和它们祖代起变异时的条件相同，又加变异性是遗传的，所以这些后代亦将倾向于变异，并且往往倾向于和它们祖代同样的变异。这两个变种，既只有细微的改变，自将具有祖代 A 的优点，就是那些使祖代之所以较许多其他本地生物更为繁荣的优点；同时，它们亦将具有亲种所隶一属的更为一般的优点，就是那些使该属能成为本地大属的优点。凡此一切条件，都是有利于产生新变种的。

如果这两个变种仍起变异，则在此后一千代中，其最分歧的变异，大概将被保存。终此时期以后，假定图中的变种 a^1 产生一变种 a^2，根据分歧原理，这变种 a^2 与 A 的差异，将较甚于 a^1 与 A 的差异。再假定变种 m^1 产生了两个变种，m^1 及 s^2，彼此不同，而与共同祖先 A 差异更大。我们可用同样的步骤来继续推进，以至于任何久远的时期；有的变种，每一千代仅产生一个变种，但是它的变化却逐渐增大，有的可产生两个或三个变种，亦有不产生的。这样，由共同祖先 A 所出的变种或改变了的后代的数目，大概将继续增加，而其性状将继续分歧。图中表示这个过程到第一万代为止，从此到一万四千代，则用较简略的虚线来表示。

这里我必须说明，我并非设想这种过程会像图上所示那样有规则地进行（虽然此图本身已多少有些不规则性），而且亦不是连续不断的；比较合理的设想是每一类型，往往可以长时期停滞不变，然后再起变化。我亦未假定最歧异的变种必被保存；一种中间性的类型，亦常常可以保持很久，不能或可能产生一种以上的改变的后代；因为自然选择常常依据那些被其他生物占据的、或未被完全占据的空间地位的性质而发生作用，而这点又和许多极其复杂的关系相联系。但是，按照一般的规律，任何一个物种的后代，其构造分歧愈甚，则其所能攫得的地位亦愈多，而其改变的子孙将愈能增加。在我们的图表内，系统线是有规则地在一定的距离内间断，插入有数字的字母，以标记那些先后继承的类型，这些类型已是足够分明，可以记录为变种。不过这种间断的插界是臆想的，只要其距离长度足以使分歧的变异得有多量积累，不论何处，都可以插入。

一切改变了的后代，从一种普通的、散布甚广而隶属于大属的物种所产出的，即亦具有其祖先所赖以成功的优点，自将继续增加它们的数目，继续使它们的性状分歧；在图表内由 A 处所发出的各条虚线，就表示出这

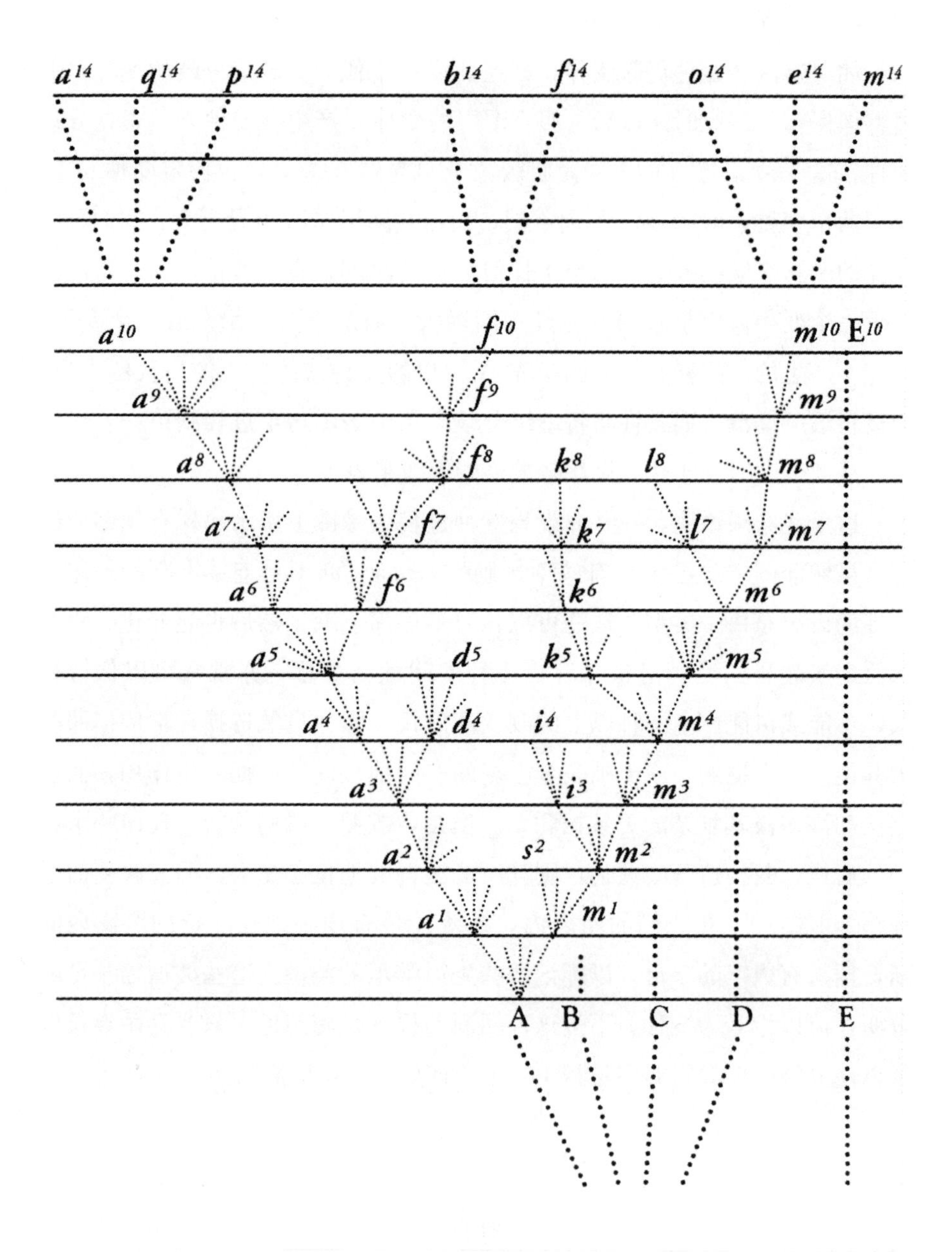

性状分歧与物种形成树状图

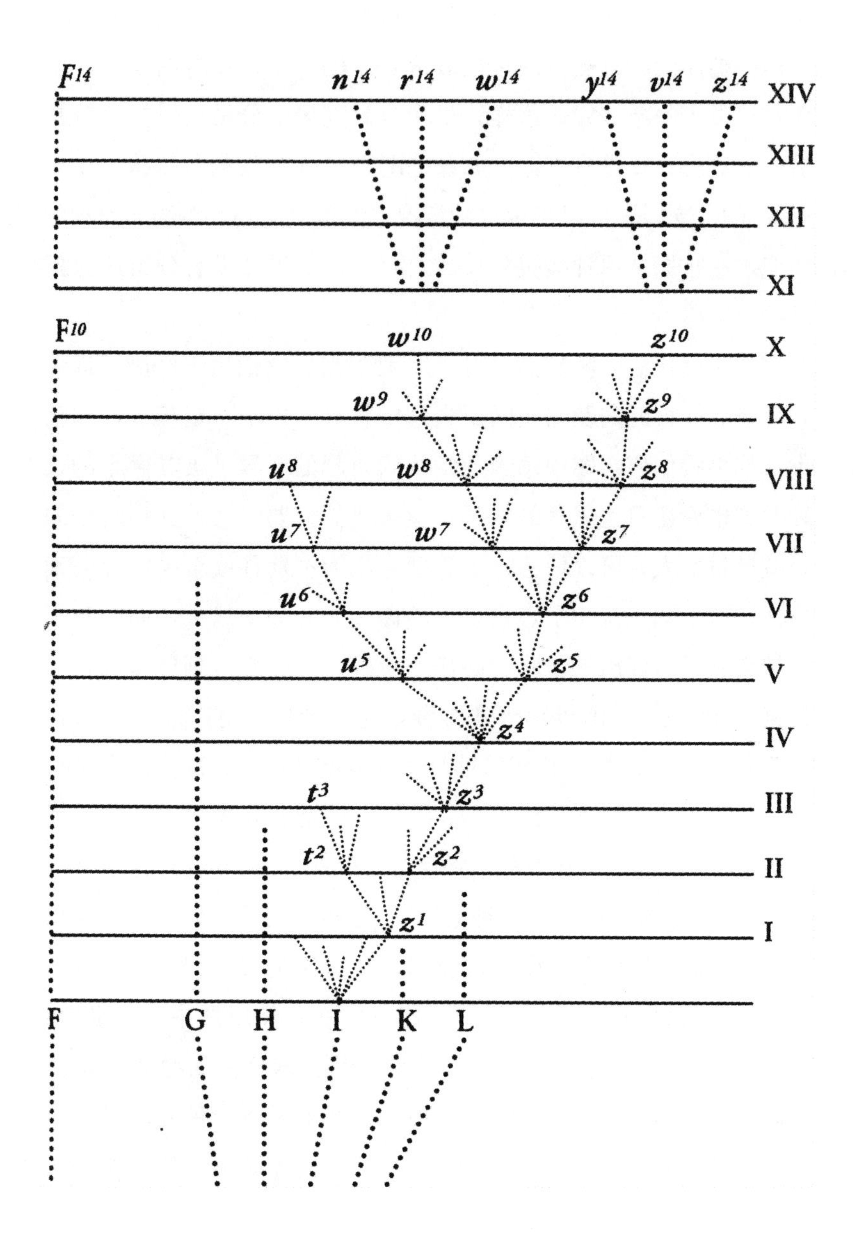

F^{14}
n^{14} r^{14} w^{14} y^{14} v^{14} z^{14}
XIV
XIII
XII
XI
F^{10}
w^{10} z^{10}
X
w^{9} z^{9}
IX
u^{8} w^{8} z^{8}
VIII
u^{7} w^{7} z^{7}
VII
u^{6} z^{6}
VI
u^{5} z^{5}
V
z^{4}
IV
t^{3} z^{3}
III
t^{2} z^{2}
II
z^{1}
I
F G H I K L

点。在这条系统线上，从较后起的和较多改进的各支系所出的已改变的后代，常会夺取较早的和较少改进的各支系的地位而消灭它们；图上有许多不能到达上端横线的分支，即是代表灭亡了的支系。在有的场合，变异的进行无疑仅限于一条支线，这样，虽然分歧变异的分量可以扩大，其改变了的后代的数目，却没有增益。如果把图内从 A 出发的各线抹去，仅留下从 a^1 到 a^{10} 的一支，即可以表示这种情况。英国赛跑马和英国向导狗的情况与此相似，在它们从原种缓缓分歧的过程中，似乎并没有分出任何新支或新的品种。

假定在一万代后，物种 A 产生了三种类型，它们由于经历了许多世代的性状分歧，使彼此间及与共同祖先间的差异，虽不一定相等，却已是相当巨大。如果我们假定图中每两条横线间所起的变异是极其微小的，那么这三种类型也许还只是显著的变种；但是我们只要设想，这种改变的阶段增多，或分量增大，可以使这三个类型变成为可疑种或至少成为明确的物种。这样，这个图表说明了区别变种的微小差异如何增大，而达到了区别物种的较大差异所经历的步骤。同样的步骤，如果推进到更多世代（有如图内简略虚线所示），即可得到八个种，这八个种，用，到 a^{14} 到 m^{14} 来表示的，都是源出于 A 种。我相信种是这样地增加，属是这样地形成的。

在一个大属中，起变异的当不止一种。因此我在图中又假定有另一个种 I，依类似的步骤，历一万代，产生了 w^{10} 和 z^{10} 两个显明的变种或物种（视横线间所假定的变异量大小而定）。一万四千代后，假定其产生出六个新种，用 n^{14} 到 z^{14} 来代表。在任何属内，性状已是很不相同的物种，一般将会产出最大数目的改变了的后代；因它们在自然组成中，有攫取新的、极不同的地位的最佳机会；所以我在图中特别选取极端的物种 A 和另一个近乎极端的物种 I，作为变异最多的种，并产生了新变种和新种。在这原来属内的其他九种（以大写字母代表），可在长久而不等的时期内，继续传下其无所改变的后代；这些在图中都用不等长的向上引申的虚线来表示。

但是在变异的过程中，有如这图表所表示的，我们的另一原理，就是灭绝的原理，亦有重要的作用。在每一个充满了生物的地域内，自然选择的作用，必然在于选取在生存斗争中比其他类型更为有利的那些类型，因此，任何一个物种的改进了的后代，在每一系统阶段内，总有排挤及消灭它们的前驱者和原先祖型的趋向。要记得，斗争通常以习性、体制及构造最接近的类型之间为最剧烈。因此，介于早期与后期之间的一切中间类型（即一物种在其从改进较少阶段到改进较多阶段的过程中的中间类型）以及原始亲种的本身，大致都有灭绝的趋向。系统线上的许多旁支后代，可能亦是如此，它们难免为后起者及改进者所征服而灭绝。但是一物种的改变后代，如果能进入异地，或迅速地适应于新的场所，则后代型和祖先型两种类型间，便可避免斗争，而得以同时继续生存。

假定我们图中所表示的变异量相当大，而 A 种及其一切早期的变种皆归灭绝，代之而起的当是 a^{14} 到 m^{14} 八个新种；同样的，代替 I 种的，当是 n^{14} 到 z^{14} 六个新种。

我们可以由此再进一步推论，假定这属内的好几个原来的种，它们彼此间的相似程度并不相等，正和自然界的普遍情况一样；A 种与 B、C、D 诸种的亲缘，较其他物种为接近，而 I 种则接近于 G、H、K、L 诸种。又假定这 A、I 两个都是极普通而且分布很广的物种，它们原来必已比本属内的大部分其他物种占有若干优势。它们在一万四千代后所产生的 14 种改变了的后代，大概亦将继承一部分的优点；同时，在每一系统阶段中，它们还会以种种方式进行改变和改进，以便适应于当地自然体制中许多有关的地位。因此，这是很可能的：它们很有可能不但会占据 A 和 I 两个祖种的地位而把它们消灭掉，并且若干和祖种最接近的种，亦将遭受同样的打击。因此，原来的物种是很少能传至第一万四千代的。我们可以假定，只有和其他几个原种亲缘较远的两个种——E 和 F——中的一种，F，可以传衍后代，直到这个系统的最后阶段。

我们图表中由原来的 11 个种所传衍下来的新种，总计有 15 种。由于自然选择的分歧倾向，a^{14} 与 z^{14} 两种间特征的极端差异量，必远较 11 个原种中最殊异的种间的差异量为大。新种间的彼此亲缘程度，亦很不同。由

A 所出的八个后代中，以 a^{14} 、q^{14} 和 p^{14} 三个种关系较近，因为它们都在后期由一支分出；b^{14} 和 f^{14} 则因在较早时期内由 a^{5} 分歧而出，所以与上述三种区别较多；最后，o^{14} 、e^{14} 和 m^{14} 三种，彼此是很接近的，但是因为它们在改变过程的最初期即行分出，故将和上述五种大有差别，它们可以成为一个亚属，或成为一个分明的属。

由 I 所出的六种后代，将成为两个亚属或两个属。因为原种 I 与 A 差异极大，I 在原属中几乎站在一个极端，所以单是遗传的原因，已足以使它的六种后代跟由 A 所出的八种后代极其不同；并且我们设想这两个群是向不同的方向继续分歧的。此外尚有一极重要之点，即联系 A 与 I 两原种的许多中间物种，除了 F 以外，都已灭亡，没有遗留后代。所以由 I 所出的六个后代和由 A 所出的八个后代，将可列为极不同的属，甚或可以列为不同的亚科。

因此，我相信，两个或两个以上的属，是这样地从同属的两个或更多的种，经过变异衍传而产生的。这两个或更多的祖种，又可假设它们是从一个较早的属里面的某一个种所传下，在图表里，用画在大写字母下的断线来表示，这些断线分为数个支群，如果引申向下，可以聚合到一个点；这个点代表着一个种，就是我们所讲的几个新亚属和新属的假定祖先。

关于新种 F^{14} 的特性，值得考虑一下。假定这个种的特性未有大量分歧，而仍保持 F 的形式，或者无所改变，或者仅稍有改变。在此情形下，它和其他 14 个新种的亲缘性质，将是奇特的、曲折的。这个物种既然是源出于现已假定灭绝而不为人知的两个祖种 A 与 I 之间的一种形式，那么，它的性状大概在某种程度上是介于从这两个祖种所传下来的两群后代之间的。可是因为这两群的性状，已和它们的祖型分歧，所以新种 F^{14}，将只是这两个群的祖型的中间型，而不是它们的直接中间型，这种情况该是每个自然学者所能想到的。

图表中的各条横线，原来假定是代表一千世代的，但是也可以代表一百万或更多的世代，也可以代表地壳中含有已灭绝遗体的连续地层中的一段。这点将于此后讨论地质学一章内再行述及，我想在那时我们可看到这个图表对灭绝生物的亲缘关系将有所启示。这些灭绝生物，虽大都和现今生存的生物隶属于同一的目、科或属，可是常常在性状上多少处于现存物群之间的中间性质。我们可以理解此项事实，因为这些灭绝物种生存在各个远古的时代，那时系统线上的支线还只有少量的分歧。

我想我们没有理由，把上面所说明的演变过程，仅仅限于新属的形成。如果我们假定图表中各段分歧虚线所代表的变异量是很大的，那么，从 a^{14} 到 p^{14}，b^{14} 和 f^{14}，以及 o^{14} 到 m^{14} 所代表的三群类型，将成为三个极分明的属。从 I 所出的，亦将有两个极分明的属，与 A 的后代相差很远。这两个属群，按照图表所代表的分歧变异量的大小，将可形成两个不同的科或不同的目。所以这两个新科或新目，是由原先一个属的两个种衍传而来，而这两个种，则又假设是从更古的、未知的类型所传衍下来的。

我们已经看到，在各地，总是较大属内的物种最容易产生变种或初期物种。这种情形确是可以料想到的，因为自然选择是通过一种类型在生存斗争中对其他类型占有优势而起作用的，它主要作用于已经具有某些优点的类型；任何生物群之所以能成为大群，正表示着它所含的物种，皆经从共同的祖先传有某些共同的优点。所以，主要是在力求增加数目的一切大类群之间，发生着产生新的、变异的后代的斗争。一个大类群可以慢慢地战胜另一个大类群，减少它的数目，因而又减少它的继续变异改进的机会。在同一个大类群内，其中后起的比较完善的亚群，因为在自然组织中蔓延分支，获得了许多新的地位，常把较早的、较少改进的其他亚群排挤和消灭掉。小的和凋零的类群与亚类群，最后均将绝迹。展望未来，我们可以预言：凡是现在巨大而胜利的以及最少破坏的，即最少面临灭绝之虞的生物群，将在长时期内继续增大。但是究竟哪些类群会占最后优势，却又无人可以预测；因为我们知道古代有许多很发达的大类群，如今都已灭绝了。展望更远的未来，我们又可预言，许多小的类群，将因较大类群的继续稳定增加，而最后趋于灭绝，不会留下改变了的后代；所以生存在任何一时期内的许多物种，只有极少数能把后代传到遥远的将来。我将在分类一章内再论此事，不过在此可以略赘数语：依照这个观点，由于只有极少数较古远的物种能把后代传到今天，更由于同一物种的一切后代形成一个纲，所以我们又可了解，在动植两界的各主要部门中，为什么纲数这样的少。虽然最早的物种，仅有极少数留下改变了的后代，可是在此古远的地质时代内，地球上也栖息着许多属、科、目、纲的物种，可能和今天一样的繁盛。

生物体制倾向进步的程度

自然选择的作用，完全在于保存和累积各种变异，而这些变异，对于每一生物，在其生活各期内所处的有机的及无机的环境中，是有利的。最后的结果是，每一生物与其环境条件的关系将会逐步改善。这种改善，不免使全世界大多数生物的体制慢慢地进步。这里就发生了一个极复杂的问题，因为自然学者对于什么叫做体制的进步，还没有大家满意的界说。在脊椎动物里，智慧的程度，构造的渐与人类接近，显然表示了进步。可以这样想：从胚胎到长成，这过程中各部分各器官所经历的变迁量，似乎可以作为比较的标准；可是在有的场合，像某些寄生的甲壳类，长成后有若干部分的构造，反而更不完全，因此不能把这长成的动物说是高出于幼体。冯贝尔的标准似乎是最好，而且适用最广，就是：同一生物（我应附带说明，是指成体状态而言）各部分的分化量及其对于不同机能的特化程度；或者用爱德华的话，就是生理分工的完善程度。可是我们可以看到，这问题是怎样地暗昧难明。以鱼类而言，自然学者有的把鲨鱼认为是最高等的，因为它最接近于两栖类；有的把普通的硬骨鱼类认为是最高等的，因为硬骨鱼有最严格的鱼类型，和其他脊椎动物各纲相差最远。说到植物，这问题的暗昧，我们就看得更加明白。植物里当然完全排除了智慧的标准，这里，某些植物学者认为花内各器官（如萼片、花瓣、雄蕊及雌蕊）发达完全的，该是最高等；其他植物学者却认为，器官改变很多的和数目减少的是最高等，此说也许更为合理。

假如我们把每个生物的长成体的多种器官的分化量和特化量，作为高等体制的标准（包括关乎智慧的脑的进化），自然选择显然向此标准前进：

因为一切生理学者都承认器官的特化，正因为它们能行使较好的功能，对于每个生物是有利的；所以积累那倾向于特化的变异，是在自然选择作用范围之内的。从另方面讲，我们如果想到一切有机物都在竞求高速率增加，以攫取自然经济中每一个未占据或未尽占据的地位，就可见自然选择很可能使一生物逐渐适合于一种环境，而使它的某些器官成为多余或无用；在此等场合，在体制的等级上不免就有退化的现象。不过就全体而论，从最远古的地质时代到今天，生物体制是否确有进步，当在地质一章内讨论更为方便。

但是可以提出反驳：如果一切生物，在自然等级上都是这样的趋向上升，为什么全世界到处仍有许多最低等的类型存在？为什么在各个大纲内，有的生物的发达程度会远较其他的为高？为什么发达较高的生物不随处排挤并且灭绝那较低的生物？拉马克由于相信一切生物都有一种内在的和必然的倾向以进于完善，对此似乎感到莫大的困难，他终于设想新的简单的形式，可以不断地自然发生。科学还没有证明这种信念的正确性，将来如何就不得而知了。根据我们的学说，低等生物的继续存在，并不难于解释；因为自然选择或适者生存不一定包含进步性的发展；自然选择只就每个生物，在它生活的复杂关系中所起的有利变异，加以利用而已。可以问一下，根据我们所能看到的来设想，对于一种浸液虫，一种肠内寄生虫，甚至一种蚯蚓，高度的机构，对它们究竟能有什么利益？要是并无利益，自然选择会让这些类型无所改进，或很少改进，而在无限时期内，保持着它们目前那样的低等状态。地质学告诉我们，有些最低等的类型如浸液虫、根足虫等，已有一个极长时期停留在和现今相近的状态。不过我们若设想许多现存的低等生物，自从生命肇始以来，未有丝毫进步，那就不免过于轻率；因为凡是解剖过这些被列为最低等的生物的每一自然学者，都会被它们的确实奇异而美妙的机构所感动。

假如我们观察同一大类群内的各级不同的体制，同样的论点差不多也是可以应用的。例如在脊椎动物中，哺乳类与鱼类并存；在哺乳类中，人类与鸭嘴兽并存；在鱼类中，鲨鱼与文昌鱼并存（文昌鱼的构造极简单，与无脊椎动物接近）。不过哺乳类与鱼类，彼此间原没有什么竞争；整个哺乳纲、或者纲内若干成员即使演进到最高级，亦不致替代鱼类的地位。生理学者以为，若要脑子十分活跃，必须浴以热血，因此又必须呼吸空气；所以生活在水中的热血哺乳类，常需到水面呼吸，很是不利。就鱼类言，鲨鱼科的成员，不会排挤文昌鱼；因为据穆勒告诉过我，在巴西南部的沙岸，只有一种奇异的环虫类，是文昌鱼的唯一伴侣和竞争者。哺乳类最低等的三个目，即有袋类、贫齿类和啮齿类，在南美洲于同一地域内和许多猴子共存，彼此间似乎很少冲突。虽然总的来讲，全世界生物的体制是有进步的，而且还在进步着，但在等级上却永远会呈现许多不同程度的完善性；因为某些整个纲或每一纲内的某些成员的高度进步，无须使与之没有密切竞争的类群归于灭绝。在某些场合，我们以后将会看到，体制低的生物，由于栖息在局限的或特殊的场所，得以保存到今天，在那里斗争较不剧烈，而且在那里因为它们个体稀少，阻碍了发生有利变异的机会。

总之，我相信，许多体制低的生物，现在所以能存在于全球各处，是有多种原因的。有些情况是因为没有产生有利的变异或个体差异，足以使自然选择发挥作用而加以累积。大概它们都还没有足够时间，来达到最大限度的发展。在少数情况下，则呈现出我们所谓体制的退化。但是主要原因，是在极简单的生活条件下，高度的体制几乎没有用处，实际上可能反将有害，因为体制结构愈精巧，就愈容易出毛病，愈容易损坏。

试看在生命肇始的时期，我们敢于相信一切生物，构造都是极简单的。那么，有人曾问，个体各部分的进步或分化的第一个步骤是怎样发生的呢？对此疑问，斯宾塞先生大概会这样回答：当简单的单细胞生物，由于生长或分裂而成为一个多细胞的集合体，或者附着于任何支持物的表面时，他的法则："任何等级的相似单元，按照它们同自然力变化的关系，相应地进行分化"，即发生作用。但我们既没有事实作指导，只在这题目上猜想，是没有什么用处的。但是，如果设想，必须在多种生物产生之后，才有生存斗争，才有自然选择，那实在是一种错误。生活在隔离场所的一个单独的物种，所发生的变异也可能是有利的，可使整群个体发生变化，或者会产生出两个不同的类型。但是，正如我在本书导言末节所说：如果我们能恰当地认识到，我们对于目前地球上生物间的相互关系是极其无知的，而对于过去的生物则更是茫然，那么，关于物种起源问题仍然存在许多不能理解的地方，也就不会觉得奇怪了。

性状趋同

华生先生以为，我对于性状分歧的重要性估计得太高了（虽然他也显然相信分歧的作用），并且以为所谓性状趋同，同样地也有其一定作用。假如有两个物种，隶属于两个接近而不同的属，都产生了许多新的分歧类型，可以设想这些类型可能彼此很接近，以至于可以放在同属之下，于是两异属的后代，便汇合而成为一个属了。可是在很多场合，如果对很不相同的类型的改变了的后代，把它们构造上的接近的和大致类似的，说是性状趋同，那就不免过于轻率。结晶体的形状，完全为分子力所决定，所以不同物质有时呈现相同的形状，是不足为怪的；但在有机物，我们必须记住，每一生物类型，都是依据无限复杂的关系而决定的，就是说，要依据变异的发生，而发生的原因却极复杂难明；要依据被选择或被保存的变异的性质，而变异的性质却与其周围的物理条件有关，尤其与同它斗争的周围生物有关；最后还要依据无数祖先所留下来的遗传；遗传本身是一种变动的因素，而所有这些祖先又都由同样复杂的关系来决定它们的类型。因此，如果说原来相差极大的两种生物，其后代的整个体制，可以如此趋向接近，以至于近乎相等，这是难能令人相信的。如果有此等事实发生，则我们必然会在许多隔离极远的地层内，一再遇到血统不同的相同类型；可是揆之证据，正和任何此种说法相反。

华生先生又提出反对意见说，自然选择的连续作用，结合性状分歧，岂不会使物种类型无穷地增加。如果单就无机条件而论，可能有相当数目的物种，已足以很快适应于所有极为不同的热度、湿度，等等；可是我完全承认生物间的相互关系，尤属重要。在任何地域内，物种的数量如不断增加，则生活的有机条件，亦必愈形复杂。所以构造上有利的分歧变异，初看似乎没有限制，因之物种的产生，似乎亦没有限制。即使是最繁盛的地域，是否已经充满了物种，我们并不知道；在好望角和澳洲繁生的物种，数目惊人，但是仍有许多欧洲植物在那里归化了。可是地质学告诉我们，贝类的物种数目，自第三纪初期起，以及哺乳动物自同纪的中期起，都没有大量增加，或竟全无增加。那么，是什么阻止了物种数目的无限制增加呢？一个地域所能维持的生物数量（并非指物种类型的数最），必有一定限度，这是和该地的物理条件很有关系的。所以如果一地域内产生了许多的种，则每一个种（或几乎每一个种）势必仅有少数个体存在；一旦季节的性质或敌害的数量突起变动，此等物种即易趋于灭绝。并且在此种情况之下，毁灭的进行当极迅速，而新种的产生，总是很迟缓。想象一种极特殊的情况，如果在英国，物种的数目和个体的数目一样繁多，一遇严冬或亢旱的夏季，就有成千成万的物种灭绝。任何地方，物种的数目无限制增加，将会使每个物种成为稀种，而据上面时常述及的原理，在一定时期内，稀种极少会发生有利的变异，因此新的特殊形式的产生，即将被阻止。任何物种如果变得稀少，近亲交配亦将促其灭绝；学者们认为立陶宛的野牛、苏格兰的赤鹿及挪威的熊等等的衰颓，其原因即在于此。最后，我认为还有最重要的一点，就是一个优势种在本土战胜了许多竞争者，必将扩大其分布而排挤许多其他物种。德康多曾表示，分布广远的种，一般还要扩大分布，因而将在一些地域上排挤并且消灭一些物种，从而限制世界上物种的过度增加。霍克博士最近指出，在澳洲的东南角，显然有许多物种，从世界各处侵入，以致本土物种的数目大为减少。凡此各点，其分量究竟若何，我不欲有所论列，但是归纳起来，它们必然会在各地域内限制物种无限增加的倾向。

小　结

在变动的生活条件之下，生物的构造，几乎每一部分都会呈现个体差异，这是无可争辩的。由于个体依几何比率增加，在生活的某龄期，某年或某季节不免有剧烈的生存斗争发生，也是无可争辩的。于是，考虑到一切生物彼此间的，以及它们和生活条件之间的无限复杂的关系，那么，它们的构造、体制及习性终会发生对于它们有利的无限分歧；如果说从来没有发生过有益于生物本身繁荣的变异，正如曾经发生的许多有益于人类的变异那样，这事情就未免太奇特了。如果有利于任何生物的变异确实发生，则具有此等性状的个体，定将在生存斗争中有最好的机会得以保存；并且根据坚强的遗传原理，它们将会产生具有相似性质的后代。此项保存原理，或适者生存，我称它作自然选择。它使每个生物，对于有机的及无机的生活条件的关系，得到改进；因此在许多场合，这结果必然是生物体制的一种进步。不过低等的、简单的生物，如果和它们的简单的生活条件密切适合，却也可以在长时期内保持不变。

根据性状在恰当龄期遗传的原理，自然选择能改变卵、种子或幼体，正如它改变成体一样容易。在许多动物中，性择可以帮助普通选择，保证最强健、最能适应的雄体，产生最多数的子孙。性择又可使雄体获得与别的雄体进行对抗、斗争的有利性状，此等性状，将依据个别的遗传方式，传于一性，或传于雌雄两性。

自然选择，是否真能这样发生作用，使各种生物类型适应于各自的条件和居所，当依随后数章所述的事实和证据来判断。但是我们已经看到自然选择怎样引起生物的灭绝；而且在世界的历史上灭绝曾起到怎样巨大的作用，地质学已明白地说明了这点。自然选择还能引致性状分歧；因为生物的构造、习性与体质分歧愈甚，则在此地区内所维持的数目亦会愈多，我们试就任一小地点内的生物及在外地归化的生物，加以观察，就可得到证据。因此，在任何一种生物后代的改变过程中，在一切物种由不断增殖而引致的斗争中，后代变得愈分歧，则在生存战争中胜利的机会亦将愈多。于是那些区别同一物种各变种间的微小差异，便趋向逐渐增进而成为同属物种间的较大差异，或者甚至进为属与属间的差异。

我们知道在每一纲内，以大属中的普通、分散和分布广远的物种，变异最多；此等物种，往往又将它们的优点——使它们在本土占优势的优点——传给它的改变了的后代。刚才讲过，自然选择能引起性状分歧，并且能使改进较少的及中间类型的生物大量灭绝。根据这些原理，各个纲在全世界的无数生物之间的亲缘性质，以及它们彼此间之所以一般具有明显区别，就可得到解释。一切时间空间内所有的一切动物和植物，都可分为大小门类，而彼此互相关联，正如我们到处所看到的情形那样，就是说：同物种之各变种间的关系最密切，同属物种间的关系较疏，而且不相等，可以组成为派系和亚属；不同属的物种关系更疏；而这些属又以不同的关系集合成为亚科、科、目、亚纲、纲等等；这的确是一桩奇异的事实，可是我们因为看惯了的缘故而不加注意。任一纲内的那些次级类群，都是不能用直线来排列的；它们似乎成为簇形的点，环绕着其他的点，依此类推，形成无端的链环。假如物种是独立创造的，那么，这样的分类将无法解释；可是根据遗传，以及根据自然选择引起灭绝和性状分歧的复杂作用，正如我们在图表中所看到的，就可以得到解释了。

同一纲内一切生物的亲缘关系，常可用一株大树来表示。我相信这种比拟在很大程度上道出了真实。绿色的和出芽的枝，可以代表生存的物种；过去年代所生的枝桠，可以代表那长期的、先后继承的灭绝物种。在每个生长期内，一切在生长中的枝条，都要向各方发出新枝，遮盖了四周的枝条，使它们枯萎，正如许多物种和物种类群，在任何时期内，在生存的大搏斗中要征服其他物种的情形一样。树干分出大枝，大枝分出小枝，小枝再分出更小的枝，凡此大小树枝，在这树的幼年时期，都曾一度是生芽的小枝；这些旧芽和新芽由分枝相连结的关系，很可以代表一切灭绝的和生存的物种之群下分群的分类统系。当这株树还是矮小的时候，发出了繁茂的枝条，其中只有两三枝发育长大，生存迄今，而为其他许多枝条的支干。物种的情形也是如此，它们生存在远古地质时期的，只有极少数能遗下生存的、改变了的后代。从这树有生以来，许多枝干已经枯萎而脱落了；这种脱落的大小枝干，可以代表现今已无后代遗留，而仅有化石可考的诸目、科、属等等。我们有时在树基部的分叉处，可看到一条孤立的弱枝，因为特殊的机会，得以生存至今；正如我们有时亦可看到的像鸭嘴兽或肺鱼那样的动物，通过它们的亲缘关系把两条生命大枝联系起来；它们显然是由于居住在有庇护的场所，才能在生死的斗争中得到幸免。芽枝在生长后再发新芽，强壮的新芽向四周发出新枝，笼罩在许多弱枝之上。依我想，这巨大的“生命之树”的传代亦是如此，它的许多已毁灭而脱落的枝条，充塞了地壳，它的不断的美丽分枝，遮盖了大地。

第五章
变异的法则

环境改变的影响——使用和不使用与自然选择的结合；飞翔器官与视觉器官——风土归化——相关变异——生长的补偿与节约——假相关——重复的、残留的及低等的构造易起变异——发育异常的部分易于高度变异；种性较属性更易变异；副性征易起变异——同属内的物种以类似的方式发生变异——久已消失的性状的重现——小结

环境改变的影响

我以前有时把变异——在家养状况下的生物是这样普遍而多样，在自然状况下程度稍差些——说起来好像是出于偶然似的。这当然是一种完全不正确的说法，可是也明显地表示出，我们对于每一特殊变异的原因是茫然无知的。某些作者相信个体变异或构造的微小偏差，有如孩子像他双亲那样，是生殖系统的机能。但依据事实，家养状况下出现的变异与畸形，常比在自然情况下更常发生，而分布广的物种的变异性，又比分布狭的物

种为大，这些事实便引导出一个结论，即变异性和每种生物历代所处的生活条件通常必有关系。在第一章里，我曾试图说明，改变了的条件的作用有两条途径，即是直接加于全部有机体或部分有机体，和间接通过生殖系统发生作用。在一切场合都有两种因素，一种是有机体本身的性质，一种是外界条件的性质，两者之中以有机体的本性最为重要。改变了的条件的直接作用，产生一定的或不定的结果。在后一种情形下，有机体似乎变成可塑造的，其变异性往往动荡不定。在前者，则在一定条件之下有机体的本性容易屈服，常使一切个体，或差不多一切个体，都以同样的方式发生变异。

要决定改变了的环境条件，如气候、食物等等，在一定方式下所起的作用，是很困难的。我们有理由相信，在时间的推移中，所生的效果，是大于明显事实所能证明的。但是我们也可以确实地断言，不能把构造的无数复杂的互相适应，如我们在自然界中各种生物间所看到的，单纯地归因于这种作用。在下面的几个例子中，外界环境似乎能产生某种轻微而确定的效果：福布斯断言，生长在南方区域浅水中贝类的色彩，均较生长在北方或深水中的同种个体为鲜明；但是这也未必完全如此。古尔德先生相信，生活在明朗大气中的同种的鸟类，色彩常较靠近海岸或海岛上的更为鲜明；吴拉斯吞深信，靠近海滨的环境，对昆虫的颜色也有影响。穆根—唐顿曾将植物列成一张表格，当这些植物生长在近海岸处时，它们的叶片常较多肉质，而在别处则并无肉质。这些微有变异的生物是很有趣味的，因为局限在同样条件下的物种常常有相似的特征。

当一种变异对于任何生物有很少的用处时，我们就很难说，究竟有多少是由于自然选择的累积作用，有多少是由于生活条件的确定作用。皮货商人很熟悉，同种的毛皮动物，生长愈是近北方，其毛皮也是愈厚愈好；可是谁能说出这些差异，有多少是由于毛皮最温暖的个体，在许多世代中因有利而被保存；有多少是由于严寒气候的作用呢？因为气候对于家养四足兽的毛皮，似乎是有些直接作用的。

许多例子可以说明，生活于不同的外界条件下的同一物种，能产生相似的变种；另方面，也有处于相同的外界条件下而产生不相似的变种。此外，每一个学者都晓得无数的事例，表示有些种虽在极相反的气候下生活着，然仍保持纯粹或全无变异。这些事实使我觉得，周围条件的直接作用不甚重要，而变异倾向的发生，必有我们所完全不知道的其他原因。

就某种意义而言，生活条件，不仅能直接或间接地引起变异，同样地也可以包括自然选择，因为生活条件决定了这个或那个变种能否生存。但是当人类是选择的执行者时，我们可以很明显地看出变化的两种因素是清楚的；变异性是以某种方式被激发了；但是这是由人类的意志使它向一定的方向累积起来，后一作用相当于自然情况下的适者生存的作用。

受自然选择所控制的器官增加使用和不使用的效果

根据第一章所述的许多事实，家养动物有些构造因常用而加强和增大了，有些器官因不用而减缩退化了，并且这些改变可以遗传给后代，我想这都是无可置疑的。可是在自然情况下，我们没有比较的标准，用来推断长期连续的使用或不使用的效果，因为我们根本不知道那些祖种的体型；但是许多动物具有的构造，是能够以不常用的效果作为最适当的解释的。正如欧文教授所说，自然界中最异常的现象，没有比得上鸟之不能飞翔了，然而有好几种鸟确是这样的。南美洲的大头鸭只能在水面上拍动翅膀，它的翅膀和家养的爱尔斯柏利鸭几乎一样，据克宁汉先生说，这鸭在幼期是会飞的，到了长成以后，才失去飞翔能力。因为在地面上觅食的大型鸟类，除了逃避危险之外，很少飞翔，所以现今或不久前栖息于海岛上的几种鸟类，处于几乎没有翅膀的状态，可能是由于岛上没有捕食的猛兽，因不用而退化的。鸵鸟确实是生活在大陆上的，它暴露在不能靠飞翔以逃避的危险下，可是它能和许多四足兽那样有效地用脚踢来防御敌害，我们可以相信鸵鸟属祖先的习性，当与鸨类相似；但是因为它身体的体积和体重，在连续的世代里有所增加，脚的使用愈多，翼的使用愈少，终于变得不能飞翔了。

克尔俾曾经说过（我也曾观察到同样的事实），许多雄性食粪蜣螂的前足跗节常会断掉；他曾就所采集的17个标本加以检查，没有一个留有一点痕迹。有一种蜣螂，由于常常失去前足的跗节，以致这个昆虫被记述为已不具跗节了。在某些其他属里，虽然有跗节，但只是一种残迹状态。埃及人所奉为神圣的甲虫蜣螂，其跗节也是完全缺损的。肢体的偶然残废能否遗传，目前还没有明确的证据；据白朗西卡在豚鼠里所观察到的惊人例子，就是经手术后有遗传的效果，使我们不敢肆意否认这种倾向。因此，我们对于蜣螂前足跗节的完全消失以及对于某些其他属的残迹状态，如果认为不是一种肢体残废的遗传，而是由于长期不使用的结果，也许最为妥当；因为许多食粪的蜣螂一般都失去跗节，这事必定发生于它们生命的早期，所以，这类昆虫的跗节应是一种不甚重要或不大使用的器官。

在某些情形里，我们很容易把全部或主要由自然选择引起的构造改变，误认为是不使用的缘故。吴拉斯吞先生曾发现一件值得注意的事实，就是栖息在马德拉群岛的550种甲虫（现今所知道的更多）之中，有200种是无翅而不能飞翔的；并且在特有的29个土著属之中，至少有23个属全是如此！有若干事实，就是：世界上许多地方的甲虫常常被风吹入海中而致死亡的。据吴拉斯吞观察，马德拉的甲虫，非到风静日出之后，常常藏匿不出。在没有遮蔽的德塞塔什岛上，无翅的甲虫，更比马德拉本土为多。还有一种奇异的、为吴拉斯吞所特别重视的事实，就是某些必须飞翔的大群甲虫，在其他各处非常繁多的，在这个地方几乎完全没有。这几种事实的考察，使我相信，许多马德拉甲虫无翅状态的形成，主要原因是自然选择的作用，大概还结合着不使用的效果。因为经历了许多世代，每一甲虫个体，因为翅发达的稍不完全，或者因为懒动的习性而飞翔最少，所以就不会被风吹入海中而得到生存的极好机会；反之，那些最喜欢飞翔的甲虫，就不免最常被风吹到海里以致遭到毁灭。

在马德拉，也有不在地面上取食的昆虫，如取食花朵的鞘翅目及鳞翅目昆虫，它们必须时常使用它们的翅膀以觅取食物。据吴拉斯吞的推测，这些昆虫的翅，非但没有退化，反而更加发达。这是和自然选择作用很相符合的。因为当一种新的昆虫最初到达这海岛上的时候，使虫翅增大或缩小的自然选择的趋向，将决定此虫的大多数个体是否必须与风势斗争以求生存，或须靠少飞或不飞以免死亡。譬如船在近海岸处忽然破了，对于船员来说，善于游泳的如果泅水能力超过船岸间的距离，自以游泳为妙；反之，根本不会游泳的，还是以攀着破船较好。

鼹鼠和若干穴居啮齿类动物的眼睛，都很不发达，并且有时完全被皮和毛所遮盖。眼睛的这种状态大概是由于不用而逐渐退化的缘故，不过也许有自然选择的作用。南美洲有一种名叫吐库吐科的穴居啮齿类，它的穴居生活的习性，甚至比鼹鼠更喜欢入地下。据一个常捕获它们的西班牙人告诉我说，它们的眼睛很多是瞎的。我曾经有过一头活的，亦确实是瞎的，经过解剖检验后，得知它是瞬膜发炎红肿。眼睛时常发炎，当然对于任何动物是有害的，然而眼睛对于营地下生活的动物，根本没有必要，所以在这种情形之下，眼型缩小，眼睑皮并合而上生丛毛，似乎反而对它们有利；假如是这样，自然选择就会对不使用发生作用了。

众所周知，在卡尼俄拉及肯塔基深洞内生活的，有几种属于极不同纲的动物，眼都是瞎的。有的蟹类，虽然已经丧失了两眼，但眼柄却依然存在；好像望远镜的玻片虽消失，镜架还存在的情形一样。因为很难想象在黑暗中生活的动物，眼睛虽然没有用处，但是有什么害处是很难想象的，所以眼的丧失，可以认为是不使用的缘故。西利曼教授在离洞口半英里的地方（并不是洞穴的最深处），捕得洞鼠两头，发现它们两眼很大，并且具有光泽；据他告诉我，这鼠若被放在逐渐加强的光线下，大约一月以后，便可朦胧地看见外界的物体了。

很难想象，生活条件没有比在几乎相似气候下的许多深的石灰岩洞更为相似的了。所以根据瞎眼的动物是为欧美各山洞分别创造的旧观点，可以预料它们的构造和亲缘，照理应该十分相似的。可是我们若取两处洞穴内的动物群相比较，实际并非如此。仅就昆虫而论，喜华德曾说：“这整个现象，只能以纯粹地方性的观点来解释，马摩斯洞和卡尼俄拉各洞穴虽有少数相似的动物，也不过表示欧洲与北美两处动物区系一般存在的一些相似。”据我看来，我们必须设想美洲的动物，大都原有寻常视力的，曾在许多世代的过程中，缓缓地从外界迁入肯塔基洞穴的内部深处，正如欧洲的动物，移入欧洲洞穴内一样。关于这种习性的渐变，我们也有若干证据。如喜华德所说："所以我们把地下生活的动物，看作是从附近地方受地理限制的动物群的小分支，一经迁入地下，因其从光明到黑暗的过渡，便适应于四周的环境了。最初从亮处入暗处的动物，原与普通的相差不远。此后，有的动物能适应于微光，最后则更进一步，而与完全黑暗的环境相适应，于是它们的构造，亦达到十分特殊的境地。"我们必须理解喜华德的这些话，是指不同的动物，并非指同种的动物。当一种动物经过无数世代，到达地下最幽深的地方，它的眼睛因不用的缘故，多少成为残废，而自然选择的作用，又常会引起其他的改变，如触角或触须的增长等等，以补偿失去的视觉。虽然有了这种变异，我们还可看出美洲所产一般大陆上的动物与该洲穴居动物的亲缘关系，或从欧洲大陆一般动物中，找得该洲穴居动物的亲缘关系。我曾经听到达纳教授说过，美洲某些穴居动物的情况，就是如此。欧洲洞穴内的昆虫，也有些与外界周围的种类亲缘上很接近的。如果按照它们是被独立创造出来的观点来看，那么两大陆的瞎眼的穴居动物，为什么各与本洲一般的产物接近，就很难给予任何合理的解释。新旧大陆几种洞穴内的动物，固然也有几种彼此有密切关系，但是这可以就两洲一般生物所有的关系而料想得到。埋葬虫属内原有一盲种，在洞外远处荫石下面有很多，所以这个属内穴居种类的失去视觉，似乎与黑暗环境无关；因为它的视觉已在退化状态之下，更容易适应于洞穴的环境。另一盲步行虫属也有其可注意的特性，据墨雷先生观察，该属昆虫除了穴居以外，还未曾在其他任何处所发现过；但是在欧美两洲洞穴内所发现的种类并不相同；可能这些物种的祖先，在还没有失去视觉之前，曾分布于两大陆上，不过多数都已灭亡了，只有隐居于洞穴内的诸种还存留着。穴居动物可能会非常特别，有如阿加西曾经说过的瞎眼的鱼，也就是*Amblyopsis*，更如欧洲的一些瞎眼的爬虫，也就是*blind Proteus*，是不足为奇的。我所感到奇怪的，只是这些古代生物的残余没有被保存得更多，因为黑暗处生活的生物个体稀少，竞争是较不激烈的。

风土归化

植物习性是遗传的，例如开花的时期，休眠的时间，种子发芽所需的雨量等等，这使我不得不略谈一下风土归化。同属的种有生在热带的，有生在寒带的，这是一种极常见的事实；假如同属中所有的种，确是从一个亲种传衍下来的，那么风土归化必然会在长期的传衍过程中发生效果。众所周知，每一个物种都适应于它原产地的气候：寒带物种，或者甚至温带物种，常不能耐受热带的气候，反之也是如此。同样地，许多多汁的植物，不能耐受潮湿的气候。不过人们对于物种与所在地气候适应的程度，常常估计得过高。这点我们可以从各方面推想出来，就是，我们常常不能预知一新输入的植物，能否忍受我们的气候，而许多动植物，从不同地方输进来的，却又生长得很好。我们有理由相信，物种在自然环境下，由于与其他生物竞争，在分布上受到严格的限制，这作用和物种对于特殊气候的适应性相似，或者更大些。不论一般生物对于气候的适应是否十分密切，而我们可以证明数种植物多少能适应于不同的气候，即风土归化。霍克博士曾在喜马拉雅山上不同高度的地方，采得同种的松树及杜鹃花的种子，经在英国种植后，发现它们在那里具有不同的抗寒力。色魏兹先生告诉我说，他在锡兰岛亦看到同样事实；华生先生曾把亚速尔岛生长的欧洲植物，带到英国进行观察，结果亦相类似；此外我还可以举出其他例子。关于动物，我们有许多可靠的事实，以证明若干分布很广的物种，自从有史以来，曾从较暖的纬度扩展到较寒的纬度，同时也有相反的扩展；但是我们不能肯定知道此等动物是否严格适应于它们本土的气候，我们也不知道，它们在扩展之后是否特别归化于新乡土的气候，甚至于较原产地更能适合。

我们可以推想，家养动物最初是由未开化人选择出来的，因为它们有用处，同时因为它们能在家养状况下繁殖，而不是因为后来发现它们可以带运到远地去。因此，家养动物共同的及非常的能力，不仅能够抵抗各种极其不同的气候，而且完全能够在那种气候下生存（这是非常严格的考验），根据这点，我们可以用来论证现今生活在自然状态下的动物，必有许多很能够耐受大不相同的气候的。不过我们也不可将前面的论点推得过远，因为我们的家养动物可能是起源于多种野生种；例如，热带及寒带狼的血统可能已经混合在家犬的血里面了。鼠和鼷鼠，虽不能看作是家养动物，但是被人类携带传遍世界各处，它们的分布范围，目下已超过了其他任何啮齿类；因为它们能在北方的法罗群岛的寒冷气候下生活，也能在南方热带的福克兰群岛上生活。所以对于特殊气候的适应，可以认为是一种容易和天赋的体质上可塑性相结合，而为大多数动物所具有的性质。根据这种观点，人类和家养动物对于各种极端不同气候的耐受能力，以及已灭绝的象和犀牛，在以前能耐受古代冰期的气候，而现存的种类，却具有在热带及亚热带生活的习性，这些都不应该视为异常事实，而恰是一般的体质上可塑性，在特殊情况下所表现出来的几种例子。

物种对于任何特殊风土的归化，有多少是单纯由于习性，有多少是由于具有不同内在体质的变种的自然选择，以及有多少是由两者的作用合并，却是一个不易了解的问题。我很相信习性有若干影响，我们既可以从类例推知，而许多农学书籍，甚至中国古代的百科全书，亦常有注意习性的不断忠告，说把动物从一地区向他地区迁移，必须谨慎。并且人类亦不见得能够成功地选择了这样多的品种和亚品种，使它们各自具有了特别适合于所居地区的体制，所以我想风土的归化，必定有习性作用在内。从另一方面讲，自然选择必然倾向于保存那些生来就具有最能适应各地的体制的个体。根据许多栽培植物专书的记载，往往有的变种比别的变种更能抵抗某种气候；这事在美国出版的果树书刊中说得非常明显，并且指出哪几个变种适宜于北方，哪几个变种适宜于南方；这些变种，大都是最近才育成的，所以它们体质的差异，不能说是归因于习性。菊芋在英国不能以种子繁殖，不产生新变种，老是保持着一副纤弱的样子。这个例子，甚至被人引为物种不能驯化的证据。同样地，菜豆的例子也常被人引证，并且认为更有力；但是除非有人做过这样的试验，就是把菜豆提早播种，使它们大部分为寒霜所侵害；然后从少数留下来的株本上收集种子，再做同样种植，每次还留心防止偶然杂交，如是经过二十代后，才可试验出它的结果；可是这样的试验，始终没有人做过。也不能假定菜豆幼苗的体质没有差异，因为曾有论文报告，说有的子苗比别的来得坚实；我个人对此事实，也曾得到若干明显的例子。

总之，我们可以得出这样的结论，即，习性、或使用与不使用，在某些场合，对于体质及构造的变异是有重要作用的；不过这一效果，大都和自然变异的自然选择合并而起作用，有时并且为其所控制。

相关变异

相关变异是说，生物的全部机构，在其生长和发育过程中彼此是如此紧密地联系在一起，以至于如果有任何部分发生了些微的变异，而为自然选择所累积，则其他部分也要发生变异。这是一个极重要的问题，也是了解得最少、最容易使各项截然不同的事实互相混淆的一个问题。我们不久将看到，单纯的遗传常表现为相关变异的假象，最明显的真实例子之一，就是动物幼体或幼虫的构造上所发生的变异，就会自然地影响到成年动物的构造，这是相关变异最显明的实例。身体上若干同源的部分，在胚胎早期构造相等，而所处境遇又大致相同的，似乎最易发生同样的变异：我们看到身体的左右两侧，往往变异相同；前足和后足，甚至颚与四肢，同时进行变异，因为有的解剖学者相信下颚与四肢是属于同源的构造。我不怀疑，这些倾向要或多或少地为自然选择所支配；例如，曾有一群雄鹿，仅有一边有角，要是这点对于该群曾经有过任何大的用处，大概自然选择就会使它永久保存。

某些学者曾经说过，同源的部分有互相合生的倾向；这在畸形的植物中是常常看到的：花瓣连合成管状，是一种最普通的正常构造里同型器官的结合。身体上的坚硬部分，似乎能影响邻近柔软部分的形状；有些学者相信，鸟类骨盆形状的分歧，能引起它们肾脏形状发生显著的差异。其他学者则相信，在人类，产妇骨盆的形状，因压力关系，能影响婴儿头部的形状。据施雷格尔说，蛇类的体型与吞食状态，能决定许多主要内脏的位置与形状。

这种联系的性质，往往不十分清楚。小圣提雷尔曾强调指出，有些畸形构造常常共存，而有些却很少同时共存，这我们实在不能解释。最奇异的相关例子是：体色纯白而蓝眼的猫，与耳聋的关系；龟甲色的猫，与雌性的关系；足有羽的鸽，与其外趾间蹼皮的关系；刚孵出的幼鸽所具绒毛之多寡，与将来的羽毛颜色的关系；土耳其裸犬的毛与齿之间的关系；还有比这些关系更奇特的吗？不过关于这一点，必有同源的影响在内。以毛与齿的相关观点而论，则哺乳动物中皮肤最特别的两目——鲸目与贫齿目，其牙齿也最异乎寻常，我想这不会是出于偶然；但是这一规律也有许多例外，如密伐脱先生所说过的。所以它的价值很小。

我知道，为说明相关法则和变异法则的重要性，而不涉及效用和自然选择作用，最好的例子，莫过于菊科及伞形科植物花序上内外花朵的差异。例如，众所周知，雏菊的外围小花与中央小花是有差异的，这种差异，往往伴随着生殖器官一部分或全部的退化；但有时种子的形状与花纹亦有不同。这种差异的由来，也许是因为总苞对于小花的压力，也许是因为它俩彼此之间相互的压力；观察有些菊科植物外围小花所产种子的形状，实与这一观念相符合。但据霍克博士告诉我，在伞形科植物中，花序最密的物种，其内花外花往往差异最大。我们可以设想：外围花瓣的扩大发育，是靠着从生殖器官内吸取养料，以致造成生殖器官残缺不全；但是这也不见得是唯一的原因，因为有的菊科植物，其内外小花所产的种子有差别，而花冠并无不同。这种种子的差异，可能与养料分别地流向内花和外花有关联。我们至少知道，在不整齐的花簇中，凡是距轴心最近的花，往往最易变成为反常的对称。关于这点，我还可附举一项事实，同时可作相关变异的一种显著例子：许多天竺葵属植物花序中心的花，其上边两花瓣，往往失去浓色的斑点；如果发生这样的情形，其附属的蜜腺也不会发达，而中心花也必成为反常的对称或者整齐的了。如果两花瓣中只有一瓣不具深色斑，则蜜腺并不十分退化，而只是大大地缩短而已。

就花冠的发达而论，斯泼林格尔先生以为，外围小花的作用在于引诱昆虫，对于植物花的授精是极为有利和必需的；这是很可能的。假使是这样，自然选择可能已经发生作用了。可是就种子而论，它们形状上的差异并不经常和花冠的任何差异相关，似乎没有什么利益可言。但是这项变异，在伞形科中曾被认为是一种重要特征——这种植物的种子，有在外花直生而在内花弯生的，老德康多先生即根据这项特征，来分析该科的各主要群系。所以构造的改变，分类学者所视为极有价值的，也许全部由变异和相关法则所致，但据我们所能判断的，这对于物种本身并没有丝毫的用处。

一群物种所共有的，实际上单纯地由遗传而来的构造，也常被人们误认为来自相关变异。因为它们古代的共同祖先，通过自然选择可能已经获得某种构造上的变异，而且经过数千世代之后，又获得了其他不相关的改变。这两种改变，如果遗传给习性分歧的所有后代，必然引起人们的推想，以为它们必在某方面有相关。此外，还有其他的相关事实，显然系由自然选择的作用所单独引起的。例如，德康多曾经指出，有翅的种子，从来不见于不开裂的果实内。关于这一规律，我的解释是：果实若不能开裂，种子就不能通过自然选择作用逐渐变成有翅的，因为只有在果实开裂情况之下，稍微适于被风吹扬的种子，才能比那些较不适合传播得更远的种子占优势。

生长的补偿与节约

老圣提雷尔和歌德在差不多相同的时间，发表了他们的生长补偿法则或生长平衡法则。依照歌德的说法，“为了一方面的消费，自然就不得不在另方面节约。”我想这种说法，在某种范围内，对家养动物是正确的。假如养料过多地输送给一部分或一器官，其他部分的营养势必减少，至少不会过量。正如养牛，既想它多产乳，又要它体质肥胖，当然是很难办到的。同一甘蓝变种，不会产生茂盛而富于滋养的菜叶，同时又结出大量的含油种子。当果实内的种子萎缩时，果肉的体积可以增大，品质也可改进。家鸡头上戴有大丛毛冠的，其肉冠必减小；颚须多的，肉垂必减小。

对于在自然状态下生长的物种，这法则却难普遍适用。不过许多善于观察的人，尤其是植物学者，却都相信它的真实性。我现在不预备在这里举例，因为我觉得很难用什么方法来辨别以下的效果，即一方面，一部分构造因自然选择作用而发达，而别一邻近部分，却因同样作用或者由于不使用而退化；在另一方面，由于一部分的过度生长，却把别部分的养料抽调过来。

我又推测，前人所说的补偿例子，以及其他若干事实，都可以融合在另一种更普遍的原则之下，这原则便是：自然选择常常使生物机构的各部分不断地趋于节约。在变动的生活条件之下，一种本来有用的构造，如果用途不大了，则此构造的萎缩，对于个体是有利的，因可以使养料不至于消耗于无用之处。据此，我才能了解我当初观察蔓足类时曾使我很感惊奇的一件事实，就是：一种蔓足类若寄生于另一蔓足类身上而得到保护之后，它的原有外壳即背甲，便几乎完全消失了。这种类似的例子很多，四甲石砌属的雄性个体，就有这种情形；寄生石砌属的情形，更是异常：因为所有其他蔓足类的背甲都是非常发达的，都是头部由最重要的三个体节所组成，并且具有大的神经与肌肉；但在寄生而被保护下的寄生石砌，这整个前头部分却大大退化，仅遗留下一点痕迹，附着于触角的基部。这样节省了复杂的大型构造，当然对于这个种的各代个体，都有决定性的利益的；因为每个动物，都在生存斗争的环境之下，借着节省养料的消费，才有自给的较好机会。

因此我深信，身体的任何部分，一经习性改变而成为多余时，自然选择便会发生作用，终究使它趋于减小，而不必引起其他部分的相对发达。反之，自然选择也可以使一器官很发达而并不需要它的邻近部分退化，来作为必要的补偿。

重复的、残留的及低等的构造易起变异

正如小圣提雷尔所说，无论在物种或变种里，凡是同一个体的任何部分或器官重复多次（例如蛇的椎骨，多雄蕊花中的雄蕊等），它的数目就

容易变异；反之，同样的器官，如果数目较少，就会保持恒久；这似乎已成为一条规律了。不仅是数目如此，据小圣提雷尔及有些植物学者的观察，在构造方面，凡是重复的也是非常容易发生变异的。用欧文教授的话，这叫做“生长的重复”，是机构低的一种标记，所以前面所说各点，是和一般博物学者的意见一致的，即认为在自然系统中处于低等地位的生物，常较高等的更会变异。这里所谓低级的意思，是指机构中的好些部分为了一些特殊功能而很少专业化，以担任特殊的功能；一个部分或是一个器官，担任多项不同的功能，就易起变异，因为自然选择对于这种器官形状上的差异，或保留或废弃，尺度比较地宽，不必如对于专营一特别功能的部分那样限制得严。正如供各种用途的小刀，可以取任何形状，不像那专为某一固定目的的小刀，必须有一特殊的形状。我们更不要忘记，自然选择只有在对于生物有利的条件下，才能发生作用。

正如一般所承认的，不完全的器官最易起变异。这个题目以后还会讨论到。这里我仅想补充一点，即它们的变异性，似乎是由于毫无用处所引起的结果，因为既属无用，自然选择便没有力量阻止它们构造的歧异。

任何物种的异常发达的部分，比近似种内的同一部分有易于高度变异的倾向

数年以前，我很被华德豪斯有关上面标题的论点所打动。欧文教授也似乎得出近似的结论。要使人相信上述主张的真实性，如果不把我所搜集的一系列事实举出来，是没有希望的，然而我不能在这里把它们介绍出来。我只能说，我深信这是一个极普遍的规律。我考虑到可能发生错误的种种原因，但我希望已设法避免了它们。必须了解，这项规律绝不能应用于任何器官，除非是一种或数种异常发达的部分，还须与近缘物种相同部分相比较。例如蝙蝠的翅，在哺乳纲中是最异常的构造，但是在这里这个规律却不能适用，因为所有的蝙蝠，都是有翅的。假如某一个物种和同属的其他物种比较，而具有显著发达的翅膀，这规律才能应用。副性征以任何异常的方式出现的情况下，应用这规律最为适当。罕特先生所取用的副

性征这个名词，是指那些仅附属于一个性别，而与生殖作用没有直接关系的性状。这个规律可应用于雌性和雄性，不过用于雌性的机会较少，因它们不常有显著的副性征。不论显著与否，副性征具有极大变异性，我想是毫无可疑的，不过此例的应用，并不以副性征为限，雌雄同体的蔓足类，便是一个明显的例子。当我研究这一目动物的时候，曾特别注意华德豪斯的话，发现此项规律几乎完全适用。我将于另一著作内，列举其一切较显著的例子。这里，我仅举出一例，以显示此规律的应用。无柄的蔓足类（如藤壶）的厣甲，从各方面讲，都可称为极重要的构造。这项构造，通常在极不同的各属之间，也很少差异；但在四甲藤壶属中，有几种却呈现很大的分歧；这些同源的厣甲形状，在异种之间，有时竟完全不同；即在同种各个体之间，也有很大差异。所以我们如果说这些重要器官，在同种各变种间所呈现的特性上的差异，超过于一般异属间所呈现的，也不算夸张。

关于鸟类，居住于同一地域内的同种个体，变异极少，我曾特别注意此事；上面所说的规律似乎亦适用于鸟类。我还不能发现这一规律应用在植物方面，假如植物的变异性不是特别大，使它们变异性的相对程度难以比较，我对此规律的信心便要动摇了。

当我们看到某一物种的任何一部分或器官异常发达时，便觉得它对于该物种是有重大的关系。然而也正是这种构造，最容易发生变异。何以是这样呢？要是依据各个物种是被分别创造出来的观点，它的所有部分一向都像我们今天所看见的那样，这问题就很难解释。要是我们相信各群物种都是从其他物种传下来，经自然选择的作用而发生变异的，那么，我们就得到了若干启发。让我先说明几点。如果我们对于家养动物的任何部分或整个个体，不加注意，不加选择，那么这一部分构造（例如铎金鸡的冠）或整个品种将不能有一致的性状，这一品种也可说是趋向于退化了。在发育不全的器官，在对特殊作用很少特化的器官，或者在多型性物群里，我们也可以看到类似的情况；因为在这种情形下，自然选择还没有（或不能）尽量发挥它的作用，所以这种机构仍保持着变动不定的状态。不过我们应该特别注意的，便是在家养动物中，那些由于持续选择而在目前改变很快的部分，往往也就是最容易发生变异的部分。试就同品种鸽的个体观察，可见翻飞鸽的喙，信鸽的喙与肉垂，扇尾鸽的姿态与尾羽等等，其差异量是多么巨大，而这些正是英国养鸽家所最注意的几点。即使在同一亚品种里面，例如短面翻飞鸽，很难培养出一只纯鸽，因为有多数个体，与标准相差太远了。可以确实地说，有一种经常的斗争在下述两方面之间进行着：一方面是回到较不完全的状态去的倾向，以及发生新变异的一种内在倾向，另一方面是保持品种纯洁的不断的选择力量，这两方面的力量不断地在冲突着。虽然选择的力量终究得到优胜，但是在优良的短面翻飞鸽品种中，仍旧有产生普通的劣质翻飞鸽的可能。总之，当选择迅速不断地进行着，那些正在改变的部分，必定具有很大的变异性。

现在让我们转到自然状态中来。如果任何物种的一部分构造，较同属中其他物种特别发达，我们就可以断言，这部分构造，自从本属内各物种的共同祖先分出的时期以来，已经经历了非常巨大的变异，而经过的时期，不会十分久远，因为物种很少能延续生存到一个地质纪以上的。所谓非常的变异量，实际包含有非常的以及长期持续的变异性，经自然选择作用依物种的有利方向继续累积的事实在内。一种非常发达的部分或器官，既具有很大的变异性，并且在不甚久远的时期内继续变异很久，则依一般规律，它的变异性当然较其他部分——在长时期内几乎没有变异的——为大；我深信实际情形就是这样。一方面是自然选择，另方面是返祖及变异的倾向，这两者间的斗争，经过一定时期会停止下来；发达得最异常的器官，会成为固定不变的；这一点殆无可疑。所以一种器官，不论它怎样异常，如果以同样情形遗传给许多变异了的后代，有如蝙蝠的翅，则按照我们的学说来讲，这器官必已在很长的时期内，保持着几乎相同的状态，因而它就不会较其他构造，更易发生变异了。只有在较近发生的而又是非常巨大的改变这种场合，才能看到所谓高度的“发育的变异性”仍旧存在。因为在此场合，变异性还没有从通过持续的自然选择作用与舍弃有返祖倾向的个体而得到固定。

物种的性状较属的性状更易变异

上节所讨论的原理，也可适用于本题。物种的性状较属的性状容易起变异，是大家所知道的。试举一简单的例子来说明：假如一大属内的植物，有几种开蓝花的，有几种开红花的，这花的颜色只能算是一种物种的性状。若是蓝花的种变为开红花，或红花的种变为开蓝花，也不足为奇。但若属内一切的物种都开蓝色花，这颜色就成为属的性状了，如果属的性状有变异发生，便是一件较不平常的事情。我所以特别选这个例子，是因为一般自然学者所提出的解释，在这里不能适用，他们以为物种性状之所以较属的性状更会变，乃是因为一般所认为物种性状的部分，在生理上往往没有属的性状那么重要的缘故。我相信此说仅是局部的，并且是间接的合理，这点在“分类”一章内还要讲到。为了支持物种性状较属性状更会变异之说，我们无须赘述。不过关于重要的性状，我在一般自然史著述中，时常可以看到有人谈及下面的事实而表示惊异，就是：若干重要部分或器官的性质，在一大群物种中通常是很稳定的，却在一部分近缘各种之间，呈现了极大的差异，甚至在同一物种个体之间，也常发生变异。这一事实正证明：一般具有属性的性状，如果一旦降为种性，虽则它的生理重要性仍旧一样，但它却常常成为易变的了。同样的情形大概也可应用于畸形，至少小圣提雷尔曾无疑地相信，通常在同一群中的各物种间愈是差异最大的器官，往往在个体中愈容易发生畸形。

倘若照一般所持的各物种是被独立创造的见解，则在同属中独立创造的物种之间，为什么构造上彼此相异的部分常较彼此相似的部分更易变异呢？我看不出有任何理由可以说明。但若认为物种仅是特征明显而固定的变种，从此观点，我们自可看出，在比较近期内变异了的，因而彼此呈现差异的那些构造部分，往往仍将继续变异。或者用另一种方式来说明这种情形，凡是同属内物种彼此相似的，而与近属内物种相异的各点，都称为属的性状。这些性状，可以认为是由共同祖先所传下，因为自然选择难以使若干不同的物种依完全相同的方式改变，而适合于各特殊的生活习性。

这种所谓属的性状，远在各物种由共同祖先分出之前，即已遗传下来了，此后一代一代没有什么变异，或仅有少许变异，所以到了目前大概也就不会变异。另一方面，凡同属各物种彼此不同的各点，皆称为物种性状；这些物种性状，既在各物种由共同祖先分出以后，常常发生变异，以至彼此成为有别，所以到了目前还是多少在变异之中，至少应比那些在长期内保持不变的机体部分，更容易发生变异。

副性征易起变异

我想无须细论，自然学者都公认副性征是高度变异的，同群中各物种彼此之间所呈现的副性征差异，常较身体其他部分的情形差异为大，这也为一般所公认。例如，就副性征非常发达的雄性鸡类之间，和雌性鸡类之间的差异量相比较，便可了然。这种特征之所以易变，起因并不明了，可是我们可以看到，它们为什么不能像其他性状那样固定和一致。这是因为，性征是由性的选择所累积，而性的选择的作用，不及通常自然选择作用那样严格，它并不引起死亡，不过使较居劣势的雄性，少留一些后代而已。不论副性征易变性的原因为何，由于它们既是极易变异，性的选择就有了广阔的作用，因而可使同群内各物种在这方面的差异量，较其他方面为大。

同种两性间副性征的差异，常是现于同属各种间差异所在的部分，这是很值得注意的一件事。我将举出我的名单中为首的两例来说明——这两例中所现的差异，性质很特殊，其关系绝非出于偶然。甲虫足部跗节的数目，是绝大部分甲虫所具有的特征，但据威士渥特说，大蕈虫科甲虫跗节的数目变异极大，即在同种的两性之间也有变异。土栖蜂类的翅脉是一种最重要的特征，因为在这大群中并无变化；但在某些属内，却在种与种间呈现了差异，同一个种两性之间也是如此。卢布克爵士最近指出，小型甲壳类中有几种较好的例子，可作为这一法则的说明。他说："在角镖水蚤属中，性征主要是前触角及第五对足，同时物种性状的差异，也以这些器官为主。"这种关系，对于我的见解，有明晰的意义：我认为同属中所有的种，和任何一个种的雌雄性个体一样，都是由一个共同祖先所传下来的；因此，这共同祖先或早期后代的任何构造上的部分，既已发生了变异，则其变异所在的部分，便很可能被自然选择及性择所利用，使它们适应于自然经济中的各种地位，而且使同种的雌雄两性彼此适合，或者使雄性个体适宜于跟其他雄性竞争，而赢得雌者。

最后，我们可以总结：物种的性状（即区别物种之间的性状）的变异性较大于属的性状（即一切物种所具有的特征）的变异性；一个物种的任何异常发达的部分（与同类别种的相同部分比较而言）常常有高度的变异性；一群物种所共有的特性（不论如何异常发达）很少变异；副性征的变异性大，其在近缘物种间差异亦多，副性征与种征通常呈现于身体上相同部分；凡此种种原理是彼此密切相关的。这主要是由于，同类的物种都是一个共同祖先的后代，这个共同的祖先，遗传给它们很多共同的东西；由于在近期内发生变异的部分，常保持有变异的倾向，比来历久远已经固定的部分，更易变异；由于自然选择，依照其所经历的时间，已多少能完全抑制重现和再度变异的倾向；由于性择没有普通选择那样的严格；更由于同一部分的变异，被自然选择和性择所利用而累积，使它们作为副性征同时又为一般的特征。

不同的种会呈现类似的变异，所以一个变种常会具有它的近缘种的性质，或者重现它祖先的若干性质

这样的主张，我们若观察家养品种，便容易了解。鸽的极不同的品种，在隔离极远的地域内，所产亚变种中有在头上生倒毛，足上生羽毛的，这都是原始岩鸽所没有的性状，因此，这种特征是两个品种或两个以上品种的类似变异。球胸鸽所常有的14根或16根尾翎，可说是一种变异，代表着另一品种，即扇尾鸽的正常构造。我想没有人会怀疑，这一切类似的变异，都是由于几个鸽族曾从一个共同的祖先，遗传了相同的体质和变异倾向，受到相似的不可知的影响而起。在植物界里，我们也有类似变异的例子，见于瑞典芜菁和芜菁甘蓝的膨大茎部（俗称为根）；若干植物学者，认为这两种植物是从同一祖先栽培而得的两个变种；如果这个观念是错误的，这便成为两个不同的种呈现类似变异的一个例子了；还可以加入第三种，即普通的芜菁。依照一般的见解，我们势必不能把这三种植物的肥大茎的相似性，归因于共同来源这一真实原因，也不能归因于按照同样方式进行变异的倾向，而是由三次虽然独立而又极密切相关的创造作用而来的。关于这种类似变异的例子，诺定先生曾在葫芦科发现很多，许多其他学者在谷类中也有发现。最近华尔许先生曾就昆虫的类似情形，详加讨论，并且将它们归纳在他的"均等变性法则"之下。

但是在鸽类中，又有另外一种情况，就是在一切品种之中，都有石板蓝色的品种不时出现，其翅上具有两黑条，白腰，尾端有黑条，外羽近基部现白色。所有这一切颜色，都是远祖岩鸽的特征，因此，我想这无疑是一种返祖的现象，而不是这些品种中出现了新的而又类似的变异。我想，我们可以相信这样的结论：这种颜色不同的品种的杂交后代中，这些色彩最易出现，可见这石板蓝色及其他色条的出现，其原因不在于外界生活的状况，而是单纯依遗传法则受杂交作用的影响而已。

有些性状在失去许多世代或千百世代之后，却又重现，无疑确是一件极可惊异的事实。可是一个品种若和另一个品种杂交，虽只一次，它的子孙，在此后的许多世代中（有人说 12 代或 20 代）都会发生外来品种特征的倾向。从同一个祖先得来的血，用普通的说法，经过 12 代以后血液的比例仅为 2048 分之一，但是，如我们所知道的，一般都相信返祖的倾向是仍保留于外来血的残留部分。在一个未曾杂交的品种，其父母体虽都已失去其祖先的某些特征，但是这些特征重现的倾向，不论强弱，如以前所述，仍可传留至无数世代，不管我们所见的事实如何不同。关于一个品种已经失去了的特征，经过许多世代后再出现，其可能的根据是：这特征在失去了数百代后不会突然又为某一个体所获得，而是它在历代个体中潜伏着，碰到了我们所不知道的优异条件，方再出现。例如很少产生蓝色的巴巴鸽品种，可是每一世代大概都有产生蓝色羽毛的倾向潜伏着。此倾向传到无数世代的可能性，还较无用或残留器官的遗传为大。事实上，产生不发育器官的倾向，有时的确也是这样遗传的。

同属中的一切物种，既假定是从同一祖先所传下来的，那就可以料想到，它们随时会发生类似变异；因而两个或两个以上的种所产生的变种，可以彼此相似，或者一物种的某一变种可以和另一物种的某些特征相似。这另一物种，据我们的见解，也只是一个显著而固定的变种。纯由类似变异而起的性状，其性质也许不甚重要，因为一切功用上重要性状的保存，当依物种的不同习性而由自然选择决定。并且同属中的物种，也偶有重现它们久已失去的特性的可能。可是我们对于任何物群的共同祖先的情况暗昧不明，所以对于重现的特性与类似特性，也不能辨别。例如，我们不知道亲种岩鸽是不是具有毛腿或倒冠毛的，我们就不能确定地说目前各家鸽的出现这种特征，究竟是返祖现象，或还仅仅是相似变异。不过我们可推想蓝色是一种返祖的例子，因为蓝色的出现，和其他许多色斑相关联，这许多性状，似乎不能在一次简单的变异中一起发生。尤其在色彩不同的鸽种杂交的情形下，常出现蓝色与其他诸色斑，这事实更可使我们如此推想。因此，在自然情形下，我们虽常不能决定什么情形是先前存在的性状的重现，什么情形是新的类似变异，但是根据我们的理论，有时会发现一个物种的变异着的后代具有其他物种类似的性状。这点是无可怀疑的。

变异的物种所以难于区别，主要在于变种和同属中其他物种相像的缘故。还在于，两个可疑的物种之间，有很多中间类型的生物，若不是把一切极相类似的生物都认为是独立创造的物种，这种情形就是表明它们在变异中已经获得了其他类型的某些性状。但是相似变异的最好例子，当推那些通常呈现固定的性状的部分或器官，它们偶尔也发生与其他近缘物种同部分或同器官相类似的变异。我曾搜集很多这种事实，但和以前一样，因限于篇幅，不能在此列举。我只能重复地说，这种事实确实存在，而且我认为是很值得注意的。

现在我要举一个奇异而且复杂的例子，这是任何重要性状完全不受影响的例子，此例发生在家养及自然状态中的若干同属物种里。这可说是一个确实的返祖的例子。驴的腿上有时呈现一极明显的横条，和斑马腿上的条纹相似。有人说这条纹在幼时最明显，据我考察的结果，我相信这是确实可靠的。驴肩上的条纹有时成对，其长度及轮廓有很多变异。曾经有过记载，一头白色驴（不是缺色素的白肤症），脊上及肩上都没有条纹。在深色驴身上，这种条纹有时也很不分明，甚至完全消失。有人说，曾见骞驴肩上具有双重的条纹。勃里斯曾看见一个标本，有一条明显的肩纹，虽然它本应是没有的；据浦尔上校告诉我，这种驴的幼体的腿上，常有明显条纹，但肩上的却甚模糊。南非洲的斑驴体上，像斑马一般地具有明显条纹，但腿上却没有；但在葛雷博士所绘的标本图上，其后足踝关节处，也有极显明的斑马状条纹。

关于马类，我曾在英国搜集马脊上生条纹的例子，各种品种和各种颜色的马都有，包括英国所有最殊异的马类：腿上具横条的，以褐色及鼠褐色的马为多，栗色马也有一例；褐色的马，有时于肩上呈现暗淡不明的条纹；我曾见一棕色马，亦具有条纹的痕迹。我的儿子曾仔细观察一匹褐色的比利时拖车马，并为我画了一张草图，该马的两肩上各有两条并列的纹，腿上也有条纹。我曾亲眼见一只灰褐色得封郡小马，两肩各有三条平行的纹，有人告诉我说，韦尔什褐色小马也是这样的。

印度西北部喀的华品种的马，通常都有条纹，因此，据浦尔上校为印度政府调查后告诉我，凡是不具条纹的马，都不被看作纯种。这马的脊上都生有条纹，腿部通常有条纹，肩部的条纹也是常见的，有时两条并列，有时三条，甚至面部两侧有时也有条纹。条纹在幼驹体上最明显，在老马体上，则有时可以完全消失。浦尔曾见灰色的和栗色的喀的华马，在初生时都有条纹。根据爱德华给我的报告，我们有理由可以推测，英国赛跑马脊上的条纹在幼驹里比长成的马普遍得多。我最近养了一匹小马，是由一匹栗色母马（这母马是土耳其雌马和法兰密斯雄马所生的）和一匹栗色赛跑雄马所生的。在初生的一周内，这小马的后部四分之一处及前额上，都出现无数极狭的暗色条纹，和斑马所具有的相像，但腿部的条纹却不甚明显。但所有这些条纹，不久就完全消失了。这里，我不想再行详细讨论，但可以声明，我曾自各国——西自不列颠，东至中国，北起挪威，南至马来半岛——搜集了关于各马种的腿纹及肩纹的例子。在世界各处，有这种条纹的，以褐色的及鼠褐色的马为最多。所谓褐色，范围颇广，实包括多种颜色，自黑褐色起以至于近乳酪色都是。

斯密斯上校曾就这个问题写过文章，他以为马的这些品种，是由若干祖种所传下来的，这些祖种之一，就是褐色的种，是具有条纹的，而上面所述的一切现象，都是由于古代曾和这褐色马种杂交而产生的。我们对此论点，可以加以反驳，因为像壮硕的比利时拖车马，小型的韦尔什马，短腿的挪威马，细长的喀的华马等，各生在世界上相隔遥远的地域，若说它们都曾经和一个想象中的祖种杂交，事实上是很不可能的。

现在让我们讲一讲马属中几个物种杂交的效果。罗林曾说，驴和马杂交所产生的骡子，往往在后腿部具有条纹；据哥斯先生说，美国若干地方的骡子，十分之九都是具有腿纹的。我曾见一头骡子，其腿部条纹之多，足使任何人认为是一个斑马的杂种；在马丁先生著的马书中，也绘有这种骡子的图形。在我曾看到的四幅驴和斑马所产杂种的彩色图中，腿部的斑纹都较身体其他部分为明显；其中一图，且具有两条并列的肩纹。莫登爵士所畜的有名的杂种，是栗色雌马和雄斑驴所生的，其腿部的横条，较诸这栗色马和阿拉伯雄马所生的纯种，或斑驴纯种，都要显明得多。此外，还有一个最奇异的例子：阿沙·葛雷博士曾画有驴和骞驴所产杂种的图（据他告诉我，他还知道另一同样例子）。我们知道驴腿上只是偶然有条纹，骞驴则肩和腿部都没有条纹；可是图上杂种的四足，却都有横条，肩部有三条短纹，和得封郡褐马及韦尔什小马一样，并且面部两侧，亦有若干斑纹，和斑马相似。就面部的斑纹而论，我深信没有一条是出于通常所谓偶然的，因此，由于这杂种面部上之有斑纹呈现，我曾询问浦尔上校，喀的华马是否亦具有面纹。浦尔曾给我以肯定的答复，如前面所述。

对于这些事实，我们将怎样解释呢？我们看到：在马属里面，有不同的种，可以因简单的变异，或者在腿上呈现斑马式的条纹，或者在肩上出现和驴一般的条纹。就马而论，这倾向以在褐色的品种为最强——褐色是接近于属内其他物种普遍所具的颜色。条纹的出现，不必与任何形状改变或其他新特性相配合。我们更看到，这种条纹出现的倾向，以不同的种所产的杂种为最强大。试就鸽类观察，它们的祖种（包含两三个亚种或地理品种）体呈蓝色，具有一定的色条及其他标记；如果有任何鸽种由于简单的变异，获得了蓝色，这些条纹及标记亦必出现，但不一定有其他形状或特性的变化。若是具有各种颜色的最原始、最纯粹的鸽品种彼此杂交，所生的杂种便最容易呈现出这项蓝色以及这些色条和标记。我曾经说过，祖先性状重现的最合理的解释，当是假定每一代的幼体，都有产生失去已久的性状的倾向，此种倾向，由于未知的原因，有时占了优势。正如方才所述，在马属中的若干物种里，条纹的出现，以幼期较老龄为更普遍或更明显。我们若把各种家鸽——其中有些保持纯品种历数百年的——认为是种，而与马属中的种相对照，我们就觉得这是如何地相类似。我敢想象，千万代以前，有一种条纹像斑马的动物（不过构造或许很不同），便是今日的家养马（不论是否为单一野种或数野种所传下来的）、驴、骞驴、斑驴及斑马的共同祖先。

凡是相信马属内各个物种是被独立创造的人，我想他必将主张，每一个物种被创造出来就有这种倾向，在自然界或家养情况下，按照这种特殊方式进行变异，使得它常常呈现与该属其他物种那样变得具有条纹；同时每一个物种被创造时就有一种极强烈的倾向，以致它与世界各地所产的物种杂交后，所生杂种，多有条纹，不与其父母体相似，而与同属中其他物种相似。如果承认这种观点，就是排斥了真实的原因，而代以不真实的或不可知的原因；这种观点使上帝的工作成为模仿与欺骗的了。若接受这种观点，我几乎要与朽瞀无知的天地创成论者们一起来相信，贝类化石，从前就不曾生活过，而只是在石头中被创造出来，以模仿今日生活在海边的贝壳而已。

小　结

关于变异的定律，我们实在是深深无知的。我们能够说明的这部分或那部分发生变异的任何原因，恐怕还不及百分之一。但是当我们使用比较的方法时，就可以看出，不论是同种中各变种的较小差异，或是同属中各物种的较大差异，似乎都受着同样法则的支配。改变了的环境条件通常仅能引起波动式的变异性，但有时也能发生直接的或一定的效果，这些经过相当时期，就成为极显著的特性。不过对于这一点，我们还没有充分的证据。由习性产生了体质上的特殊，使用在使器官的强化上，以及不使用便使器官减弱及缩小上，在许多场合里，都表现出强有力的效果。同源的部分，往往是按照同一方式进行变异，并且有结合的倾向。坚硬部分及外面部分的改变，有时能影响柔软的及内在的部分。特别发达的部分，有吸取邻近部分养料的倾向；可以节省的部分，如果不因节省而发生后患，就将被节省掉。早期所起构造的改变，将使此后发育的部分，受到影响；许多相关变异的例子，虽然我们还不可能了解它们的性质，无疑是会发生的。重复部分在数目和构造方面都易于变异，也许因为这些部分，还没有为了特殊功能而严格特化，所以它们的改变，不受自然选择作用的支配。也许是由于同样的原因，低等生物较高等生物更多变异，因为后者的全部机体都比较特化。残留器官，因为无用而不受自然选择所控制，也容易变异。种的性状较属的性状易变，所谓种的性状是同属中各物种从共同祖先分出以来所起差异的特性，属的性状则是遗传已久，在这同时期内还未起差异的特性。我们曾经说道，在近期内曾起变异因而彼此有差别的部分或器官，往往有继续变异的倾向；不仅是一部分或一器官，即以整个个体而论，也适用这同一原理。我们在第二章内曾经谈到，在某一地方若有很多的同属的物种，正可以表示以前必定有很多的变异与分化，或者新种的形成，曾经在活跃地进行着。因此在该地方这些物种中（平均而论），我们可以发现极多的变种。副性征是最容易起变异的，这种性征在同属的若干物种间的差异也最大。身体上同部分的变异，往往同时呈现为同种异性间的副性征与同属异种间的种的性状区别。任何部分或器官的大小或型式，与近缘物种的相同部分比较，发达得特别大或异乎寻常的，则自此属成立以来，必然已经历非常巨大的改变，因此与其他部分比较，其变异程度，也更巨大。因为变异是长期持续的，而且进行得很慢，所以在这等场合，自然选择还没有充足的时间，以抑制变异与阻止其恢复到少变状态。具有一异常发达的器官的物种，若是已成为许多变异了的后代的祖先（据我们看来，这过程进行极缓慢，需时极久），则自然选择必定使这器官成为固定的性状，不论其发达程度如何异常。许多个物种，若是从一个共同的祖先遗传有大致相同的体质，而又处于相似状态之下，自然就易于发生类似的变异，有时还可以重现某些祖先的性状。虽然返祖与类似变异不能引起重要的新改变，可是这种改变，也足以增进自然界的美丽和协调的多样性。

不论后代与亲代之间的每一轻微差异的起因是什么——每一差异，必定有它的起因——我们有理由相信：一切较重要的，与物种习性相关联的构造上的较为重要的变异，都是有利的差异经过缓慢的累积而来的。

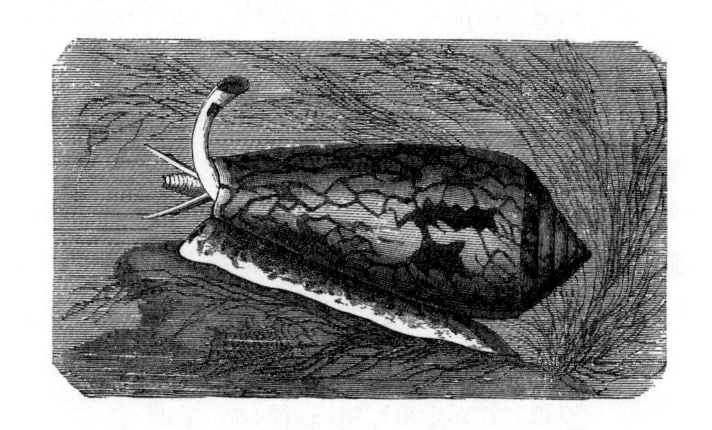

第六章

学说的疑难

伴随着变异的进化学说的疑难——过渡变种的缺乏或缺少——生物习性的过渡——同一物种中的分歧习性——具有与近似物种极其不同习性的物种——极完备的器官——过渡的方式——疑难的事例——自然界没有飞跃——不重要的器官——器官并非在一切情形下都是绝对完全的——包括于自然选择学说内的体型一致律和生存条件律

读者远在看到本章之前，必早已遇到许许多多的难点，其中有几点是这样的严重，以致使我现在回想到它们时还不免有些踌躇；可是据我所能判断，大部分的难点都仅是表面的，即使是真正的难点，我想也不至于使这一学说受到致命的打击。

这些难点和异议，可以分为下列几项：

第一，假如物种是由其他的物种经过微细的阶段逐渐演变而来，那么，为什么我们没有到处看到无数的过渡类型？为什么物种恰像我们所见到的那样区别分明，而整个自然界并不是混淆不清的呢？

第二，比方说，一种具有像蝙蝠那样的构造与习性的动物，能否由别种构造与习性大不相同的动物变化而来？我们是否能够相信，自然选择的作用一方面可能产生那种很不重要的器官，像长颈鹿拂蝇用的尾巴，而在另一方面，产生一种像眼睛那样神妙的器官？

第三，本能可否通过自然选择作用而获得并被改变？引导蜜蜂建筑蜂房的本能，实际上出现在精深的数学家发现之前，对此我们将如何说明呢？

第四，对于异种杂交的不育性及其后代的不育性，对于变种杂交的能育性不受损害，我们能够怎样来说明呢？

现在先解说一、二两项；下章内再谈些零杂的反对意见；至于本能和杂种状态两个问题，将在再下两章加以讨论。

过渡变种的阙如或缺乏

因为自然选择的作用仅仅在于保存有利的变异，所以在物类充塞的地域内，每一新的类型，都有一种趋向，把它自己的、改进较少的原有类型以及其他与它竞争而正处于不利状况下的类型排挤了，并且最后还把它们消灭了。因此，灭绝和自然选择原是并进的。所以我们若认为每一物种，是从一个未知的类型所传衍而来，则恰在这新类型的形成与改善的过程中，它的亲种和一切过渡的变种通常是要被消灭的。

但是，依照这种理论，无数过渡的类型，一定曾经存在过，何以我们没有看到它们大量埋存在地壳里呢？关于这个问题，我想留待以后“地质记录的不全”一章内再谈，较为方便；在此仅先声明的，便是地质记录的极不完全，实在不是一般所可设想，我相信这问题的答案主要是在于此。地壳是一座广大的博物馆，不过它所搜集的自然标本，并不完全，而且也只是在长久的间断时期中进行的。

可是如果有几个近缘的种栖息在同一地方，那我们现在该可以找到许多过渡的类型了，但事实上也不如此。试举一个简单的例子来说：我们若在大陆从北部向南旅行，便可在各段地区看到许多近缘的或代表性的种，显然在当地的自然体制里，占着几乎相同的地位。这些代表性的种，常常相遇而且混生在一起；当一个种渐渐变为稀少时，另一种就会逐渐增多，以至替代了前者。可是我们如果在这些物种混杂的地方，把它们互相比较，可以看出它们在详细构造方面一般都绝对不同，就像各个物种的中心栖息地点所采得的标本一样。根据我的学说，这些近缘的物种是由同一的祖种而来的，不过在变化的过程中，各自与当地的生活条件适应，而把它的原来祖型，和一切现在与过去之间的过渡变种一起排挤了，并使之灭亡。因此，我们应该不能期望目前在每一地域内可以找到无数的过渡变种，虽然这些变种一定曾经在那里存在过，并且可能已经在那里埋入地下，而变为化石。不过在具有中间性生活条件的交接区域内，为什么密切连接的中间性变种，在目前仍没有找到呢？这困难问题，久使我惶惑，然而自大体说来，我想也是可以解释的。

首先，我们必须十分慎重，不可因为一个地域现在是连续的，便去推测这个区域在长期内老是连续的。地质学的研究使我们相信：大多数的大陆即在第三纪的后期，还分裂为许多岛屿；在这些岛屿上，许多特殊的物种各自分别成立，没有中间类型在中间地带存在的可能性。即使是目前连续的海面，由于地形与气候的变迁，在距今不远的时期，一定常常不是像现在这样连续一致的。但是我不愿借这个途径来逃避困难，因为我相信，在本来连续的地域上，也能产生许多完全明确的新种；虽然我并不怀疑，现今连续地域的以往断离状态，对于新种的形成，尤其是那些能自由杂交而流动的动物，有着重要作用。

试观察现在分布于广大地域上的种，我们通常可见到它们在一大范围内数目相当多，而在边界处就突然逐渐减少，最后至于绝迹。所以两个代表种的中间区域，若是和它们分布的本部比较，便通常显得狭小。我们若登上高山，也可以看到同样事实，有时正如德康多所观察的那样，一种普通的高山种类，会突然不见，这是很可注意的。福布斯用拖扒器探查海水深处，亦曾注意到同样的事实。这些事实，很可使那些视气候及生活的物理条件为控制物种分布的主要因素的人们，感觉惊异，因为气候与地域的高度或者深度，都是不知不觉地逐渐改变的。但是我们得知道，几乎每一物种，即在它的分布中心，假使没有其他物种的竞争，便将增加到不可胜数；几乎一切物种，要不是残食别的物种，便是为别的物种所残食；所以简单地说，每一生物都是直接或间接地和其他生物具有最重要的关系。由此我们可以看到，任何地域上物种的分布范围，绝不完全决定于不知不觉地渐变着的物理条件，而是大部分决定于其他物种的存在，这些物种，或是它所赖以生存的，或是损害它的，或是彼此相竞争的；而且这些物种，既是彼此显然有别，没有不容易察觉的渐变的性状以相混淆，则任何一个种的分布范围，将视其他物种的分布范围而定，自然就会很明显了。况且每一个种，在它分布的界线上个数已很减少，常常由于食物或天敌数目的变动，或季节性的变动，而极易趋于完全消灭，因此，它的分布范围的界限，也就更加明显了。

我们看到，栖息在连续地域上的近缘物种或代表性物种，大都各有广阔的分布范围，而介于这些范围之间，只有狭小的中立区域，在这中立的区域里面，各物种会很突然地变为稀少。这个通则，大概也可通用于变种，因为变种和物种，根本没有本质上的区别。假使我们以一个栖息在广大区域上而正在变异中的物种为例，那么势必有两个变种适应于两个大区域，而有第三变种适应于它俩之间的狭小的中间地带。这个中间变种，由于栖息地域的狭小，数量必然稀少；实际上，据我观察，自然界中的变种是合于这个通则的。在藤壶属里，我遇到了确切的例子，足以表明这个通则所讲的显著变种间的中间变种的情形。华生先生、阿沙·葛雷博士及吴拉斯吞先生所给我的资料表明，当介于两个类型间的中间变种存在的时候，这中间变种的数量，通常远较它所连接的两个类型为少。我们若相信这些事实与推论，而且断定中间变种的数量一般比被它们连接起来的那两个类型的数量较少的话，那么我们就能够理解，为什么中间变种不能长久生存，为什么它们的灭绝和消失常较它们原来接连起来的类型为迅速。

上面已经讲过，任何数量较少的类型，必较数量较多的类型会遭遇更大的灭绝机会，而且在这种特殊情形里，那中间的类型，势必易受两边存在着的近似类型的侵害。但是还有更重要的一点，就是当两个变种在继续变化而成为两个分明不同物种的过程中，这两个变种，由于占地较广，数量较多，比之那数量较少，占地较小的中间变种，实占有很大的优势。因为在任何一定的时期内，数量多的类型，总是比那数量少的有更多的机会，以发生有利的变异，而为自然选择所抉取。于是较普通的类型，在生存竞争中便要压倒较不普通的类型，而代替它们的位置，因为后者的变更和改良，总是比较迟缓。如在第二章内所讲的：在每一地域内，普通物种所发生的显著变种平均比稀有物种为多，我相信这原理是相同的。举例来说：假如有三个绵羊的变种，一个适应于广漠的山地，一个适应于广阔的平原，另一个变种适应于两者之间的比较狭小的丘陵地带；这三处的居民都以同样的决心和技巧，利用选种来改进他们的羊群。在此种情况之下，拥有大量羊群的山地或平原居民，成功的机会较多，他们羊群的改良，也较狭小的丘陵地带的居民来得迅速。结果，改良后的山地或平原羊群，不久便取代了丘陵地带那改良较少的羊群；于是，原来占有多数的两个羊群的变种，终于彼此接触，而介于它们中间的丘陵变种，便完全归于消灭。

总而言之，我相信物种终究是界限分明的实物，在任何一个时期内，不至由于无数变异着的中间链环而呈现杂乱无章的状态；为什么能如此，当有下列几个原因：

（一）凡是新变种的构成，都很迟缓，因为变异就是一个迟缓的过程。要是没有有利的个体的差异或变异发生，自然选择是无能为力的；要是在这个地区的自然机构中，没有空的位置，可以让一个或更多起变化的当地的生物占据得更好，自然选择也是无能为力的。这些新的位置，要靠气候的徐徐变化或新生物的偶然迁入而定，尤其是旧有生物因逐渐改变而形成为新类型后，便与未改变的旧类型互相发生的作用和反作用，更有重大的影响。所以不论在任何一个时期，任何一个地点，仅有少数物种，在构造上呈现着微细而相当稳定的变异；这正是我们所确实看到的。

（二）现今连续的地面，在去今不远的时候，往往曾经是隔离的区域。

在这些区域里面，许多类型，尤其是那些每次生育必须交配而且移动很广的动物，可以分别地变得十分不同，足以列为代表物种。在此情形之下，若干代表物种与它们共同祖先间的中间变种，一定曾经在此等隔离的区域上一度存在过，不过这种中间链环，在自然选择的过程中，都已被排除消灭，所以目下已没有生存的了。

（三）在一个全然连续的地域内，如有两个或两个以上的变种在不同部分形成，则最初可能有中间的变种，发生于中间地带，不过它们往往仅在一个短时期内生存着。因为根据上面已经提到过的理由：就是从各近缘物种或代表物种以及公认变种现在的分布状态去推想，这些生存在中间地带的中间变种的个体数目，必较它们所连接的变种为少。仅是因为这个原因，它们就已很容易突然消灭；并且在通过自然选择的进一步变异过程中，就几乎一定被所联系的那些变种所打败和取代；因为后者的数目既多，变异必繁，通过自然选择的作用，还会得到进一步的改进，而占着更大的优势。

最后，假使我的学说是正确的，那么，我们不可以只看任何一时期而应注意到整个时期，一定曾经有无数的中间变种存在着，把同类的一切物种密切联系起来；但是在自然选择这个过程中，正如曾经屡次提到的那样，会把一切祖型与中间链环消灭掉。因此，它们存在的证据，只可能在化石遗物中看得见，可是化石的遗物实在极不完全，而只是一种断断续续的记录，这点当在以后一章内详论。

具有特殊习性与构造的生物之起源和过渡

反对我的意见的人曾经问道：比方说，一种陆栖的肉食动物怎么能变成具有水栖习性的动物？它在过渡时期，怎么能够生活？关于这问题，我们不难指出，现今就有许多肉食动物，呈现着从严格的陆栖到水栖习性的各个阶段；并且一切动物，既在斗争中求取生存，那么凡是生存的类型自必都很确切地适应于它们在自然界中的地位。试观察美洲水貂，它的脚有蹼，它的毛皮、它的短脚和它的尾形，都和水獭很相似。它在夏季入水捕鱼，在悠长的冬季却离开冰冻的水登陆，捕食鼠类及别种陆栖动物，和其他的鼬类无异。如果用另一个例子，问：食虫的四足兽怎样能转变为飞行的蝙蝠？这问题就更难回答。不过我想，像这样的难点并不重要。

在这里正如在其他场合，我是处于很不利的状况之下，因为我只能将所收集的许多显明例子，略举一两个，以表示在近缘物种中习性与构造的转变，以及同种动物的习性的变化，暂时的或永久的。我以为要解说像蝙蝠那样特殊的情况，除非把过渡状态列成一张张表，否则似乎不足以减少其困难。

试观察松鼠科的动物，有的种类，只是尾部稍微扁平，也有的，如李却逊爵士所说，则是身体后部相当阔，两侧皮膜相当伸张。从这些种类一直到飞行的鼯鼠那般模样，其中有着最微细的过渡阶段。这飞鼯的四肢，甚至尾基部，都是由阔大的皮膜所连接，成为一种飞膜，具有降落伞的功用，可以使它从一棵树在空中滑翔到距离惊人的另一棵树上。我们不能怀疑，每一种的构造对于每一种松鼠在其栖息的地区都各有用处，能使它觅食较易，能使它避免了食肉鸟或食肉兽的捕攫，或者亦有理由相信可以使它减少偶然跌落的危险。可是我们不能从这一事实，便以为每一种松鼠的构造在一切可能条件下，都是我们所可能想象到的最好构造。假如气候和植被变迁了，假如与它竞争的其他啮齿类或者新的食肉兽类迁入了，或者旧有的食肉动物起了变化，一切类似的情形可以使我们相信，如果松鼠不依相应的方式而改进它们的构造，至少有些松鼠的数目必将逐渐减少，或趋于消灭。因此，尤其在变化着的生活条件中，我不难了解那种肋旁皮膜逐步发达的个体，得以继续地保留，每一构造上的变异都是有用的，都得以传衍下去，终至由于自然选择的累积作用，产生了一个完全的所谓飞鼯。

现在看一看猫猴，即所谓飞狐猴，以前曾被列为蝙蝠类，如今却都认为是属于食虫类的了。它的肋旁极阔的膜从颚骨后起一直伸展到尾，包括具有长爪的四肢，膜内还具有伸展肌。虽然现时在这猫猴与其他食虫类之间并没有适应于在空中滑翔的中间构造，但是我们不难假定这种链环型的构造，在从前曾经存在。这构造的发达，当和未能完全滑翔的松鼠的情形相似，各个阶段的构造对于这动物的本身都曾经有过用途。我们也不难进一步设想，连接猫猴趾头和前臂的皮膜，是经过了自然选择作用而大大地伸长的；就飞行的器官来讲，这种过程可以把这动物变成为蝙蝠。有些蝙蝠的翼膜，从肩顶直伸到尾，连后肢也包括在内，从这样的构造，我们也许可以看到一种原先对于滑翔较飞行更为适宜的构造的痕迹。

假如有十余属的鸟类绝灭了，那么谁敢擅自猜想，当这些鸟类生存的时候，翅膀是像呆鸭那样只作击水用的，或像企鹅那样在水中作鳍用而在陆地作前足用的，或像鸵鸟那样作风帆用的，或像无翼鸟那样简直没有什么作用。然而这些构造，对于这些鸟类在它们所处的生活条件之下，都是有用处的，因为每一种鸟都在斗争中求生存。不过它不一定在一切可能的条件下都是最好无比的。这里所提的这些鸟翅的构造，也许都是由于不用所得到的结果；我们不能从上面所讲的来推论，认为这些构造是代表着鸟类在获得其完全飞行能力的过程中所实际经历的步骤。但是从这些构造，至少可以表示出，各式的过渡方式是可能的。

我们既知道水中呼吸的甲壳类动物和软体动物，有少数种类可以适应陆地生活；又知道有飞行的鸟类，飞行的哺乳类，飞行的各式昆虫，以及古代的飞行爬行类，便可推想依靠着鳍的猛拍而稍稍上升、旋转，并在空中滑翔很远的飞鱼，也可能演进为具有完善翅膀的动物。如果有过这样的事实，谁会臆想，它们在早期的过渡状态中曾经生活于大海之中，而它们的原始飞行器官，据我们所知，是专门用来逃避其他鱼类的吞食呢?

当我们看到适应于任何特殊习性而达到高度完善的构造，比如鸟类供飞行用的翅膀，我们必须了解那些具有早期过渡构造的动物，很少能生存到现在，因为它们曾经被后起者所排挤，而这些后起的动物，经过自然选择的作用，会逐渐达到比较完善的地步。我们又可以断言，适应于不同生活习性的过渡构造，在发达初期，很少大量发展，也很少具有许多从属的类型。现再回到我们臆想的飞鱼例子。真正能飞翔的鱼类，未必为了在水中和陆上用不同的方法捕捉不同的食物，而在许许多多从属的类型中发展起来，却是直到它们的飞行器官成为非常完善，而使它们在生存竞争中对其他动物占着压倒优势时，才能发展起来。所以我们在化石里面，发现具有过渡构造的种类的机会，远不及具有发达完全的种类之多，因为前者所生存的个体数目较少于后者。

我现在要再举两三个例子，来说明同种的个体间习性的改变与习性的歧异。在任一情况下，自然选择都易使动物的构造适应于它的已改变了的习性，或专门适应于若干习性中的一种。可是我们很难决定，究竟习性的改变通常在构造之先，还是先有构造的微变，然后引起习性的变迁，但这些对我们并不重要。大概两种变化，可能常在同时发生。关于习性的改变，我们只要提起那许多专食外来植物或人造原料的英国昆虫便足够了。关于习性的歧异，我们也不难举出许多例子。我在南美洲时，常常观察一种霸鹟，有时像隼一般高翔于一处，复至他处，有时却静立在水边，随后突然入水捕鱼，和翠鸟一样。在英国有一种大山雀，常在树枝上攀缘，好像旋木雀，有时又像伯劳似的啄杀小鸟。我又好多次看到并且听到它在树枝上剥食紫杉的种子，有如鸸鸟。赫恩曾看见北美洲的黑熊入水游泳，历数小时之久，张口吞食水中的昆虫，几乎像鲸类一样。

有时候，有些个体具有不同于同种和同属其他种所固有的习性，我们可以预期这些个体，有时可能形成新种，具有特殊的习性，和多少有些改变的构造。这种情形，在自然界确有发生。啄木鸟攀登树木，并在树皮裂缝内觅食虫类，谁能举出一个适应性的例子，比这个更动人呢？可是在北美洲，有些啄木鸟吃的主要是果实，还有一些却具有长翅，而在飞行中捕食虫类。南美洲拉普拉塔平原上树木极少，那里有一种啄木鸟，叫平原䴕，它的两趾向前，两趾向后；舌长而尖；尾羽尖削，相当坚硬，虽然不及典型的啄木鸟，也足以使它在树干上保持直立的姿势；它的喙相当直，相当坚硬，虽不及典型的啄木鸟那样地强直，但也足以在树木上穿孔。总之，这种鸟就构造的一切重要部分而论，是一种啄木鸟。即使就那些细微的特征而论，如色彩、粗糙的音调、波状的飞翔等，也显明地表示与普通的啄木鸟有密切的亲缘关系。可是在某些大的地区，这种啄木鸟并不攀登树木，它在堤岸的洞穴内筑巢。我所见的情况如此，阿扎拉的精确观察也是如此。不过在某些别的地区，据哈德生先生说，它却又常往来树木间，并在树干中钻洞筑巢。除了上面所述的改变了的习性以外，我还可举出另外的例子：就是一种墨西哥的平原鴷，据德索绪尔说，常在坚硬的树木中穿凿孔穴，作为贮藏栎果之用。

海燕是最具空栖性和海洋性的鸟类，但是火地岛的恬静海峡间所产的一种名叫倍拉鸌的，因它的一般习性，惊人的潜水能力，游泳的方式，以及迫不得已要飞时的飞翔状态，却很易被误认为海雀或鸊鷉；尽管如此，它实际还是一种燕鸥，不过体格上的许多部分，在新的生活习性的关系中已起了重大的改变，而拉普拉塔啄木鸟在构造上仅有些微变异而已。再看河乌的情形，即便是最精锐的观察者，看了此鸟的死标本也难推想它具有半水栖的习性；然而这鸟实和鸫科有近缘关系，却以潜水过生活，在水中鼓动它的双翅，并靠它的双脚抓握小石。膜翅类这一大目的一切昆虫，都是陆栖的，但据卢布克爵士所发现，细蜂属的虫类有水栖的习性。它们潜水时用翅不用足，在水内逗留可以达四小时之久，但是它们的构造，并没有跟随这异常的习性而发生变化。

信奉特创论者，相信每一生物创造出来就是我们现在所看见的这样，当他们见到一种动物在习性与构造上不相一致时，必将感到惊异。鹅和鸭的蹼足是为了游泳的，还有什么比这件事更明显呢？然而产于高原的鹅类，虽有蹼足，却很少到水里去；又如军舰鸟四趾间也都有蹼，但是除了奥杜邦之外，没有人曾经看见过它降落在海面上。另一方面，鸊鷉与骨顶鸡，它们的趾仅在边缘生着窄的膜，实际却都是水禽。涉禽目鸟类的足趾很长，没有蹼，便于涉足沼泽或在浮于水面的植物上行走，这件事是再明显没有了。可是苦恶鸟与秧鸡都属于这一目，却又具有不同的习性：前者是水栖，和骨顶鸡相似，后者是陆栖，有如鹌鹑和石鸡。像这样的有很多例子，都是习性已改而构造并不相应地发生变化。高原鹅的蹼，可以说它的构造未变，而功能几乎要退化殆尽。至于军舰鸟的足趾间深凹的膜，则表明在构造上已开始发生变化了。

相信生物是经无数次分别创造而来的人，会这样说，在这些例子里，是因为造物主故意使一种物型的生物去替代另一种物型的生物。但由我看来，这不过是用修饰词句把事实重述罢了。可是相信生存斗争和自然选择原理的人，却承认每一生物，都在不断奋斗中争求繁殖；因此，任何生物无论在习性上或构造上，如有些微改变，因而较同一地区的别种生物占有优势，势将取劣势生物的地位而代之，不管那个地位与它自己原来的地位有多大的不同。所以像鹅和军舰鸟的脚都有蹼，前者却栖于陆地，后者也很少降落水面；秧鸡虽具长趾，却生活于草地，不入沼泽；有的啄木鸟生长在几乎没有树木的地方；有的鸫与蜂会潜水；有的海燕具有海雀的习性，这种种事实，都是不足为奇的。

极完备而复杂的器官

眼睛那样的器官，可以对不同距离调整其焦点。容纳不同量的光线，并校正球面的和色彩的偏差，结构的精巧简直不可以比拟。假定说眼睛是自然选择作用所造成，我将坦白地承认这似乎是极度荒谬的。当最初说太阳是静止的，地球却绕着太阳旋转，以那时候人的常识曾经宣称这一学理是错误的。所以一般哲学家所熟知的“民声即天声”这句古谚在科学上是不可信任的。据我理性地判断，如果在简单不完全的眼睛与复杂完全的眼睛之间，确有无数的中间阶段存在，而每一阶段，对于具有该眼的动物是有利的（事实的确如此）；同时如果眼睛是有变异的，并且这种变异是遗传的（事实上也的确如此）；如果这些变异，对于处在变化着的生活条件下的任何动物都是有利的；那么，认为复杂完善的眼睛可以经自然选择作用而形成的难点，虽然出于我们想象，但是就不至于被认为能够颠覆我的学说了。神经怎样对于光线有感觉的问题，正如生命本身怎样起源一样，不是我们研究的范围。不过我们可以这样说：有些最低等动物，在它们的体内虽不能找到神经，但也有感光的能力，那么，在它们的原生质内，有某些感觉物质，聚集起来，而发展为具有这种特殊感觉性的神经，似乎也并非不可能的。

我们要明了一种器官的演进过程，便应就它的直系祖先来观察，可是事实上这几乎是不可能的，所以我们不得不取同类中的其他种或其他属（即同祖的旁支后代）来研究考察，以探索它在演进过程中可能经历的各阶段，也许还有机会看出传衍下来的一些没有改变或仅有小小改变的阶段。便是在不同纲的动物中，同一器官的形态有时也可以帮助我们了解它的演进步骤。

能够叫做眼睛的最简单器官，是由一条视神经绕以一些色素细胞，外面盖有透明的皮肤组织，但没有什么晶状体或其他折光体之类。但依据裘登的研究，我们可以再向下追索一步，还有更简单的视器官，仅具有一团色素细胞，安置在肉胶质组织上，而没有任何神经。这种简单的构造，并没有视觉的能力，不过用以辨别明与暗而已。裘登又说，在某些海星中，围绕神经的色素层有小的凹陷，其中充满着透明的胶状物质，向外凸起，和高等动物的角膜相似。他以为这种构造，不能造成影像，只不过用以集合外来光线，使较易于感觉罢了。这种集中光线的情况，在真正眼的形成过程中，实是一种最初的也是最重要的步骤，因为只有把视神经的末梢（这末梢在低等动物中的位置没有一定，有的深藏在体内，有的接近体表）放置在这集光结构的适当距离之处，便可以造成影像。

在关节动物这个大类内，视觉器官也起源于这种绕有色素层的视神经，这色素层有时成瞳孔形状，但没有晶状体或其他光学装置。到了昆虫的复眼，角膜上无数的小眼区，都已形成为真正的晶状体，并且这种圆锥体里面，藏有奇妙变异的神经纤维。但是关节动物的视器官，种类繁杂，穆勒曾分之为三大类和七亚类，此外还有一第四大类，包括集合的单眼在内。

我们若回想一下这些事实（这里所讲的实不免过于简单），想到低等动物视器官的构造分歧之大，形式之繁，分级之多；想到现今生存的类型，若和已灭绝的类型比较，为数是那么的少；那么我们就不难相信自然选择作用能够把被色素层包围着的和被透明的膜遮盖着的一条视神经的简单装置，改变为完善的视觉结构，像关节动物的任何成员所具有的一样。

已经研究到现阶段的人，在看完此书之后，如果觉得有大量的事实，除了用自然选择作用引起变异的学说，便不能解释的话，那么，他就应当毫不犹豫地再向前迈进一步。他应该承认甚至像鹰眼那么完善的构造，也可能是照这样形成的，虽然对于它的演进步骤，并不明了。反对者以为若要眼睛发生变化，而又作为一个完善的器官被保存下来，就必得有许多变化同时并起，这事看来似乎不是自然选择所能完成的。但正如我在讨论家畜变异的著作中所曾企图指出的，变异如果是极微细而逐渐的，就无须假定它们都是同时发生的。同时，不同性质的变异，也可以达到相同的目的。正如华莱士所说："晶状体的焦点距离太近或太远，可以从改正曲度，也可以从改变密度去补救。如果曲度不规则，光线不能集合于一点，那么任何方法使曲度趋向于规则性，便是一种改进。所以虹膜的收缩与眼肌的运动，对于视觉，并非必要，不过是使这一器官在形成过程的任何阶段得到了添加的和完善化的改进而已。"在动物界占最高地位的脊椎动物中，视器官的开始也是极简单的。如文昌鱼所具的，仅是透明皮层所构成的小囊，具有神经并包以色素，除此别无他物。在鱼类和爬行类，据欧文先生说："眼官折光构造的级次范围是很大的。"据权威学者微耳和的卓见，甚至人类所具的美丽的晶状体，在胚胎期也是由表皮细胞所积集组成的，处于囊状皮褶里面，它的玻璃状体却是胚胎的皮下组织形成的。这个事实有重要的意义。所以对于具备奇异的、虽非绝对完善特征的眼的形成，我们如果要作一适当的结论，必须以理性战胜想象。但是我感到这是很困难的，所以对于别人有所踌躇而不想把自然选择原理引申得这样远，我并不觉得奇怪。

我们常不免拿眼睛和望远镜作比较。望远镜之所以能达到完善，是人类以最高的智慧，经多年研究的结果。因此我们自然会推论眼睛也是由于同样的过程而形成的。不过这种推论是否太抽象了？我们是否有理由可以假定造物主和人类相像，也是由智力进行工作？如果我们必须把眼睛和光学器具作比较，我们就应当设想它有一厚层的透明组织，在其空隙里充满着液体，下面具有感光神经。然后再设想这一厚层内各部分的密度，不断地慢慢地改变，分化为不同密度与厚度的各层，这些层间的距离也不相同，各层的表面形状也逐渐地发生变迁。其次，我们必须再设想有一种力量，这种力量就是自然选择或最适者生存，它经常十分注意着这透明层的每一微小的变化，并在各种不同的条件下，不论以任何方式或任何程度，凡是能增加清晰度的每一变异，都仔细地把它保存下来。我们必须假定，此器官在改变过程中的每一新状态，都在成百万地增加着，同时亦一一保存下来，直到更好的产生出来以后，旧的状态才全归消灭。在生存的物体中，变异作用会引起微小的改变，生殖作用使之繁增至于无穷，而自然选择作用，将准确地拣出每一已改进的性状。因此，这些作用经过了千百万年，每年经过了千百万不同的许多种类的个体，我们能不相信这样形成的活的光学器具，可较胜于玻璃制的光学器具，正如造物主的工作，较胜于人类的工作一样吗？

过渡的方式

如果有人能证明有任何的复杂器官，不是经过无数的、连续的、微细的变异而造成的，那我的学说便将根本推翻，可是我却找不到这样的例子。固然有许多现存的器官，它们的过渡阶段我们并不明了，尤其是那些十分孤立的种类；根据我的学说，这是因为在孤立种的周围，曾有很多现已绝灭的类型。还有那些在一纲内的一切成员所共有的一种器官，其起源极其久远，在那时以后本纲内一切成员才发展起来，所以要明了这种器官早先经过的过渡阶段，必须在很早的祖先类型中找寻，可是这些类型早已绝灭了。

我们必须十分谨慎，以断言一种器官可以不经过某种的过渡阶段而形成。在低等动物里面，可以举出无数的例子，来说明同一器官在同时能够进行迥不相同的功用；例如蜻蜓幼虫及泥鳅的消化管，同时具有呼吸、消化与排泄的功用。水螅的身体可以把内面翻向外面，于是它的外层便改营消化作用，而原本营消化作用的内层，就营呼吸了。在这种情形之下，原来具有两种作用的器官，如果因专营一种作用而获得任何利益，自然选择便可使该器官的全部或一部分照一种作用逐渐特化，而在不知不觉中大大改变它的性质。我们知道有许多植物，可以同时正常地产生构造不同的花朵，如果这等植物，仅仅产生一种花朵的话，那么这一种的性质就会比较突然地发生大变化。同一株植物产生两种花，很可能原来是经过许多微小的步骤而逐渐分化出来。这些步骤在若干少数种类中现在还是可以看得出来的。

再者，两种不同的器官，或者两种形式不同的同样器官，在同一个体内，可以同时发生相同的功用——这是一种极其重要的过渡的方法：例如鱼类用鳃以呼吸溶解在水中的空气，同时又用鳔来呼吸空中的空气；鱼鳔被布满血管的隔膜分隔着，并且有一鳔管，作为供给空气之用。再举植物的例子，植物攀缘的方法，可有三种：①由螺旋状的卷绕；②由有感觉性的卷须附着在支持物上；③发生气根。一般说来，不同的植物群，仅具有此三法中的一种，但也有少数植物，在同一个体上具有两种或甚至三种攀缘方法的。在所有这些情形之下，两种器官中的一种，可能容易被改变和完善化，并在改变的过程中，由于其另一种器官的助力，而成为专营这特殊功用的器官，而其他的一种器官或将改营别种不同的功用，或者完全废弃。

鱼鳔是一个很好的例子，因为它明确地表明一个高度重要的事实，即原本是有漂浮作用的器官，可以转变为与原来的功用绝不相同的呼吸器官。在某些鱼类中，鱼鳔又有听觉的辅助作用。以它的位置及构造而论，鱼的鳔与高等脊椎动物的肺脏是同源的器官，这是一般生物学者所公认的，所以鱼鳔实际上已经转变为肺，成为专营呼吸的器官，应无疑义。

依照这个观点，我们可以推想，一切具有真正肺的脊椎动物，都由一种古代未知的原型一代一代地传衍而来，此原型当具有一种漂浮器，即鱼鳔。正如我根据欧文对于这些器官的有趣的叙述推论出来的，我们会了解为什么咽下去每一点食料和饮料都必须经过气管上的小孔，虽然那里有一种美妙的装置可以使声门紧闭，但它们还不免有坠入气管的危险。高等脊椎动物都没有鳃，然而在它们的胚胎里，颈旁的裂隙及弧形的动脉，仍然标志着鳃的先前位置。现今完全消失的鳃，可能由自然选择逐渐利用于某一不同的目的，例如昆虫的翅膀，据郎度意说，是由气管发展而成的，所以非常可能，在这样一大纲动物中，昔日一度供作呼吸的器官，实际上已演变为飞翔的器官了。

我们研究器官的演变，必须特别注意动用转变的可能性。今特再举一例，来证明这个说法。有柄蔓足类有两块很小的皮褶，我叫它做“保卵系带”，这系带分泌一种胶汁，把卵粘着，直到它们在袋内孵化为止。这种蔓足类没有鳃，它们的全身表皮、卵袋表皮，以及两小保卵系带，都有呼吸的作用。反之，无柄的蔓足类或者藤壶类则不然。它不具保卵系带，它们的卵散处袋底，包在紧闭的壳里边；可是在相当于保卵系带的位置上，却有阔大多皱的膜，与袋内及体内的循环腔相通，据一般自然学者的意见，这些膜具有鳃的作用。我想这一科内的保卵系带，实际是相当于那一科内的鳃，这是没有人持异议的。实际上这一构造逐渐过渡而成为另一构造。因此，毋须怀疑，这两块小的皮褶，原本作为保卵系带，同时，略有呼吸的作用，已经通过自然选择作用仅仅由于它们的增大和它们黏液腺的消失，就演变为鳃了。有柄蔓足类的灭绝，实较无柄蔓足类为甚，假如它们果真完全灭绝，那么，有谁会想到无柄蔓足类的鳃原先是用来防止卵被冲出袋外的一种器官呢?

还有一种可能的过渡方式，就是生殖时期的提前或延缓。在美国，柯普教授和有些其他人士便有这种主张。现在知道，有些动物在很早的时期，即在性状尚未完全发达之前，就能生殖。假如在一种动物，这种生殖能力充分发达，则成年的发育阶段可能或早或迟就会丧失。在此种情况之下，如果这个物种的幼期与成年期性状上相差很大，那么这个物种的性状就要大大地改变与退化。还有不少的动物在成熟以后，几乎在整个生命期中还继续改变它们的性状。例如哺乳动物的脑壳，常随年龄的增长而异。莫利博士曾就海豹举出若干显著的例子。谁都知道，鹿的年岁愈大，角的分枝愈多。某些鸟类的羽毛也随年岁的增加而愈发达精致。柯普教授说，某些蜥蜴牙齿的形状，也随年龄的增长，而有很大的变化。据穆勒的记载，甲壳类在成熟以后，不仅是许多微细的部分，就连某些重要的部分，还在呈现出新的性状。在所有这些情形下（可举的例子尚多），如果生殖的年龄被延迟了，物种的性状（至少是成年期的性状）就不免改变。同样地，若干前期的和早期的发育阶段，会很快地结束，而至于最后消失，也并非是不可能的。物种的演变，是否常常经过或者曾经经过这种比较突然的过渡方法，很难断言。但是如果这种情况曾经发生，则在幼体与成体之间，以及成体与老体之间，所有的差异最初还是一步一步地获得的。

自然选择学说的特殊难点

虽然我们在断言任何器官不能由连续的、微小的、过渡的阶段而产生的时候，必须十分谨慎，可是自然选择的学说，无疑地仍有严重的难点。最严重的难点之一，当推那些所谓中性的昆虫，它们的构造，经常和雄虫或能育的雌虫很不相同；这点将在下一章再讨论。鱼类的发电器官，也是另一个很难解释的问题，我们不可能想象，这些奇异的器官，曾经过怎样的步骤而产生。但这也不足为奇，因为我们甚至还没有了解它们的功用。在电鳗和电鳐，这些有力的器官无疑地具有极大的防卫作用，也许对于掠捕食物，也有作用。不过据马泰西的观察，鳐鱼的尾部，虽有类似的器官，但即使在它感受重大刺激时，发电也很少，大概不适于防御或捕食之用。又据麦唐纳博士的研究，鳐鱼除了刚才所说的器官之外，在头部的附近，也有一种器官，虽然知道它不发电，但似乎与电鳐的发电器是同源的构造。就详细构造、神经分布及对于各种刺激的反应而论，一般都承认这些器官和普通肌肉很相类似。更需特别注意的，就是当肌肉收缩的时候，也伴随着放电。拉德克利夫博士说："电鳐的发电器在静止时的充电，似乎和肌肉与神经在静止时的充电情况完全一样，电鳐的发电也并不特别，不过只是肌肉和运动神经在活动时放电的另一种形式而已。"除此以外，我们现在不能再作其他的解说。这种器官的用途，目前既未十分明了，这种发电鱼类的最初始祖的习性与构造，更无从查考，所以我们不可贸然断定，说它们可能是没有经过有利的过渡阶段而逐渐发达的。

起初看来，这些器官好像还引起另外一个更为严重的难点，因为发电器官见于约 12 种的鱼类，其中有好几种彼此在亲缘关系上是相距很远的。凡是同样的器官，见于同一类内的若干成员，尤其是习性不同的成员，我们一般都可以把这种器官的存在认为是从同一祖先传衍而来；那些不具这器官的成员，则可认为是由于不用或自然选择的作用而丧失的。因此，鱼类的发电器官，如果是由某一共同的原始祖先所传衍下来，那么，我们大概会预料到一切发电的鱼类，彼此间都该具有特殊的亲缘关系，但事实上远非如此。在地质方面，也没有证据可以使我们相信，大部分鱼类先前曾有过发电器，而它们改变了的后代却丧失了这个构造。可是当我们对于这问题作更详细的考察，就可发现在具有发电器的若干种鱼类中，发电器官在身体上所处的地位并不一致，构造也不相同，例如电片的排列，位置各异。而且据巴契尼说，发电的过程或方法彼此亦有差别，甚至神经的来源也各不相同，这也许是上面所述的不同中最重要的一点。所以在具有发电器的若干种鱼类中，所具的发电器官不能认为是同源的，只能把它们看作是在机能上同功的。因此，我们不能假定它们是从一个共同的祖先所传衍下来的。因为假使果真是如此，它们就应该在各方面都很相像。这样说来，关于表面上相同，而实际上却从几个亲缘相距很远的物种发展起来的器官，这一难点就消失了。现在只剩下一个较次、然而还是重大的难点，就是在各个不同群的鱼类中是经过什么逐渐的步骤而发展起来的。

在属于远不同科的几种昆虫中所看到的位于身体上不同部分的发光器，在我们缺乏知识的现状下，给予我一个与发电器几乎相等的困难。其他类似的例子也还有。例如在植物界中，生在具有黏液腺的足柄上的花粉块这奇妙的装置，在红门兰属与马利筋属显然相似（这两属在显花植物中亲缘关系相距是再远没有了），可是在这里这两种类似的构造，也并非同源。在所有分类上地位极相疏远，然具有类似而特殊的器官的生物中，可以看到这些器官的一般形态和机能虽大致相同，但常可发现它们之间是有基本区别的。例如头足类或乌贼的眼睛，和一般脊椎动物的眼睛非常相像；但在系统这样远隔的两群里，这种相像没有什么可归因于共同祖先的遗传。密伐脱曾提出这个情况作为特殊难点之一，可是我不能看出他的论点的力量。一切视觉器官，必须由透明的组织而形成，并且必须有某种晶状体，把物影投射到暗室的后方。除此表面相似之外，乌贼的眼跟脊椎动物的眼几乎没有任何真正相似之处。如参考亨生关于头足类的这些器官的值得称赞的著作，就可以了解。我不能在此作详细讨论，仅特别举出几点差别，略加说明。高等乌贼类所具的晶状体，分为两部，就像两个透镜似的分置前后，它们的构造与位置，都和脊椎动物的截然不同。网膜的构造也完全不同，它的重要部分，实际倒置，眼膜内更包含有一个很大的神经节。肌肉之间的关系和许多其他特点，也都是很不相同。所以我们叙述乌贼与脊椎动物的眼睛构造时甚至同样的术语究竟可以应用到怎样的程度，困难并非不大。当然，对于这两个例子中的任一眼睛，谁都可以随意否认是曾经过连续的、微细的变异的自然选择而发展成的；可是假使承认了一种眼是经过了自然选择作用的，那么其他一种也必可能是如此。如果依照它们以这样方法形成的观点，我们就可预料得到，这两大类视觉器官的构造必然是基本有别的。正如两个人独立研究，有时可以得到同样的发明，我们从上述的例子中，可以看到自然选择为了各生物的利益而工作着，并且利用着一切有利的变异，也可以在不同的生物中，产生出功用上相同的器官，而这些器官在构造上并不能归因于共同祖先的遗传。

穆勒为了验证本书所得的结论，很慎重地作了几乎相同的议论。在甲壳类里面有几个科内的少数种，具有呼吸空气的器官，适于水外生活。其中有两个科穆勒曾经详细研究过，这两个科关系很近，其中种类的一切重要的性状彼此都很符合：感觉器官、循环系统和复杂的胃内毛丛的位置都相同，营水中呼吸的鳃的构造也全部相同，甚至用以洗刷鳃的微钩，也没有差别。因此，可以预料到，属于这两科的少数陆栖种类，它们的同样重要的呼吸空气的器官，也是相同的；因为一切其他的重要器官既密切相似或十分相同，为什么为了同一目的的这一工具会发展得不同呢?

穆勒根据我的学说，推断这许多重要构造的密切相似，必由于共同祖先遗传所致。可是这两科的大多数物种，正和大多数其他甲壳动物一样，习性上都是水栖的，所以它们的祖先，极不可能是适应于呼吸空气的。因此，穆勒在呼吸空气的种类中仔细研究它们的呼吸器官。他发现这种器官在若干重要的特点上，例如呼吸孔的位置和开闭的方法，以及若干其他附属构造等，都是有差异的。这些差异是可以理解的，甚至可以预料到的，如果我们设想这些不同科的物种，是各自慢慢地变得日益适应于水外生活而呼吸空气的。因为这些物种，科别既是不同，自不免有某种程度的差异，同时又因为每一变异的性质，又都借有机体的本质和四周环境的状况这两种因素来决定，所以它们的变异，当然不会绝对一样。结果，自然选择的作用为要达到相同的目标，就必须在不同的材料即变异上进行工作，由此产生的构造，几乎必然不免有别。若是依据特创论，这整个事实就无法理解。这样的论证之有助于穆勒接受我在本书内所主张的观点，似乎很有力量。

另一位卓越的动物学者，已故的克拉巴雷德教授，也依据同样的方法推论，而得到相同的结论。他指出，隶属于不同的亚科及科的许多寄生的螨，都具有毛钩；这些毛钩，必定是各自发展而成，因为它们不可能从一个共同祖先传衍下来。他证明毛钩的来源，实视所属的类别而异：有从前脚演变而来的，有从后脚演变而来的，有从小唇或身体后部下面的附肢演变而来的。

从上述的许多例子中，我们看到在全然没有亲缘或者只有遥远亲缘关系的生物中，看到由发展虽然不同而外表却很相似的器官所达到的同样目的，和所进行的同样功用。从另一方面讲，同样的目的能用极其多样的方法来达到，甚至在密切相近的生物中，有时也是如此，这是贯穿整个自然界的一个共同规律。鸟类的羽翼与蝙蝠的膜翼，构造上怎样地不同；蝴蝶的四翅，蝇类的双翅，以及甲虫的两膜翅和两鞘翅，可说是更加不同。蚌蛤类的两片介壳，可以自由开闭，可是两片壳铰合的结构，从胡桃蛤具有一长行交错的齿到贻贝的简单韧带，中间有那么多的不同形式。植物种子的散布方法，也各有不同：有借其体积渺小的；有借其子荚转变而成轻的气球状被膜的；有包含于从不同来源而成的果肉之内，既富于养料，又具有鲜艳的色彩，以引诱鸟类吞食的；有生着种种的钩和锚状物以及锯齿状的芒刺等构造，以便附着于走兽的毛皮上的；更有具各种形状和构造精巧的翅和毛，以便随微风飘扬的。我还想举另外的一例，因为这个问题——从极其多样的方法达到同样的目的——很值得我们注意。有些学者主张，生物几乎好像店里的玩具那样，仅仅为了花样，是由许多方法形成的，但是这样的自然观，绝不可信。植物界有雌雄异株的，即在雌雄同株的种类，雄蕊的花粉，也不自行坠落于雌蕊柱头之上，所以它们的授精必须依赖别的助力。有些植物由于花粉粒轻而松散，可以随风吹扬，单靠机会而达到雌蕊的柱头，这是可能想象得到的最简单的方法。另一种同样简单但是很不同的方法是，有许多植物，在它们的对称的花内，分泌少许花蜜，因而招引虫类，借它们把花粉带到柱头上去。

从这简单的阶段起，植物为了达到这同一目的，引用了基本相同的方法，通过无数的装置，引起了花上每一部分的变化。花蜜可以被贮藏在各种形状的花托内。雌蕊和雄蕊的状态，可有多种变化：有时形成陷阱的形状，有时能随刺激性或弹性而起微妙的适应运动。从这样的构造起，一直看到像克卢格博士所描述关于盔唇花属那样的异常适应的例子。这种兰花的唇瓣即下唇有一部分向内凹陷，而成水瓢的形状，在它的上面有两个角状构造，不断地分泌清水，滴入瓢内；当瓢内的水半满时，水便从一边的出口向外溢出。唇瓣的基部，处于小瓢之上，也是凹陷成一个小窝，两侧有出入孔道，窝内并有奇异的肉质棱。这所有部分的作用，如果不是实地目击，即使最聪明的人，也难想象。克卢格博士曾经看见有许多大土蜂，成群来探访这巨大的兰花；它们不是为了采取花蜜，而是为了啮噬水瓢上面小窝内的肉棱，因此常常彼此互相推挤而跌落于水瓢里。它们的翅膀沾水后不能飞起来，于是不得不从那个出口或有水溢出的孔道向外爬出。克卢格博士曾亲眼看到许多土蜂这样地被迫洗过澡后列成连接的队伍爬出去。这孔道很狭小，雌雄合蕊的柱状体就盖在上面，所以当土蜂用力向外挤出的时候，首先就把它的背部擦着胶黏的雌蕊柱头，随后又擦着花粉块的黏腺。这样，当第一个土蜂爬过新近张开的花的那条孔道时，花粉块就粘在它的背上负载而去。克卢格将此花浸入酒精中寄给我，其中有一土蜂，在刚要爬出来时给弄死的，背上尚负有一个花粉块。当带着花粉的土蜂，再度飞临此花或另一花朵，并由它的同伴挤入水瓢里而后经过孔道爬出来的时候，背上的花粉块必然首先与胶黏的柱头相接触，并粘在这上面，于是花便受精了。由此可见，此花的每一部分，都有充分的用途，如泌水的双角，盛水半满的水瓢，用途为阻止土蜂飞走，强迫它们从孔道爬出，并使它们擦着生在适当位置上的黏性的花粉块和黏性的柱头。

还有一种亲缘相近的兰花，名叫须蕊柱属，这花的结构虽然也为了同样的目的，也是同样奇妙的，可是和上面所说的却是十分不同。蜂类来访此花，像盔唇花一样，是为着咬吃唇瓣的。当它们这样做的时候，便不免与一尖长的、感觉敏锐的凸出部分相接触，这部分我把它叫做触角。触角被蜂触着以后，便发生颤动，传达到一皮膜，使它即时破裂，发出一种弹力，使有黏性的花粉块如箭一般地射出，方向正好使胶黏的一端粘着于蜂的背上。这种兰花是雌雄异株的，雄株花粉块就这样被带到雌株，在那里碰到柱头，这柱头的黏力足以裂断弹性丝而把花粉留下，于是便行授精了。

从上述的例子及许多其他例子看起来，将有这样的一个问题，就是：我们如何能够理解这些构造之逐步变成复杂，以及用各式各样的方法来达到同样的目的。这问题的解答，我们在上面已经讲过，无疑是原本既多少有些不同的两种类型，一旦发生变异，它们的变异性不会相同，因此，经过自然选择的作用，为了同样的一般目的，所得到的结果也不会相同。我们还得注意，各个高度发达的有机体必曾经过许多变化；每一变化了的构造又都有遗传的倾向，所以各种改变不致轻易地丧失，反会一次又一次地进一步变化。因此，每一物种的各部分构造，不论它的作用如何，都是许多遗传下来的变化的总和，是这个物种从生活习性与生活条件的改变中连续适应所得来的。

最后，虽然在许多情形中，甚至要推测器官曾经过了哪些过渡阶段，才达到目前的状态，也是极其困难的。但是，以目前生存的和已知的类型，比起已灭亡的或未知的类型，数目是这样地渺小，使我感觉骇异的，倒是我们难得举出一个器官不是经过渡阶段而形成的。好像为了特殊目的而创造出来的新器官，很少或者从未出现过，这的确是真实的，正如自然史上那句古老但有些夸张的格言所说："自然界没有飞跃。"这格言在一般有经验的自然学者的著作中是公认的，或者正如爱德华曾经很好地说过的，自然界虽富于变化，却吝于革新。如果依据特创论的见解，那么为什么变异如此之多，而真正新奇的却又如此之少？许多独立的生物，既属分别创造以适合于自然界的特殊位置，为什么它们的各部分与器官，却这样普遍地以渐进的阶段，彼此连接在一起呢？为什么自然界不能从一种构造突然跃进为另一种构造？依照自然选择的理论，我们便可明了自然界为什么不应当是这样的，因为自然选择只利用微细而连续的变异，它从不取大步而突然的飞跃；它的进度虽然很慢，但步伐是小而稳的。

看来不很重要的器官受自然选择的影响

自然选择的作用是通过生死存亡，让最适者生存，比较不适者淘汰灭亡。这使我对于那些不很重要的器官的起源，有时感觉到很大困难。正如对那些很完善复杂器官的起源问题，同样难以理解一样，虽然这是一种很不同的困难。

第一，我们对于任一生物全部体制所知太少，所以不能说明什么样的微小变异是重要的还是不重要的，在上面的一章中，我曾举出不很重要的性状，如果实上的茸毛，果肉的色泽，以及兽类皮毛的颜色等等，它们由于与体质的差异有关，或与昆虫是否来侵害相关，必定能受自然选择的作用。至于长颈鹿的尾巴，颇像人造的蝇拂，初看起来似乎很难使人相信，这样的器官，是经过连续的、微细的变异，一阶段比一阶段好，以适应于像赶掉苍蝇那样的琐事。即使这种情形，我们也要在遽然肯定之前加以慎思，因为我们知道在南美洲，家畜与其他动物的分布与生存，完全决定于它们防御昆虫侵害的力量。那些无论用什么方法，只要能防御这些小敌害侵袭的个体，就能扩展到新的草地，因而获得莫大的利益。较大的四足兽，除了少数例外，固然实际上不至为蝇类所消灭，可是受扰过甚，精力减低，结果比较容易得病；或者在枯旱的时候，不能那样有力量地找寻食物，或逃避猛兽的攻击。

在某些情形下，目前认为不很重要的器官，也许对于早期的祖先是至关重要的，这些器官在以前的一个时期曾经慢慢地完成，遗传到现存物种身上，即使如今很少有用，也仍保持原状，可是一旦构造上有任何实际上有害的偏差，当然就要受到自然选择的抑制。尾巴对于多数水生动物，实在是一种极重要的运动器官，它在许多陆栖动物（从肺或改变过的鳔，也正表示它们是从水生动物来的）里面，仍旧遗留着，但已改变为各种不同用途了。在水栖动物所形成的一条很发达的尾巴，以后可以转变为各种用途，如拂蝇器、攫握器，或者如狗类那样地帮助转身，虽然尾巴在帮助转身上用处很小，因为野兔几乎没有尾巴，而动转起来却加倍地迅速。

第二，我们容易误认某些性状的重要性，而且很容易误信它们是通过自然选择作用而发展的。我们千万不可忽视：①变化了的生活条件的一定作用的效果；②似乎与环境的性质少有关系的所谓自发变异的效果；③久已失去了的性状之复现倾向所产生的效果；④各种复杂的生长规律，如相关作用、补偿作用、交互压迫作用等所产生的效果；⑤性的选择所产生的效果，通过这一选择，某一性别常常获得一些有利性状，并能把它们多少不变地传递给另一性别，即使对它没有用处。可是这样间接获得的构造，最初对于物种也许并无利益可言，但可能为该物种改变后的后代在新的生活条件下或新获得的习性里所利用。

假如世上只有绿色的啄木鸟生存着，而我们并不知道有许多黑色和杂色的啄木鸟，那我敢说我们将以为这绿色是一种最美妙的适应，使这频繁出没于树林间的鸟类，得以隐匿于绿荫中而逃避了敌害。因此，就会认为这是一种重要性状，而且是通过自然选择作用而获得的。其实这颜色的出现，主要是由于性择的作用。马来半岛有一种蔓生棕榈，由于枝端丛生着一种结构精巧的刺钩，能攀登耸立的极高树木。这种刺钩对于该植物无疑地有极大用途。可是我们知道有许多并非蔓生的树木，也有几乎同样的刺钩，并且从非洲及南美洲的具刺种类的分布情况看来，有理由相信这些刺钩的作用是为防止食草兽类的啮噬。因此，棕榈的刺钩，也许最初是为了这种目的而发达的，其后当那植物进一步发生了变异并且变为攀缘植物的时候，刺就被改良和利用了。兀鹰头上的秃皮，大都认为是在腐尸内钻食的一种直接适应。这也许是对的，但也可能是腐朽物质的直接作用所致。不过我们对于这样的推论，必须十分谨慎，试看食料很洁净的雄火鸡的头上，却也是一样地秃顶。幼小哺乳动物的头骨具有裂缝，有人解释这是一种便利生产的奥妙适应，这无疑能使生产容易，也许是为生产所必需的。可是幼小的鸟类与爬行类不过是从破裂的蛋壳里爬出来的，而它们的头骨也有裂缝，所以我们可以推想，这种构造的发生，只能用生长律来解释，其后到高等动物，才把它利用在生产上罢了。

对于各种微小变异或个体差异的起因，我们实在知道得太不够；我们只要想一下各地家养动物品种间的差异——尤其是在那些文化比较不发达的地方，那里还未实行有计划的选种——就会立刻了解这一点。各地未开化人所养的家畜，往往还得为它们自己的生存而斗争，并且在某种程度上是受自然选择的作用的，那些体质微有改变的个体，就最会在不同的气候下得到成功。以牛而论，感受蝇类侵害与颜色相关，犹如对于某些植物的毒性的感受性一样，所以甚至颜色也得这样受到自然选择作用的控制。有的观察家深信潮湿气候影响着毛的生长，而毛与角又有相互的关系。山地的品种与低地的不同，栖居山地的因多用后肢，可能使后肢受了影响，甚至还会影响到骨盆的形状。根据同源变异的原则，又可能影响到前肢和头部。又骨盆的形状有了变动，由于子宫所受的压力，还可能影响到胎体上某些部分的形状。我们有可靠理由可以相信，由于高地所必需的费力呼吸，有使胸腔部分扩张的倾向；而胸部的扩张，又会引起其他的相关变异。食料充足与运动减少，对于整个体制的影响，可能尤为重大。纳修斯最近在他的卓越著作中指出，这显然是猪的品种发生巨大变异的一个主要原因。可是我们对于变异的各种已知的或未知的原因的相对重要性究竟怎样，实在因为知识太贫乏，很难加以思索。我这样说，只不过打算表明，尽管一般认为我们的若干家畜品种都是由同一个或少数亲种经过寻常的世代而发生的，但是如果我们对它们性状上的差别尚不能解释，那么，对于自然界真正的物种之间细微的类似差别，其真实起因不能确切明了，应该不要看得太严重了。

功利主义有多少真实性：美是怎样获得的

上面的一段讨论，使我对有些自然学者最近就功利主义所持的异议，不得不再说几句话。他们不承认一切构造的产生，都是为了生物本身的利益；他们相信有许多构造的发生，是为了美观，以取悦于人类或造物主（关于造物主，因其不属科学讨论范围，毋庸争辩），或者仅是为了变换花样（此点已于上面讨论过）。这种理论如果正确，我的学说便将绝对不能立足。我完全承认，有许多构造，现在对于生物本身已没有直接用途，并且对生物的祖先本身也许不曾有过任何用处，可是这并不能证明它们的发生纯是为了美观或变换花样的。毫无疑问，改变了的条件的一定作用，以及前已列举过的变异的许多原因，都可以产生效果，也许是极大效果，而与由这样获得的利益并不相关。但尤其重要的，却是生物体制的主要部分都由遗传而来，因此每一生物虽各能适合于它们在自然界的地位，但是有许多构造，已与当前的生活习性，没有十分密切的或直接的关系了。正如高原鹅或军舰鸟所具的蹼足，我们几乎不能相信对这些鸟本身有什么特殊用途；又如猴的手臂，马的前肢，蝙蝠的翅膀，海豹的鳍足，都具有类似的骨头，我们也不相信对于这些动物都有特别作用。我们可以很确定地认为这些构造是由遗传而来。然而蹼足对于高原鹅和军舰鸟的祖先，无疑是有用的，正如蹼足对于大多数现存的水禽是有用的一样。这样，我们也可以相信海豹的祖先并不生有鳍足，而是具有五趾、适于行走或抓握的脚。由此引申出去，我们更可相信猴、马、蝙蝠的肢骨，最初当是依功利原则，从哺乳纲的某一种鱼型始祖的鳍内的多数骨头，经过减缩而发展成的。至于外界条件的一定的作用，所谓自发的变异以及生长的复杂法则，作为引起变化的原因，究竟各有多少分量，几乎是不可能决定的。但是除了这些重要的例外，我们却可以断言，每一生物的构造，现在或从前，对于它的所有者，总有直接或间接的用途。

至于说生物为供人类的欣赏，才被创造得美观，这个信念曾被认为可以颠覆我的全部学说。我首先指出，美的感觉全凭心理的性质，与欣赏对象的实在品质不相关涉。并且美的观念也不是天生的或固定不变的。例如人类对于女性的审美标准，在各种族间就完全不同。美的物体，如果全然为了取悦于人类才被创造起来，那么在未有人类以前，地球上的生物，应该没有人类出现以后的那么美好。这样说来，那始新世所产的美丽的涡卷形和圆锥形贝壳，中生代所产的精致刻纹的菊石，难道是预先创造以供人在许多年代以后可以在室内鉴赏的吗？硅藻科的微小的硅质的壳，恐怕没有比它更美丽的了，难道它也是早先创造了以待人类在高倍显微镜下观察和欣赏的吗？其实硅藻及许多其他物体的美观，显然完全是由于对称生长的缘故。花是自然界最美丽的产物，因为有绿叶的衬托，更显得鲜明美艳而易于招引昆虫。我做出这种结论，是由于看到一个不变的规律，就是凡风媒花从来没有鲜艳的花冠。有几种植物经常生有两种花：一种是开放而具有色彩的，以招引昆虫；另一种却是闭合而没有色彩，也不分泌花蜜，从不被昆虫所访问。所以我们可以断言，如果在地球上不曾有昆虫的发展，植物便不会生有美丽的花朵，而只开不美丽的花，如我们在枞、橡、胡桃、榛、茅草、菠菜、酸模、荨麻等所看到的那样，它们全赖风媒而授精。同样的论点也可以应用在果实方面。成熟的草莓或樱桃，既可悦目又极适口。卫矛的颜色华丽的果实和冬青树的赤红色浆果，都很艳丽，这是任何人都承认的。但是这种美，只供招引鸟兽的吞食，以便种子借粪便排出而得散布。凡种子外面有果实包裹的（即生在肉质的柔软的瓢囊里），而且果实又是色彩鲜艳或黑白分明的，总是这样散布的。这是我所推论出的一个规则，还未曾见过例外的事实。

从另一方面讲，我要承认有大量的雄性动物，是为了美观的缘故而长得美的，如一切色彩鲜艳的鸟类，若干鱼类，爬行类及哺乳类，以及各种华丽色彩的蝴蝶等；但这是通过性的选择所获得的结果，就是说，由于比较美的雄体，曾继续被雌体所选取，而不是为了取悦于人类。鸟类的鸣声也是如此。我们可以从这一切的情况来推想，在动物界一大部分的动物，对于美丽的色彩和音乐的声响，都有几乎同样的嗜好。在鸟类及蝴蝶类中，也有不少种类，雌性和雄性长得一样美丽，这是明显地由于性择中所获得的色彩，不单传于雄性而是传于雌雄两性的缘故。最简单的美感，就是说对于某种色彩、声音或形状所得的快感，最初怎样在人类及低等动物的心理中发展的呢？这实在是一个很难解的问题。假如我们问为什么某些香和味引起快感而对别的却感觉不快，这是同样难以解答的问题。在这一切情形之中，习惯在某种程度上似乎多少有关系，但在每个物种的神经系构造里面，必定还有某种基本的原因存在。

在整个自然界中，虽然一个物种经常利用到其他物种的构造，并且得到利益，可是自然选择的作用，不可能全为了另一物种的利益，而使一种生物发生任何变异。但是自然选择却能够而且的确常产生出直接有害于其他物体的构造，有如蝮蛇的毒牙及姬蜂的产卵管（用此管钻入其他昆虫的体内，而行产卵）。假如能证明任何一个种的构造的任何部分全然为了另一个种的利益而形成的，那我的学说便将不能成立，因为这些构造是不能通过自然选择而产生的。在自然史的著作中，虽然有很多的叙述是照这种说法，但是依我看来没有一个是有意义的。响尾蛇的毒牙，一般公认是自卫及杀害捕获物的工具，但有些作者却以为它的响器会使它所捕掠的动物惊走，而对于它本身是不利的。我差不多也可相信，猫捕鼠准备跳跃时候尾端的卷曲，是为了使命运已被判定的老鼠警戒起来。但更为可信的看法是：响尾蛇用它的响器，眼镜蛇膨胀颈部，以及蝮蛇在发出很响而粗糙的嘶声时把身体胀大，都有警戒作用，使它们的敌害不敢逼近，因为我们知道有许多鸟类及兽类，即使对于最毒的蛇也要加以攻击的。蛇的动作与母鸡看见狗走近雏鸡时把羽毛竖起，两翼张开的原理是一样的。动物吓走它的敌害有很多方法，这里限于篇幅，不能详述。

自然选择绝不使一种生物产生对于自己害多于利的任何构造，因为自然选择完全根据各种生物的利益，并且为了它们的利益而起作用。正如培利所说，器官的构成，绝不是使生物本身感受痛苦或蒙受损害。如果公正地权衡一下任何部分所引起的利或害，那么可以看到，就整体说来，每个器官都是有利的。随着时间的流逝，生活条件的变迁，而使任何部分变为有害，那么这部分必将改变，否则该生物就要归于绝灭，正如无数的生物已然绝灭了一样。

自然选择的作用只是倾向于使每一生物达到与它栖息于同一地方的而与它竞争的别种生物同样完善或比较稍为完善的地步。我们可以看到这就是自然界中所得到的完善化的标准。例如以新西兰的本土产物彼此相比较，都是完善的。但是在一群动植物从欧洲引进以后，它们现在便迅速地被压倒了。自然选择不会产生绝对完善的类型，而且我们在自然界，依我们所能判断的，也看不到这样高的标准。就是像人眼那么完善的器官，据穆勒说，对于光的色差的校正，还不能算是完善。赫仑荷兹的判断，没有人会与之争辩的，但是他在强调描述了人眼所具的奇异能力之后，却又说了这些应该注意的话："我们所发现在这种视觉机构里及网膜上的影像里的不完全与不正确的情形，还不能和我们刚才遇到的关于感觉领域内的各种不调和相比较。可以说自然界为了要否定内外界之间预存有协调的理论的基础，于是积聚了矛盾的现象。"对于自然界的无数无与伦比的机巧，理性要我们热情赞美，而同样的理性也告诉我们（尽管我们在两方面都容易犯错误），某些其他装置是比较不完善的。例如蜜蜂的尾刺，由于上面具有倒生的锯齿，在刺入敌体以后，不能抽回，因此它的内脏也被连带拖出，而自身不免死亡。像这样的结构，我们可以认为它是完善的吗？

我们认为蜜蜂的尾刺，在遥远的祖先那里原是一种锯齿形的钻穿器具，和现在同一目中很多蜂类所具的相似。其后经过改变，但是作为目前的用途，还没有达到完善的地步。它的毒汁原先另有作用，如产生虫瘿等，以后才变得强烈。照这样看法，我们或许就会理解，为什么蜜蜂一用尾刺就常会使本身死亡。因为从大体来看，蜜蜂的螫刺能力对于群体生活是有利的，即使因此引起少数个体的死亡，却可以满足自然选择的一切需要。假使我们赞赏昆虫的嗅觉特别发达，因雄虫可依此觅得雌虫；可是对于蜂类的社会中产生了成千的雄蜂，只为了完成生殖这唯一任务，而别无用处，终至于为那些勤劳而不育的姊妹工蜂所屠杀，我们也要赞赏吗？也许是难以赞赏的，但我们却应当赞赏后蜂的一种野蛮的恨的本能，这个恨使它仇杀初生的后蜂——它的亲女——或者自己在斗争中死亡了，因为这无疑地对于全群是有好处的。不论母爱或母恨，虽然母恨的情形极不常见，对于自然选择的坚定原则都是一样的。如果我们赞赏兰科以及其他许多植物的几种巧妙装置，通过昆虫的媒介而授精；那么枞树产生出来像密云似的大量花粉，任风飞扬，其中只有极少数几粒得有机会落在胚珠上面，对此我们可以认为是同样完善的吗？

小结：包括在自然选择学说内的体型一致律和生存条件律

我们在本章中，已经把可以用来反对这一学说的一些难点和异议讨论过了。其中有不少是严重的，可是我相信在讨论中已有许多事实得到了解释，要是依特创论的见解，却终是暗昧不明。我们已经看到，物种在任何时期之内，并不是变异得没有限制的，也不是由无数的中间阶段联系起来的。一部分原因是自然选择的进行非常缓慢，而且在同一时期内，只对少数类型发生作用；一部分是因为在自然选择这一过程中，就意味着那些先驱的和中间的类型不断地被排斥和绝灭。目前生存在连续地域内的近缘物种，往往是这个地域还没有连续起来以及生活条件彼此各殊的时候，就已经形成了。当两个变种在连续地域内的两处形成的时候，它俩之间常有一个适于中间地带的中间变种。但是根据已讲过的理由，这中间变种的个体数目比较它所连接的两个变种为少。因此那两个变种在进一步变异的过程中，由于个体数目繁多，便比个体数目较少的中间变种占有强大的优势，一般终于不免把中间变种排斥掉和消灭掉。

我们在本章内已经看到，在断言极不相同的生活习性不可能逐渐彼此转化的时候，譬如说蝙蝠不可能通过自然选择从一种最初仅在空中滑翔的动物而形成的时候，我们必须怎样地谨慎。

我们已经看到一个物种在新的生活条件下，可以改变它的习性，或者它可以有各式各样的习性，其中有些与它的最近同类的习性很不相同。因此，只要记住各生物都企图生活在可以生活的地方，我们就能理解怎样会发生脚上有蹼的高原鹅，栖居地上的啄木鸟，会潜水的鸫，还有具有海雀习性的海燕。

像眼睛那样完善的器官，如果说是由自然选择作用所造成，已足使任何人踌躇。可是不论何种器官，只要我们知道有一系列逐渐复杂的过渡阶段，而每一阶段，对于生物本身又都是确实有利的，那么，在改变着的生活条件下，这器官可以通过自然选择的作用，而达到任何可想象的完善程度，在逻辑上并不是不可能的。在我们还不知道有中间状态或过渡状态的情形下，要断言这些阶段并不存在，必须极其慎重。因为从许多器官的变态推论起来，可以知道功用上异常的改变，至少是可能的事。例如鱼类的鳔，显然地已改变为营空气呼吸的肺。一种器官同时具有多种不同的机能，然后其一部分或全部变为专营一种机能。又如两种不同的器官同时具有同样的机能，其中的一种器官得到另一种器官的帮助，而逐渐演变为完善，这样都会大大地促进过渡的产生。

我们又已谈到：在自然系统中彼此相距很远的两种生物，可以各自独立地获得作用相同而外表类似的器官。可是若仔细观察这些器官，几乎经常可以发现它们的构造有根本不同之点，这是很合于自然选择的原理的。在另一方面，自然界的普遍规律却以无限制的多样性的构造而达到同样的目的，这又是很合于自然选择的原理的。

在许多场合，由于我们的知识有限，认为一个部分或器官因对本种的利益无关紧要，以致构造上的改变不能通过自然选择而徐徐积累起来。还有其他许多情形，构造的变异可能是经变异法则或生长法则所发生的直接结果，而与由此获得的任何利益无关。但是就是这些构造，后来在新的生活条件之下，为了物种的利益，也常常被利用，并且还要进一步地变异下去，我们觉得这是可以确信的。我们还可以相信，从前极重要的部分，虽然已变得无足轻重，以致在它的目前状态下，已不能由自然选择作用而获得，但往往还会保留着的，例如水栖动物的尾部仍然保留在它的陆栖的后代身上。

自然选择的作用，不能在一个物种身上产生出完全有利或有害于另一物种的任何东西，虽然它能够有效地产生出对于另一物种极其有用的，甚至是不可或缺的，或者对另一物种极其有害的一些部分、器官和分泌物，但无论如何，对于它们所有者的本身，总是有用的。在物产稠密的各个地域中，自然选择通过栖居者的竞争而发生作用，结果，只能依照当地的标准，在生存斗争中，引导到成功。所以一个地方——通常是较小地域内的生物，常常屈服于另一个地方——通常是较大地域内的生物。因为在较大的地域内，个体较多，物型较杂，而且斗争比较剧烈，所以完善化的标准，也就比较高。自然选择不一定能导致绝对的完善化；而且，据我们的有限才能来判断，所谓绝对完善化，也不是随处可以断定的。

根据自然选择学说，我们便可充分理解那自然史上的古老格言“自然界没有飞跃”的意义。如果我们仅看到世界上的现存生物，这格言虽不尽符合，但如果把过去所有的生物，不论已知或未知的，一概包括在内，再按诸自然选择学说，这格言定是严格正确的。

一般公认，一切生物都是依照两大原则，即体型一致律和生存条件律而形成的。所谓体型一致，就是说，凡属于同纲的一切生物，不论生活习惯如何，它们的构造基本上是相符合的。依照我们的学说，体型的一致是由于祖先系谱的一致。所谓生存条件的说法，即有名的居维叶所坚决主张的，实完全包括于自然选择的原理之内。因为自然选择的作用，在于使每一生物的变异部分，适应于它的一切有机和无机的存在条件，或者在目前，或者在过去曾经如此。适应，在许多情况中，受到了器官的常用与不用的帮助，受到了外界生活条件的直接影响，而且一切都受生长律和变异律所支配。所以实际上，生存条件律是一个较高级的法则，因为通过以前的变异和适应的遗传，它把体型一致律也包括在内。

第七章

对于自然选择学说的各种异议

寿命——变异不一定同时发生——表面上没有直接功用的变异——进步的发展——功用较小的性状最稳定——所谓“自然选择无力解释有用构造发生的最初阶段”——阻碍通过自然选择获得有利构造的原因——构造的级进发展与功能演变——同纲成员的极殊异的器官可由同源产生——巨大而突然的变异之不可信的理由

本章将专论那些反对我的观点的人们所提出的各种零杂异议，这样，可以使上面的一些讨论更为明晰。可是把一切异议加以讨论是没有用处的，因为其中有许多是由没有用心去理解这个问题的作者们提出的。一位卓越的德国自然学者曾断言，我的学说的最大弱点，在于我认为一切生物都不完全。其实我说的是，一切生物在它们对于生活条件的关系方面，还没有那么完全：世界上许多地方的土著生物，常常让位给外来侵入的生物便是一种确实例证。纵使生物在过去某一时期完全适应于它们的生活条件，但若条件变迁，便不能维持原状，除非它们随着也起相应的变化。每一地域内的物理条件和土著生物的种类与数目，都是曾经多次变动，这是没有人会反对的。

近来有一种批评，炫耀其数学的正确性，认为长寿对于一切物种既是大有利益，那么凡是相信自然选择学说的人，便该在他所排的生物系统表上，显出后代的寿命都较祖先为长！我们的批评者难道不知道两年生的植物或低等动物可以分布于寒冷地域，而逢冬即死；但因由于通过自然选择所获得的利益，以它们的种子或卵子，却能年年复生吗？兰开斯托最近曾讨论这问题，依照其极端复杂情形所能允许的判断，他认为寿命大概和每个种在体制等级上的标准以及它在生殖中和一般活动中的消费都有关系——这些条件，可能大部分是通过自然选择所决定的。

有人以为，埃及的动植物，就我们所知道的，在最近三四千年内没有变化，那么在世界的任何部分可能也是如此。不过这种论调，正如刘惠斯所说，未免失之过甚。埃及古代的家畜——由雕刻所表现的或由香料所保存的尸体——虽和现代的很相像或简直相同，然而所有自然学者，却都认为这些品种是从原始的类型经过变异而产生出来的。有许多动物，自冰河时代初期以来，迄无改变，这是一个无可比拟的更特殊的例子，因为它们曾经遭遇到气候的剧烈改变，并且有过长距离的迁移。可是在埃及，依我们所知道的，数千年以来，生活条件保持着绝对一致。这个从冰期以来物种不起变化或很少变化的事实，对那些相信生物有内在的和必然的发展定律的人们，是有力的反对，可是这事实用以反对自然选择即最适者生存的原理，却是没有力量的，因为这原理虽然意味着有利的变异或个体差异，如有发生，将被保存，可是这也只有在有利的情况下才得实现。

著名的古生物学者布隆，在他所译本书的德文本后面曾提有这样一个问题："根据自然选择的原理，为什么变种和亲种能够并行生活？"我们知道，如果两者都能适应于稍微不同的生活习性或生活条件，则大概可以生活在一起。假使把那些多型种（它们的变异性似乎具有特别性质的）和那些暂时性的变异，如体积大小、白化症等等搁置在一边不谈，其他比较稳定的变种，据我所知，大都是栖息在不同的地点上，例如高地与低地，干地与湿地等。而那些能流动而自由杂交的动物，它们的变种似乎往往局限于不同的地域。

布隆又说，不同的种彼此间的区别，绝不限于单一性状，而是在许多部分。因此他就问，体制上的许多部分怎样由于变异和自然选择作用同时发生改变？但是我们不需要假定每一生物的各部分都于同时发生改变。我们曾经讲过，那些最显著的变异，巧妙地适应于某些目的，也可以经不断地变异，假使是很微小的，最初先在一部分，然后在另一部分而被获得。由于这些演变都是一起传递下去，所以好像它们都是同时发生的。虽然如此，这问题的最好解答，当推那些经人工选择并依某项特殊目的而改变的家畜品种。试看赛跑马和拖车马，长嘴猎狗和獒，不但全部体格，包括心理素质也起了改变。但是如果我们探索它们在改变过程中所经历的每一阶段——最近的若干阶段是可以查出来的——那么我们可以看到最初在一部分而后在另一部分的细微的变异和改进，绝看不到巨大的和同时发生的变化。纵使人类只对某一性状进行选种时——栽培植物在这方面提供最好的例子——不论这一部分是花、果还是叶，如已发生了巨大变化，则几乎所有的其他部分也必连带地发生微小变异。这可以一部分用“相关生长”，一部分用所谓“自发变异”的原理来解释。

布隆提出的、最近又为布罗卡所附和的强烈异议就是：有许多性状对于生物本身似乎全无用途，因而不能受自然选择的影响。布隆列举各种野兔和鼠的耳与尾的长度，许多动物牙齿上复杂的珐琅质皱褶，以及许多其他类似情形作为例证。关于植物，奈格里曾在一篇精辟的文章里加以讨论。他承认自然选择的力量很大，但他坚持，植物各科间主要是以形态上的性状为区别，而这些性状却似乎与物种的福利不关重要。因此，他相信生物有一种内在的倾向，使它朝着进步和更完善的方向发展。他特别指出组织内细胞的排列，茎轴上叶的排列，自然选择对它们不能有所作用的例子。除此以外，还有花的各部分的数目，胚珠的位置，种子的形状（在散布上没有任何作用的）等等。

上面的异议很有力量。虽然如此，我们首先得十分谨慎，来断定那些构造对于各个物种是目前有用，或者从前曾经有用。第二，我们必须时常记住，当一个部分发生了改变，其他部分亦会如此。由于某些不大清楚的原因，有如一个部分所受养料的增加或减少，或是各部分间的相互压力，或是发生较早的部分影响到以后发生的部分等等。此外还有我们毫不理解的引起许多相关作用的神秘情况的其他原因。凡此一切原因，为求简便起见，都可以包括于生长律之内。第三，我们必须考虑生活条件的改变所起的直接的和确定的作用和所谓自发变异，其中环境性质显然起着很次要的作用。芽体的变异，像普通玫瑰产生了苔玫瑰，普通桃树产出了油桃等，都是自发变异的极好例子。但是即使在这些情形之下，如果我们记住虫类一小滴毒液在产生复杂的虫瘿上的力量，我们便不应该太肯定，上面所说的变异，不是由于环境改变，而使树液的性质发生局部变化所致。每一微小的个体差异，以及偶然发生的较显著的变异，都有其充分原因；如果这不明了的原因不断发生作用，那么这个物种的一切个体都会同样地起变化。

现在看来，我在本书的最初几版中，对于因自发变异性而起变异的频度和重要性，似乎可能估计得太低。可是我们也不可能把对于每个物种生活习性适应得这样微妙的一切构造，都归于这个原因。我不能相信这一点。对适应得很妙的赛跑马和长嘴猎狗，在人工选种的原理未曾了解之前，曾使前辈自然学者感到惊叹，我也不相信可以用这个原因来解释。

上述的一些论点，还值得举出例证来说明。关于所假定的许多部分或器官缺乏作用一点，必须指出，即在最熟悉的高等动物，也有许多很发达的构造，它们的重要性虽无可疑，但是它们的作用却到现今还不明了，或者在最近才得以确定。布隆举出在好多种鼠类，它们的耳朵和尾巴的长度，作为构造没有特殊用途而呈现差异的例子，虽然这些并不是很重要的例子，但我可以指出，据瑞布博士的研究，普通鼠类的外耳上具有很多以特殊方式分布着的神经，无疑是用作触觉器官的。因此，耳的长度就不会是不很重要的。至于尾巴，下面即将谈及，它在若干鼠类中，是一种很有用的攫握器官，所以它的用处，就要大为它的长度所影响。

关于植物，因为已有奈格里的论文，我将仅作以下说明。兰科植物所呈现的许多奇异构造，数年以前大都被认为仅有形态上的区别，而没有特殊的作用。可是现在我们知道，这些构造通过昆虫的帮助，对于授精有非常重要的关系，并且大概是通过自然选择作用而获得的。两型性植物和三型性植物的雌雄蕊，长短不同，排列方法各异，一直到最近没有人会想象这有什么用处，但现在却已明白了。

在某些植物的全群中，胚珠是直立的，在别群中是倒挂的；也有少数植物，在同一子房内一胚珠直立而另一胚珠倒挂。这种位置，粗看似乎仅是形态上的差别，而没有生理上的意义。但霍克博士告许我，在同一子房内的胚珠，有时仅有上位的受精，有时仅有下位的受精。他认为这大概和花粉管进入子房的方向有关。这样说来，胚珠的位置，即使在同一子房内，具有直立和倒挂的不同状态，大概是有利于受精和产生种子的位置上的任何轻微偏差经选择的结果。

属于不同目的若干植物，经常产生两种花：一种是开放的，具普通构造；另一种是关闭的，呈不完全构造。这两种花有时差别很大，可是即在同株植物上面，也可以看出它们是相互渐变而来的。那开放的普通花，可以营异花授粉，这样就获得了确由异花授精所得的利益。可是那关闭的、不完全的花，却也很重要，因为它只需费极少量的花粉，便可以很安全地产出大量的种子。如上面所述，这两种花的构造，往往相差很大。不完全花的花瓣几乎总是发育不全的，花粉粒的直径也缩小了。在一种柱芒柄花，五本互生雄蕊均已退化；在几种紫堇菜，三本雄蕊也如此，其他的二本雄蕊，虽仍保持着原有的作用，但已大大地变小。在一种印度堇菜花里（因为我从未得到完全的花，故其学名无从查考），30 朵不开放的花中有 6 朵的花萼都已从正常数目的五片减至三片。据朱西厄的观察，金虎尾科内的一群植物，其不开放花有更进一步的变化，即和萼片对生的五本雄蕊都已退化，只有和一花瓣对生的第六本雄蕊单独发展；这第六本雄蕊是这类植物的普通花上所没有的；雄蕊的花柱也不发达；子房由三个退化为两个。虽然自然选择可以很有力量阻止某些花朵开放，并且减少它的花粉产量（由于花不开放不再需要大量花粉），但是上面所讲的种种特殊变异，很难说是这样决定的，而应该认为是生长律支配的结果；在花粉逐渐减少及花闭合起来的过程中，某些部分在机能上的不活动，亦归于生长律作用范围之内。

我们这样地重视生长律的重要效果，因此我将再举另外一些例子，以示同一部分或器官，由于在同一植株上所处的相对地位不同，而呈现差异。据沙赫特的观察，西班牙栗树及几种冷杉的叶子，在横枝及直枝上着生的角度各不相同。在普通芸香及若干其他植物中，中央的或顶端的花常常先开，这花具有五个萼片及五个花瓣，子房也分为五室，可是所有其他的花，却概以四数组成。英国五福花顶上的花通常仅有两萼片，而它的其他部分则是四数的；周围的花一般具有三片的萼，而其他部分则是五数的。在许多菊科及伞形科植物，以及在若干其他植物，周围花的花冠，远较中央花的花冠为发达，而这大概和它们生殖器官的退化有连带关系。还有一件更奇异的事实，以前曾经讲到的，即周围和中央花所产瘦果或种子的形状、色彩及其他性状，都大不相同。在红花属及若干其他菊科植物，仅有中央的瘦果具有冠毛；在猪菊苣属，同一头状花序上生有三种不同形状的瘦果。据道许说，在伞形花科的某些植物，周围花所生的种子是直生的，而中央花所生的种子是倒生的；这性状在其他植物中，皆被德康多认为是具有分类上的高度重要性。布劳恩教授说及紫堇科的一个属，其穗状花序下部的花，结一种卵圆形有棱的小坚果，仅含有一粒种子；上部的花，却结一种披针形双瓣的角果，含有两粒种子。这些例子依我们的判断，除了很发达的舌状花（因为显著，可以引诱昆虫）之外，自然选择不能起什么作用，或者只能起十分不主要的作用。凡是这类的变异，都是由于各部分的相对位置及其相互作用的结果。同一植株上的一切花和叶，假如都曾蒙受相同的内外条件的影响，有如在某些部位上的花和叶，那它们必将发生同样的变异，这是没有什么疑问的。

在其他无数的情形中，我们看到被植物学者们认为一般具有高度重要性的构造变异，只发生在同一植株的某些花或者发生在同一环境中密集生长的不同植株。由于这些变异对于植物本身似乎没有特殊的用途，所以也不能受自然选择作用的影响。这些变异的原因实在是不明了，我们甚至不能把它们像上面所讲的例子那样，归因于类似相对位置等的任何原因。现在我们只要举几个例子：在同一株植物上，花的部分，有四数的或五数的，这情形极其普通，我无须举例子；但在部分数目较少的情况下，数目上的变异也较为少见，所以我拟举出下面的情况。据德康多说，大红罂粟的花，具有两萼片四花瓣（这是罂粟属的普通样式），或三萼片六花瓣。在许多类植物中，花瓣在花蕾内的折叠方式，是一种很稳定的形态上的性状；但葛雷教授却说，沟酸浆属内有若干种，其花瓣的折叠呈现喙花族的方式，和它们本群金鱼草族的方式同样地常见。圣提雷尔曾举出以下的例子：芸香科内有一个类群，通常具单子房，但在此类群内的花椒属内却有若干种，在同一植株上或甚至同一圆锥花序上所生的花，却生有一个或两个子房。半日花属的蒴果，有具单室的，也有具三室的。其中有一种名变形半日花，则据称“在果皮与胎座之间，有一个稍微宽广的薄隔”。据马斯达博士观察，肥皂草的花有具边缘胎座及游离的中央胎座的情况。圣提雷尔又曾在油连木的分布区域的近南端处，看到两种类型，起初他毫不怀疑是两个不同的种，但后来看到它们在同株灌木上发生，于是他就补充说：“在同一体中所具的子房和花柱，有时生在直立的茎轴上，有时却又附着于雌蕊的基部。”

由上所述，可见植物界的许多形态上变化，都可归因于生长律及各部分的相互作用，而与自然选择无关。但据奈格里的学说，生物有趋于完善或进步发展的内在倾向，则在此等显著的变异例子中是否可以说这些植物是在朝着较高的发展状态而前进？恰恰相反，我仅根据上述的各部分在同一植株上差异或变异很大的事实，就可以推论，这些变异不管一般在植物分类学上如何重要，但对于植物的本身却是无足轻重的。一个无用部分的获得，不可以说是提高了生物在自然等级中的地位；如上所述，关于不完全的关闭的花，不论用何种新学理来解释，与其说是一种进化，毋宁说是退化；许多寄生的和衰微的动物，亦是如此。我们对上述特殊变异的原因，虽不明了，但是这种未知原因，如果几乎一致地长期发生作用，我们就可以推想所得的结果，几乎也会是一致的。在这种情形之下，该物种的一切个体，自然以同样的方式发生变异。

上面所讲的各种性状，对于物种本身的福利既是不甚重要，其所起任何微小的变异，将不会通过自然选择而被累积和增大。一种通过长期不断的选择而发展的构造，一旦它的效用消失，正如我们在残遗的器官上所看到的那样，通常便会发生变异，因为它已不再受同样的选择力量所支配了。可是由于生物本身的或环境的性质，对于物种福利不甚重要的变异如果发生了，它们可以而且显然常常如此，几乎以同样的状态传递于无数在其他方面已有了变异的后代。对于大多数哺乳类、鸟类或爬行类，它们披的是毛、羽或是鳞，并无重大关系。可是毛已经传给几乎一切哺乳类，羽已传给一切鸟类，鳞已传给一切真正的爬行类。一种构造，不论它是什么构造，只要是许多近似类型所共有的，我们就把它看作是在分类上具有高度的重要性，因而也就常常会把它假定是对于物种有重大的生死关系。所以我便倾向于相信我们所认为重要的形态上差别，如叶的排列，花或子房的区分，胚珠的位置等等，最初大都是以不稳定的变异而出现的，以后或早或迟随生物本身的性质，或环境的情形，或由于不同个体间的杂交，而成为稳定的性状，并非由自然选择作用而来。因为这些形态上的性状，既不影响种的福利，所以它们的任何细微偏差，自不受自然选择的支配或累积。这样，我们得到一种奇异的结果，便是那些对物种本身生存不很重要的性状，而对于分类学者却是最重要的。但是我们以后讨论到分类的遗传原理时便可知道，这绝不是像初看时那样地矛盾。

虽然我们没有充足的证据，以证明生物有一种前进发展的内在倾向，但如我在第四章内企图指出的，这是自然选择连续作用的必然结果。关于生物结构高低标准的定义，是各种部分特化或分化所达到的程度，而自然选择正向此目标进行，务使各部分能更有效地完成它的作用。

杰出的动物学者密伐脱先生，最近曾把我和别人对于华莱士先生和我自己所主张的自然选择学说曾经提出的所有异议搜集起来，并且以可称赞的巧妙和力量，加以说明。那些异议一经这样整理，就成了一种很可怕的阵容。可是在密伐脱的论文内，并未打算把那些和他的结论相反的事实与理论举出来，这使读者在要权衡双方证据的时候，必须在理解和记忆上用不少功夫。谈到特殊的情形时，密伐脱又把身体各部分增强使用与不使用的效果忽略了，而这点我常认为是十分重要，曾在《家养状况下的变异》一书中有详细的讨论，自信为任何其他著作者所不及。同时，他还臆断，我忽视了与自然选择无关的变异，其实我在上述一书中在这方面举出了很多确切的例子，超过其他任何我所知道的著作。我的判断也许未尽可靠，但是细读密伐脱的书以后，把每一节和我对于同一题目所说的加以比较，使我感到对于本书所得出一般结论的正确性，从来没有这样地深信不疑。当然，在这样复杂的问题上，局部的错误自是在所难免。

密伐脱先生所提出的一切异议，将在本书内讨论，或者已经讨论过。其中有一个新的论点，很能引起读者注意的，便是密伐脱所说的“自然选择无法解释有用构造发生的最初各阶段”。这个问题和往往伴随着机能变化的各性状的级进变化有密切关系，例如鳔之转变为肺，这一类的问题已在上章内分两节讨论过。尽管这样，今再就密伐脱所提出的问题，选出其中最能耸人视听者稍为详细地加以考虑，其余各点，因限于篇幅，不能一一讨论。

长颈鹿的身材很高，颈部、前足、头和舌都很长，它的整个骨架，完全适于吃树木上的较高枝叶。因此，它能获得同地域内其他有蹄类所不能得到的食物，这在饥馑的时候，对它本身是大有利益的。以南美的尼亚塔牛为例，可见构造上极微小的差异，也能在饥馑时期对于动物生命的保存造成大的差别。尼亚塔牛和其他牛类一样，能咬食杂草，但由于它的下颌突出，逢到不断发生的干旱季节，便不能像普通牛和马一样，可以咬食树枝和芦苇等等，所以在那些时节，要是主人不去饲喂，它就不免于死亡。

在未讨论密伐脱的异议之前，最好再说一下自然选择在一切普通情形中所发生的作用。人类曾经改良了某些家畜，并不必注意构造上的某些特点。例如对于赛跑马及长嘴猎狗，只要把最敏捷的个体加以保存繁殖；对于斗鸡，只要把斗胜的个体取来饲育。在自然的情形也是如此。在许多原始长颈鹿的个体中，能取食最高树枝的，较其他个体虽仅一两寸之差，在干旱的时候，也将为自然选择所保存，因为它们会漫游全区以寻求食物。在同一种的个体之间，身体各部分的相关长度，往往有细微差异，这在许多自然史著作中都有详细记载，并列举有详细的量度。这些由生长律及变异律所引起在比例上的微小差异，对于许多物种是没有丝毫用处和重要性的。但考虑到原始长颈鹿的生活习性，却又是一件事。因为身体的某一部分或几个部分较普通长一些的个体，一般就能生存下来。这些生存的个体，在杂交后产生的后代，或由遗传得到身体上的同样特点，或者具有同样变异的倾向。至于在这些方面比较不适宜的个体，便容易趋于灭绝。

在这里我们可以看到，在自然情况下，自然选择保存并由此选出一切优良的个体让它们自由配合，并把一切劣等的个体消灭掉，正不必像人类有计划育种那样地将一对一对配偶隔离饲育。这个自然选择的过程是和我所谓的人类无意识选择完全相符的，如果进行不断，并且无疑以极重要的方式与肢体增强使用的遗传效果结合在一起，我想不难使一种普通的有蹄类逐渐转变为长颈鹿。

密伐脱对于此种结论，提出两点异议。第一点，他认为体形的增大，将引起食料需求的增多，于是他考虑到："由此发生的不利，在饥荒的时候，是否会抵消所获的利益，便很成问题。"但是现在实际上在南非洲确有很多的长颈鹿存在着，还有世界上某些最大的羚羊，高过于牛的，在该处也很繁多。那么，就体形大小而论，对于那些像目前一样地遭遇到严酷饥荒的中间阶段曾经在那里存在，我们为什么要发生怀疑？原始的长颈鹿，在体形增大的各个阶段，就使它能确定地取到同地方其他有蹄类所不能取到的食物，这对它肯定是有利益的。此外，还有一事实不可忽视的，就是体形的增大，足以使它防御狮以外的几乎一切的猛兽。就是对于狮子，如赖脱所说，它的长颈也有瞭望台的功用，愈长愈妙。就是为了这个原因，所以培克爵士曾经说过，要潜步走近长颈鹿，实比走近任何其他兽类都更困难。长颈鹿又可用它的长颈，作为攻击或防御的工具，因为它能使生有断桩形角的头部剧烈地摇动。各个物种的保存，很少只靠任何一个优点，必赖有许多大大小小的优点综合而定。

密伐脱又问（这是他的第二点异议）：假如自然选择有这样大的力量，而取食高树有这样大的利益，为什么除了长颈鹿以及发展程度稍差一些的骆驼、羊驼及三趾长颈兽等以外，没有任何其他的有蹄类，能获得那样长的颈和高的身材呢？再者此类动物的任何成员，何以没有获得长吻的呢？以南非洲而论，因为从前曾经有多群的长颈鹿栖息过，这问题倒不难解答。还可以用下面的比喻来说明：在英国的每一片草地，凡是有树木生长的，便可看到树木的矮枝，因为牛和马的咬食往往被截断成一定的高度。比方说，如果养在那里的绵羊，获得了稍微长些的颈部，这对它们能够有什么利益呢？大概在每一地域，几乎肯定有一类动物，较其他动物能采食更高的树叶，并且几乎同样肯定，也只有这一类的动物，能够通过自然选择的作用和增强使用的效果，为了这个目的而获得了长颈。在南非洲，为着咬吃金合欢属及其他植物的上层枝叶所进行的竞争，必发生于长颈鹿本类之间，而不在于长颈鹿和其他有蹄类动物之间。

在世界其他各处，属于此目的许多种动物，为什么没有获得长颈或长吻的，这却不能明确解答。这种问题企求一个明确解答，就像要解答人类历史上某些事件为什么发生于某一国而不发生于他国这一类的问题，是同样不合理的。我们不知道决定物种数目和分布的条件是什么，我们甚至不能推测，什么样的构造变化，对于一物种在新地域内的增殖是有利的。然而我们大体上能够看出关于长颈或长吻的发展的各种原因。为取到相当高的树叶，一切有蹄类动物，既不善攀登，势必要增大它们的躯体。我们知道在某些地域，例如南美洲，虽然草木繁茂，却很少有硕大的四足兽。但是在南非洲巨兽之多，无可比拟。这原因何在，实非我们所能明了。又为什么在第三纪的后期比现代更有利于巨兽的生存，亦属难解。然而不论其原因何在，我们都可以看到，有些地域和有些时期，会比其他地域和其他时期，是特别有利于像长颈鹿那样的巨大四足兽发展的。

凡是一种动物，为了在某种构造上获得特别而巨大的发展，许多其他的部分几乎不可避免地要发生变异和相互适应。虽然身体的各部分都有些微变异，可是那些必要部分却不一定都依照适当的方向和适当的程度发生变异。以家畜而论，我们知道身体各部分的变异，方式和程度各不相同，而有些种比起别的种更易于变异，即使适宜的变异发生之后，自然选择也并不一定会对这些变异起作用，而产生对该物种显然有利的构造。例如在某一地域，如果一个物种的个体数目，主要是由于它的天敌（食肉兽、内外寄生虫等）侵害情况来决定的；似乎常常有这种情形，那么自然选择对于该物种在获取食物方面任何特殊构造的改变所起的作用，便显得异常微小或者要大受阻碍了。最后，自然选择是一种缓慢的过程，所以有利的条件必须长期持续不变，才能产生任何显著的效果。除了这些普通而不大确切的理由之外，我实在不能解释世界上许多地方的有蹄类，何以不能获得这样的长颈或其他手段，以取食树木上部的枝叶。

许多著作者都曾提出了和上面所讲的性质相同的异议。在每一种情形中，除了刚谈到的普通原因之外，大概还有种种原因，妨碍通过自然选择作用所获得对某一物种想象中有利的构造。有一位著作者曾问，鸵鸟为什么不能飞翔？但是只要稍为思考，便可以知道，这种庞大的沙漠鸟类，如要在空中飞翔，应当需要如何大量的食料供应。海洋岛屿上只产有蝙蝠和海豹，没有陆栖的哺乳类。并且因为有些蝙蝠是特殊种类，表明它们久已栖住在岛屿上。因此，莱伊尔爵士曾问：为什么这些海豹和蝙蝠不在这些岛屿上产生出适于陆地生活的动物？他还提出若干理由来解答。但是如要达到这样的地步，海豹得先转变为躯体巨大的陆栖食肉动物，蝙蝠得先变为陆栖的食虫动物。对于前者，岛屿上没有可供捕食的动物；而蝙蝠亦将赖地上昆虫为食料，但是它们大部分已被早先移住到大多数海洋岛屿上来的、而且数目繁多的爬行类和鸟类吃掉了。构造上的逐渐演变，只有在某些特殊情况之下，才可以使所经历的每一阶段，对于在变异中的物种都有利。一种完全陆栖的动物，最初仅在浅水内偶尔猎取食物，此后逐渐推及溪或湖，最后可能变为一种如此彻底的水栖动物，以至可以在大洋中栖居。但是海豹在海洋岛屿上，找不到有利于它们逐渐再变为陆栖类型的条件。至于蝙蝠，我们在前章已经讲过，它们翅膀的发展，大概是为了由此树从空中滑翔到彼树，正与飞鼯相似，以逃避敌害，或避免跌落。可是一旦真能飞翔以后，至少为了上述的目的，便不能再恢复到效力较低的空中滑翔能力去。蝙蝠固然也可像许多鸟类一样，由于不使用的缘故，使翅膀减小，或者完全失去；但是在这样情形之下，它们必得先在陆地上，仅靠它的后脚获得迅速驰走的能力，足以与鸟类或其他的地上动物相竞争。可是蝙蝠似乎特别不适于这种变化。这些推想，无非表示在构造的转变过程中，要使每一阶段都有利，实在是一桩极不简单的事情。同时在任何特殊情形中，没有发生过渡的情况，也是不足为奇的。

最后还有一个疑问，提出的不止一人，这便是智力的发展。既是对一切动物都有利，那么为什么有的种类，智力却不及别的种类那么发达？为什么猿不能获得人类那样的智力？关于这问题，有许多原因可说，不过都是推想的，并且不能衡量它们的相对可能性，所以用不着叙述。对于上述的问题，不能希望有确切的解答。因为还没有人解答比这更简单的问题——即在两族未开化人中，何以一族的文化水平较高于另一族？这显然意味着脑力的增加。

再谈谈密伐脱其他的反对意见。昆虫常常为了保护自己的缘故，和许多物体外貌相像，如绿叶、枯叶、枯枝、地衣、花朵、棘刺、鸟粪以及其他昆虫。关于最后一点，以后当再加详论。这种相像，往往惟妙惟肖，不仅限于色彩，并且及于形状甚至昆虫支持自己身体的姿态。尺蠖在它所生活的树上直立不动，有如枯枝，便是一个极好的例子。但模仿像鸟粪那样物体的昆虫却是罕见。密伐脱对这问题加以批评，说："据达尔文的学说，物种既有不断的倾向，以发生不定的变异，而且这些初起的微小变异是面向各方面的，那么，它们一定有彼此中和，和最初形成这样不稳定的变异的倾向，因此就使我们很难设想（如果不是不可能的话），这样不定的、开始是极渺小的变异，怎样会达到和叶子、竹子或其他物体有充分类似的地步，以使自然选择发生作用而得到稳定的永续。"

然而在上面所讲的情形中，这些昆虫的原来状态和它们屡屡探访的处所中的一种普通物体无疑是有一些约略的和偶然的类似性的。试想昆虫的体形和色彩那么繁杂，周围物体的数量那么众多，则此种说法也并非完全不可能。这种约略的相似性，对于最初的开端是必要的。因此我们可以了解为什么那些较大的和较高等的动物（据我所知，除了一种鱼类之外），没有能和一种特殊的物体相像，以作保护之用，只是与周围的表面相类似，而且主要是在颜色方面。假设一种昆虫，原来偶然有些和枯叶或枯枝相似，而这种昆虫在多方面起了轻微变异，这一切变异，有能使这昆虫更像这枯枝或枯叶的，因而有利于避开敌害，也就会被保存下来，至于其他变异就被忽略而终于消失。或者如果那些变异，使这昆虫更不像那个所模仿的，也便消灭了。这个彼此相像的问题，如果我们不用自然选择原理来说明，而仅用不稳定的变异来解释，那么，密伐脱所提出的异议确实是有力的，可是事实上并不如此。

华莱士曾举出一个竹节虫的例子，这竹节虫很像一支长有一种爬生藓的棍子，这种类似是如此真切，以至代亚克人竟误认这棍上的叶状突是真正的藓。密伐脱对这种"拟态完全化的最后妙技"，觉得很难理解。但是这个非难，我看也不见得有何力量。捕食昆虫的鸟类及其他动物，大概视力较我们更为敏锐，所以昆虫类似性的每一阶段，凡是有助于昆虫避免被发现的，必有被保存的倾向。因此这种类似性愈完全，对于昆虫必愈有利。试观察竹节虫这一类昆虫的种间差异的性质，便可知道，此虫身体表面上的突起之多有变异，而且或多或少地带有绿色，是不足为奇的，因为在每一类动物中，几个物种间的不同性状最容易变异，而属的性状，即一切物种所共有的性状则最为稳定。

格陵兰鲸是世界上最奇异的动物，它的鲸须或鲸骨是它最大特征之一。这鲸须在上颌的两侧，各有一行，每行大约有 300 须片，很紧密地对着嘴的长轴横排着，在主行须片之内，还有些副行。须片的内缘和顶端都形成为无数的须条，遮蔽着庞大口盖的全部，作为滤水之用，由此取得这种巨大动物赖以为生的微小食物。格陵兰鲸的中间最长须片达 10—12 英尺，也有长至15英尺的，但须片的长度在各种鲸类间颇有出入，可分为许多等级。据斯科斯俾说，有一种鲸的中间须片长4英尺，另一种长3英尺，还有一种长18英寸，而长吻鰛鲸则仅长9英寸，鲸骨的性质也随种类而异。

关于鲸须，密伐脱这样说："只有在它已达到了一定的大小和发展程度，变得可以发生效用时，自然选择才能在这有用的范围内促进它的保存和增大。可是在最初，它怎样能获得这样的有用的发展呢?"在回答中，我们可以反问：鲸须的早期祖先的口部，为什么不能像鸭嘴那样地具有栉状片呢？鸭和鲸相似，惯于将水和泥滓过滤然后得到食物，所以鸭类又有筛口禽类之称。可是我希望我不至于给人误会，以为我说鲸类祖先口部的构造，确曾和鸭嘴相似。我只是想表明这不是不可信的。像格陵兰鲸那样的巨大须片，可能在最初从这样的栉状片，经过了许多渐进的阶段发达而成。每一阶段对于这动物本身都有用途。

琵嘴鸭的嘴的构造，较鲸的嘴更为巧妙复杂。根据我所检验的标本，在它上颌的两侧各有188枚薄而有弹性的栉片一行，形成栉状构造。这些栉片对着嘴的长轴横生，斜列成尖角形。这些薄片都是由口盖生出，靠一种韧性膜附着于颌的两侧。位于中央附近的栉片最长，约达三分之一英寸，突出嘴喙下方约有0.14英寸长。在它们的基部，另有一些斜着横排的隆起构成一个短的副行。凡此数点，都和在鲸口内的鲸须相类似。可是在鸭嘴的尖端，情形却又不同，因为在这里的栉片，都向内倾斜，而不向下垂直。琵嘴鸭的整个头部，当然不能和鲸相比拟，但和须片仅9英寸长的那种中形长吻鰛鲸相比较，则约有自己头长的十八分之一。如果把琵嘴鸭的头放大到这种鰛鲸头部那么长，则照比率它的栉片可有6英寸长，等于这种鲸须长度的三分之二。琵嘴鸭的下颌也有栉片，长度和上颌的相等，但较细；这点和鲸下颌之不具鲸须截然不同。可是下颌栉片的顶端，成为细须状，却又和鲸须异常相似。在海燕科内，有一属名叫锯海燕的，也只在上颌具有很发达的栉片，直伸到颌边之下，这种鸟的嘴在这一点上是和鲸口相似的。

据萨尔文先生给我的资料和标本，我们可以就滤水的适应，从琵嘴鸭的嘴那样高度发达的构造，一直追索到普通家鸭，中间经过湍鸭，经过鸳鸯（从某些方面看），并没有什么很大的不连贯情形。家鸭嘴内的栉片较粗而短，紧靠颌的两侧，并不向嘴缘下面突出，每侧只有 50 片左右。它们的顶端成方形，边上有半透明的坚硬组织，似乎具有磨碎食物的功用。下颌的边缘有无数横行的细棱，仅稍微突出而已。这种滤水的构造，虽然远不及琵嘴鸭，却也常常这样使用，是我们大家所知道的。据萨尔文告诉我，还有许多别的种，它们嘴的栉片更不及家鸭那么发达，至于它们是否也用以滤水，却非我所知了。

再谈同科内另一类的动物。埃及鹅的嘴和普通家鸭的嘴很近似，不过它的栉片没有那么多，那么分明，也不很向内突出。据巴特雷特告诉我，这种鹅和家鸭一样，用它的嘴把水从口角排出。这种鹅以草为主要食料，吃法像普通家鹅那样。家鹅上颌的栉片比家鸭更粗，几乎彼此混生在一起，每侧约有 27 个，顶端成为齿形的结节。口盖上也满布有坚硬的圆形结节。下颌的边缘有齿成锯形，较家鸭的更明显，更粗而尖锐。家鹅不能滤水，仅用它的嘴来撕裂或切断草类；它的嘴十分适于这种用途，几乎比任何其他动物更能够靠近根部切断草。据巴特雷特告诉我，还有别种的鹅类，它们的栉片更不及家鹅的发达。

由此可见，在鸭科之内，一种像家鹅那样嘴部的构造，仅能适应于咬草，或者甚至于一种具有更不发达的栉片，却可以经过许多微小的变迁，而成为埃及鹅那样的种，由此更演变为家鸭之类，最后演变到琵嘴鸭的情况。这种鸟的嘴已完全适应于滤水，除了嘴的钩曲的前端之外，其他部分已不能作为啄食或裂碎食物的用途。我还可补充地说，家鹅的嘴，也可以由细微变异演化而成为秋沙鸭那样，具有显著而倒钩的齿，用来捉食活鱼。

再谈鲸类：象槌鲸并没有合于使用的真正牙齿。但据拉塞班特说，它的口盖部分却是粗糙不平，具有细小而不等大的坚硬的角质尖头。因此，我们并不是不可能来设想某些原始的鲸类，口盖上也应当有类似的角质尖头，不过排列得比较整齐，像鸭嘴上的结节一样，用以帮助攫取和撕裂食物。假使如此，我们更无法否认，这些角质尖头可能经过变异和自然选择作用，演化成为像埃及鹅那样发达的栉片，具有捕物和滤水的两种作用，再演化而达到家鸭那样的阶段。由此前进，以至于琵嘴鸭那样的栉片，专供滤水用的构造。从栉片到长吻鳁鲸须片长度的三分之二那一阶段起，我们已可在现存的鲸类中看到演变的各个阶段，直到须片最发达的格陵兰鲸。每一阶段，对于在演变过程中器官机能慢慢改变着的某些古代鲸类，都是有用的，正像鸭科的不同现有成员的嘴所呈现的各阶段一样，对此也没有一点理由可以置疑。必须记住，每一种鸭类都处在剧烈的生存斗争中，它们身体的每一部分的构造，必得和它的生活条件十分适应。

比目鱼科的鱼类以体型的不对称著名。它们静止时依靠身体的一面躺着，大部分物种是靠左面，但也有靠右面的，或者偶然也有反常的标本。这底面或赖以止息的一侧，呈现银白色，初看和普通鱼类的腹面相似，在很多方面都不及上面的一侧那么发达，它的侧鳍也往往较小。它的两眼尤其特别，都生在头部的上侧。在幼小的时候，两眼左右分列，整个身体完全对称，两侧的颜色也是相同的。可是不久，一侧（即将来的下侧）的眼，便渐渐地绕着头部移到另一侧（并不是像前人所设想的那样，下侧的眼是直接穿过头骨而到上侧的）。很明显，下侧的眼，要不是完全移到上侧，在该鱼依着习惯的姿势躺卧在一侧时，便没有用处，并且将为沙底所擦损。比目鱼由于扁平及不对称的构造，对于它们的生活习性，适应得极为微妙。这种情形见于好些种类，如鳎、鲽之类，都是最普通的。由此得到的最大利益，似乎在于能防避敌害，而且在海底容易取食。据喜华德说："这科鱼类的不同成员，可以列为一个长系列的类型，以显示它们的逐渐过渡。从孵化后到长成体形没有多大改变的庸鲽起，一直到完全卧倒在一侧的鳎为止。"

密伐脱曾经对这事实发表意见，他以为比目鱼眼睛位置的突然自发改变是无法思议的，这一点我亦有同感。他又说："假如这位置的变动是逐渐的，那么，当它向另一侧迁移的时候，一些极小的位置移动，究竟有何利益可言，实在难以明了。这种初期的转变，与其说是有利，毋宁认为有害。”可是在马姆 1867 年所发表的杰作中，对于这个问题已有了解答。当幼稚的比目鱼两眼尚分位于头的左右，而身体也还保持对称的时候，因为体部过高，侧鳍过小，又因为没有鳔，所以不能长久保持直立的姿势。于是不久便因困倦而下沉水底，以身体的一侧躺着。在此情况之下，据马姆的观察，那下方的眼，便频频向上扭转，以望上面的物体，因为用力很猛，所以总是把眼球紧压着眼眶的上部，结果两眼间的额部暂时缩小了宽度，这是可以明白看到的。曾有一次，马姆看到一幼鱼的下眼，向上下转动，可以达到 70°这样的一个范围。

应该提醒，头骨在这幼稚时期是软骨性的，具可屈性，易受肌肉运动的牵制。我们知道，高等的动物，甚至在早期幼年以后，若因疾病或其他意外事项，以致皮肤或肌肉长久收缩，也可使头骨改变形状。以长耳兔为例，如有一耳向前和向下低垂，耳的重量就能牵动这一边的所有头骨向前，我曾经绘过一张图，表明这种情形。马姆述及刚孵化的鲈鱼、鲑鱼以及有些其他的对称鱼类，也有偶然用身体的一侧躺在水底的习惯。他也看到这时它们常常牵动下面的眼睛向上看，以至头骨呈现弯曲状态。不过这些鱼类不久便能保持直立的姿势，所以头骨不至由此发生永久性的效果。但比目鱼却又不同，它们年龄愈大，身体愈扁，一边躺卧的习惯愈甚，影响所及，终于使头的形状和眼的位置，发生永久的改变。用类推的方法，可以判断，这种扭曲的倾向，无疑地将依据遗传原理而逐渐增加。喜华德相信比目鱼甚至在胚胎时期，已不十分对称，这和其他自然学者的意见恰好相反。假使如此，我们就能理解，为什么有的种类在幼龄期即习于向左边倾倒，而有的却习于倾向右边。马姆为了证实上面的说法，又说道，不属于比目鱼科的北粗鳍鱼的成体，也以左侧躺在水底，并且依斜线游泳，据说它的头部两侧有点不相像。鱼类学大权威根瑟博士，在撮述马姆的论文之后，附以评注：“作者对比目鱼类的异常状态，给我们作了一个很简单的解释。”

由此可见，比目鱼的眼睛从头部的一侧向另一侧迁移，其最初阶段，被密伐脱认为是有害的，却由于比目鱼在水底依一面卧倒时，下眼竭力向上望的习惯而起，这对于个体或种，无疑地都有利益。还有几种比目鱼，嘴向下边弯曲，颌骨在头的下半面（即无眼的一面）较上半面的更为坚强有力（据脱拉夸博士推想，这是为了便利水底取食），我们也可以把这种事实认为是使用效果的遗传所致。在另一方面，它们整个下半面身体比较不发达的状态，以及侧鳍的缩小，却可借不使用来说明。虽然雅雷尔以为鳍的缩小，对于比目鱼也有利益，因为“比起上面的较大的鳍，下面的鳍只有较小的空间，以发挥作用”。斑鲽的两颌骨上半边仅有 4～7 个牙齿，但下半边却有 25～30 个之多，这种牙齿数目在比例上的差异，也可同样地以不使用的效果来解释。至于比目鱼底面（不论左面或右面）之所以不具颜色，根据大多数鱼类及其他动物的腹面没有颜色的状态，我们可以合理地推断它是由于没有光线照到的缘故。可是像鳎鱼上侧很像沙质海底的奇异斑点，又如蒲谢最近所指出，有些种类具有随着周围表面而改变颜色的能力，或如大鲽身体的上面具有许多骨质结节等，却又不能认为是光线的作用所致。在这里，自然选择大概是发生作用的，正像使这些鱼类在体形和许多其他特点方面之能与它们的生活习性相适应一样。我们必须记住，正如我曾经坚持过，各部分由于增强使用和不使用而起的遗传效果，会因自然选择作用而更加强。因为朝着正确方向发生的一切自发变异会这样被保存下来，这和由于任何部分的增强使用和有利使用所获得的最大遗传效果的一切个体能够被保存下来是一样的。但在每一情况下，到底有多少是归于使用所得的效果，有多少是归于自然选择，却似乎是不可能决定的。

我可以再举一例来表明，一种构造，显然是完全由于使用或习性的影响而起。某些美洲猴，它们的尾端已变成一种极完善的攫握器官，可以当做第五只手来使用。有一位和密伐脱意见完全相同的评论者，对此构造曾经说：“不论年代多久，如果说那最初的稍微有攫握的倾向，就足以使具有这倾向的动物能够保存生命，或者就有利于它们的繁殖和养畜后代，却难令人置信。”可是任何像这样的信念，都是没有必要的。因为习性几乎意味着能够由此得到一些或大或小的利益，它就很可能起这种作用。布雷姆曾看到幼龄的非洲长尾猴，一方面用手抓住母猴的腹面，同时又用它们的小尾围绕着母猴的尾。亨斯罗教授曾饲养一种巢鼠，它们的尾并无攫握功能，但是他常看到这动物用它们的尾巴围绕着放在笼内的小树枝上，以协助攀登。我从根瑟博士那里得到一个类似的报告，他曾看到一只鼠以尾倒悬。假如这巢鼠有更严格的树栖习性，它的尾巴也许在构造上能变得适合于攫握，和同一目内的某些其他种类一样。就非洲长尾猴幼年的习性而论，为什么它的尾不能变为攫握的工具，那倒是很难说明的。很可能这种猴的长尾在跳跃的时候，当做一种平衡器官，比当作攫握器官对于它们更有用处。

乳腺是一切哺乳动物全纲所共有的，又是它们生存不可缺少的。所以它必在极其久远的时代已经发展了，而关于它的发展经过，我们却肯定一点都不知道。密伐脱问："如果说任何动物的幼体偶然从母体上过分发达的皮腺吸收一滴不甚滋养的液汁，便能免于死亡，这是可以思议的事情吗？纵使有一种动物是如此，那么，有什么机会使这样的变异能永久存在下去?"可是这问题提得并不公正。大多数进化论者都承认哺乳动物导源于一种有袋类，如果如此，则乳腺最初必是在育儿袋内发展起来的。在鱼类里，海马属的卵的孵化以及幼鱼一定时期的养育，也都在这种性质的袋中。有一位美国自然学者罗克武德先生根据海马幼鱼发育情况的观察，相信该鱼要靠袋内皮腺的分泌物来养育。那么，哺乳动物的早期祖先，几乎在它们可以适用这个名称之前，其幼体难道不可能用类似的方法来养育吗？在此情形之下，那些分泌带有乳汁性质的，而且在某种程度或方式上是最富营养的液汁的个体，比起分泌液汁较差的个体，终究必会有更多营养良好的后代。因此，这个和乳腺同源的皮腺将逐渐改进，或者变得更为有效。根据广泛应用的特化原理，袋内某一部分的腺体，会较其余的更为发达，于是就形成乳房。但最初是没有乳头的，正如哺乳类中最低等的鸭嘴兽一样。至于这某一部分的腺体，究竟经过怎样的作用，会变得比其他腺体更为特化，是否局部由于生长的补偿作用，使用的效果，或者自然选择的作用，却是不敢贸然断定。

假如初生的幼儿不吸食这种分泌物，乳腺的发达便没有什么用处，而自然选择也将无能为力。要理解哺乳类的幼体，怎样有天赋的本能懂得吸乳，却也不比理解未孵化的小鸡，怎样懂得用特别适应的嘴轻轻啄破卵壳，或者怎样出壳数小时之后，便懂得啄食谷粒，更加困难。最可能的解说似乎是，这习性起初是在年龄较大时候由实践而获得的，其后乃传递于年龄较幼的后代。据说幼小的袋鼠不能吸乳，只是以口紧贴于母兽的乳头，全赖母兽将乳汁射进它的软弱而还未孕育完全的后代的口内。关于此事，密伐脱先生说："假如没有特别的机构，小袋鼠一定会因乳汁射入气管而被窒息。但是，特别设备是有的，那便是喉头的延长向上，直通到鼻管的后端，使空气能自由进到肺脏，而乳汁能安全地从这延长了的喉头两边经过，到达位于后面的食道。"于是密伐脱先生还问，在已长成的袋鼠及在大多数其他哺乳动物（假定是出自有袋类的），这种完全无辜和无害的构造，究竟怎样被自然选择所废弃呢？对于这问题的答案是：喉头若通到鼻管，便不能用全力发声，而对于许多动物，发声却又确是非常重要的。并且佛劳瓦教授向我说，这种构造对于动物之吞咽固体食物，是大有妨碍的。

我们现将略谈动物界中比较低等的部门。棘皮动物（如海星、海胆之类）具有一种引人注意的器官，叫做叉棘。最发达的叉棘，是三叉形的钳子，即由三个锯齿状的钳臂形成的，精巧地配置在一支可以屈曲的，由肌肉而运动的柄的顶端。这些叉棘能够牢固地夹住任何东西。阿加西曾看到一种海胆，将它的排泄物的细粒用叉棘传送，很快地沿着体上的固定的几条线路落下去，以免外壳被弄污。除了清除污物之外，这些叉棘无疑还有其他功用，防卫显然是其中之一。

关于这些器官，像前面所述的许多情形那样，密伐脱又问："这种构造，在它最初的幼稚的阶段能有怎样的用途？是否曾有一只海胆靠了这构造的初期萌芽而保存了生命呢？"他又补充说："纵使这种钳住的作用是突然发展的，如果没有自由转动的柄，这种作用也不会是有利的，同时，如果没有夹住的钳，这种柄也无功效可言。然而这些构造上复杂的协调，绝非由细微而仅是不定的变异所能同时发生。如果否认这一点，似乎无疑肯定了一种惊人的自相矛盾的谬说。”虽然这一点在密伐脱看来似乎是自相矛盾的，但有某些海星，确具有基部固定不动而有夹住功用的三叉棘，这是可以理解的，如果它们至少部分地是供防御用的。对于这问题，承蒙阿加西先生给我很多资料，十分感激。他告诉我，在别的海星，叉棘上三支钳臂中的一支已经退化，而变为其余两支的支柱。更有别属的海星，这退化的一支已经完全失去。据培利埃的描述，斜海胆属的壳上有两种叉棘，一种和刺海胆属的相似，一种和猬团海胆属的相似。这些例子总是很有趣的，因为它们给我们指出一个器官显得是突然的过渡，可以经由这器官的两种状态中之一种消失的方式来实现。

关于这种奇异器官的演化步骤，阿加西曾根据他自己的及穆勒先生的研究加以推断：他认为海星和海胆两类的叉棘，无疑都是普通棘的变形。这是可以从它们个体的发生情况，并从不同的种和属的一个长而完备的系列的级进情况而推论出来——由简单的颗粒到普通的棘，以至完全的三叉棘。不但如此，从普通棘及具有石灰质支柱的叉棘怎样与体壳关联的情况，也有级进的迹象可寻。在海星的某些属里面，可以看到，正是那些所需要的联结迹象，足以表明叉棘仅是分枝叉刺的变形。就是说我们可以看到一种固定的棘，具有三个相等距离的锯齿形的、能动的、在它们的近基部处相关接的枝；而再上面，在同一个棘上，另有三个能动的分枝。如果上面后三枝从一个棘的顶端发出，那便是一种规模粗具的三叉棘了；这样的情况在具有三个下面分枝的同一棘上可以看到。所以叉棘的钳臂和棘的能动的枝，具有同一的性质，是无可置疑的。一般公认普通棘有防护的功用，如果如此，那就没有理由怀疑那些具有锯齿的和能动的分枝的棘也有同样的功用，并且一旦分枝接在一起作为攫握或钳住的工具而发生作用时，它们就要更加有效了。这样看来，从普通固定的棘到固定的叉棘所经历的每一阶段，应该都是有用的。

在有些属的海星里而，这种器官并不是固定的，或者不是生在不动的支柱上面，而是连接于能屈曲而具有肌肉的短柄上面。这样，它们除了防护之外，也许还有其他的功用。在海胆类中，我们可以看到从固定棘变到连接于壳上，因而成为能动棘所经历的各阶段。可惜因限于篇幅，对阿加西关于叉棘发展问题的有趣研究，在这里不能作更详细的摘述。据他说，在海星类的叉棘和蛇尾类的钩刺之间，可以看到一切可能的过渡阶段，而在海胆类的叉棘与海参类的锚状针骨之间，也是如此，这几类都是属于棘皮动物门的。

苔藓虫是群体动物，以前叫做植虫，具有一种奇异的器官，名叫鸟头器。各种苔藓虫的鸟头器构造很不相同。在发育最完备的状态之下，它的形状很像兀鹰的头和嘴，着生在颈部上面，可以自由运动，它的下颚也能同样运动。我曾经看到一种苔藓虫，在同一枝上，所有的鸟头器常常同时向前和向后运动，历时约五秒钟，运动时下颚张开，成 90°的角度。这动作使得整个群栖虫都震颤起来。如果以一支针去触它的颚，便被如此牢固咬住，以致因此可以摇动它所在的一枝。

密伐脱先生举出这个例子，主要是因为他认为这些器官，像苔藓虫的鸟头器和棘皮动物的叉棘，是“本质上相似”的，难能通过自然选择作用而在动物界远不相同的两个部门中得到发展。但是就构造而论，我实在看不到三叉棘和鸟头器有什么相似之点。鸟头器似乎和甲壳类的螯更为相似，密伐脱也很可以同等妥当地举出这种相似性，或者甚至它和兀鹰的头和嘴的相似性，来作为特殊的难点。勃斯克、施密特及尼车——对于这一个群都曾仔细研究过的自然学者们——都相信鸟头器跟组成这种植虫的单虫体及其虫房是同源的，虫房能动的唇片或盖片相当于鸟头器的下颚。但勃斯克先生并不知道现今存在于鸟头器和单虫体两者之间的任何过渡阶段，所以我们也不能设想通过怎样有用的阶段，这个能够变为那个，不过我们也不能因此便以为这样的阶段从来并不存在。

因为甲壳类的螯在某种程度上和苔藓虫的鸟头器很相像——两者均作钳的用途——我们不妨举出，关于甲壳类的螯至今还有一长系列的有用的演变阶段存在。在最初和最简单的阶段，那足部的末节闭合时抵住宽阔的末尾第二节的方形顶上，或者抵住它的整个一边，因此能握住所碰到的物体，这时候的足仍是一种运动器官。到了下一阶段，那阔大的末尾第二节的一角，却已稍微突出，有时且具有不规则的牙齿，末节闭合时就抵住这些牙齿。此后这突出部分更加膨大，它的形状以及末节的形状亦都稍有变异和改进，于是就会逐渐形成为一完善的钳形，最后到了像龙虾的双螯，已变成为一种很有效的工具。凡此一切阶段，都是可以确实地探考出来的。

苔藓虫除了鸟头器外，还有一种奇异的器官叫做震毛或鞭器。这震毛一般是由若干能运动而易受刺激的长刚毛所组成。我曾观察过一种苔藓虫，它的震毛微微弯曲，外边具有锯齿。在同一群体上，所有的震毛往往能同时运动，有如长形的桨，使一枝群体迅速地在我的显微镜的物镜下穿过去。如果把一小枝群体面向下放着，震毛便缠结起来，于是它们就竭力挣扎，把自己分离开。一般设想这些震毛具有防护功用，并且正如勃斯克所说，可以看到它们“慢慢地静静地在群体表面扫动，当虫房的纤弱栖住者伸出触须时，把一切可能有害于这些栖住者的东西扫去。”鸟头器有如震毛，大概具有保护功用。此外，它们还能捕杀小动物，并相信此等动物被杀以后，会被水流冲到单虫体的触须所能达到的范围之内。有的种兼有鸟头器和震毛，有的仅具鸟头器，也有少数的种只有震毛。

在外观上比刚毛（即震毛）和像鸟头的鸟头器之间的差异更大的两个物体，是不容易想象出来的。可是它俩大概是同源器官，是从同一个共同的根源——即单虫体和它的虫房——发展而来的。所以我们可以理解，如勃斯克告诉我的，这两种器官在某些情形下，怎样以一种逐渐演变为另一种。膜胞苔虫属内有数个种，它们的鸟头器能动的下颚是这样地突出，而且是这样地形似刚毛，以致只有那上面的固定的鸟嘴状构造才可作为鸟头器的标识。震毛可能由虫房的唇片直接演变而来，不经过鸟头器的阶段。可是它们经过这个阶段的可能性似乎更大些，因为在演变的初期，那虫房的其他部分和所包含的单虫体，很难立刻消失。在许多情形下，震毛的基部有一个带钩的支柱，似乎相当于固定的鸟嘴状构造，但也有某些种是不具这支柱的。这样关于震毛发展的观点，如果确实可靠，那就很有趣味。

因为假定一切具鸟头器的种都已绝灭，那么最富于想象力人的也绝不会想到，震毛原来是一种像鸟头或像不规则的匣子或兜帽的器官的一部分。看到差异这样大的两种器官，竟会从一个共同的根源发展而来，确实很有趣。因为那虫房能动性的唇片，对于在它里面的单虫体既有保护功用，所以不难相信，由唇片演变为鸟头器的下颚再变为长形刚毛，其间所经过的一切阶段，同样可以在不同方式和不同环境条件下发挥保护作用。

在植物界中，密伐脱先生仅提出两点，就是兰花的构造和攀缘植物的运动。关于兰花，他说："关这些构造起源的解释，全不能使人满意，它们只有在十分发达之后才有利用可言。而它们的演变初期、最微细的开端，则说明得十分不充分。"这问题我在另一著作中已有详细的讨论，这里仅拟就兰科花上最特别的构造之一——花粉块——稍加探讨。最发达的花粉块具有花粉一团，着生在一种有弹性的柄即花粉块柄上，此柄又连接于一小块极胶黏的物体上面。因此，花粉块得以被昆虫携带，从这花传到他花的枝头上去。有些兰花，花粉团并不具柄，而花粉粒则由许多细丝联结在一起。但是这种情形不仅限于兰花，故不详论。但在兰科植物最低等地位的杓兰属中，我们却可以约略地看到这些细丝大概是怎样最初发达起来的。在若干其他兰科植物中，可见这些细丝胶附在花粉团的一端，这就是花粉块柄的最初发生的端倪。纵使花粉块柄到了相当长而高度发达的程度，的确是由这样起始的，因为我们还能从有时埋藏在它的中央坚实部分的发育不全的花粉粒里，找到良好的证据。

至于这花粉块的第二特点，即附着在柄端的那小块胶黏物体，我们也可以举出它所经过的许多阶段，每一阶段对于这种植物显然都有用处。在属于别目植物的大多数的花中，雌蕊柱头分泌有少许的黏液。有些兰科植物的花，也分泌类似的黏液，但是在三个柱头中，只有一个分泌得特别多，也许就由于分泌过盛的结果，这柱头便变为不育的了。当昆虫飞来探访这类花时，便可擦去少许黏液，同时带走一些花粉。从这个和许多普通花相差不远的简单情形起，存在着无数的演变阶段，直到那些种类，它们的花具有很短而独立的花粉块柄，或者花粉块柄紧连着胶黏物体，而那不育的柱头本身也起了很大变异。在最后的情况中，花粉块已发达到最高最完善的境地了。凡是对兰花亲自用心研究的，必不会否认有如上所述的一系列阶段的存在——从一团花粉仅由许多细丝联系，而柱头仅和普通花稍有差别起，一直到极复杂的花粉块，奇妙地适应于昆虫的传粉。他也不会否认在那几个种中的一切阶段，对于各种花的一般构造，在便利不同昆虫来传粉这关系上，确有很微妙的适应。在这情形中，并且在几乎一切其他的情形中，我们往往还可以作进一步的探讨，例如我们可以追问：一种普通花的柱头怎样会变成具有黏性。可是我们对于任何一类生物的来历所知太少，这种问题，因为没有希望能得到解答，所以问也没有用处。

我们现在谈到攀缘植物。从那简单地缠绕在支柱上的植物，一直到我所称为爬叶的植物，到具有卷须的植物，可以排成一个长的系列。后两类植物的茎部，大都已失去了缠绕能力（纵非总是这样），不过还保持有像卷须那样的旋转能力。从爬叶植物到具有卷须的攀缘植物的演变阶段很相接近，有许多植物简直可以任意列于两者之一。但是从单纯的缠绕植物演进到爬叶植物的过程中，却增加了一种很重要的特性，便是对于接触的感应性。由于这种感应性，不论叶柄或花梗，或已变成的卷须，都能受到物体接触的刺激，而发生卷曲和附着的反应。凡是读过我所写关于此类植物的研究专著的，我想当可承认，在单纯的缠绕植物与具有卷须的攀缘植物之间，所有这许多在构造上及功能上的演变阶段，各个对植物本身都是有很大利益的。例如从缠绕植物转变为爬叶植物，显然有极大利益。所以凡是具长叶柄的缠绕植物，假如这叶柄对于接触稍有必需的敏感性，可能会发展为爬叶植物。

由于缠绕既是爬升一个支柱的最简单方法，而为演变顺序上最下级的形式，我们自然要发问：植物是怎样开始获得这种能力，然后再通过自然选择作用而改进和增强的？缠绕的能力，第一依靠茎枝幼嫩时的极度可绕性（普通非攀缘植物亦常具此性质）；第二依靠茎枝顺序地逐次沿着圆周的各点的不断弯曲。由于这种运动，茎枝才能向各个方向弯曲而盘绕不已。当茎枝的下部碰上任何物体而停止缠绕，它的上部仍能继续弯曲盘旋，于是便能沿着支柱上升。每一新的茎梢，在初生长之后便停止了这种旋转运动。在统系相距甚远的许多不同科植物中，常常有一个单独的种或属具有这种盘绕的能力，而成为缠绕植物。所以这种能力显然是个别地获得，而非出于共同祖先的遗传。因此我推想，在非攀缘植物中，稍微具有这种运动的倾向，也并非不常见，并且这就为自然选择提供了作用和改进的基础。我起初仅知道一个不完全的例子合乎这项推想，即毛籽草的幼嫩花梗，很像缠绕植物的茎，具有轻微而不规则的卷曲能力，但这种习性并不为该植物所利用。之后不久，穆勒又发现一种泽泻和一种亚麻（这两属并不攀缘，且在自然统系上也相距极远）的幼茎，都明显地具有盘曲能力，只不过不甚规则而已。他说他有理由可以猜测这种现象也会见于若干其他植物。这种微弱的运动，对于所述及的植物似乎难有用途，至少还不能用作攀缘，这是我们所当注意的。尽管如此，我们也还能看出，如果这些植物的茎本来是可绕曲的，并且在它们所处的生长条件下，如果这种性能有利于它们向高处上升，那么，这微弱而不规则的卷曲习性，便可能通过自然选择作用而逐渐改进利用，直到它们转变为十分发达的缠绕植物。

关于叶柄、花梗和卷须的感应性，几乎同样可以用于说明缠绕植物的盘绕运动。有很多的种，分隶于许多大不相同的类群，都被赋予了这种感应性，因此在许多还没有变为攀缘植物的种类中，应该也可以看到这性能的发生初期的状态。事实确是如此：我看到上述毛籽草的幼嫩花柄，常常向所接触物体的方向微微弯曲。摩伦先生发现有几种酢浆草，如果叶和叶柄被轻轻地、反复地触碰着，或者植株被摇动着，叶和叶柄便会发生运动，尤其是在烈日下曝晒之后。我对这属内的其他几种反复地进行了观察，也得到同样的结果。其中有些种运动是很明显的，尤其在嫩叶里看得最清楚，在别的几个种却很微弱。还有一更重要的事实，便是权威学者霍夫曼斯特所说，一切植物的嫩芽和嫩叶，在摇动之后，都会运动。至于攀缘植物，据我们所知，也只在生长的初期，它们的叶柄和卷须才有敏感性。

植物在幼期及正在生长中的器官，因触动或摇动而发生微弱的运动，对它们似乎很少可能有什么机能上的重要性。但是植物对于各种刺激而发生运动的能力，这对它们却至关重要。例如它们对于光的向性或背性（较为罕见），对于地心吸力的背性或向性（较为罕见）等都是。动物的神经和肌肉在受到电流或者由于吸收番木鳖碱的刺激后所起的反应运动，可视为一种偶然的结果，因为神经和肌肉并不是为了感受这些刺激的。植物的情况大概也是如此，它们因有由适应某些刺激而发生运动的能力，所以遇到触动或者被摇动也会起偶然状态的反应。因此，我们不难承认，在爬叶植物和具卷须的攀缘植物的情形中，通过自然选择加以利用和增强的就是这种倾向。可是根据我的研究专著所举出的各种理由，这种情形的发生，大概只在植物已经获得了盘曲的能力，因而变成攀缘植物之后。

我们已尽力说明了植物怎样由于那些微小的、不规则的、最初对它们并无用处的盘曲运动这种倾向的增强而变为缠绕植物。这种运动正如触动或摇动后所起的运动一样，同为运动能力的偶然结果，并且是为了其他和有利的目的而被获得的。在攀缘植物逐渐发展的过程中，自然选择作用是否曾得到使用的遗传效果的协助，我还不敢断言。但是我们知道，某些周期性的运动，如所谓植物的睡眠，是受习性所支配的。

对于一位有经验的自然学者所谨慎选出的一些例子，用以证明自然选择学说不足以解释有用构造的最初阶段，我已作了足够的讨论，或者已经讨论得过多了，并且我已指出，如我所希望的，在这个问题上并没有什么大的难点。这样，就提供了一个很好的机会，使我对于常与机能改变相伴随着的构造演变的阶段，得以稍加补充。这个重要问题，在本书前几版内，实没有详细的讨论。现在将上述各项事实，扼要地重述一遍。

关于长颈鹿，在某些已经绝灭了的能触到高处的反刍类中，凡具有较长的腿和颈等而能取食比平均高度稍高些的枝叶的个体，被继续保存，凡不能在那样高处取食枝叶的，被不断淘汰，这样便足以使这奇异的四足兽产生了。至于身体各部分长期的使用连同遗传，也曾经大有助于各部分的互相协调。关于模拟各种物体的许多昆虫，我们不难相信，对于某一普通物体的偶然类似性，在各个情形中曾是自然选择发生作用的基础，其后经过使这种类似性更加接近的微细变异的偶然保存，才使此种拟似渐臻完善。只要昆虫不断发生变异，同时只要拟似程度的不断增进，能够使它们逃避了视觉锐敏的敌害，这种作用就会继续进行。在鲸类里面，有些种的口盖上生有不规则的角质尖头的倾向，直到这些角质尖头开始变成为像家鹅那样的栉片状结节或齿，而后变成像家鸭那样的短形栉片，再次变为像琵嘴鸭那样完善的角质栉片，直到最后成为像格陵兰鲸口内那么巨大的须片：所有这些有利变异的保存，似乎完全都在自然选择范围之内。在鸭科里面，它们的栉片最初仅有牙齿的功用，以后部分当做牙齿，部分当做滤器，最后就几乎完全当滤器用了。

照我们所能判断，习性和使用，对于上面所讲的角质栉片或鲸须的发展，很少有作用，或者完全没有作用。在另一方面，像比目鱼下方的眼向头的上侧转移，以及一个具有攫握性的尾的形成，却又可以说几乎完全是长期使用的遗传效果所致。关于高等动物乳房的起源，最合理的设想，应认为有袋类的袋内全表面的一切皮腺，在最初都分泌出一种营养的液体，其后此等腺体的功能，通过自然选择作用在机能上得到改进，并且集中于一定的面积，于是形成了乳房。要理解某些古代棘皮动物作防护用的分枝刺，怎样通过自然选择而发展为三叉棘，比起理解甲壳动物的螯通过最初专作行动用的肢的末端二节的微细的、有用的变异而得到发展，并没有更多的困难。苔藓虫的鸟头器和震毛外貌差异极大，但起源相同。就震毛而论，我们可以了解到它所经过的那些连续各阶段都可能是有用的。就兰科的花粉块而论，我们可以从最初连接各花粉粒的细丝起，探索其合并成为花粉块柄的经过。即是胶黏物质的演化步骤，也同样可以追索。这些胶黏物质从普通花的雌蕊柱头所分泌的，演变到那些附着于花粉块柄末端的胶黏体，都具有虽然不是完全一样的、但大致相同的目的。凡此一切阶段，对于各该植物是明显地有利的。至于攀缘植物，我们刚在上面讲过，现不再赘述。

经常有人问：自然选择既然如此有力量，何以对某些物种显然有利的这种或那种构造，却没有被它们获得呢？然而，要想对这样的问题给予确切的解答，是不合理的。因为我们既不知道每一物种的过去历史，又不明了现今决定它们的数目与分布范围的条件。在许多情形中，我们只能举出一般性的理由，只有在少数情形中，才有特殊的理由可言。要使一种生物和它新的生活习性相适应，许多协调的变异几乎是不可少的，但是那些必要的部分，却往往不依适当的方法和程度而发生变异。有许多物种，因破坏作用的影响，阻止了它们个数的增加。这种作用和某些构造，我们认为对物种有利，而想象可能通过自然选择作用而获得的，然而却并无关系。其实在这种情况中，生存斗争并不依存于这些构造，所以这些构造便不可能通过自然选择作用而被获得。在许多情形中，一种构造的发展，需要复杂、长久持续而且常常具有特殊性质的条件，而此等恰恰需要的条件，常难能凑合。我们所想象的，并且所往往错误想象的对于物种有利的任何一种构造，在一切情况下，都是通过自然选择而被获得的，这种信念与我们所能了解的自然选择的活动方式是相反的。密伐脱先生并不否认自然选择是有一些作用的，但是他认为我用它的作用来解释许多现象，例证不够充足。他的主要论点我们刚才已经考虑到，其余的将来再行讨论。依我看来，他的论点似乎很少有例证的性质，远不及我们所讲的自然选择的力量以及常提到的有助于这力量的别种作用，来得更有分量。我必须补充一点，就是我在这里所举的事实与论点，有些已经在最近出版的《医学与外科学评论》上的一篇优秀的论文内，为了同样的目的而被提出过了。

几乎所有自然学者现在都已承认了某种形式的进化论。密伐脱先生相信种的变化是由于一种“内在的力量或倾向”，但这内在的力量究竟是什么，却又全无所知。物种有变化的能力，当为所有进化论者所承认。但是除了普通变异性的倾向之外，依我的意见，似乎没有主张任何内在力量的必要。普通变异性的倾向，通过人工选择的帮助，曾经育成了许多适应性良好的家畜品种。而且它通过自然选择的帮助，也同样可以经渐进的步骤，产生出自然的族或种。进化的最后结果，我们在以前曾经讲过，是整个机构的进步，不过有少数情形，却是退化的现象。

密伐脱又相信新种可以“突然出现，且可由突然变异而成”。有若干自然学者附和这种看法。例如，他设想已灭绝的三趾马与现代马之间的差异是突然发生的。他想鸟类的翅膀，除了由于比较突然的、并具有显著而重要的性质的变异而发展起来以外，其他方式都是难以置信的。他对于蝙蝠及翼手龙的翅膀的起源，也显然抱有同样的意见。这种论断，意味着进化系列中存在着巨大的断缺或不连续性，依我看来，这是极其不可能的。

任何人相信缓慢而渐进的进化论，当然也会承认种的变化可以是突然的、巨大的，有如我们在自然界，或者甚至在家养情况下所看到的任何单独变异一样。不过物种受到家养或栽培，就比在自然环境之下易起变异，所以像在家养状况下偶尔发生的突然巨变，未必能在自然界常常出现。在家养状况下所发生的突然巨变，有些可以归因于返祖遗传的，所以这样重新出现的性状，在许多情况下，大概最初还是逐渐获得的。还有更多的变异，必定称为畸形，例如六指人、箭猪人、英国短腿羊和尼亚塔牛之类。因为这些和自然种的性质大不相同，所以对于我们的问题，可供参考的很少。除了这些突然的变异之外，少数余下的，如果在自然界发生，充其量只能构成可疑的种，和它们的祖型仍有密切的关系。

我怀疑自然的物种会发生突变，像家养品种偶然发生的那样，并且完全不相信密伐脱所说的自然的物种以奇异的方式发生变异，实有以下理由：根据我们的经验，家养物类中所发生的突然而显著的变异，往往是限于单独个体，并且间隔很长的时间。如果这样的变异在自然情况下发生，便难免碰到许多破坏的因子，或因以后的杂交以致失去，如在前面所说过的。即使在家养状态之下，除非为人类所特别选出而保存，否则也将如此失去。所以新种的产生，要像密伐脱所说那样突然而来，那么几乎有必要来相信有好些奇异的个体，同时在一地域内出现，这是和一切推理相违背的。就像在人类无意识选择的情形中一样，要是基于通过多少向着任何有利方向变异的大量个体的保存和向相反方向变化的大量个体的淘汰的逐渐进化的学说，这种难点便可以避免。

很多物种，都依着极其逐渐的方式而进化，几乎是无可怀疑的。在许多大的科里面，它们所包含的种甚至属，彼此是这样地密切近似，以致难于区别。在每一大陆上，从南方到北方，从低地到高地等，我们都可以碰到许多很接近的或者有代表性的种。便是不同的大陆，我们有理由相信其先前是相连接的，也可以看到同样的情形。但是，在作这些和以下的叙述时，我们不得不将以后讨论的若干问题，提前说一下。试就一大陆外围的许多岛屿，观察其上所生长的生物，有多少只能认为是疑种的。假使观察过去的时代，而且把刚刚消逝的物种和在同一地域上至今还生存着的物种相比较，或者把埋存在同一地层中的各亚层内的化石物种相比较，都会发现同样的情形。显然，许许多多的物种与现今仍然生存的或最近曾经生存过的其他物种的关系是极其密切的，很难说这些物种是以突然的方式发展起来的。同时不要忘记，我们如果不是对不同的种，而是对近似物种的某些特殊部分进行观察，也可看到在它们之间，有许多极微细的过渡阶段，使大不相同的构造，可以互相连接起来。

很多大类的事实，只有依据物种是由极细微步骤发展起来的原则，才可得到解释。例如大属内的物种比起小属内的物种，在彼此的关系上更相接近，而且变种的数目也较多。这些大属内的种又可分列为许多小集团，有如许多变种环绕着一个种的情况。此外，它们还有许多类似于变种的其他情况，已经在第二章内讨论过了。根据同一原则，我们又可理解，为什么种的性状较属的性状易起变异，为什么以异常的程度或方式发展起来的部分，较同一种的其他部分更易变异。在这方面，还有许多类似的事实可举。

许多物种的产生，所经过的步骤，虽然几乎肯定不比那些产生轻微变种的为大，但是还可以承认有些物种是由一种不同的和突然的方式发展起来的。不过要承认，必得提出有力的证据。赖脱先生曾经举出一些模糊且在若干方面有错误的例子来支持突然进化的观点，例如无机物质的突然结晶，或具有小面的球状体上一个小面之降落至另一小面等，这些例子几乎没有讨论的价值。然而有一类事实，如地层内有新的不同的生物类型突然出现，初看似乎是突然发展的一种证据。可是这种证据的价值，完全要看与地球史上的古远时代有关的地质记录的完全与否而定。假如这记录像许多地质学者所坚持的那样，很零碎不全，那么新的类型的出现，虽然似乎突如其来，也就不足为奇了。

除非我们承认，转变，有如密伐脱先生所主张的那样的奇异，如鸟类或蝙蝠类的翅膀是突然发达的，或三趾马会突然变为普通的马，那么，突然变异的信念对于地层内相接链环的缺乏，也不会提供任何启示。然而，对于这种突然变化的信念，在胚胎学上却提出了强有力的反证。众所周知，鸟和蝙蝠的翅膀，马或其他四足兽的四肢，在胚胎早期都没有什么区别，其后经过不可觉察的微细步骤而分化了。胚胎学上一切种类的相似性当归因于现存物种的祖先，都在幼稚时期以后始起变异，而新获得的性状之传递给后代，也在相当时期才得出现。这点以后还要讨论。这样，胚胎几乎是不受影响的，并可作为那个物种过去状态的一种记录。所以现存物种的发育初期，常和属于同一级中的古代已绝灭的类型相似。根据这种胚胎类似的见解，事实上根据任何见解，可知动物会经过如上文所说的那样巨大而突然的转变，是绝不可信的。何况在它的胚胎状态下全无突然变化的迹象可寻，而它的每一构造，却都是依着不易察觉的极微细的步骤，逐渐发达起来的。

凡是相信古代生物，曾经通过一种内在的力量或倾向，突然转变为比如具有翅膀的动物，那么，他就几乎要被迫违反一切推理，来承认许多个体能在同时发生这样的变异。不能否认，这些构造上的突然而巨大的变化，是和一般物种显然所经历的变异大不相同的。抱有这种信念的人，还要被迫来相信与同一生物体上的其他一切部分微妙地相适应的，以及与周围条件微妙地相适应的许多构造，也都是由于突然变化而来，并且对于那复杂而奇异的互相适应，他将丝毫不能解释。他还要被迫来承认，这种巨大而突然的改变，在胚胎上不曾留有任何痕迹。依我看来，承认这一切，是已经走进了神秘的领域，不再属于科学的领域了。

第八章

本　能

本能与习惯比较，但起源不同——本能是级进的——蚜虫和蚂蚁——本能是变异的——家养的本能及其起源——杜鹃、牛鸟、鸵鸟及寄生蜂的自然本能——畜奴的蚂蚁——蜜蜂，它的营造蜂房的本能——本能与构造的变化不一定同时发生——自然选择说应用于本能的疑难——中性或不育的昆虫——小结

许多本能是这样的不可思议，以致关于它们的发展，也许会使读者看成是一个难题，认为足以推翻我的全部学说。在此当先说明，我不拟讨论智力的起源问题，正如我没有讨论生命的起源问题一样。我们所要讨论的，只是同纲内动物的本能以及其他智力的多样性现象。

我并不试图给本能下任何定义。我们很容易说明，这名词通常包含有几种不同的智力动作，可是谁都知道它的意义。譬如说，本能促使杜鹃迁徙，并且使它们在别种鸟的巢内产卵。任何一种动作，在我们必须有经验

才能做，若在一种动物，尤其是很幼小的动物，不需经验也能做，或者许多个体都能同样地去做，虽然对于这样做的目的何在并不明了。这些动作便通称为本能。但是我能指出，这些性状没有一个是普遍的，正如胡伯所说，甚至在自然系统中是低等的那些动物里，也常包含有少许判断力或理解力在内。

弗·居维叶和许多较老的形而上学者们，曾把本能和习惯加以比较。我想从这种比较，可以对于完成本能活动时的心理状态，提供一个精确的观念，但不一定能说明它的起源。许多习惯性的活动，是怎样地在不知不觉中进行，甚而有不少是和我们的意志相反，但是亦可由意志或理性使它们发生改变。习惯容易和别的习惯，与一定的时期，以及与身体状态相联系。习惯一经获得，往往终生保持不变。本能和习惯，还有其他类似点可举。正如我们唱一首熟练的歌曲，在本能的行为中，也是一种动作节奏式地随着另一种动作。在唱歌或背诵的时候，如果突然被打断，往往必须重新开始，以恢复已经成为习惯的思路。胡伯所观察到的毛虫也是如此。这种毛虫，能造极复杂的茧床，假如在它造到第六阶段的时候把它取出，另放在只完成到第三阶段的茧床之内，它仅接着再造第四第五，以至第六阶段。如果在它造到第三阶段的时候取出，放在已完成到第六阶段的茧床里面，那么它的工作已大部被完成了，可是并没有从这里得到任何利益，它却感到十分失措，并且为了完成它的茧床，似乎不得不从第三阶段它所完成的地步开始，就这样它试图去完成已完成的工作。

假如我们设想任何习惯性的动作是可以遗传的（可以指出有时确有这种情形发生），那么，对于原先是习惯和本能这两者间的类似性便极其密切，而至于无法区别。莫扎特三岁时经过很少练习便会弹钢琴，假使他竟完全没有练习，居然会弹奏一曲，那真正可以说是出于本能了。但如设想大多数的本能，是由一个世代中的习惯得来的，而后传递给后代，那就不免陷于严重的错误。能够清楚地表明，我们所熟悉的最奇妙的本能，像蜜蜂和许多蚁类所具有的，实不可能由习惯而获得。

本能对于每一物种在其目前生活条件下的安全，和身体的构造有同样的重要，这是一般所公认的。在改变了的生活条件下，本能的些微变异，可能对于物种有利。假使我们能证明本能确有变异，不论如何微小，我就看不出自然选择把本能的变异保存下来并继续累积到任何有利的程度上，存在有什么难点。我相信一切最复杂的和最奇异的本能，都是这样起源的。正如身体构造上的变异可以由于使用或习惯而发展、而增强，由于不使用而退化或消失。我并不怀疑本能也是如此。在许多情形下，我相信习惯的效果比起那些所谓"自发的本能变异"的自然选择效果只是次要的。这种自发的本能变异，就是由像产生身体构造上的微小偏差那样的未知原因所起的变异。

除非许多微小然而有益的变异，经过徐缓而逐渐地累积，任何复杂的本能，便不可能通过自然选择产生出来。所以像在身体构造的情形一样，我们在自然界里所能找到的，并不是获得每一种复杂本能的实际过渡阶段——因为这些阶段，只能见之于各个物种的直系祖先中——但是我们可以从旁系系统中，去探寻这些阶段的证据，或者我们至少能够指出某些阶段有存在的可能。这是我们肯定能够做到的。关于动物的本能，除了欧洲和北美洲外，还是观察得很少，对于一切已绝灭的物种，更是全无所知。考虑到这种情况，使我对引导到最复杂本能的级进阶段能够这样广泛地被发现，感到惊奇。同一种生物，在一生的不同时期，或一年的不同季节，或被置于不同的环境条件下等等而具有不同的本能，这就往往会促进本能的变化，因为在这种情形下，自然选择会把这种或那种的本能保存下来。这样的同种内本能的多样性的例子，可以证明在自然界中是存在的。

每一物种的本能，都是为了自己的利益。据我们所能判断，它从来没有专为其他物种的利益而产生的。这又和身体上构造的情形相同，而且和我的学说也相符合。据我所知，一个最有力的例子，表明一种动物的行为，分明是专为另一个种的利益，当推蚜虫自愿地为蚂蚁分泌甜汁，如胡伯所首先观察到的。它们之出于自愿，可以由下列事实来说明：我把一株酸模上的所有蚂蚁都捕走，只留下为数约十二只的一群蚜虫，并且在数小时内阻止蚂蚁与蚜虫接近。经过这一段时间，我确实觉得蚜虫要进行分泌了，可是我用放大镜仔细观察了一些时候，却竟没有一只分泌的；再用一根毛发微微触动和拍打它们，尽我所能模仿蚂蚁用触角那样的动作，仍然没有结果。我于是让一只蚂蚁去接近它们，这蚂蚁便急忙地跑去，似乎已感觉到有一群蚜虫被它发现，随即用它的触角逐个拨动蚜虫的腹部，先是这一只，然后那一只，于是，每一蚜虫在感到触角的微动之后，便举起它的腹部，分泌出一滴澄清的甜液，这蚂蚁便急忙吞食。甚至很幼小的蚜虫，也是如此，可知这是一种本能作用，而不是经验的结果。据胡伯观察，蚜虫对于蚂蚁肯定没有嫌恶的表示，如果没有蚂蚁，它们最后终要被迫排出它们的分泌物。因为分泌物很黏，把它移去，无疑对蚜虫是方便的，所以大概也不尽是为了蚁类的利益而分泌的。我们虽然没有证据，可以证明任一动物会有专为个别种的利益的活动，但是各个物种却都想利用其他物种的本能行为，正如利用其他物种较弱的身体构造一样。因此，有些本能就不能说是绝对完善的。但详细讨论这一点及其他类似之点，并无必要，这里可以省略不谈。

本能在自然状态下某种程度的变异，以及这些变异的遗传，这是自然选择作用所不可缺的条件。既然如此，我们便应尽量举出这些例子来。可是因为限于篇幅，不能如愿。我只能说明本能确有变异——例如迁徙的本能，不但它的范围和方向有变异，甚至可以完全消失。又如鸟类的巢亦是如此，可因所选择的地位，所居地方的性质和气候而发生变异，但往往还有许多原因，为我们所完全不知道的。奥杜邦先生曾举出好些显著的例子，就是同一种鸟类，在美国南北两地，所造的巢有所不同。有人曾问："本能既会变异，何以蜜蜂在蜡质缺乏的时候，没有被赋予使用别种材料的能力呢?"但试问蜜蜂能用什么样的自然材料来代替呢？我曾看到它们可以用加过朱砂而变硬的蜡，或加猪油而变软的蜡来进行工作。奈脱看到他的蜜蜂，并不勤快地采集野蜡，而取用他涂在脱皮树木上的蜡和松节油的胶合剂。最近又有人发现蜜蜂不搜寻花粉，而喜用一种绝不相同的物质，即燕麦粉。对任何特种敌害发生恐惧，无疑地是一种本能的性质，在巢中的雏鸟便是如此。然而这种恐惧心，可以由经验并因看到其他动物对于同样敌害的恐怖而加强。荒岛上栖息的动物对于人类的恐惧却是逐渐获得的，我在别处已经说明过。甚至在英国也可以看到这样的例子，就是一切大型的鸟类常较一般小鸟更易惊动，因为大鸟是最为人类所迫害的。我们可以稳妥地把大鸟之易受惊动，归于这个原因。因为在荒岛上，大鸟并不比小鸟更惧怕人类。又如喜鹊在英国很野，在挪威却很驯顺，有如小嘴乌鸦在埃及那样。

有许多事实，可以表明在自然状态下，产生的同类动物的精神能力是有很多变化的。还有若干事实，可以显示野生动物的偶然的、奇特的习性，如果对于物种有利，便能通过自然选择作用而发展为新的本能。我很清楚，这样浮泛笼统的叙述，若不详举例证，读者是不会产生深刻印象的。但是我只能重复我的保证：我不会说没有可靠根据的话。

在家养动物中习性或本能的遗传变化

在自然状态下，本能变异之有遗传的可能性，或者甚至确实性，将从有些家养动物的例子而增强我们的信念。我们由此可以看到，习惯和所谓自发变异的选择在改变家养动物的精神能力上所发生的作用。家养动物的精神能力变异之大，是大家知道的。以猫为例，有的自然地喜捉大鼠，有的好捕小鼠，而这些嗜好，大家知道是遗传的。据圣约翰说，有一只猫常把猎禽捕回家来，另一只则捕捉野兔或家兔，更有的却在沼泽地游猎，几乎每夜都要捕食丘鹬或沙锥之类。许多奇异而确实的例子，可以用来说明，性情和嗜好的各种不同状态（极奇怪的癖性也是如此），和某种心境或某一时期相结合，都是遗传的。试观察众所熟知的狗的品种的例子。虽是很幼小的向导狗，在初次带出去时，有时也能够引导甚至援助其他的狗。这样动人的例子，我曾亲眼看到过；拾猎狗（一种猎狗）咬物持来的特性，确实在某种程度上是遗传的。牧羊狗不跑在羊群之内而有在羊群周围环跑的倾向，大概也是遗传的。因为幼小动物不依靠经验，而做了这些动作，同时各个个体又做得几乎完全相同，并且各品种都很愿意去做，而不知其目的所在——幼小的向导狗并不知道它指示路径是在帮助主人，正如不知道菜粉蝶为什么要产卵在甘蓝的叶子上——所以我看不出这些动作在本质上和真正的本能有什么区别。如果我们观察一种狼，还在幼小而没有受过任何训练时，当它嗅到猎物，便停立不动，有如石像。然后又用特别的步法，慢慢地伏行而前；另一种狼，环绕着鹿群追逐，而并不直冲，以便驱赶它们到相当远的地点去。我们必然要把这些活动叫做本能。所谓家养下的本能（即是家养动物的本能），当然远不及自然本能那么固定。它们所受的选择，也远不严格，而且是在较不固定的生活条件下，在比较短暂的时间内被传递下来的。

当使用不同品种的狗来杂交时，便可很清楚地看出，这些家养下的本能、习惯和癖性等，是怎样强有力地遗传下去，并且它们混合得怎样地奇妙。把灵猩和哈巴狗杂交，前者的勇猛和顽固性可能被影响到许多代；把牧羊狗和灵猩杂交，会使前者的全族得到追捕野兔的倾向。用这样的杂交方法来试验时，这些家养下的本能和自然的本能相似，都能按照同样的方式奇妙地混合在一起，而且在一个长久的时期内表现出其祖代任何一方的本能的痕迹，例如勒罗亚记述过一只狗，它的曾祖父是一只狼，这只狗只有一点显示了它的野生祖先的痕迹，便是当被呼唤时它不是循直线地走向它的主人。

家养下的本能，有时被说成是完全由长期持续的和强迫养成的习惯所遗传下来的动作，但这是不正确的。从没有人会想到去教或者可能教过翻飞鸽去翻飞，据我的目睹，一些幼鸽从没有见过鸽子翻飞，却能做这动作。我们可以相信，曾经有过一只鸽子，表现了这种奇异习惯的微小倾向，以后在连续的世代中，经过对于最优个体的长期选择，乃成为像今日那样的翻飞鸽。据布楞脱告诉我说：格拉斯哥附近地方有一种家养翻飞鸽，一飞到十八英寸的高度，便要把头翻到踵。假使未曾有过一只天然具有指示方向的倾向的狗，是否会有人想到训练一只狗来指示方向，那是可怀疑的。我们知道，这种倾向，有时确见于纯种的狗中，我就曾看见过一次。这种指示方向的动作，正如许多人所设想的，大概只是准备扑击猎物时的一种停顿姿态的延长而已。当这种初期倾向一旦出现时，累代有计划的选择和强迫训练的遗传效果，便会很快地可以使这工作完成。并且无意识的选择，亦仍不断地在进行，因为每个人虽然本意不在于改良品种，但也都希望留养最可靠和最好的猎狗。另一方面，在有些情形下，光是习惯已足以使一种本能发达。难得有一种动物比幼野兔更难驯养的了，也难得有一种动物比幼家兔更易驯顺的了。但是我很难设想，对于家兔，只是为了驯服性，才往往被选择下来。因此，我们不得不承认从极野的到极驯的遗传性变化，至少大部分当归因于习惯和长期继续的严格圈养。

自然本能会在家养状况下消失，像有些家禽不常孵卵或从不孵卵，便是一个显著的例子。仅仅由于看惯了，所以使我们不觉得家养动物的心理变迁是怎样的巨大和持久。狗对于人类的亲昵已成为一种本能，是几乎无可置疑的。一切狼、狐、豺及猫属的各种，在驯养后多数仍喜攻击家禽及羊、猪等等。从火地岛及澳洲等地方带回来的小狗，养大后仍有这种倾向，无法除去。虽然这些地方的土人，并不饲养这些家养动物。在另一方面，我们的已经文明化了的狗，甚至在十分幼小的时候也没有必要去教它们不要攻击家禽和羊、猪等。当然它们也偶然有这样的举动，于是不免受到鞭打。如果还不改，它们就会被除灭。这样，习惯和某种程度的淘汰，通过遗传的作用，大概足以使我们的犬类失去野性。从另一方面讲，小鸡失去了对于猫和狗的畏惧心，完全是由于习惯了的缘故，那种畏惧心，原先无疑是本能的。据哈顿告诉我，在印度由母鸡抚养的原鸡的幼鸡，起初呈现很强烈的野性。在英国由母鸡抚养的小雉鸡，也是如此。但小鸡并非失去一切恐惧，而只是失去对于猫狗的恐惧而已。当母鸡嘎然一声，发出危急的警报，在它翼下的小鸡，尤其是小火鸡，便纷纷逃出，藏匿在附近的丛草或灌木丛间。这显然是一种本能的动作。正如我们在一般地面栖息的野鸟所看到的，这样可使母鸟便于飞逃。在家养状况下，小鸡虽仍保持有这种本能，但却已无用，因为母鸡的飞翔能力，早已因不使用而几乎失掉了。

由此我们可以断言，动物经家养后，可以获得新的本能，而失去了在自然状态中原有的本能，一部分由于习惯，一部分由于人类对于特殊的精神习性和动作，曾经累代不断地加以选择和积累。对于这种特殊的精神习性和动作，由于其最初出现，我们因为不了解，便说是出于偶然。在某些情形下，只是强制的习惯，已足以产生遗传的心理变迁。但在另外一些情形中，强制的习惯却又没有作用，而完全是由于有计划的及无意识的选择。不过以大多数的情形而论，习惯和选择大概是同时发生作用的。

特殊的本能

要透彻理解本能如何在自然状态下由于选择而起改变，不如举出几个例子加以考察。我在此仅拟选取三例，即：杜鹃在别的鸟巢内产卵的本能；某些蚁类的畜奴本能；蜜蜂筑房的本能。最后两种本能，在一切已知的本能里面，常常被自然学者很恰当地认为是最奇异的。

杜鹃的本能 据若干自然学者设想，杜鹃在别种鸟的巢内产卵的比较直接原因，是由于它们不是天天产卵，而是间隔两天或三天产卵一次。因此，它们若自己营巢孵卵，则最初产出的卵，必须等待一个时期才孵，或者在同一巢内将会有龄期不同的卵和小鸟。如果是这样，产卵和孵卵的过程便将很长而很不方便，尤其是雌鸟迁徙得很早，这样，最初孵出的小鸟，势必就要由雄鸟单独来喂养了。但美洲产的杜鹃就处于这样的情况，它能自己筑巢，而且要在同一时间内产卵并照顾相继孵化的幼鸟。有人说美洲杜鹃有时也在别的鸟巢内产卵，赞同和否认这种说法的都有。据艾奥瓦州麦利尔博士最近告诉我，他曾在伊利诺伊州看到一只小杜鹃连同一只小松鸦，同栖在蓝松鸦的巢内。两只小鸟几乎都已生满羽毛，所以不难辨别。我还可举出若干例子，以示各种不同的鸟类，也有偶然在别鸟的巢内产卵的。现在我们可以设想，欧洲杜鹃的祖先原具有美洲杜鹃的习性，并且它也偶然会在别鸟的巢内产卵。假如这偶然的习性，可以使该鸟提早迁徙，或者通过任何其他原因而有利于老鸟；或者，如果小杜鹃由于利用了别鸟的错误本能而得到孵育，并且较母鸟自己孵育来得更强壮——因为母鸟巢内有不同时期的卵和幼鸟，不免受累——那么，老鸟和被抚育的小鸟，都会得到利益。依此类推，我们可以相信这样育成的幼鸟，大概就会由于遗传，而具有母鸟的偶然而反常的习性，也要产卵在其他的鸟巢之内，使它们的幼鸟孵育得更为成功。如此继续进行，我相信便产生了今日杜鹃的奇异本能。最近阿多夫·穆勒更提出足够的证据，表明杜鹃有时在平地上产卵，并且自己孵卵，喂养雏鸟。这稀有的事实，也许是它们久已失去的造巢育雏的本能之重现。

有人曾提出异议，说我并未注意到杜鹃的其他的有关的本能和构造适应，说这些都必然是相互关联的。但在一切情形下，空论我们所知道的一个单独的种的一种本能是没有用处的，因为我们始终没有任何事实来做指导。直到最近，我们所知道的只有欧洲杜鹃和非寄生性美洲杜鹃的本能。现在，由于拉姆塞的观察，我们又得知三种澳洲杜鹃的本能，它们都是在别鸟的巢内产卵的。总之，关于此事，最主要的有三点：第一，普通的杜鹃，除了很少的例外，在一个巢内只产一个卵，这样可以使它的硕大而贪食的幼鸟，获得充分的食物。第二，它的卵显著地很小，和云雀的卵不相上下，而云雀的体形仅及杜鹃的四分之一。我们从美洲非寄生性杜鹃所产的十分大的卵的事实，可以推断，卵形小，实在是一种适应。第三，小杜鹃刚孵出后不久，便具有一种本能和力量，以及一种适当形状的背部，能把它的义弟兄挤出巢外，使它们冻饿而死。这曾经被大胆地称为一种仁慈的安排，使同巢的义弟兄在感觉未发展前死去，它自己却因此而得到充分的食物！

再谈澳洲的杜鹃，它们虽然通常在每巢内仅产一卵，但在同一巢内产两个或三个卵的情形也不少见。一种古铜色杜鹃的卵变异很大，长度可从八英分（一英寸的十二分之八）到十英分。产下甚至比现在更小的卵，如果对这杜鹃有利，因为可以使代孵的母鸟易于受骗，或者更有可能使孵卵的时期缩短（据说卵形的大小和孵卵期的长短有关），那么我们便不难相信，一个产卵愈来愈小的种或品种大概便会因此形成，因为小型的卵能够比较安全地被孵化和养育。拉姆塞先生谈及两种澳洲的杜鹃，当它们在没有掩蔽的鸟巢内产卵时，显然总是选择那种里面的卵的颜色和自己相似的鸟巢。欧洲的杜鹃显然也有与此相似的本能的倾向，但也有不少例外，它把阴暗而灰色的卵，产在具有鲜蓝绿色卵的篱莺巢内。假如欧洲的杜鹃老是不变地表现有上述的本能，那么这本能必然会和那些设想是必须共同获得的本能加在一起。据拉姆塞先生说，澳洲古铜色杜鹃的卵，颜色变化很大，关于这一点，正如卵的大小一样，自然选择大概已经把任何有利的变异保存并固定下来了。

关于欧洲杜鹃，在它孵出后的三天内，养父母的幼子一般都被挤出巢外，这时期初生的杜鹃还处于一种极羸弱的状态，所以古尔德先生以前认为，这种排挤的动作是养父母做的。但是现在他已得到了可靠的报告，有人实际看到一只小杜鹃尚未开眼而且甚至连头还抬不起来的时候，却能把它的同巢弟兄挤出巢外。这人把被挤出的一只小鸟再放进巢里，可是又被挤出。至于获得这奇异而可憎的本能的方法，如果这本能对于小杜鹃是十分重要（事实上大概如此），因为能使它在孵出后就得到充分的食料，我们便可理解在连续的世代中，这杜鹃就不难逐渐获得其盲目的欲望、力量和必要构造，使能实行排逐别种幼鸟的工作。因为凡是具有这种最发达的习惯和构造的幼杜鹃，将会最安全地得到养育。这种特殊本能的获得，第一步大概仅仅是一种无意识的不安静的举止，见于年龄及力气较大的杜鹃，其后经过逐渐改进，并且传递给比较幼小年龄的杜鹃。这情形是不难理解的，正如其他鸟类的幼鸟在孵出前获得破壳的本能；或者像欧文所说，幼蛇在上颌获得临时性的锐齿，以戳破坚韧的卵壳。因为如果身体的各部分可以在一切龄期中起个体变异，而这些变异，又在相当龄期中有被遗传的倾向——这是无可争辩的主张——那么，幼体的本能与构造，确和成体一样，必然会发生逐渐的改变。这两种情形一定是和整个自然选择学说存亡与共的。

牛鸟属是美洲鸟类中很特殊的一属，和欧洲的椋鸟相近似，它的某些种像杜鹃那样地具有寄生的习性，并且它们在完成自己的本能上表现出有趣的级进情况。据优秀的观察者哈德生先生说，一种叫褐牛鸟的，有时雌雄成群杂居，有时配偶成对。它们或自己造巢，或夺取别种鸟的巢，偶然也把被占巢内的雏鸟抛出巢外。它们或在据为己有的巢内产卵，或者很奇怪，在这巢的顶上为自己另造一巢。它们产卵后常自行孵育，不过据哈德生先生说，也可能偶有寄生的习性，因为他曾看到这个种的幼鸟，追随着不同种的老鸟，嘤鸣求食。另一种牛鸟，即多卵牛鸟的寄生习性，远较上一种为发达，但尚未到完善的地步。据知，这种牛鸟老是在别种鸟的巢内产卵。但值得注意的是，有时数只鸟会合造一个自己的巢，既不规则，又不整洁，而且安置在很不适当的地位，例如在大蓟的叶上；可是据哈德生先生所能确定的说来，它们从不会把自己的巢造完成的。它们往往在别种鸟的一个巢内产下这样多的卵——15 到 20 个——以致很少或简直没有会孵得出的。还有，它们有在卵上啄孔的特殊习惯，不论是自己产的或所占的巢里养父母的卵都被啄掉。它们还会把许多卵弄落在地上，而至于废弃无用。第三种北美牛鸟，即单卵牛鸟，却已具有像杜鹃那样完美的本能。它在别的鸟巢内产卵，从来不超过一个，因此幼鸟可得安全养大。哈德生先生是坚决不相信进化论的人，可是他对于多卵牛鸟的不完全本能，似乎大有感触，于是便引证我的话，并且问："我们是否必须把这些习性，认为不是天赋的或特创的本能，而是由于一种普通定律的小小结果，称为过渡?"如前所述，有各种不同的鸟类，偶然会在别种鸟的巢内产卵。这习性在鸡科内并非不普通，并且对于鸵鸟的奇特本能，由此多少可以得到启示。在鸵鸟科内，有好些雌鸟聚在一起，先产数卵于一个巢内，然后再产数卵于另一个巢内，孵抱的工作，则由雄鸟负担。这种本能可以用以下的事实来解释，即雌鸟产卵很多，而且如杜鹃一样，每隔两三天才产一次。然而美洲鸵鸟的本能和多卵牛鸟的情形相似，还未达到完善地步。因为它们把大量的卵散产在平地上，所以我曾有一天出去打猎，拾得这种遗散和废弃的卵不下 20 枚。

有许多蜂是寄生的，经常产卵在其他蜂类的窝内。这情形实较杜鹃更为特殊，因为不仅是它们的本能，而且它们的构造，都随着寄生习性而改变，它们已没有采集花粉的工具，为了贮藏食料，饲养幼蜂，这工具是必不可少的。形似胡蜂的泥蜂科，有几种亦是寄生的。法布尔最近指出，一种小唇沙蜂，虽然通常是自己筑窝，并且贮藏了一种麻痹了的捕获物以饲养幼虫，但也很有理由可以相信，它们遇到其他泥蜂已造成的并储有食料的巢时也会加以利用，而成为临时寄生者。这和美洲牛鸟或杜鹃的情形相似，只要对于该蜂有利，而同时被害的蜂类，不致因失去其窝与贮粮而绝种，我们便不难理解，自然选择就可以使这临时的习性变为永久的。

畜奴的本能　这种值得注意的本能，最初是由胡伯先生在红蚁内发现的，他是一位甚至比他的著名的父亲更为优秀的观察者。这种蚂蚁完全依赖奴隶而生活，要是没有奴隶的帮助，它们在一年之内就一定要绝种。雄蚁与能育的雌蚁都不会做任何工作，虽然工蚁即不育的雌蚁在掳掠奴隶时很是奋发勇敢，但也不会做其他工作。它们不会造自己的窝，也不会抚育自己的幼虫。当旧窝已不适用，不得不迁徙时，也得由奴隶决定，并实际上由奴隶们用它们的颚把主人衔走。主人们是这样地不中用，以致当胡伯将 30 只蚂蚁关在一处，与一切奴隶隔绝，虽然那里放入它们最喜爱的丰富食料，而且为了促使它们工作又放入它们自己的幼虫和蛹，但是它们竟仍不工作，甚至不能自行取食，有许多就此饿死了。胡伯先生随后将一奴蚁，即黑蚁放入，它便立刻工作，饲喂和拯救那些没有饿死的，并建造几间蚁房，照顾幼虫，将一切整顿得很有秩序。还有什么比这些确实有据的事实更奇异的吗？要是我们不知道任何其他畜奴的蚁类，实在不可能推想这奇异的本能，曾经是怎样演进到完善地步的。

另一种名叫血蚁的，亦由胡伯首先发现是畜奴的蚂蚁，英国南部便有这种蚂蚁。不列颠博物院的斯密斯先生曾观察过它的习性，对本题及其他问题承他给我许多资料，十分感激。我虽然完全信任胡伯和斯密斯两人的记载，但是我研究这个问题时仍抱着怀疑心情；像这样异乎寻常的蓄奴本能，任何人对它的存在有所怀疑都是会得到谅解的。因此，我拟稍微详细地谈谈我个人所作的观察。我曾掘开血蚁的巢穴，计有十四处，都有少数奴蚁在内。奴种的雄蚁及能育的雌蚁，都只见于它们自己固有的群里，在血蚁窝内是找不到的。奴蚁是黑的，身体尚不及它们红色主人的一半，所以两者外形的差异是大的。当它们的巢窝稍受惊扰时，这些奴隶们便不时出来，像它们的主人一样地骚动，一样地防护；如果巢窝大受破坏，暴露出幼虫和蛹，奴蚁便很出力地和主人一起工作，把它们迁移到安全的地方去。因此，很明显，这些奴蚁们是很安于它们的现状的。三年来每逢六、七两月，我总是去萨利及萨基克两地，观察好几个血蚁的巢窝，往往守候至数小时之久，但从未见有一奴蚁自一巢窝走出或进入。这两个月内奴蚁很少，因此我设想在奴蚁多的时候，情形当有不同。但斯密斯先生告诉我，他曾于五、六两月及八月间在萨利及汉普郡观察蚁窝，为时长短不等，虽然在八月中奴蚁为数很多，但也不曾见有奴蚁在血蚁的巢窝走进或走出，因此，他相信这种奴隶是专司家事的。至于它们的主人，却常常可以看到从窝外搬进营巢材料和各种食物。在 1860 年 7 月，我看到了一个奴蚁特别多的蚁群，并且看到有少数的奴蚁同它们的主人们混在一起离窝出去，沿着同一路途到离窝 25 码处，一同爬上一株高的苏格兰冷杉，大概是为找寻蚜虫或介壳虫之类。胡伯先生有过很多观察的机会，他说，在瑞士，奴蚁惯和主人共筑巢窝，早晚只有奴蚁们管理门户开闭。胡伯先生并明确说明，它们的主要职务是找寻蚜虫。这主奴两蚁在英、瑞两国具有不同的习性，大概是由于在瑞士被捕获的奴蚁数目比在英国为多的缘故。

有一天，我很幸运地看到血蚁迁居，看见主人们很小心地把奴蚁带在颚间搬运，真是奇观，并不像红蚁那样，主人需要奴蚁搬运。另一天，我又看到有 20 只左右的血蚁，在同一地点徘徊着，显然不是找寻食物，这引起了我的注意：它们迫近了一个独立的奴蚁群，但遭到了猛烈的抵抗；有时候有三头奴蚁揪住一个畜奴血蚁的腿不放。血蚁残忍地杀死了这些小抵抗者，把尸体带到 29 码远的窝内作为食料，但是它们被阻止而没有去掠取奴蚁的蛹来培育为奴隶。我于是就在另一个奴蚁的窝内，掘出了一小团蚁蛹，放在战场附近的空地上，它们即被这班暴主热烈地捉住并且立即拖走，暴主们也许以为终究在最近的战役中获胜了。

同时，我又把另一种黄蚁的一小团蛹，放在同一地方，这蛹团上还有几只附着在巢的破片上的几个短小的黄蚁。据斯密斯所述，黄蚁亦有时被用作奴蚁，即使很少如此。这种蚁的身体虽然这么小，却是骁勇异常，我曾看到它们凶猛地攻击其他蚁类。有一次，我很惊异地在石下发现一个独立的黄蚁群，处在惯于畜奴的血蚁窝的下面。这两个蚁群偶然被我翻动之后，小小的黄蚁便以惊人的勇气去攻击它们的体形大的邻居。当时我很想知道血蚁对于它们所常畜为奴的黑蚁的蛹与难得捕获的小型而勇猛的黄蚁的蛹，是否能加辨别。不料血蚁一见便能辨别，因为它们很迅速地捉住黑蚁的蛹，而碰到黄蚁的蛹，或者甚至黄蚁巢内的土块时，却显出惊惶的样子，回头疾走。但是，过了约一刻钟，待所有这些小黄蚁爬走之后，它们才鼓起勇气，把这些蛹带走。

一天傍晚，我去观察另一个血蚁群，看见它们正在归窝，携有许多黑蚁的尸体（可以看出不是迁居）和无数的蛹。循着这满载赃物的蚁队追踪过去，回头约40码远，到达一石南丛莽下，才看到最后的一只血蚁，衔着蚁蛹出来，可是这石南丛很密，找不到被蹂躏的奴蚁巢。这巢一定就在近旁，因为有两三只奴蚁，在这里来往，十分紧张，另有一只奴蚁，嘴里衔着自己的蛹，呆立在石南枝端，像是对着被毁的家而表现出绝望的样子。

这些都是关于畜奴的奇异本能的事实，无须我来证实。可以看出血蚁的本能习性和欧洲大陆上的红蚁比较，是怎样地不同。红蚁不会造窝，不能决定迁移，不为自己及幼蚁掠取食物，甚至不会自己取食，它完全依靠它的无数奴蚁而生活。反之，血蚁仅有很少的奴蚁，尤其在初夏时更少，它们自己决定筑巢的时间和地点，迁移时主蚁还把奴隶带走。不论在瑞士或英国，养育幼虫的工作，似乎都由奴蚁专管，主蚁单独出外进行掠奴。在瑞士，主蚁和奴蚁共同工作，共同制作及搬运筑巢的材料，主奴共同、但主要是奴蚁在照料它们的蚜虫，并进行所谓的挤乳；这样主奴都为本群采集食物。在英国，则主人们单独出外，采集建筑材料和食物，以供给它们自己、奴蚁及幼虫。所以在英国，奴蚁为主蚁所服的劳役，实较在瑞士的少得多。

关于血蚁本能的起源曾经过怎样的步骤，我不拟加以推测。不过据我所看到，便是不畜奴的蚁类，如果在它们巢旁散落有别种蚁的蛹，也会携入巢内。这种原是储作食料用的蚁蛹，可能在巢内发育生长。这样，由无意中养育的客蚁，便会按照它们的固有本能，做它们所能做的工作。如果它们的存在，对于捕获它们的蚁种确是有用的，如果掠捕工蚁比生育工蚁是更有利的，那么，这原是搜集蚁蛹供作食用的习性，便可经自然选择而加强，而且变为永久，以达到非常不同的畜奴目的。新本能一旦获得，则虽应用范围不广，甚至远不及英国的血蚁（如上所述，英国的血蚁受奴蚁的帮助，比瑞士的同种血蚁为少），但自然选择的作用便可能使它增进和改变（假定每一变异对于该物种都是有利的），直到成为像红蚁那样卑劣地依靠奴隶来生活的蚁种。

蜜蜂筑房的本能 我对于这问题不拟作详细讨论，仅把我所得到的结论，述其大概而已。凡曾看过蜂窝的，对于它的精巧构造如此美妙地适应于它的目的，除非笨人，谁不热诚赞赏！我们听到数学家说，蜜蜂已实际解决了一个深奥的数学问题，它们取最适当的形式建造蜂房，以耗费最小量而可贵的蜡质，达到收藏最大可能容量的蜜。曾有这样的说法，便是一个熟练的工人，用着合适的工具和计算器，也很难造成和真形相似的蜡房，但这却是由一群蜜蜂在黑暗的蜂箱内所造成的。不管你说这是什么本能，它们怎么能够造成所有必要的角度和平面，或者甚至它们怎样能觉察出它们是做得对的？初看起来，似乎是不可思议的。但是这种难点并不像初看来那么巨大。这一切美妙的工作，我想可以表明都是从几个简单的本能来的。

我对于这问题的研究，实由于华德豪斯先生的启发。华德豪斯曾指出，蜂房的形状和邻接蜂房的存在有密切关系。如下所述的意见，大概只可视为他的学说的修正。让我们看看伟大的级进原理，来窥测自然界是否给我们揭露它的工作方法。在一个简短系列的一端，是土蜂用它们的旧茧来贮蜜，有时加以蜡质短管，而且同样也会造成隔开而很不规则的圆形蜡房。在这系列的另一端是蜜蜂的房，双层排列的，如所周知，每一蜂房都是六面柱体，它的六边的底缘斜倾地联合成三个菱形所组成的倒锥体。这些菱形都有一定的角度，在蜂窝的一面，一个蜂房角锥形底面的三条边，正构成反面三个连接蜂房的底部。在这系列里，处于极完美的蜜蜂蜂房和简单的土蜂蜂房之间，又有墨西哥蜂的蜂房，胡伯先生曾经仔细地加以绘图和描述。这墨西哥蜂的身体构造，也介乎蜜蜂与土蜂两者之间，不过和后者更为接近。它能营造具有圆筒形蜂房而且相当整齐的蜡质蜂窝，在这些蜂房里，孵化小蜂，另有若干大型蜡质蜂房，用以储藏蜂蜜。这些大型蜂房接近球状，大小彼此几乎相等，聚合成不规则的团块。这里值得注意的重要一点，便是这些蜂房彼此造得很接近，要是完全成为球形，势必互相切断或穿通，可是事实上绝不如此，因为蜜蜂会在有相切倾向的球状蜂房之间把蜡壁造成为平面的。所以每一个蜂房，外面虽是圆球形，却因和两个、三个或更多的蜂房相连接，而有两个、三个或更多的平壁。要是它连着三个其他的蜂房，那么，由于各蜂房大小相等的缘故，它的三平面往往或必至合成为一个三边形的角锥体。正如胡伯所说，这角锥体分明与蜜蜂蜂房的三边角锥形底部相近似。并且任何蜂房的三个平面，也和蜜蜂蜂房的情形相似，必然成为所连接的三个蜂房的构成部分。墨西哥蜂用这样的营造方法，显然可以节省蜡，尤其重要的，是可以节省劳力。因为各蜂房间的平面壁并非双层，它的厚度和外面球形部分相等，然而每一个平面壁却构成了两个蜂房的共同部分。

考虑到这种情形，我觉得墨西哥蜂的球状蜂房，如果能造得彼此间距离一致，大小相等，而成为对称的双层，其结果必将构成为一完美的蜜蜂窝。于是我把这项意见，写给剑桥大学的米勒教授，承这位几何学者加以审查，认为下面的说明（根据他的指点而作的）是完全正确的。

假定我们画若干相等的球，它们的中心点都在两个平行层上；每一个球的中心点，和同层中围绕它的六个球的中心点相距等于或稍微小于半径乘$\sqrt{2}$，即半径乘 1.41421（或在更短的距离），并且和另一平行层上各连接球的中心点距离亦相等；这样，如果造成在这两层中连接球间的切面，其结果必形成为两层六面柱体，底面由三个菱形所组成的角锥体底部互相连合而成。这些菱形和六面柱体的边所成的角度，与经过精密测量的蜜蜂蜂房所得到的角度完全相等。但是据准曼教授告诉我，他曾就蜂房做过许多仔细的测量，发现蜜蜂工作的精确度，远不如人们所言之甚。不论蜂房的典型形状怎样，它的实现即使可能，也是很少见的。

因此，我们可以有把握地断定：如果我们能够把墨西哥蜂的不很奇异的已有本能，稍微改变一下，这种蜂便能造成像蜜蜂窝那样的异常完美的构造。我们设想墨西哥蜂有能力来营造真正球形并大小相等的蜂房，这是不足为奇的，因为它已经能够在一定程度上做到这一点。同时还有许多昆虫，也能在树干内造成何等完整的圆筒形孔道。这种孔道，显然是从一个固定的据点向周围旋转而成的。其次，我们得设想墨西哥蜂能把蜂房排列在平层上，它们的圆柱形蜂房就是如此排列的。最后，也是最困难的一点，就是我们还得设想它们已有若干判断能力，当数个蜂在一起营造它们的球状蜂房时，能够判断彼此间应该保持多少距离。但它们是已经能够判断距离的，它们老是把球状蜂房造得在一定的程度上彼此交切，然后把交切点用完全的平面连接起来。本来是并不十分奇异的本能——不见得比鸟类的筑巢本能更奇异——经过这样的变化之后，我相信蜜蜂通过自然选择就获得了它的难以比拟的营造能力。

这个理论，可以用实验来证明。我曾仿照泰盖迈尔的例子，把两个蜂窝分开，中间放了一块厚而长的长方形蜡板，蜜蜂便来蜡板上掘凿小圆形的凹孔。此等凹孔，经逐渐加深并加阔之后，便成为大体具有蜂房直径的浅盆形，看来恰像完全真正球状或者球体的一部分。最有趣的，是当数个蜂彼此挨近共同掘凿蜡板的时候，它们会在这样的距离间开始工作，使盆形凹孔在达到如上所述的宽度（即平常蜂房的宽度），并且在深度达到这些盆形所构成的球体直径六分之一的时候，盆的边缘便交切，或彼此穿通。这时它们便停止在深处掘凿，开始在盆边之间的交切处造起蜡质平壁，因此每一六面柱体，便在一个平滑浅盆的扇形边缘上建造起来，而不像普通蜂房建造在三边角锥体的直边上面。

我又把一块狭而薄的，具有像刀口那样边缘的蜡片，涂上朱红色，放入蜂窝之内，以代替以前所用的长方形厚蜡板。和上次一样，蜜蜂便立即在蜡片的两面开始掘一些彼此相接近的盆形小窝；但这次所用的蜡片是如此之薄，要是它们照旧挖掘同样的深度，这蜡片必致穿通到反面。可是它们并不会让这样的情形发生，它们在适当时候便停止开掘，因而所凿的盆形小窝不深，而形成平底。这些未经啮噬的朱红色蜡质所构成的平底，用我们的眼力来观察，其位置恰在蜡片反面的浅盆之间的想象上的交切面处。不过在蜡片两面的盆形小窝之间，所遗留的菱形板是有大有小的，可见在不自然状态之下，蜜蜂的工作不能做得十分精致。虽然如此，它们在红蜡片的两面，必须用几乎同样的速度把蜡质浑圆地啮去和挖深，才能恰在两对立盆间的切面上停止工作，而留下一片平底。

由于薄蜡片的柔软易曲，我想在蜡片两对面工作的蜜蜂，在咬蜡时不会有什么困难就能够觉察什么时候咬到适当的厚度，便停止工作。在普通蜂窝里面，我想蜜蜂在两对面工作，快慢不会总是完全相同的。我曾经看见一个刚开始营造的蜂房底部上的半完成的菱形板，这个板一面微凹，我想象是由于这面的蜜蜂挖得较快，它的另一面微凸，是由于在这面的蜜蜂工作较慢的缘故。在一个显著的例子里，我把这蜂窝重新放入蜂箱内，让蜜蜂继续工作，经短时后取出，却见这菱形板已经完成，并且已变成完全平的。这小板既是极薄的，把那凸起面咬去使之变平，实属不可能之事。我猜测这种情形，必是在反面的蜜蜂把凸出面加以推压所致，因为微温的蜡质很容易弯曲（我曾试验过，很容易做），不难推平它。

由朱红蜡片的试验，可见蜜蜂若为它们自己建造蜡质的薄壁，它们便彼此站在适当的距离，用同样的速度来挖掘大小相等的球体，永不让这些球体彼此穿通，这样就可以造成适当样式的蜂房。如果观察正在建造中的蜂窝的边缘，可见蜜蜂常绕着它们的蜂窝，先造成一堵粗糙的围墙或边缘，然后再把这围墙从两反面咬去，它们圆转着工作，而把每个蜂房加深。蜂房的三边角锥体的全部底面，不是同时造成的。通常最先造成的，是靠着正在扩大的一边的一块菱形板，或者先造两块，要看情形而异。菱形板的上部边缘，要到六面壁开始营造后，方得完成。这些叙述，和应享盛誉的老胡伯先生所讲的，有若干不同之处，但我相信其为确实，如果有篇幅，我可以说明这些事实是和我的学说相符合的。

胡伯的记述，说明第一个蜂房是从侧面相平行的蜡质小壁掘成的；就我所看到的，这一点并不完全确实。因为最初所做的总是一个小蜡兜，不过在此我不拟详述。我们已看到挖掘工作对于蜂房建造起着多么重要的作用；但如果设想蜜蜂不能在适当的地位——就是沿着两个连接的球形体之间的交切面——建造起粗糙的蜡墙，可能将是极大的错误。我有标本数件，明白指出它们是能够这样做的。甚至在环绕着建造中的蜂窝的粗糙蜡质边缘或围墙上，我们有时也可看到若干曲折，位置相当于未来蜂房的菱形底面。不过这种粗糙的蜡墙，总得要在两面把大部分的蜡咬掉，才能使面上修光。蜂的这种建造的方法是奇妙的，它们总是最初造成粗墙，要比最后完成的蜂房薄壁厚到10—20倍之多。要了解它们如何工作，可以设想建筑工人在起工的时候，首先堆成了一堵宽阔的水泥墙，然后再在近地基处，从两边削去相等的水泥，直到中间只剩一堵很薄而光滑的墙壁为止。同时这些工人把削下的水泥，向上堆积，又加新水泥于墙顶上。这样，这薄墙便逐渐地增高，但上面老是顶着厚大的墙盖。所以一切蜂房，不论刚开始营造的和已经完成的，都有这样一个坚固的蜡盖，蜜蜂可以在上面聚集爬行，而不致损坏薄的六面壁。据米勒教授代我度量的结果，蜂房壁的厚度差异很大：靠近蜂窝边缘处，度量了12次，得平均厚度为1/352英寸；菱形底板较厚些，与前约为三与二之比，21次度量的平均数是1/229英寸。上面所讲的奇异建造方法，可以使造成的蜂窝经久耐用，而又费蜡极少。

初看起来，因为有很多蜜蜂都聚集一起工作，要了解蜂房如何造成，似乎是更加困难了。往往一个蜜蜂，在一蜂房内工作了片刻，便又转到另一蜂房，所以如胡伯所说，甚至在开始建造第一个蜂房时，就有二十个左右的蜜蜂在工作着。我曾设法证实此事：用红色的熔蜡，很薄地涂在一个蜂房的六面壁的边上，或在建造中的蜂窝的围墙的极端边缘上。我总是发现这颜色被蜜蜂极细腻地分布开——细腻得就像画家用细笔轻描的一样——它们已将红色的蜡质，从原涂抹的地方，一点一点移去，放在周围蜂房正在建造的房壁上。这种建造的工作，在许多蜜蜂间好像有一种均衡的分配，它们都彼此本能地站在同样比例的距离内，大家先开掘大小相等的圆球，然后砌造（或者留下不咬）各球间的交切面。最奇异的是它们遇着困难的时候——比如两个蜂窝相遇于一角时——常常将已成的蜂房拆去，并用别种不同的方式来重建，但有时最后所造成的，还是和最初所拆去的一样。

当蜜蜂遇到了一块地方，在那里它们可以站在适当的位置进行工作，例如一块木片直接处于向下建造的蜂窝的中央部分之下，那么，蜂窝便必然要造在这木片的上面。在这情形下，蜜蜂便会筑起新的六面体的一堵墙壁的基础，突出于其他已经完成的蜂房之外，而把它放在完全适当的位置。只要蜜蜂彼此间所处的位置，及与最后所完成的蜂房之间的位置能保持适当的距离，然后由于掘造了想象的球形体，它们就能在两个邻接的球体之间造起一堵蜡壁来。但是据我所看到的，非到那蜂房及连接的几个蜂房都已大部造成，它们从不咬去和修光蜂房的角的。蜜蜂在某种情形下，能在刚开始营造的两蜂房之间，把一堵粗糙的蜡壁建造在适当位置上，这种能力是重要的。因为它关连到一项事实，初看似乎与上述理论相冲突：即在黄蜂窝里，最外边缘上的蜂房，有时亦是严格的六边形的。这里因限于篇幅，不能详述。我也不觉得由单独一只昆虫，例如黄蜂的后蜂，来建造六边形的蜂房会有什么大的困难，只要它在两三个同时动工的蜂房内外交互地工作，并且站的位置与开始建造的蜂房部分保持着适当比例的距离，掘造起球体或圆柱体，并且建造起中间的平壁。

自然选择的作用，既然仅在于构造上或本能上的微小变异的积累，而每一变异对于个体在其生活条件下都是有利的，那么我们可以有理由地问：蜜蜂的建造本能在变异中所经历的漫长而逐渐的阶段，一切都趋向于现在的完善状态，对于它们的祖先，曾起过怎样的有利作用？我想这是不难解答的：因为像蜜蜂或黄蜂所造的那种蜂房，既坚固，又节省了很多工力、空间以及蜂房的建造材料。我们知道，为了制造蜡质，必须获得足量的花糖，这对蜜蜂常常是很大负担。据泰盖迈尔先生告诉我，经过实验证明，一群蜜蜂要分泌一磅蜡质，须得耗费 12 至 15 磅干糖；所以一个蜂窝的蜜蜂，必须采集并消耗大量的花糖，才能分泌出它们造窝所必需的蜡质。在分泌蜡质的过程中，许多蜜蜂势必有许多天不能做工。大量蜂蜜的储藏，以维持大群蜂的冬季生活，是必不可缺少的；并且我们知道蜂群的安全，主要是依靠被维持的蜂的大量数目。所以，节省蜡质，便是大量地节省了蜂蜜和采集蜂蜜的时间，这必是任何蜂族成功的重要因素。当然，一个种的成功，有时亦视敌害或寄生物的数目，或其他十分不同的原因而定，这些都和它们所能采集的蜜量全无关系。但是让我们设想，采集蜜量的能力是能够决定，并且大概曾经常常决定于一种近似于土蜂的蜂类之能否在一个地方上大量存在。让我们再设想，这蜂群须度过冬季，因而必须预储蜜糖；在此情形下，对于我们所设想的这种土蜂，如果它的本能有点微小变异，使所造的蜡房彼此靠近而略相交切，必然是一种利益，是无可怀疑的。因为一堵公共的墙壁，即使仅连接两个蜂房，也将会节省少许劳力和蜡。所以蜂房如造得愈有规则，愈相接近，而集成一团，有如墨西哥蜂那样，则对于我们的土蜂亦必将愈来愈有利益；因为这样可使各个蜂房的墙壁有很大部分将会作为邻接蜂房的界壁，因而节省了很多的劳力和蜡。依同样的理由，要是墨西哥蜂把蜂房造得较目前更相接近，并且在任何方面都更为规则些，这对于它是有利的；因为这样，正如我们在前面已讲过的，将使蜂房的球面完全失去而代以平面，于是墨西哥蜂所造的窝便会达到蜜蜂窝那样完善的地步。但是到了这样完善的地步，自然选择便不能再有所改进，因为据我们所能看到，蜜蜂窝在经济使用劳力和蜡上，已到了最大的限度。

因此我相信，一切已知本能中最奇异的、像蜜蜂那样的本能，亦可以用自然选择的原理来解释；由于自然选择能利用蜂类历代相承的较简单本能的无数的细微变异，它曾经徐缓地愈来愈完善地引导蜂在两平行层上，掘造彼此保持一定距离的、大小相等的球体，并且沿着球体的切面挖掘和建造蜡壁。当然，蜂是不会知道它们自己是在彼此保持一定的距离间掘造球体，正如它们不知道六面柱体及底部菱形板的几个角有若干度一样。自然选择过程的动力，在于使蜂房造得坚固适当，形式和大小合适，以便容纳幼虫，尽可能节省劳力和蜡来使之完成。凡是一个蜂群，能够这样地以最少的劳力，并且在蜡的分泌上以最少的蜜的消耗来营造最好的蜂房，便能得到最大的成功，并且还会把这种新获得的节约本能，传递给新的蜂群，使它们在生存斗争中亦将有最优良的成功机会。

反对把自然选择学说应用在本能上的意见：中性或不育的昆虫

关于上面所讲本能起源的见解，有人曾经反对，认为“构造和本能的变异必定是同时发生的，而且是彼此密切协调的，否则一方面起了变异，另方面不立刻起相应的变化，必将引致不幸的后果”。这种异议的分量完全在于假定构造和本能的变化都是突然发生的。现以前面所谈到的大山雀为例，这鸟常在紫杉上用双足夹住种子，再用嘴啄取它的核仁。自然选择保存了一切有关嘴形的微小变异，使该鸟愈来愈适合于啄破种子，直到一种嘴的构成，像鸸嘴那样地适合于这种目的，同时它的习惯，或者强制行为，或者嗜好的自发变异，也使这种鸟逐渐变成食种子的鸟，关于这种解释，又有什么特别困难？这个例子是设想先有习性或嗜好的渐变，然后跟着由自然选择的作用，使嘴的形状有缓慢而协调的变异。可是我们如果设想大山雀的双脚，由于和嘴相关，或者由于其他任何未知的原因，而起了变异和增大，则此鸟因有较大的脚，将愈能攀爬，以至获得像鸸那样善于攀爬的本领和本能。这样的例子是设想构造的渐变，引起了本能习性的改变。再举一个例子：东方岛屿上的雨燕，完全用浓化的口涎来造巢，可说是一种少见的奇异本能。有的鸟类用泥土造巢，相信在泥土里混合着口涎。北美洲还有一种雨燕，用口涎粘着小枝造巢，有时甚至于用这种东西的屑片，这是我所亲眼看见的。这样，对口涎分泌愈来愈多的雨燕个体的自然选择，最后产生了一种新的雨燕，具有专用浓化的口涎造巢的本能，而放弃一切其他的材料，这难道是极不可能的吗？其他的情形何尝不是如此。不过在许多事例中，我们实在不能推测，究竟是本能还是构造先起了变异。

无疑地，有许多很难解释的本能，都可以作为反对自然选择学说的依据：例如有些情形，我们不明了本能是怎样起源的；有些情形，我们不知道有无中间阶段的存在；有些本能是这样地不重要，以致很难使自然选择对它们发生作用；还有些本能，与在自然系统上相距极远的动物的本能竟几乎相同，以致使我们不能用出自共同祖先的遗传来解释，只好认为是分别地通过自然选择而被独立获得的。我不拟把这些情形在此加以讨论，我将致力于说明一个特别的难点，这个难点我当初以为是解释不通，看作是我的全部学说的一个确实的致命伤的。我所指的就是昆虫社会中的中性的、不育的雌虫。因为这些中性虫的本能和构造，常和雄体及能育的雌体有着很大的差异，可是由于不育，它们是不能繁殖其类的。

这问题十分值得详细讨论，但这里只拟举出一例，即不育的工蚁。工蚁如何会变成不育的，是很难解释的，但也不比构造上任何别种显著变异更难于解释。因为可以指出，在自然界有某些昆虫和其他节足动物也会偶尔变为不育的。要是这种偶然不育的昆虫是营集体生活的，它们每年产出若干能工作、但不能生殖的个体是对社群有利的话，那么，我认为它们之可以通过自然选择而产生，便不会有特殊困难。但是我必须丢开这初步的难点不谈。最大的难点，是在于工蚁在构造上已与雄蚁及能育的雌蚁大不相同，如工蚁具有不同形状的胸部，没有翅膀，有时也没有眼睛等，而且具有不同的本能。单就本能而论，工虫和完全的雌虫间的奇异差别，蜜蜂可作为较好的例证。如果工蚁或其他的中性昆虫是普通的动物，我将毫不踌躇地设想它的一切性状，都是通过自然选择而逐渐获得的。这就是说，由于生下来的个体都具有微小而有利的变异，并传递给了后代，而这些后代又起变异，再经选择，这样持续不断地进行下去。可是工蚁的情形却又不同，它和亲体差异极大，但又完全不育，所以它绝不能把历代获得的构造上或本能上的变异传递给后代。因此，这种情形怎么能够与自然选择的学说调和，实在是一个问题。

首先，让我们记住，在家养生物及自然状态下的生物中，有无数的例子，说明了被遗传的构造的各种各样的变异，是和一定年龄或性别有关的。有的变异，不仅关联到某一性别，而且仅限于生殖系统的最活泼的那一短时期内，比如许多鸟类的婚羽及雄鲑的钩颌等都是。不同品种的公牛，经人工阉割后，角的形状甚至也表现出了微小的不同，例如某些品种的去势公牛，较一些其他品种的去势公牛，在和它们的同品种的公牛和母牛的角长的比较上，是具有较长的角的。因此，我觉得在昆虫社群里，某些成员的任何性状变得与它们的不育状态发生相关，并不存在多大的难点。难点在于理解这种构造上相关的变异，怎样经自然选择的作用而逐渐积累起来。

这种难点，虽然看来似乎不可克服，但是只要记住，选择作用不仅适用于个体，同时也适用于全群，而且会由此得到所需要的结果，那么这个困难便会减轻，或者如我所相信的，便会消除。养牛者希望得到一种牛，它的肉同脂肪相交织有如大理石的纹理。可是具有这样特性的牛已被屠宰了，但养牛者相信可以从这牛的原种育出，果然得到成功。这种信念亦根据于这样的选择力量上；只要注意选择什么样的公牛和母牛在交配后会产生最长角的去势公牛，大概便会获得经常产生异常长角的去势公牛的一个品种，虽然没有一头去势公牛是可以传种的。还有一个更好的确切的例子：据佛洛特说，一年生的重瓣紫罗兰的某些变种，经过了长期地和仔细地选择，到适当的程度，便可育成一个品种，所产的幼株，大部分开重瓣而不能生殖的花，但亦有具单瓣花而能结实的。这单瓣的紫罗兰花，即该品种所借以繁殖的，可以同能育的雄蚁和雌蚁相比拟，那不结实而重瓣的植株，可以与同群中的中性蚁相比拟。不论是紫罗兰的这些变种或社会性的昆虫，为了使选择达到有用的目的，不是作用于个体，而是作用于全群。于是我们可以得到一种结论，即构造或本能上的微小变异，和同群中某些成员的不育性相关联，证明是对于全群有利的，因此，那些能育的雌雄体得以繁生，而传递给他们能育的后代以一种倾向，使能产生具有同样变异的不育的成员。这样的过程必然重复过多次，直到同一种的能育的雌体和不育的雌体间产生了极大的差异，有如我们在许多种社会性昆虫所见到的那样。

但是我们还没有讲到难点的顶峰：就是有几种蚂蚁的中性体不但与能育的雌虫和雄虫有别，而且在它们彼此之间也有差异，有时甚至差异到几乎不能相信的程度，而可分别为两个或三个级。还有，这些级一般在彼此间没有渐进象征，却区别很明显，彼此区别有如同属中的任何两个种，或者还像同科中的任何两个属。例如厄西墩蚁的中性蚁有工蚁和兵蚁两种，它们的本能及大颚构造都大不相同；隐角蚁的工蚁中，只有一个级，在头上具有一种奇异的小盾，其作用不明。墨西哥壶蚁有一个级的工蚁，永不离窠，专靠其他级的工蚁喂养，它们的腹部发达得特别大，能分泌一种蜜汁，以代替蚜虫所分泌的东西，蚜虫可称为蚁牛，欧洲的蚁类常把它们看守和圈养起来。

当我不承认这些奇异而确定的事实即刻可以推翻我的学说，人们必然会想，此人对自然选择的原理未免太自信、太自负了。在比较简单的例子中，只有一个级的中性虫，我相信这种中性虫和能育的雌虫及雄虫之间的差别，是通过自然选择得到的。根据一般变异的类推，我们可以断言，那些连续的、细微的、有利的变异，最初并非发生在同一窝中所有的中性虫，而是仅限于某些少数的中性虫。其后，由于这样的社群——其中雌虫能产生最多的具有有利变异的中性虫——得能生存，因而才使一切中性虫最后都具有同样的特征。依此意见，我们便应在同一窝里面，会偶然发现那些呈现着各级构造的中性虫。这点，我们是确实看到的，而且也并不算少，因为在欧洲的中性昆虫是很少经过仔细研究的。斯密斯先生曾经指出，有几种英国蚂蚁的中性型彼此在体型大小方面，有时在色彩方面，差异非常之大，并且在两极端体型之间可由同窝内的一些个体连接起来。我亦曾亲自比较过这种完善的级进情形。有时可以看到，大型的工蚁或小型的工蚁占数最多，或者两者都占多数，而中间体型的却占极少数。黄蚁就有较大和较小的工蚁，而中间体型则很少。据斯密斯先生观察，黄蚁的大型工蚁的单眼虽小，但很明显，小型工蚁的单眼则发育不全。我曾取这种工蚁数只，经过仔细解剖研究，可以证明小型工蚁的单眼，确是发育很不全，并非因体型较小而照比例缩小的缘故。我虽不敢太肯定，但深信中型工蚁的单眼，恰恰处在中间的状态。所以在这例子中，同窝内有两群不育的工蚁，其体型大小既不相同，视官也有区别，而由少数具有中间状态的个体连接起来。现在我还可另外补充一点意见：假定较小型的工蚁对于蚁群用途最大，则凡能产生愈来愈多的较小型工蚁的雌蚁和雄蚁必将不断地被选择保存，直到所有的工蚁都具有那种状态为止。这样，就形成了这样一个蚁种，它的中性型几乎与褐蚁属的中性型一样。我们知道褐蚁属的工蚁，甚至连发育不全的单眼也已消失，虽然这个属的雄蚁和雌蚁仍有很发达的单眼。

再举一例：我一向很有信心地希望能有机会在同一种中不同级的中性虫之间，找出它们重要构造的中间阶段，所以我很高兴来利用斯密斯先生所提供的取自西非洲驱逐蚁的同窝中的许多标本。关于这些工蚁的差异量，我且不举实际测量所得的数字，而只是作一恰当的比喻，也许会使读者更易了解。这些差异，有如我们看到一群建筑房屋的工人，其中有许多人高 5 英尺 4 英寸，还有许多高 16 英尺，但是还须再假定那些大个子工人的头比起小个子工人的不止大三倍，却要大了四倍，它们的大颚则几乎大至五倍。在各种大小不同的工蚁间，这大颚不仅是形态悬殊，而且牙齿的形状和数目也相差很远。可是对我们最重要的事实，却在于这些工蚁，虽然可以依大小分成不同的级，但彼此是渐渐地级进，没有明显界限，就是它们的构造大不相同的大颚也是如此，因为卢布克爵士曾把我所解剖的几种大小不同的工蚁的大颚，用描图器逐一作图，故更属确实有据。培兹先生在他的有趣著作《亚马孙河畔的自然学者》里，也述及一些类似的情形。

根据摆在我们面前的这些事实，我相信自然选择，由于作用于能育的蚁，即它们的双亲，便可形成一个物种，或者专产体型长大，而具有一种特殊大颚的中性型；或者专产体型较小，而具另一种大颚迥然不同的中性型；或者能同时产生大小和构造很不相同的两种工蚁；最后的一点虽是最难了解，但在起始时必曾是一个连续的系列，有如我们在驱逐蚁的例子中所看到的一样，其后这系列上的两极端体型，由于生育它们的双亲得到生存，就被产生得愈来愈多，终至具有中间构造的体型不再产生。

华莱士和穆勒两先生曾对同样复杂的例子（动物的多型现象）提出了

类似的解释：华莱士所举的是马来亚的某些蝶类，经常呈现有两种或三种很不同的雌体；穆勒所举的是巴西的某些甲壳动物，也有两种大不相同的雄体。但这题材在此无须讨论。

现在我已解释了，如我所相信的，在同一窝内生存着两种截然分明的不育的工蚁——它们不但彼此之间，而且与父母之间都有很大的差异——这种奇异的事实是怎样发生的。我们可以看到，这种情形的产生对于蚁类社群是怎样地有用处，正如分工之对于文明人类的用处属于同样的原理。不过蚁类靠遗传的本能和遗传的工具或器官而工作，但人类却依赖学得的知识和人造的工具而工作。我必须承认，我虽深信自然选择的原理，但如果没有这种中性昆虫的事实，引导我得到这种结论，我绝不会料到这一原理竟是如此高度地有效。我对此事讨论稍多（虽然仍嫌不足），诚然是为了要指出自然选择的力量，同时也因为这是我的学说所遇到的最严重的特殊疑难。从另方面讲，这事实也很有趣，因为它证明在动物里，如同在植物里一样，任何量的变异，都可从积累无数的、微小的、自发的而且是任何稍微有利的变异而起，不必经过习练和习惯的作用。因为工蚁或不育的雌蚁的特别习惯，无论经历了怎样长的时期，也不可能影响到雄蚁和能育的雌蚁，而蚁群中只有它们能繁殖后代。我很奇怪，为什么至今没有人用这中性昆虫的明显例子，以反对拉马克所提出而为人们所熟知的“习性遗传”的学说。

小　结

我已设法在本章内简略地说明了家养动物的智慧性质有变异，并且这些变异是可以遗传的；我又试图更简略地说明本能在自然状态下，也能起轻微的变异。本能对于任一动物有极重大的重要性，这是没有人会争论的。因此，在变化的生活条件下，自然选择把任何稍微有用的本能上的微小变异，积累到任何程度，并不存在什么真正的疑难。在许多情形下，习惯或者使用和不使用，大概也起了作用。我不敢说本章所举的事实足以使我的学说充实很多，但是依我所能判断，这些困难的事例，没有一点是可以推翻我的学说的。在另一方面，本能也不总是绝对完美的，而是不免有错误。虽然本能有时可以被其他动物所利用，但绝没有专为其他动物的利益而产生的。自然史上的老格言“自然界没有飞跃”，可以应用于本能，就像应用于身体构造一样，根据上述见解，这格言便可明白解释，否则就不能解释。凡此一切事实，都与自然选择学说相符合。

还有几点有关本能的事实，也可以加强这个学说：例如许多很接近而不相同的物种，生长在世界上距离遥远的地方，生活在迥不相同的生活条件之下，都常保有几乎相同的本能这一普通的事实。例如，根据遗传的原理，我们可以理解，为什么南美洲热带地方的鸫，会和英国的鸫一样地奇特，在巢的里面糊了一层泥；为什么非洲的犀鸟和印度犀鸟，具有同样的奇异本能，用泥把树洞封住，把雌鸟关闭在里面，在封口处只留一个小孔，以便雄鸟从这个孔来饲喂雌鸟及已孵出的幼鸟；为什么北美鹪鹩和欧洲鹪鹩一样，都由雄鸟建巢（所谓“雄鸟巢”），以便在里面栖宿——这习性和一切其他已知的鸟类完全不同。最后，这也许是一种不合逻辑的推理，但是依我想象，这样的看法将会令人更加满意，即把这些本能，像小杜鹃的排斥同巢幼鸟，蚂蚁的畜奴，姬蜂幼虫之寄生在活的毛虫体内等等，不看作是天赋的或特创的本能，而认为是一条引导一切生物发展——就是繁殖、变异，让最强者生存和最弱者死亡——的一个普遍规律的小小结果。

第九章

杂交现象

初次杂交不育性与杂种不育性的区别——不育性具有种种不同的程度，它并非普遍的，近亲交配对于它的影响，家养把它消除——支配杂种不育性的定律——不育性不是一种特别的禀赋，而附随于不受自然选择积累作用的其他差异而起——初次杂交不育性及杂种不育性的缘由——变化了的生活条件的效果和杂交的效果之间的平行现象——两型性和三型性——变种杂交的能育性及其所产混种后代的能育性并非普遍——除能育性外亲种与混种的比较——小结

自然学者们常有一种见解，以为一些种的杂交，自会有天赋的不育性来阻止它们互相混淆。这种见解初看起来似乎很确实，因为如果物种能自由杂交，必将使在同地生活的种类几乎不能够保持区别。这个问题从多方面讲，对于我们都是重要的，尤其是因为初次杂交的不育性以及杂种后代的不育性（我以后将要说明），并不能由各种程度的连续的、有利的不育

性的保存而获得。不育性是杂种生殖系统中所发生的一些差异的一种偶然结果。

在论述这个问题时，两类基本上大不相同的事实是常常混淆着的，这便是不同种在初次杂交时的不育性，和它们产出的杂种的不育性。

纯粹的种，当然具有发育完全的生殖器官，可是异种杂交，却不能产生子代，或产生很少的子代。另一方面，杂种的生殖器官在功能上是有缺陷的，这可从植物或动物的雄性生殖质的状态中看得很明显，虽然它们的生殖器官本身，在显微镜下看来，构造上仍然是完全的。在第一种情形下，那构成胎体的雌雄性生殖质是完全的；在第二种情形下，它们不是完全没有发育，便是发育得不完全。这种区别，当我们考虑到上述两种情形所共有的不育性的原因的时候，是至关重要的。由于把两种情形的不育性看作是一种特别的禀赋，出于我们的理解能力之外，所以这种区别大概就要被忽视了。

就我的学说而论，变种（即我们所知道或认为是从共同祖先所传下的类型）杂交的能育性，以及它们所产混种的能育性，与物种杂交的不育性有同等的重要性。因为变种和种之间，由此似可得到广泛而明确的区别。

不育性的程度

现在先谈物种杂交的不育性以及它们所生杂种的不育性。科尔勒托和革特纳两人，几乎用毕生的力量研究这个问题，他俩都是忠实可敬的观察家。凡是读到他们的几篇专著和报告的，没有不深切地感觉到某种程度的不育性的高度普遍性。科尔勒托把这个规律普遍化了。可是在十个例子中，当他发现有两个类型，虽然曾被大多数学者认为不同的种，在杂交时却很是能育的，他就采取极其果断的方法，毫不犹豫地把它们列为变种。革特纳也把这个规律同样地普遍化了，并且他对于科尔勒托所举的十个例子的完全能育性有所争辩。但是在这些以及其他的许多例子中，他不得不谨慎地去计算种子的数目，为的是要看其中有任何程度的不育性。他常把两个种初次杂交所得种子最多的数目，以及它们的杂种所产生种子的最多数目，和两纯粹亲种在自然情况下所产种子的平均数相比较。但是这样会产生严重的错误：凡要进行杂交的一种植物，必须截去雄蕊，而更重要的是必须将它隔离，以避免昆虫从其他植物传递花粉。革特纳所做实验的植物，几乎都是盆栽的，放在他的住宅的一间房内。这些做法，对于植物的能育性常有损害，是无可置疑的。因为据革特纳表上所列约20种植物，经阉割后用它们自己的花粉进行人工授精（除去一切难施手术的如豆科植物之外），倒有半数植物在能育性上受到了某种程度的损害。革特纳又把某些植物，如普通的红花的及蓝花的海绿，这些曾被权威植物学者们认为是变种的，反复地进行杂交，并且发现它们都是绝对不育的。所以对于许多物种在杂交后是否像他所相信的那样真正地如此不育，值得怀疑。

事情确是这样的：从一方面讲，不同种杂交的不育性，在程度上是这样地不相同，而且是这样不易觉察地逐渐消失；另一方面，纯种的能育性，是这样地容易感受各种境况的影响，以致为着实践的目的，很难说出完全能育性与不育性之间的界限究在哪里。关于这一点，我想，最好莫如以科尔勒托和革特纳两先生的事例为证，这两位最有经验的观察家，对于某些完全一样的类型，曾得到正相反的结论。又如关于有些可疑的生物之应列为种或变种的问题，试将当代第一流植物学者们所提出的证据，和不同的杂交工作者从能育性推论出来的证据，或同一观察者从不同年代所得实验结果中推论出来的证据加以比较，也是很有启发意义的。可惜这里因篇幅有限，不能详论。但由此可以表明，无论不育性或能育性，都不能在变种与种之间提供任何明确的区别。从这方面得来的证据逐渐减弱，并且正如从其他体质上和构造上的差别所得出的证据那样地可疑。

关于杂种在历史中不育性的问题，革特纳虽曾谨慎地防止一些杂种与任一纯亲种杂交，能够把它们培育到六代或七代，在一个例子里甚至到十代，但是他肯定地说，它们的能育性不但没有增高，而一般却大大地或突然降低了。关于这降低的情况，首先可注意的是，凡双亲在构造上或体质上共同出现偏差时，必常以扩增的程度传递于后代；而杂种植物的雌雄两性生殖质，也已在某种程度上受到影响。但我相信几乎所有这些例子中，能育性的减低，当从另外一种原因而起，就是过于亲近的近亲交配的缘故。我曾做过许多实验，并且搜集到许多事实，足可表明：一方面，若偶尔与一个不同的个体或变种交配，固能增强后代的生活力及能育性；在另一方面，很亲近的近亲交配，却能使后代的生活力和能育性减低；这个结论的正确性，当无可疑。实验者们很少培育出大量的杂种；并且因与它们的余种或近缘杂种，通常同植于一园之内，故在开花的时节，必须防止昆虫的传粉；所以杂种如独植一隅，每代一般地便由同花的花粉而授精，它们的能育性既已由于原为杂种而减低，因此可能更受损害。革特纳常常提到一项引人注意的叙述，可使我这种信念更加增强。他说，对于甚至能育性较低的杂种，如果用同类杂种的花粉进行人工授精，虽常受由手术所带来的不良影响，有时却使能育性有决定性的增高，而且继续不断地增高。据我自己的经验，在施行人工授精时，异花的花粉和同花的花粉同样频次地都有被偶然采取的机会，所以两朵花，虽然大概常是属于同一植株上的两朵花的交配，就这样进行了。还有，像革特纳那样地谨慎小心，在做复杂的实验时，必然把杂种的雄蕊去掉，这就可以保证该杂种每代都和由不同花而来的花粉交配，这不同的花或者是在同一植株，或者来自同样杂种性质的另一植株。所以这奇异的事实，即人工授精可使杂种的能育性历代增高，而与自发的自花授精的杂种正相反，我相信是由于避免了过于亲近的近亲交配的缘故。

第三位最有经验的杂交工作者是赫倍托牧师，现在让我们谈一谈他所得到的结果。赫倍托认为若干杂种实是完全能育的，和纯粹亲种同样地能育。他坚持这个结论，正如科尔勒托和革特纳强调异种杂交存在着某种程度的不育性是自然界的公理一样。他所试验的植物，有几种和革特纳所用的完全相同，但是结果不同。我想一部分的原因是由于赫倍托极擅长园艺技术，并且又备有温室的缘故。在他的许多重要的记载中，我现在仅举出其中一项为例，他说：“长叶文殊兰的荚内的各个胚珠授以线叶文殊兰的花粉，都可授精而产生一个在它的自然授精的情况下我所从未看见过的植株。”所以在这个例子中，两个不同的种初次杂交，便会得到完全的或者甚至比普通更完全的能育性。

这文殊兰属的例子，却使我想到另一桩奇异的事实：就是半边莲、毛蕊花和西番莲等属内有若干种的植物，异种的花粉容易使之授精，但同株的花粉却不易使之授精（虽然这同株植物的花粉，可以使别株或别种植物授精，证明它是十分健全的）。在朱顶红属，在希得白朗教授所举的紫堇属及在斯考脱与穆勒两人所说的许多兰科植物中，一切个体都有这种特殊的情况。所以有的种只是一些反常的个体，有的种却是一切个体实际上都能产生杂种，反远较同株授精为易。现举一个例子：朱顶红的一球茎上产花四朵，赫倍托使其中三朵用同花花粉授精，其余一朵用一种复杂的杂种花粉授精，这杂种是从三个不同种杂交后所传下来的，结果“前三花的子房不久便停止发育，数日后且完全枯萎，但是从杂种授精的荚果，却强壮地生长，而且迅速地达到成熟期，结下佳良的种子而易于发育。”赫倍托多年来曾做过许多类似的实验，都得到同样的结果。此等事实表明，一个种能育性的高低。有时却视微细而不可思议的原因而定。

园艺家的实地试验，虽然缺少科学的精确性，但也值得注意。天竺葵、倒挂金钟、蒲包花、矮牵牛及杜鹃花等属内的各种之间，曾经进行过极复杂的杂交，所产的杂种很多都能自由地结实。例如赫倍托曾肯定地说，蒲包花属内的灌木蒲包花和对花蒲包花两种，一般习性差异很大，但所生的杂种，却能健全繁殖，就好像是来自智利山上的一个自然物种。我曾费相当力量，来探究杜鹃花属的若干复杂杂交的能育性的程度；我可以确定地说，它们很多是完全能育的。诺勃尔先生告诉我，他曾为了接枝之故，栽培了两种杜鹃花（小亚细亚杜鹃花和加罗林杜鹃花）的杂种作为砧木，结果这杂种“结实自如，就像我们所可能想象的那样”。要是杂种在正当处理下，每历一代，能育性总是不断地减低，像革特纳所相信的那样，那么这一事实也必为育苗家所注意到。园艺家常把同一杂种，培植在广大的园地上。这才是真正所谓正当的处理，因为这样可以借昆虫的媒介作用，使若干个体自由交配，因而避免了亲近的近亲交配的有害影响。只要观察一下那些比较不育的杜鹃花属杂种，它们的花朵内不产花粉，但在雌蕊柱头上却可以发现有从其他花带来的大量花粉，由此可见昆虫传粉作用的效力，任何人都会信服。

动物方面所进行的仔细实验，远较植物为少。如果我们的分类系统是可靠的，就是说，假如动物的各属彼此之间的区别，就像植物各属之间的一样分明，那么，我们可以推论出在自然系统上亲缘较远的动物，实较植物更易杂交。不过我想所生杂种本身的不育性也更大。然而应当记住，由于很少动物能够在豢养状态下自由生育，因此很少进行过很好的实验。例如有人曾把金丝雀跟九种不同的雀杂交，可是这几种雀，没有一种是能在豢养之下自由生育的，所以我们就不能期望它们的初次杂交，或产出的杂种是完全能育的。其次，就较能生育的杂种动物在连续世代中的能育性而论，我也不知道有这样的例子，就是从不同父母，曾经同时培育出同样杂种的两个家族，以避免亲近的近亲交配的恶劣影响。相反地，动物的兄弟姊妹，常在每个相承世代中互相交配，以致违反了一切育种家反复不断地所提出的告诫。在这种情形下，杂种固有的不育性会逐渐增高，是完全不足为奇的。

我虽不能举出十分可靠的例子，以说明动物的杂种，确是完全能育的，可是我有理由相信两种鹿和两种雉的杂种，是完全能生育的。卡得法奇说，他在巴黎曾证明两种野蚕蛾的杂种，自行交配至八代之久，仍能生育。最近又有人证实，像野兔与家兔这样不同的种，若使它们交配就会产生子代，再将子代与任一亲种交配，都是高度能育的。欧洲的普通鹅与中国鹅是如此不同的两种，通常放在两个不同的属内，它们的杂种，在英国，和任一纯粹亲种杂交，常是能育的。并且在一个仅有的例子中，杂种自行交配，也是能育的。这是伊登先生所做的实验，他从同一父母的不同孵抱中，育出了两只杂种鹅，从这两只鹅又育出一窝八只杂种（是当初两纯种鹅的孙代）。在印度，这些杂种鹅一定更是能育的。据两位有高超能力的评判员勃里斯和哈顿大佐告诉我，这样的杂种鹅在印度各地，成群地被饲养着。因养鹅是赢利的，在印度又无纯种鹅类存在，可知这杂种必定是高度地或者完全地能育。

至于我们的家养动物，不同品种互相杂交，都是很能育的，可是这些品种，有许多是从两个或两个以上的野生种传衍而来的。从这个事实，我们得出结论，便是：或者那些原始的野生亲种开始便能产生完全能育的杂种，或者杂种以后在家养状况下变成能育的。后一种情况是巴拉斯最初提出的，似乎是最可能的，很少需要怀疑。例如，我们所养的狗，几乎可以确定是从几种野生祖种传下来的，可是除了某些南美原产的家狗可能是例外，所有家狗彼此交配都是很能育的。但类推起来，便使我大大怀疑这些野生的祖种是否在最初曾经自由杂交，而且产生了很能育的杂种。最近我得到了一种确实的证据，即印度瘤牛与普通牛所产出的杂种，互相交配是完全能育的。这两种牛，据吕提梅叶先生研究，骨骼上是有重要差别的，又据勒里斯观察，习性、声音及体质等等也各有差异，所以必须视为真正不同的种。家猪的两个主要品种，情形也与此相类似。由此而论，我们对于异种杂交时的普遍不育性的信念，如果不放弃，便当承认这不育性在动物方面，并不是一种不可消除的性质，而是可以在家养状态下消失的。

最后，就一切有关动物和植物杂交的确定事实而言，我们可以得出结论：初次杂交及所产杂种之具有某种程度的不育性，是一种极寻常的结果。但根据我们目前的知识，却不能认为是一种绝对普遍的现象。

支配初次杂交及杂种不育性的定律

我们现在拟把支配初次杂交及杂种所具不育性的定律，稍加详论。我们的主要目的，是要看这些定律是否表明了物种是特别赋有这不育的性质，以阻止它们互相杂交而混淆不分。下面的结论，大都从革特纳的可称赞的植物杂交著述中摘出来。我曾费了不少心力来推断，这些结论在动物方面，究竟能达到什么程度；因目前关于杂种动物的知识很缺乏，所以我很觉惊异，同样的规律竟是如此普遍地适用于两个生物界的。

上面已经讲过，初次杂交和杂种的能育性程度，是从零度起逐渐级进到完全能育。这种逐渐级进的情形可由很多奇妙的方式表现出，是令人惊奇的。但在此只能略述事实之大概而已。如果某一科植物的花粉放在另一科植物的雌蕊柱头上面，其所发生的影响则与无机的灰尘无异，这是能育性的绝对零度。从此零度起，由不同种植物的花粉放在同属异种的柱头上，可以产生数量不同的种子，形成一全套的阶段，直到几乎十分能育甚或完全能育；在某种异常情形下，我们曾经见到过它们甚至有过度的能育性，超过用自己花粉所能产生的能育性。在杂种也是如此，有的杂种甚至用纯粹亲种的花粉来授精，从来没有产生过、大概永远也不能产生出一颗能育的种子。可是在这类例子之中，也有呈现能育性的最初痕迹，例如使用某一纯粹亲种的花粉，可以使杂种的花比起未经如此授粉的花枯萎较早。大家知道，花的早萎是初期授精的一种征兆。由此种极度的不育性起，我们有了能自行交配的杂种，产生愈益增多的种子，直到具有完全的能育性。

凡是两物种，彼此很难杂交和彼此杂交后又很难产生任何后代的，一旦产出杂种，一般是很不育的；但是初次杂交的不育性和杂种的不育性，这两项事实（一般人常不加分别）的平行性，并非绝对。有许多例子，如在毛蕊花属植物，两个纯种能够非常容易地杂交，并产生大量的杂种后代，可是这些杂种是显著不育的。另一方面，也有很少或者极难杂交的物种，要是最后能产出杂种，却是很能育的。甚至在一属之内，如石竹属，这两种相反的情形都存在。

初次杂交的以及杂种的能育性，较之纯粹物种，更易受不良条件的影响。不过初次杂交的可育性本身也有变异：两个同样的种，在同样的情形下进行杂交，它们能育性的程度并不总是一样，这还和实验时恰巧所选用的个体的体质有部分关系。杂种的能育性也是如此，同一蒴果内的种子，在同样条件下培育出的个体，它们能育性的程度却常有很大的差异。

所谓分类系统上的亲缘，是指物种之间在构造上和体质上的一般类似性。物种初次杂交的以及所产杂种的能育性，大概视它们的亲缘关系而定。一切被分类学者列为不同科的种，从没有产生过杂种。反之，密切近似的物种，通常容易杂交，这就明白地指出了上述一点。可是，系统的亲缘关系和杂交的难易之间，又不一定有严格的关联。有许多事实可以指出，非常密切近似的种，并不能杂交，或者仅是极难杂交；在另一方面却有不同的种，却能极其容易地杂交。在同一科之内，也许有一个属，如石竹属，在这一属内有许多极其容易杂交的种；又有一属，如麦瓶草属，其中虽极其接近的种，用尽种种方法进行杂交，但却不能得到一个杂种。甚至在同一属之内，也可以遇见同样的不同情形，例如烟草属内有许多种，彼此能广泛地杂交，为其他任何属所不及；但革特纳发现一种名叫尖叶烟草的，虽然不是一个特异的种，却极难杂交，曾用烟草属内其他八个种来试验，它顽固地不能授精，也不能使其他物种授精。这种类似的例子可举的还很多。

就任何可以辨认的性状而言，没有人能指出，究竟是什么种类的或什么数量的差异，足以妨碍两个物种杂交。可以指出的是，即使习性和一般外形很不相同的植物，而且在花的各部分，甚至连花粉、果实以及子叶等等都具有极显著差异的植物，都能够杂交。一年生植物与多年生植物，落叶树与常绿树，生长在不同地点而且适应于极其不同气候的植物，也常是容易杂交的。

两个种的互换杂交——例如先以雌驴和雄马杂交，再以雌马和雄驴杂交——在进行互换杂交的难易上，常有极大可能的差异。这样的情形很重要，因为由此可以证明，任何两个种的杂交能力，常和它们在系统上的亲缘关系完全无关。换句话讲，除了生殖系统之外，是和它们构造上或体质上的任何差异无关。相同的两个种之间的互换杂交所得到的不同结果，已早经科尔勒托所观察到。试举一例：长筒紫茉莉的花粉很容易使紫茉莉授精，所生的杂种也具有足够的能育性；但是科尔勒托曾在八年中连续试验二百多次，想用紫茉莉的花粉，使长筒紫茉莉授精，却完全失败。还有几个其他同样显著的例子，可以举出来。图雷在某些海藻，即墨角藻属中，曾观察到同样事实。革特纳先生发现互换杂交之稍有难易不同，是极平常的事。他甚至在亲缘相似的植物，像两种欧洲紫茉莉，被许多植物学者所认为变种的，也曾观察过这种现象。还有一点值得注意的，便是互换杂交所生的杂种，当然都是由两个完全相同的种混合而来的（不过一个种初用作父本，后用作母本），它们在外部性状上虽然少有差别，但是它们的能育性，却常稍微不同，有时且有很大的差异。

从革特纳的著述中，还可举出别的奇异的规律：例如，某些种特别能和其他的种杂交；同属内的其他种，则又特别能使所生的杂种后代和它自己相似。但是这两项性质，不一定是彼此伴随在一起。有的杂种，不像一般之具有两亲种之间的性状，而总是同双亲种的一方很相似；这类杂种，虽然在外观上很像纯粹亲种的一方，但除了极少数例外，都是极端不育的。在通常具有两亲种之间的中间构造的一些杂种之中，有时会出现例外的和异常的个体，独与纯粹亲种之一极相似。这些杂种几乎都是极端不育的，虽然从同一蒴果内的种子培育出的其他杂种，却有很高程度的能育性。这些事实可以表明，一个杂种的能育性，跟它在外观上是否与任一纯粹亲种相似，是完全没有关系的。

综观上面所讲的关于支配初次杂交的以及杂种的能育性的几项规律，我们可以看出，当必须看作是真正不同的物种的那些类型进行杂交时，它们的能育性是从零度逐渐到完全能育，或者在某些条件下，甚至可以有过度的能育性的。它们的能育性，除了很容易因环境条件的好坏感受影响之外，又能发生内在的变异。初次杂交的以及由此所产杂种的能育性，在程度上并非总是相同的。杂种的能育性，和它在外观上与任何一亲体的相似程度，并无关系。最后，任何两物种之间的初次杂交，其难易也不总是受它们的系统上的亲缘关系或者彼此的类似程度所支配。关于最后一点，从相同的两个种互换杂交后所得结果的不同，即可证明。因为以任何一种用作父本或母本，对于杂交的难易，大概总有多少不同，有时且有最大可能的差异。还有，从互换杂交所生出的杂种，能育性也常有差异。

这许多复杂而奇妙的规律，是否表示物种有天赋的不育性，仅仅为着防止它们在自然界中互相混淆呢？我想并不是这样的。因为如果如此，我们就必须设想，避免混淆，对于各个不同的物种应有同等的重要性，为什么各个不同的物种杂交后的不育的程度，竟会有如此极端的差别呢？为什么同一种的一些个体间不育的程度，还有内在的变异呢？为什么有的种很易杂交，却生出很不育的杂种，而有的种极难杂交，却又产出很能育的杂种呢？为什么在互换杂交中，同是这两物种，却常得到大不相同的结果呢？我们甚至可以问，为什么会允许有杂种的产生？既给物种以产生杂种的特殊能力，却又使它们具有各种不同的不育程度，以阻止它们进一步的繁殖，并且这种不育程度，又和初次杂交的难易并无多大关联，这似乎是一种奇异的布置。

相反地，上面所讲的规律和事实，在我看来，明白地表示初次杂交的和杂种的不育性仅是附随于，或者是决定于它们的生殖系统中未知的差异。这些差异具有如此特殊的和严格的性质，以致在相同的两个种互换杂交中，一个种的雄性生殖质，虽常很容易使另一个种的雌性生殖质起作用，但在相反的方面却又不能。最好是举一例，稍详细地说明我所谓不育性是附随于其他差异而起，而不是一种特赋的性质。例如一种植物，能嫁接或芽接到其他植物体上，这对于它们在自然界中的利益来说，并不重要。所以我想绝没有人会设想，这是一种特赋的性质，而应承认这种可以嫁接的能力是附随于这两种植物生长律上所发生的差异的。我们有时可以看出，何以一种植物不能嫁接在另一种植物上？这是因为树木生长速率的不同，木质硬度的不同，树液流转的时期和树液性质有所不同等等。可是在许多情形下，我们却又不能举出任何的原因。两种植物大小悬殊，一种是木本，一种是草本，一种是常绿的，一种是落叶的，而且适应于大不相同的气候，并不常常妨碍这两植物的接枝。杂交的能力是受系统上的亲缘关系所限制的，嫁接也是如此。因为还没有人能够把十分不同科的树嫁接在一起。反之，密切近似的种或同种内的变种，通常均易嫁接，虽不一定总是这样的。不过，嫁接的能力，也并非绝对受系统上的亲缘关系所支配，这又和产生杂种的情形相似。虽然同一科内的许多极殊异的属，可以接枝，但是在另外一些情况下，同属内的一些种，反不能彼此嫁接。例如以梨树接于不同属的榅桲树上，反远较接于同属的苹果树上来得容易。甚至梨的各种变种，在榅桲树上接枝的难易程度，也各不相同。杏树和桃树的许多变种，在某些李子变种上接枝时，也有类似的情形。

正如革特纳曾发现同样的两个种在杂交中，其不同个体有时会呈现内在的差异，萨其莱相信，同样的两个种的不同个体在嫁接中，也有这样的现象。正如在互换杂交中，配合的难易，常很不相等，在接枝中有时也是如此。例如普通鹅莓，不能嫁接在红酸莓上，但红酸莓却可嫁接在普通鹅莓上，不过不很容易罢了。

我们已经看到，生殖器官不健全的杂种的不育性和具有健全生殖器官的两个纯种之难于配合，情况实有不同，然而这两类不同的情形，却在很大的程度上彼此平行。接枝也有与此相似的情形。屠恩曾发现三种刺槐，在它们的本根上都能自由结子，以之嫁接于第四种刺槐树上，也不甚难，不过嫁接后全不结子。另一方面，花楸属内的某些种，若被嫁接在别种树上，所结的果实，则比在本根上多一倍。这一事实使我们想起百枝莲和西番莲等属植物的情况，这些植物由异种的花粉授精，反较由同株的花粉来授精结子更多。

由此可见，枝干嫁接的单纯愈合和生殖作用中雌雄性生殖质的结合，虽有显明而巨大的差别，但嫁接和异种杂交两者所得的结果中，却存在着约略平行的现象。我们既将支配树木嫁接难易的奇异而复杂规律，看作是附随于营养系统中一些未知的差异，所以我相信支配初次杂交难易的更复杂规律，也是附随于生殖系统一些未知的差异。这两方面的差异，在某种范围内，正如我们所想象的，是依循着系统上的亲缘关系的；所谓亲缘，是试图用以表明一切有机体之间的各种相似与相异的情况的。这些事实，似乎都没有表明各个不同物种在嫁接或杂交上困难的大小，是一种特殊的禀赋，虽然在杂交的情形下，这种困难对于种型的持续和稳定确属重要，而在嫁接的情形下，这种困难对于植物的利益却是不甚重要的。

初次杂交不育性及杂种不育性的起源和缘由

有一个时期，我曾和别人一样，以为初次杂交的及杂种的不育性，大概是通过自然选择把能育性的程度逐渐减低而慢慢获得的。这种减低的能育性，有如其他任何变异，是在一个变种的某些个体和另一个变种的某些个体杂交时，自发地出现的。因为两个变种或初期种，如果能使彼此避免混杂，对于它们本身显然是有利的，正如人类在同时进行选择两变种时，必须使它们隔离，是属同一原理。第一，可以指出，栖息在不同地域的物种，杂交后常是不育。使这些既是隔离的物种相互不育，对于它们显然没有利益可言，因而不能认为是经过自然选择而发生。不过还可以这样说，假使一物种和本地的某一物种杂交而变成不育，那么它和其他物种杂交而不育，也是必然的附带结果。第二，在互换杂交中，第一个类型的雄性生殖质，可以对第二个类型全无作用。而同时第二个类型的雄性生殖质，却能使第一个类型自由地受精。这种现象对于特创论既相抵触，对于自然选择学说也同样地有冲突。因为生殖系统中的这样特异状态，对于两物种中任何一种，都不见得有什么利益。

在考虑自然选择在使物种互相不育是否有作用时，最大的困难当在于稍微减低的能育性和绝对不育性之间，尚有许多程度不同的阶段存在。一个初期种，在和它的亲种或某一其他变种杂交时，如果具有轻微程度的不育性，可以认为对于本身有利的。因为这样可以少产生不良的和退化的后代，以免它们的血统与正在形成过程中的新种相混杂。谁要不怕麻烦来探究这些步骤，即从这最初程度的不育性，通过自然选择作用而增进，达到很多种所常共有的以及已经分化为异属或异科的物种所普遍具有的高度不育性，他将会发现这问题是非常复杂的。经过审慎考虑之后，我认为这种结果似乎不是通过自然选择而来的。试以任何两物种在杂交后产生少数而不育的后代为例，偶然被赋予稍微高一些程度的相互不育性，并且由这样就跨进了一小步而趋向于完全不育性，这对于那些个体的生存有什么利益呢？如果自然选择的学说可以应用于此，那么这样的增进情形必定会在许多物种里继续发生，因为有很多物种很是相互不育的。关于不育的中性昆虫，我们有理由相信，它们的构造和能育性的变异是曾经自然选择作用所逐渐积累起来的，因为这样，可以间接地使它们所属的这一群对同一种的另一群占有优势。但是不营集体生活的动物，如果一个体与其他的某一变种杂交，而具有些微不育性，则本身并不由此得到任何利益，也不会间接地给予同一变种的其他个体什么利益，而使它们得以保存下来。

但是，详细地来讨论这个问题将是多余的。因为在植物方面，我们已有确实的证据，表明杂交物种的不育性一定是由于某种原理而起，和自然选择全然无关。革特纳和科尔勒托都曾证明，在包含许多物种的六属中，可就物种杂交后产生种子的数量，排成一序列，从逐渐减少以至于连一个种子也不能结；但在后者情形下，倘若授以某些其他物种的花粉，却又受到相当影响，因为它们的子房膨大起来了。这里很明显，杂交后到了不产生种子的地步，便已不可能再选择不育性更高的个体。所以在这样极度的不育性状态下，仅子房受到影响这一点，绝不能通过自然选择而获得。并且由于支配各种不育程度的定律，在动植两界如此地一致，所以我们便可推断不育性的起因，不论它是什么，在一切情形下，都是相同的或者近于相同的。

现在我们对于在初次杂交及所生杂种中引起不育性的物种之间所存在的差异的基本性质，加以进一步的讨论。在初次杂交的情形下，显然有好几种不同的原因，或多或少地妨碍了它们的配合和产生子代。有时雄性的生殖质由于物理的关系，不可能达到胚珠，例如雌蕊过长以致使花粉管不能达到子房的植物，就是如此。又有人曾观察到一物种的花粉，放在另一不甚接近的物种的雌蕊柱头上时，花粉管虽然伸出，但并不能穿入柱头。还有，有时雄性的生殖质虽能达到雌性的生殖质，但不能使胚胎发育。图雷对于墨角藻所做的实验，似乎就有此种情形。这种事实无法解释，正如不能解释何以某些树木不能嫁接在别的树上一样。最后，有时胚胎虽能发育，但早期即行夭折。后一种的情形研究得还少，不过，据在雉和家鸡的杂交工作上具有丰富经验的赫维特先生告诉我他所做过的观察，我相信胚胎早期的夭折，是初次杂交中不育性的一种常见的原因。萨尔德先生最近曾将鸡属内三个不同的种跟它们的杂种，经各式杂交后所生的卵约500枚，加以检查，结果大部分都已受精，并且在大多数的受精卵中，胚体或者是部分地发育，不久就死去，或者发育虽近完成，但雏鸡却不能破壳而出。在孵出的雏鸡中，有五分之四以上在最初数天或至迟在几个星期内死亡。

“没有任何明显的原因，看上去就是羸弱活不下去而已。”因此，从这500枚卵中，仅育成了12只小鸡。至于植物，杂种的胚胎大概也常是同样地夭折。至少大家都知道，从很不相同的物种所产出的杂种，有时羸弱低矮，早期即死亡。关于这种事实，马维居拉最近曾就柳树杂种举出一些显明的例子。这里值得注意的是，在单性生殖的一些情形中，不经授精的蚕蛾卵中的胚胎，经初期发育后都即夭折，和不同物种的杂交中所产出胚胎的情形相同。在没有弄清这些事实之前，我过去曾不愿相信杂种的胚胎常会早夭，因为如我们所看到的骡子的情况，杂种一旦产生后，大都是健全而长命的。不过杂种在出生的前后，所处的环境有不同，若生活于两亲种所生活的地方，则它对于环境大概会适应。但是，一个杂种只继承了亲种的本性和体质的一半，所以它在出生以前，正在母体子宫内或在母体所产的卵或种子内发育的时候，可能已处于某种程度的不适宜的条件之下，因此，便易早期夭折。尤其是一切极其幼小的生物，对于有害的或者不自然的生活状态，是显著敏感的。但是，总的说来，胎体的早夭，可能由于最初受胎时的某种缺点所致，较诸以后所接触的环境影响，尤为重要。

至于杂种的不育性，其中两性生殖质发育都不完全，情形又颇有不同。我曾经不止一次地举出许多事实，来表明动植物若离开它们的自然条件，它们的生殖系统最易感受严重的影响——事实上，这是动物驯养的大障碍。这样引起的不育性和杂种的不育性，相似之点颇多。在这两种情形中，不育性和一般健康状态无关，而且不育的个体往往长得很硕大繁茂。在这两种情形中，不育性又都有程度的不同，也都是雄性的生殖质最容易受到影响，但有时也有雌性生殖质更甚的。此外，在这两种情形中，不育倾向都在某种范围内与物种系统上的亲缘关系有关，因为整群的动物和植物都能因同样的不自然条件而失去生殖能力，而且整群的物种都有产生不育杂种的倾向。在另一方面，一群中有时也有某一物种会抵抗环境条件的重大改变，而使它的能育性不致减退。而且在一群中亦有某些种会产生异常能育的杂种。若不经过试验，没有人敢断定任一动物是否能在豢养状态下生殖，或者任一外来植物是否能在栽培下自由地结子。不经过试验也绝不能断定，同一属内的任何两个物种究竟能否产生或多或少的不育性杂种。最后，生物若处于不是它们的自然条件之下，经历数代之后，便极易起变异。这原因似乎是部分地由于它们的生殖系统已受到特殊的影响，虽然这种影响的程度还比引起不育性时为小。杂种的情况也是如此，因为正如每一实验家所曾观察到的，它们的后代在连续的世代中也很容易发生变异。

由此可见，当生物处于新的和不自然的条件之下，以及当两个物种进行不自然的杂交而产生杂种时，它们的生殖系统便会受到很相似的影响。而这都与一般健康的状态无关。在前一种情形下，它们生活的条件受到了扰乱，虽然扰乱的程度常是很小，为我们所不能觉察到的；在后一种的情形下，就是在杂种的情形下，外界的条件虽无变动，但内部机构，已由于两种不同构造与体质（当然包含生殖系统在内）混合在一起，而起了扰乱。因为当两种不同的机构混合为一时，如果在它的发育上、周期性活动上、不同部分和器官的彼此相互关系上以及不同部分和器官与生活条件的相互关系上都不起扰乱，几乎是不可能的。如果杂种能自行交配生殖，它们就会把同样的混合机构一代一代地传递给它们的后代。于是它们的不育性虽有某种程度的变异而不会减低，这是不足为奇的。它们的不育性甚至还有增高的倾向，这在上面已经讲过，大概是由于过分亲近的近亲交配的结果。马维居拉曾大力支持上述观点，即杂种的不育性是由两种不同体质混合为一所引起的。

根据上面的观念或任何其他观念，我们必须承认，关于杂种不育性的若干事实，我们还不能理解。例如，互换杂交中所产的杂种，能育性并不相等；或如，偶然地、例外地与任一纯种亲种相似的杂种，其不育程度也有增高等。我也不敢说上述的论点已经接触到问题的根源，就是关于生物在不自然的条件下何以会失去能育性这问题，还不能提供任何解释。我曾经试图指出的，仅仅是在某些方面有相似之处的两种情形，同样可以引起不育的结果：其一是生活条件的扰乱，其二是两种机构混合为一所起的扰乱。

同样的平行现象也适用于类似的、但很不同的一些事实。生活条件如微有变动，对于一切生物都有利益，这是一种古老、近于普遍、且有大量证据（我曾在某处举出过）的信念。我们看到农民及园工就这样做，他们常常从土壤和气候不同的地方，互迁植物的种子及块茎之类，然后再迁回原处。动物在病后复原的时期，几乎任何生活习惯上的改变，对于它们都有很大利益。此外，无论在植物或动物，我们又有最明显的证据，证明同种而有相当差异的个体进行杂交，可使它们后代的生活力和能育性增强；而最近亲属之间的近亲交配，若继续几代而生活条件不变，则几乎必引致体形的减小、衰弱或不育。

因此，一方面，生活条件的微小变化，对于一切生物都有益处；另一方面，轻微程度的杂交，即处于稍微不同的生活条件下的、或者已有微小变异的同种的雌雄之间的杂交，会增强后代的生活力和能育性。但是我们在上面讲过，凡生物在自然状况下习于某种一致的环境，一旦处于相当变化的环境，如在豢养下生活，便常常变为或多或少的不育；我们又知道，如果两类型相差极远或者种别不同，进行杂交，所生的杂种几乎必有若干程度的不育性。我充分确信，这种双重的平行现象，绝非出于偶然，也绝不是一种错觉。为什么象和许多其他动物在它们的乡土上仅仅处于半豢养状态之下，便不能生殖。要是有人能解释这个，便可理解杂种一般不育的根本原因。还有为什么常常处于新的和不一致的条件下的某些家养动物的品种在杂交时能够生育，虽然它们是从不同的物种传下来的，而这些物种在最初杂交时，大概不是不育的；这问题也可同时得到解释。上面所讲的两个平行系列的事实，似乎由某种共同的而未知的链环连接在一起，这链环在本质上是和生命的原则有关的。据斯宾塞说，这一原则就是生命依赖于或存在于各种不同力量的不断作用和不断反作用之中。这些力量，在整个自然界中，总是倾向于平衡的；若有任何变化，使这倾向微受扰乱时，生活力便会增强起来。

交互的两型性和三型性

本题对于杂种性质的问题，将有些帮助，所以在这里略加讨论。属于不同目的若干植物，具有两种不同的体型，二者数目大致相等，并且除了它们的生殖器官以外没有任何差别。一种体型是长雌蕊短雄蕊；另一种是短雌蕊长雄蕊。二者的花粉粒大小也不相同。三型性的植物有三种体型，其差别也在于雌雄蕊的长短，花粉粒的大小和色彩，以及在某些其他方面，并且三个体型的每一个都有两组雄蕊，所以总共有六组雄蕊和三种雌蕊。这些器官的长度，彼此有一定的比例，其中两个体型的半数雄蕊，恰好和第三个体型的雌蕊柱头等高。我曾经指出，而且得到其他观察家的证实，为了使这些植物获得充分的能育性，对每一体型的雌蕊柱头，用另一体型高度相当的雄蕊上的花粉来授精是必要的。所以在两型性的物种，有两个结合，可以称为正当的、是充分能育的；另有两个结合可以称为不正当的、多少是不育的。在三型性的物种，有六个结合是正当的，即充分能育的，另十二个结合是不正当的，即多少不育的。

从各种不同的两型性植物和三型性植物被不正当地授精时，这就是说，用与雌蕊长度不相当的雄蕊的花粉来授精，我们可以看到它们的不育性，表现了很大程度的差异，一直达到绝对的、完全的不育，恰和异种杂交中所发生的情形相同。又如后者的不育程度显著地决定于生活条件的适宜程度，我发现不正当的结合也有这种情形。大家知道，如果把不同物种的花粉放在一花的雌蕊柱头上面，随后又把它自己的花粉，亦放在这同一柱头上面，即使迟放了相当长的时间，但因它的作用具有如此强大优越性，以致通常还有消灭外来花粉的效用；同一种各体型的花粉也是如此，因为若把正当的花粉和不正当的花粉，放在同一雌蕊柱头上面，正当的必较不正当的占优势。我根据好几朵花的授精情况来肯定这一点；先进行了不正当授精，经过 24 小时后，再用从一个有特别颜色的变种取得的花粉，进行正当的授精，结果一切幼苗都同样地呈现这特别颜色。由此可见，正当的花粉虽在 24 小时后放入，却能完全消除或阻止先行放入的不正当花粉的作用。又如同样的两个种实行互换杂交，有时可得到很不同的结果，三型性植物亦有同样的情况。例如千屈菜的中柱体型，最容易以短柱体型的长雄蕊花粉来不正当地授精，而且结子颇多。但是后者（短柱体型）若以中柱体型的长雄蕊花粉来授精，却不结一粒种子。

在所有这些情形中，以及尚可补充的其他情形中，可见同一个无疑的物种的不同体型，如果实行不正当结合，其所呈现的情况，恰和异种杂交完全一样。这使我在四年之中，留心观察了从几个不正当结合培育出的许多幼苗，得到的主要结果是：这种可称为不正当的植物，都不是充分能育的。我们可以从两型性的种，育出长柱及短柱两种不正当体型，从三型性的种，育出三种不正当的体型。这样育出的体型，可以使它们在正当的方式下正当地结合起来；如此做了之后，就没有明显的理由，为什么它们所产的种子不能像它们的双亲种在正当授精时所产生的那么多。但事实并不如此。这些植物都是不育的，不过程度不同而已，有的竟极端地和无法矫正地不育，以至在四年中未曾产生过一粒种子，甚至连蒴果都不生一个。这些不正当的植物，在彼此正当结合后所具的不育性，恰恰可以和杂种在自行交配时的不育性相比拟。从另一方面讲，若以杂种跟任一纯粹亲种杂交，其不育性往往大为降低，一个不正当植物由一个正当的植物来授精，也有同样情形。正如杂种的不育程度，和它的两个亲种初次杂交时的困难情况并非总是平行的一样，某些不正当植物具有极大的不育性，但是产生它们的那一结合的不育性却是不大。从同蒴果内培育出来的杂种，其不育的程度原是有内在的变异的，不正当植物也显然具有此种现象。最后，许多杂种开花繁茂耐久，其他不育性较大的杂种则开花稀少，而且它是柔弱的、可怜地短小，各种两型性和三型性的植物所产出的不正当后代，也有完全相似的情况。

总之，不正当植物和杂种两者在性状上和习性上，实异常相同。即使说不正当植物就是杂种，也几乎并不过分。不过这样的杂种，是由同种内某些不同体型经不适当的结合而产生的，而普通的杂种，却是由所谓不同物种之间经不正当结合而产生的。我们又曾见到，初次不正当的结合和异种初次的杂交，在各方面都有密切相似之处。现在再举一例，可能会说得更清楚：我们假设一位植物学者，发现三型性千屈菜的长柱体型，有两个极显明的变种（实际上是有的），便决意用杂交的方法，来证明它们是否有物种上的区别。他大概会发现它们所产的种子数目，仅合应得数的五分之一，而且它们在上述其他各方面所表现的，好像是两个不同的种。但是要肯定此事，必须把这假定的杂种种子培植起来，于是他又会发现，所育出的幼苗是可怜地矮小和完全不育的，而且它们在其他各方面所表现的，也完全像普通的杂种。因此，根据一般的理解，他以为已经确实证明这两个变种，实是两个真实的和不同的物种，和世界上任何物种一样；可是他是完全错误的。

上面所讲的关于两型性和三型性植物的各种事实十分重要：①因为可以表明初次杂交的以及杂种的减低能育性的生理上测验，不足以作为区别物种的可靠标准；②因为我们可以断定，在不正当结合的不育性与所产不正当后代的不育性之间，有一种未知的链环，使它们互相联系，而且引导我们把这种观点引申到初次杂交与杂种上去；③尤其重要的，是因为我们看到同一物种内可有两三种的体型，就它们的构造或体质与外界关系而论，都无任何区别，但依某些方式结合，便是不育的。因为我们必定记得，产生不育性的，恰恰是属于同一体型的两个体之雌雄生殖质的结合(例如两个同为长柱体型的结合)；另一方面，产生能育性的，却是属于两个不同体型所固有的雌雄生殖质的结合。因此，这种情形初看似乎和同种个体的普通结合及异种杂交的情况正相反。不过是否真正如此，尚属可疑。这个尚不能明了的问题，现在不拟再加以讨论。

但是，我们可以从两型性和三型性植物的研究，推断异种杂交的以及所产杂种的不育性，大概完全决定于雌雄性生殖质的性质，而与构造上或一般体质上的任何差别无关。从交互杂交的观察，我们也可得到同样结论。因为在交互杂交之中，一个物种的雄体不能或很难与另一个物种的雌体结合，然而相反的杂交，却是极其容易的。卓越的观察家革特纳先生，也同样断定了物种杂交不育性仅是由它们生殖系统的差异所引起的。

变种杂交的能育性及其所产混种的能育性并非普遍

作为一种有力的论点，可以主张种和变种之间一定存在着某种本质上的区别，因为变种不论彼此在外观上有多大的差异，却都十分容易地杂交，且能产生完全能育的后代。除去下面即将举出的几种例外，我也完全承认这是规律。不过围绕着这个问题还有许多困难。试观察在自然状况下所产生的变种，如果有两个类型向来通认为变种，但一旦发现它们配合后具有任何程度的不育性，大多数的自然学者便把它们列为物种了。例如红蓝两色的蘩蒌，大多数的植物学者都视为变种，但据革特纳说，它们在杂交中是很不育的，因此，他就把它们列为无疑的物种了。我们若依这样的循环法辩论下去，自必承认在自然状况下所产生的一切变种都是能育的了。

可是我们若转到家养情形下所产生的，或者设想是曾由家养所产生的品种，却仍不免有疑惑。因为，例如当我们说某些南美产的家狗，不易和欧洲家狗交配时，对于这事的解释，人人会想到的是因为这些狗源出于不同祖种之故；这或许是一个真实的解释。虽然如此，许多外表上很不相同的家养品种，例如鸽或卷心菜之类，在杂交后都有完全的能育性，乃是一件很可注意的事实。尤其是当我们想到，有何等众多的物种，彼此虽极相类似，但杂交时却极端不育。然而下面的几点考虑，可使家养品种的能育性不足为奇。可以说，两物种间的外表差异量并不足以作为它们相互不育性程度的真实标准，所以在家养品种的情形下，外表的差异也不是确实的指标。异种杂交不育的原因，全在它们生殖机构的不同。家养动物和栽培植物所处的种种变化着的生活条件，很少有改变它们的生殖系统以致引起彼此相互不育性的倾向，所以，我们很有理由来承认巴拉斯的直接相反的学说，就是说家养的条件通常是消灭不育倾向的，因此物种在自然状况下，当杂交时大概有某种程度的不育性，但它们的家养后代在杂交中就会变为完全能育的。在植物中，栽培并没有在不同物种之间造成不育性的倾向，但据已经谈到的几个确实可靠的例子，某些植物却受到了相反的影响，因为它们已变成了自交不育，同时仍旧保持使别的物种受精和由别的物种授精的能力。假使承认巴拉斯的学说，以为长期继续的家养可以消灭不育性（且此说几乎难以反驳），那么，长期继续的同样生活条件又可同样地引起不育性的倾向，实在是很不可能的了。虽然在某些情形下，那些具有特殊体质的物种，偶尔会由此而发生不育性。由此，我们可以理解，如我所相信的，何以在家养动物中没有产生相互不育的品种，何以在栽培的植物中，像我们在下面即将讲到的，仅有少数这种情况曾被观察到。

据我看来，目前所讨论的问题的真正难点，不在于家养的品种何以在杂交时并不成为彼此不育的，而在于自然界的变种一旦经过恒久的改变而足以成为物种的时候，何以便如此普遍地发生了不育性。我们还远远不能正确地知道它的原因，但这也不足为怪，因为我们对于生殖系统的一切正常作用和反常作用，也还是全然不了解。不过我们可以看到，在自然界的物种，由于和无数竞争者进行了生存竞争，长期处于较家养品种更一致的生活条件下，因而便不免产生很不同的结果。我们知道，野生动物和植物，如果从自然条件下取来豢养（或栽培），便成为不育的，这是很普通的事；并且，一向生活在自然条件下的生物，其生殖机能，对于不自然的杂交的影响，大概同样是显著敏感的。在另一方面，家养生物对于生活条件的改变本不敏感（仅仅从它们可以成为家养的事实而论，即可知其如此），它们一般能抵抗生活条件的反复改变，而不减低其能育性，所以可以预料到其所产的品种，若和同样来源的其他品种杂交，也很少会在生殖机能上受到这一杂交的有害影响。

据上所述，似乎一切同种的变种进行杂交，都必然是能育的。然而不能不承认有少数例子，是某种程度不育性的存在的证据，现在约略叙述如下。这种例证，和我们所相信的无数物种不育性的证据，至少是有同等价值的。这种证据，亦是反对者所提出来的，他们在一切其他情形中，把能育性和不育性作为分别物种的可靠标准。革特纳曾经有数年在他园中种植一种结黄色种子的矮玉蜀黍和一种结红色种子的高玉蜀黍，距离很近；但是它们虽然都是雌雄异花，却不自然杂交。他把一种的花粉，放在另一种的十三朵花上，使其授精，结果只有一花结实，而且仅有五粒种子。这植物既属雌雄异花，便不至于在施行杂交时受到损害。我相信不会有人猜疑这两变种是属于不同物种的，尤其是它们生出的杂种本身是完全能育的。所以就是革特纳，也不敢把这两个变种认为是种别不同的植物。

布查伦格曾用三个葫芦变种杂交，葫芦和玉蜀黍一样，也是雌雄异花的。他断言它们彼此差别越大，相互授精也越不容易。我不知道这些实验的可靠性如何，但萨其莱（他以不育性试验作为分类法的主要根据）把这些经过实验的植物列为变种，而诺定也有同样的结论。

下面所讲的例子更值得注意，初看似乎很难令人置信。但这是那位优秀的观察家和坚决的反对派革特纳先生，用九种毛蕊花，在多年内经无数次的实验所得到的结果：即黄色变种和白色变种的杂交，比起同一种的同色变种的杂交，产生较少的种子。他还断言，若以一个种的黄色变种和白色变种，和另一个种的黄色变种和白色变种杂交时，同色变种之间的杂交，比起异色变种之间的杂交，能产生较多的种子。司各脱也曾就毛蕊花的种和变种进行实验，他虽不能证实革特纳先生所得关于异种杂交的结果，但发现同种中异色变种的杂交，所得的种子数较少，若与同色变种杂交所得的比较，则为 86 与 100 之比。然而这些变种，除花的颜色外，并无其他区别，且一个变种有时还可从另一个变种的种子培育出来。

科尔勒托工作的正确性，是曾经其后的每个观察者所证实的。他曾证明一项值得注意的事实，即普通烟草的某一特殊变种，若和一个很不同的物种杂交，比起其他变种，更能生育。他用一般通认为变种的五个类型的烟草，做了最严密的实验——即用互换杂交的方法实验，结果它们的混种后代，都是完全能育的。但若和另一种名叫黏性烟草的杂交，则五个变种中有一个变种，不论用作父本或母本，所生杂种的不育程度，总是较其余四个变种与黏性烟草所产的杂种为低。所以这一变种的生殖系统必定已有某种方式和某种程度的变异了。

根据这些事实，我们不能再坚持当一切的变种杂交时，都必然是很能育的。由于要确定自然界中变种的不育性非常困难，因为一个假定的变种，如果证明它有任何程度的不育性，便几乎普遍地会被列为物种；由于人类只注意家养变种的外部性状，并且由于这些变种又没有长期地处于一致的生活条件之下。根据这种种考虑，我们可以断言，杂交的能育性，实不足作为物种与变种之间的根本区别。杂交的异种的一般不育性，不是天赋的或特别获得的，而可以有把握地看作是由于伴随它们生殖质的一种性质不明的改变而起的。

除能育性外杂种和混种的比较

除了能育性的问题之外，物种杂交后和变种杂交后所生的后代之间，还有其他几方面可以比较。革特纳曾经切望在种和变种之间划出一明显的界限，然而他在种间的杂种后代和变种间的混种后代之间，只能找出很少的——而且依我看来似乎是很不重要的区别。反之，它们在许多重要方面是极其密切一致的。

我在这里只能很简略地来讨论这个问题。两者的最重要区别是：在第一代中，混种较杂种易于变异；但是革特纳认为，久经培植的物种所产出的杂种，在第一代中常常是易于变异的，我也曾亲眼见过这种事实的明显的例子。革特纳进而认为，很密切近似的种所产的杂种，较很不同的种所产的更易于变异。这表示变异性程度的差异是逐渐消失的。众所周知，如果混种和能育性较大的杂种经过数代的繁殖，两者的后代，便都有大量的变异出现。但还能举出少数例子，混种与杂种都长期保持了一致的性状，而不起变异。不过混种在连续的世代中的变异性，也许较杂种的为大。

混种较杂种有更大的变异性，似乎是绝不足为奇的。因为它们的亲体本是变种，而且大都是家养的品种（自然界的变种很少用作实验），这意味着这变异性是新近发生的，往往还会继续，并且会因杂交的作用而加强。至于杂种在第一代中的变异性，比起在以后继续世代中的变异性是微小的，实是一桩奇妙的事实，值得注意。因为这和我所提出的普通变异性的一种起因的观点有关，就是说生殖系统由于对生活条件的改变感觉极敏，所以在这种情况之下，就不能执行其固有的机能，以产出和双亲类型在各方面都很密切相似的后代。第一代的杂种，是由生殖系统未曾受到影响的物种（久经培养者除外）传下来的，所以不起变异；可是杂种本身的生殖系统，却已受到严重的影响，所以它们的后代，自易发生变异了。

再谈混种与杂种的比较：革特纳说，混种比杂种更容易恢复到任一亲型；这点如果正确，也不过是程度上的差别而已。革特纳又特别说明，久经栽培的植物所产出的杂种，要比从自然状态下的物种所产的杂种更易于返祖；这点，对于不同观察者所得到的结果中的奇特差异，也许可以给予解释；例如马维居拉曾对柳树的野生种进行过实验，他对于杂种会不会恢复到它们的亲型，表示怀疑；然而诺定主要地用栽培的植物来实验，便相反地以最强调的语句来坚持杂种的返祖几乎是一种普遍的倾向。革特纳又说，任何两物种，虽彼此极其密切近似，若各与第三种进行杂交，所生的杂种往往彼此很不相同；而同种的两个很不相同的变种，若各与另一个种进行杂交，产出的杂种彼此差异不大。不过据我所知，这结论仅根据于一项实验，并且似乎和科尔勒托所做的几次实验的结果直接相反。

这些就是革特纳所仅能指出的关于杂种植物和混种植物之间的不重要的区别。在另一方面，据革特纳的意见，混种及杂种对于它们各别的亲体的相似程度和相似性质，也都根据同样的规律，尤其以由近缘种所产出的杂种为突出。当两个物种实行杂交，其中的一种，有时具有优越的力量，使产出的杂种和它自己相似。我相信植物的变种也是如此；在动物方面，一变种也肯定地常对另一变种有较优越的传递力量。从互换杂交所产出的杂种植物，彼此通常极相类似，互换杂交所得的混种植物也是如此。不论是混种或杂种，都可以使它们在连续数代中与任一亲体进行杂交，而变为任何一个纯粹的亲型。

上述诸点，显然也适用于动物，可是关于动物，部分地由于次级性征的存在，所以问题变得更复杂。尤其因为在杂交时，不论是两个种或两个变种，某一性别的传递力量常超越于另一性别，使后代和自己相似。例如许多学者说，驴与马相交，驴的传递力量较马为强，我想这也是正确的，所以骡和（駃騠）（即矮骡）都比较地像驴。但公驴的传递力量较母驴更强，所以公驴和母马所生的骡，比较公马和母驴所生的（駃騠），更和驴相像。

有的学者强调想象的事实，以为只有混种才和它们的任一亲体很相像，而不呈现中间的性质。但有时杂种也有这种情形，不过我承认那远较混种稀少得多。试就我所收集的事实加以观察，凡由杂交产生的动物，而与任一亲体相似的，其相似之点，似乎主要局限于性质上近于畸形而突然出现的性状——例如白化症和黑化症[1]，缺尾或缺角，多指及多趾之类——而与通过自然选择慢慢获得的性状无关。突然恢复到完全肖似双亲任何一方的完全性状的倾向，也是在往往突然产生的、而且有半畸形性质的变种所传下来的混种里，比在慢慢地和自然地产生的物种所传下来的杂种里，更易发生。总之，我完全同意格卡斯爵士，他曾整理过关于动物方面的大量事实，得到一种结论，以为不论双亲彼此的差异有多少——就是说，不论在同一变种的，在不同变种的，或在不同物种的个体结合中，子代和亲代的相似性的规律都是相同的。

除了能育性和不育性的问题之外，物种杂交及变种杂交所产出的后代，在一切方面似乎大致都很密切相似。如果我们把物种看作是特别创造出来的，变种是根据次级定律而产生的，那么这种相似性便会成为一件可惊的事实。但是这和物种与变种之间并没有本质区别的观点，却是完全符合的。

小　结

足以认为是不同物种的生物之间初次杂交，以及它们的杂种，一般来讲不是普遍地具有不育性。不育性具有各种不同的程度，而且往往相差很微，所以虽极审慎的实验者们，依此试验，也会在类型的排列上，得到彼此直接相反的结论。不育性在同一种的个体之间，是内在地易于变异的，而且对于环境条件的适宜与否，是显著敏感的。不育的程度，不全依系统

〔1〕指皮肤的颜色。——译者注。

上的亲缘关系而定，但受一些奇妙而复杂的定律所支配。在同样的两物种的互换杂交中，不育性通常不同，有时且大不相同。初次杂交，及从此杂交所产出的杂种，其不育性的程度，也并非总是相等的。

在树木嫁接中，一个种或变种嫁接在其他树上的能力随着它们营养系统的差异而定，这些差异的性质常不明了。与此相同，在杂交中，一种与其他一种配合的难易，是随着生殖系统里未知的差异而定的。我们没有理由来设想物种是特别赋有各种程度的不育性，以防止它们在自然界中杂交及混淆，正如我们不能设想，树木特别赋有稍相类似的各种程度的嫁接上的困难，以防止它们在森林内互相接合。

初次杂交及其杂种后代有不育性，不是通过自然选择而获得的。在初次杂交的情形下，不育性似乎决定于几种条件，在某些事例中主要决定于胚胎的早死。至于杂种，不育性分明是由于两个不同的类型混合，使它们的整个机构受了扰乱所致。这种不育性，和纯粹物种在新的和不自然的生活条件下所常引起的不育性，情况很相类似。若有人能解释后者这些情况，便能解释杂种的不育性。这一观点有另一种平行的事实作有力的证明，便是：（一）生活条件的微小变化，可使一切生物的生活力和能育性都有增进；（二）处于微有变异的生活条件下的，或者已稍变异的类型之间的杂交，将有利于后代的体形、生活力和能育性。从关于两型性植物及三型性植物的不正当结合，以及它们不正当的后代的不育性所举出的事实，也许可以表明，在所有的情形中，可能是有某种未知的链环，连接着初次杂交的能育性程度与它们后代的能育性程度。根据二型性的这些事实及互换杂交的结果进行考虑，便会明白地引出这个结论，就是杂交物种的不育性的主要原因是局限于它们生殖质的差异。但是，为什么在不同物种的情形下，生殖质一般地会起或多或少的变化，因而引致它们的相互不育性，却非我们所能知道。但这一点和物种长期处于近乎一致的生活条件似有某种密切的关系。

任何两物种杂交的困难，以及它们的杂种后代的不育性，即使起因各殊，而在大多数情形下彼此应当是相应的。这不足为奇，因为两者都视杂交的物种之间的差异量而定。初次杂交的难易，所生杂种的能育性和嫁接的能力——虽然嫁接能力所依据的条件是远不相同的——在一定范围内，都和所实验的类型的系统亲缘关系相平行。这也是不足为奇的，因为所谓系统亲缘关系，当包括一切种类的相似性在内。

被认为是变种的类型之间的初次杂交，或者充分相似到足以认作是变种的种类之间的初次杂交，以及它们的混种后代，大概都是能育的，虽然不一定如一般所说的那样必然如此。如果我们记得，我们是怎样地易于采取循环辩论法来判断自然状态下的变种，如果我们记得大多数变种是在家养状况下，只凭外部差异的选择而产生出来，并且它们没有长久处于一致的生活条件之下，则变种之有普遍而健全的能育性，殊不足奇。更须特别记住，长期连续的家养，具有消灭不育性的倾向，所以这好像很少会引起不育性的发生。除了能育性的问题之外，在其他各方面，杂种和混种之间有最密切的一般性相似：它们的变异性，它们在连续杂交中彼此结合的能力，以及它们从双亲类型之获得遗传性状等，都是如此。最后，我们虽不知道初次杂交的以及杂种的不育性的确实原因，虽不知道动物和植物在离开它们的自然条件后何以会变成不育的，但是本章所举出的种种事实，依我看来，似乎与物种原为变种这一信念，并不抵触。

第十章

地质记录的不完全

现今中间变种的阙如——已绝灭的中间变种的性质以及它们的数量——从剥蚀的速率和沉积的速率来推算时间的过程——从年代来估计时间的过程——古生物标本的贫乏——地质层的间断性——花岗岩区域的剥蚀——任何一个地质层内许多中间变种的缺乏——物种群的突然出现——物种群在已知最低化石层中的突然出现——生物可居住的地球古老时代

我在第六章内，曾把可以反驳本书主张的主要论点悉数举出，现在大部分已经讨论过了。其中有一很明显的难点，便是物种何以彼此判然分明，而没有无数过渡的链环使它们混淆在一起。我曾举出理由，以说明为什么这些链环今日在显然极其有利于它们存在的环境条件下，也就是说在具有渐变的物理条件的广大而连接的地域上，通常并不存在。我曾经设法说明，每一物种的生存，其依赖于其他已经存在的有机体，实较气候更为重要，所以真正支配生存的条件，不是像温度或湿度那样地于完全不知不觉中逐渐消失。我还设法说明，中间变种由于其个数常较它们所连接的类型为少，因而在进一步的变异和改进的过程中，往往要被淘汰和消灭。然而无数的中间链环目前在整个自然界中之所以并不普遍地存在，主要原因当在于自然选择作用本身。因为通过这一作用，新的变种不断地代替而且排挤了它们的亲型。因为这种绝灭过程曾经大规模地发生了作用，按比例来说，可知先前生存过的中间变种一定确是大规模存在的。那么，在每一地质层与每一地质层之间，何以没有充满着这些中间链环呢？地质学确实未曾显示出任何这样的微细分级的链环，这对于我的学说，也许是一种最明显和最严重的打击。不过我相信，地质记录的极度不完全可以解释这一点。

首先，应当永远记住，根据这个学说，怎样的中间类型该是先前曾经存在的。当观察任何两个物种的时候，我们很难避免去想象到直接介于它们之间的那些类型。但这是完全不正确的观点，我们永远应当去追寻介于每一物种及其共同的未知原祖之间的那些类型。而这原祖和它所有已变异了的后代比较，一般在某些方面是有不同的。现举一个简单的例子：扇尾鸽和球胸鸽，都是岩鸽传下来的；如果我们能有一切先前曾经存在过的中间变种，则我们在这两个品种与岩鸽之间，各有了一个极其密切的级进系列，但绝没有直接介于扇尾鸽和球胸鸽之间的中间变种，也没有结合这两品种特征的变种。例如，同时具有稍微扩张的尾部和稍微增大的嗉囊。而且这两个品种的鸽已经变得这样不同，以致我们对它们的来源若没有历史的证据，或者间接的证据，而仅就构造方面和岩鸽比较，就不可能断定，它们究竟是源出于岩鸽，抑或出于另一种近似的野鸽。

自然界的物种也是如此。就很有区别的类型而论，例如马与貘，我们没有理由设想直接介乎两者之间有什么链环生物曾经存在过，只有在马或貘跟一个未知的共同祖先之间，才有真正的链环的存在。这共同祖先的整体机构，大致当跟马与貘相像，不过在某些个别构造上，可能和两者差别很大，或者甚至比它俩彼此间的差异还要大。因此，在所有这样的情形中，除非我们同时获得了一套近乎完全的中间链环，即使将祖先的构造跟已改变的后代作密切比较，也不能辨识出任何两物种或两物种以上的祖先类型。

根据自然选择的学说，两种现存类型，其中的一种，可能由另一种传衍而来，例如，马可源出于貘；并且在这种情形下，应有直接的中间链环曾经存在于它们两者之间。不过这样的情况意味着其中的一类型在长期内不起改变，而它的后代却经历了大量的变化。然而生物和生物之间的子体与亲体之间的竞争原理将会使这种情形极少发生，因为在一切情形中，新而改进的类型都有排除旧而不改进的类型的倾向。

根据自然选择的学说，一切现存的物种，都曾和本属的祖种有所联系，它们之间的差异，并不比我们现在所看到的在同一种内的自然变种和家养品种之间的差异为大。这些祖种，现在大概都已绝灭，它们同样地又和更古老的类型有所联系。由此回溯上去，终将融汇到一个大纲的共同远祖。这样，在一切现存物种与已灭绝物种之间，所有中间的和过渡的链环类型，必定多至不可思议。假如自然选择学说是正确的，这无数的链环类型，必曾在地球上生存过。

从沉积的速率和剥蚀的广度来推测时间的过程

除了我们未曾找到这样无限数量的链环类型的化石之外，又有另一种反对的论调，便是一切生物的变化都很缓慢，所以不能有充分时间足以完成如此大量的有机演变。读者若不是实践的地质学家，我几乎不可能使他思考许多事实，并从而对于时间的过程获得了解。莱伊尔爵士所著的《地质学原理》，将被后世史家认为是自然科学上的一大革新。如有人读过这本书，而不承认过去时间的久远，便大可放下本书，不必再读了。然而仅仅是读了《地质学原理》或者其他观察家所作的关于各地质层组的专著，而且注意到各著作者怎样试图对每一地质层组、甚至每一地层的时间过程所作的各种不完全的估计，也还是不够的。要很好地获得关于过去时间的一些概念，莫如去了解发生作用的各种因素，并且了解地面被剥蚀的有多深，沉积物堆积起来有多高。正如莱伊尔所说，沉积层的广度和厚度，就是剥蚀作用的结果，也是地壳上别的区域被剥蚀的度量。所以我们必须亲自考察大堆重叠的地层，仔细观察溪流带走的泥土和波浪侵蚀过的海边岩崖，这样才能略知过去时代的时间过程，而有关这过程的标志在我们的周围触目皆是。

沿着不很坚硬的岩石所构成的海岸，随途观察崩坏的作用，也是有益处的。在大多数情形中，潮水达到岸边的岩崖，每天不过两次，为时很短，且只有挟带沙砾和碎石的波浪，才起侵蚀作用。因为有确凿的证据可以证明，清水在侵蚀岩壁上是不发生影响的。岩壁的下部终至被掘空，巨大的石块从上面坠落，即那些固定的，也陆续地一点一点被销蚀，直至体积减小到能够被波浪把它旋转，于是更其迅速地磨碎成为卵石、沙或泥。可是我们常见在后退的崖壁的基部，有许多被磨圆的巨石，海栖生物迅速地丛生其上，这表明这些巨石很少被磨削，而且很少被转动。还有，如果我们沿着崩坏了的海边岩壁行走数英里，可以看见现时被崩坏的部分，都不过是短短的一段，或者仅绕着海角分散在此处或彼处；而其余部分，从其地表和植被的外貌观察，可知自从它们的基部被海水冲刷以来，已经历过许多年代了。

可是我们近来从许多优秀观察家像朱克斯、盖基和克罗尔等，以及他们的先驱者拉姆塞的观察得知，大气中的崩坏作用，实较海边的作用，或波浪的力量更为重要。地面的全部，都暴露在空气和溶有碳酸的雨水的化学作用之下，在较冷的地方，还暴露在霜冻的作用之下；已分解的物质，即在微倾的斜坡上，也会被大雨所冲下，特别在干燥地方，被风刮走的体量更多，出乎我们的想象之外；这些物质，便被河流带走；湍急的河流，使河谷加深，并把碎块磨得更碎。逢到雨天，虽在地形稍有起伏的地方，我们也能从沿着各个斜坡而流下的混浊的泥水中，看出大气中崩坏的结果。据拉姆塞和韦泰克所曾指出，并且这是极其动人的观察，威尔登地方的和横贯英国的巨大崖坡线，从前认为是古代海岸，其实不是在海边造成的，因为每一崖坡线，都由一种相同的地质层组所成，而我们的海边岩壁，却到处都是由各种不同的地质层组交织而成。假如这种情形是真实的话，我们便不得不承认此等崖坡的起源，主要是由于组成它们的岩石比起周围的表面更能抵抗大气剥蚀的作用，因此周围的表面逐渐降低，而较硬岩石所组成的坡线，便突出地遗留着。依我们的时间观念来讲，没有任何事情比上述所得的这种信念更有力地使我们感到时间过程的久远，因为风化的力量看来很小，工作似乎很慢，却曾经产生了如此伟大的结果。

陆地是在空气作用和海岸作用之下缓慢地被侵蚀了的。有了这样的体会，那么，要了解过去时间的久远，莫如一方面去考察许多广大面积上大量岩石的移走，另方面去计量沉积层的厚度。我记得曾看见一些火山岛而大为惊奇，这些岛周围被波浪所侵蚀，削成为耸然直立的悬崖，高至一两千英尺。因为当初火山喷出的熔岩原为流质，造成了缓度的斜坡，从此可知这些坚硬的岩床曾经一度向大洋伸展得怎样地遥远。同样的历史，可以更明晰地用断层，即那些巨大的裂隙来说明，地层于裂缝的这一边隆起，或者在那一边陷下，其高度或深度往往达数千英尺。自从地壳破裂以后，地面的隆起不论是出于突然，或如大多数地质学者现在所相信，是由于多次震动而逐渐形成，原没有多大区别。如今地面已经变得如此完全平坦，以致在外观上已经看不出这些巨大移位的任何痕迹。例如克莱文断层延伸达 30 英里以上，沿着这条线，地层的垂直错位，有 600—3000 英尺之差。拉姆塞教授曾发表一文，报道过关于在安格尔西陷落达 2300 英尺的情形；他又告诉我说，他深信在美利翁内斯郡也有一个下陷 12000 英尺的情形。可是在这些情形中，地表上都已没有这种巨大运动的痕迹，裂隙两边的石堆，已经夷为平地了。

另方面，全世界的沉积层都是异常厚的。我曾估计在科迪勒拉的一片砾岩，厚度达一万英尺。虽然砾岩的造成较细密的沉积岩为速，可是从构成砾岩的小砾石被耗损和磨圆需费许多时间看来，砾石的积成过程该是如何缓慢。拉姆塞教授根据他在大多数情形中的实际测量，曾把英国不同部分的连续地质层的最大厚度告诉过我，其结果是这样：

古生代地层（除火成层外）57154……英尺

中生代地层 13190……英尺

第三纪地层 2240……英尺

共计是 72584 英尺，约合十三又四分之三英里。有的地质层，在英国仅为薄层，在欧洲大陆上却厚达数千英尺。并且据多数地质学者的意见，在每个连续地质层之间，尚有一极长久的空白时期。所以在英国的高耸的沉积岩层，对于它们的堆积所经过的时间，也仅能给我们以一种不确切的观念而已。考虑这些事实，会使我们得到一种印象，几乎就像我们在白费力气去掌握“永久”这个概念中所得到的印象一样。

可是这种印象，有一部分仍是不正确的。克罗尔先生在一篇有趣的论文中说过，我们对于“地质时期的长度，作出过大的设想”是不会犯错误的，但如用年数来计算，却要犯错误。地质学者即观察这些巨大而复杂的现象，再看数百万年的数字，两者在他思想上产生绝不相同的印象，而立刻断定这数字是过小了。关于大气中的剥蚀作用，克罗尔曾就某些河流每年所带下沉积物的既知量与其流域相比较，得出如下的计算，即 1000 英尺的坚实的岩石，逐渐分解，而从整个面积平均水平面移去，得需时六百万年。这似乎是一个惊人的结果，某些考虑可以引起疑虑而认为太大，可是纵使把这数字减半或减成四分之一，依然还是惊人的。我们很少有人能了解百万年的确实意义，克罗尔曾作以下的说明：他用一条 83 英尺 4 英寸长的纸条，张挂在一间大厅的墙上，在一端划出十分之一英寸，让这十分之一英寸代表一百年，而全纸条就是一百万年。但是必须记住，在上述这样一个大厅内，用渺小得无甚意义的尺度所代表的一百年，对于本书的问题，却意味着什么。若干卓越的育种家，在一生之内，能使某些高等动物（繁殖率远较多数的低等动物为缓慢）大起改变，而形成了值得称为新的亚品种的。很少有人相当仔细地照顾过任何一个品系到半世纪以上的，所以一百年可以代表两个育种家的连续工作。不能假定在自然状态下的物种，会像家养动物在有计划的选择之下改变得那么快。自然状况下所起的变化，和人类无意识选择所产生的效果相比较，也许比较公允些。所谓无意识选择，只是将最有用或最美丽的个体保存，而并无意于改变它们的品种。但是由于无意识的选择，在两三百年过程中，许多品种都有了显著的改变。

然而物种的变化，大概更为缓慢，并且在同一地域之内，只有少数物种同时发生变化。缓慢的原因是，在相同地域内的一切生物，彼此久已适应，在自然机构中已没有新的位置，除非经过长期间之后，由于物理状态的改变，或新生物的迁入，才能引起生物的变化。还有，具有正当性质的变异或个体差异，即某些生物所赖以在改变了的环境条件下适应于新地位的变异，也总不会立即发生。不幸的是，在用年代作标准时，我们没有方法决定，一物种的改变究竟需要多久的时间。然而关于时间的问题，以后还得再行讨论。

古生物标本的贫乏

现在让我们看一下地质博物院的陈列品，即使所谓最丰富的，也是少得可怜。我们的搜集之极不完全，是人人所承认的。我们应记住那位可称赞的古生物学者福布斯先生的话，他说许多化石物种的鉴定，都是根据于单一的标本，而且常常是破损的，或者根据于一个地点所采集的少数标本。地球上只有极小部分，曾经作过地质学上的发掘，而且从欧洲每年的重要发现看来，可以说没有一个地方曾经详细地考察过。身体完全柔软的生物，都不能保存。介壳与骨骼若落在海底，而不为沉淀物所掩盖，也便归于腐烂而消灭。我们可能采取一个很错误的概念，以为几乎整个海底都有沉积物正在进行堆积，而且其堆积的速率，足以埋藏和保存化石。海洋的最大部分，呈现明蓝水色，这就表明了水的纯洁。许多有记载的情形指出，一个地质层经过了一极长久的间歇时期，被另一后起的地质层所遮盖，在过程中未受任何磨损。这一事实，只有根据海底常常多年不起变化的观念，才可得到解释。被湮埋的遗物，若在沙砾之中，也常在岩床上升之后，一般会由于溶有碳酸的雨水的透入，而被溶解。生长于海边高潮与低潮之间的许多种类动物，有的似乎很难得到保存。例如，有几种藤壶亚科的动物（无柄蔓足类的一个亚科），遍布全球，到处丛生石面，个体之多，不可胜数，它们都是严格的海滨动物。但只有地中海的一种，生活在深水里面的，在西西里曾发现这一种的化石标本。其他各种则在整个第三纪地层中，迄未发现，虽然已经知道地藤壶属曾经生存在白垩纪。最后，还有许多巨大的沉积层，还要很长时间才堆积而成，却都没有生物遗迹。其原因何在，我们也难明了。其中最显著的一个例子是弗利须地质层，由砂石和页岩所组成，厚数千英尺，有的地方竟达6000英尺，从维也纳到瑞士，至少绵延300英里。然而这巨大的岩层，虽经详细考察，除少数植物遗迹外，竟未找到其他化石。

关于在中生代和古生代生长的陆栖生物，我们所得到的证据极为零碎，不待赘言。例如，陆生贝类，除了莱伊尔爵士和道逊博士在北美洲石炭纪地层中发现了一种外，直到近日，在这两大时代中竟没有发现过别的种。但最近在下侏罗纪，却又有陆生贝类的发现。至于哺乳类的化石，只要一看莱伊尔手册上的史表，便得事实真相，比起连篇文字的叙述更为清楚，知道它们的被保存是何等地偶然和稀少。然而哺乳类的稀少并不足为奇，因为第三纪的哺乳类遗骨，多数发现于洞穴或湖泽的沉积层之中。而在我们的中生代或古生代地层中，却未见有洞穴或真正的湖成层。

但地质记录的不完全，还有另外比上面所述更重要的原因，便是由于各地质层间彼此有长时期的间断。许多地质学者以及像福布斯先生那样完全不相信物种变化的古生物学者，也都曾力持此说。当我们看到书本图表上面所表示的地质层，或从事实地观察，就很难不相信各地质层是密切地前后相连续的。但是，例如根据麦基逊爵士关于俄罗斯的巨著，便可知道在那个国家的重叠的地质层次之间，有着何等辽远的间隙。北美洲及世界上的许多其他部分，也是如此。如果最熟练的地质学者，只把他的注意力局限于这些大地域，就绝不会推想到，当他的本国是在空白荒芜的时期，世界上的其他地方却曾有大规模的沉积层在形成着，而且含有新而特殊的生物类型。如果在各个分离的地域内，对于连续地质层之间所经过的时间长度，几乎得不到任何概念，那么我们可以推想在其他地方，也同样不能确定。连续地质层间的矿物构成之屡屡发生巨大变化，一般意味着周围地域有地理上的巨大改变，沉积物便是从周围地域来的。这和在各地质层之间曾有过极久的间隔时期的信念是相符合的。

我想，我们能够理解各地域内的地质层，何以几乎必然地有间断，就是说何以各地质层不是紧密连续的。我曾沿着南美洲海岸考察，凡数百英里，最打动我的，就是这海岸在近期内曾升高数百英尺，但是竟没有任何近代的沉积物，足够广大而可以在即便是一个短短的地质时代持续。全部西海岸，具有特殊的海生生物区系，可是第三纪地层非常不发达，以至于若干连续而特殊的动物区系，大概未能有地质记录保存过久远的年代。沿着南美洲的西面升高的海岸，虽由于海岸岩石的大量崩坏和河流入海所带来的泥土，俾使在悠久的年代中有大量的沉积物供给，但是事实上却没有留下广大而含有近代或第三纪遗骸的地质层。何以会如此呢？只要稍加思考，也便可以得到解释。无疑应当这样理解，就是因为海岸和近海岸的沉积物，一旦被缓慢而逐渐升高的陆地带到海滨波浪的摩擦作用的范围之内时，便会不断地被侵蚀、冲刷而去。

我想，我们可以断言，沉积物必须堆积成极厚，极坚实，或者极广阔的巨块，才能在它最初升高时及继起的水平面连续沉浮振荡的时间，去抵抗波浪的不断作用以及此后大气的崩坏作用。这种广大深度的沉积物的堆积，可以由两种途径达成：其一，在深的海底进行堆积，在此种情形下，因海底的生物在类别与数目上，均不能如浅海那样繁多，所以当这样的大块沉积物上升之后，对于在它的堆积时期内曾生存于邻近的生物所提供的记录是不完全的。其二，在浅海床底进行堆积，如果浅海床底陆续缓慢地下沉，沉积物就可以堆积到任何的厚度和广度。在后一种情形下，只要海底沉陷的速率和沉积物的供给，彼此近于平衡，海就会一直是浅的，而且有利于许多不同生物类型的生存，如此当能成为富含化石的地质层。并且在升起变成陆地的时候，它的厚度也足以抵抗大量的剥蚀作用。

我深信几乎一切古代的地质层，凡是层内厚度的大部分都富含化石的，几乎都是这样在海底沉陷期间形成的。自 1845 年把此项意见发表之后，我常常注意地质学的进展，使我惊奇的是，当著作者讨论到这个或那个巨大地质层的时候，一个接一个都得到同样的结论，都说它是在海底沉陷期间堆积起来的。我可以补充一下，在南美洲西岸的唯一第三纪地层，是在水平面向下沉陷期间堆积起来的，所以得到很大的厚度，而能抵抗至今仍在遭受的崩坏作用，只不过恐难持续到久远的地质时代罢了。

一切地质方面的事实都明白地告诉我们，每一区域都曾经过无数缓慢的水平面振动，并且这些振动所影响的范围极广。因此，凡化石多而广度和厚度足以抵抗以后崩坏作用的地质层，在沉陷期间，所占的地区必广，然而它的形成只限于这些地方，即，在那里，沉积物的供给足以使海水保持浅度，并且足使生物的遗体在未腐烂之前就已得到埋藏和保存。反之，海底若固定不动，厚的沉积物就不能在最适宜于生物的浅海部分堆积起来。在上升的交替时期，这种情形就更少发生。说得更准确些，那时已堆积成的海床，在上升时因进入海岸作用的范围之内，通常要遭到破坏。

此等论述，主要是对海边及近海边的沉积物而言。但在广阔的浅海里，像马来半岛的许多部分，海水的深度常在 30 或 40 至 60 英寻之间，广大的地质层大概是在海底上升的时期形成的，而在它缓缓上升的时候，并没有遭受过分的剥蚀；但是，由于上升运动，地质层的厚度比海的深度为小，所以地质层的厚度必不会很大；同时这沉积物也不会凝固得很坚硬，而且也不会受其他地质层的覆盖；因此这种地质层在以后的水平面振荡期间，便有较多机会被大气的崩坏作用和海水的作用所侵蚀。据霍普金斯先生的意见，若是地域的一部分，在上升以后未被剥蚀，即行下沉，那么，在上升运动中所形成的沉积层，虽不甚厚，却可能在此后得到新沉积物的保护，而被保存到一个长久的时期。

霍普金斯还表示，他相信面积广阔的沉积，很少被完全破坏的。但是一切地质学者，除了少数主张现在的变质片岩和深层岩曾经一度组成地球原核的人们以外，都承认这些深层岩的掩盖部分很大范围已受到了剥蚀。因为这些岩石，如果没有掩盖，很少可能凝固和结晶的。可是这种变质的作用，如果在深海底发生，岩石的以前的保护外罩便不会很厚，这样，如果承认片麻岩、云母片岩、花岗岩、闪长岩等必定一度曾被覆盖起来，那么，对于在世界上许多地方的这些岩石的广大面积都已裸露在外的情况，除非相信它们所有的被覆层随后都曾经完全被剥蚀了，否则我们怎能得到解释呢？这些岩石的广大区域的存在，是确实无疑的。巴陵的花岗岩区域，据洪堡的描述至少可抵瑞士面积19倍之大。在亚马孙河以南，卜欧划出一块花岗岩的区域，面积等于西班牙、法兰西、意大利、英伦诸岛及德意志一部分的面积的总和。这一地区还没有详细考察过，然而经旅行家们的互相传证，可知花岗岩的面积是很大的。据冯埃什维格的详细剖图，这岩石区域，自里约热内卢伸入内地，直线达260地理里[1]之长。我朝另一方向旅行过150英里路。除花岗岩外，别无所见。从里约热内卢附近到拉普拉塔河口的全部海岸线约有1100地理里，曾采集到无数标本，经我检查都属于这一类岩石。沿着拉普拉塔河全部北岸的内地，我看到除去近代的第三纪地层外，只有一小片轻度变质岩地域，这大概是形成花岗岩系的原始被覆物的唯一部分。谈到地质调查较为清楚的地方，像美国和加拿大，我曾根据罗觉斯教授的精确地图所指出的，把各区剪下，并用剪出图纸的重量来计算，我发现变质岩（半变质的除外）和花岗岩的面积超过全部较新的古生代地质层，其比例是19比12.5。在许多地方，变质岩和花岗岩层较表面所见到的还要伸延得广远。如果我们把盖在它们上面的一切沉积层移去，便知此言不虚。这些沉积层跟其下的花岗岩并不相配合，而且不能作为花岗岩结晶时原来掩盖物的部分。由此可知世界上某些部分的整个地质层可能已经完全被剥蚀了，以致不留一点痕迹。

这里还有一点值得注意。在上升的时期，陆地和附近浅滩的面积都将扩大，往往造成新地盘。正如上面所说明的，一切情形都有利于新变种和新物种的产生。不过这等时期，在地质记录上，往往是空白的。反之，在下沉的时期，生物分布的面积和生物的数目都将减少（除最初分裂为群岛的大陆海岸外），因而在此时期内，虽有许多种类绝灭了，但少数新变种或新物种却会形成；而且也是在这一沉陷期间，富含化石的沉积物曾经堆

---

〔1〕一地理里为一经度之六十分之一，约合1853.2米。——译者注

积起来。

在任何一个地质层内许多中间变种的阙如

由于上述种种的考虑，可知地质的记录，整个说来，无疑是极不完全的。但若我们专注于任一地质层，则将更难理解，何以在始终生存在这地质层内的近似物种之间，不能找到密切级进的变种。同一个种在同一地层的上部和下部，出现着一些变种，也有好些这种情形见于记录。例如特劳朝德曾在菊石类中，举出一批例子；又如希尔琴杜夫记述过最奇异的复形扁卷螺的十种级进类型，都在瑞士一淡水地质层组中的连续层内发现。虽每一地层组的沉积，无可争论地需要极久的年代，可是生存于初期及末期的物种之间的级进链环系列，何以通常不包含在各个地质层之内，却可举出数种理由来说明。不过我对下面所讲的理由，也不敢妄加厚薄轩轾。

每一地层虽然可以标示很长年代的过程，可是和一物种变为另一物种所需要的时间相比较，可能还显得短些。我知道布隆和武德瓦德两位古生物学者的意见，是值得尊重的。他俩曾经断言，每一地质层的平均存续过程，约为物种平均存续过程的两倍或三倍。可是依我的意见，似乎尚有不可克服的困难，足以阻碍我们对于这个问题作出任何恰当的结论。当我们看到一个物种初次出现于任一地质层的中间部分，就推想它不会更早在别处生存，这是极其轻率的。或者我们看到一个物种在一沉积层的最后部分形成之前消失不见，便以为它已经绝灭了，同样也是轻率的。我们忘记了，以欧洲的面积与世界其他地域比较，是何等渺小；且全欧洲同一地质层的各个时期，也不能完全正确地互相对照。

我们可以确定地推想，一切海栖生物，由于气候和种别变迁，都曾发生大规模的迁徙。因此，我们若在一地质层内初次发现一物种，可能这物种是在那时候最初迁移到这个地域中去的。例如，大家知道，有若干物种，在北美洲古生代地层内发现的时期，较在欧洲同样地层中出现的时间为早，这显然是因为它们从北美洲的海域迁徙到欧洲的海域中，需要相当时间的缘故。在考察世界各地的最近沉积物的时候，随处可注意到有少数现今尚生存的物种，在沉积物中虽很普通，但是在密接的周围海域中，却已绝灭了；或者相反，有的物种，在邻接的周围的海中现在虽很繁盛，但在这一特殊沉积物中却是稀少或竟然没有。以冰期而论，不过是地质时期的一部分而已，若就此期内已经证实的欧洲生物迁移的情况加以考察，应有启发的作用；就此期内的海陆沧桑，气候的极端变化，时间的悠久过程等等加以探讨，也必会获益不少。然而在世界的任何部分，含有化石的沉积层，是否曾经在整个冰期内在该地域内持续进行堆积，却是可以怀疑的。例如在密西西比河口的附近，在海生生物最繁盛的深度范围以内，沉淀物大概不是在整个冰期内持续不断地堆积起来的，因为我们知道，在美洲的其他部分，在此期间曾经发生过巨大的地理变迁。像在密西西比河口附近的浅水部分，于冰期的某一部分期间沉积起来的这些地层，如果向上升起，那么由于地理上的变迁和物种迁徙的缘故，生物的遗迹大概会最初出现和消失在不同的水平面中。在遥远的将来，若有一位地质学者研究此等岩层，必将被诱惑而断定，在那里埋藏的化石生物的平均持续过程较冰期为短，而实际上却远比冰期为长。因为它们从冰期以前起，一直延续到今天。

要在同一个地质层的上部和下部，得到两个类型之间的一个级进完全的系列，则该沉积物必须在长期内陆续地堆积，并且这期间是足以进行缓慢的生物变异过程的。因此，这沉积物一定是极厚，而且起变化的物种又一定是在整个时期内都生活在同一地域中。可是我们已经讲过，凡极厚而全部有化石的地质层，只有在下沉的时期，才能堆积起来；并且沉积物的供给，必须跟沉陷的程度接近平衡，使海的深度大致不变，于是才可以使同种海栖生物生活于同一地点。但是，这同一下沉运动有使沉积物所自来的地面沉没在水中的倾向，这样，在沉陷运动继续进行的时间，沉积物的供给便会减少。事实上，沉积物的供给和下沉的程度之间的接近保持平衡，大概是一种稀有的偶然事情。因为不止一个古生物学者已经观察到，在极厚的沉积物中，除了接近上面和下面的两部分之外，往往是没有生物遗迹的。

每一单独的地质层，也和任何地方的整个地质层组相似，它的堆积似乎通常是有间断的。当我们看到同一地质层内的各层次，由很不同的矿物所组成乃是很普通的情况，我们就可以合理地推想，其沉积过程或多或少是曾经间断过的。即就具体某一个地质层作最详细的考察，也不能对其沉积所耗费的时间得到任何概念。有的厚仅数英尺的岩层，却代表着在其他地方厚达数千英尺、因而堆积上需要一个很长的时期的地质层，这样的例子是很多的。然而不知道这事实的人，甚至将要怀疑这样薄的地质层会代表着以往长久时间的过程。还有，一个地质层的底下层，有的在升起后被剥蚀，再下沉，并且继而被同一地质层的上面的岩层所覆盖，也颇不乏其例。这些事实指出，该地质层的堆积，有怎样长久而容易被人忽视的间隔时期。在另外一些情况中，我们有巨大的化石树，仍像当时生长时那样地直立着，这是最明显的证据，证明在沉积的过程中，有过许多长期的间断和水平面的改变，要是没有这些树木被保存下来，也不会有人作如此想象。莱伊尔爵士和道逊博士曾在新苏格兰发现了厚达 1400 英尺的石炭纪层，内含有古代树根的层次，彼此相叠，不少于 68 个不同的水平面。因此，当同一个物种的化石在一个地质层的底部、中部及顶部发现时，可能表示这个物种没有在沉积的全部时期内生活在同一地点，而是在此同一地质时期内经过几度的绝迹和重现。因此，一物种若在任一地质层的沉积期内，发生了显著的变异，则该地质层的某一剖面，不会含有在我们理论上一定存在的一切微细的中间阶段，而只含有突然的（虽然也许是细微的）变化的类型。

还有最重要的一点必须记住的，便是自然学者并无金科玉律，足以判别物种与变种。他们承认，每一物种都有细微的变异性，但是，当他们碰到任何两个类型之间有较大的差异，而没有最密切的中间性阶段以相连接的时候，便将两者都定为物种。据上面所讲的理由，我们很少希望这些中间性的阶段都能存在于任何地质的剖面中。假定乙和丙代表两个物种，另有一个第三种甲，发现于下面较古远的岩层中。在此情形之下，即使甲种确是介于乙和丙两者间的中间类型，但若没有中间变种，将它和上述任何一个类型或两个类型密切连接起来，也就会简单地被列为第三个不同的种。甲种可能是乙和丙两者的真正的原始祖先，但不一定在各方面都严格地介于它们两者之间，这在上面已经讲过，也是不可不加注意的一点。所以我们可能在同一个地质层的下层和上层中，找到亲种和它的已改变的后代；可是，如果我们同时不能找到无数的过渡阶段，便不能辨识出它们的血统关系，因而就会把它们列为不同的种。

大家都知道，许多古生物学者们用来区别他们的物种的差异是极其微小的。如果这些标本是得自一个地质层的不同层次中，他们就要毫不犹豫地把它们列为不同的种。近来有几位有经验的贝类学者，已将陶平宜及其他学者所定的许多微异的物种改为变种。根据这样的观点，我们的确看到了按照这一学说所应看到的那种变化的证据。试再观察第三纪后期的沉积层中所含的许多贝类，多数自然学者都认为和现存的种是相同的，但是有某些卓越的自然学者，像阿加西和毕克推，却主张一切第三纪的物种，虽和现存的差别甚微，却都应列为不同的物种。所以在此情形之下，除非我们相信这几位著名的自然学者有臆想的错误，而承认第三纪后期的物种和现在生存的并无任何不同，或者，除非我们和多数自然学者的意见相反，而承认这些第三纪的物种和现存者确不相同，那么我们就能在这里获得所需要的那些细微变异屡屡发生的证据。假如我们就时间距离较远的层次来观察，例如同一大地质层组内的不同、但是相连续的层次，我们就可以看到所埋藏的化石，虽然公认为不同的种，然而彼此之间的关系，跟相隔更远的地质层内所找得的相比较，是要接近得多了。所以在这里，关于朝着这个学说所要求的方向的那种变化，我们又得到了无疑的证据，关于这点，我们将留待下一章再加讨论。

上面已经讲过，我们可以据理推想，凡繁殖速而迁徙少的动物和植物，其变种最初一般是地方性的。这些地方性的变种，非到它们相当程度地被改变和完成了，便不会广为分布并排挤掉它们的亲种。根据这种意见，要在任一地域的一个地质层中，找出任何两类型之间的一切早期的过渡阶段，机会是很少的，因为连续的变化均假定是地方性的，即局限于某一地点的。大多数海生生物的分布范围很广。就植物而论，我们知道，往往是分布最广的种，最常产生变种。所以关于贝类或其他的海生生物，那些具有最广大分布范围的，远远超出于已知的欧洲地质层范围之外的，最常产生的开始是地方性变种，终于形成为新种。由此而论，我们要在任何一地质层中寻得物种演变的过渡阶段，机会就更少了。

最近法孔纳博士所主张的一种议论更是重要，可以引致同样的结论。他说，一物种进行变化所经过的时间，以年岁计虽然很长久，但若和它停滞不变的时间比较，大概还是短的。

还有一点不可忘记的，便是在今日我们有完整的标本作研究，但是很少能把两个类型连以中间性的链环，以证明它们是同一种的，除非从很多地方采得许多标本。至于在化石物种方面，这是很难做到的。所以我们要把不同物种用无数的、细微的、中间性的化石链环来连接起来实在是不可能，要很好了解这不可能性，只有问问我们自己：例如地质学者在某一未来时代能否证明牛羊犬马的不同品种，是由一个或几个原始祖先传下来的呢？又如北美海滨所产的某些海蛤，有的贝类学者认为和欧洲产的种别不同，而有的却仅认为是变种的，能否证明实际上究竟是变种，还是所谓的不同物种呢？这些问题，在将来的地质学者，只有找到了无数中间阶段的化石才能解决，而这种成功的可能性实属渺茫之至！

相信物种不变的学者们，常常申言，地质学上找不出中间链环。这种论调，我们将在下章内看到，实在是错误的。正如卢布克爵士说，“每一物种，都是其他近似类型之间的链环。”例如一属内有 20 个种，包括现存的和已绝灭的，若毁去五分之四，没有人会怀疑，余下的物种彼此间的区别，将显得格外分明。如果这属内的极端类型偶被毁灭了，则此属与其他近似的属，将更加不同。地质学研究所没有发现的，是以前曾经生存过的无数中间阶段，细致到和许多现存的变种一样，可将几乎所有现存的及已绝灭的物种互相连接起来。但这是不可企求的，然而却被反复地提出来，作为对我的观点最有力的反对。

用一个想象的比喻，把上面所讲关于地质记录不完全的各种原因，总括一下，还是值得的。马来半岛的面积，跟欧洲从北海角到地中海，从不列颠到俄罗斯的面积，大致相等。所以除了美国的地质层以外，也和一切曾经多少切实调查过的地质层的全部面积不相上下。我完全同意高文奥斯登先生的见解，他说马来半岛包括由广阔浅海所隔开的许多大岛在内，现在的情形也许可以代表古代的欧洲，即大多数地质层正在进行堆积的当时状态。马来半岛是生物最繁盛的地方之一，然而如果把曾经生活在该处的一切物种，全部采集起来，就会看出它们在代表世界自然史上，将是怎样地不完全。

可是我们有各种理由可以相信，马来半岛的陆地产物，在我们假定在那里堆积的地质层中，必定保存得极不完全。真正的海滨动物，或栖息于海底裸露岩石上的动物，被埋藏的必不会多。那些被沙砾所埋藏的，也不能保存到久远时代。海底上没有沉积物堆积的地方，或者堆积的速率不足以保护有机体免于腐烂的地方，生物的遗体便都不能被保存下来。

凡地质层含有丰富的化石种类，而且其厚度在未来的时代中足以延续到像过去的中生代地层那样悠久时间一样，在群岛的范围内，一般只有在沉陷期间才可形成。这些沉陷期间，彼此要被巨大的间隔时期所分开，在这间隔的时期内，地面或是保持静止，或是上升。如果是上升，则处于较峻峭海岸上而含有化石的地质层，便会被不息的海岸作用所破坏，其速度几乎和堆积速度相等，就像我们现今在南美洲海岸所见到的情形一样。便是在群岛范围内的广大浅海中，在上升的时期，沉积层也难得堆积得很厚，并且也难得被后来的沉积物所覆盖保护，而可以保持到久远的未来。在下沉的时期，大概生物绝灭的极多；在上升的时期，则有很多的变异发生，可是这时地质的记录却更不完全。

群岛的全部或一部分沉陷及与此同时发生的沉积物堆积的任一漫长期间，是否会超过同一物种的平均存续期间，是可以怀疑的。但是这些事件的偶合，却是两个或两个以上的物种之间的一切过渡阶段得到保存的必要条件。如果这些阶段没有全部被保存下来，则那过渡的变种，看上去就好像是许多新的虽然是密切近似的物种。每一个沉陷的漫长期间，还都可能被水平面的振动所间断，并且在此长期内，气候也不免微有变化。在这些情况之下，群岛的土著生物将向外迁移，于是，也就没有它们变异的前后相连的详细记录，可以在任一地质层内保存下来。

这群岛的多数海生生物，现在已超越了它们的界限而分布到数千英里以外。根据类例推断，可使人相信，主要是这些广为分布的物种，纵使只有其中的一部分，才常常产生新变种。这些变种最初是地方性的，即局限于一个地点的，然一旦获得任何决定性的优势，或者经过进一步变异和改进时，它们就会逐渐扩展，而排挤了它们的亲型。如果这些变种回到它们的原产地点，因为它们和原先的状态已有不同，差别虽小，却几乎一致，并且因为它们被发现都是埋藏在同一地质层的稍上不同的亚层中，所以根据一般古生物学者所取的原则，这些变种大概会被列为新的而有分别的种。

如果上面所讲的有相当程度的真实性，我们便不能期望在地质层中求得无数而且差异很小的过渡类型。这些过渡类型，根据我们的学说，可以把同群中一切过去及现存的种，连成一条长而分支的生命之链。我们只能希望找出少数的链环，而这些正是我们所找到的——它们彼此间的关系有的较疏，有的较密。但是这些链环，纵使彼此间的关系曾经是如何密切的，如果在同一地质层的不同层次中发现，就会被许多古生物学者列为不同的种。我不讳言，要不是每一地质层的初期及末期所生存的物种之间，缺乏无数过渡的链环，使我的学说感到如此严重的威胁，我将不会怀疑到保存得最好的地质剖面中记录还是这样地贫乏。

整群近似种的突然出现

整群物种在某些地层中突然出现的事实，曾被某些古生物学者，如阿加西、毕克推及塞治威克等极力提出，以为是对物种演变这一信念的一个致命打击。假使同属或同科的许多物种，果真一起同时发生，这对于根据自然选择的进化学说的打击，将是致命的。因为依照自然选择的方法，凡是从某一个祖先传下来的一群类型，它们的发展过程必定很慢；而且这些祖先必定远在它们的改变了的后代出现之前就已经生存了。可是我们对于地质记录的完全程度，往往估计得过高，并且由于某属或某科未曾发现于某一阶段之下，便错误地推论它们在那个阶段以前没有存在过。在一切情形下，只有积极性的古生物证据，才可以完全信赖；而消极性的证据，如经验所经常指出的，却没有价值可言。我们常常忘记了，整个世界如果和那曾经仔细调查过的地质层的面积来比较是多么广大；我们也想不到，各群物种，在侵入欧洲和北美的古代群岛之前，可能在别处已经生存了很久，而逐渐繁衍起来。并且在连续地质层之间所经过的间隔时期，在许多情形下，也许较每一地质层沉积所需的时间更长，这一点也常为我们所忽视。这些间隔会给予物种从某一亲型繁生起来的时间，而这些群或物种在随后形成，好像突然被创造出来似地出现了。

于此，有一点还得重提一下：一种生物之适应于某种新而特殊的生活，例如在空中飞翔，大概要经过一个长久的连续时间，因而它的过渡类型往往在某一地域内留存很久。可是这种适应一旦发生效果，而且有少数的种，由此而对其他生物获得了巨大的优势，那么只需较短的时期，便可产出许多歧异的类型，传布的很快很广，以至遍及全球。毕克推教授在对本书卓越的书评中，谈到早期的过渡类型，并以鸟为例，他不能看出假想的原始型前肢的连续变异能有什么利益。但是试观察南极的企鹅，它的前肢岂不是恰在“既非真正的臂，又非真正的翅”这种真正的中间状态之下吗？可是在生存的斗争中，这些鸟类胜利地保住了它们的地位，因它们滋生既繁，种类又多。我不是说我们在企鹅身上就可以看到鸟翅所曾经过的真正过渡阶段，但如果相信翅膀大概可以有利于企鹅的变异了的后代，使它最初像呆鸭那样地能在海面上拍动，终于可以离海面飞起而滑翔于空中，这样还有什么特殊的困难呢？

现在我要举几个例子，以解释上面所提的论述，同时又可说明，我们若设想成群的物种曾经突然产生，是如何容易地陷于错误。甚至在毕克推的古生物学巨著中，从初版（1844—1846 年）到再版（1852—1857 年）之间，这样短短的时期中，他所作关于几个动物群的开始出现和绝灭的结论，便有很大的变更，而且第三版大概还需要有进一步的修改。我可举出大家熟知的事实：在不久以前出版的一些地质学论文中，都说哺乳类动物是在第三纪的初期才突然出现的。但现在已知的最富含兽类化石的堆积之一，却是属于中生代中段的，并且在接近中生代开头的新红砂岩层中，又发现了真正的哺乳类。居维叶一贯主张，在第三纪地层中没有猴类，可是它的绝灭种如今在印度、南美及欧洲已被发现，远溯到第三纪的中新世。若不是在美国的新红砂岩层中有足迹被偶然保存下来，谁能想到至少有30种似鸟的动物——有些是巨大的——曾经在这时期存在呢？不过在这些岩层中，还没有发现过这些动物遗骨的一块碎片。不久以前，一些古生物学者主张鸟类全纲都在始新世突然出现；现在根据欧文教授的意见，我们知道在上绿砂层的沉积期间，确已有一种鸟存在；最近，又有一种奇异的鸟，即始祖鸟，在莎伦霍芬的鲕状版岩中发现；此鸟具有如蜥蜴一样的长尾，尾上每节有一对羽毛，翅上有两个分离的爪。任何近世的发现，都没有比此鸟更加雄辩地说明，关于世界上以前所生存的生物，我们所知道的实极有限。

我将再举一例，这是我亲眼看到的，使我有很深的印象。在关于无柄蔓足类化石的一部专著里，我曾说过，根据现存的及绝灭的第三纪物种的大量数目；根据许多种的个体非常繁多，分布于全世界——从两极到赤道，栖息于从高潮线到50英寻各种不同的深度中；根据在最古的第三纪地层中被保存下来的标本的完整状态；根据标本甚至一个壳瓣的碎片，也能容易辨认；根据这种种情况，我曾推论，这种无柄蔓足类动物，如果在中生代内曾经生存，它必然会被保存着而且被发现的；但因为在该时代的岩层内，未曾发现过它们的一个物种，我就断定这一大群的动物，是在第三纪开始时突然发生的。这事很使我难受，因为当时我想，这会给大群物种的突然出现，又增加了一个例子。可是当我的著作将要发表时，一位优秀的古生物学者菩斯开，却寄给我一张完整标本的图，画的无疑是一种无柄的蔓足类，是他在比利时的白垩纪地层内亲自采得的。就好像是为了使这个情形愈加动人似的，这种蔓足类属于地藤壶属，是一个很普通的、巨大的、到处都有的一属，至于它的化石，即在任何第三纪地层中，也还没有发现过一种。最近，武德瓦德又在上白垩纪地层内发现了无柄蔓足类另一亚科的一个成员四甲藤壶。所以现在我们对于此类动物，已有丰富的证据来证明它们曾在中生代存在过。

有关于整群物种显然是突然出现的情况，被古生物学者所常常提到的，就是硬骨鱼类。据阿加西说，它们的出现，是在下白垩纪。这一类中包含现存鱼类的大部。可是有些侏罗纪及三叠纪的某些类型，现在已通常被认为是硬骨鱼类。甚至有几种古生代的类型，也由一位权威学者给列入此类。要是硬骨鱼类果真在北半球的白垩纪初期突然出现，那当然是很值得注意的事。不过这也不是一个不可解决的难题，除非能证明这些物种在世界的其他部分，也在这时期内突然地和同时地发生。现在还没有化石鱼类，在赤道以南发现过，这是毋庸赘言的。看过了毕克推的古生物学，可知在欧洲好几个地质层中也只有极少数的几个物种。有少数几科的鱼，现在只分布在有限的地域内，硬骨鱼类以前也可能只分布在有限的地域内，待其在某一海内发达繁盛之后，才大大地扩展。同时，我们也不能设想，地球上的海洋，老是自南到北这样畅通，和现在的情况一样。即在今日，如果马来半岛变成陆地，则印度洋的热带部分便将成为完全封锁的巨大盆地。任何大群的海生动物，都可在这盆地内滋生繁衍。它们要局限在这范围之内，直到它们的某些物种变得适应于较冷的气候，然后才能够绕过非洲和澳洲的南角，而散布到其他远处的海洋里去。

出于这些考虑，由于我们除了欧洲和美国外，对于他处地质知识的贫乏，并且由于在最近十余年来的发现，使古生物学的知识掀起了革新，由于这些原因，照我看起来，若对全世界的生物类型的演替问题，匆忙下教条式的断语，似乎未免失之于过早。正如一个自然学者在澳洲的荒野上，仅登陆五分钟，就来讨论该地物产的数目和分布，犯着同样轻率的毛病。

成群的近似物种在已知的最低化石层中之突然出现

还有一个类似的难点，更为严重，就是动物界内有若干主要部门的物种，在已知的最低化石岩层内突然出现的情形。以前的许多论证，使我相信，同类的一切现存物种，都是由单一种的祖先传衍而来的，这也同样有力地适用于最早出现的物种。例如，一切寒武纪及志留纪的三叶虫类，无疑都是从某一种甲壳动物传下来的，这种甲壳类的生存时期，必远在寒武纪之前，它和一切已知的动物，可能都大为不同。有的远古动物，像鹦鹉螺、海豆芽等，和现在生存的种，没有多大差异，根据我们的学说，这些古老的种，不能认为是一切后起的同类的一切物种的祖先，因为它们不具有任何的中间状态。

所以，如果我们的学说是正确的，则远在寒武纪的底层沉积之前，必然已经过一段很长久的时间，也许和从寒武纪到目前的整个时间一样长或者更长。而在此长时期之内，世界上必然已有很多的生物生存着。这里，我们又碰到了一个强有力的异议，因为地球在适合于生物生存的状态下，是否足够久远，似乎是可以怀疑的。据汤卜逊爵士的推断，地壳的凝固不会少于二千万年，或多于四万万年，但大概是不少于九千八百万年或多于两万万年。这样大的差距，表示这些数据是很可怀疑的；而且其他成分可能在今后会被引入到这个问题里来。克罗尔先生估计从寒武纪到现在，大约已经经过六千万年；然而从冰期开始以来生物的微小变化量来判断，自寒武纪地层以来生物的变化既大且多，六千万年似乎太短；而在寒武纪已生存着许多生物，这些生物在此以前的发展，以一亿四千万年估计，也难认为是足够的。然而，如汤卜逊爵士所主张的，在极早的时代，世界所处的物理条件的变化，可能较现今更加急促而剧烈，而且这些变化会有引起当时生存的生物依着相应的速度而起变化的倾向。

至于在寒武纪以前的这些假定最早的时期内，何以没有找到含有丰富化石的沉积物，我不能给出满意的解答。以麦基逊爵士为首的几个卓越的地质学者，到最近还相信，我们在最下的志留纪地层所见的生物遗迹，是生命的肇始。其他权威学者如莱伊尔和福布斯，对此结论还有争辩。我们必须记得，这世界仅有一小部分曾经精确地考察过。不久以前，巴朗德在当时已知的志留纪之下，找出一个更低的地层，里面富有新奇的物种；现在，希克斯在南威尔斯更下面的下寒武纪地层中，又找到含有丰富的三叶虫岩层，并且还有各种软体动物和环节动物。即在最下的无生物岩层中，也存在有磷质小块及含沥青的物质，这可能暗示了那些时期中的生命；至于在加拿大的劳伦纪地层内，曾有始生动物存在，则已为一般所承认。加拿大志留纪的下面，还有三大系列的地层，始生动物即在最下的一层内发现。罗干爵士说："一切后起的岩层，从古生界的底层起到今日的地层的总和，可能还远不及这三大系列的地层的厚度。于此，我们追溯到一个这样古远的时代，以致某些人可能把巴朗德所谓'原始动物区系'的出现，看作是比较近代的一回事。"始生动物是一切动物界中最低级的，可是在它自己的一类中，它的体制却又是很高级的，存在的个数则多至无数；依道逊博士所述，这些动物必以捕食其他的微小生物为生，而这些微小生物也必定是大量生存的。所以我在1859年所写的关于生物远在寒武纪以前已经存在的话——和以后罗干爵士所用的字句几乎是一样——现在已证明是正确的了。虽然如此，要对于寒武纪以下何以没有富含化石的厚大地层的叠积，举出充分的理由，困难仍然是很大的。若说最古的岩层，已被剥蚀而消灭殆尽，或者说所包含的化石，已因岩石的变质作用而整个毁灭，也似乎不可能，因为，如果是如此，我们对于继它们之后的地质层就仅会找到些微残余物，同时也必呈现着局部的变质状态。根据对俄国和北美洲的巨大地域的志留纪沉积物的描述，那种"地质层愈古，愈是不可避免地遭受极度的剥蚀作用和变质作用"的见解，也得不到支持。

这种情形现在还无法解释，而确实可以当做一种有力的论据来反对本书所持的观点。为了表示这问题在将来可能得到某种解释，我现提出下面所述的假说。根据欧美的若干地质层中生物遗体的性质，都不像是在深海栖息过；并且根据这些地质层所组成的沉积物厚达数英里的量，我们可以推想，自始至终，那供给沉积物的大岛屿或大陆地，必处于现今存在的欧洲及北美洲大陆的附近。后来阿加西和其他人士也采取了同样的观点。可是我们不知道，在好几个连续的地质层的间隔时期内，到底情况如何？在此等间隔的时期内，欧洲和美国，究竟是干陆地，还是没有沉积物堆积的近陆海底，或者还是一片广阔的、深不可测的海床？

试看现在广阔的海洋约等于陆地的三倍，其中散布着许多岛屿。然而我们知道，除了新西兰以外（如果新西兰可以称为真正的海洋岛），还几乎没有一个真正的海洋岛，提供过任何古生代或中生代地质层的残余物。所以我们也许可以由此推论，在古生代和中生代时期内，在我们现在的大洋的范围之内当无大陆，亦无大陆岛屿存在。因为，如果它们曾经存在过，就有由它们磨灭了的和崩溃了的沉积物堆积而成古生代和中生代的地层的一切可能；并且这些地层由于在此等极长的时期内必然发生的水平面的振动，至少当有一部分向上升起。假如我们可以从此等事实来推论任何事情，那么，我们可以推论：今日我们的海洋范围内，自有任何记录的最古远时期以来，就曾有过海洋的存在；在另一方面，今日的大陆所在地，也自寒武纪以来，曾有过大片陆地的存在，并且无疑地经历过水平面的巨大振动。在我所著《珊瑚礁》一书内所附的彩图，使我获得一种结论，就是目前各大海洋仍为下沉的主要区域，各大群岛仍为水平面振动的区域，各大陆仍为上升区域。可是我们没有任何理由认为自从世界开始以来，情形就是这样的。我们大陆的构成，似乎由于在多次水平面振动时，上升的力量占优势所致。然而此等有强烈运动的地域，难道在长期内未曾有所改变吗？远在寒武纪以前的长时期内，现今海洋展开的处所，也许有大陆曾存在过，而现今大陆存在的处所，也许有清澄广阔的海洋曾存在过。我们也不能设想，如果太平洋的海底现在变成一片大陆，我们便可在那里找到较寒武纪更古老而可认识的沉积层，假定是从前曾经沉积而成的。因为这些地层，由于下沉到更接近地心数英里的地段，并且由于上面水量的巨大压力所遭受到的变质作用，可能远较接近地面的地层为大。世界上有几处地方，像南美洲，有裸露变质岩层的广大区域，这些岩层必定曾经在巨大压力之下，遭受过灼热的作用，我总觉得对于这些区域，似乎需要给以特殊的解释。我们也许可以相信，在这些广大区域里，我们可以看到远在寒武纪以前的，而处在完全变质了的和被剥蚀了的状态之下的许多地质层。

本章内讨论了好几个难点，就是：（1）在现今生存的及以前曾经生存过的物种之间，我们虽在我们的地质层中找到很多链环，然而却没有找到那无数的微细的过渡类型，把它们密切地联系起来；（2）在欧洲的地质层中，有若干群的物种突然出现；（3）在寒武纪地层之下，据现今所知，几乎完全没有富含化石的地质层。凡此种种难点，其性质之严重，是无可置疑的。所以，最卓越的古生物学者如居维叶、阿加西、巴朗德、毕克推、法孔纳和福布斯等，和我们最伟大的地质学者如莱伊尔、麦基逊和塞治威克等，都曾经一致地、并且往往激烈地坚持物种的不变性。不过莱伊尔爵士现在对于相反的一面，给予了他的最高权威的支持。而且大多数地质学者和生物学者，对于他们原抱的信念，也都已大为动摇。凡是相信地质记录多少是完全的人们，无疑还会毫不犹豫地排斥我的学说。至于我自己，则照用莱伊尔的比喻，把地质的记录看作是一部散失不全，而且用前后不一致的方言写成的世界史。在这部历史中，我们只有最后的一卷，而且只与两三个国家有关。在这一卷中，又只是在这里或那里保存了零碎的一短章，而每页也仅在此处或彼处保存了数行。这徐徐改变着的语言的每一个字，在前后各章中，多少又有些不同，这些字可以代表埋藏在我们的连续地质层中的诸多生物类型，被人误认为突然出现的。根据这样的见解，那么，上面所讲的几个难点，就可以大大地缩小，或者竟至消失了。

第十一章

生物在地质上的演替

新的物种徐缓地陆续地出现——它们的变化速率不一——物种一旦消失即不再重现——物种群的出现与消失所遵循的一般规律与单独物种相同——灭绝——生物类型在全球同时发生变化——灭绝物种彼此之间以及与现存物种之间的亲缘关系——古代类型的发展状况——同一型式在同一地域内的演替——前章及本章小结

现在让我们来看有关生物在地质上演替的几种事实和法则，究竟和物种不变的通常观点相符合，还是和物种通过变异与自然选择而徐缓地、逐渐地发生变化的观点相符合。

新的物种，不论在陆上还是在水内，都是极其缓慢地陆续出现的。莱伊尔曾指出，几乎不可能反对第三纪若干时期中有关这方面的证据；而且每年都有一种倾向把这些时期之间的空白填充起来，并使已灭绝的和现存的类型之间的比例更趋于逐级渐进。在某些最近代的地层内，虽然以年计无疑地已很古远，也不过只有一两个物种是已灭绝了的，也只有一两个是新的，或者是局部地在该处初次出现，或者据我们所知是在地球上初次出现。中生代的地层比较断续不全，但是，正如布隆所说，埋藏在各层内的许多物种的出现和消灭都不是同时的。

不同属和纲的物种，并没有以同一速率或同一程度发生变化。在第三纪较古的地层里，在许多已灭绝的类型中，还可找到少数现存的贝类。法孔纳曾就这类事实举出一个很显著的例子，即在喜马拉雅沉积层中有一种现存的鳄鱼和许多已绝迹的哺乳类和爬行类在一起。志留纪的海豆芽与该属的现存物种相差极微；但志留纪的大多数其他软体动物和一切甲壳类却已起了极大变化。陆地生物的变化速率似乎较海栖生物的速率为大，在瑞士曾见到这样的一个显著的例子。我们有若干理由可以相信，系统地位较高的生物比较低的变化得更快，然而也不免有例外。据毕克推说，在各个连续的所谓地质层中，生物的变化量并不相同。不过，如果我们比较一下任何最密切相关的地层，便可发现一切物种都曾进行过若干变化。一个物种一旦在地面上消失，我们就没有理由相信同一个相同的类型会再度出现。这条规律的一个最有力的明显例外，乃是巴朗德先生所谓的“侨团”，它们侵入一个较古的地层中一个时期，从而使早先存在的动物群又重新出现；莱伊尔曾解释说这是从不同的地理区暂时迁徙而来的一种情况：这似乎是令人满意的解释。

这几种事实都和我们的学说很相符合，这学说并不包含有引起一地域内一切生物都突然地或同时地或等量地发生变化的那种固定的发展法则；变化的过程必很缓慢，而且通常只能同时影响少数的物种，因为每一物种的变异性跟一切其他物种的变异性并无关系。至于可以发生的这类变异或个体差异，是否会通过自然选择或多或少地被积累起来，从而引起或多或少的永久变化，却取决于许多复杂的临时事件：取决于变异之为有利性质，取决于交配之自由，取决于地方上物理条件的徐变，取决于新移居者的迁入，并取决于其他与变化着的物种相竞争的生物之性质。因此，一个物种保持同一相同形体的时间远较其他物种为久，或者即使有变化，也变化得较少，这是不足为怪的。这种情况我们可以在不同地域的现存生物中看到，例如，马德拉岛的陆生贝类和甲虫类，较诸欧洲大陆上它们的最近缘类型已有相当的差异，但海生贝类和鸟类却并无改变。根据前面一章内所说明的高等生物与其有机的与无机的生活条件之间有着更为复杂的关系，我们也许可以理解何以陆栖生物及较高等生物的变化速率显然较海洋生物及低等生物的为速。当任何地方的多数生物已起变化而且有了改进，则根据竞争的原理以及生物与生物在生存斗争中的最重要的关系，我们就可以理解，任何不曾在某种程度上发生变化并得到改进的类型都将易于灭绝。因此，我们也可理解何以同一地域内的一切物种终究都要变化（如果我们观察到足够长的时间），因为不如此，便将归于灭绝。

同一纲内的成员在相等的长时期内的平均变化量可能近乎相同，但是，因为富有化石而持续久远的地层的堆积有赖于大量沉积物在下沉地域的沉积，所以我们的地层，几乎都必然是在间隔辽远且不规则的间歇期间堆积成的，从而埋藏在各连续地层内的化石所现出的生物变化就不相等了。根据这种观点，每一地层并不是标志着一种新的完整的创造行为，而仅是一出慢慢变化着的戏剧中几乎随便出现的偶然一幕而已。

我们能够清楚地知道，为什么一个物种一旦消灭之后，即使有完全同样的有机的与无机的生活条件再发生，也绝不会再出现。因为一个物种的后代虽然可以作出适应（其例至多，盖无可疑），在自然组织中代替另一物种的位置并排挤棹它，可是旧的和新的两个类型绝不会相同，因为两者几乎一定从它们各自不同的祖先遗传有不同的性状，而且生物本身既已不同，发生变异的方式当然也不相同。举例来说，假使所有的扇尾鸽都被消灭了，养鸽者可能会育出一种和现今的扇尾鸽几无差异的新的品种。然而，假如亲种岩鸽也同样被消灭了，我们有充分理由可以相信，在自然界内改进了的后代通常会排挤掉并消灭掉亲型，那么，就很难相信能从任何其他鸽种或者甚至从任何十分稳定的家鸽品种中育出一种和现存品种相同的扇尾鸽。因为继起的变异几乎必定多少有些不同，新形成的变种或许会从它的祖先遗传来某些特性的差异。

物种群，即属和科，在它们的出现和消灭上所遵循的规律和单独物种的相同。它们的变化有快慢，变化的程度有大小。一个类群一旦消灭便永不再出现，这就是说，它的存在只要继续着，总是连续的。我知道这个规律有某些明显的例外，可是这种例外毕竟异常稀少，甚至像福布斯、毕克推及武德瓦德，虽然他们都极力反对我所持的这些观点，也承认这个规律的正确性；而且这个规律和我的学说完全符合。因为同一类群的一切物种，不论延续如何久远，一个都是另一个的变化了的后代，而且都是一个共同祖先的后代。例如，海豆芽属在一切时期内连续出现的物种，从志留纪最低层起直到今天，必被一条连绵不断的世代系列连接在一起。

前章内曾讲到，整个的物种群有时会假象地表现为突然发生的；我对这个事实已经尽力地作了解释；此事如属确实，对于我的观点将是致命的打击。不过这类事例一定是例外的。依通例，物种的数目都是逐渐增加，直到该类群的顶点，然后或迟或早又逐渐减少。如果一属内物种的数目或一科内属的数目，用一条粗细不同的垂直线来表示，从下向上通过那些物种在其中被发现的各连续地层，则此线有时会假象地表现为其下端开始处并不尖锐，而是平截的，向上乃逐渐加粗，同一粗度往往可以保持一段距离；最后在上面地层中逐渐减细，表示此类物种已渐减少，以致最后完全灭绝。一个类群的物种在数目上的这样逐渐增加，是和我们的学说完全符合的，因为同属的物种以及同科的属只能缓慢而渐进地增加。变化的过程和一些近缘类型的产生，必然是一个缓慢和逐渐的过程，一个物种最初产生两三个变种，这些变种慢慢转变为物种，又以同样缓慢的步骤产生其他变种和物种；如此进行不已，终至整个类群变大，像一棵大树从一条单独的茎干逐渐发出许多枝条一样。

灭 绝

上面我们仅附带地讲到了物种和物种群的消灭。根据自然选择学说，旧类型的灭绝和新的、改进型的产生是密切地联系在一起的。旧时的观念，认为地球上一切生物在连续的时代中曾被灾变消灭，现在已被普遍地放弃了，甚至像婆蒙、麦基逊、巴朗德等地质学者，他们的一般观点本会自然地引到此项结论的，也不再坚持了。另方面，根据对第三纪地层的研究，我们有种种理由可以相信，物种和物种群都是逐渐而依次消灭的；先从一个地点，再从另一个地点，最后从全世界消灭。但是在某些少数场合，例如由于地峡的断裂以及因之而发生的许多新的生物之侵入邻海，或者由于岛屿的最后下沉，灭绝的过程便会迅速。单独的物种以及整个的物种群存续的时期极不相等；我们曾看到，有的类群从已知的生命肇始时代一直延续到今天，而有的则在古生代结束之前就早已消灭。任何一个物种或任何一个属的延续时期之久暂，似无固定的法则可作决定。不过我们有理由可以相信，整个物种群的灭绝通常比它们的产生过程为慢。如果它们的出现和消灭，照上面所讲的那样用一条不同粗细的垂直线来表示，那么这条垂直线的代表灭绝进程的上端的变细，要比代表初次出现及早期物种数目增加的下端的变细更为缓慢。然而在有的场合，整个类群的灭绝，像菊石类在中生代末所表现的，曾是异常地突然。

物种的灭绝问题曾陷于最无理由的神秘之中。有的学者甚至假想，个体既有一定的寿命，物种的存续也当有一定的期限。对于物种的灭绝，恐怕再没有人曾像我那样惊异不止。当我在拉普拉塔找到马的牙齿和乳齿象、大懒兽、箭齿兽及其他已灭绝的怪物的遗骸埋在一起，而这些怪物在很近的地质时代内曾和现仍生存的贝类共处过，真使我不胜惊奇。因为鉴于自从西班牙人把马引入南美以后，就已成为野生而遍及全洲，并以无比的速率滋生其类，我曾自问，在这样显然极适宜的生活条件下，是什么东西使得以前的马会在这样近的时期灭绝？不过我的惊异，实在并无根据。欧文教授不久便看出这马齿虽然和现存的马的牙齿如此相像，却是属于一种已灭绝的马。要是这种马现在还存在，只是相当稀少，也没有自然学者会对它的稀少表示惊异。因为稀少现象是一切地方的一切纲内的大多数物种的一个属性。如果我们自问，为什么这一个物种或那一个物种是稀少的，我们可以回答，其生活条件中必有不利之处。然而这不利之处究竟是什么，我们却很少能够说明。假定那种化石马现今尚存在，作为一个稀有物种，那么，根据与一切其他哺乳类的比较，甚至与繁殖很慢的象的比较，以及根据家马在南美洲归化的历史，我们大概会确信它在更适合的条件下，不出数年便将满布于整个大陆。可是抑制它繁衍的不利条件究竟是什么，是某一种还是几种偶发事件，以及它们在马的一生中的什么时期并在怎样程度上各自发生作用的，我们都无法说出来。如果这些条件愈来愈不利，不管如何缓慢，我们确不能觉察出这个事实，而化石马必将渐趋稀少，以至最后灭绝。它的位置则被某种较成功的竞争者所取代。

有一点常常使人最不容易记起的，就是各种生物的增殖都是不断地受着未被觉察的敌对作用的抑制，而且这些未被察觉的作用，已很足以引起稀少和最后的灭绝。然而对于这个问题知道得实在太少，所以我曾听到人们对于像乳齿象和较古的恐龙这样大的怪物之归于灭绝再三表示惊异之感，好像只靠体力就可在生存斗争中得胜似的。恰恰相反，只体格一项，如欧文所指出的，在有的场合，由于需要食物较多，已足以招致迅速灭绝。在人类没有居住在印度或非洲之前，必定有某种原因抑制现存象的继续增殖；高度有才能的鉴定家法孔纳博士相信，主要的是昆虫不断袭扰和削弱着印度象，从而抑制了它的增殖；布鲁斯对于阿比西尼亚[1]的非洲象，也作了这样的结论。已归化了的大型四足兽类在南美洲几个地方的生存也受到昆虫及吸血蝙蝠的控制是没有疑问的。

在第三纪的较近代的地层内，我们看到很多先变稀少而后发生灭绝的情况。而且我们知道，这就是一些动物由于人类的活动而局部或全部灭绝的经过情况。兹重述我在1845年所发表的意见：既承认物种在灭绝之前一般先变稀少，而对于一个物种的稀少并不觉得惊异，但对它的灭绝却引为大怪。这就好像承认疾病是死亡的先驱，而对疾病无所惊异，但对于病人的死亡却感到惊讶而且怀疑他是死于某种暴行一样。

自然选择学说的基础是如下的信念：每一新变种及其最后结局的每一新物种的产生和保持，是由于比它的竞争者占有某种优势，从而较为不利

---

〔1〕 阿比西尼亚现称埃塞俄比亚。——译者注。

的类型的灭绝，则几乎是必然的结果。家养生物的情形也是如此；当一个稍有改进的新变种被培育出来时，它首先会排挤掉其邻近的改进较少的变种，及至大有改进时，就会像我们的短角牛那样被输送至远近各处，取代其他地方的其他品种的地位。这样，新类型的出现与旧类型的消灭，不论是自然造成的或人为造成的，就被连在一起了。在繁盛的类群中，一定时期内产生的新种类型的数目，在某些时期或较已经灭绝的旧种类型的数目为大。不过我们知道，物种的增加不是无限继续的，至少在最近的地质时代内曾是如此。所以就近期而论，我们可以相信新类型的产生曾引起大致相同数目的旧类型的灭绝。

各方面彼此最相类似的类型之间的竞争通常也最剧烈，这在以前已经解释过并用实例说明过。因此，一个物种的已经改进并变化了的后代通常会引起亲种的灭绝。而且，如果任何一个物种已经产出了许多新的类型，则与这个物种亲缘最近的，即同属的物种将最容易灭绝。这样，如我所相信的，由一个物种传下来的许多新物种，即一个新属，终于会排挤掉同科内的一个旧属。隶属于某一类群的一个新物种取另一类群内的一个物种的位置而代之，而且使之灭绝，这也是常常遇到的事情。如果成功的入侵者产生了许多近缘的类型，则必有很多类型要让出它们的位置，被排挤掉的通常是那些同具某种遗传劣性的近缘类型。但不论是属于同纲还是不同纲的物种把它们的位置让给了其他变化并改进了的物种，也有少数受害者却常因适应于某种特殊的生活，或因栖居于某个遥远的隔离的地域而逃避了剧烈的竞争，而得以保存一个较长时期。例如，中生代贝类的一个大属，三角蛤属的某些物种尚残存于澳洲的海域之内；硬鳞鱼类这个几乎灭绝的大类群中的少数成员尚生存于我们的淡水之中。由此可见，一个类群的全部灭绝通常是一个比它的产生更为缓慢的过程。

关于全科或全目的明显的突然灭绝，例如古生代末期的三叶虫类及中生代末期的菊石类等，我们必须记起前面已讲过的，在连续的地层之间可以有很长的间断时期，在此等间断时期内可以有极缓慢的灭绝。再者，一个新类群的许多物种如果因突然的迁入或因非常迅速的发展而占有了一个地域，则许多旧的物种便将以相应的速率趋于灭绝。这样让出自己位置的类型通常都是近缘的，因为它们一般具有同样的劣性。这样，依我看来，单独物种与整个物种群的灭绝方式都是与自然选择学说十分符合的。我们对于灭绝无须惊异。如果定要惊异，那就对我们自己一时的臆断——想象我们理解每个物种赖以生存的许多复杂的偶然事故——去惊异吧。每一物种都有过度增殖的倾向，同时，某种我们还很少察觉得出的抑制作用总是在进行活动，我们一旦忘记了这一点，整个自然体制便是完全不可捉摸的了。当我们能切实说明何以这个物种的个体较那个物种的为多，何以这个物种而不是另个物种能在某一地域归化的时候，只有到了那时候，我们才能对于为什么我们不能说明任何一个特殊的物种或物种群的灭绝理所当然地感到惊异。

生物类型在全球几乎同时发生变化

生物类型在世界各处几乎同时发生变化，任何古生物学上的发现恐怕都没有比这个事实更为惊人的了。因此，在许多距离很远、气候最不同的地方，像北美洲、赤道地带的南美洲、火地岛、好望角及印度半岛等地，虽然没有一块白垩矿物碎片被发现，但却可以辨别出我们欧洲的白垩层来。因为在这些遥远的地点，某些地层内的生物遗骸呈现出和白垩层中的生物遗骸有不会使人错认的类似性。这并不是说见到了相同的物种，因为在有些场合没有一个物种是完全相同的，可是它们属于同科、同属或同属的同亚属，而且有时具有比如只是表面凹凸刻纹这类细微的相似的特点。此外，在欧洲的白垩层没有发现的、但见之于它的上下地层中的其他类型，在世界上这些遥远的地点也依同样的次序出现。若干作者在俄国、西欧及北美的若干连续的古生代地层中，也曾见有生物类型的类似的平行现象。据莱伊尔说，欧洲与北美的第三纪沉积层也是如此。纵使完全不考虑新旧两世界所共有的少数化石物种，古生代和第三纪各时期中前后相继的生物类型的一般平行现象仍很明显，若干地层也很容易关联起来。

然而，这些观察都是关于世界上的海栖生物的，至于陆地和淡水生物在远隔地点是否也同样平行地发生变化，却没有足够资料可作判断。我们可以怀疑它们是否如此变化过：假使把大懒兽、磨齿兽、长颈兽和箭齿兽从拉普拉塔移到欧洲，而不说明它们地质上的位置，大概便不会有人猜想它们曾和现存的海生贝类共同生存过。然而，由于这些异常的怪物曾与乳齿象及马类共同生存过，所以我们至少可以推断它们曾生存于第三纪最近的某一时期之内。

说海栖生物类型在全世界是同时发生变化的，切不可设想这话是指同一年或同一世纪，甚至更不可设想这话含有很严格的地质学意义。因为如果把现今生存于欧洲的以及曾在更新世（以年计算，这是一个包括全部冰期的很古远的时期）生存于欧洲的一切海生动物，和现今生存于南美洲或澳洲的海生动物加以比较，即使最熟练的自然学者也难以辨别究竟是现在的欧洲生物，还是更新世的欧洲生物，跟南半球的生物最相类似。几位很高明的观察者都主张，美国现存的生物与欧洲现存生物的关系，还不如跟欧洲第三纪后期某些时期内生存过的生物来得密切。如果此属事实，那么，目前在北美洲海岸沉积的化石层，今后很明显地会和欧洲较古老的化石层列在一起。虽然如此，如果展望遥远的将来时代，一切较近代的海成地层，即欧洲、南北美洲及澳洲的上新世上层、更新世层以及严格的近代层，由于所含的生物遗骸多少近缘，由于都不含只见于较古老下层堆积层中的那些类型，在地质学的意义上，都将适当地被列为同一时代。

生物类型在世界各遥远地方，如上所述广义地同时发生变化的事实，已经引起了那些可钦佩的观察者们的注意，如万纳义先生与达喜亚先生。他们提到欧洲各地古生代生物类型的平行现象之后，又说："我们既被这种奇异的顺序所打动，乃转而注意北美洲，也发现一系列类似的现象，由此可信，物种的一切这等变化、灭绝，以及新物种的出现，绝不能只是由于海流的变化或其他多少局部的及暂时的原因，而必有支配整个动物界的一般法则为依据。"巴朗德先生也做过有力的说明，大意完全相同。如果只认为水流、气候或其他物理条件的变化是生物类型在全世界内在最不同的气候下发生这等大变化的原因，实在是徒然无益的。正如巴朗德所说，我们必须另寻某种特定的法则。当我们讨论到生物的现在分布，并且看到各地物理条件与生物性质之间的关系是如何微小时，便可更清楚地明了这一点。

全世界生物类型的平行演替这一重大事实，可以从自然选择学说得到解释。新物种由于对较老的类型具有某种优越性而被形成；在它们自己地域内对其他已占优势或具有某种优越性的类型，将产出最多的新变种或初期物种。关于这点，我们在植物中已有明确的证据，占优势的植物，即最普通而且分散最广的植物，会产生最多的新变种。也很自然，占优势的、变异着的而且分布广的、并已多少侵入其他物种领域的物种，必然是具有最好机会再向外分布并在新地域内产生其他新变种和物种的那些物种。分散的过程往往很缓慢，这取决于气候与地理的变迁，取决于意外的偶发事件，取决于新物种对于必须通过的各种气候的渐行适应等，但是在时间的过程中，优势类型通常会在分布上成功，并最后得到胜利。在隔离的大陆上的陆地生物的分散，或许要比在连接的海洋中的海栖生物的分散为慢。因此，我们可以预料，陆栖生物的演替中所呈的平行现象，在程度上当不及海栖生物那么严密，事实上也确是如此。

这样，据我看来，全世界相同生物类型的平行演替，广义地讲同时演替，跟新物种由广布多变的优势物种所形成的原理很相符合。这样产生的新物种本身就是优势的，因为它们已比曾占优势的亲种和其他物种具有某种优越性，并且将继续传布，起变异，并产生新类型。被击败的并让位给新的优胜类型的旧类型，通常在类群上因遗传有某种共有的劣性，且是近缘的，所以当新的改进了的类群传布遍及全球时，旧有的类群即在地球上消灭。因而生物的演替，在最初出现和最后的消灭上，各地都倾向于一致。

关于这个问题，还有一点值得提出讨论。我曾提出理由说明我相信：富有化石的大的地层大都是在下沉的时期内沉积的。就化石而论，空白极长的间隔时期，是当海底在静止或在上升时期，以及在沉积的速度不足以埋没和保存生物遗骸的时期出现的。在这些长的空白期内，我设想每一地区内的生物都经历了大量的变化和灭绝，而且从世界其他地方进行了大量迁徙。我们有理由相信广大地域曾受到同一运动的影响，所以严格的同时代的地层可能往往在世界同一部分中广阔的空间内堆积起来。可是远没有任何权利来断定情况就是这样不变的，更不能断定广大地域总是不变地受到同一运动的影响。当两个地层在两个地方几乎、但不是绝对同时期沉积下来时，基于上面数节内所讲的几种理由，在两者中应可看到生物类型上相同的一般演替，只不过所含的物种不一定绝对一致，因为一个地方在变化、灭绝和迁徙的时间上也许比另一个地方的稍多一点。

我以为欧洲便有这样的情况。普累斯威奇先生在他所著的关于英法两国始新世沉积物的专著内，曾在两国的连续各层之间找出密切的一般平行现象。可是当他把英国的某些时期跟法国的比较时，虽然看到两处同属的物种数目非常一致，但物种本身却有差异。除非我们设想，有一个地峡把两个海分隔开来，而且两个海内栖居着不同的、但同时代的动物群，否则，以两地相处之近，此等差异实在很难解释。莱伊尔对第三纪后期的某些地层也作过同样的观察。巴朗德也指出，在波希米亚和斯堪的纳维亚的连续的志留纪沉积物之间有着显著的一般平行现象；虽然如此，他也看到物种之间有巨大的差异。如果这些地方的若干地层不是恰在同一时期内沉积的，即一处的地层往往和另一处的空白间断期相对应，如果两地的物种在若干地层的堆积期以及在各层之间的长久间隔期内都在不断地缓慢变化着，则在此情形下，两处的若干地层依照生物类型的一般演替，可以被排列成为同样的顺序，而这种顺序又会虚假地表现出严格的平行现象。可是物种在两地的显然相应的各层中却未必是完全相同的。

灭绝物种彼此之间以及与现存类型之间的亲缘关系

现就灭绝物种和现存物种的相互亲缘关系加以论述。它们都可归纳于少数大的纲内。根据家系的原理，这个事实即时可以得到解释。任何类型愈古远，依一般规律讲，它和现存类型的差异也愈大。但是，如同勃克兰德很久以前讲过的，灭绝物种都可以分类到现存类群之中或者之间。灭绝的生物类型之有助于填充现存的属、科、目之间的空隙，乃是确实的。可是因为这种说法常被忽视甚或否定，所以对这个问题做些说明，并举些例子，是有好处的。如果我们仅注意于同一纲中的现存的物种或者灭绝的物种，则系列便不如将两者联合于一个系统之下来得完整。在欧文教授的著作中，我们不断遇到概括类型这个词，用于灭绝动物；在阿加西的著作中，则用预示型或综合型等词；这些用语都意味着这类类型事实上是中间的或连接的链环。另一位著名的古生物学者哥德利先生曾极为动人地指出，他在阿提卡所发现的许多化石哺乳类打破了现存属之间的空隙。居维叶曾把反刍类和厚皮类列为哺乳类中相差最远的两个目；可是如此多的化石连锁被发掘出来了，所以欧文不得不改变整个分类法，而将某些厚皮类同反刍类归入同一个亚目之中；例如，他用中间梯级消除了猪和骆驼之间明显的宽广的空隙。有蹄类，即生蹄的四足兽，现在已被分为偶蹄和奇蹄两部分；但南美的长颈兽使这两大部分在某种程度上连接起来。没有人会否认三趾马是现存马与某些其他有蹄类型之间的中间类型。南美洲的印齿兽，正如杰尔未教授所定此兽的学名意义所表示的，在哺乳类的链条中是一节何等奇异的链环，此兽不能被归于任何现存的目之中。海牛类是哺乳类中一个很特殊的类群，而现存的儒艮和泣海牛的最显著特点之一是后肢完全消失，甚至不留一点遗迹；但是据佛劳瓦教授所说，已灭绝的海豕却有一个骨化的大腿骨，“和骨盆中明显的杯状窝连成关节”，从而与一般有蹄四足类有些相近，而海牛类在其他方面和有蹄类是近缘的。又如鲸类和一切其他哺乳类差别极大，但第三纪的械齿鲸和鲛齿鲸曾被若干自然学者认为另外自成一目，而赫胥黎教授则认为无疑的是鲸类，“且构成连接水生食肉类的链环”。

甚至鸟类与爬行类之间的宽广空隙，经赫胥黎指出，也部分地连接起来，其方式实出人意料之外，一方面由鸵鸟和已灭绝的始祖鸟，另方面由恐龙类的美颌龙——这是包含一切陆地爬虫的最巨大爬虫的类群。就无脊椎动物而论，最高的权威巴朗德肯定地说，他每天都得到启示：虽然古生代的动物无疑可以被分类在现存类群之内，但是在那个远古的时期，各类群的区别并没有现在这么明显。

有些著作者反对把任何灭绝物种或物种群看作是任何两个现存物种或物种群之间的中间类型。如果说这个名词是指一个灭绝类型在它的一切性状上都直接介于两个现存类型或类群之间的意思，那么这种异议或许是正当的。可是在自然分类中，许多化石物种确是处于某些现存物种之间，有些灭绝属确是处于某些现存属之间，或者甚至处于不同科的各属之间。最普遍的情况似乎是，尤其差异很大的类群，如鱼类和爬行类，若假定它们在目前由二十个性状来区别，那么古代的成员借以区别的性状当较少，所以两个类群在以前多少要比现在更为接近一些。

一种普通的信念是，类型愈古，就愈倾向于借某些性状把目前相离很远的类群连接起来。这种意见无疑必须只限于那些在地质时期内变化很多的类群。可是要证实它的正确性却很困难，因为即使是现存的动物，如美洲肺鱼，都会不时被发现与很不同的类群具有亲缘关系。但若把较古的爬行类与两栖类、较古的鱼类、较古的头足类以及始新世的哺乳类，与各该纲的近代成员相比较，我们就必须承认这种意见是有真实性的。

现在我们且看这些事实和推论与伴随着变化的进化学说符合到什么程度。因为问题相当复杂，我必须请读者参阅第四章所列的图解。我们假定有数字的斜体字母代表属，从它们分叉出去的虚线代表各属的物种。这图解过于简单，列出的属和物种都嫌太少，但这对我们是无关紧要的。那些横线可以代表连续的地层，最上横线以下的一切类型都可看作是已灭绝的。三个现存属 a^{14} 、p^{14} 和 q^{14} 组成一个小科，b^{14} 和 f^{14} 是近缘的科或亚科，而 o^{14} 、e^{14} 和 m^{14} 则组成第三个科。这三个科和从共同亲型 A 分出的几条世系线上的许多灭绝属组成一个目，因为它们都从古代祖先遗传有某些共有的特性。根据性状不断趋异的原理（以前用此图曾说明过），愈近代的类型通常和它古代祖先的差异也愈大，由此我们便可了解最古化石和现存类型的差异最大这个规律。不过我们绝不能假定性状的趋异是必然的偶发事件；它只取决于一个物种的后代能在自然体制中获得许多不同的地位。所以十分可能的是，一个物种可依生活条件的微变而稍有变化，并且在极长的时期内还保持着同样的一般特征，如同我们在志留纪某些类型所看到的一样。图解内的 f^{14} 便是代表这种情形的。

如上所述，一切从 A 传下来的许多类型，不论是灭绝的还是现代的，组成一个目；这个目又因灭绝及性状趋异的连续影响而分成若干亚科和科，其中有的被假定在不同时期内已经灭绝，而有的则继续存在，直到今天。

通过考察图解，我们可以看到，如果假定许多埋藏在连续地层里面的灭绝类型，是在这个系列的下方若干点上发现的，则在最上线的三个现存科彼此间的差异便将少些。假如 a^1、a^5、a^{10}、f^8、m^3、m^6 和 m^9 等属都已被发掘出来，那么这三个科就会密切地联系在一起，甚至可以合并成一个大科，这和反刍类与某些厚皮类曾发生过的情形几乎是一样的。然而反对把灭绝属看作是能这样把三个科的现存属连接起来的中间类型的人也有一部分理由，因为它们之为中间类型，并不是直接的，而只是经过长的迂回路线通过许多很不相同的类型的。假如许多灭绝类型是在一条中央横线或地层——例如第 VI 横线的上方发现的，而此线以下则全无发现，那么，各科中只有左边含有 a^{14} 等属及 b^{14} 等属的两个科必须合并为一；因此便有两个科继续存在，它们的区别也将不如化石发现以前那样分明了。再者，如果假定最上线上由八个属（a^{14} 至 m^{14}）所组成的三个科以六个重要性状彼此区别，那么在第 VI 横线所代表的时期生存过的各科借以彼此区别的性状数目必然更少；因为它们在这个演化的早期由共同祖先分歧的程度还较小。由此可知，古老的灭绝的属在性状上常或多或少地介于它们已变化了的后代之间或旁支亲族之间。

在自然界，这个过程必远较图解上所表示的为复杂；因为类群的数目远为更多，它们存续的时期极不相等，而且变化的程度也极不相同。因为我们所掌握的地质记录只是最后一册，而且是很破碎不全的，所以除了在极少的场合，我们没有权利期望把自然系统中的宽广空隙填充起来，从而把不同的科或目连接起来。我们唯一有权期望的，只是那些在已知地质时期中曾经发生很多变化的类群，应该在较古的地层中彼此略相接近；所以较古的成员彼此在某些性状上的差异，不如同类群中现存成员为甚；这一点，据目前最优秀的古生物学者的一致的证据，常常是如此的。

所以根据伴随着变化的进化学说，有关灭绝生物类型的相互亲缘关系以及它们和现存类型的亲缘关系的主要事实，都可得到圆满解释；这是任何其他观点所根本不能解释的。

根据同一学说，可知在地球历史中的任何一个大时期内的动物群，在一般性状上，将介于该时期以前及以后的动物群之间。这样，在图解中第六个大的进化时期生存过的物种，是生存于第五个时期的物种的变化了的后代，又是在第七个时期更加变化了的物种的祖先；所以它们在性状上几乎不会不是介于上下生物类型之间的。然而我们还必须考虑：某些前时代的类型已经完全灭绝，在任何地域内都不免有新类型从他处迁入，在连续地层之间的长久空白间隔时期中曾发生大量的变化。根据这几点考虑，每一地质期内的动物群在性状上无疑是介于前后期动物群之间的。我只要举出一个例子就可以了，这就是泥盆纪的化石。当泥盆纪最初被发现时，古生物学者们一见便认为它们在性状上是介于上面的石炭纪化石和下面的志留纪化石之间的。不过每个动物群并不一定绝对地介于中间，因为在前后地层之间有不相等的间断时期。

每一时代的动物群，就全体而言，在性状上是近乎介于前后时代的动物群之间的，虽某些属表现例外，但此说的正确性已无可反驳。例如，法孔纳博士曾把乳齿象类和象类的物种用两种分类法进行排列：第一个按照它们的相互亲缘关系，第二个按照它们的生存时期，结果两者并不符合。凡物种具有极端的性状，它必不是最古老的或最近代的物种；同样凡物种具有中间性状，也不是在时代上介于中间的物种。但是，如果暂时假定在这个以及在其他类似的场合，物种的最初出现和消灭的记录是完全的——事实绝非如此，我们也没有理由可以相信，先后相继产生的类型必有相应长短的存续时间。一个极古的类型可能偶尔较在别处后起的类型存续得更久，栖居在隔离地域的陆栖生物尤其如此。以小喻大，如果将家鸽的主要的现存族和灭绝族依照系列亲缘关系进行排列，则此种排列不会和它们的产出时间顺序相符合，和它们的消灭顺序就更不符合；因为亲种岩鸽至今还生存着，而岩鸽和信鸽之间的许多变种却已灭绝了；而且，在喙长这个重要性状上，处于极端长的信鸽却比处于另一极端的短喙翻飞鸽产生得较早。

与中间地层内的生物遗骸在性状上也多少是中间性的说法密切相关的一个事实，也是一切古生物学者所坚决主张的，即两个连续地层内的化石彼此之间的关系，要比两个距离很远的地层内的化石彼此之间的关系密切得多。毕克推举出了一个人所共知的例子，即白垩纪地层的几个时期内的生物遗骸，虽种别不同，但大致却相类似。只是这一个事实，由于它的普遍性，似乎已使毕克推对于物种不变的信念发生了动摇。凡是熟悉现存物种在地球上分布的人，对于紧相连续的地层内的不同物种所呈现的密切类似性，绝不会认为是由于古代地域的物理条件近于一致之故。让我们记住：生物类型，至少海栖生物类型，曾在全世界内几乎同时发生变化，所以是在最为不同的气候和条件下发生变化的。试想更新世内含有整个冰期，气候的变化当异常巨大，可是观察海栖生物的物种类型所受到的影响，却又是如何地微小。

紧相连接的地层中的化石遗骸，虽物种各殊，却密切近缘，根据进化学说，其全部意义是很明显的。因为每一地层的堆积常有间断，前后地层之间又插有长的空白间隔。所以正如我在前一章所试图指出的，我们不应期望在任何一、二地层之中找到在这些时期开始和终了时出现的物种之间的一切中间变种；不过我们应能在间隔时期（以年计固然很长，但以地质时期计却也不算太长）之后找到极近缘类型，即某些著作者所称的代表种，而且我们确曾找到了。简而言之，正如我们所应期望的，我们已找到物种类型的迟缓而不易察觉的变异的证据了。

古代类型的发展状况与现存类型的比较

在第四章内我们曾经看到，生物达到成熟时期以后各部分的分化与特化程度，是迄今衡量生物的高低或完善程度的最好标准。我们也曾看到，各部分的特化既对于每一生物是有益的，因而自然选择就倾向于使每一生物的结构愈益特化与完善，从而愈益高等；虽然自然选择也可听任许多生物保持它们的简单而不改进的构造，以适应简单的生活条件，在某些情形下，甚至使结构退化或简化，而让这样退化的生物更好地适应它们的新生活。新的物种以另外而更普通的方式变得比它们的前辈更为优越，因为它们在生存斗争中必须打败一切和它们进行近身竞争的旧类型。由此我们可以断定，如果世界上的始新世的生物和现存的生物在几乎相似的气候之下进行竞争，则前者必为后者所战败并消灭，正如中生代的生物要被始新世的生物以及古生代的生物要被中生代的生物所战败并消灭一样。所以根据生存竞争中这种胜利的基本试验，以及根据器官特化的标准，按照自然选择学说，近代类型应该较古代类型更为高等。实际情形是否这样呢？大多数古生物学者都将给以肯定的答案，这个答案虽难以证明，然而似乎必须认为是正确的。

虽然某些腕足类从极古的地质时期以来只有很少的变化，某些陆生和淡水贝类，就我们所知的，从它们最初出现以来几乎仍保持原状，可是这些事实对于上面的结论并不是有力的异议。卡彭特博士所主张的，有孔虫类的结构远自劳伦期以来都没有改进，这也不是不可克服的难题，因为有些生物必须留下来适应简单的生活条件。为了这个目的，还有什么比这些结构低等的原生动物更适合的呢？如果我的观点是把结构的改进作为一种必要的条件，那么，上面的这些异议，对于我的观点将是一种致命的打击。如果，例如上面所讲的有孔虫类可以被证明是在劳伦期开始生存的，或者所讲的腕足类是在寒武纪开始生存的，那么，上述的异议对于我的观点也将同样是致命的打击。因为在此情形之下，这些生物没有足够的时间发展到它们当时所达到的标准。依照自然选择学说，当生物进步到一定高度时，便不必再继续进步，虽然它们在各个连续时代中必须稍有变化，以与微变的环境相适应而得以保住其位置。上面的异议的枢纽端在于另一个问题，就是，我们是否确实知道这个世界到底有多大年龄以及各种生物类型究竟在哪一个时期最初出现；而这个问题倒是大可争论的。

整个讲来，结构是否是进步的，这在许多方面都是一个异常复杂的问题。不论何时都不完全的地质记录，不能追溯到足够远的远古以毫无错误地表明在已知的世界历史中结构确有很大进步。即使时在今日，自然学者对于同一纲内的成员，应把哪些类型列为最高等的，意见也不一致。例如，有些人认为板鳃类，即鲨鱼是最高的鱼类，因为它们在若干构造要点上与爬行类接近；另外一些人则认为硬骨鱼类是最高等的。硬鳞鱼类介于板鳃类与硬骨鱼类之间；硬骨鱼类目前在数目上占极大优势，但在从前则仅存在板鳃类和硬鳞鱼类。在这种情况下，依照所选择的高低标准就可以说鱼类在结构上是进步了的，或者是退化了的。试图比较不同类别的成员在等级上的高低，似乎是没有希望的，谁能决定乌贼是否高于蜜蜂？伟大的冯贝尔就认为，这种昆虫“虽属另一类型，实际在结构上比鱼为高”。甲壳类在它们自己的纲里地位并不很高，但在复杂的生存斗争中，却可以相信它们必能战败软体动物中最高等的头足类。这等甲壳类，其发育程度虽不太高，但依据一切考验中最具有决定性的竞争法则来判断，它们在无脊椎动物的等级中必将占有很高的地位。在决定哪些类型在结构上最进步的时候，除了这些固有的困难之外，我们不应该只把任何两个时期内的一个纲中的最高等成员加以比较（虽然这无疑是决定高低的一种而且也许是最重要的要素），而应该把两个时期内的一切成员，高等的和低等的一起比较。在一个古远的时代，最高等的和最低等的软体动物，即头足类和腕足类，在数目上都很繁盛；在目前，这两个类群都已大大减少，而其他在结构上介于中间的类群却滋生极繁。所以有的自然学者主张软体动物从前比现在更为高度发达；可是在相反方面也有更强的事例可举，即腕足类已经大大减少，而现存的头足类在数目上虽少，在结构上却远较古代的代表为高。此外，我们也应当比较任何两个时期内全世界的高等和低等各纲的相对比例数：例如，假使今天生存的脊椎动物有五万种，假使我们知道在以前某一时期生存过的仅一万种，那么，我们就应该把这最高等纲内数目的增加（这意味着低等类型已被大量排挤掉）看作是有机界的一个决定性的进步。由此可知，在这样极端复杂的关系之下，要对各连续时期的了解得不完全的动物群的组织标准完全公正地进行比较，实在是极其困难的。

通过观察某些现存的动物群和植物群，我们就能更清楚地了解这种困难了。欧洲的生物最近惊人地扩布于新西兰，而且夺取了土著生物原占的地位。据此，我们必须相信，假如把大不列颠的一切动植物都散放到新西兰，必有很多英国类型在时间推移中完全在那里归化，并消灭掉许多土著类型。另一方面，由于几乎没有一种南半球的生物曾经在欧洲任何部分变成野生的，所以我们很可怀疑，假如把新西兰的一切生物散放到大不列颠，是否会有相当数目的生物能夺去我们的土著动植物现在所占有的位置。在这种观点下，大不列颠生物在等级上应远较新西兰生物为高。然而即使是最敏锐的自然学者，从研究该两地的物种中也绝不能预料到这样的结果。

阿加西和其他几位有才能的鉴定者，都极力主张，古代动物在一定程度上和同一纲的现代动物的胚胎相像；而灭绝类型在地质上的演替则和现存类型的胚胎发育略相平行。这种观点和我们的学说异常符合。我将在以后的一章中试行说明成体和胚胎的差异，是由于变异在一个不很早的时期发生并依相应的时期被遗传之故。这种过程使胚胎几乎保持不变，而使成体在连续的世代之中不断地增加差异。由此推断，胚胎好像是自然界保存的物种从前变化较少状态的一张图画。这种观点也许是正确的，但是恐怕永没有方法加以证实。例如，最古的已知哺乳类、爬行类和鱼类都严格地属于各自的纲，虽然它们中有些类型彼此间的差异比之同类群中现存的典型成员之间的差异稍少，可是要找寻具有脊椎动物共同胚胎特征的动物是没有效果的，除非等到远在寒武纪地层最下层之下发现富有化石的地层，但这种发现的机会却又是微小的。

在第三纪后期同一型式在同一地域内的演替

克利夫先生多年前曾经指出，澳洲洞穴中所发现的化石哺乳类与该大陆现存的有袋类极为近缘。在南美洲，拉普拉塔若干地方所发现的跟犰狳甲片相像的巨大甲片中，也显然有同样的关系，这个甚至外行人也可觉察得出。欧文教授曾动人地指明，该处所埋藏的大量化石哺乳类大都与南美类型有关。这种关系从伦德和克劳生两位先生在巴西洞穴中所搜集的化石骨头中，表现得更为明显。此等事实给予我的印象极深，所以在1839及1845年我曾坚决主张“型式演替的法则”及“同一大陆上灭绝与现存类型间的奇妙关系”。此后，欧文教授又把这一法则引申到“旧世界”的哺乳动物。在这位学者复原的新西兰的灭绝了的巨型鸟类中，我们看到同样的法则。巴西洞穴中的鸟类也现出同样的法则。武德瓦德先生曾指出，这个法则也适用于海生贝类，不过因软体动物大都分布很广，所以表现得不太明显。还可举出其他的例子，如马德拉的灭绝的陆生贝类与现存的陆生贝类间的关系，以及咸海里的灭绝的咸淡水贝类与现存的咸淡水贝类之间的关系。

那么，同一型式在同一地域内演替这个值得注意的法则，究竟是什么意思呢？假如有人就澳洲现今的气候与南美洲同纬度部分的气候作了比较之后，就试图一方面以物理条件的不同来解释该两大陆生物的不同，而另一方面又以条件的相似来解释第三纪后期每一大陆上同一型式的一致性，那就未免过于大胆。也不可以假想，有袋类主要或仅仅产于澳洲，贫齿类和其他的美洲类型专产于南美洲，乃是一种不变的法则。因为我们知道，古代欧洲曾有很多有袋类。我在上面所提到的文章内也曾指明，美洲陆生哺乳类的分布法则以前和现今不同。以前北美洲强烈地具有大陆南半部现在的特性；以前南半部也较目前更接近于北半部。由于法孔纳和考脱莱的发现，我们同样地可以知道，北印度在哺乳类方面以前较现今更密切接近于非洲。海生生物的分布方面也有类似的事实可举。

同一型式在同一地域内持久但并非不变地演替这个伟大的法则，根据伴随着变化的进化学说便可立即得到解释。因为世界各处的生物都显然倾向于在后继的时期中把密切近缘但又多少变化了的后代遗留在该处。假如一个大陆的生物和另一个大陆的生物从前就差异很大，那么它们的变化了的后代仍将有几乎同样方式与同等程度的差异。可是经过很久时间之后，尤其是经过重大的地理变迁之后，就不免发生互相迁徙，于是弱势的类型让位于强势的类型，生物的分布也就没有什么不可改变的了。

也许有人会嘲笑地问我，是否设想以前生存于南美的大懒兽以及其他近缘的巨大怪物，曾经遗留下树懒、犰狳及食蚁兽作为它们退化了的后代？这是完全不能承认的。这些巨大动物已完全灭绝，而且没有留下后代。不过巴西洞穴中的许多灭绝物种在大小和一切其他性状上与现仍生存在南美洲的物种极为近缘，这些化石中有些可能是现存物种的真正祖先。不应忘记，根据我们的学说，同一属的一切物种都是某一个物种的后代。所以，假如在一个地层内发现有六个属，每属各有八个物种，在相继的地层内发现有另外六个近缘或代表属，每属也各有同数的物种，那么，我们可以断定，每一旧属一般只有一个物种留下变化了的后代，组成含有若干物种的新属；每一旧属的其他七个物种则完全灭绝，而没有留下后代。或者而且是更寻常的情形，六个旧属中只有二或三个属的二或三个物种是新的祖先，其他物种和其他旧属完全灭绝。在衰退中的目，像南美洲的贫齿类，种、属的数目逐渐减少下去，只有更少数的属和种能留下变化了的嫡系后代。

前章及本章小结

我曾试图说明：地质记录是极不完全的，只有地球的一小部分曾被详细地做过地质调查；只有某些纲的生物在化石状态下被大部分保存下来；我们博物馆内所保存的标本，其个数与种数，即使与单一个地层中历经各个世代的数目相比较，也完全等于零；在大多数连续地层之间必有长久的间隔时期，因为下沉对于富含许多类化石物种并厚得足以经受未来陵削作用的沉积层之累积几乎是必要的；在下沉时期大概灭绝较多，在上升时期大概变异较多而且记录也保存得最不完全；每一单独地层都不是连续沉积的；每一地层的持续时间大概比物种的平均寿命要短；迁徙对于新类型在任何一个地域和地层中之最初出现，是有重要作用的；分布广远的那些物种是变异最为频繁而且最常产生新物种的；变种最初是地方性的；虽然每一物种必曾经过无数的过渡阶段，但每一物种发生变化的时期如以年计是多且长的，而与每一物种保持不变的时期相比较，则还是短的。综合上述种种原因，很可以说明为什么我们没有找到无穷的变种（虽确曾找到许多链环），以最微细的渐进梯级把一切灭绝的及现存的类型连接起来。还必须经常记起，两个类型之间的任何链环变种，也许会被找到，但如果不把整个链环完全重建起来，就会被分类为一个新的分明的物种，因为不能吹嘘我们有什么区别物种和变种的可靠标准。

反对"地质记录是不完全的"这种观点的人，当然要反对全部学说。因为他可以徒然地质问，以前必曾把同一大地层内连续时期中所发现的近缘或代表物种连接起来的无数过渡链环究在何处？他可以不相信在我们的连续地层之间必曾经过极长久的间隔时期；当考虑任何一个大区域，例如欧洲的地层时，他可以忽视迁徙起着何等重要的作用；他可以极力主张整个物种群是明显但经常是虚假地明显突然出现的。他可以问，远在寒武纪沉积以前必曾生存过的无数生物的遗骸究在何处呢？我们现在知道至少有一种动物当时确曾存在过。但是我只能以一种设想来答复这最后一个问题，即：目前我们的大洋所延伸的地方，它必已占据了一个很长久的时期；目前我们升沉着的大陆所在的地方，从寒武纪开始以来必已存在过；除非远在那个时期以前，世界呈现过极不相同的样子；而更古老的大陆（其所由组成的地层，自较一切已知地层为更古），现在仅以变质状态的残余物存在，或仍埋没于大洋底下。

除了这些困难之外，其他古生物学上的重大事实都跟通过变异和自然选择的、伴随着变化的进化学说异常符合。由此我们可以理解，为什么新的物种是徐缓而连续地发生的，为什么不同纲的物种不一定同时发生变化，而变化的速率和程度也不一定相同，可是最终一切物种都多少发生了变化。旧类型的灭绝是新类型产生的几乎不可避免的结果。我们可以了解为什么一个物种一旦消灭之后就绝不能再行出现。物种群在数目上是徐缓地增加的，它们的存续时期也不相等；因为变化的过程必定是徐缓的，而且取决于许多复杂的偶发事件。属于大的优势类群的优势物种倾向于留下许多变化了的后代，形成新的亚群和类群。此等新类群一经形成，力量较弱的类群的物种由于从共同祖先遗传有劣性，便有全部灭绝并在地面上不留变化了的后代的倾向。可是整个物种群的完全灭绝有时是一个缓慢的过程，因为有少数后代会苟延在被保护与隔离的地点而继续生存。一个类群一旦完全消灭，便不再出现，因为世代的链环已经断落。

我们可以了解，为什么分布广而产生最多变种的优势类型，有以近缘但变化了的后代遍于全球的倾向，此等后代一般都能成功地排除生存斗争中的劣者而代替之。因此，经过长久的间隔时期之后，世界上的生物就好像是同时发生过变化似的。

我们可以了解，为什么一切古代的和近代的生物类型只能合成几个大的纲。我们更可以了解，由于性状趋异的不断倾向，为什么类型愈古，通常和现存类型的差异也愈大；为什么古代的灭绝类型，常倾向于把现存类型之间的空隙填补起来，有时可使原先认为不同的两个类群混合为一，但更普通的是只使它们稍微接近一些。类型愈古，愈常多少介于现在不同的类群之间；因为类型愈古，它和广为分歧之后的类群的共同祖先愈接近，从而也愈类似。灭绝的类型很少直接介于现存类型之间，仅是经过长的迂回路线通过其他不同的灭绝类型而介于其间的。我们可以清楚地看到密切连续的地层中的生物遗骸为什么密切近缘，因为它们是由世代密切联系起来的。我们更可以清楚地看到，为什么中间地层内的生物遗骸，其性状是中间性的。

在世界历史中各个连续时期内的世界生物，在生存斗争中打败了前期的生物，并在等级上相应地比较高等了，它们的构造通常也更为特化了；这就可以说明许多古生物学者的一般信念：结构整体上已经进步了。灭绝的古代动物在某种程度上和同一纲中更近代动物的胚胎相像，根据我们的观点，这个奇异的事实便得到简单的解释。晚近地质时期中构造的同一型式在同一地域内的演替，已无神秘可言，根据遗传的原理，是易于了解的。

要是地质记录果如许多人所相信的那样不完全，而且至少可以被确定再不能被证明会更加完全，那么，对于自然选择学说的主要异议便可大为减少或者消灭。另一方面，我认为，一切古生物学上的主要法则都明白地指出：物种是依寻常的世代产生的；旧的类型为新的、改进了的生物类型——“变异”和“适者生存”的产物——所代替。

第十二章
地理分布

现在的分布不能用物理条件的不同来解释——障碍物的重要性——同一大陆的生物的亲缘关系——创造的中心——经由气候的变化和地面水平的变化以及经由偶然途径的传布——冰期中的传布——南北冰期的交替

在考虑生物在地球表面的分布时，我们碰到的第一件大事是，各地生物之相似与不相似都不能完全依据气候及其他物理条件来解释。近来研究这个课题的作者几乎都得出这种结论。仅美洲的情况差不多就足以证明它的正确性；因为如果把北极及北温带部分除外，一切作者都承认“新世界”与“旧世界”的区分是地理分布上最基本的分界之一；可是我们如果在美洲的广袤大陆上旅行，从美国中部到极南端，我们会碰到最多样的条件：潮湿地区、干燥沙漠、高山、草原、森林、沼泽、湖泊、大川，几乎处于各种温度之下。“旧世界”中几乎没有一种气候或条件不能与“新世界”中的相平行，至少可以密切到同物种一般需要的那样。无疑可以指出，“旧世界”内，若干小区域要比“新世界”内任何区域都更热些；然而栖居在这些小区域内的动物群并不与邻近地域的有别；因为很难见到有一群生物仅局限于条件仅稍特殊的小块地域之内。尽管新旧两世界在条件上具有这种一般的平行现象，但它们的生物却又何等地不同！

在南半球，我们如果把处在纬度25°—35°之间的澳洲、南非洲和南美洲西部的广阔陆地加以比较，我们将看到一些地区在一切条件上是极其类似的，可是要指出比它们那样更完全不相似的三个动物群和植物群，大概是不可能的。或者，我们再把南美洲纬度35°以南和纬度25°以北的地域加以比较，两处相隔有10°的距离，而且处于相当不同的条件下，但是它们彼此的关系，比它们和气候相近的澳洲或非洲的生物的关系，却无可比拟地更为密切。关于海栖生物也可举出类似的事实。

在我们的一般评论中碰到的第二件大事是，妨碍自由迁徙的任何类障碍物，都和各地生物的差异有密切而重大的关系。我们可以从新旧两世界的几乎一切陆地生物的巨大差异中看到这一点。不过两世界的北部除外，因为那里的陆地几相毗连，气候也相差极微，北温带的类型可以自由迁徙，正如严格的北极生物现在在那里自由迁徙一样。从处于同纬度下的澳、非及南美洲的生物的巨大差异中，我们看到同样的事实，因为这三个地域的相互隔离可说已达于极点。在各个大陆上也有同样的事实，因为在连绵的高山、大漠甚至大河的两对面，我们都可以看到不同的生物。由于山脉、沙漠等不像隔离大陆的大洋那样地不能超过，或者存续得那样久远，所以（生物的）差异程度也远不及不同大陆所特有的差异。

再看海洋，我们也可看到同样的法则。南美洲东西两岸的海栖生物很不相同，只有极少数的贝类、甲壳类或棘皮动物是两岸所共有的。根瑟博士最近指出，巴拿马地峡两边的鱼类，约有3%是相同的，因此使许多自然学者相信这个地峡在以前原是开通的。一片浩渺无垠的大洋从美洲海岸向西扩展，没有一个岛屿可以作为迁徙者歇足之所，这是另一种障碍物；越过这里，我们即在太平洋的东部诸岛遇到另一个截然不同的动物群。所以三个不同的海生动物群在相应的气候下向南向北分布，呈相距不远的平行线。可是由于彼此被不可跨越的大陆或开阔海洋这样的障碍物所隔离，从而它们是几乎完全不相同的。另方面，若从太平洋热带部分东部诸岛再向西前进，我们便不再遇到不可通过的障碍物，而可以看到无数的可供歇足的岛屿或连续的海岸，一直到绕过半个地球面之后来到非洲的海岸。在这样广大的空间里，我们未遇到截然不同的海生动物群。虽然只有少数海生动物是上述的在美洲东西两岸及太平洋东部诸岛这三个动物群所共有的，但是有许多鱼类从太平洋分布到印度洋，有许多贝类是处于几乎相反的子午线上的太平洋东部诸岛与非洲东部海岸所共有的。

第三件大事（已部分地包括于上面的叙述之内）是，同一大陆或同一海洋的生物具有亲缘关系，虽然物种本身因地点和场所不同而有区别。这是一条最一般的普遍法则，在每一大陆上都有无数实例可举。一位自然学者若是从北向南旅行，必然会看到种别不同但关系相近的连续生物群彼此更替。他会听到亲缘很近而不同种的鸟类所发出的类似鸣声，看到它们巢的构造很相似而又不完全相同，巢中的卵的色彩亦是如此。在麦哲伦海峡附近的平原，栖居着美洲鸵属的一个种，在北面的拉普拉塔平原则有同一属的另一个种；但并不产有像同纬度下的非、澳两洲所产的真正鸵鸟或鸸鹋。在同一拉普拉塔平原上，可以看到刺豚鼠和绒鼠，它们的习性跟我们的野兔和家兔差不多相同，而且又都属于同一啮齿目，可是它们清楚地呈现出美洲型的构造。在科迪勒拉高峰上，有绒鼠的高山种；在水中，有南美洲型的啮齿类河狸鼠和水豚，而没有我们的河狸和麝鼠。其他的例子实不胜枚举。如果我们观察美洲海岸外的岛屿，不论它们的地质构造如何不同，它们的生物可能全是特殊种，但基本上都是美洲型的。再回顾过去的时代，如上章所讲的，在美洲大陆上及海洋内那时占优势的，也都是美洲型。在此种种事实中，我们看到整个空间与时间、遍及水与陆的同一区域并与物理条件无关的某些深切的有机联系。自然学者除非感觉迟钝，否则，对于这种联系究竟是什么是要加以追究的。

这种联系仅仅就是遗传，就我们所切实知道的讲，单单这个原因就会使生物彼此十分相似，或者如我们所见变种的情况，彼此近乎相像。不同地区生物的不相似，可以归因于通过变异与自然选择所发生的变化，或许次要地可归因于不同物理条件所起的一定影响。不相似的程度，取决于比较优势的生物类型，在相隔相当远的时期内，或多或少地被阻止了从一地域到另一地域的迁移；取决于先前移入者的性质和数目；又取决于栖居者之间的相互作用所引起的不同变异的保存；一切原因中的最重要原因，即是我曾经常提到的有机体与有机体之间的生存斗争。这样，障碍物的高度重要性，由于阻止迁移而开始起作用；正如时间对于通过自然选择的缓慢变化过程发挥作用一样。分布广、个体多、而且已在自己广布的原产地内战胜了许多竞争者的物种，在扩张到新地域时，便最容易取得新位置。它们在新地域内，将处于新的条件之下，往往会发生进一步的变化与改进，从而将成为更进一步的胜利者，产生成群的变化了的后代。根据这种伴随着变化的遗传原理，我们可以了解何以属内的亚属、整个的属甚至科会仅局限于同一地域之内，而这正是常见的尽人皆知的事实。

前章已经讲过，没有证据可以证明有什么必然发展的法则存在。每一物种的变异性都有其独立的性质，只有在复杂的生存斗争中对于每一个体有利时，才能被自然选择所利用，所以不同物种的变化的量是不会一致的。假如若干物种在它们的原产地内彼此长期竞争之后，全体迁入一个新的并此后与外界隔离的地域内，它们将少有变化的可能，因为迁移或隔离本身并不发生任何影响。这些要素只有使生物彼此间发生新的关系，并在较小程度上与周围物理条件发生新的关系时，才会发生作用。前章曾讲过，某些类型从极久远的地质时期起就保持了几乎相同的性状，所以某些物种曾在广大的空间内迁徙过，但不曾发生大的变化或全无变化。

根据这些观点，很明显，同一属的若干物种虽散居世界各处，距离极远，但最初必发生于同一原产地，因为它们都是从共同祖先传下来的。至于那些在整个地质时期内很少变化的物种，自不难相信它们原是从同一区域迁出的；因为在古代以来所曾发生的地理和气候的巨大变化期间，几乎任何量的迁移都属可能。不过在许多其他场合，我们有理由可以相信同一属的物种是在比较近代期内产生的，在这方面就有很大的困难了。也很明显，同一物种的个体即使现在栖居于遥远且隔离的地区，也必发生于一个它们祖先最初被产生的地点。因为如同已解释过的，种别不同的亲体产生出完全相同的个体是不可相信的。

想象的创造之单一中心

我们现在转到自然学者们广泛讨论过的一个问题，即物种是在地球表面上的一个还是多个地点被创造出来的问题。当然，在许多情况下，对于同一物种如何能从某一地点迁徙到现在所在的若干遥远而隔离的地点，是极难理解的。但是每一物种最初都产生于单一地区的观点之简单性，却能迷人心窍。拒绝它的人，也就拒绝了通常的发生继以迁移的真实原因，而且引入了奇迹的作用。普遍都承认，一个物种所栖居的地域在大多情况下总是连续的；如果一种植物或动物栖居在两个地域，彼此相隔的距离或者中间地带都是迁移所不易于通过的，那么这个事实要被认为是某种可注意的例外事情。迁移时不能跨越大海，在陆地，哺乳类也许比其他任何生物更为明显，因此我们找不到不能解释的同一哺乳类栖居于世界各遥远地点的例子。大不列颠之具有和欧洲其他各处相同的四足兽类，地质学者并不以为有什么难解，因为它们无疑曾经一度是连成一体的。但是，如果同一物种能在两处隔离的地点产生，那么，为什么我们找不到一种欧洲和澳洲或南美洲共有的哺乳类呢？生活条件是差不多相同的，所以有许多欧洲的动植物已在美、澳两洲归化；而且在南北两半球这些相距遥远的地点还有若干完全相同的土著植物。我想这原因在于哺乳动物不能迁移越过，而某些植物由于传布方法很多，能迁移越过广大而断开的中间地域。各类障碍物的巨大和显明的影响，只有根据大多数物种曾产生于一面而不能迁移到对面去的观点，才是可以了解的。某些少数的科，许多的亚科，很多的属，更多的属内的亚属，都只局限于单一区域之内。根据若干自然学者的观察，最自然的属，通常都局限于同一区域之内，即使有宽广的分布区，也是连续的。当我们在系列中再降一级，即到同一物种的个体时，假设一个正相反的规律在支配着，这些个体至少最初不是局限于某一个地区，这将是何等奇怪的反常。

因此，我认为，正和许多其他自然学者所认为的那样，每一物种最初都只在一地方产生，其后尽它的迁移及生存能力在过去及目前所许可的条件下，再从那个地方向外迁移，这是最可能的观点。无疑地，有许多场合，我们不能解释同一物种如何能从一个地点迁移到其他地点。可是在近代地质时期内肯定发生过的地理及气象的变化，必定会使许多物种从以前连续的分布区变为不连续。所以我们不得不考虑分布区连续性的例外是否如此之多，性质是否如此之严重，以致我们必须放弃那种从一般考虑看来是可能的信念，即每一物种都是在一个地方产生并尽可能从那里向外迁移的。要就同一物种生存于遥远而隔离地点的一切例外情况都加以讨论，确是不厌其烦了，我也从来不敢说能够对许多事例提供什么解释。但是，几句开场白之后，我将讨论几类最显著的事实，即：同一物种在相隔遥远的山顶上及南北两极地域内之存在；第二（在下章内讨论），淡水生物之广远分布；第三，同一陆地物种在被数百海里海面隔开的岛屿和最邻近的大陆上之存在。如果同一物种在地球表面上遥远和隔离地点的存在，能在许多事例中根据每一物种由单一原产地向外迁移的观点得到解释，那么，考虑到我们对于过去气候及地理的变化，以及对于各种偶然传布途径的无知，我认为相信单一原产地为法则，是无比地妥当了。

在讨论这个问题时，还可同时考虑对我们同样重要的一点，即根据我们的学说，一个属内的若干物种都是从一个共同的祖先传下来的，它们是否还从某一地区向外迁移而在迁移的过程中发生变化呢？当一区域内的大部分物种和另一区域内的物种虽极近缘而又不尽相同时，如果能证明在往昔某一时期内大概曾发生过从一区域到另一区域的迁移，那么，我们的一般观点便可大为加强。因为根据伴随着变化的进化原理，解释是很明显的。例如，在距离大陆数百英里之处隆起并形成的一个火山岛，在时间过程中大概会从大陆上接受少数移居者，它们的后代虽已变化了，但由于遗传，还会和大陆上的生物有关系。这类性质的例子是很普遍的，而且根据独立创造的学说是不能解释的。此点以后当再讨论。一地物种和另一地物种有关系的这种观点，和华莱士所主张的并无多大不同，他断言："每一物种的产生，和先其存在的近缘物种在时间与空间上都是相符合的。"现在已清楚知道，他把这种符合归因于伴随着变化的进化。

单中心或多中心创造这一问题有别于另一个类似的问题，即同一物种的一切个体是否都源出于一对配偶或一个雌雄同体的个体，或者是否如某些学者所设想的那样，源出于许多同时创造出来的个体？关于绝不杂交的生物，如果有这样的生物存在，每一物种必定是从一系列变化了的变种传下来的，这些变种彼此互相取而代之，而从来不和同一物种的其他个体或变种相混合。所以在变化的每一连续时期中，同一类型的一切个体都是从单一祖先传下来的。但是在大多数场合，即在每次生产都习惯地进行交配的或者偶尔进行杂交的生物，栖居在同一地域内的同一物种的个体，可因互相杂交而保持几乎一致。所以许多个体将同时进行变化，而在每一时期全部变化量将不是由于源出于单一祖先之故。举例来说明我的意思：英国的赛跑马和任何其他马的品种都不同，但是它们的异点和优越性并非是由任何一对亲体传下来的，却是由于在每一世代中就有许多个体经不断苦心选择和训练而来。

我在上面曾选出三类事实，作为"单中心创造"学说的最大困难问题，在讨论此事实之前，我须先就传布的方法略述数语。

传布的方法

莱伊尔爵士和其他著作者对于这个问题已有精确的论述。我在此只能举出比较重要的事实而略述其大概。气候的变化对于迁移必曾有过极大的影响。一个地域，现在由于气候的性质而为某些生物所不能通过，但在以前气候不同的时代，或许曾经是迁移的大道。此点必须在下面再行详细讨论。地面水平的变迁也必有过重大影响。一条窄狭的地峡现在把两个海生动物群分隔开，它如果被淹没，或者从前曾被淹没过，那么，这两个动物群现在必然彼此混合，或者以前就曾经混合了。现今海洋所在之处，在以前某个时期或有陆地曾把岛屿甚或大陆连贯在一起，因而使得陆地生物从一处迁至他处。没有一个地质学者不承认，在现存生物存在的时代内曾经发生过地面水平的巨大变化。福布斯坚决主张，大西洋中的一切岛屿在近代都曾与欧洲或非洲连接，欧洲也同样地曾与美洲连接。其他作者从而曾臆想地在每一大洋上都架起桥来，而且把几乎每一岛屿都连在某一大陆上。如果福布斯所持的论点确是可信的，那么就得承认，几乎没有一个现存的岛屿不曾在近代与某一大陆相连。这种观点可以极其果断地解决同一物种传布于最远隔的地点的问题，而且消除许多困难。可是尽我所能判断的而言，我们并未被允许承认在现存物种存在的时代内曾有过这样巨大的地理变迁。我认为，我们虽然有丰富的证据可以证明地面或海面水平的变动极大，可是并没有证据可以证明我们大陆的位置和范围有过如此非常的变化，而在近代曾彼此连接，且与若干中间的大洋岛屿相连接。我直率地承认，从前曾存在过许多岛屿可作为植物和许多动物迁移中歇足之地，现在都已淹埋在海下了。在产生珊瑚的大洋中，这种沉没的岛屿上面现在有环形的珊瑚礁，即环礁作为标志。无论什么时候，将来总有一天，当完全承认每一物种都是从单一原产地产生的时候，当在时间过程中我们更明确地知道传布方式的时候，我们就能够稳妥地推测从前的陆地范围了。但是我不相信将来会证明大多数现在非常分离的大陆在近代曾连续地或者几乎连续地彼此相连接，并且和许多现存的岛屿相连接。若干分布上的事实，例如，几乎每个大陆两岸的海生动物群的巨大差异；若干陆地和甚至海洋的第三纪生物与它们现存生物之间的密切关系；岛屿上和最邻近大陆上的哺乳类之间的部分地取决于其间的海洋深度（后当再论）的亲缘程度；这些以及其他这类事实，都和承认近代期内曾有巨大地理变迁的意见不相容，而根据福布斯所提出的并为他的追随者所承认的观点，这类变迁则是必要的。海洋岛上生物的性质及其相对比例和岛屿跟大陆曾相连接的信念，也同样地不相容。并且这些岛屿几乎普遍都有火山成分，这也不能支持它们就是大陆下沉后的残留物的说法；如果它们原先作为大陆的山脉而存在，那么，至少有些岛屿应像其他山峰那样由花岗岩、变质岩、古代化石岩以及其他岩石所构成，而不是仅由一堆火山物质所组成。

现在再就所谓意外的途径略述数语。这种途径也许称为偶然的分布方式更适当些。我在这里只谈植物。在植物学著作内，常说这种或那种植物不适于广远传播，而说到渡越海洋的传送便利与否，则几乎完全不知。在我得到贝克莱先生的协助试作若干实验以前，对于种子抵抗海水损害作用的程度如何，甚至都不知道。使我惊异的是，在 87 种种子中，我发现有 64 种在海水中浸渍 28 天之后仍能发芽，有少数浸渍 137 天之后也还能生存。值得注意的是，某些目所受的损害远较其他目为大，曾试过 9 种豆科植物，除一种外，抵抗海水的能力都极差；7 种近缘目的田基麻科及花荵科植物，经一个月浸渍，全数死亡。为了方便起见，我主要试验了不带蒴或果的小型种子，由于它们在数天后全数下沉水底，所以不论受海水损害与否，它们都是不能漂过广阔海面的。其后我试验了一些较大的果和蒴等等，其中有些居然漂浮了较长时间。新鲜木材与干制木材的浮力是如何地不同，这是大家知道的；我还想到洪水常把带有蒴或果实的干植物或枝干冲到海内。据此我就把 94 种植物的带有成熟果实的茎和枝干燥后放在海水上面。大多数很快就下沉了；但有一些在新鲜时只漂浮了极短时间，干透之后则漂浮了很长时间；例如成熟的榛子迅即下沉，但干后却漂浮了 90 天，其后种入土中仍能发芽；一种带有成熟浆果的天门冬漂浮了 23 天，干后则漂浮了 85 天，其种子仍能发芽；苦爹菜的成熟种子两天即下沉，干后却漂浮了 90 天以上，以后还发了芽。总计 94 种干植物中，有 18 种漂浮了 28 天以上，而在此 18 种中，有些还漂浮得更为长久。所以在 87 种种子中，有 64 种浸渍 28 天之后还发了芽；在 94 种带有成熟果实的植物中，有 18 种（与前一试验之物种不尽相同）在干燥之后漂浮了 28 天以上。如果从这些有限的事例能做出什么推论的话，我们便可断言：在任何地方的 100 种植物的种子中，有 14 种能随海流漂浮 28 天，而仍保持其发芽能力。据约翰斯吞的地文图，若干大西洋流的平均速度为每日 33 海里（有的可达每日 60 海里）；依这种平均速度，一个地方的 14%的植物的种子便可漂过 924 海里的海面达到另一地方，搁浅之后，如果被内陆大风吹到一个适宜地点，还会发芽。

继我之后，马登先生也作了类似的试验，但方法已大为改进：他把种子装在一只匣子里放入海中，使它们时而浸水时而暴露于空气中，就像真实漂流中的植物一样。他试验了98种种子，大多数和我所用的不同，他选用了许多海边植物的大型果实和种子，这就会增长漂浮的平均时间和增强对海水侵害的抵抗力。另方面，他并未把这些带有果实的植物或枝条预先弄干；我们已经知道，干燥可使某些植物漂浮得更长久些。结果是，在98种不同的种子中，有18种漂浮了42天，以后还能发芽。不过我相信，暴露于波浪中的植物，比我们实验中的不受剧烈运动影响的植物要漂浮得为时较短。因此，也许可以比较稳妥地假定，一个植物群中约有10％的植物的种子在干燥后能漂过900海里宽的海面，而以后还能发芽。较大的果实常比小型果实漂浮得时间更长，这是很有趣味的事实。因为据德康多说，具有大型果实或种子的植物的分布区大都狭小，它们很难借任何其他方式来传布。

种子偶尔还靠另外的方式传布。漂流的木材常被冲到很多岛屿上去，甚至被冲到极广阔的大洋中心的岛上去；太平洋中珊瑚岛上的土著居民专从漂流树木的根间搜获做工具用的石块；这种石块又是贵重的王家贡品。我发现，当形状不整齐的石块夹在树根中间时，常有小块泥土塞在空隙里或包在后面，包藏得极为严密，虽经极长久的转运，也不会有一粒被冲掉。一棵树龄约50年的栎树的根部就曾有这样密封着的泥土，从一小部分中就萌发出了三种双子叶植物。我确信这个观察的可靠性。我还可指出，鸟类的尸体漂浮海上，有时不会立即被吃掉，其嗉囊内含着的许多类种子很久还能保持它们的生活力，例如，豌豆与巢菜浸渍海水中仅数日即死去，可是从在人造海水中漂浮过30天的一只鸽子的嗉囊中取出的一些种子，出人意外地几乎全部都能萌芽。

活的鸟也不失为高度有效的种子运输者。我有许多事实可以证明，很多种鸟类常被强风吹到横过重洋的远方。在这种情形下，我们可以稳妥地估计，它们的飞行速率每小时常可达35英里；有些作者的估计尚远较此数为高。我从未见有营养丰富的种子能够通过鸟肠的事例，可是果实内坚硬的种子甚至可以通过火鸡的消化器官而不受损害。我曾经在两个月之内在我的花园中从小鸟的排泄物内拣出12种种子，看来都很完好，其中有些经试植，都能发芽。可是更重要的是，鸟类的嗉囊并不分泌胃液，据我试验的结果，不会使种子的发芽力受到任何的损害；可以肯定，鸟类在觅得并吞食了大量食物之后，其中的谷粒经12小时甚或18小时尚未全部达到砂囊。在此时间内，这只鸟很可以随风飞行远达500英里；倦飞的鸟常被鹰类所攫食，于是被撕开的嗉囊内的内容物便得以散布。有些鹰类和枭类把猎获物整个吞食，12—20小时以后，吐出小块物；据动物园内所做的实验，这种小块物就含有能发芽的种子。燕麦、小麦、粟、加那利草、大麻、三叶草及甜菜的种子，停留在各种食肉猛禽的胃内12—21小时后，仍能发芽；甚至有两颗甜菜的种子留在胃内两天又14小也还能发芽生长。我发现淡水鱼类会吞食许多陆生及水生植物的种子，但它们本身也常被鸟类所吞食，这样，种子就可以由此处传布到他处。我曾把很多类种子装入死鱼胃内，再把鱼体喂鱼鹰、鹳及鹈鹕，经过好几个小时之后，这些种子都由鸟的吐出物或排泄物带出，其中有好些种子仍保持发芽的能力，然而也有一些种子因此致死。

飞蝗有时被风吹到离陆地很远的地方。我曾在离非洲海岸370海里处捉到一只，听说有人在更远的地方也曾捉到过。据罗牧师告诉莱伊尔爵士，1844年11月曾有大群飞蝗飞临马德拉岛。它们的数目多至无穷，如暴风雪时空中的雪片，最高处要用望远镜才能看到。在两三日中，该蝗群渐渐飞聚，形成了一个大椭圆团，直径至少达五六英里，夜晚降落到较高的树上，树木全被笼罩。随后它们在海上消失了，正和来时一样，去时也很突然，以后在岛上也没有再出现。非洲纳塔尔有些地方常有蝗群飞临，虽证据不充足，而该地农民却相信，在蝗虫所遗的排泄物内含有的有害的种子被引入他们的草地了。韦尔先生出于这种信念，曾在一封信内寄给我此种干粪一小包，我在显微镜下拣得几粒种子，经播种长出禾本科植物7棵，隶于两属两种。所以像突袭马德拉岛的那种飞蝗群很可以作为一种传布方法，把几种植物传到远离大陆的岛上。

鸟类的喙和足，虽然通常是干净的，但有时也沾有泥土：一次，我曾从鹑的一只脚上拨下干黏土 61 格令[1]，另一次，22 格令，并在泥土中找到小石一粒，约与菜的种子大小相若。还有一个更好的例子：友人曾寄丘鹬腿一条，胫部粘有干土一块，重仅 9 格令，但其中却含有蛙灯心草种子一粒，种后能发芽开花。布赖顿的施惠斯兰先生，最近四十年来曾密切观察我们的迁移鸟类，他告诉我，他常乘鹡鸰、穗鹛及欧洲石鹛初到我们海滨未着陆之前把它们射落，有几次看到鸟脚上附有小块泥土。可以举出许多事实证明泥土中带有种子是如何地普遍。例如，牛顿教授曾送我一只因伤而不能飞的红足石鸡的腿，上面粘有一团硬土，重约 1.77 克。这块土曾经保存三年，但搞碎后浸湿，放在玻璃钟罩内，竟有 82 棵植物长出，其中 12 棵是单子叶植物，内有普通燕麦及至少一种草类，其余的 70 棵都是双子叶植物，从它们的嫩叶来判别，至少当有三种。就放在我们面前的事实而论，许多鸟类每年随大风远涉重洋，每年迁移，像数以百万计飞越地中海的三趾鹑，一定会偶然地把藏在它们脚间或喙上粘着的泥土中的种子传布出去，我们对此还能有所怀疑吗？这个问题，我以后还要回来讨论。

我们知道冰山有时挟带泥土沙石，甚至挟带矮树、骸骨及陆鸟的巢等等，所以据莱伊尔的意见，也必定偶然地会运送种子，在南北两极区域内从一处传到他处；在冰期，从现今温带地区的一处传到别处，这几乎是无可置疑的。由于亚速尔群岛在其和大西洋上其他与大陆更接近的岛相比较而言，有很多的植物和欧洲的相同，又由于亚速尔的植物依纬度而论，多少具有北方的性质（如林华生先生所说），我猜想该岛上的植物，一部分是在冰期经冰块带来的种子所长成的。我曾请莱伊尔爵士致函哈通先生，询问他在岛上有否看见过漂砾，据称，他曾见有花岗岩及其他岩石的大碎块，是该群岛上原来所没有的。由此，我们可以稳妥地推断，冰山从前曾把所带的岩石卸到这些处于海洋中心的岛屿的岸上，至少也可以带来若干

---

〔1〕 1 格令约为 64.80 毫克。——编者。

北方植物的种子。

考虑到这几种传布方法以及其他尚待发现的方法，几万年来，年复一年不断地发生作用，我想，如果许多植物不因此而遥远地传布，那才是一桩奇事呢！这些传布方法有时被称为意外的，实在不很恰当：海流固非意外，定期大风的方向，又何尝是意外。可是应当注意，很少有方法能使种子传到极远的地方：因为种子受海水作用时间太久，生活力便不能保持，它们也不能在鸟类的嗉囊及肠内耽搁过长时间。可是这些传布方法，已足以使种子有时能渡过数百海里宽的海面，或者从一海岛传到另一海岛，或者从一大陆传到附近的海岛，只不过不能从一大陆到距离极远的另一大陆。相距很远的各大陆上的植物群，将不致因这样的传布方法而互相混淆。它们将保持其各殊的状态，和目前的情况一样。海流就其走向而论，绝不会把种子从北美传到不列颠，然而却可能而且确实把种子从西印度半岛传到我国西海岸，在这里，即使它们不因浸渍于海水中过久而死掉，也恐怕不能忍受我们的气候。大概每年总有一两只陆鸟从北美乘风吹过大西洋到达爱尔兰或英格兰的西部海岸。不过种子要借此种稀有的流浪鸟来传布，只有一种方法，就是借助于黏附在鸟脚或鸟喙上的泥土，而这种事情本身也是极其稀罕的意外之事。即使可能，一粒种子能落在适宜的土地上并能生长成熟，其机会还是非常之少。但是，如果由于像大不列颠那样生物繁庶的海岛，依我们所知，在最近数百年内，未尝由偶然的传布方法得从欧洲或其他大陆上传来移居者（此事很难证明），便因而认为一般荒瘠的海岛，离大陆更远，也不能借此种方法传来移居者，那就不免要犯严重的错误。如果一百种植物种子或动物被移到了一个海岛上，即使这海岛的生物远较不列颠为少，其中也难有一种以上会很好地适应这新乡土而归化了的。可是在悠久的地质时期内，当海岛初升起时，生物尚未臻繁庶之前，这种偶然的传布方法的效力却不能因上面所讲的种种而加以否认。在近于不毛的土地上，那里少有或简直没有为害的昆虫或鸟类，几乎每一颗种子，凡是有机会到达而能适应于当地气候的，都可以发芽和生存。

冰期中的传布

在许多高山之间，隔有数百英里为高山物种所不能生存的低地，但其山顶的许多动植物却完全相同。这是我们所知道的关于同一物种生活于远隔地点而彼此间显然没有迁移可能的例子中最显著的一个。我们看到在阿尔卑斯山或比利牛斯山的积雪带，和欧洲的极北地方，有如此多的同种植物存在，这实在是可注意的事实。但美国白山上的植物和拉普拉多的植物全然相同，又据阿沙·葛雷说，它们和欧洲最高山上的植物也几乎完全相同，这更是值得注意的事实了。甚至远在 1747 年，由于这样的事实，使格美令断言，同一物种必是在许多不同的地点被独立创造的。要不是阿加西和其他学者唤起了对于冰期的热切的注意，我们也许仍保持着这同样的信念。我们马上就要讲到，冰期对此等事实提供了简单的解释。我们几乎有各种可以想象得到的证据，有机的及无机的，证明在最近地质期内，中欧及北美都曾遭受到北极的气候。苏格兰和威尔士的山岳用它们有划痕的山腰崖壁、磨光了的表面和移高了的巨砾，表明山谷中在近期内曾为冰川所充塞，这比火后的废墟更能明白地诉说自己的历史。在意大利北部，旧冰川所留下的巨大冰碛上，现在已遍种了葡萄和玉蜀黍，欧洲气候变动之剧烈，由此可见。在美国的大部分地方，到处有漂砾和带划痕的岩石，明显地表示出先前曾有过一个寒冷的时期。

以前的冰期气候对于欧洲生物分布的影响，据福布斯的解释，大致如下。但是我们如果假设有一个新的冰期，缓缓地发生，然后又缓缓地过去了，像以前的冰期一样，那么，我们便会更容易追踪各种变动。当严寒到来，偏于南方的各地带变得适于北方生物的时候，北方生物将会占据先前温带生物的位置。同时，温带生物，除非被障碍物所阻止而终至灭亡，也会逐渐向南移动。这时高山将被冰雪所覆盖，先前的高山生物将向下移到平原。当寒度达到极点的时候，北极的动植物群将充满欧洲的中部，向南直到阿尔卑斯山及比利牛斯山，甚至伸入西班牙。目前美国的温带地域也会同样布满北极的动植物。这些动植物当和欧洲的大致相同；因为我们所假设曾普遍向南迁移的现在北极圈的生物，在全世界都是显然一致的。

当温暖恢复的时候，北极的生物必将向北退却，较温地区的生物便接踵而至。当冰雪由山脚开始融解时，北极生物便占据积雪融化、逐渐变暖的地方，随温度的增高，积雪的消失，而逐渐向山上迁移；与此同时，同类的其他生物则继续向北移去。因此，当温暖完全恢复的时候，不久前曾共同生活于欧洲和北美低地的同一物种，又将再次出现于新旧两世界的北极区域以及许多距离很远、彼此隔绝的高山顶上。

这样，我们可以了解何以在距离如此遥远的地点，像美国和欧洲的高山，竟有这样多的相同植物。我们又可以了解何以每一山脉的高山植物，和生活在它们正北的，或者近于正北的北极植物的关系更特别接近；因为当寒冷到来时的第一次迁移，以及温暖回来时的再次迁移，一般是向着正南和正北的。举例来说，据华生所谈苏格兰的高山植物，及据雷蒙所谈比利牛斯山的高山植物，都和斯堪的纳维亚北部的植物特别近缘；美国的高山植物跟拉布拉多的近缘；西伯利亚的高山植物与该处北极区的植物近缘。此等观点因为是以完全确定从前有一冰期存在为根据的，所以我认为能把目前欧美的高山及北极生物的分布状况，解释得异常圆满，甚至于在其他地域，当我们在隔离很远的高山顶上找到同种生物时，不用别的证据，我们几乎也可以断定：从前的一个较冷气候曾允许它们通过山间的低地进行迁移，而这些低地目前已变得太暖，不适于它们生存了。

因北极生物之最初向南移动，以后向北退却，都随气候的变化而然，所以它们在长途迁移中，没有碰到很歧异的温度变化；又因是集体的迁移，它们的相互关系也没有十分变动。因此，据本书所恳切说明的原理，这些类型不致发生很大的变化。但是高山的生物从温度开始回升的时候就被隔离了，最初在山脚下，最终在山顶上，其情况却颇有不同。因为不一定是所有相同的北极物种都被遗留在彼此远隔的山脉上，且此后一直都能在那里生存。还有那些在冰期开始前生存于山上的古代高山物种，在最冷期内被暂时地驱至平原，也很可能和它们混合在一起。它们以后还会遭遇到颇不相同的气候的影响。它们的相互关系从而当有一些变动，因而它们也易起变化。实际上它们已确有变化：试就欧洲诸大山脉现今所有的高山动植物彼此加以比较，虽然有许多的种还是完全相同的，可是有一些已成为变种，有一些成为亚种的可疑类型，更有一些则已成为近缘而不相同的种，作为各山脉上的代表种了。

在上面的说明中，我曾假定这臆想的冰期初起时，环绕北极区域的北极生物，和它们现在同样地一致。可是还必须假定，当时全世界的许多亚北极的以及少数温带的生物，也是相同的，因为目前生存在北美洲与欧洲的低山坡上和平原上的某些物种，是相同的。人们可以问我，如何解释在真正冰期初起的时候，全地球上的亚北极带及温带生物的一致性的程度。新旧两世界的亚北极带及北温带的生物，目前被整个大西洋及太平洋北部隔开了。在冰期，这两个世界的生物生活的地方在比现在的位置更靠南方，它们一定被更加广阔的大洋隔开得更彻底；因此很可以问：同一物种在那时或更早时候如何能进入这两个大陆？我相信解释的关键当在冰期开始以前的气候的性质。在那时候，即新上新世时期，地球上大部分生物在种别上和现今相同，当时的气候，我们有可靠的理由相信比现在更为温暖。因此，我们可以设想，现在生活于纬度 60°之下的生物，在上新世时当生得更北，在纬度 66°～67°之间的北极圈下；而现在的北极带生物，在那时则生活在更近北极的断续陆地上。试观察一地球仪，可见在北极圈下，从欧洲的西部经西伯利亚到美洲的东部有几乎连续的陆地。环极的陆地既相连接，使生物可以在较适宜的气候下自由迁徙往来，那么，新旧两世界的亚北极带及温带生物在冰期前的假定的一致性，便得到了解释。

据以前所陈述的理由，可以相信，我们的各大陆虽然经过地面水平的巨大变动，却长期保持在几乎相同的相对位置上。我很想引申这种观点以推断在更前更温暖的时期，如旧上新世，有很多相同的动植物生活在几乎连续的环极陆地上；而且，这些动植物不论在“新世界”或“旧世界”，远在冰期开始以前，当气候没有变得那样热的时候，就已开始慢慢地向南迁移。如我所相信的，现在我们在欧洲中部及美国可以看到的它们的后代大多数已有了变化。根据这样的观点，我们便可理解北美洲与欧洲的生物之间的很少完全一致的关系。考虑到两地相距之远，并有整个的大西洋使它们隔离，这种关系就格外引人注意。我们还可以进一步理解若干学者所说的一个特别事实，即欧美两洲的生物之间的相互关系，在第三纪后期比现代更为接近。因为在此等较温暖的时期内，新旧两大陆的北部曾有陆地几乎使之连接以作为生物交互迁移的桥梁，其后因寒冷之故，不能通行了。

当上新世的温度逐渐降低，生在新旧两世界上的共同的物种，即由北极圈向南迁移，彼此间便完全隔离了。就较温暖地方的生物而言，这种隔离在极长的时间以前已发生了。此等动植物既向南方迁移，就将在一处大地区与美洲土著生物混合而起竞争；在另一处大地区则与“旧世界”的土著生物混合而起竞争。所以一切情况都有利于它们发生重大变化，较诸高山生物有远为大量的变化，因为高山生物仅在更为近代的时期被隔绝在欧洲和北美洲的几个山脉上和北极陆地上，因此，我们若把新旧两世界现存温带生物作一比较，我们只找到极少数相同的种（据阿沙·葛雷最近指出，两地植物的相同种类实较以前估计者为多），可是在每一大的纲内都有许多类型，有些自然学者把它们列为地理族，另一些学者则认为是独立的物种；更有许多极为近缘的代表类型，被自然学者一致认为是不同的物种。

海水中的情形也和陆地一样，海生动物群在上新世甚或更早的时期，也曾沿北极圈连绵的海岸近乎一致地逐渐向南迁移，所以根据变化学说，这就可以解释为什么目前有很多密切近缘的类型生活在完全隔离的海区。我想，我们也可以据此来理解：在北美洲东西两岸温带地区，存在着一些极近缘的现存的和灭绝的第三纪生物这个事实，和另一个更为惊人的事实，即地中海与日本海有许多极近缘的甲壳类（如达那的名著所载）、若干鱼类及其他海生动物，而这两个地域目前已由整个的大陆及辽阔的海洋所隔离了。

这些目前及以前栖居在北美洲东西两岸沿海的、在地中海与日本海内的以及在欧洲与北美洲温带陆地上的物种的密切关系，都不是创造论所能解释的。我们不能说，为了这些地域具有类似的物理条件，所以创造出类似的物种。因为如果把譬如南美洲的某些部分和南非洲或澳洲的某些部分加以比较，我们便可看到，一切物理条件都极近似的地区，却存在着极其不相同的生物。

南北冰期的交替

我们必须回到更直接的问题上来。我深信福布斯的观点还可以大大扩展。我们在欧洲从不列颠西海岸到乌拉尔山脉以及向南到比利牛斯山，都可遇到冰期的最明显证据。在西伯利亚，可从冰冻的哺乳类及山上植被的性质，推断它曾受过同样影响。据霍克博士说，在黎巴嫩山脉，永久积雪从前盖满它的中脊，并汇入冰川，下泻4000英尺到达山谷。霍克最近又在北非阿特拉斯山脉的低处发现了大的冰碛。沿喜马拉雅山，在彼此相距900英里的地点尚留有冰川从前下注的遗迹；在锡金，霍克又发现玉蜀黍曾生长在古代的巨大冰碛之上。在亚洲大陆迤南，赤道的另一边，根据哈斯特及黑克托两博士的精邃研究，我们知道，在新西兰先前曾有巨大的冰川降到低地；霍克博士在此岛上相距很远的山上所发现的同样植物，也是先前曾有严寒时期的证据。据克拉克牧师通信告诉我的事实，似乎澳洲东南隅诸山也有从前冰川活动的遗迹。

再看美洲：在北半部大陆的东侧，向南直到纬度36°与37°的地方，曾发现由冰川带来的岩石碎块。在太平洋沿岸（现在气候极不相同），向南直至纬度46°处，也有发现。在落基山上，也见有漂砾。在南美洲的科迪勒拉山，几近赤道之下，冰川曾一度远远伸展到其目前的高度以下。在智利中部，我曾考察过一道由岩屑所堆成的冈陵，其中含有大的漂砾，横过保帝洛山谷，这些无疑曾经一度形成过巨大的冰碛。福布斯先生告诉我，他曾在科迪勒拉山，南纬13°～30°，高约12000英尺的各地方，发现沟痕很深的岩石（和他在挪威所常见到的相像）以及大堆的岩屑，杂以有凹痕的小砾。在科迪勒拉的这一整个区域之内，即使在很高的地方，现在已没有真正的冰川了。沿这大陆的两侧更南，从纬度41°到极南端，我们可以看到冰川活动的最明显的证据，那里有许多巨大的漂砾，都是以前从它们很远的原产地移运来的。

由于冰川作用曾遍及于南北两半球；由于两半球的冰期，从地质意义上讲都是近代的；由于冰期在两半球的持续时间（从其所起的影响来推测）都很长久；以及由于冰川在近代曾沿科迪勒拉山全线下降至低地平线；由于这些事实，我曾一度认为我们不得不断言：全世界的温度，在冰期曾同时降低。可是近来克罗尔先生在一系列可钦佩的专著里，曾试图说明气候的冰冷状态是各种物理原因的结果，而此等物理原因，更由于地球轨道的离心性的增加而发生作用。所有这些原因皆趋向于同一结果，而最有力的，当然是地球轨道离心性对于海流的间接影响。据克罗尔说，严寒时期每隔一万年或一万五千年，会有规律地重现一次；此等严寒时期，在长间隔期之后必异常严酷，因为会有某些偶发事件发生。其中最重要的，如莱伊尔所指出的，就是水陆的相对位置。克罗尔相信，最近的一次大冰期是在 24 万年以前，经历约 16 万年，其间气候仅稍有变动。就较古的冰期而言，若干地质学者根据直接证据都深信，出现在中新世及始新世的地层，至于更古远的，就不必提了。但克罗尔所得到的结果，对于我们最重要的是：当北半球经历严寒时期的时候，南半球的温度实际上是升高了，冬季也变得温暖些，其主要原因是海流方向的改变；反之，当南半球经历冰期时，北半球的情况也是如此。此项结论极有助于说明地理分布上的问题，所以我强烈倾向于相信它；但我要先举出若干需要说明的事实。

霍克博士曾指出，在南美洲，火地岛的显花植物（占该地贫乏植物群的不算小的一个部分），除了许多极近缘的物种外，还有四五十种是和北美洲及欧洲所共有的。这些地域位于地球相反的两半球，相距是那么遥远。在美洲赤道地区的高山上，有许多特殊物种生长着，它们隶属于欧洲的属。在巴西奥尔干山上，加得纳曾发现有少数欧洲温带的属、若干南极的属及若干安第斯山的属，都是夹在中间的低热地区所没有的。在加拉加斯的西拉，著名的洪堡先生早就发现了属于科迪勒拉山特有属的种。

在非洲阿比西尼亚的山上，生长着若干种欧洲的特征性类型和少数好望角植物群的代表类型。在好望角，有不是由人类引入的极少数的欧洲物种以及在山上的若干欧洲的代表类型，都是非洲中热带间地区所未见的。霍克最近又指出，几内亚湾内的极高的斐南多波岛高处及邻近的喀麦隆山上，有数种植物与阿比西尼亚的山上所产的极为接近，亦与欧洲温带所产的相接近。我听到霍克说，似乎这些同样的温带植物，罗牧师在佛得角群岛的山上也曾发现过几种。同样的温带类型差不多在赤道下横越全部非洲大陆，而伸展到佛得角群岛的山上，实是植物分布中前所未闻的奇事之一。

在喜马拉雅山及印度半岛各隔离的山脉，锡兰高地及爪哇的火山顶等处，有许多植物是完全相同的，或者是彼此代表而同时又代表欧洲植物的，但为中间的炎热低地所没有的。一个在爪哇高山峰上所采得的植物各属的名录，竟是欧洲丘陵地带采集物的一幅图画。尤其使人惊异的是，婆罗洲的山顶上所生长的某些植物竟代表了澳洲的特殊类型。据霍克博士告诉我，有些这类澳洲植物沿马六甲半岛的高地向外伸展，一方面稀疏地散布于印度，另一方面则更向北直达日本。

在澳洲南部的山上，穆勒博士发现有几个欧洲的种；在低地上也可看到其他的欧洲种，而不是人类所输入的；霍克博士告诉我，在澳洲发现的欧洲的属可以列成一个长的名录，都是中间的酷热地带所没有的。霍克所著《新西兰植物概论》中，对于该大岛上的植物也举出了类似的奇异事实。由此可见，全球热带区域内的高山上面生长着的某些植物，和南北温带内平原上所生长的植物或是同种，或是同种中的变种。可是应该注意，这些植物并不是真正的北极类型。因为正如华生所说："从北极退向赤道地带的过程中，高山或山地植物群实际上已逐渐变为非北极性的了。"除了这类完全相同的极近缘的物种外，还有许多生在同一远离地域的植物是属于现在中间热带低地所没有的属的。

上面仅就植物略为叙述，但在陆生动物方面也有少数类似的事实。海洋生物中也有类似情况存在，今举最高权威达那教授的话为例，他说："新西兰在甲壳类方面和与它处在地球上正相反地区的大不列颠之密切相似，甚于世界其他各处，这真是极奇异之事。”李却逊爵士也说，新西兰及塔斯马尼亚等海岸有北方类型鱼类的重现。霍克博士告诉我，新西兰有25种藻类与欧洲相同，但在中间的热带海内却是没有的。

据上面所述的事实，即在横过非洲整个赤道区域，沿印度半岛直到锡兰及马来半岛，以及在并不如此显著地横穿南美广阔热带地域的各高地上，都存在有温带性生物，可见在先前某时期内，无疑是在冰期达到最严酷的时候，曾有相当数量的温带性生物借居于此等大陆赤道区域的各处低地上，乃是几乎可以肯定的。那时赤道地带的海平面上的气候，也许和现在同纬度的五六千英尺高的地方相同，或者甚至更冷些。在这最寒冷的时期内，赤道区域的低地必然覆盖着热带与温带混杂的植被，像霍克所述喜马拉雅山四五千英尺高的低坡上繁生的植被一样，不过温带类型也许更多些罢了。同样，在几内亚湾内的斐南多波岛上，曼先生发现欧洲温带性植物也在五千英尺高度左右开始出现。西门博士在巴拿马的山上高仅二千英尺的地方即发现其植被与墨西哥的相像，“热带性植物与温带性植物协调地混合着。”

克罗尔先生断言，当北半球遭遇到大冰期的严寒的时候，南半球实际上比较温暖。现在我们且看，目前南北两半球温带地方及热带山上的生物分布中显然不能解释的事实，是否根据克罗尔的结论可以得到解释。冰期，若以年计算，必极长久。当我们想起，有些归化了的动植物在数百年之中扩布到了何等广大的空间，则冰期必已足够进行任何数量的迁移。当温度逐渐下降，北极的生物便侵入了温带。据上面所举事实，某些比较强健、占有优势而分布广的温带生物无疑也会侵入赤道低地；而原本在热带低地的生物同时必向南方的热带及亚热带地域迁移，因为那时候南半球比较温暖。等到冰期没落时，南北两半球逐渐恢复了原来的温度，在赤道低地生活的北温带生物势必退回原产地，或者趋于灭亡，而由南方回来的赤道生物所代替。可是有些北温带生物几乎肯定会登上邻近的高地，如果这些高地足够高，则它们会像欧洲山上的北极生物一样地长期生存。即使气候不完全适宜，它们也可能继续生存，因为温度的改变必定是很徐缓的，而植物无疑都有适应风土的一定能力，它们把抗寒和耐热的不同的体质传给后代，即说明了此点。

依事变的正规过程，当南半球继之而遭遇严酷的冰期时，北半球将转成温暖；于是南温带的生物便会侵入到赤道低地。原来留在山上的北方生物，此时将向山下迁移而与南方生物相混。当温度转暖，南方生物必归原处，把少数留在山上，而同时又向南带去了一些从山上移下来的北温带生物，从而在南北温带及中间热带区高山上，就会有少数相同的物种。但是这些长时期内留在山上或在相反半球上的物种，必与许多新的物种竞争，并且必将处于多少不同的物理条件之下，因此，此等物种将显著地易于起变化，以致今日大都作为变种或代表种而存在。实际情形确是如此。我们还必须记住，南北两半球先前都曾经过冰期，因为这样，才可根据同样的原理以解释许多很殊异的物种会散布在同一远隔地域内，而且隶属于目前在中间热带区域内见不到的属。

霍克对于美洲的生物，德康多对于澳洲的生物，都极力主张物种（相同的或稍微变化了的）从北向南迁移的，实远较从南向北迁移的为多，这是一桩可注意的事实。虽然如此，我们在婆罗洲和阿比西尼亚山上尚看到少数南方生物。我猜想从北向南迁移之所以占多数，当由于北方陆地较大以及北方土著生物数量较多，于是通过自然选择和竞争，能较南方生物进展到更完善的程度，或具有更优越的能力。所以当南北冰期交替之时，南北生物在赤道区域内相混，北方生物有较强力量，能够获得山上的地位，以后又能随南方生物向南迁移；但南方生物与北方生物相比较，却不是如此。同样，我们现在可以看到很多的欧洲生物覆盖着拉普拉塔和新西兰的地面，战胜了当地生物。在澳洲也是如此，只是程度稍逊而已。反之，虽皮革羊毛及其他可以携带种子的物体，近两三百年来从拉普拉塔输到欧洲的很多，而最近四五十年来从澳洲输到欧洲的亦复不少，但南方生物能在北半球任何部分归化的却是极少。虽然如此，印度的尼尔及里山是局部的例外，因为据霍克博士说，澳洲生物在该处繁殖很快而成为归化物。在最近大冰期之前，热带之间的山上无疑生长着本地的高山类型，可是这些类型却几乎到处都被在北方更广阔的地域上和更有效率的作坊里生产出来的更占优势的类型所压倒。许多岛屿上土著生物的数量几乎仅与外来归化生物相等，或甚至较少，这是趋向于灭亡的第一阶段。山岳可说是陆地上的岛屿，它们的土著生物也被北方广大地域产生出来的生物所屈服，正如真正岛屿上的土著生物到处已屈服于并正屈服于由人力而归化了的大陆生物那样。

陆栖动物和海栖生物在南北两温带及在热带之间山上的分布，都可适用同一原理。当冰期最盛的时候，海流和目前的很不相同，有些温带海内的生物可能到达了赤道；其中有少数或可立即顺寒流再向南方迁移，余下的则留居于比较冷的深处，继续生存，直到南半球遇到冰期气候时，它们才得以继续前进。据福布斯所说，这种情况就和在北温带各海的深处至今仍有北极生物居住的孤立区域一样，几乎是依同样方式而来的。

可是我并不设想，目前在北方和南方以及有时在中间山脉上隔离得如此之远而生活着的同一物种和近缘物种，在分布上和亲缘关系上的一切疑难问题，都可依据上面的观点得到全部解决。我们不能指出它们迁移的确实路线。我们更不能说明何以某些物种迁移了，而其他的却没有；何以某些物种起了变化并产生了新类型，而其他的却仍保持不变。我们不能希望解释这些事实，除非我们能说明何以一个物种能经人类活动而在外乡归化，其他物种不能；何以一个物种较本乡另一物种分布得远到两三倍，且又多至两三倍。

还有多种特殊的难题留待解决：例如，霍克博士所指出的同种植物出现于距离如此遥远的地点，如克尔格伦、新西兰和佛纪亚；不过据莱伊尔的意见，冰山也许同这些植物的分布有关系。更值得注意的是，生存于南半球的这些地点及其他遥远地点上的物种，虽不相同，但却隶属于完全局限于南方的属。这些物种有的差异很大，很难使人设想它们从最近冰期开始以后，有足够的时间进行迁移而继起演变达到必要的程度。此等事实似乎表明，同属的各物种都是从一个共同的中心点向外循辐射状路线迁移的；我倒指望在南半球和在北半球一样，在最近冰期未起以前，曾有一个比较温暖的时期，那时候，目前为冰所覆的南极陆地曾拥有一个极度特殊的孤立的植物群。可以设想，在这个植物群于最近冰期内被消灭以前，当有少数类型已借偶然的传布方法，并在现已沉没的岛屿作为歇足点的帮助下，向南半球各地点广泛地散布了。因此，美洲、澳洲及新西兰的南海岸，便会沾染有这同样的特殊生物了。

莱伊尔曾在一段动人的文章内，用和我几乎相同的说法推测了全球气候的大变动对于地理分布所起的影响。现在我们已看到，克罗尔先生的结论——一个半球上相继的冰期与对面半球的温暖期是吻合的——与物种徐缓变化的观点合在一起，可以使很多关于同种的及近缘的生物分布于全球各处的事实，得到解释。生命之流，在一个时期内从北向南流，在另一时期内则从南向北流，总之，都流到赤道，可是从北流向南的生命流的力量较从南流向北的为大，所以它更能在南方自由泛滥。因为潮水沿水平线遗留下它的漂流物，在潮水最高的岸边，遗留地点也愈高，所以这生命的水流也沿着从北极低地到赤道地带很高地点这一条缓缓上升的线，把漂流的生物留在我们的山顶上。这样留下来的各种生物，可以和人类中未开化民族相比拟，他们被驱逐退居于各处的深山险地，而成为一种对我们很有意义的关于周围低地以前居民的记录。

第十三章
地理分布（续前）

淡水生物的分布——海洋岛屿的生物——两栖类及陆栖哺乳类的阙如——岛屿生物与邻近大陆上生物的关系——从最近的原产地的移居及其后的变化——前章及本章小结

淡水生物的分布

因为湖泊和河流系统被陆地障碍物所隔离，所以可能会认为淡水生物在一个地域之内不能分布得很广远，又因海洋是更加难以克服的障碍物，便会认为淡水生物似乎永远不能扩展到远隔重洋的地方。可是事实恰恰与此相反。不仅不同纲的许多淡水物种具有极广大的分布区，而且近缘物种也以惊人的方式遍布于世界。我还记得当我初次在巴西淡水内采集时，看到淡水昆虫、贝类等等和不列颠的极相类似，而周围陆地生物却和不列颠的很不相似，感到十分惊异。

我想，对淡水生物的远布能力，在大多数场合，可以作这样的解释：

它们以一种对自己极有用的方式。逐渐适应于在本地区内从一个池塘到另一个池塘，或者从一条河流到另一条河流，经常进行短距离的迁移。从这样的能力发展成为远程的传布，乃是近乎必然的结果。我们在此只能考虑少数例子，其中最难解释的要算是鱼类。以前曾相信，同一个淡水种绝不能在距离很远的两个大陆上存在。可是最近根瑟博士指出，南乳鱼在塔斯马尼亚、新西兰、福克兰群岛及南美洲大陆等处都有发现。这是一个奇怪的例子，或许表示这种鱼是在从前一个温暖时期内从南极的中心点向各处分布的。不过这一属的物种也能用某种未知的方法渡过很远的海洋，所以根瑟的例子也不算太奇了。例如新西兰和奥克兰群岛相距 230 英里，却有一个种是两处所共有的。在同一大陆上面，淡水鱼类的分布常很广远，而且难以捉摸，因为在两个邻近的河系内，有些种是相同的，但有些却又截然不同。

它们偶然地也许能由所谓意外的方法传布。旋风偶尔可把鱼类吹送很远而不至于死亡。人们也知道，鱼卵出水之后仍能在相当长时间中保持其生活力。虽然如此，它们分布很广的主要原因是在近期内地平面的变迁使各河流可以互相连通。在洪水期，地平面虽不变，也可发生河流汇通的情形。大多数连绵的并自古以来就阻止了两侧河系汇合的山脉，其两侧所产鱼类迥然不同，这也导致了相同的结论。有些淡水鱼类，属于很古的类型，因此，它们有充分的时间经历地理的变迁，从而也有充分的时间和途径进行较大的迁移。最近根瑟博士根据几种考虑而推断鱼类的同一类型可以延续得很久。海水鱼类经过小心处理，可以慢慢习惯于淡水生活。据范伦辛的意见，鱼类中几乎没有一个类群的全部成员都局限在淡水中生活，所以一个属于淡水类群的海生种，可以沿海岸游得极远，或许能在一个远处再适应于淡水生活，并不十分困难。

有些淡水贝类的种分布极广，近缘种也遍布全世界。据我们的学说，一切近缘物种均从一个共同祖先传来，并且必从单一个发源地发生。它们的分布最初很使我迷惑不解，因为它们的卵不像是可以由鸟类传布的，而且，卵和成体又都会立即被海水杀死。我甚至不能理解，某些归化了的种，何以能在同一地域内很快地四散传布。可是我看到的两个事实（许多其他事实无疑还会被发现），对此问题有所启示。当鸭子从一个布满了浮萍的池塘突然浮出时，我曾两次看到它们的背上都粘有浮萍；我还看见了这样的事：当我把一个水族箱内的少许浮萍移到另一个水族箱内时，无意中却将贝类也带过去了。不过还有一种媒介物也许更有效力。我把一只鸭子的脚放入一个水族箱内，其中有许多淡水贝类的卵在孵化；我看到无数刚孵出的极微小的贝类趴在鸭脚上，附着得很牢固，鸭脚出水后也不脱落，虽然再稍大一点时它们会自动跌落。此等刚孵出的软体动物，虽然本性上是水栖的，但在鸭脚上潮湿空气中还生存了 12—20 小时。在此时间内，一只鸭或鹭至少可以飞行六七百英里，若顺风飞过海到达一个海岛上或任何其他遥远的地点，必会降落于池塘或溪流之内。莱伊尔告诉我，他曾捉到一只龙虱，在它的上面牢固地黏附有一只曲螺（一种像（蜮）似的淡水贝类）；同科的水生甲虫内另有一种龙虱，一次曾飞到“贝格尔号”船上，当时离最近陆地已有 45 海里。如果遇到顺风，恐怕没有人能断言它可以吹到多远。

关于植物，我们早知道有很多淡水的、甚至沼泽的种，分布得异常广远，不论在大陆上还是在遥远的海洋岛屿上。据德康多的意见，在那些大的陆生植物类群里，有极少数水生成员，表现得更为惊人，因为它们似乎是水生的原因，立即获得了广阔的分布区。我想这是因为它们有了有利的传布方法之故。此前我曾讲到鸟类的脚和喙有时会带有一定量泥土。常到池塘泥岸的涉禽类，如果突然起飞，脚上最易沾着泥土。这个目内的鸟类较其他目内的鸟类更会到处漫游，甚至偶尔能到达大洋中极远的荒岛上。它们大概不会降落于海面上，因此脚上的泥土也不致洗去，在到达陆地之后，必然又会飞到它们的当然的淡水栖息地。我不相信植物学者会知道池塘的泥土中带有何等多的种子。我曾做过几个小试验，这里仅举出其中最动人的一个：二月间，我曾在一个小池塘边，从水下三处不同地点，取出三汤匙的泥土。此泥土干后重量仅六又四分之三盎司，我把它盖起来放在书房内六个月，每生出一棵植物就拔出来，并加以计算，植物的种类很多，共计 537 棵；而这块黏泥，却全部可以装在一只早餐用的杯子里。由于这些事实，我想，如果水鸟不把淡水植物的种子移运到遥远地点的、没有长着植物的池塘或河流之内，那才真是无法理解的事情。这个媒介物对于某些小型淡水动物的卵，大概也有作用。

其他未知的媒介物，或许也起过作用。我曾说过，淡水鱼类吃某些种类的种子，虽然它们吞下很多其他类的种子后再吐出来；即使小型的鱼类也可以吞食中型的种子，像黄睡莲和眼子菜的种子。鹭及其他鸟类，一个世纪又一个世纪地天天不断在吃鱼，吃后就起飞到他处水面，或者乘风飞越海面。我们知道，种子经过若干小时之后被吐出或从粪内排出时，都仍保持其发芽能力。当初我看到那美丽的莲花的种子很大，参照德康多所述关于它的分布状况，便觉得它的传布方法简直无法理解；可是奥杜邦说，他曾在鹭的胃内找到南方大莲的种子（据霍克说，这种莲可能是 Nelumbium luteum）。这种鸟必然常常在胃内装满莲子之后又飞到其他远隔的池塘，然后再大量捕食鱼类，类推的方法使我相信，它会把适于发芽状态的种子随粪块排出。

我们讨论上面的几种分布方法时，必须记住：譬如一个池塘或一条河流在一个上升的小岛上初形成的时候，其中必然没有生物，那时一粒种子或一个卵，都有获得成功的良好机会。同一池塘内的生物，不论种类如何少，彼此之间必定有生存竞争，然而即使以生物繁盛的池塘跟面积相同的陆地比较，物种的数量毕竟还是少的，所以物种间的竞争也不及陆地物种来得剧烈。因此，一种外来的水生生物，便较陆地的移居者更有获得新地位的机会。我们还应记住，许多淡水生物在自然系统上的地位比较低，我们有理由相信它们的演变当比高等生物来得迟缓，这就使水生物种有进行迁移的时间。有一种可能性是不可忘记的，即很多淡水生物以前在广大区域内是连续分布的，后来在中间点上灭亡了。可是淡水植物和低等动物的广远分布，不论其仍保持同一类型或稍有变化，显然主要是依靠动物来广泛传布它们的种子和卵，尤其是依靠淡水的鸟类，它们具有很强的飞翔能力，自然地要从这一片水面飞到别处水面。

海洋岛屿的生物

不仅同一物种的一切个体都是从某一个地区迁移出来的，而且现在生活在最遥远地点上的近缘物种，也都是起源于一个地区，即它们远祖的出生地。根据上述观点，我曾选出三类事实作为分布上最大的疑难问题，我们现在且将其中最后一类事实加以讨论。我曾经举出理由，不相信在现存生物的时期之内，大陆曾有过如此巨大规模的扩展，而使几个大洋的一切岛屿都因而获得了它们现有的陆地生物。这种观点固然可以消除许多困难，但是和有关岛屿生物的一切事实却不相符。在下面的论述中，我将不只限于分布问题，同时亦将考虑到与独立创造学说和伴随着变化的进化学说的真实性有关的若干其他事实。

海洋岛屿上的一切类别的物种的数目，比同面积大陆上的为少。德康多承认植物是如此，吴拉斯吞以为昆虫也是如此。例如，新西兰有高山及各式各样的栖居地，南北长有 780 英里，加上外围的奥克兰、坎贝耳及查塔姆诸岛，总计却不过有 960 种显花植物。如果把这个平庸的数目，和澳洲西南部或好望角的相等面积所产的大量物种比较，我们必须承认，一定有某种与不同物理条件无关的原因，引起了这样巨大的种数差异。甚至地势均一的剑桥郡还有植物 847 种，安格尔西小岛上也有 764 种，只是这两个数字内尚含有少数蕨类和少数从他处输入的植物，而且从某些其他方面讲，这个比较也并不十分恰当。我们有证据，阿森松荒岛上原来所有显花植物尚不到六种，现在却已有很多物种在那里归化了，正如新西兰和其他一切可以叫出名来的海洋岛屿那样。在圣赫勒拿岛，我们有理由相信，许多土著生物几乎或已经全被归化了的动植物所消灭了。凡信奉物种创造论的人，都必须承认足够数目的最适应的植物和动物并不是给海洋岛创造的，因为人类无意中使那些岛上储备了生物，远比造化做得更为充分和完善。

海洋岛屿上的物种数目虽少，但是本地特征种类（即世界别处所没有的）的比例数往往极大。例如，我们把马德拉岛的特有陆生贝类的数目，或加拉帕戈斯群岛的特有鸟类数目，和任何大陆上的特有物种数比较，再把岛的面积和大陆的面积比较，我们便可知道这是确实的。这种事实本可在理论上推测而知的，因为据以前曾经说明过的，物种经过长久间隔时期之后偶尔达到一个新的隔离地区，势必和新的同居者进行竞争，显然容易发生变化，往往产生出成群的变化了的后代。可是绝不能因为一个岛的某一纲的物种几乎都是特别的，便以为另外一纲或同纲另外一组的物种也必然都是特别的；这种不同，似乎部分地由于未变化的物种曾经集体地迁入，因而它们的相互关系并未受到多大扰乱；部分由于未变化的移入者经常从原产地迁来，岛屿生物和它们进行了杂交。应该记住，这种杂交所得的后代必会增强活力，所以甚至一次偶尔的杂交，其功效之大往往出于预料之外。我要举几个例子来说明：加拉帕戈斯群岛有陆鸟 26 种，其中 21 种（或 23 种）是特别的，可是在海鸟 11 种之中却仅有两种是特别的；很明显，海鸟比陆鸟更容易而且更经常飞到那些海岛上。另方面，百慕大群岛与北美洲的距离，虽大致和加拉帕戈斯与南美洲的距离相等，且土质又很特殊，可是没有一种特有的陆鸟；我们据琼斯先生关于百慕大群岛的记述，知道很多北美洲的鸟类偶尔或甚至常常飞到该岛。哈科特先生告诉我，几乎每年都有很多欧洲的和非洲的鸟类由风吹到马德拉；该岛上的鸟类共有 99 种，其中仅一种是特征种，然而它和一个欧洲类型很接近；此外又有三种或四种是只见于此岛和加那利岛两地的。所以百慕大群岛和马德拉群岛，都从邻近的大陆传来很多鸟类，它们原已在长时期内一起竞争，而且已是互相适应了。因此，当它们一旦在新地方居留下来，每一种类都为其他种类所限制而保持其固有的位置与习惯，这样，就不易发生变化。而且任何变化的倾向也还会由于同经常从原产地来的未变化的移入者进行杂交而被阻止。马德拉又有非常多特别的陆生贝类，但海生贝类却没有一种是其沿岸特有的；现在我们虽然还不知道海生贝类是如何散布的，可是我们可以知道，它们的卵或幼体可能附着于海草、浮木或涉禽的脚上而渡过三四百海里的海面，远比陆生贝类为容易。马德拉所产的各目昆虫，也有类似的情形。

海洋岛屿上有时缺少某些整纲的动物，它们的位置由别纲动物所代替。例如爬行类在加拉帕戈斯群岛，巨大的无翅鸟类在新西兰，都代替了或在近代内曾经代替了哺乳类。这里虽将新西兰作为海洋岛论述的，但是否应如此划分，却多少可疑。它的面积很大，又没有极深的海与澳洲隔离；克拉克牧师最近根据它的地质性质和山脉走向，主张此岛与新喀里多尼亚都应被认为是澳洲的附属地。就植物而言，霍克博士曾指出，在加拉帕戈斯群岛，各目的比例数与他处很不相同。凡此一切数目的差异，以及某些动植物的整个类群的缺失，通常都被认为是由于岛上的物理条件的假想差异所致，可是这种解释是很可疑的。移入的难易，似乎和条件的性质同样重要。

关于海洋岛屿的生物，还有很多值得注意的小事情。例如有些岛上全无哺乳动物，有些特征植物却具有完美带钩的种子，而钩是用来把种子通过四足兽的毛或毛皮传送走的，没有比这种关系更为明显的了。但是有钩种子可能由其他方法被带到岛上，然后此植物经过变化成为本土特征物种，仍保留它的钩，而钩已成为无用的附属器，像很多岛屿甲虫，在它们已愈合的鞘翅下仍保留着短缩的翅一样。此外，岛上常有许多乔木或灌木，它们所属的目，在他处则仅有草本的种。据德康多的意见，现在树木的分布，不论其原因何在，常是有限的。所以树木不易扩散到遥远的海洋岛上，而草本植物不能和在大陆上生长的许多发育完全的树木成功地进行竞争，一旦在岛上立足，就会逐渐生长得更高并且高过其他草本植物而占优势。在此种情况下，自然选择就有增加植物高度的倾向，不论该植物属于何目，从而先使它转变成灌木，然后演变成乔木。

海洋岛屿上不存在两栖类及陆栖哺乳类

关于海洋岛屿上没有整个目的动物的情况，圣范桑先生很久以前就说过：缀饰大洋的海岛虽多，但从未发现有两栖类（蛙、蟾蜍、蝾螈之类）。我曾竭力验证此说，发现除去新西兰、新喀里多尼亚、安达曼群岛，也许还有所罗门群岛及塞舌耳群岛之外，此说是对的。但我已经讲过，新西兰和新喀里多尼亚是否可被列为海洋岛，尚有可疑；对于安达曼、所罗门及塞舌耳诸群岛，则更属可疑。这么多的真正海洋岛上面，普遍地没有蛙、蟾蜍及蝾螈，是不能根据它们的物理条件来解释的。诚然，岛屿似乎特别适合于这类动物，因为蛙曾被引入马德拉、亚速尔及毛里求斯诸岛，滋生之繁，竟至成为可厌之物。不过这种动物和它们的卵碰到海水即死（现在知道有一个印度种是例外），所以很难传布过海，这样，我们便可以理解它们为什么不能在真正海洋岛上存在。可是根据创造论，要问为什么在海洋岛上没有创造出这类动物，那就很难解释了。

哺乳类是另一种与此类似的情况。我曾仔细查阅了最老的航海记，并未看到有一个确实可靠的例子，证明有陆生哺乳类（土人所养的家畜除外）生活在离开大陆或大的陆岛 300 海里以外的岛上，许多离大陆更近的岛上，也是如此。福克兰群岛上有一种像狼的狐类，似乎是一个例外；不过这群岛屿不能被视为海洋岛，因为它位于一个与大陆相连并相距 280 海里的沙堤上；并且冰山以前曾把巨砾带到它的西岸，那它们从前也能带来狐类，正如现今北极地方所常发生的情形一样。我们不能说，小岛不能养活至少是小型的哺乳动物，因为这些小型哺乳类在世界很多地方存在于靠近大陆的很小的岛上；几乎也不能举出一个岛，没有小型的四足兽在那里归化并滋生繁衍的。依一般特创论观点也不能说没有时间创造哺乳类；许多火山岛是够古的，根据它们所受的巨大陵削和它们的第三纪地层便可证明，也还有足够时间以产生属于其他纲的特有物种；而且我们知道，大陆上哺乳类新物种的出现和消灭，在速度上比其他低于它们的动物为快。虽然陆生哺乳类不存在于海洋岛上，飞行哺乳类却几乎存在于每个岛上。新西兰有两种蝙蝠，是世界上其他地方所没有的；诺福克岛、维提群岛、小笠原群岛、加罗林群岛、马里亚纳群岛，以及毛里求斯岛，都各有其特有的蝙蝠。我们可以问，为什么那假定的创造力在这些遥远的岛上只产生蝙蝠而不产生其他的哺乳类呢？据我的观点，这问题很容易答复：因为陆地哺乳类不能渡过广阔的海面，而蝙蝠却可飞过。在大西洋上曾有人于白昼看见蝙蝠飞行得很远。北美洲两种蝙蝠，常按时或偶尔飞到百慕大群岛，离开大陆有600海里之远。据专门研究此科的专家汤姆斯先生告诉我，很多的种都有广泛的分布区，在大陆及远岛上都能发现。因此，我们只要设想这类漫游的物种，在新住地内由于它们的新位置而曾有变化，我们便可了解海洋岛上为什么有特有的蝙蝠，而没有一切其他的陆地哺乳类。

还有一种有趣的关系存在，就是各岛彼此间或与大陆间所隔海水的深度和它们哺乳类亲缘关系的程度之间的关系。艾尔先生对此问题曾有惊人的观察，其后又被华莱士先生关于大马来群岛的研究大为扩充。大马来群岛在西里伯附近，为一片深洋所切断，这就分隔出两个极不相同的哺乳动物群，但岛屿的四周是一个中等深浅的海底沙堤，所以都产有相同的或极近缘的四足兽。我还没有时间就全球各处情况对这问题加以探索，不过据我研究所及，这种关系是正确的。例如，不列颠被一条浅的海峡与欧洲分隔开，两边的哺乳类相同；靠近澳洲海岸的各岛屿，也都是如此。另方面，西印度群岛位于一个深沉的沙堤上，深度达一千英寻，我们在此虽看到美洲的类型，但物种甚至属都很不同。因为一切类别的动物所发生的变化的量，部分地取决于经历的时间长短；又因为由浅海峡所隔离的或与大陆相隔离的岛屿较那些被深海峡所隔离的岛屿更有可能在近代内是连在一起的；所以我们可以明了，分隔两个哺乳动物群的海的深度，和哺乳动物群的亲缘程度之间是存在着一种关系的；但根据独立创造的学说，这种关系便不能解释了。

上面所讲关于海洋岛生物的几点事实说明，它们的物种很少，特有类型所占比例却很大；同纲内某些类群发生变化，而其他类群的成员不起变化；缺乏某些整个目的动物，例如两栖类与陆生哺乳类（飞行的蝙蝠类是存在的）；某些目的植物表现特殊的比例以及草本类型发展成为乔木等等。凡此种种，依我看，那种认为偶然的传布方法在长时间内都有效的信念比那种认为一切海洋岛以前同最邻近的大陆相连的信念，跟这些更为符合，因为根据后一观点，也许不同的纲将会更一致地移入，而且由于物种是集体移入的，它们的相互关系就不会有大的变动，结果它们或者都不发生变化，或者全部物种都以相同的方式发生变化。

我不否认，在理解较遥远岛上的许多生物（不论其是否仍保持同一物种类型或者以后发生了变化）究竟如何来到现在的地方这一问题上还有许多重大的疑问。但是，我们绝不可忽视，其他岛屿从前可能曾一度作为驻足地，而现今已不留任何遗迹了。我要详细叙述一个困难的情况。几乎所有的海洋岛，即使是完全隔离的和面积最小的岛屿也都产陆生贝类；它们通常是特有种，不过有时也是他处的种。古尔德博士曾举出有关太平洋方面的惊人例子。大家知道，陆生贝类是容易被海水杀死的，它们的卵，至少如我所试验过的卵，碰到海水后就下沉死去。然而必定还有某些未知的偶然有效的方法在从事传布的工作。是否刚孵出的幼体会偶尔附着于栖息在地上的鸟类的脚上从而得到传布呢？我想休眠期陆地贝类壳口具有膜罩时，可以依附于浮木的隙缝中，漂过相当宽的海湾。而且我发现有几种贝类在此状态下浸于海水中七天而不受损害。罗马蜗牛经过这样处理后，再度休眠，又放在海水中20天，还能完全复苏。在这样长的时间内，这种贝已可依平常速度的海流漂过660海里的距离了。这种蜗牛有很厚的石灰质厣，我把它去掉后，待新膜质的厣初长成时，再浸在海水中14天，结果又得复苏，慢慢地爬去了。其后奥卡壁登曾做过同样的试验。他把属于十种的100个陆生贝类，放在刺有很多小孔的匣子里面，浸在海中两星期。100个中有27个复苏了。厣的存在似乎至关重要，因为圆口螺是具有厣的，在12个中有11个得到复苏。我所试验的罗马蜗牛那样能抵抗海水，可注意的是，奥卡壁登所试验的同属的其他四种的54个标本中竟没有一个能够复苏。不过陆生贝类的传布，绝不可能经常都靠这种方法；鸟类的脚提供了一个更为可能的方法。

岛屿生物与最邻近大陆上生物的关系

对我们来说最显明最重要的事实是，栖居在岛屿上的物种与栖居在最邻近的大陆上的实际并不相同的物种所出现的亲缘关系。这种例子有很多可举。加拉帕戈斯群岛处于赤道附近，离南美洲海岸500～600海里。该处的水陆生物几乎都明显地打上了美洲大陆的印记。计有陆鸟26种，其中有

21或许23种可被认为是分明的物种，而且通常被臆想是在这里创造的。可是这些鸟类的大部分在习性、姿态、鸣声等每一特性上，都显示出和美洲的种有密切的亲缘关系。其他动物也有类似的情况。又据霍克所著该群岛的植物志，大部分植物也是如此。自然学者在这些离大陆数百海里的太平洋的火山岛上观察所产的生物时，就有好像站在美洲大陆上的感觉。为什么会这样呢？为什么假想在加拉帕戈斯群岛创造的而不是在他处创造的物种能如此清楚地显示出和在美洲创造的物种有亲缘关系呢？生活条件、地质性质、高度或气候、或者生活在一处的各纲生物的比例，没有一点和南美洲海岸的情况极相近似的，实际上这一切方面都有相当大的不同。另方面，加拉帕戈斯群岛与佛得角群岛在土壤的火山性质及岛屿的气候、高度和大小等方面，都有相当程度的相似，可是它们的生物却又何等地截然不同。佛得角群岛的生物与非洲的生物接近，正如加拉帕戈斯的生物与美洲的生物相似。这类事实，根据通常独立创造的观点，是得不到任何解释的。可是依据本书所主张的观点，很明显加拉帕戈斯群岛很可能接受从美洲来的移居者，不论是通过偶然的传布方法，或是通过先前连续的陆地传布（虽然我不信此说）；佛得角群岛则接受自非洲来的移居者。这类移居者虽易起变化，然而遗传原理还是泄露了它们的原产地。

还有很多类似的事实可举。岛屿的特有生物跟最邻近的大陆和大岛的生物有关系，确实是一个几乎普遍的规律。仅有少数例外，而且也大都可以解释。例如，克尔格伦地离非洲虽较美洲为近，可是我们从霍克的记载报告知道，覆地的植物不但和美洲的有关并且很接近。不过如果认为该岛主要散布了随定期海流漂来的冰山上的泥土和石块中的种子，那么这种异常现象就可以解释了。在特征植物方面，新西兰跟最邻近的陆地澳洲相比，较其他地区的关系更为接近，这也是合乎我们所预期的；但是它和南美洲也显然有关系，虽然南美洲是其次的邻近的大陆，但中间相距如此遥远，不免使该事实成了例外的现象。假使我们相信新西兰、南美洲及其他南方陆地的一部分生物，是在最近的冰期开始以前的一个较温暖的第三纪时期内，从很远的一块中间地带——南极诸岛屿（那时长满了植物）所传来的，那么这个困难也就局部地消失了。澳洲西南角的植物群与好望角的植物群之间的亲缘关系，虽然薄弱，但霍克博士使我确信那是真实的；这是一件更可注意的事实；这种亲缘关系仅限于植物，无疑总有一天会得到解释的。

决定岛屿与最邻近的大陆的生物之间关系的相同法则，有时可小规模地但以最有趣的方式在同一群岛范围之内表现出来。加拉帕戈斯群岛中每一分离的岛屿，都有许多分明的物种，这是很奇怪的事实。可是各岛物种彼此间的关系很密切，超过它们与美洲大陆或世界任何其他地方物种的关系。这事固然在意料之中，因为各岛彼此相距很近，几乎必然地会接受来自同一原产地的移居者和来自彼此间的移居者。不过在这些彼此可以相望的海岛上，具有同样的地质性质，同样的高度和气候等等，为什么许多移居者会发生不同（虽然程度较小）的变化呢？这个问题，很久以来对我就是个难题，然而这种困难，主要的是由于认为一个地区的物理条件是最关紧要的这个根深蒂固的错误而起的；但不可辩驳的是，每一物种必须与之竞争的其他物种的性质，至少也是同样重要的，而且往往是更为重要的成功因素。如果我们观察栖居在加拉帕戈斯群岛之同时也见于世界别处的物种，我们发现这些物种在若干岛上有相当大的差异。假使该群岛的生物是由偶然的传布方法而来，譬如一种植物的种子被传到此岛，另一种植物的种子被传到另外一岛，虽然都是从同一原产地来的，那么上述的差异确是可以想象得到的。因此，当一个移居者在先前时期内最初在某一岛上定居下来时，或者以后再从一个岛散布到另一岛上时，无疑地它在各岛上会遇到不同的条件，因为它势必要和一群不同的生物群进行竞争。例如，一种植物在不同的岛上会发现最适于它的地方已经被多少不同的物种所占据，还会受到多少不同的敌人的攻击。如果它因此而发生了变异，那么自然选择或许会在不同的岛上促成不同的变种的产生。可是也有一些物种会向各处散布而在整个群中仍保持着同一的性状，正如我们所看到的一些物种，在一个大陆上分布很广而仍保持不变的情形一样。

在加拉帕戈斯群岛的这个情况及在某些类似情况较差的事实中，确实使人惊异的是，每一新物种在任何一个岛上形成之后，并不迅速地散布到其他岛上。但是，这些岛屿虽然彼此可以相望，却由深的海湾所隔开，而且大多数比不列颠海峡还宽，所以没有理由可以设想它们在任何以前的时期是连接在一起的。各岛间的海流既急且深，大风异常稀少。因此，它们彼此间实际的隔离实远较地图上所表示的为甚。虽然如此，也有若干物种（包括见于世界其他地方的种及只见于本群岛的种）是几个岛屿所共有的，我们根据目前的分布情形可以推想，它们最初是从一个岛散布到其他各岛的。但是我想，我们对于极近缘的物种在相互自由来往时，便有彼此互相侵略对方领土的可能性，往往有一种错误的看法。当然，如果一物种比另一物种占有优势，它将在短期内把对方全部或部分排挤掉；但若两者都能很好地适应于它们的住地，那么它们可以都在几乎任何长时期内各自保住自己的住地。由于熟悉了许多由人力而驯化了的物种曾以惊人速度传遍极广大地域这个事实，我们就容易推想，大多数物种也是这样传布的。但是我们要记住，在新地域内归化了的物种和土著生物一般是关系不很接近的，而是很不同的类型，据德康多所指出的，在大部分情况下是隶于不同的属的。在加拉帕戈斯群岛，甚至很多鸟类，虽然极其适于从一个岛飞到另一个岛，但在不同的岛上还是不相同的。例如，有三种很近缘的嘲鸫，每种都只局限于自己的本岛上。今假定查塔姆岛的嘲鸫被风吹到查尔兹岛，而查尔兹岛已有自己的嘲鸫，为什么它应该成功地定居下来呢？我们可以稳妥地推测，查尔兹岛已被它自己的种所充塞，因为每年产出的卵和孵出的雏鸟必已超过该岛所能养育的数目，而且我们还可以推断，查尔兹岛特有的嘲鸫对于自己家乡的良好适应，至少不亚于查塔姆特有种。关于此项问题，莱伊尔爵士与吴拉斯吞先生曾写信告诉我一个值得注意的事实，即马德拉和邻近小岛波托桑托，各有许多不同的但成为代表性种的陆生贝类，其中有些生活在石缝之间。虽然每年有大量的岩石从波托桑托运送到马德拉，可是波托桑托的贝类并未因此而移植过来。虽然如此，这两个岛上却都有欧洲的陆生贝类繁殖起来，这些欧洲种类显然比土著种占有某些优势。从这些事实考虑，我想加拉帕戈斯群岛的若干岛上的本土特有物种未在各岛间传布是并不足怪的。就是在同一大陆之上，“先入占领”对于阻止具有类似物理条件的不同地域的物种的混入，大概也有重要作用。例如，澳洲的东南角和西南角，物理条件几乎相同，并且有连续的陆地相连，而两地所产的许多哺乳类、鸟类和植物却不相同。据培兹说，栖居在空阔连续的亚马孙谷地的蝶类及其他动物，也有此现象。

支配海洋岛屿生物的一般特性的这一原理，即移居者和它们最容易迁出的原产地的关系以及它们以后的变化，在自然界中应用的范围极广。我们在每一个山顶上、每一个湖泊及沼泽内，都可看到有这种原理存在。因为高山物种，除非同一物种在冰期内已分布很广，都和四周低地的物种有关，从而南美洲的高山蜂鸟、高山啮齿类和高山植物等，都属于真正的美洲类型。而且当一座山缓缓隆起时，显然要从周围低地得到移来的生物。湖沼的生物也是如此，除非由于传布的十分便利而使同一类型得以散布到世界的大部分地区内。从欧美的洞穴内大多数瞎眼动物的特性也可看到这一原理。还有其他类似的事实可举。我相信，下述情况将被普遍认为是正确的，即在任何两个地区，不论相距如何遥远，凡有许多近缘的或代表的物种，便一定也有相同的物种，并且无论什么地方，凡有许多近缘的物种，也必定有许多某些自然学者认为是分明的物种，而其他自然学者认为仅是变种的类型。这些有疑问的类型给我们指明了变化进程中的步骤。

某些物种在目前或在先前时期内的迁移能力与范围和近缘物种在世界遥远地点的存在的关系，还可用另一种更普通的方式来表示。古尔德先生很久以前就告诉过我，鸟类的属凡分布遍及全球的，必有许多的种是分布很广的。此项规律虽难证明，但我确信其有普遍的真实性。在哺乳类中，我们可以看到这一规律很显著地表现在蝙蝠类，并程度稍差地表现在猫科与狗科。例如蝶类与甲虫类的分布，也与此项规律相符合。淡水生物的大多数也是如此，因为最不同的纲内都有很多的属分布遍及全球，而且很多的种具有广大的分布区。这并不是说，凡是分布很广的属内，一切的种都是分布很广的，不过有一部分的种是如此而已。这也不是说，此等属内的种，平均有很广的分布区，因为这多半要依变化进行的程度而定，例如，同一物种有两个变种分居于美洲和欧洲，因此这个种便有广远的分布区；可是如果那两个变种继续变异，结果必导致成为不同的种，因而它们的分布区就大大地减小了。这更不是说，凡是具有超越障碍物能力而能向远处分布的种，例如某些有强大翅膀的鸟类，必定会有广大的分布区，因为我们绝不可忘记，分布广远，不仅意味着须有超越障碍的能力，而且意味着须有更加重要的能在遥远地方与异地生物进行生存斗争中获得胜利的能力。一切同属的种，即使分布到世界上最遥远的地点，都是从一个祖先所传来。根据这个观点，我们应该发现，而且我相信一般地说我们确已发现，至少某些物种是分布得很广远的。

我们必须记住，在一切纲内，许多属的起源是很古的，在此种情形下，物种会有极充足的时间以供扩散及此后发生变化。据地质方面的证据，也有理由相信，在每一大的纲内，低级的生物的变化比高级的为缓，因而它们有较好的机会向远处分布并仍旧保持同样物种性状。这种事实，再加结构最低的生物的种子和卵大都细小而更适于远程传布这一事实，便可能说明一个久已观察到的、最近又经德康多先生就植物方面讨论过的法则，就是生物类群的地位愈低，其分布亦愈远。

上面所讲的各种关系，即低等生物比高等生物分布更广，分布广的属的某些物种的分布也是广远的，高山、湖泊及沼泽的生物往往和周围低地或干地的生物具有关系，岛屿生物与最邻近的大陆上的生物具有显著关系，同一群岛内各岛的不同生物之间具有更接近的关系等等，根据平常人所持的各个物种独立创造的观点，全是不能解释的。可是我们如果承认从最近的或最便利的原产地的移居以及移居者其后对新住地的适应，那么，一切都可以解释了。

前章及本章小结

我在这两章内已尽力说明：如果我们适当地承认我们对于近期内必曾发生过的气候及地面水平的变化以及可能发生过的变化所产生的全部效果是何等无知，如果我们记得我们对于许多奇妙的偶然传布方法是何等无知，如果我们不忘记，而且这是很重要的一点，一个物种可在广大的地域内连续分布，而其后在中间地带灭绝了的事实是何等常见，那么，我们便不难相信，同一物种的一切个体，不论在何处发现，都是源出于共同的祖先。我们是根据各种一般的考虑，尤其是各种障碍物的重要性以及亚属、属与科的类似分布，得到此项结论的；许多自然学者在"单一创造中心"的名称下也曾得到了这一结论。

至于同一属的不同物种，根据我们的学说，都是从一个原产地分散出来的；假使我们像上面那样承认我们的无知，并且记得有些生物类型变化得很慢，从而有异常长的时期来进行它们的迁移，那么，困难绝不是不能克服的。虽然在这种情况下，就像在同一物种的个体的情况下一样，困难往往是很大的。

为了例证气候变化对于分布的影响，我曾设法指出了最后一次冰期的作用如何重大，它甚至影响了赤道地带，而且它在南北寒期交替的时候，使两个相反半球的生物互相混淆，并把其中的一些遗留在世界各处的山顶上。为了说明各色各样的偶然传布方法，我已稍为详尽地讨论了淡水生物的分布方法。

如果承认在长时期内同一物种的一切个体以及同一属的若干物种都是出于某一个原产地，并没有遇到不可克服的困难，那么，一切地理分布方面的主要事实，都可以根据迁移的理论以及此后的变化及新类型的增生得到解释。这样，我们便可理解，障碍物，不论是水还是陆，不仅在分隔而且在明显形成若干动物区和植物区方面的重要作用了。这样，我们还可以理解近缘物种集中在同一地区，以及在不同纬度下，例如在南美洲，平原和山岳的生物及森林、沼泽和沙漠的生物都以如此不可思议的方式互相关联，而且同样地和原先生长在同一大陆的已灭绝的生物互相关联。记住了生物与生物间相互关系的最大重要性，我们便可以知道为什么两个地域虽然物理条件几乎相同，却常栖居着很不同的生物。因为依照移居者进入一地或两地后所经历的时间长短，依照允许某些类型而不是其他类型以或多或少的数目进入途径的状况，依照移居者是否彼此间及与土著生物之间发生或多或少的直接斗争，依照移居者能或多或少迅速地发生变异，依此种种，在两个或更多地域内就会发生与它们物理条件无关的各种各样的生活条件，就会有几乎无限量的有机的作用与反作用。我们将可看到有些类群变化得很多，有些仅少有变化，有些大量发展，有些仅少数存在，而且我们的确在世界上几个大的地理区内看到了这种情况。

根据这些同样的原理，我们可以理解，像我曾尽力说明的，为什么海洋岛屿上只有少数生物，而其中大部分又是本土特有的；为什么由于迁移方法的关系，一群生物的所有物种都是特殊的，而另一群甚至是同纲的生物所有物种却和邻近地区的完全相同。我们也可以理解，为什么整个生物类群，像两栖类和陆生哺乳类不存在于海洋岛上，而最隔绝的岛屿却也有它们自己的飞行哺乳类，即蝙蝠类的特有种。我们还可以理解，为什么哺乳动物（在多少有些变化的状态下）在岛上的存在和该岛与大陆之间海水的深度有某种关系。我们又显然可以理解，为什么一个群岛的一切生物，在各小岛上虽种别不同而彼此间都有密切关系，并且和最邻近的大陆或移居者所从发源的其他原产地的生物也有关系，只不过密切程度稍逊。我们更可以理解，为什么两个地域内如果有极近缘的或代表性的物种，则不论两地相距如何远，必常有若干相同的物种。正如已故的福布斯所常主张的，生命的法则在时间和空间中呈现出显著的平行现象，支配过去时期内生物演替的法则和支配现代不同地域内生物的差异的法则几乎是相同的。我们可以在许多事实中看到这个现象。在时间上，每一物种与每一物种群的存在都是连续的；因为这一规律的显见的例外是如此之少，我们简直可以把它们归因于我们至今在某一中间沉积层中还没有找到某些类型，这些类型现在不见于该层中而却见于其上、下的各层中。在空间方面也是如此，一般规律无疑是，一个物种或一个物种群所栖居的地域是连续的，例外虽然不少，但如我曾设法指出的，可以根据以前在不同情况下或由于偶然传布方法的迁移，或者根据物种在中间地带的灭绝来解释。在时间及空间中，物种与物种群都有它们发展的顶点。在同一时期内或在同一地域内生存的物种群，往往有细微特征相同，像色彩与雕纹之类。当我们观察过去漫长连续的时代，正如观察全世界的遥远地域一样，我们可以看到某些纲内的物种彼此仅稍有歧异，而其他的纲内或者同目内不同组的物种却彼此大不相同。在时间和空间中，每一纲内组织较低的成员往往比较高的成员变化较少，可是在这两种情况内，都有显著的例外。根据我们的学说，这些时间和空间中的关系都是可以理解的，因为不论我们观察那些在连续时代中发生变化的近缘生物，还是观察那些在迁移到远地以后发生了变化的近缘生物，在两种情况中，它们都被同一个寻常世代的纽带联系起来。在两种情况中，变异法则都是一样的，而且变化也都是由同一个自然选择方法累积起来的。

第十四章

生物的相互亲缘关系：形态学——胚胎学——强化器官

分类，群下有群——自然系统——分类中的原则和困难，用家系变化学说来解释——变种的分类——分类中用的家系——同功的或适应的性状——一般的、复杂的和辐射形的亲缘关系——灭亡使物群分开并规定它们的界限——同纲中各成员之间的以及同一个体各部分之间的形态学——胚胎学，它的法则，根据变异不在早期发生而在相当龄期遗传的解释——退化器官，它们起源的解释——小结

分　类

从世界历史的最古时期以来，已发现生物彼此间的相似程度逐渐下降，因此它们可以被分成群下再有群。这种分类并不像把星座里的星体分成各群那样地随意。假如一个群完全适合于陆生，另一群完全适合于水生，一群完全适于食肉，另一群完全适于食植物，等等，那么群的存在就太简单了。可是事实远非如此，因为大家知道，即使同一亚群的成员也是

经常地具有不同的习性。在第二、第四两章讨论变异和自然选择时，我曾试图指出，在每一地域内，凡分布广、十分分散而常见的物种，即每纲内比较大的属内的优势物种，乃是变异最大的。由此产生的变种，或初期的种，最后可以转变成为新的分明的种。根据遗传原理，此等新种又将产生其他新的优势种。所以目前大的物群，通常已含有很多优势种，并且还将继续地增大。我曾进一步试图说明，由于每一物种的变异中的后代，都试图在自然体制中占据多的尽可能各式各样的位置，它们就不断有性状的趋异。试观察任何小地区内物类之繁，竞争之烈，以及有关归化的某些事实，便可看到性状趋异的结论是有根据的。

我又曾经试图指出，凡个数不断增加、性状不断分歧的类型，都有排挤和消灭原先的分歧较少和改进较少的类型的必然倾向。请读者翻阅前面解释过的用以说明这几种原理的作用的图解，便可以看到，必然的结果是，从一个祖先所传下来的已变化了的后代，在群下又分裂成群。图解中顶线上的每一个字母可以代表一个含若干物种的属，而此线上全部的属共同组成一个纲，因为它们都是从同一个古代的祖先所传下，从而遗传有若干共同之点。据此原理，左边的三个属应有很多共同之点，组成为一个亚科，和右边紧邻的两个属所组成的亚科有所区分，它们是从世系的第五阶段上的一个共同祖先分出的。这五个属也有很多共同之点，虽然没有分在亚科内的那么多，它们可以组成一个科，与更右边的更早地分出来的三个属所组成的科有所区别。从（A）传下来的这一切属组成一目，和从（I）所传下来的属有区别。所以在这里我们有许多源出于一个祖先的物种组成了属，由属组成亚科、科及目，都归于一个大的纲之下。生物之群下有群的从属关系这一重大事实（因其平凡而不常引起我们足够的注意），依我看来是可以这样解释的。无疑，生物和其他的物体一样，可以用许多方法来分类，或者根据单一性状而人为地分类，或者根据多项性状而比较自然地分类。我们知道譬如矿物和元素物质是可以这样分类的；当然在此种场合，既没有世系连续的关系，目前对如此分类也没有原因可说。但生物的情形是不同的，上述的观点是和群下有群的自然排列相符合的，直到现在还没有人试作其他的解释。

我们看到，自然学者试取所谓自然系统以排列每纲内的种、属和科。但是自然系统的意义何在？有些学者以为这不过是一种清单，把最相似的生物排列在一起，把最不相似的分开或者以为这是一种尽可能简要地表明一般命题的人为方法，即用一句话表明例如一切哺乳类所共有的性状，用另一句话表明一切食肉类所共有的性状，再用另一句话表明狗属所共有的性状，然后再加一句话以完成对每一类狗的全面叙述。这种系统的巧妙和实用价值，自不待言。但许多自然学者认为，自然系统的意义尚不止此；他们相信由此可以看到"造物主"的计划。我想关于这"造物主"的计划，除非能详细说明它在时间或空间方面的顺序或两方面的顺序，或者能详细说明它还有其他方面的意义，否则对于我们的知识将无所增益。像林奈那句名言，我们常常碰到它以多少隐晦的形式出现，即不是性状造成属，而是属产生性状，似乎意味着在我们的分类中包含有比单纯类似更为深在的某种联系。我相信事实就是如此，而且相信这种联系就是共同的家系，是生物密切类似的一种已知的因素，虽然被观察到的有种种程度的变化，然而在我们的分类中已部分地显现出来了。

现在让我们考虑分类中所依据的原则，并且考虑一下我们所遇到的种种困难，那种分类可表示某项未知的创造计划，或者仅是一种表明一般命题和把最相似的类型归在一起的一个观点。也许有人会认为（古时即如此认为），凡决定生活习性的构造部分，以及每一生物在自然体制中的一般位置，对于分类极为重要。可是没有比这种想法更错误的了。没有人认为家鼠和鼩鼱、儒艮和鲸、鲸和鱼的外表的类似有何重要性。这种类似虽然与生物的全部生活有密切关系，但只能认为是"适应的或同功的性状"。关于此等类似，以后当再讨论。甚至可作为一般规律的是：任何结构部分与特殊习性的关系愈小，其在分类上的重要性便愈大。试举一例，欧文谈到儒艮时曾说："生殖器官作为与动物的习性和食物关系最小的器官，我总认为可以明确地表示真正的亲缘关系。在这些器官的变化中，我们最少可能把只是适应的性状误认为主要的性状。"在植物方面，营养与生命所依赖的营养器官，几乎没有什么价值，而生殖器官及其产物——种子与胚胎，却是最重要的，多么值得注意！又如在以前讨论功能上不重要的某些形态上的性状时，我们看到它们在分类上却用处最大。这取决于它们在许多近缘类群中的稳定性。它们的稳定性主要是由于自然选择只对有用的性状发生作用，而对于任何轻微的偏差并不加以保存与累积。

一个器官的单纯生理上的重要性，不决定它的分类上的价值，这差不多已为以下的事实所证明，即在近缘类群中的同一器官，我们有理由设想，几乎具有同样的生理上的价值，其在分类上的价值却大不相同。自然学者对任何类群长时期研究之后，没有不为此种事实感到惊奇的。这是几乎每一作者在著述中所完全承认的。这里只要引述最有权威的学者勃朗的话就足够了，他在讲到山龙眼科内某些器官时说，它们在分属上的重要性"和一切其他的部分一样，不仅在这科内，而且据我所知，在自然科内都是很不相等的，在某些情况下且似乎完全失去了。"在另一著作内，他又说，牛栓藤科各属在"子房为一个或多个、胚乳的有无、花蕾内花瓣为覆瓦状或镊合状方面都有区别。此等性状中的任何一个，单独地都常有超出于属的重要性，虽然合在一起时，似乎尚不足以区别南斯梯斯属与牛栓藤属。"就昆虫举一例：魏斯渥特曾指出，在膜翅目中某一大支群内，触角的构造最为稳定，在另一支群内则差异很大，而此等差异在分类上只是次要的。然而不会有人说在同一目的这两个支群里，触角具有不等的生理上的重要性。同一生物类群中的同一重要器官在分类上价值不一的例子实不胜枚举。

又如没有人会说，退化器官或萎缩器官是具有高度的生理上或生命上的重要性的，然而此等器官无疑在分类上常有很大价值。像幼年反刍类上颌所具有的残留齿和腿部所具有的某些残留骨，对于指示该类与厚皮类之间的密切亲缘关系有极大用处，这一点没有人会加以否认。勃朗曾强调指出，禾本草类的残留小花的位置，在分类上最属重要。

关于那些认为在生理上不很重要，但却被一致公认对于整个类群的划定有极大用处的构造部分所显出的性状，可以举出无数的例子。例如鼻与口之间有无孔道可通，据欧文说，这是绝对区别鱼类与爬行类的唯一性状；如有袋类下颌角的曲度，昆虫翅折合的方式，某些藻类的颜色，禾本科草类花上的细毛，脊椎动物外皮覆盖物（例如毛或羽）的性质等。假如鸭嘴兽体上生羽而不生毛，那么这一外部的细微性状将被自然学者认为是确定这种奇怪动物与鸟类亲缘程度的一种重要帮助。

琐细的性状在分类上的重要性，尤须视它们和很多其他或多或少重要的性状的关系而定。性状的总体的价值在自然史上确是很明显的。因此，正如经常所指出的，一个物种可以在若干生理上高度重要的性状以及几乎普遍有效的性状上，与它的近缘物种相区别，可是并不能使我们对于它的分类地位有所疑惑。因此，我们也常看到，根据任何单独一个性状来进行分类，不论此性状如何重要，总是要失败的，因为机体上没有一个部分是永久固定的。性状总体的重要性，甚至当其中没有一个性状是重要的时候，也可以独自解释林奈的格言，即性状并不产生属，而是属产生性状；这话正是因许多琐细的相似之点难于鉴别明划而说的；金虎尾科内某些植物具有完全的花和退化的花，关于后者，如朱西厄所说："种、属、科和纲所固有的大多数性状都已消失，从而是对我们分类的嘲笑。"当亚司客派属的植物在法国数年内只产生这些退化的花，而在许多构造上最重要之处与此目的本来模式如此惊人地不合时，理查德却已敏锐地看出——如同朱西厄以后看到的——这个属还应该保留在金虎尾科内。此事充分说明了我们分类的精神。

实际上，自然学者在工作时，对于确定一个类群或安排任何特殊物种所用的性状，并不顾及其生理价值如何。如果他们找到一种性状极为一致，且是大多数类型所共有而不是某些类型所共有的，他们就把它作为高度价值的性状来使用；若只是少数类型所共有的，他们就把它作为次等价值的来使用。这个原则已广泛地被一些自然学者认为是正确的，而且没有人比杰出的植物学者奥·圣提雷尔更明确地加以承认。如果几个琐细的性状总是联合出现，虽性状之间无明显的联系纽带可见，也当认为它们有特殊价值。如重要的器官，例如推送血液的器官或给血液输送空气的器官或繁殖种族的器官，在大多数动物类群中几乎是一致的，它们就被认为在分类上是极为有用的。可是在某些类群中，一切此等最重要的生活器官所提供的性状，却仅具有次要价值。这样，如穆勒最近所述，同在甲壳类中，海萤属具有心脏，而极近缘的两个属，贝水蚤属与离角蜂虻属却都没有；海萤属内有一个种具有很发达的鳃，另一个种却又没有。

我们可以理解，为什么胚胎的性状和成体的性状有同样的重要性，因为自然的分类当然包括一切龄期在内。但是根据一般的观点，绝不能明白为什么胚胎的构造在分类上比成体的构造更为重要，而只有成体的构造才在自然体制中发挥着充分的作用。而伟大的自然学者爱德华和阿加西都极力主张，胚胎的性状是一切性状中最重要的。此种理论曾被普遍地认为是正确的。由于没有把幼体的适应性状排除在外，它的重要性有时被夸大了。为了证明此点，穆勒曾把甲壳类这个大的纲仅依据幼体性状进行分类。结果这种分类排列并不自然。不过毫无疑问，不包括幼体性状在内的胚胎性状，在分类上确有最大的价值，不仅动物，植物也是如此。因此显花植物的主要类别是基于胚胎中的差异，即子叶的数目和位置，以及胚芽和胚根的发生方式。我们下面将看到为什么此等性状在分类上有如此大的价值，即由于自然系统是根据世系而排列的缘故。

我们的分类显然常受亲缘链环的影响。就一切鸟类找出很多共有的性状，再没有比这件事更容易的了，可是对于甲壳类，一直到现在这还是不可能的。处于甲壳类系列上两极端的类型，几乎没有一个共有的性状；但是由于两极端的物种和其他物种显然近缘，而这些物种又和另一些物种近缘，如此关联下去，我们还是可以认为它们都无疑地属于节肢动物的这一纲，而不是属于其他纲。

地理分布在分类上也常被应用（也许不十分合理），尤其被用在近缘类型的很大类群的分类上。邓明克坚决强调这种经验在鸟类的某些类群中的实用性，或者甚至必要性。若干昆虫学者和植物学者也曾从事了这种实践。

关于各个物种群，如目、亚目、科、亚科及属的比较价值，至少在目前看来，几乎都是随意决定的。若干最优秀的植物学者，像边沁先生及其他人，都强烈主张它们的随意决定的价值。在植物和昆虫方面，一个类群最初被老练的自然学者列为只是一属，其后再升为亚科或科的例子，有很多可举，而且这种升级，并非因为经过进一步研究发现了当初被忽视了的重要的构造上的差异，而是因为有许多微有差异的近缘物种被陆续发现之故。

如果我的看法不十分错误的话，那么，上面所讲的一切分类上的原则、依据和困难都可根据如下的观点得到解释，即“自然系统”是以伴随着变化的进化为基础的。自然学者所认为足以表示两个或两个以上物种间真正亲缘关系的性状，都是从共同的祖先传下来的，所以，一切正确的分类必然是依据世系的；共同的家系是自然学者无意中找到的一个隐蔽的联系，这不是某种未知的创造计划，不是一般命题时说明，也不是把多少相似的类型简单地集合或分开。

但是我必须更加充分地说明我的意见。我相信要把每纲内的类群都按照适当的从属关系和相互关系加以排列，那就必须严格地依据它们的世系，才能是自然的。不过若干分支或类群，虽与共同祖先的血缘关系程度是相等的，而所引起的差异量可以大不相同，因为它们所经历的变化的程度有不同。生物类型之被置于不同的属、科、派或目中，就表示了这一点。读者如不厌其烦地参阅第四章中的图解，便可完全了解此种意义。我们假定从 A 到 L 的字母代表生存于志留纪的近缘的属，它们都是从更早的类型传下来的。其中三个属 A、F 及 I，都有一个种传留下变化了的后代直到如今，由最上横线的 15 个属（从 a^{14} 到 z^{14}）来代表。那么从每一个种传下来的所有这类变化了的后代，都具有相等的血缘或家系关系。用比喻来说，它们可以同是第一百万代的宗兄弟，但是彼此间的差异很大而程度又不相同。从 A 所传下来的类型，现在已分成两科或三科，自行组成一目，而和从 I 所传下来的也分成两科的有所不同。从 A 传下的现存种，已不能和祖种 A 同列一属，I 的现存种也不能和祖种 I 同列一属。只有现存属 F^{14}，可被假定很少变化，而可和祖属 F 同归一属，恰如现今尚生存的少数生物归于志留纪的属一样。所以这些彼此血缘关系程度相同的生物之间，所现差异的比较价值，就大不相同了。虽然如此，它们的世系排列依然是绝对正确，不仅现在如此，即在家系的每一连续时期内也都如此。从A传下来的一切已变化了的后代，都从它们的共同祖先传得若干共同的性质，从I传下的一切后代也是如此；就是后代在每一连续阶段上的每一从属分支，也都是如此。如果我们假设A或I的任何后代变化过甚，以至失去其血统的一切痕迹，则其在自然系统中的地位也将失去，某些少数现存的生物似曾发生过这种情况。设想F属的一切后代，沿它的整个家系线仅有轻微的变化，它们就形成一个单独的属。可是这个属虽很孤立，将仍占有它应有的中间地位。各类群在图解上用平面来表示，不免过于简单，因为各分支应是向各方面发出的。如果把各类群的名称只是依一直线系列书写，则其表示将更不自然。我们在自然界中在同一类群的生物间所发现的亲缘关系，要在平面上用一条系列线来表示，显然是不可能的。因而自然系统是依据世系排列的，好像是一个宗谱。至于不同类群所发生的变化量，必须把它们列入不同的所谓属、亚科、科、派、目和纲来表示。

用语言方面的例子来说明这种分类上的观点，也许是值得的。如果我们拥有人类的完整的宗谱，那么，人种的世系排列便会对目前全世界所用的各种语言提供最好的分类。如果把一切已废弃的语言，以及一切中间性的和逐渐改变的方言也都包括在内，则只有这样的排列方法是唯一可能的。可是，有些古代语言本身可能极少改变，而且产生少数新的语言；而另一些古代语言却因同宗的各族在散布、隔离以及文明状况等方面的关系而改变得很多，并演变成为许多新的方言和语言。同一语系的语言之间的各种差异的程度，必须用群下再分群的方法来表示，但是正当的或者甚至唯一可能的排列，仍是依据世系的排列，这是最自然的方法，因为它可依据最密切的亲缘关系把一切语言，不论已废弃的和现行的都连接在一起，而且能表达每一语言的支派和起源。

为了证实此项观点，我们且看一下变种的分类，变种是已经知道或者相信是从同一个物种所传下来的。变种排列于种之下，亚变种又可排在变种之下。在有的场合，像家鸽还可有若干其他的级别。分类所依据的原则和物种的分类大致相同。学者们都主张，变种的排列必须依据自然系统，而不是依据人为系统。我们必须注意，例如，不能把菠萝的两个变种仅因为它们果实（虽然是最重要部分）偶尔几乎一样就把它们分类在一起。瑞典芜菁和普通芜菁，虽其可食用的肥大块茎极相类似，但也没有人把它们列在一起。凡是最稳定的部分都可作变种分类之用。大农学家马歇尔说，角在牛的分类中很有用，因为较之身体的形状或颜色等变异为少。但在羊类，角则较不稳定，所以极少采用。在变种的分类中，我想，我们如果有一个真实的宗谱，则依世系的分类法必被普遍采用。实际上在若干场合已经被试用过。因为我们可以确信，不论变化多寡，遗传原理必可使类似点最多的类型归在一起。在翻飞鸽中，虽有几个亚变种在喙长这个重要性状上有所不同，但因都有翻飞的共同习性而被归于一起。但是短面的品种，虽已经几乎或完全失去了这种习性，而我们并不考虑这点，仍把它和其他翻飞鸽归在一类，因为它们血统近缘，同时其他方面也有类似之点。

对于自然状态下的物种，每一自然学者实际上都已根据家系分类，因为他的最低单位即种内便含有雌雄两性。每一自然学者都知道，两性间在最重要的性状上有时会有何等巨大的差异。某些蔓足类的雄性成体和雌雄同体的个体之间，几乎没有一点共同之处，可是没有人会梦想把它们分开。兰科内的三个类型，原先曾被列为三个分明的属，一旦发现它们有时可以生在同株植物上时，便立即被认为是变种，而且现在我已能指明它们是同一个种的雄体、雌体和雌雄同体的类型。自然学者把同一个体的各幼体阶段都包括在同一物种之内，不论它们彼此间或与成体间的差异如何巨大。斯坦斯特卢普的所谓交替的世代也是如此，它们只有在学术意义上才可以被认为是同一个体。自然学者又把畸形和变形包括在同一物种之内，并非因为它们和亲体有部分相似之故，而因为它们是由亲种传下来的。

因为家系已被普遍地应用来把同种的个体分类在一起，虽然雌体、雄体及幼体有时极为不同，因为家系也被用来对已发生一定量变化以及有时已发生相当大量变化的变种进行分类。难道家系这一因素不曾被无意识地用来把种集合在属下，把属集合在更高的类群下，并把一切都集合在自然系统之下吗？我相信它已经被无意识地应用了。只有这样，我才能理解最优秀的分类学者们所遵循的若干原则和指南。因为我们没有记载下来的宗谱，我们便不得不就任何类的相似之点去追索其共同的家系。因此，我们选择那些在每一物种近期所处的生活环境中最少有可能发生变化的性状。据此观点，退化构造的价值当和结构的其他部分一样，有时甚至更高。我们不管一种性状如何琐细，像颌骨角的曲度，昆虫翅折合的方式，皮肤被以毛或羽毛等，假使普遍存在于许多不同的物种里，尤其是生活习性很不相同的物种里，那它便有高的价值。因为我们只能根据从同一祖先的遗传来解释这种性状存在于许多习性如此不同的类型中。在这方面，如果我们仅注意构造上的单独各点，那就可能犯错误。但是当若干尽管非常琐细的性状同时存在于一大群习性不同的生物时，那么，根据进化学说，我们几乎可以确信这些性状是由共同祖先遗传而来的。而且我们知道，这类集合的性状在分类上是有特殊价值的。

我们可以理解，为什么一个物种或一个物种群，虽在若干最重要的特征上可以与它的近缘类型有所区别，但仍可稳妥地与它们分类在一起。只要有足够数目的性状，尽管非常不重要，能显示出共同家系的潜在联系，便可以稳妥地这样分类，而且也常是这样分类的。即使两个类型没有一个共有的性状，但假使此两极端类型之间有许多中间类群作为链环而连在一起，我们即可推断出它们的共同家系，并把所有这些类型列入同纲之内。因为我们看到生理上极其重要的器官——就是用以在最歧异的生存条件下保存生命的器官——一般是最稳定的，所以我们认为它们有特殊价值。但是，如果这些器官在另一类群或同一类群的另一支派中很有差异，我们便立刻在分类中把它们的价值降低。我们即将谈到为什么胚胎的性状具有这样高的分类价值。地理分布对于大属的分类有时也很有用，因为栖居在任何不同的和隔离的地域内的一切同属的物种，大都是从同一祖先传衍而来的。

同功的类似

根据上述观点，我们可以了解真正的亲缘关系与同功的或适应的类似之间实有极重要的区别。最初对这问题唤起注意的是拉马克，踵继其后的有马克利和其他人。鲸与儒艮之间，以及这两目哺乳类与鱼类之间，在体形及鳍状前肢上的类似，都是同功的。属于不同目的鼠和鼩鼱之间的类似也是如此。密伐脱先生所坚决主张的鼠和澳洲一种小型有袋类（袋鼩鼱）之间的尤为密切的类似，也是同功的。我想，后两种情况的类似，是可以根据对在丛林草莽中同样积极活动的适应以及对敌人的隐蔽来解释的。

同样的例子，在昆虫中更多至不可胜数。林奈曾被外形所骗，竟把一种同翅目的昆虫分类为蛾类：甚至在家养品种中，也有同样情形，例如，中国猪和普通猪的改良品种体形极为相似，实则它们是从不同的物种传下来的。又如普通芜菁和种别不同的瑞典芜菁，同有相似的肥大块茎。猎狗与赛跑马之间的类似，并不比某些作者所述及的关于极殊异动物之间的同功类似更为奇特。

性状只有在能表现家系时，才在分类上有真正的重要性。根据这一观点，我们能够明了，为什么同功的或适应的性状，虽然对于生物的繁盛极为重要，但对于分类学者却几乎全无价值可言。因为属于两条极不同家系线的动物，可能变得适应于同样的条件，从而使外部形态极为类似。但这种类似，不但不能显示它们的血缘关系，还会有使血缘关系隐蔽的倾向。我们因此又可以了解一种表面看来是矛盾的事实，即同样的性状，在一个类群和另一个类群比较时是同功的，而在同类群各成员互相比较时却能显示出真正的亲缘关系。例如，在鲸类和鱼类比较时，它们的体形和鳍状前肢都不过是同功的，是两个纲对水中游泳的适应。可是在鲸科若干成员之间，体形和鳍状前肢却是表示真正亲缘的性状，因为这些部分在全科之内是如此近似，我们不能不相信它们是从共同祖先遗传下来的。鱼类方面也是如此。

可以举出无数的例子来表明，在十分不同的生物中，有单独的部分或器官因适应于同样的功能而非常相似。一个较好的例子是：狗和塔斯马尼亚袋狼在自然系统上相差很远，但它们的颌却极为类似。可是这种类似仅限于一般的外形，犬齿的突出以及臼齿的切截形。因为实际上牙齿的差异还是很大，例如，狗的上颌每侧有四个前臼齿和两个臼齿，而塔斯马尼亚袋狼则有三个前臼齿和四个臼齿。且臼齿的大小和构造在这两种动物之间也颇不相同。在成体齿系之前还有极不相同的乳齿系。当然，任何人可以不承认这两种动物的牙齿都是经连续变异的自然选择而适应于撕裂肉类的。但是，如果在一个例子中承认它，而在另一个例子中却否认它，那我认为是不可理解的。我很高兴地看到，像佛劳瓦教授这样高的权威学者也得到了同样的结论。

前一章所举出的几种特殊情况，即极不同的鱼类之具有发电器官，极不同的昆虫之具有发光器官，兰科和萝藦科植物具有黏盘的花粉块等，都可以归于同功的类似这个项目之下。这些情况确实奇怪，以致被援引作为非难或反对我们的学说之用。可是在所有这些情况之中，我们可以发现，各部分的生长或发育都有某种本质的差异，它们长成后的构造往往也是如此，所达到的目的是相同的，但所用的方法，虽外观无殊，而实质却有不同。以前曾经提到一种称为同功变异的原理，也许在此等场合常常发生作用。这就是说，同纲内的成员虽只有疏远的亲缘关系，而它们的结构中却遗传有如此多的共同之点，以致在相似的刺激因素之下往往以相似的方式发生变异。这显然有助于它们经自然选择而获得很类似的部分或器官，而与共同祖先的直接遗传无关。

属于不同纲的物种，常常可以因连续的细微变化而适应于生活在几乎相似的环境，例如在水、陆、空三物态中。因此，我们也许可以理解，为什么在不同纲的亚群间有时会看到一种数字上的平行现象。一位热衷于这种性质的平行现象的自然学者，由于任意地提高或降低若干纲内的类群的价值（我们的一切经验表明，对于类群的估价至今仍然是任意的），便容易把平行的范围扩展极大。所谓七级、五级、四级和三级的分类法，大概就是由此而来的。

还有一类奇异的事实，就是外表的密切相似，并不因适应于相似的生活习性而起，而是由于借此可得保护之故。我指的是最初由培兹先生所叙述的某些蝶类模仿其他不同种的蝶类的奇异方式。这位优秀的观察家指出，在南美洲有些地方，有一种透翅蝶，非常之多而成为炫丽的飞翔群体，在此蝶群之中，常常杂有另一种蝶，即异脉粉蝶，它的色彩的浓淡和条纹甚至翅膀的形状都和透翅蝶十分相像，虽然培兹由于11年的采集而培养成的尖锐目光，且常留意辨别，仍不断受骗。如果捕得这些模仿者和被模仿者来做比较，就可见到它们的基本构造很不同，不仅是不同的属，且常是不同的科。这种拟态如果只有一两个事例，则很可轻易放过，以为是一种奇怪的巧合。但我们如果离开异脉粉蝶模仿透翅蝶的地方继续前进，还可找到这两个属中其他的模仿或被模仿的种，有同样的相似情形。总计有不下10个属，包括有模拟其他蝶类的种在内。模仿者与被模仿者总是栖息在同一地域的，我们从未见过有模仿者和它的模仿类型隔离很远。模仿者几乎都是稀有的昆虫，而被模仿者几乎在每一场合都是繁生成群的。在有异脉粉蝶模仿透翅蝶的地方，有时还有其他的鳞翅模仿同一种透翅蝶。因此在同一地点，可以看到三属蝶的种以及甚至还有一种蛾类，都和一种第四个属的蝶类密切地相似。值得特别注意的是，异脉粉蝶属的许多模仿类型能够由一个梯级系列表明其仅为同种的变种，被模仿者类型也是如此，而其他类型则无疑都是不同的种。于是，可发一问：为什么某些类型被认为是被模仿者，而另一些类型却被认为是模仿者呢？培兹对此问题曾给出令人满意的答复。他指出，被模仿的类型都保持它们所属类群的通常服装，而模仿者的类型则已改换衣饰，已和它们最近缘类型不复相似。

其次，我们就要来探讨某些蝶类和蛾类之所以因此而经常地打扮成另一个样子的原因，为什么“自然”要故弄玄虚使自然学者迷惑呢？培兹先生无疑想出了正确的解释。被模仿类型的数目总是很多，必定经常大部分逃避了毁灭，否则它们不会这样大群存在，而且现在已搜集到很多证据，证明它们是鸟类和其他食虫动物所不喜吃的。另方面，栖息在同地区的模仿类型比较稀少，属于稀有的类群，因此它们必定经常遭受某种危险，否则，从一切蝶类产卵的数目来推测，它们在三四个世代中便可充满整个地区。现在假如此等受迫害的稀有类群中，有一个类群的一个成员穿上了和自我保护良好的物种类似的服装，服装如此相似，以致能不断地骗过昆虫学者有经验的眼力，那么它就会经常骗过食肉性的鸟类和昆虫，从而可经常避免毁灭。培兹先生几乎可以说是实际亲眼看到了模仿者变得如此近似于被模仿者的过程，因为他发现异脉粉蝶的类型，凡是模仿许多种其他蝶类的，它们的变异程度便很大。在一个地区内存在有几个变种，其中只有一个和该地常见的新斑蝶相当相似。在另一地区内有两三个变种，其中有一个远较其他为常见，而此变种密切地模仿了新斑蝶的另一类型。由于此类事实，培兹断定，是异脉粉蝶首先发生变异，当一个变种偶尔和同地区的任何一个常见的蝶类有些相似时，这个变种因为和一个繁盛而少受迫害的种类相似，便有较好的机会避免被肉食性鸟类和昆虫所毁灭，所以得以更经常地被保存下来。"类似程度比较不全的，便一代又一代地被排除了，只有其他的留下来繁殖其种类。"所以在这里，我们便有了自然选择的一个极好的例证。

华莱士和特利门两先生也就马来半岛和非洲的鳞翅目以及若干其他昆虫，同样地叙述了几种同样动人的拟态事实。华莱士更发现鸟类也有这样的一个例子。但在较大型的四足兽类中，我们还没有看到这种情形。昆虫拟态例子之所以远较其他动物为多，其原因大概在于它们体形小，不能自卫。具有针刺的种类固然例外，我从未听到过这些种类模仿其他昆虫的例子，虽然它们被别的昆虫所模仿。昆虫对于捕食它们的较大动物又不易飞避，所以用比喻来讲，它们像大多数最弱小的生物一样，不得不采用欺骗和伪装了。

色彩完全不同的类型之间，大概绝不会有模仿过程发生，这是值得注意的。从彼此已经有些类似的物种开始，最密切的类似如果是有利的，就不难经上述方法达到目的。如果被模仿的类型以后因任何因素而逐渐变化，则模仿的类型也必将依着同一路径而演变到任何程度，因而最后可以取得和它所属的科的其他成员绝不相同的外观或色彩。但对于这点，也有些困难，因为在某些场合下，我们必得设想，属于若干不同类群中的古代成员，当它们还没有达到目前的程度之前，曾偶然地和另一有防护的类群中的一个成员有足够程度的相似，借此稍得保护。这就产生了以后获得最完全类似的基础。

连接生物的亲缘关系的性质

大属内优势物种的已变化了的后代，都倾向于继承那些使其所属的类群变大并使其祖先变为优势的优点，因此它们几乎肯定会传布广远，并在自然体制中占据日益增多的地方。所以每一纲内较大和较占优势的类群，也都有继续增大的趋势，而且结果会把很多比较弱小的类群排挤掉。由此，我们便可说明一切现代的及已灭绝的生物被纳入少数的大目及更少数的纲这个事实。有一个生动的事实可以说明高级类群数目之小及其在全球分布之广，就是，澳洲被发现以后，从未增加一种可立一个新纲的昆虫。在植物方面，据霍克博士告诉我，也仅增加两三个小的科而已。

在关于地质上的演替那一章内，我曾根据每一类群的性状在长期连续的演变过程中一般分歧很大的原理，力图指明较古老的生物类型的性状往往多少介于现存的类群之间。因为某些少数古老的中间类型把变化很少的后代传到现在，它们就成了所谓的居间种或异常种。任何类型愈是脱离常态，则已灭绝而完全消失了的连接类型的数目必愈大。我们已有证据表明异常类群曾遭受惨重的灭绝，因为它们几乎总是只有极少数的物种，而且这些物种如实际存在的那样往往彼此差异极大，这进而又暗示着灭绝。例如鸭嘴兽属和美洲肺鱼属，假如不是像目前那样仅各有一个种或两三个种，而是各有十多个种出现，那也不会稀少到脱离常规的程度。我想，我们要说明这种事实，只有把异常类群看作是被比较成功的竞争者所打败的类型，只有少数成员在非常有利的条件下得以保存下来。

华德豪斯曾说过，一个动物类群中如果有一个成员表现出与另一个很不同的类群有亲缘关系，则此种关系大都是一般性而不是特殊性的。例如，照华德豪斯的意见，啮齿类中以比喳喳鼠和有袋类的关系最近，但是在它同这个目接近的各点中，它的关系是一般性的。也就是说并非和任何一个有袋类的种特别接近。因为这些亲缘关系的各点都被认为是真实的，而不仅仅是适应性的，所以根据我们的观点，它们必定是由于一个共同祖先的遗传。因此，我们必须假定：或者一切啮齿类，包括皮卡且鼠在内，是从古代的某种有袋类分出的，而这种古代有袋类在和现存的一切有袋类的关系中，在性状上自然会是多少中间性的；或者啮齿类和有袋类都是从一个共同的祖先分出的，而且这两个类群以后在不同的方面都发生了很大变化。不论依据哪种观点，我们都必须假定皮卡且鼠通过遗传较其他啮齿类保留更多的古代祖先性状。因此它不是和现存有袋类中的任何一种有特殊关系，而是间接地和一切或几乎一切的有袋类有关系，因为此等有袋类都部分地保留它们共同祖先的性状或者这一类群的某种早期成员的性状。另一方面，据华德豪斯说，在有袋类中，袋熊和啮齿类整个目最近似，而不是和任何一个种最近似。不过在此种场合，很可以怀疑这种类似只是同功，因为袋熊已适应于像啮齿类那样的习性。老德康多对不同科植物间的亲缘关系的一般性质，也曾作了大致相同的观察。

根据认同一祖先所传下来的物种在性状上会有增加并逐渐分歧的原理，以及它们通过遗传而保留若干共同性状的事实，我们可以理解，何以同一科或更高级类群内的一切成员都由非常复杂的辐射形的亲缘关系连接在一起。因为一整个科虽由于物种的灭绝而目前已分裂成不同的群或亚群，可是这整个科的共同祖先会把它的若干性状，经过不同方式与不同程度的变化遗传给一切的物种，所以它们将由不同长度的迂曲的亲缘关系线彼此关联起来（如在经常提到的图解中可看到的），经过许多先代而上升。正如我们要探索任何古代贵族家庭的无数亲属之间的血统关系，即使有宗谱家谱之助也是困难的。如果没有，则几乎是不可能的。因此我们可以理解自然学者在没有图解的帮助下，叙述在一个大的自然纲内所看出的许多现存的及已灭绝的成员间的各种亲缘关系时所体验的异常困难。

如同我们在第四章内已看到的，灭绝对规定和扩大每纲内若干类群之间的距离实有重要作用。因此，我们可以根据一种信念来说明何以整个的纲彼此间界限分明，例如鸟纲和一切其他脊椎动物的界限。这个信念就是，许多古代的生物类型已完全消失，而这些类型曾把鸟类的远祖和当时尚未十分分化的其他脊椎动物各纲的远祖联系起来。可是一度曾把鱼类和两栖类连接起来的生物类型灭绝得较少。在某些纲内，灭绝得更少，例如甲壳类，因为最奇异的不同的类型还仍然由一条长的、仅局部断落的亲缘链环连接在一起。灭绝只有使类群的界限趋于分明，绝不造成类群，因为假使曾在地球上生存的每一类型都突然重现，虽然不可能给每一类群一明显的界限以示区别，但一个自然的分类或者至少一个自然的排列还是可能的。我们翻阅图解就可看到这一点：从A到L各个字母可以代表志留纪时期的十一个属，其中有的已产生变化了的后代的大类群，它们的每一个支和亚支上的链环都尚生存，而且此种链环并不比现存的变种之间的链环为大。在此种场合之下，若要划清界限，使某些类群内的若干成员与它们更直接的祖先及后代可以区别，将是十分不可能的。然而图上的排列法，仍属合理且合于自然。因为根据遗传的原理，譬如，凡是从A所传下来的类型都有某些共同之点。正如在一株树上，我们可以区分这一树枝和那一树枝，然而在实际的分叉点上，却彼此联合并融合为一。如同我所说过的，我们不能划清有些类群的界限，可是我们可以选出代表每一类群大多数性状的模式或类型，不论类群的大小如何，从而对于它们之间差异的价值给出一个一般的概念。这就是我们应该努力做的，假使我们曾经成功地搜集到任何一纲内在一切时间及空间内生存过的一切类型，当然，我们永远不能搜集得这样完全。虽然如此，在某些纲内，我们正在走向这个目标。爱德华最近在一篇卓越的论文内强调指出采用模式的极度重要性，不论我们能否把这些模式所隶属的类群彼此分开并确立界限。

最后，我们已看到，作为生存斗争的结果，并且几乎必然在任何一亲种的后代中导致灭绝和性状趋异的自然选择，说明了一切生物亲缘关系中的重大而普遍的特点，即它们在群下分群的从属关系。我们用家系这个要素，把两性及一切龄期的个体分类在同一物种之下，即使它们的共同的特性可能很少；我们也应用家系去分类已被承认的变种，不论它们与亲体如何不同，我相信家系这个要素就是自然学者在“自然统系”这个名词下所追求的那个潜在的联系纽带。根据这样的自然系统概念，即就其已被完成的范围而言，它是依世系排列的，并用属、科、目等来表示差别等级的，那么，我们便可了解在分类中不得不遵循的原则了。我们可以理解为什么我们把某些肖似性的价值估计得远较其他的为高；为什么我们采用退化的及无用的器官或者其他生理上不甚重要的器官；为什么我们在探求一个类群和另一个类群之间的关系时，简单地舍弃同功的或适应的性状，而在同一类群范围之内，却又加以采用。我们可以很清楚地看出，一切现存的及已灭绝的类型如何能被归于少数大的纲内，每一纲内的若干成员如何由极复杂而且辐射状的亲缘线联系在一起。我们或许永远不能解开任何一纲内各成员间的复杂的亲缘关系网，可是我们既有一个明确的目标，而且不去指望某种未知的创造计划，那么我们总可希望得到确实然而缓慢的进步。

赫克尔教授最近在他的《形态学概论》及其他著述内，以广博知识和才能提倡他所称的系统发生，即一切生物的家系线。在制订几个系列中，他主要依据胚胎的性状，但也借助于同源器官和退化器官以及各种生物在地层中最初出现的连续时期。这样，他已勇敢地做了一个伟大的开端，并且向我们指明以后的分类应该如何去做。

形态学

我们知道，同纲内的生物不管生活习性如何，在结构的一般形式上是彼此相类似的。这种类似性常用“型式一致”一词来表示。换句话讲，即同纲异种间的若干部分和若干器官是同源的。这整个问题可以纳入“形态学”这个总称之内。这是自然史中最有趣味的部门之一，而且几乎可以说这就是自然史的灵魂。用于抓握的人手，用于挖掘的鼹鼠的前肢，乃至马的腿，海豚的桡肢，以及蝙蝠的翼，一切都由同一的样式构成，而且在同一相关的位置上具有类似的骨头，还有比这个更奇妙的吗？再举一个次要的、但也惊人的例子，大袋鼠的最适于在开旷平原上跳跃的后脚，攀树食叶的树熊的善于攀握树枝的后脚，居地下吃昆虫或树根的袋狸的后脚以及某些其他澳洲有袋类的后脚，都是依同样的特殊的形式构成，即第二第三趾骨非常细长瘦小，同包于一层皮之内，好像是具有两个爪的一个单独的趾。尽管形式相似，显然，这几种动物的后脚却应用于极尽歧异之可能的极不相同的目的。这个例子由于美洲的负鼠显得尤其怪异，它们和它们的某些澳洲亲属的生活习性几乎相同，而脚的构造却是一般形式的。这些叙述是取材于佛劳瓦教授的，他在结论中说："我们可以称此为形式的符合，但并不能使现象得到解释。"他接着说："然而这岂不是对真实亲缘关系和从共同祖先遗传的有力的暗示吗?"

圣提雷尔曾极力主张同源部分的相关位置或连接状态极为重要，它们的形状和大小可以相差得很远，而彼此的关联的顺序却永不改变。譬如，我们从未看到上臂和前臂的骨，或大腿和小腿的骨位置颠倒过。所以在极其不同的动物中，可给同源的骨以同样的名称。我们在昆虫的口器构造中也看到这一伟大的法则：天蛾的极长而作螺旋状的喙；蜂或椿象的奇怪折叠的口针和甲虫的巨大上颚，有什么比它们更加不同的呢？但是凡此一切器官应用的目的虽如此不同，却都是由一个上唇、一对上颚和两对下颚经绝大变化而形成的。甲壳类的口器及肢体的构造，也由同一法则所支配。植物的花也是如此。

企图采取功利主义或目的论来解释这种构造型样在同纲内各成员的相似性是最没有希望的了。欧文在他的《肢体的性质》这部最有趣的著作里，已明白地承认这种尝试的无望。根据每一生物独立创造的那种平凡观点，我们只能这样说："造物主"喜欢把每一大的纲内的一切动物和植物按照一致的方案创造出来；可惜这不是科学的解释。

根据连续微变的选择学说，这种事实的解释便很简单了。每一变化都以某种方式对于已变化了的类型有利，但又常常因为相关作用影响机构的其他部分。在这种性质的变化中，将很少有或没有改变原来的样子，或者使各部分的位置转换的倾向。一种肢的骨可以短缩并变扁到任意程度，同时被包以厚膜，以作为鳍用。或者，一种具有蹼的手可以使它全部或某些骨变长到任何程度，同时使连接各骨的皮膜扩大以作为翅用。然而这一切变化并没有使骨的构架或各部分的相互关系发生改变的倾向。我们如果设想一切哺乳类、鸟类及爬行类的一个早期祖先，也可以叫做原型，具有依照现存的一般形式构成的肢体，初不论用途如何，那么，我们就可立即清楚地看出肢体在全纲内的同源构造的意义。昆虫的口器也是如此，我们只要设想它们的共同祖先具有一个上唇、一对上颚和两对下颚，而且这些原始构造也许在形状上都很简单就可以了，以后自然选择便可说明昆虫口器在构造上和功能上的一定的多样性。虽然如此，由于我们所知道的可能范围内的变异，如某些部分的缩小和最后停止发育，或者其他部分的合并，或者其他部分的重复或增生，使一个器官的一般样式变得模糊不明乃至最后消失，这是可以想象得到的。如已灭绝的巨型海蜥的桡足，某些吸附性甲壳类的口器，其一般样式似乎已变得部分地不明显了。

这个问题还有另一同等奇异的分支，就是系列同源，即同一个体上不同的部分或器官的对比，而不是同一纲内不同成员的同一部分或器官的比较。大多数生理学者都相信头骨和一定数目椎骨的基本部分是同源的，即在数目上和连接状况上是对应的。前肢和后肢，在一切高等脊椎动物各纲内显然也是同源的。甲壳类的异常复杂的颚和足，也是如此。几乎每个人都熟悉，一朵花上的萼片、花瓣、雄蕊及雌蕊的相对位置以及它们的基本构造，根据它们是由呈螺旋状排列的变形叶子所组成的观点，是完全可以理解的。我们常常可以从畸形的植物得到一器官可能转变为另一器官的直接证据。我们又可以从花以及甲壳类和许多其他动物的发生的早期或胚胎期，实际看到那些在成熟时变得极不相同的器官起初是完全相似的。

根据创造论的一般观点，系列同源的情况是如何地不可理解，为什么脑子要装在一个数目多、形状奇怪并显然代表椎骨的骨片所组成的盒子里呢？如欧文所说，分离的骨片对于哺乳类的分娩是有利的，但这种优点绝不能解释鸟类和爬行类的头骨上的相同的结构。为什么要创造出相似的骨来形成蝙蝠的翼和腿，而它们却被用于如此完全不同的目的（即飞和走）呢？为什么具有由许多部分组成的极为复杂的口器的甲壳类，必然总是有较少数的足，相反，具有许多足的甲壳类却有较为简单的口器呢？为什么每一朵花内萼片、花瓣、雄蕊及雌蕊适于如此不同的用途，却是由相同的形式构成的呢？

根据自然选择学说，我们就可以在一定程度上答复这些问题。至于有些动物的身体最初如何分成一系列的节，或者如何分成左右两侧具有相应的器官，都可以不必考虑，因为这类问题几乎是超越了研究的范围的。虽然如此，有些系列构造可能是由细胞分裂而增殖的结果。细胞的增殖可以引起从这类细胞发育而来的部分的增生。就我们的目的而言，只需记住以下的事就够了：同一部分或器官的无限重复，像欧文所说，是一切低等的或很少特化的类型的共同特征，所以脊椎动物的未知祖先大概具有许多椎骨；关节动物的未知祖先具有许多环节；显花植物的未知祖先具有许多排成一旋或多旋的叶子。前面也曾讲到，凡是多次重复的部分都显然容易变异，不仅在数目上，而且也在形状上。因此，这些部分既已相当繁多而又有高度变异性，自然会提供作为适应于最不相同目的的材料，可是由于遗传力的缘故，它们一般仍将保有原始的或基本类似性的显明痕迹。由于为它们以后通过自然选择发生变化提供基础的变异，自始就是趋于相似的，所以它们更加会保留这种类似性。这些部分在生长的早期就是相似的，而又处于近乎相同的条件之下。这样的部分，不论变化多少，除非它们的共同起源完全不明，就会是系列同源的。

在软体动物这个大的纲里，虽然不间物种的部分能被说明是同源，可是只能指出很少数的系列同源的部分，如石鳖的壳瓣。这就是说，我们在同一个体中，很难说某一部分和另一部分是同源的。这个事实我们可以理解，因为在软体动物内，即使在这一纲的最低等成员中，我们几乎找不到任何一个部分有这样无限的重复，像我们在动植物界其他大的纲内所看到的那样。

但是形态学是一个比最初出现时远为复杂的学科，最近兰开斯托在一篇著名的文章内已充分地说明此点。他把被自然学者一概等同地列为同源的某些类事实，划分出重要的界限。他建议把不同动物中的类似构造，凡起源于一个共同祖先而以后经过变化的，称之为同质的构造；凡不能这样解释的类似构造，则称之为同型的构造。例如，他相信鸟类与哺乳类的心脏整个而论是同质的，即从一个共同祖先传衍而来的，可是两纲中心脏的四个腔是同型的，即是独立发展而来的。他又引证到同一动物个体身体左右侧各部分的密切类似性以及连续各节中的密切类似性；这里我们有了通常被称为同源的部分，它们和不同物种从共同祖先起源的问题并无关系。同型的构造，跟我分类为同功的变化或同功的类似性是一样的，不过我的分类方式很不完善。它们的形成，部分地由于不同的生物或同一生物不同的部分曾依类似的方式发生变化；部分地则由于类似的变化为了相同的一般目的或功能而被保存下来，对此已举出了很多例子。

自然学者常说头骨是由许多变形的椎骨形成的，蟹的颚是变形的足，花的雌雄蕊是变形的叶子。可是在大多数场合，像赫胥黎教授所指出的，较正确的说法是头骨和椎骨、颚和足等并不是彼此在现存状态下从一个变形为另一个的，而都是从某种共同的比较简单的原始构造变形而来的。虽然如此，大多数自然学者之采用该说，仅属比喻性质；他们绝没有认为在长期的进化过程中，任何种类的原始器官，如一个例子中的椎骨和另一个例子中的足，真会变成头骨和颚。但是已存在的这些现象是如此有力，以致自然学者几乎不能避免使用含有这种明显意思的说法。根据本书所主张的观点，这种说法还完全可以使用，例如蟹的颚这个奇异的事实也可部分地得到解释，即如果颚确实是由真实的、虽然极为简单的足变形而来，那么它们所保持的无数性状或许是通过遗传而保持下来的。

发生和胚胎学

这是自然史范围内最重要的学科之一。昆虫的变态是大家所熟悉的，通常只经过少数阶段突然地完成，可是实际上却有无数逐渐的然而是隐蔽的转变。据卢布克爵士的意见，一种蜉蝣在它的发生过程中蜕皮 20 次以上，每次蜕皮必有一定量的变化。在此场合，我们可以看到变态行为是以原始的、渐进的方式完成的。许多昆虫尤其是某些甲壳类向我们显示出，在发生期中可以完成怎样奇异的构造上的变化。然而这类变化，在某些低等动物的所谓世代交替中达到了极点。例如，一个精致的分枝的珊瑚，长着水螅体并附着在海底岩石上，先经出芽，再经横分裂，产生出很多大型的浮游水母体，这些水母体又产生卵，从卵孵化出游泳的微小动物，这些小动物附着于岩石上，发育成为分枝的珊瑚，如此交替循环不已。这真是一种奇怪的事实。华格纳曾发现一种瘿蚊的幼虫或蛆，由无性生殖产生出其他的幼虫，而这些其他的幼虫最后发育成为雌雄成虫，再依通常的方式由卵繁殖其类。认为世代交替过程和通常变态过程是基本一致的信念，已被华格纳的这一发现而大大增强了。

值得注意的是，当华格纳的杰出发现最初发表的时候就有人问我，怎样解释这种瘿蚊类幼虫获得无性生殖的能力。只要这个事例是独一无二的，那就作不出任何答复。可是葛利姆已经指出另一种蚊（即摇蚊）几乎用相同的方法生殖，他并且相信这种情况在这一目内是常见的。不过摇蚊是蛹具有这种能力，而不是幼虫。葛利姆又指出，这个事例在某种程度上“把瘿蚊的生殖和介壳虫科的孤雌生殖连接起来”。“孤雌生殖”一词，是指介壳虫科的成熟雌体不经与雄体交配便能产生可育性的卵。现在知道，在若干纲内，某些动物可以在异常的早龄期具有通常的生殖能力。所以我们只要把孤雌生殖经渐进的阶段提早到愈来愈早的龄期（摇蚊所表示的几乎正好是中间的阶段，即蛹的阶段），也许就可以解释瘿蚊的奇异的情况了。

前面已经讲过，同一个体中的各部分，在胚胎早期是完全相像的，在成体状态中才变得大不相同，并且用于不同的目的。同样，也曾指出同纲内最不相同的物种的胚胎，通常是密切相似的，但充分发育之后却变得大不相同。对于后一事实的证明，再没有比冯贝尔的叙述更好的了。他说：“哺乳类的以及鸟类、蜥蜴类、蛇类，或许也包括龟类的胚胎，在最早的状态中，不论整体上或各部分的发育方式上，都是彼此极为相似的，相似得如此之甚，事实上，我们常常只能根据大小来区别这些胚胎。我有两个保藏于酒精里的小胚胎，忘记把它们的名称附上，现在我竟不能说它们是属于哪一纲的。它们也许是蜥蜴或小鸟，或者是极幼小的哺乳动物，这些动物在头部和躯干部的形成方式上完全相像。可是这两个胚胎尚没有四肢。但如果四肢处在它们发育的最早期，我们也认不出什么，因为蜥蜴和哺乳类的脚，鸟类的翅和脚，与人的手和脚一样，都是从相同的基本形式发生的。”大多数甲壳类的幼体，在发育的相应阶段上彼此是极为近似的，不论成体可能变得如何地不同。很多其他的动物也是如此。“胚胎类似”这一法则的迹象，有时一直持续到相当迟的龄期。例如，同属的鸟类以及近缘各属的鸟类，在它们的雏羽上常常彼此相似，如我们在鸫类雏鸟中所看到的斑点羽毛。在猫族中，大多数的种长成后都具有条纹或斑纹，狮及美洲狮的幼兽都有显然可辨的条纹或斑点。在植物中，我们偶尔也可看到同类的情况，例如，金雀花的初叶和假叶及金合欢的初叶，都和豆科的普通叶子相像，呈羽状或分裂状。

同纲内极其不同的动物的胚胎彼此类似的构造各点，往往和它们的生存条件并无直接关系。例如，我们不能想象，在脊椎动物的胚胎中——在养于母体子宫内的幼小哺乳动物中，在孵于巢内的鸟卵中以及在水内的蛙卵中，动脉在鳃裂附近的特殊环状构造都和相似的条件有关系。我们没有理由相信这样的关系，就像我们没有理由相信人类的手、蝙蝠的翼、江豚的鳍中相似的骨是和相似的生活条件有关系一样。没有人会想象幼狮的条纹或黑鸫雏鸟的斑点，对于这些动物本身有什么用途。

可是当一种动物在任何一个胚胎阶段已活动而且必须自行抚养时，情况便有所不同。活动的时期在一生中可以来得早，可以来得迟，但一旦来临，则幼体对于生活条件的适应是会和成体动物一样地完善与巧妙。这是以怎样重要的方式实行的，最近卢布克爵士已经很好地说明了。他是根据生活习性在评述极不同的目内某些昆虫的幼虫的密切相似性以及同一目内其他昆虫的幼虫的不相似性时说明的。由于这类的适应，近缘动物的幼体的相似性有时便大为不明，尤其是在发育的不同阶段中发生分工现象时。例如同一幼体，在某一龄期必须去寻求食物，而在另一龄期则必须去找寻附着的处所。近缘物种或物种群的幼体也有与成体差异更大的事例可举。不过在大多数场合，幼体虽然活动，也还较密切地遵循着一般胚胎类似的法则。蔓足类便是一个很好的例子。大名鼎鼎的居维叶也未看出藤壶是一种甲壳动物，但只要看一下幼虫，便可毫无错误地看出此点。同样，蔓足类的两大部分——有柄蔓足类和无柄蔓足类，虽外形差异极大，可是它们的各期幼虫却几乎没有区别。

胚胎在发育过程中，一般在结构上也在提高。我用这个措辞，虽然我知道几乎不可能清楚地确定较高或较低结构的意义，但是说蝴蝶较毛虫为高级，大概不会有人提出异议。虽然如此，在某些场合，成体动物必须被认为在等级上较幼体为低，如某些寄生性甲壳类。再就蔓足类来说，第一龄期的幼虫具有三对运动器官、一个简单的单眼和一只吻形的嘴。就靠这个嘴大量捕食，因为它们要大大增加体积。第二龄期相当于蝶类的蛹期，它们具有六对构造美妙的游泳足、一对完好的复眼和极复杂的触角，可是它们却有一个闭合的不完全的嘴，不能进食。它们在这一期的使命，是用它们很发达的感觉器官去找到并用活泼的游泳能力去达到一个适当的地点，以便附着下来进行它们最后的变态。变态完成以后，它们便终生固着，于是足变成攫握的器官，嘴又恢复到完好状态，可是触角没有了，两只复眼又变成为单独一个微小的简单的眼点。在这最后的长成状态下，蔓足类可以被认为比它们在幼虫状态下的结构更高等亦可，或更低等亦可。但是在某些属内，幼体可以发育成具有一般构造的雌雄同体的个体，也可以发育成我称之为“补充雄体”的个体。后者的发生显然是退化的，因为这种雄体仅是一个囊状物，生活期很短，除了生殖器官外，没有口、胃和一切其他重要器官。

我们已如此看惯了胚胎和成体之间构造上的差异，因而总想把这种差异看作是生长上的某种必然的事情。可是也没有理由可说，为什么像蝙蝠的翼或江豚的鳍，在任何部分一开始现形时，所有的部分不都立即以适当比例显示出来。在若干整个动物类群中以及其他类群的某些成员中，确有此种情况，胚胎在任何一个生长时期都和成体没有大的差异，正如欧文曾就乌贼的情形所说的，“这里没有变态，在胚胎的各部分完成之前，头足类的性状早已明显可见了。”陆生贝类和淡水甲壳类生下来就已具有它们的固有形状，而这两个大的纲的海生成员却在发生中经过相当而且常是巨大的变化。蜘蛛类也未曾有变态可见。大多数昆虫的幼虫，不管它们是活动的并适应于多样习性的，或是因处于适宜的营养中或受母体饲养而不活动的，都要经过一个蠕虫期。可是在某些少数场合，如蚜虫，如果我们看一下赫胥黎教授所作该虫的发生图，我们几乎看不到蠕虫期的任何形迹。

有时只是发育的较早阶段消失了。据穆勒的卓绝的发现，某些虾形的甲壳类（和对虾属相近的）最初出现了简单的无节幼体，其后经过两次或更多次的水蚤状幼体阶段，再经过糠虾阶段，最后才获得成体的构造。在这些甲壳类所属的整个大的软甲目内，尚未见有其他成员是最初就发育为无节幼体的，虽然许多是以水蚤状幼体出现的。穆勒却为他的信念提供理由，即如果不是发生抑制，所有这些甲壳类都会先以无节幼体出现的。

那么我们将如何解释胚胎学中的这些事实，即胚胎与成体之间在构造上的一般差异，而不是普遍的差异呢？同一个胚胎最终变得很不相同并用于不同目的的各器官在生长的早期却相类似；同一纲内最不同物种的胚胎或幼体间共同的，但不是必然如此的类似性；胚胎在卵内或子宫内时保留在生命期或以后时期均对自己无用的构造，以及另方面自营生活的幼体的完全适应于周围条件；最后，某些幼体在结构等级上之高于它们发育成的成体。对此种种事实，我想可作如下的解释。

也许因为畸形常影响很早期的胚胎，所以一般便以为轻微变异或个体差异的出现也必然在相同的早期。我们对于这一点没有什么证据，而所有的证据显然都是在相反方面的。因为大家知道，牛马及各种玩赏动物的育种者直到他们的幼小动物出生后若干时间还不能断定其有何优点，有何缺点。我们对于自己的小孩，也显然如此。我们不能说出一个小孩将来长得高或矮，或者确切的容貌如何。问题并不在于每一变异何时发生，以及其效果何时出现。变异的原因，可能在生殖行为之前作用于而且我相信经常作用于亲体的一方或双方。值得注意的是，只要极幼小的动物还留在母体的子宫内或卵内，或者只要它还受到亲体的营养和保护，那么它的大多数性状稍早或稍晚的获得，对它是无关重要的。例如对于靠很弯的喙取食的鸟，只要它还由亲鸟喂食，那么它在幼小时是否已具有此种喙是没有什么关系的。

我在第一章内已经讲过，一种变异，不论在何龄期最初出现于亲体，它就有在相应的龄期重现于后代的倾向。某些变异只能在相应的龄期内出现，例如蚕蛾的幼虫、茧或成虫状态中的特点，或如牛的完全长成后的角的特点。不过据我们所能看到的而言，变异之初次发生在生命中可以或迟或早，但都同样有在后代和亲代的相应龄期中重现的倾向。然而绝不是说情况总是这样的，我可以举出变异（就其最广义而言）的若干例外，这些变异发生在子代的时期较之发生在亲代的为早。

我相信这两个原则，即轻微变异通常不是在生命的很早时期出现，而且不是以相应的较早时期被遗传的，可以解释一切上面所讲的胚胎学上的主要事实。但首先让我们看一下家养变种中的少数类似的情况。某些作者曾写文章论犬，主张灵猩犬和叭喇狗虽如此不同，其实是极近缘的变种，是从同一个野生的种传下来的。因此我很想看看它们的幼狗的差异究竟多大。育种者告诉我，幼狗的差异完全和亲代的差异一样。用眼力去判断，情况似乎就是如此，但将老狗和六日龄的幼狗实际测量后，我发现幼狗尚未获得比例上差异的全量。又如，我也听说挽车马和赛跑马几乎完全是在家养下由选择育成的品种——它们的小马和完全长成的马的差异相同，可是把赛跑马和重型挽车马的母马和三日龄的小马仔细测量以后，才知道情况绝非如此。

因为我们已有确实证据，知道鸽的品种都是从同一野生种传下来的，所以我又把孵出后 12 小时以内的雏鸽加以比较。我取野生的祖种、球胸鸽、扇尾鸽、西班牙鸽、巴巴鸽、龙鸽、信鸽和翻飞鸽等，仔细测量了它们的喙的大小、口的阔度、鼻孔和眼睑的长度、脚的大小和腿的长度（其详细数字，兹不具体列出）。当有些鸽长成时，在喙的长短和形状以及在其他性状上都出现很大的差异，假如见于自然中，必将被列为不同的属。但若把这几个品种的雏鸟排列成一行，虽其中大多数仅可辨别，但在上述诸点上的比例差异都远不及完全长成时的大。差异的某些特点，像口的阔度的特点，在雏鸟中简直很难辨识。不过这个规律也有一个显著的例外，因为短面翻飞鸽的雏鸟几乎已经完全具有和成鸟相同的比例，而和野生岩鸽以及其他品种的雏鸟都不同。

这些事实都可以用上述的两项原则解释。育种者选择他们要繁育的狗、马和鸽等，大都在它们近于长成的时候。只要完全长成的动物具有所需要的特征，他们对于这些特征获得的迟早并不关心。前面所讲的几种事例，尤其关于鸽的事例，可以证明经人工选择所累积的并使各品种获得有价值的特征性的差异，大都不在生命的较早时期出现，而且也不是以相应的较早期遗传的。不过短面翻飞鸽孵出 12 小时后就已具有它固有性状的例子，证明这并不是普遍的规律。因为在这种情况下，特征性差异必定是在较一般更早的时期出现的，或者如果不是这样，这些差异必定不是以相应的而是以更早的龄期被遗传的。

现在我们把这两项原则试用于自然界的物种。我们取鸟类的一个类群，它们源出于某一古代类型，经过自然选择发生变化而适应于不同的习性。那么，由于许多轻微的连续变异在若干物种中是在不很早的龄期发生，而且是以相应的龄期被遗传的，所以幼体将很少发生变化，彼此的类似也远较成鸟为密切，正如我们所见鸽的品种那样。我们可以把此种观点推广到极其不同的构造，并推广到整个的纲。例如，远祖曾一度把前肢当做腿用，它们可以经长期的变化过程在一类后代中变得适应于做手用，在另一类后代中适应于做桡肢用，在其他一类后代中适应于做翼用。可是根据上述两项原则，前肢在这几个类型的胚胎中将不会有大的变化，虽然在每一类型中前肢将在成体里有很大的差别。不论长期连续使用或不使用在改变任何物种的肢体或其他部分中所起的影响如何，主要是在或只有在它近于成长而不得不用全部能力来谋生时，才能影响它。这样产生的效果将以相应的近于长成的龄期传给后代。因此，幼体各部分的增强使用或不使用的影响，将不起变化或者仅有很小的变化。

某些动物连续的变异可以发生在生命的较早时期，或者各级的变异可以在比它们初次发生时更早的龄期被遗传。在这些情况中的任何一种幼体或胚胎都将和长成的亲型密切相似，像我们所看到的短面翻飞鸽那样。这是某些整个类群或仅某些亚群的发育规律，例如乌贼、陆地贝类、淡水甲壳类、蜘蛛类以及昆虫这一大的纲内的某些成员。至于这等类群中的幼体不经过任何变态的最终原因，我们可以看到这是由于以下的事实引起的，即由于幼体必须在很早的龄期自己备办本身的必需品以及由于它们沿袭与亲代同样的生活习性。因为在这种情况下，它们必得依照亲代的同样方式发生变化，这对于它们的生存是必需的。再者，许多陆地及淡水动物不发生任何变态，而同类群的海生成员经历多种转变，关于这一奇特事实，穆勒曾给以解释：一种动物之生活于陆地上或淡水中以代替生活于海水内，这个缓慢的变化和适应过程，将会由于不经过任何幼体阶段而大大简化。因为在这样新的大大改变了的生活习性下，通常很难找到既适于各幼体阶段又适于各成体阶段而尚未被其他生物占据或没有完全占据的地方。在此情况下，逐渐提早到更早龄期获得成体的构造，必将为自然选择所促进，于是前此变态的一切痕迹便终于消失了。

另方面，如果一种动物的幼体遵循一种与亲型稍有不同的生活习性，从而结构上也稍有不同是有利的；或者如果一种与亲体已有差异的幼虫再继续变化是有利的，那么，根据以相应龄期遗传的原则，自然选择可以使这种幼体或幼虫与它们的亲体愈来愈不同，而达到任何可想象的程度。幼虫中的差异也可以和连续的发育阶段相关起来，所以第一期幼虫可以和第二期幼虫区别很大，许多动物都有这种情况。成体也可变得适应于该处的环境或习性。运动器官或感觉器官等都变得无用了。在此场合，变态便将退化了。

由上所述，由于幼体的构造依变化了的生活习性所起的变化以及按相应龄期的遗传，便可知道动物如何可以经过和它们成年祖先的原始状态完全不相同的发育阶段。大多数优秀的权威学者目前都已深信，昆虫的形形色色的幼虫期和蛹期就是这样由适应而获得，而不是经过某个古代类型的遗传而获得的。今试举一种有异常发育阶段的甲虫芫菁属的奇异情况，以说明这种情形是如何发生的。它的第一期幼虫，据法布尔先生描写，是一种活泼的微小昆虫，具有六只脚、两根长触角和四只眼。此等幼虫在蜜蜂窝内孵化，当春天雄蜂先于雌蜂羽化出室时，幼虫即跳到雄蜂身上，待雌雄蜂交配时再爬到雌蜂身上。当雌蜂产卵于蜂窝里的蜜室上面时，幼虫乃跃下吞食蜂卵。此后幼虫发生了完全的变化，它们的眼消失了，脚和触角退化了，而且以蜂蜜为食。这时候它们才和昆虫的一般幼虫很相像。最后再经变化，终于以完美的甲虫出现。假使有一种昆虫，具有芫菁式的变态，一旦成为一个新的昆虫纲的祖先，那么，这个新纲的发育过程将和现存昆虫的大不相同。而第一期幼虫阶段，也必不能代表任何成体和古代类型的先前状态。

另方面，许多动物的胚胎阶段或幼虫阶段可以多少完整地表示出整个类群的祖先的成体状态，这是非常可能的。在甲壳类这个大的纲里，极不相同的类型，即吸着性的寄生种类、蔓足类、切甲类甚至软甲类，最初都是作为无节幼体型的幼虫出现的，因为此等幼虫都在大海内生活求食，并不适应于任何特殊生活习性。又据穆勒所举的其他理由，可能在某一极古远的时期，有一种独立的和无节幼体类似的成体动物曾经存在过，其后沿着若干个分歧的进化路线产生了上述大的甲壳类的各类群。同样，根据我们所知道的关于哺乳类、鸟类、鱼类及爬行类的胚胎的情况，这些动物可能都是某一古代祖先的已变化了的后代，这个祖先在成体时具有鳃、鳔、四个鳍状肢体和一条长尾，都是适应于水中生活的。

因为一切生物，不论已灭亡的或近代的，凡是曾经生存的，都可归纳于少数几个大的纲内；而且因为每一纲内的一切生物，根据我们的学说，都以精细的梯级互相联系着；那么，如果我们的采集是近于完全时，则最妥善而且唯一可能的排列法是依据世系的。所以家系是自然学者在“自然系统”一词下所寻求的潜在的联系纽带。根据此种观点，我们便可了解在大多数自然学者的眼中，为什么胚胎的构造在分类上较成体的构造更为重要。在两个或更多的动物类群中，不论成体时在构造上和习性上彼此差异如何大，如果它们都经过很相类似的胚胎阶段，我们就可以断定它们都是从同一祖先类型传下来的，因而是密切近缘的。这样，胚胎构造的共同性便揭示了家系的共同性。可是，胚胎发育中的不相似性并不能证明家系的不同，因为在两个类群中的一个，发育的阶段可能曾被抑制，或者可能由于适应新的生活习性而曾起很大变化，以致不能再被认出。甚至在成体已经极度变化了的类群中，幼虫的构造也还常能揭示起源的共同性。例如，我们已经看到蔓足类在外表上虽极似贝类，但根据它们的幼虫，便立刻可以知道它们是属于甲壳类这个大纲的。由于胚胎常常会多少明显地向我们表明一个类群的少有变化的古代祖先的构造，所以我们可以了解为什么古代已灭亡类型的成体状态常和同纲内现存种的胚胎相类似。阿加西相信这是自然界的一个普遍法则，我们可以期望今后看到这个法则会被证明是真实的。可是，只有当一个类群的祖先的古代状态还没有由于在生长的极早期发生连续变异，或者由于这些变异以早于它们第一次出现时的更早龄期被遗传而全部消失的情况下，才能被证明是真实的。还必须记住，这个法则可能是真实的，但是因为地质记录在时间上还不能追溯到足够久远，因而可能长时期地或者永远得不到确证。再者，如果一个古代类型在幼虫状态已适应于某种特殊的生活方式，而且已把同一幼虫状态传给整个类群的后代，在这种情况下，这个法则也不能完全有效，因为这等幼虫不会和任何更古老类型的成体状态相类似。

所以我认为，胚胎学上的这些无比重要的主要事实，都可依据某一古代祖先的许多后代中的变异曾在生命的不很早的时期出现，并以相应的时期被遗传这个原则来解释。我们若把胚胎看作一幅画像，虽多少有些模糊，却反映了同一大的纲内一切成员的祖先，或是它的成体或是幼期状态，那么，胚胎学便更富有兴趣了。

退化的、萎缩的和不发育的器官

处于此等奇异状态下的器官或部分，带着无用的鲜明印记，在自然界中极为常见，甚至可以说是普遍的。不可能指出一种高等动物，它的某一部分不是呈退化状态的。例如，哺乳类中，雄体有退化的乳头；蛇类中，肺的一叶是退化的；鸟类中，“小翼羽”可以稳妥地被认为是退化的趾，而且在某些种中，甚至整个翅膀是如此退化而不能用于飞翔。鲸的胎儿具有牙齿，但长成后却又没有一个牙齿；未出生的小牛的上颌已有牙齿，但永不能长出牙龈之外；还有什么比这些更奇怪的呢？

退化器官以各种方式明显地揭示了它们的起源和意义。属于近缘种的甚至于同一种的甲虫类中，它们的后翅有的正常而完全，有的便呈残留的薄膜（此等薄膜上面的翅鞘不少是接合的）。在此等场合，不可能怀疑这种残留物是代表翅的。退化器官有时尚保持它们的固有能力，这偶尔见于雄性哺乳类的乳头，已知道有的能发育良好并分泌乳汁。同样，牛属的乳房通常具有四个发达的和两个退化的乳头。可是后者在家养乳牛中，有时也很发达而且产生乳汁。就植物而言，在同种的个体中，花瓣有时是退化的，有时是发达的。在某些雌雄异花的植物中，科尔勒托曾取雄花具有退化雌蕊的种与当然具有发达雌蕊的雌雄同花的种进行杂交，发现退化雌蕊在杂种后代中已增大了很多。这清楚地表明，退化雌蕊和完全雌蕊在性质上是完全相似的。一种动物的各个部分可能呈现出完整的状态，而在某个意义上则可能是退化的，因为它们是没有用处的。例如，普通蝾螈的蝌蚪，据刘惠斯先生说："有鳃，且生活于水中；但是黑蝾螈生活在高山上，却产出发育完全的幼体。这种蝾螈从不在水中生活。可是如果我们剖开一个怀胎的雌体，则可见其腹内的蝌蚪具有极完好的羽状鳃，如果把它们放在水内，它们能和水蝾螈的蝌蚪一样地游泳自如。显然，这种水生的结构和该动物将来的生活无关，而且也不是对胚胎条件的适应；这只是和祖先的适应有关系，重演祖先发育中的一个阶段而已。"

一个兼有两种作用的器官，对于一种、甚至是比较重要的一种作用，可以变得退化或完全不发育，而对另一种作用，却仍完全有效。例如，在植物中，雌蕊的作用在于使花粉管达到子房内的胚珠。雌蕊具有一柱头，为花柱所支持。可是在某些菊科植物里，雄性小花（当然是不能授精的）具有一个退化的雌蕊，因为没有柱头，不过它的花柱仍发育良好，而且与通常情形一样地被有细毛，原是用以扫出周围邻接的花药内的花粉的。又如，一种器官对于它固有的作用可以变得退化，而却被用于另一种作用。

在某些鱼类中，鳔的司浮沉的固有功能似乎已退化了，而变为原始的呼吸器官或肺。这种例子尚有很多可举。

有用的器官，无论如何不发达，也不应被视为退化的，除非我们有理由设想它们从前曾更高度地发达。它们也许正在初生的状态，而在继续发育的途程中。另方面，退化的器官，则或者是完全无用，像永不长出牙龈的牙齿，便是近乎无用，像鸵鸟的翅之仅作为帆用。因为这种状态下的器官，在从前发育得很不正常的时候，甚至已比现在的用处更小，所以它们以前不可能是通过变异与自然选择而产生的，因为自然选择只会保存有用的变化。它们是通过遗传的力量被部分地保留下来，与事物的以前状态有关。然而，辨别退化器官和初生器官常很困难，因为我们只能根据类推的方法去判断一种器官是否能进一步发育，而只有可以继续发育的，才得以被称为初生器官。这样的器官总是很稀少的，因为具有这样器官的生物，通常会被具有更完全的这种器官的后继者排挤掉，因而很久以前即已灭亡了。企鹅的翅作鳍用，功效极大，所以可能代表翅的初生状态，但并非我信其如此。它更可能是一种为适于新的功能而变化了的退化器官。另方面，无翼鸟的翅是完全没有用的，它真是退化的器官。欧文认为，美洲肺鱼的简单而呈线状的肢体是“在高等脊椎动物中，达到充分功能发育的器官的开始”；可是据根瑟博士最近提出的观点，这种肢体可能是由不发育的鳍条或侧肢的继续存在的鳍轴所形成的退化物。鸭嘴兽的乳腺若和乳牛的乳房比较，可以被认为是初生状态的。某些蔓足类的卵带已不能作为卵的附着物，而且不很发育，这些是初生状态的鳃。

在同一物种的各个体中，退化器官在发育程度上以及在其他方面，都很容易变化。在近缘的物种，同一器官退化的程度有时也差异极大。同一科内雌蛾的翅的状态很好地例证了后一种事实。退化器官可以完全不发育，这就是说一些器官在某些动植物中已完全不存在，虽然我们依据类推方法原希望可以找到它们，而且在畸形的个体中确也偶尔看到它们。比如在大多数玄参科植物中，第五条雄蕊已完全不发育，可是我们仍可断定这第五条雄蕊曾一度存在过，因为这科内尚有许多物种仍保有它的退化物，而且此种退化物，偶尔也能变得完全发育，就像在普通的金色草中有时所看到的那样。在同一纲的不同成员中探索任何器官的同源作用时，没有比发现退化物更为常见的了；为了充分了解诸器官的关系，没有比发现退化物更为有用的了。欧文所作马、牛及犀的腿骨图，便很好地表明了这一点。

这是一个重要的事实：即退化器官，如鲸类及反刍类上颌的牙齿，往往见于胚胎，而其后却完全消失。我相信，这也是一条普遍的法则：即退化器官和相邻器官相对比，在胚胎中比在成体中为大，所以这种器官在早期，是退化得较少的，或者甚至于不能说在任何程度上是退化的。因此，成体中的退化器官常被说成是保持了它们的胚胎状态。

方才我已列举了关于退化器官的几种主要事实。试回想该事实，无论何人必有惊异之感。因为这使我们知道，大多数的部分和器官都巧妙地适应于某种用途的推理力，也同样明晰地告诉我们这些退化的或萎缩的器官是不完全的而且是无用的。自然史著作中，通常说退化器官是"为了对称的缘故"或者是为了"完成自然的设计"而被创造的。可是这并不是一种解释，而只是事实的重述，而且本身也有矛盾。例如蟒蛇具有残留的后肢和骨盆，若说此等骨之所以被保留是为了"完成自然的设计"，那么，正如魏斯曼教授所问，为什么其他蛇类没有保留它们，甚至连一点痕迹都没有？如果有一位天文学者，因为行星依椭圆形轨道绕着太阳运行，所以主张卫星"为了对称的缘故"也依椭圆形轨道围绕行星运行，那么人们将有何感想？一位著名的生理学者曾假设退化器官的存在，是用以排泄过剩或有害于系统的物质的，然而像雄花里面的雌蕊常常只由一个小小的乳突所代表，而且仅由细胞组织所构成，难道我们能设想这乳突也有这种作用吗？难道我们可以设想以后要消失的退化牙齿移去了像磷酸钙这样贵重的物质，能对于迅速生长的胎牛有利吗？人的手指被截断后，不完全的指甲会出现于残指上，如果我相信这些指甲痕迹是为排泄角质物质而发生的，那我就得相信海牛鳍上的退化指甲也是为了同样的目的发生的。根据伴随着变化的进化观点，退化器官的起源是比较简单的，对于控制它们不完全发育的法则，我们也可以大部分了解了。在家养生物中，我们有很多退化器官的例子，例如羊的无尾品种中的尾的残干，无耳品种中的耳的残迹，牛的无角品种中重新出现有下垂晃荡的小角（据尤亚脱说，尤以幼畜为多见），以及花椰菜的完全花的状态。在畸形动物中，我们常看到各种退化状的部分。但是我怀疑这些例子除了表明退化器官可以产生之外，是否还能说明在自然界中退化器官的起源。因为就证据来比较，可以清楚地指出，在自然状态下的物种并不发生巨大的突然的变化。可是我们从家养生物的研究中知道，器官的不使用导致了它们的缩小，而且这种结果是遗传的。

"不使用"大概是使器官变得退化的主要原因。初起时当以缓慢的步骤使一器官逐渐地完全缩小，以至最后成为退化的器官，例如生活在黑暗洞穴内的动物的眼，又如生活在海洋岛上的鸟类的翅。这些鸟类由于很少为猛兽所迫而飞行，最后竟失去了飞翔能力。再者，一种器官在某些条件下固然是有用的，但在其他条件下却可能变为有害的，如生活在开旷的小岛上的甲虫的翅便是如此。在此种场合，自然选择将有助于器官的缩小，直到它成为无害的和退化的器官。

构造和功能上的任何变化，凡是可以由细小阶段实现的，都在自然选择的力量范围之内。所以一种器官，由于生活习性的改变而对于某一目的成为无用或有害时，则可以被改变而用于其他用途。一种器官也可能只保持其以前功能中的一种。原来经自然选择的帮助而形成的器官，当成为无用时，可以发生多样的变异，因为它们的变异已不再受自然选择的约束了。凡此一切，都和我们在自然界所看到的情况很相符合。再者，不论在生命的任何时期，不使用或选择都可引起器官的缩小，这通常都发生在生物已经长成而必须发挥其全部活动力量的时候，而以相应龄期遗传的原则，就有使处于缩小状态下的器官，在同样成长龄期中重新出现的可能，但很少能影响到胚胎中的这一器官。这样，我们可以理解退化器官和相邻的部分的对比，在胚胎期内较大，而在成长期内则相对较小。例如，假使一种成体动物的指在许多世代中，因习性的某种改变而使用得越来越少，或者一种器官或腺体，在功能上的活动逐渐趋于减少，那么我们便可以推断，它在这种动物后代的成体中必定体积缩小，而在胚胎中，则几乎仍保持其原有的发育程度。

可是还有以下困难。一种器官在被停止使用从而显著地缩小以后，如何能再行缩小以至仅存残留痕迹，又如何能最后完全消失？“不使用”几乎不可能对一种已失去功能的器官继续产生任何影响，故这里还需要有进一步的解释，可是我还不能提出。例如，假如能够证明结构的每一部分所发生的变异都是趋向于缩小较之趋向于增大为多，那么，我们就能了解为什么一种已变成无用的器官，还能不受“不使用”的影响而成为退化的，以至最后完全消失，因为趋向缩小的变异已不再受自然选择的抑制了。在前面一章内所说明的生长的经济原则——即如果任何部分对于拥有者已属无用，则其组成的原料应尽可能地予以节省——也许对于无用部分成为退化的会有作用。不过这个原则几乎必然只能应用于缩小过程的早期阶段，因为我们不能设想，像在雄花内代表雌蕊并仅由细胞组织形成的微小乳突，会因节省养料的缘故而进一步缩小或消失。

最后，因为退化器官，不论它们退化到目前的无用状态所经过的步骤如何，都是事物原有状态的记录，而且完全由于遗传的力量而被保留下来的。因此，我们根据分类的世系观点，可以领会到当分类学者把生物归纳到自然系统内适宜位置时，为什么常会感到退化的器官与生理上极重要的部分有同样的用处，或者甚至有时更加有用。退化器官可以和一个字中的字母相比拟，虽在拼法上还保存着，但在发音上已无用处，不过还可用作该字来源的线索。根据伴随着变化的进化观点，我们可以断言，退化、不完全、无用状态下的或者完全不发育的器官的存在，不但远不能像对于旧的创造学说确实是个难题那样成为一种特殊的难题，而且按照本书所说明的观点，还甚至是可以预料得到的。

小　结

在本章内我曾力图说明：一切时期内的一切生物之群下分群的排列；

一切生存的和已灭亡的生物，被复杂的、辐射状的和迂回的亲缘线连接成少数大纲的关系的性质；自然学者在分类中所依据的原则和所遇到的困难；对于不论是极为重要或比较重要，或如退化器官那样毫不重要的，但如果是稳定而且普遍的性状所给予的评价；同功的或适应的性状与具有真正亲缘关系的性状之间在价值上的极大对立；以及其他这类的规律——如果我们承认近缘类型有共同的祖先，并通过变异与自然选择而发生变化，从而引起灭亡及性状分歧，那么，上述的一切，便都是很自然的了。在考虑这种分类观点时，必须记住家系这个要素曾经普遍地被用来将同一物种的不同性别、龄期、两型的类型以及公认的变种都分类在一起，不管它们在构造上彼此如何不同。如果我们能把家系这个要素（这是生物类似的一个确知的原因）扩大应用，我们就可了解“自然系统”的意思：它是力图照世系进行排列，用变种、种、属、科、目和纲等术语来表示所获得的差异的等级。

根据同样的伴随着变化的进化观点，形态学中的大多数重大事实都成为可以理解的，不论我们去观察同一纲内不同物种在不管有什么用处的同源器官中所呈现出的相同样式，或是去观察每一动植物个体中的系列同源和左右同源，都是可以理解的。

根据连续的轻微变异，不需要或通常不在生命的很早期出现，并以相应的时期被遗传的原则，我们就可明了胚胎学中的主要事实，即当长成时在构造与功能上都变得大不相同的同源构造在个体胚胎中极相类似；在近缘而不相同的物种的同源部分或器官的相似，长成后适合于尽可能不同的习性。幼虫是有活动力的胚胎，由于生活习性的关系，已多少发生特殊的变化，而且在相应的很早龄期把它们的变化遗传下去。根据这些同样的原理，而且记住，器官因不使用或由于自然选择的被缩小，通常发生于生物必须自行备办必需品的时期，还须记住遗传力量如何强大，那么，退化器官的存在简直是可以预料得到的。根据自然的分类，必须按照家系的观点，才可理解胚胎性状和退化器官在分类上的重要性。

最后，我认为本章内所讨论过的几类事实已如此明白地宣告：栖居在这个世界上的无数的种、属和科，在它们各自的纲或类群之内，都是从共同的祖先传下来的，而且在进化的过程中都发生过变化。即使没有其他的事实或论证的支持，我也毫不踌躇地坚持这个观点。

第十五章

复述和总结

对自然选择学说的异议之复述——支持此学说的一般的和特殊的论证之复述——一般相信物种不变的原因——自然选择学说可以引申到什么程度——此学说的采用对于自然史研究的影响——结束语

本书整卷是一个长篇的争论，为了便利读者，再将主要的事实和推论约略地加以复述。

我不否认，对于通过变异与自然选择而伴随着变化的进化学说，可以提出许多而且严重的异议。我曾努力使这些异议发挥它们的全部力量。比较复杂的器官和本能之所以能被完成，并不是通过超越于或即使类似于人类理性的方法，而是通过无数的各个对于拥有者个体都有利的轻微变异的累积，初看起来，没有什么比这更难以相信的了。可是这种困难，虽然在我们想象中好像是大得不可克服，但是我们如果承认下述的命题，也就不能被认为是真正的困难了，这些命题就是：结构的各部分和本能都至少呈现有个体差异；生存斗争使构造上或本能上的有利偏异得到保存；最后，每一器官的完成状态中可有梯级存在，每一级又各有其有利作用。这些命题的正确性，我想是不可争辩的。

即使能猜想许多构造是经过什么样的梯级而被完成的，无疑也是极端困难的，尤其在曾经遭受大量灭亡的、断折不全的衰败中的生物类群中，更加如此。可是我们在自然界中看到那么多奇怪的梯级现象，所以在说任何器官或本能或任何整个构造不能经过许多渐进的阶段而达到目前的状态时，我们应该极其谨慎。必须承认，确实存在着和自然选择学说相对立的特殊困难的事例，其中最奇怪的一个，就是在同一蚁群中存在着两三种工蚁即不育雌蚁的明确等级，但是我已设法说明这些困难是如何得到克服的。

关于物种初次杂交的近乎普遍的不育性，和变种杂交的近乎普遍的可育性，形成很明显的对照，关于此点，我必须请读者参阅第九章末所提出的事实的复述，我认为那已断然说明这种不育性和两种不同树木之不能嫁接在一起一样，并不是一种特殊的天赋，而仅是由于杂交物种生殖系统的差异而发生的偶然情况而已。把同样的两个物种进行相互杂交，即一个种先用作父本，后用作母本，在所得结果的巨大差异中，我们会看到上述结论的正确性。从两型的和三型的植物的研究加以类推，也可清楚地引出同样的结论，因为当诸类型配合不当时，便极少或甚至绝无种子产生，它们的后代也多少是不育的；而这些类型无疑是同种，彼此间除生殖器官和功能外，别无差异。

虽然变种杂交的可育性以及它们混种后代的可育性，曾被如此多的作者们确认是普遍的，可是自从革特纳和科尔勒托两权威学者提出了若干事实以后，便不能被认为是十分正确的了。用作实验的变种大都是家养状况下产生的；而且因为家养（我不是单指圈养）几乎肯定倾向于消除不育性（从类推来判断，这种不育性会影响杂交的亲种），所以我们不应期望家养同样会在它们已变化了的后代的杂交中引起不育性。这种不育性的消除，显然是由容许家养动物在各样环境下自由繁殖的同一原因而来的；而这又显然是从它们已经逐渐习惯于生活条件中的经常变动而来的。

有两组平行的事实，对于物种初次杂交的不育性及其杂种后代的不育性似乎颇有所说明。一方面，很有理由可以相信，生活条件中的轻微变化会给一切生物以活力和可育性。我们又知道，同一变种的不同个体之间的交配以及不同变种之间的交配会增加它们后代的数目，并一定会增加它们的大小和活力。这主要是由于进行交配的类型曾遇到多少不同的生活条件。因为我曾根据一系列费力的实验确定了：如果同一变种的一切个体在若干世代中都处于相同的条件下，那么从杂交所得到的好处常会大大减少或完全丧失。这是事实的一方面。另一方面，我们知道，凡是长期暴露于近乎一致的条件下的物种，当被拘禁在新的改变极大的条件之下时，它们或者死亡，或者如果活着，即使保持完全健康. 但却变成不育的了。这种情况在长期处于变动条件下的家养动物中，并不发生或者程度极微。所以当我们看到两个不同物种杂交，由于在受孕后不久或在很早龄期即已夭折而所产生的杂种数目很少，或者即使存活而已变得多少不育时，这种结果似乎极可能是因为它们是由两种不同的结构所混合，事实上已遭受到生活条件中的巨大变化。谁能够明确地解释，为什么例如象或狐就是在本土圈养也不能生殖，而家养的猪或犬在最不相同的条件下也能自由繁殖，他也就同时能确切地答复，为什么两个不同的物种的杂交以及它们的杂种后代往往多少具有不育性，而两个家养变种的杂交以及它们的杂种后代却具有完全的可育性。

就地理分布而言，伴随着变化的进化学说所遇到的困难可谓十分严重。同一物种的一切个体以及同一属的或甚至更高级类群的一切物种，都是从共同的祖先传下来的。所以它们现在不论在世界上怎样遥远的和隔离的地点被发现，它们必是在连续世代的过程中从某一地点传布到其他各处。可是这是怎样实现的，我们甚至完全不可能去推测。不过我们既有理由可以相信某些物种曾在极长的时期（如以年计则是非常之长的）保持着同一种型，那就不应过分强调同一物种之偶尔广远散布，因为在极长的时期内总是会有良好的机会通过许多途径向远处迁徙的。至于不连续的或中断的分布现象，常常可以用物种之在中间地带的灭亡来解释。不能否认，我们对于在现代时期内曾经影响地球的各种气候变化和地理变化的全部范围，还是茫然无知的，而这些变化常会便利迁徙。作为例证，我曾力图说明冰期对同一物种和近缘物种在全世界的分布的影响曾是如何地有效。我们对于许多偶然的传布途径，至今还很茫然。至于同一属内不同物种栖居在遥远而隔离的地区，因为变化的过程必然很缓慢，所以一切迁徙途径在极长时期内都属可能，从而对于同一属的物种之广远散布所感到的困难便可多少减少了。

依照自然选择学说，必曾存在过无数的中间类型，像现存变种那样微细的梯级把每一类群中的一切物种连接在一起，那么，自可以问：为什么在我们周围看不到这些链环类型呢？为什么一切生物不是混合成不可分解的紊乱状态呢？关于现存的类型，我们必得记住，我们没有权利去期望（除了稀少场合）找到它们之间的直接连接链环，我们只能找到每个现存类型和某一灭绝的且被排挤掉的类型之间的链环。即使对于一个广阔的地域，如果它曾在长期内保持连续，而且它的气候与其他生活条件的变化是从被一个物种所占的区域逐渐不知不觉地转移到被一近缘物种所占的另一区域，我们也没有正当权利去期望在中间地带常找到中间变种。因为我们有理由相信，一个属内只有少数物种曾发生变化，其他物种则完全灭绝，没有留下变化了的后代。在确实发生变化的物种中，也只有少数在同一地区内同时发生变化，而且一切变化都是慢慢完成的。我还指出过，最初大概存在于中间地带的中间变种，容易被两头的近缘类型所排挤，因为后者存在的数目比较多，其变化与改进的速度通常要超过存在数目较少的中间变种，结果中间变种最后便不免被排挤掉和被消灭掉。

世界上现存的和已灭亡的生物之间以及各个连续时期内已灭亡的和更加古老的物种之间，都有无数的连接链环已经灭绝；按照这个学说，为什么不是每一地层内都填满了这等链环呢？为什么化石遗物的每一次采集都没有提供生物类型梯级和变化的明显证据呢？地质学的研究虽无疑已揭示了以前曾有许多链环存在，把无数生物更紧密地连接起来，可是并没有提供这个学说所需要的古今物种间的无数微细梯级，这是反对这一学说的许多异论中最显明的一点。再者，为什么整群的近缘物种好像是突然地出现在连续的地质时期之中（虽然这常常是假象的）呢？虽然我们现在知道，生物早在寒武纪最下层沉积之前的一个不可计算的极古时期就在这个地球上出现了，但是为什么我们在这个系统之下没有发现藏有寒武纪化石的祖先遗骸的巨大地层呢？因为，根据这个学说，这样的地层一定在世界历史上这些古老的完全未知的时期内沉积于某处了。

我只能根据这样的设想，即地质记录远较大多数地质学者所相信的更为不完全，来答复这些问题和异议。我们博物馆内的一切标本数目和肯定曾经存在过的无数物种的无数世代比较起来，简直不算什么东西。任何两个或更多物种的亲代类型不会在它的一切特征性状上都直接介于它的已变后代之间，正如岩鸽在嗉囊和尾巴方面并不直接介于它的后代球胸鸽和扇尾鸽之间那样。如果我们非常严密地研究两个物种，除非得到了大部分的中间链环，否则绝不能认定某一物种是另一已变物种的亲种。而且因为地质记录的不全，我们也没有正当的权利去期望找到这么多链环。如果有两三个或更多的链环类型被发现，它们会被许多自然学者简单地一一列为新种，如果它们是在不同的地质亚层内被发现的，无论它们的差异如何微小，就尤其如此。可以举出无数现存的可疑类型，大概都是变种。然而谁能够说，将来会发现这样多的化石链环而使自然学者能够决定这些可疑的类型是否该称为变种？只有世界的一小部分曾被在地质上勘探过，只有某些纲的生物才能在化石状态中至少大量地被保存下来。许多物种一旦形成之后如不再进行任何变化，就会灭绝而不留下变化了的后代。而且物种进行变化的时期，以年计虽极悠久，但和它们保持同一类型的时期比较，也许还算很短。占优势而分布广的物种，变异得最多最频繁，而且变种初起时又常限于局部地方，由于这两项原因，要在任何一个地层内发现中间链环将鲜有可能。地方变种非待有相当的变化与改进之后，否则不会散布到其他遥远的地区；等到它们已经散布并在一地层内被发现时，它们看来便好像是在该处被突然创造出来的，而简单地将被列为新的物种。大多数地层在堆积过程中都会是连续的，它们持续的时间大概较物种类型的平均持续时间为短。连续的地层之间，大多都隔有极长的空白间隔时期，因为含有化石的地层，其厚度要足以抵抗未来的陵削作用，通常只有在下沉海底有大量沉积物沉积的地方，才能堆积起来。在水平面上升和静止的交替时期内，往往是没有记录的。在后面这些时期中，生物大概会有更多的变异性，而在下沉的时期中，大概会有更多的灭绝。

谈到寒武层以下没有富于化石的地层，我只好回到第十章中所提出的假说，即：虽然我们的大陆和大洋在极久的时期内即已保持了几乎像现在这样的相对位置，但是我们没有理由想象情况永远都是这样的，因而比现在已知的任何更为古老的地层可能还埋藏在大洋之下。有人说自地球凝固以来所经历的时间还不足以使生物变化达到所设想的量，这一异议，正如汤卜逊爵士所极力鼓吹的，也许是至今所提出的最严重异议之一。关于这一点，我只能说：第一，我们不知道物种变化以年计算的速率如何；第二，目前许多哲学家都还不愿承认我们对于宇宙的组成和地球的内部状态已有足够的知识，可以据以稳妥地推测地球过去的存续时间。

地质记录的不完全，大家都是承认的；但是说它的不完全已到了我们学说所需要的程度，便很少人愿意承认了。如果我们观察到足够久远的时间，地质学便明显地表示出一切物种都发生了变化，而且它们是以学说所要求的方式发生变化的，因为它们都是以缓慢和渐进的方式发生变化。我们在连续的地层内的化石遗骸中明显地看到这一点，它们彼此间的关系必定比相隔很远的地层内的化石密切得多。

以上就是可以正当提出来反对我们学说的几种主要异议和难题的概要。现在我已经尽我所知简要地作出了回答和解释。多年以来，我深深感到这些难题是如此严重而不能怀疑它们的分量。不过值得特别注意的是，比较重要的异议常涉及我们已公认无知的问题，甚至我们还不知道我们无知到何种程度。我们还不知道在最简单的和最完善的器官之间的一切可能的过渡梯级；也不能假装我们已经知道在悠久岁月中“分布”的一切各种各样的途径，或者我们已经知道“地质记录”不全到怎样程度。然而这几种异议尽管极其严重，据我的判断，绝不足以推翻伴随着变化的进化学说。

现在我们且转到争论的另一方面。在家养情况下，我们看到由改变了的生活条件所引起或者至少是所激起的大量变异性，可是往往以如此不鲜明的方式进行，致使我们总想把变异认为是自发的。变异性受许多复杂的法则——相关生长、补偿作用、器官的加强使用与不使用，以及周围条件的一定作用等等所控制。要断定我们的家养生物已发生多大的变化是很困难的；可是我们可以稳妥地推断：变化量是大的，而且这些变化可以长时期地被遗传。只要生活条件不变，我们有理由相信，一种已经被遗传了许多世代的变化，可以继续被遗传几乎无限的世代。另方面，我们也有证据说，变异性一旦开始发生作用，在家养情况之下，便可在很长的时期内不停止。我们还不知道它在什么时候停止过，因为就是最古老的家养生物仍旧偶尔可以产生新变种。

变异性实际上不是人类引起的。他只是在无意中把生物放在新的生活条件之下，然后“自然”对其结构发生作用而引起它发生变异。可是人类能够选择并且确实选择了自然所给予的变异，从而依照任何需要的方式使之累积起来。这样，他便可以使动植物适合于自己的利益和喜好。他可以有计划地这样做，或者可以无意识地这样做，只是无意中把他认为最有用的或最喜欢的个体加以保存，而并未想改变品种。无疑，他通过在每一相继的世代中选择那些只有内行眼力才能辨识出来的微细的个体差异，就能够大大地影响一个品种的性状。这种无意识的选择过程曾是形成最特殊的和最有用的家养品种的一大因素。人类所育成的许多品种在很大程度上具有自然物种的性状，这一点已由许多品种究竟是变种还是本来不同的物种这一难以解决的疑问所表明了。

没有理由可以说在家养情况下曾如此有效地发生了作用的原理，为什么不能在自然状况下发生作用。由优异的个体和种群在不断发生的“生存斗争”中得到生存，我们看到一种强有力的和永远发生作用的“选择”的形式。一切生物皆依高的几何比例在增加，这就必然导致生存斗争。这种高速率的增加，可以用计算来证明，即用许多动植物在特殊季节的交替中以及在新区域驯化时的迅速增加来证明。生出来的个体比可能生存的为多。天平上毫厘之差，就可以决定哪一些个体将生存，哪一些将死亡，哪一些变种或物种将增加数目，哪一些将减少或者最后灭亡。同一物种的个体在各方面彼此进行最密切的竞争，所以它们之间的斗争往往也最剧烈；同一物种的变种之间的斗争也几乎同等地剧烈，其次则为同一属中的物种之间的斗争。另一方面，在自然等级上相差很远的生物之间的斗争也常常是剧烈的。某些个体不论在任何年龄或在任何季节，如能对它们与之竞争的个体稍占优势，或对周围的物理条件稍有较好适应，所差虽微，最终将会改变平衡。

在雌雄异体的动物，大多数情况是雄体之间为占有雌体而斗争。最强有力的雄体，或与生活条件斗争最成功的雄体，一般会留下最多的后代。不过往往由于雄体具有特别的武器或防护手段或诱惑力获得成功，稍微优异一点便可得到胜利。

地质学清楚地宣告了每一陆地都曾经过巨大的物理变迁，所以我们可望看到生物在自然界曾经发生变异，有如在家养情况下曾经发生变异那样。如果在自然界中已有任何变异，而谓自然选择未起作用，那真是不可解释的事实了。常有人主张变异量在自然界中是严格有限制的量，可是这种主张是无法证明的。人类的作用虽仅限于外部性状而且那常是难以预知作用的结果，却可以在短期内只由于将家养生物的个体差异累积起来而得到极大的结果。物种之有个体差异，是大家所承认的。除了个体差异外，一切自然学者更承认有自然变种的存在，这些变种有足够的区别而值得被载入分类著作中。在个体差异与细微变种之间，或显著的变种与亚种及物种之间，没有人曾划出任何明显的界限。在分离的大陆上，在同一大陆上被某种障碍物所隔离的不同区域内，以及在遥远的岛屿上，有许许多多的类型存在，某些有经验的自然学者把它们列为变种，另一些学者把它们列为地理族群或亚种，更有一些学者则认为是虽然不同但密切近缘的物种。

动植物既有变异，那么，不论其如何轻微与缓慢，只要此种变异或个体差异在任何方面是有利的，为什么不能经自然选择即适者生存而得到保存和积累呢？人类既能用耐心选择有益于自己的变异，那么，在复杂多变的生活条件之下，有益于自然生物的变异为什么不能经常发生并且被保存或选择呢？对于这种在长时期内发生作用并严格检查每一生物的全部体制、构造和习惯而取良弃劣的力量难道能加以什么限制吗？对于这种使每一类型缓慢且巧妙地适应于最复杂的生活条件的力量，我不能见到有何限制。即使我们仅看到这一点，自然选择学说也似乎是极为可信的了。以上我已将对方的难题和异议尽可能公正地加以复述了，现在让我们转向支持这个学说的特殊事实和论证。

根据物种只是性状极为显著且稳定的变种以及每一物种都首先作为变种而存在的观点，我们可以知道，为什么在平常设想由特别的创造行为产生出来的“物种”和公认为由第二性法则产生出来的“变种”之间，没有界限可定。根据同样的观点，我们又可了解，为什么在一个属的许多物种曾经产生出来而且现今很为繁盛的地区，这些物种必呈现有许多变种，因为在形成物种曾很活跃的地方，我们通常可以期望发现它还在进行，如果变种是初期物种，则情形确是如此。而且，提供较多变种或初期物种的大属内的物种，在某种程度上还保持着变种的性状，因为它们彼此间的差异量要比小的属内的物种之间为少。大的属内的密切近缘物种显然具有有限制的分布区，而且它们在亲缘关系上围绕着其他物种集成小的类群；这两方面都是和变种相似的。根据每一物种都是独立创造的观点，此等关系便很奇特，但如果每一物种都是首先作为变种而存在的话，那就可以理解了。

因为每一物种几乎都有依比例繁殖使数量过度增加的趋势；更因为每一物种的已变后代可因习性上和构造上更加多样化的程度，在自然体制中攫取许多大不相同的场所而得以增加其数量；所以自然选择经常趋于保存任何一个物种的最歧异的后代。因此，在长期不断的变化过程中，作为同一物种内变种特征的微小差异，便趋于增大而成为作为同一属内物种特征的较大的差异。新的改进了的变种必将排挤并消灭掉旧的、改进较少的中间性的变种。这样，物种在很大程度上就成了界限明确的分明的东西了。每一纲内属于较大类群的优势物种，都有产生新的优势类型的倾向，因此每一大的类群将更趋于增大，同时性状也将更趋于歧异。但是由于一切类群不能都这样继续增大，因为世界容纳不下它们，所以较优势的类群就战胜较为劣势的类群。这种大的类群继续增大以及性状上继续趋异的倾向，再加上不可避免的大量灭绝的事件，便可说明一切生物都是依群下分群进行排列，一切类群又都被归纳于少数始终占优势的大的纲。把一切生物都分类在所谓“自然系统”之下这个重大事实，根据特创论是全然不能解释的。

自然选择只能通过累积轻微的、连续的、有益的变异而发生作用，所以不能产生巨大的或突然的变化；它只能通过短且慢的步骤发生作用。因此，“自然界没有飞跃”这个趋向于为每次新增加的知识所证实的原则，根据这个学说是可以理解的。我们能够理解何以在自然界中可以用几乎无限多样的手段来达到同样的一般目的，因为每一种特点既经获得之后必能长期遗传下去，而且已经以许多不同方式变化了的构造，势必适应于相同的一般目的。总之，我们可以了解，为什么自然吝于革新而奢于变异。若说每一物种都是独立创造的，那么，为什么这应该是自然界的一个法则，便没有人能够解释了。

我认为，也可根据这个学说来解释许多其他的事实。多么奇怪：一种啄木鸟形状的鸟在地上捕食昆虫，很少或绝不游泳的高地的鹅具有蹼足，一种和鸫相似的鸟能潜水而取食水下昆虫，一种海燕具有适合于海雀生活的习性和构造，诸如此类，不胜枚举。但是根据以下的观点，即每一物种都经常力求增加数目，而且自然选择总是使每个物种的缓慢变异着的后代都适应于自然界中任何未被占据或占据得不牢的场所，上面的这些事实就不仅不足为奇，或者甚至是可以预料得到的了。

我们在一定程度上可以了解到整个自然界内怎么有这么多的“美”，因为这大都是由于选择作用所致。依据我们对美的观念，美并不是普遍的；看过某些毒蛇、某些鱼类以及某些丑恶得像扭歪人脸的蝙蝠的人，便觉此说之不谬。性选择曾给予雄体最鲜艳的色泽、优美的样式以及其他装饰物，有时也给予许多鸟类、蝴蝶和其他动物的两性。拿鸟类来讲，性选择往往使雄鸟的鸣声对雌鸟以及对人类都很悦耳。花和果由于鲜艳的色彩和绿叶形成醒目的对照，花因此容易被虫类看见、来访并授粉，种子因此得以被鸟类传布。至于某些色彩、声音和形状何以会为人类和低等动物所爱好，也就是说最简单形式的美感最初是如何获得的，我们并不知道，正如我们不知道某些气味与香味最初如何使人感觉愉快的问题一样。

只对其同居生物而言，自然选择的作用既由竞争而起，它使一个地区的生物得到适应和改良，所以当任一地区内的物种，虽然据通常的观点被假定是特别为适应于该地而创造的，却被外来的归化生物所击败和排挤掉，我们无须感觉到惊奇。如果自然界的一切设计，依我们的判断，并不是绝对完全的（即如人类的眼睛，尚且如此），或者有些且和我们的适宜观念全然不相容的，也不必引以为奇。如蜜蜂的刺，用以刺敌以后，会引起它本身死亡；大量雄蜂的产生，却仅为单纯一次交配，交配后即被其不育的姊妹们所屠杀；枞树的花粉之大量浪费；后蜂对于她自己的可育性女儿们具有本能的憎恨；姬蜂之取食于毛虫活体之内；以及其他这样的例子，都不足为奇。依据自然选择学说，真正奇怪的倒是没有发现更多的美中不足的例子。

据我们判断所及，控制产生变种的复杂而不甚明了的法则，和控制产生分明物种的法则是相同的。在这两种场合中，物理条件似乎发生了某种直接而确定的效果，不过我们不能说明效果的程度如何。这样，当变种进入任何一新地点以后，它们有时即获得该地点物种所特有的某些性状。使用和不使用，似乎对于变种和物种都产生相当大的效果。当我们看到以下的例子，就不可能反对此项结论，例如：呆鸭的翅不能飞翔，所处的条件几乎和家鸭的相同；穴地而居的栉鼠偶尔有瞎眼的；某些鼹鼠则经常是瞎眼的，眼上并有皮层遮盖着；栖居在欧洲与美洲的不透光的洞穴内的动物大多是瞎眼的。相关变异在变种和物种两者中，似乎也有重要的作用，因此当一部分已经变化，其他部分也必定会变化。久已失去了的性状，在变种和物种中都会偶尔重现。有如马属内若干的种和它们的杂种，有时在肩上和腿上忽有斑条出现，若依据特创论，将如何地难于解释！但我们如果相信此等物种都由具斑条的祖先所传衍而来，正如鸽的若干家养品种都由蓝色而有条纹的岩鸽所传衍而来的情形一样，那么，这一事实的解释又是如何地简单！

依照每一物种都是独立创造出来的普通观点，为什么种的性状（即同属物种彼此区别的性状）要比属的性状（即同属物种所共有的性状）更易于变异呢？例如一个属的任何一个种的花的颜色，为什么当其他的种都有不同颜色的花时，要比当一切的种都有同样颜色的花时，更易于发生变异呢？如果物种只是性状分明的变种，它们的性状已变得高度稳定，那么我们就能够理解这个事实。因为它们在从共同祖先分出之后，就已经在某些已成为彼此在种上相区别的性状上发生了变异，所以这些性状就又比毫无变化地遗传了一个很长时期的属的性状更易于发生变异。依照特创论，便不能解释在一个属的单独一个物种中，某一发育得异乎寻常因而我们自然地会设想对于该物种应有重大作用的器官，为什么明显地易于发生变异。但是根据我们的观点，这个器官在几个物种从一个共同祖先分出之后，已发生了异常分量的变异与变化，所以我们可以期望这个器官通常还继续变异。但是一个发育得异乎寻常的部分，像蝙蝠的翅，如果是许多从属的类型所共有的，也就是说，如果已经被遗传了很长时期，那么，也就不会比其他构造更多发生变异。因为在此场合下，它会由于长期连续的自然选择而变得稳定了。

试看本能，有的虽是奇特，但是根据连续的轻微但有利的变化的自然选择学说，也就不会比肉体的构造更难于解释。由此可以知道为什么“自然”是用渐进的步骤赋予同纲内的不同动物以几种本能的。我曾力图指明，梯级原理如何可使蜜蜂的可赞美的建筑能力得到说明。“习性”无疑地常在本能的变化中发生作用，但是并非必需，正如我们在中性昆虫事例中所看到的，它们并无后代可以遗传其长期继续的习性的效果。根据一切同属的物种都从一个共同祖先所传下并继承有很多共同性状的观点，便可了解何以近缘物种虽处于极不同的生活条件之下而仍保有几乎相同的本能。例如，何以南美洲温热两带的鸫类和不列颠的种一样，能将巢的内侧糊上泥土。依照“本能是经自然选择而徐缓获得”的观点，我们对于有些本能之并不完善，而易致错误，又有许多本能之常使其他动物受害，实无须惊奇了。

如果物种只是性状分明而稳定的变种，我们就立即可以看出为什么它们的杂交后代，在肖似亲体的程度和性质方面（如在继续杂交之后彼此可以融合，以及其他这类情况），和公认的变种的杂交后代一样，都遵循着同样的复杂法则。假使物种是独立创造而来的，变种是通过第二性法则产生的，那么，这种相似性便是奇异的事实了。

如果我们承认地质记录是极端不完全的，那么，记录所提供的事实便强有力地支持了伴随着变化的进化学说。新的物种是缓慢地在连续的间隔时期内出现的；不同的类群在相等的间隔时期之后所发生的变化量是很不相同的。物种与整个物种群的灭绝，在生物史上曾起过那样显著的作用，乃是自然选择原理几乎不可避免的结果，因为老的类型要被新的改进了的类型排挤掉。通常的世代链条一旦中断，则不论是一个单独的物种或成群的物种便都不能重现。优势类型的逐渐散布，加以它们后代的缓缓变化，使得生物类型在长久间隔时期之后，看来好像是在全世界范围内同时发生变化似的。每一地层内的化石遗骸在性状上都多少介于上下地层内的化石遗骸之间，这一事实可以简单地用它们是处于家系线链条的中间地位来说明。一切灭绝生物都能和一切近代生物分类在一起，这个重大事实是现存生物和灭绝生物都是共同祖先的后代的自然结果。因为物种在长期的进化和变化过程之中，在性状上通常是趋异的，所以我们可以理解何以较古代的类型，或每个类群的早期祖先，如此经常地处于多少介于现存类群之间的地位。近代类型在结构等级上整个说来通常被看作较古代类型为高，而且它们必须是较高级的，因为后起的改进了的类型在生存斗争中战胜了较老的、较少改进的类型，它们的器官通常也曾更为特化以适于不同的功能。这个事实与无数生物仍旧保持简单而仅稍改进的构造以适于简单的生活条件的事实是完全不抵触的；同样，与某些类型在家系的每一阶段中为了适应于新的、退化了的生活习性而在结构上已经退化的事实也完全没有矛盾。最后，近缘类型之长久存续于同一大陆上——有袋类于澳洲、贫齿类于美洲以及其他类似事实——的奇异法则都可得到解释，因为在同一地域之内，生存的和灭绝的生物由于家系的关系是有密切近缘的。

谈到地理分布，如果我们承认，在悠长的岁月中，由于以前的气候和地理变化以及许多偶然的和未知的传布方法，曾经发生过从世界的一部分到另一部分的大量迁移，那么我们根据伴随着变化的进化学说就能够理解分布上的大多数主要事实。我们可以理解为什么生物在整个空间内的分布和在整个时间内的地质演替呈现着显著的平行现象，因为在这两种情况中，生物都由通常的世代纽带所联系，变化的方法也是相同的。我们也理解了曾引起每个旅行者注意的奇异事实的全部意义，即在同一大陆上，在最多样化的条件下，炎热和寒冷时，在高山和低地上，在沙漠和沼泽里，每一大的纲内的生物大都是明显相关联的，因为它们都是同一祖先和早期移入者的后代。根据这个从前迁移的同一原则，伴以大多数场合下发生的变化，我们借助于冰期，就能理解在最远隔的高山上以及在南北两温带中的某些少数植物的同一性，和很多其他植物的密切近缘性，以及南北温带海内的某些生物，虽为全部热带海洋所隔，仍有密切的近缘性。两处地方的物理条件极相似，甚至适合于同一物种的要求，但彼此曾经完全隔离很久，我们就不必对其生物的大不相同觉得惊奇。因为生物与生物的关系是一切关系中最重要的，而且这两个地方在不同时期内，会从其他地方或相互之间接受不同比例的移居者，所以这两个地区的生物变化过程就必然是不相同的了。

根据以后起变化的这个迁移的观点，我们便能了解为什么在海洋岛上仅有少数的物种栖息着，而其中为什么有很多是特殊的，即特有的类型。我们很清楚地看到，为什么不能渡越辽阔海洋的动物类群——如蛙类和陆地哺乳类的物种不栖居在海洋岛上；另一方面，为什么能飞越海洋的蝙蝠类却常在远离大陆的海洋岛上被发现有新的和特殊的物种。海洋岛上之有蝙蝠的特殊种类存在，而没有一切其他陆地哺乳类，这些事实是独立创造学说所完全不能解释的。

依照伴随着变化的进化学说，在任何两个地域内有极近缘的代表性物种的存在，意味着同一亲体类型先前必曾栖息于该两地；而且，无论什么地方，如果有许多极近缘物种栖居在两个地域，我们就几乎一定还可以发现若干两地所共有的相同的物种。无论什么地方，如果有许多极近缘而不同的物种存在，那么属于该类群的可疑类型和变种也会同样地存在。每一地域内的生物必与移居者从之而来的最邻近的原产地的生物有关，这是一个具有高度普遍性的规律。我们在加拉帕戈斯群岛、胡安-斐南德斯群岛及其他美洲岛屿的几乎一切动植物与美洲大陆上的动植物的显著关系中，以及在佛得角群岛及其他非洲岛屿的动植物与非洲大陆上的动植物的显著关系中，都看到这一点。必须承认，这些事实决不是创造论所能解释的。

我们已经看到，一切过去的和现在的生物都可群下分群，在灭绝类群常介于现存类群之间的情况下，被安排在少数大的纲内，根据自然选择及其所引起的灭绝和性状趋异的学说，这一事实是可得到解释的。根据这些同样的原理，我们可以理解每一纲内的类型彼此间的亲缘关系为什么这么复杂而曲折。我们也可以理解为什么某些性状在分类上远比其他性状更为有用；为什么适应的性状，对生物虽极其重要，而在分类上却几无任何价值；为什么来自退化器官的性状，对生物虽无用途，而在分类上却往往价值很大；为什么胚胎的性状往往是一切性状中价值最大的。一切生物的真正的亲缘关系，与它们的适应性的类似相反，是取决于遗传或家系的共同性的。“自然系统”是一种依照谱系的排列，依所获得的差异的等级，用变种、种、属、科等名词来表示的。我们必须根据最稳定的性状去发现家系线，不论此等性状是什么，不论在生活上如何地不重要。

人的手、蝙蝠的翅、海豚的鳍、马的腿由相似的骨架组成，长颈鹿和象的颈部由同数的椎骨形成，以及无数其他的类似事实，根据伴随着缓慢的、轻微的、连续变化的进化学说，都立即可以得到解释。例如蝙蝠的翅和腿，虽用途如此不同而结构样式却相似；蟹的颚和足，花的花瓣、雄蕊和雌蕊，亦均如此，根据这种种器官或部分在各个纲内的早期祖先中原属相似而后来逐渐发生变化的观点，这些相似性也就大致可以解释了。根据连续变异不总在早的龄期发生，而且在相应的而不是更早的生命时期被遗传的原理，我们就可明了为什么哺乳类、鸟类、爬行类和鱼类的胚胎如此密切相似，而成体却又如此不相似。我们对于呼吸空气的哺乳类和鸟类的胚胎，竟具有必须依靠很发达的鳃以呼吸水中溶解空气的鱼类所具有的鳃裂和呈弧形的动脉相似，也不会感觉惊异了。

不使用，有时借自然选择之助，常常会使在变化了的习性或生活条件下变为无用的器官缩小；据此，我们便可知道退化器官的意义。但是不使用和选择通常是在每一生物已经长成并必须尽全力以从事生存斗争的时候，才对它发生作用，所以对于生命早期的器官影响极微。因此，器官在早的龄期内不致被缩小或成为退化的。例如，小牛从一个具有发达牙齿的早期祖先遗传的牙齿，但这些牙齿永不能突破上颌的齿龈；我们可以相信，成牛的牙齿，以前由于不使用而被缩小了，因为舌与颚或唇经自然选择已变得非常适于吃草，不再需要牙齿的帮助了；可是在小牛中牙齿未受到影响，根据以相应龄期遗传的原则，它们是从远古时期一直被遗传到今天。要是根据每一生物及其一切不同部分都是被特别创造出来的观点，带有鲜明的无用印记的器官，将是何等地完全不可理解。如胎牛的牙齿或许多甲虫在愈合翅鞘下的萎缩的翅，竟会如此经常发生。可以说，“自然”曾煞费苦心地利用退化器官以及胚胎的和同源的构造显示出它的变化设计，只是我们太盲目而不能理解它的意义。

现在，我已复述了完全令我相信的物种在悠长进化过程中曾经发生变化的事实和论据。变化的实现，主要是通过对无数连续的轻微而有利的变异进行自然选择；重要地借助于器官的使用与不使用的遗传效果；还有不重要的助力，即对于不论过去的或现在的适应构造的关系而言，通过外界条件的直接作用，以及通过在我们的无知中看来是自然发生的变异。看来，我以前是低估了在自然选择以外还能引起构造上永久变化的自发变异的频率与价值。但是，由于我的结论近来曾被误传很甚，竟说我把物种的变化完全归因于自然选择，所以请让我说明，在本书的第一版以及其后各版中，我曾在最显著的地位，即在导言的结尾写了下面一句话："我确信自然选择是变异的最重要的、但不是唯一的途径。"这话并未发生效果。顽固的误解力量是大的，但是科学的历史表明，这种力量幸而不会长久延续。

几乎不能设想，一种谬误的学说会像自然选择学说那样给予上面所详述的几大类事实以这样圆满的解释。近来有人反对说，这是一种不稳妥的论证方法。但这是用来判断生活上普通事件的方法，而且是最伟大的自然哲学家们经常使用的方法。光的波动理论，就是这样得来的；地球绕其中轴旋转的信念，可说至今尚难有直接的证据。要说科学对于生命的本质或生命的起源这样更高深的问题至今尚无解释，这并不是有力的异议。谁能说明什么是地心吸力的本质呢？可是现在没有人反对遵循这个未知的吸力因素所得的结果，尽管莱布尼兹以前曾谴责牛顿，说他引"玄幻之质与奇迹到哲学里来"。

我想不出足够的理由，为什么本书所提出的观点会震动任何人的宗教感情。为了说明这类印象是如何之短暂，只要记起人类空前的最伟大发现，即地心吸力法则也曾被莱布尼兹攻击为"自然宗教的以及推理而论也是天启宗教的颠覆者"就够了。一位有名的作者兼神学者写信给我说，他"已逐渐地弄清楚：相信'神'创造了少数能自己发展为其他必要类型的原始类型，与相信'神'需要新的创造行为以补充因'神'的法则作用所引起的空虚，同样都是崇高的'神'的观念"。

可以问，为什么直到最近，差不多所有在世的最著名的自然学者和地质学者都不相信物种的可变呢？不能断言生物在自然状况下不发生变异；不能证明在悠长岁月的过程中变异量有什么局限；在物种与性状显著的变种之间没有或者不能划出一条明显的界限；不能坚持物种杂交时必然是不育的，而变种杂交时必然是可育的；或者坚持不育性是创造的一种特殊禀赋和标志。只要把世界的历史看成是短期的，那就几乎难免要相信物种是不变的产物；现在我们既对过去的时间已经获得某种概念，那就未便无根据地去设想地质的记录是如此完全，以致如物种曾有变异，就会提供出物种变异的显明证据。

我们之所以自然地不愿意承认一个物种曾产生其他不同的物种，其主要原因乃在于我们对于巨大的变化在不知其经过步骤情况下，总是不敢贸然承认。同样，当莱伊尔最初提出主张，认为长列的内陆岩壁的形成和巨大的山谷的凹下都是由于我们现在还看到依然在发生着作用的动力所致，那么多的地质学者都觉得难以承认。即使对一百万年这个词，人的心力已不能掌握其全部意义；而对于许多微小变异在几乎无限的世代中累积起来所得到的全部效果，更不能靠点滴累加而感知。

我虽然完全确信本书以摘要形式所提出的各项观点的真实性，但绝不期望能说服那些有经验的自然学者，他们的头脑已装满了在长期岁月中用与我的观点直接相反的观点所观察到的大量事实。把我们的无知隐蔽在“创造的计划”、“设计的一致”之类的论调下，这并不难；把只是重叙事实认为是已作出了一种解释，也很容易。不论何人，只要他的性格使得他对于尚未解释的难题比对于许多事实的解释看得更重，就必然要反对这个学说。少数头脑不固执并已开始怀疑物种不变的自然学者可以受到本书的影响；然而我满怀信心地展望未来，期望着年轻的新起的自然学者，他们将会不偏不倚地观察这个问题的两方面。已被引导相信物种可变的人，如能如实地表达他的信念，就已有了贡献。因为只有如此，才能把这个主题所受到的偏见的包袱解除掉。

有几位著名的自然学者最近曾发表他们的信念，认为在每一属内都有很多公认的物种并不是真实的物种，但认为其他物种才是真实的，即被独立创造出来的。我觉得这是得到了一种奇怪的结论。他们承认许多直到最近还被他们自己认为是特别创造出来的——而且大部分自然学者也仍然这样看的——因而具有真实物种的一切外部特征的类型，是由变异产生的，但是他们拒绝把这同一观点引申到其他稍有差异的类型。虽然如此，他们并不假装他们能确定或者即使猜测哪些是被创造出来的生物类型，哪些是由第二性法则所产生出来的生物类型。他们在某一场合，承认变异是真实原因，在另一场合，却又断然拒绝，而又不指明这两种场合有何区别。我想将来必有一天，人们会举出这个事实用来说明盲目坚持的一个奇怪的例子。这样的学者，似乎视奇迹般的创造行为并不比普通的生殖为奇。但是，他们是否真正相信在地球历史的无数时期内，曾有某些元素的原子突然被命令瞬间变为活的组织？他们相信在每次假想的创造行为中都有一个个体或许多个体产生出来吗？那种类不可计数的动植物在被创造出来的时候究竟是卵或种子，还是完全长成的成体呢？拿哺乳类来讲，它们在被创造时就带有从母体子宫取得营养的假标记吗？当然，相信只出现或创造少数生物或仅某一种生物的人，是不能回答某些这类问题的。有的学者主张相信创造一种生物和相信创造百万种生物是同样容易的。可是莫伯丘的"最小行为"的哲学格言引导着思想更愿意承认较小的数目。当然我们不应相信每一大的纲内的无数生物在创造出来时就具有明显而欺人的从一个祖宗下传而来的标记。

我在前面几节以及在其他地方曾保留几句表示自然学者们相信各物种都是分别创造出来的话，这不过是作为事物以前状态的记录，但却因这样表达意见而大受责难。其实在本书初版出来的时候，一般的信念确是如此。我以前曾和许多自然学者谈论过进化的问题，可是从没有一次得到过任何同情的赞许。可能在那时候有几位确已相信进化的人，但是他们或者保持缄默，或者含糊其辞而使人不易领会他们的意思。现在，情形完全改变了，差不多每一位自然学者都承认伟大的进化原理。虽然如此，还有一些人仍然认为物种曾由完全不可解释的方法而突然产生出新的完全不同的类型来。但正如我已力图说明的，能够提出有力的证据反对承认巨大而突然的变化。从科学的观点讲，为进一步的研究着想，相信新的类型以不可解的方法从旧的十分不同的类型突然发展出来，较之相信物种由尘土创造出来的旧信念，几乎没有什么进步之处。

或者有人会问，我要把物种演变的学说引申到什么程度。这个问题是难于答复的，因为我们所考虑的类型彼此差异越大，有利于家系一致性的论证的数量就越少，力量也越小。可是有些最有力的论证可以引申得很远。整个纲内的一切成员都由亲缘关系的链环联系在一起，一切都可根据同一原理群下分群地被分类。化石遗骸有时倾向于把现存的目之间的巨大空隙填补起来。

退化状态下的器官清楚地说明早期祖先曾有完全发达状态的这种器官，而且在有些情况中，这意味着后代中已有巨大的变化。在整个的纲内，各种构造都依同一样式而形成，而且早期的胚胎彼此密切相似。因此，我不能怀疑伴随着变化的进化学说是把同一个大的纲或界的一切成员都包括在内的。我相信动物至多是从四五种祖先传衍而来，植物是从同样数目或更少的祖先传下来的。

依此类推，使我更进一步相信，一切动植物都是从某一个原始祖型传下来的。但是类推方法有时不免导入错误的途径。虽然如此，一切生物还是具有许多共同之点，有如化学成分、细胞构造、生长规律、对有害影响的感应性。我们甚至在极小的事实中亦可看到这点，例如，同一毒质常同样地影响各种动植物，瘿蜂所分泌的毒汁能使野玫瑰或橡树产生畸形生长。或许除了某些最下等等的生物，一切生物的有性生殖似乎本质上都是相似的。在一切生物中，据目前所知，胚胞是相同的，所以一切生物都是从一个共同的根源开始的。如果我们甚至看一下两个主要类别，即动物界和植物界，某些低等类型在性状上是如此位于中间，致使自然学者在争辩它们究竟应属于哪一个界。正如阿沙·葛雷教授所说："许多下等藻类的孢子和其他生殖体，可以自称初时具有特征性的动物生活，其后具有毫不含糊的植物生活。"所以，根据伴随着性状趋异的自然选择的原理，动物和植物可以从某一此等低等中间类型发展出来，似乎是可以相信的。如果我们承认此点，我们必须同样地承认，地球上曾经生存的一切生物都可从某一个原始类型传衍下来。不过这种推论主要是根据类推方法，是否被接受是无关紧要的。无疑可能的是，像刘惠斯先生所主张的，在生命的肇始时期就有许多不同的类型发生。但若果真如此，则我们可以断定，只有极少数的类型曾遗留下变化了的后代。因为正如我最近关于每一大界，例如脊椎动物、节肢动物等的成员所说的，在它们的胚胎构造、同源构造、退化构造中，我们有显明的证据可以证明，每一界里的一切成员都是从单独一个祖先传下来的。

我在本书内所提出的和华莱士先生所主张的观点，或者有关物种起源的类似观点，一旦普遍地被采纳以后，我们就可以隐约地预见到在自然史中将起重大的革命。分类学者将能和目前一样地从事劳动；可是他们不会再被这个或那个类型是否是真实物种这个疑影所不断纠缠。依我的经验而言，我确信这将不是微不足道的解脱。约五十种的英国悬钩子是否为真实物种这个无休止的争辩也可告结束。分类学者只要决定（这点也并非容易）任何类型是否足够稳定并与其他类型区别开来而可给予定义；如果能下定义，再决定差异是否足够重要而值得立一个种名。这后一项考虑将远比它现在情况更为重要；因为大多数自然学者，对于两个类型的差异，不管如何轻微，只要没有中间梯级使之混淆，便认为两个类型都足以把它们提到种的等级。

此后，我们将不得不承认，物种和显著变种的区别只在于后者在目前已被知道或被相信有中间梯级相联系，而物种则在以前曾有这样的联系。因此，在不拒绝考虑任何两个类型之间目前存在着中间梯级的情况下，我们对于它们之间的实际差异量，将给予更仔细地衡量和更高度地评价。目前公认为只是变种的类型，此后十分可能被认为值得给以种名。这样，科学语言和普通语言就将一致了。简言之，我们必须用自然学者们对待属那样的方式来对待种，他们认为属只不过是为了方便而做出的人为组合。这也许不是一种可喜的展望，但是我们至少可以不再枉费心机去探索物种这一名词之未发现与不能发现的本质了。

自然史上其他更普通的部门在兴趣上将大大地提高。自然学者所用的名词，如亲缘关系、关系、形式的同一性、父系、形态学、适应的性状、退化器官及不发育器官，等等，将不再是隐喻的，而将有明显的意义。当我们不再把生物像未开化人把船看作是某种完全不可理解的东西的时候；当我们把自然界的每一产物都看作是一种具有悠久历史的东西的时候；当我们把每一种复杂的构造和本能都看作是许多各有利于拥有者的机巧的综合，正如任何伟大的机械发明都是无数工人的劳动、经验、理智甚至错误的综合的时候；当我们这样观察每一生物的时候，自然史的研究，以我的经验而言，将会怎样地更饶有兴趣！

在变异的原因与法则、相关作用、使用与不使用的效果、外界条件的直接作用等等方面，一片广大而尚无人迹的研究领域将被开辟。家养生物的研究在价值上将大大提高。人类育成的一个新品种，较之在无数已记载的物种中加上一个物种，将是更为重要且更富有兴趣的研究课题。我们的分类将成为尽它们所能被完成的那样按谱系的，那时它们将真正显示出所谓“创造的计划”了。当我们有一确定目的时，分类的规则无疑将趋于简单。我们没有宗谱或纹章，我们必须用各种长期遗传下来的性状去发现和探索我们自然谱系上的许多分歧的家系线。退化器官可以确实无误地表示出久已失去的构造的性质。被称为异常、也被富于幻想地叫做活化石的物种或物种群，将帮助我们构成一幅古代生物的图画。胚胎学往往会给我们揭露出每一大的纲的原始类型的构造，只不过多少有点模糊而已。

当我们能够确定同一物种的一切个体以及大多数属的一切近缘物种，都曾在一个不很遥远的时期内从一个祖先传下来，而且从某一个发源地迁移出来的时候；当我们更好地了解许多迁移的途径的时候，而且根据地质学目前所暴露的以及将来继续暴露的以前的气候变化和地平面变化，我们必将能够令人高兴地找出全世界生物从前的迁移情况。即在今日，通过比较一个大陆相对两边海洋的生物的差异，以及该大陆上各种生物与它们明显的移入途径有关的性质，也多少有助于说明古代地理状况。

地质学这门高尚的科学，由于地质记录极端不全而损失了光彩。埋藏有遗骸的地壳不应被看作是一个很充实的博物馆，而仅仅是一个在偶然的时间和稀疏的空间所得的贫乏的收藏而已。应当把每一大的含有化石的堆积地层看作是需要依靠难得的有利环境的存在；应当把连续时期之间的空白间隔看作是极长期的。通过比较前后的生物，我们将能多少可靠地估计这些间隔的持续时间。当我们试图根据一般的生物演替，把两个并不含有许多相同物种的地层严格的划为同一时期时，必须慎重。因为物种的产生与灭绝是由于作用缓慢的并至今仍然存在的原因，而不是由于奇迹般的创造行为；因为生物变化的一切原因中，最重要的是与改变了的或者突然改变了的物理条件无关；而是生物与生物间的相互关系——一种生物的改进会引起别种生物的改进或灭亡；所以，连续地层的化石中的生物变化量，或许能用作测定相对的但不是实际的时间过程的一个标准。虽然如此，许多物种保持在一集体之内时可以历久不变，而在同时期内，其中若干物种可以因迁入新地并和外地的同栖者进行竞争而发生变化。因此我们不必过高地估计生物变化作为时间标准的精确度。

我看到了将来更为重要的广阔的研究领域。心理学将稳固地建立在斯宾塞先生已充分奠定的基础上，即每一智力和智能必由梯级途径获得。人类的起源和历史也将由此得到许多启示。

最卓越的作者们似乎完全满足于每一物种曾被独立创造的观点。我却认为，与我们所知道的“造物主”在物质上打下烙印的法则更为符合的，乃是世界上过去和现在生物的产生与灭绝实基于第二性的原因，同决定个体之生与死的原因一样。当我把一切生物不看作是特别创造物，而看作是远在寒武纪最早地层沉积以前就生活着的某些少数生物的直系后代时，我觉得它们是变得高贵了。根据过去的经验来判断，我们可以稳妥地推论，没有一个现存的物种会把它的未改变的外貌传到富有变化的未来，而且现存的物种中很少会把任何类的后代传到极遥远的未来。因为从一切生物分成类别的方式看来，每一属中的大多数物种以及许多属中的一切物种都不曾留下后代，而是已经完全灭绝了。展望将来，我们可以预言，在每一纲内属于较大的优势类群的那些普通的、分布广的物种，将最后得到胜利并产生新的优势物种。既然一切生存着的生物类型都是远在寒武纪以前生存过的生物类型的直系后代，我们便可确信，通常的世代演替从没有一次中断过，没有任何激变曾使整个世界变成荒芜。因此，我们可以多少有把握地展望一个久远的、安全的未来。而且自然选择只是根据并且为了每个生物的利益而工作，所以一切肉体上和精神上的禀赋都将继续进步以趋于完善。

注视着一个纷繁的河岸，植物丛生遮覆，群鸟鸣于灌木，昆虫飞舞上下，蠕虫爬过湿地。默想一下这种种构造精巧的类型，彼此这样不同，而又以如此复杂的方式相互依存，却都是由于在我们四周发生着作用的法则所产生，岂不十分有趣！这些法则，就其最广泛的意义而言，乃是伴随着生殖的“生长”，几乎包含在生殖内的“遗传”，由生活条件的间接与直接作用以及由使用与不使用所引起的“变异”，足以导致“生存斗争”并从而导致“自然选择”，且使“性状趋异”及改进较少类型“灭绝”的“增殖率”。这样，从自然界的战争，从饥馑和死亡，我们能够想象得到的最远大的目的，即高等动物的产生，便直接随之而达到。认为生命及其若干能力最初是由“造物主”注入少数类型或一个类型的，而且在这个行星按照既定的引力法则继续运转的时候，无数的最美丽的和最奇异的类型曾经并正在从如此简单的开端演化而来，这种观点是颇有些壮丽的。

译名对照表（部分）

人　名

A

阿多夫·穆勒 Adolf Müller
阿加西 Agassiz
阿克巴可汗 Akber Khan
阿沙·葛雷 Asa Gray
阿扎拉 Azara
奥杜邦 Audubon
奥根 Oken

B

巴宾顿 Babington
巴拉斯 Pallas
巴朗德 Barrande
巴契尼 Pacini
巴特雷特 Bartlett
白莱斯 Brace
白朗西卡 Brown-Séquard
鲍罗 Borrow
鲍威尔 Powell
贝克莱 Berkeley
贝克威尔 Bakewell
毕克推 Pictet
边沁 Bentham

D

E

F

G

H

赫倍托 W. Herbert
赫恩 Hearne
赫龙 Heron
赫仑荷兹 Helmholtz
赫维特 Hewiet
赫谢尔 Herschel
赫胥黎 Huxley
黑尔福德 Hereford
黑克托 Hector
亨生 Hensen
亨斯罗 Henslow
洪堡 Humboldt
华德豪斯 Waterhouse
华尔许 Walsh
华格纳 Wagner
华莱士 Wallace
华生 H. C. Watson
淮曼 Wyman
霍夫曼斯特 Hofmeister
霍克 Hooker

J

杰尔未 Gervais
居维叶 Cuvier

K

卡得法奇 Quatrefages
卡彭特 Carpenter
柯林斯 Collins
柯普 Cope
科尔勒托 Kölreuter
克尔俾 Kirby
克拉巴雷德 Claparède
克莱文 Craven
克卢格 Crüger
克罗尔 Croll

L

拉德克利夫 Radcliffe
拉菲奈斯克 Rafinesque
拉马克 Lamarck
拉姆塞 Ramsay
拉塞班特 Lacepède
莱布尼兹 Leibnitz
赖脱 Wright
兰开斯托 Lankester
勒谷克 Lecoq
勒罗亚 Leroy
雷蒙 Ramond
李却逊 Richardson
李温士敦 Livingstone
刘惠斯 Lewes
卢布克 Lubbock
鲁卡斯 Lucas
伦德 Lund
伦格 Rengger
罗干 Logan
罗觉斯 Rogers
罗克武德 Lockwood
罗莱 Rowley

萨尔德 Salter

萨尔文 Salvin

萨其莱 Sageret

塞治威克 Sedgwick

色魏兹 Thwaites

沙夫霍生 Schaaffhausen

沙赫特 Schacht

莎伦霍芬 Solenhofen

圣范桑 St. Vincent

圣提雷尔 Geoffroy Saint-Hilaire

施惠斯兰 Swaysland

施雷格尔 Schlegel

施密特 Smitt

斯宾塞 Spencer

斯科斯俾 Scoresby

斯密斯 Smith

斯泼林格尔 Sprengel

苏麦维尔 Somervilles

T

泰盖迈尔 Tegetmeier

泰托 Tait

汤卜逊 Thompson

汤姆斯 Tomes

唐宁 Downing

特劳朝德 Trautschold

特利门 Trimen

图雷 Thuret

屠恩 Thouin

脱拉夸 Traquair

W

万纳义 Veneuil

威尔登 Wealden

威尔斯 W. C. Wells

微耳和 Virchow

韦泰克 Whitaker

翁格 Unger

吴拉斯吞 Wollaston

武德瓦德 Woodward

X

西利曼 Silliman

西门 Seemann

希白莱特 Sebright

希得白朗 Hildebrand

希尔琴杜夫 Hilgendorf

希耳 Heer

希克斯 Hicks

喜华德 Schiödte

Y

雅雷尔 Yarrell

亚里士多德 Aristotle

尤亚脱 Youatt

约翰斯吞 Johnston

Z

朱克斯 Jukes

朱西厄 Jussieu

地　名

A

爱斯基摩 Esquimaux

安达曼 Andaman

安格尔西 Anglesea

奥克兰 Auckland

B

巴拉圭 Paraguay

百慕大 Bermuda

波希米亚 Bohemia

C

查塔姆 Chatham

D

得封郡 Devonshire

德塞塔什 Desertas

都伦 Turan

F

法汉姆 Farnham

法罗群岛 Faroe Islands

弗吉尼亚 Virginia

福克兰 Falklands

G

格拉斯哥 Glasgow

格陵兰 Greenland

圭亚那 Guiana

H

火地岛 Tierra del Fuego

J

加得纳 Gardner

加拉加斯 Caracas

加拉帕戈斯群岛 Galápagos Archipelago

K

喀麦隆 Cameroon

卡尼俄拉 Carniola

卡兹基尔 Catskill

科迪勒拉 Cordillera

科摩林角 Cape Comorin

肯塔基 Kentucky

L

拉布拉多 Labrador

拉普拉塔 La Plata

里约热内卢 Rio de Janeiro

立陶宛 Lithuania

M

马德拉 Madeira

马来群岛 Malayan Archipelago
马六甲 Malacca
毛里求斯 Mauritius
美利翁内斯郡 Merionethshire
密西西比 Mississippi

S

撒克逊 Saxony
萨利 Surrey
斯堪的纳维亚 Scandinavia
斯塔福德郡 Staffordshire

T

塔斯马尼亚 Tasmania

X

西拉 Silla
西西里 Sicily
小笠原 Bonin

Y

亚速尔岛 Azores
伊朗 Iran
伊利诺伊州 Illinois
约克郡 Yorkshire

动物名

A

獒 Mastiff

B

巴巴鸽 Barb
巴儿狗 Pug dog
霸鹟 Saurophagus sulphuratus
斑驴 Quagga
斑面鸽 Spot
倍拉鹱 Puffinuria berardi
比喳喳鼠 bizcacha
伯来尼长耳狗 Blenheim spaniel

C

叉棘 Pedicellariae
长耳狗 Spaniel
长尾猴 Cercopithecus
长吻鳁鲸 Balaenoptera rostrata
长嘴跑狗 Grey-hound
巢鼠 Mus messorius
槌鲸 Hyperoodon bidens
刺海胆属 Echinus
刺豚鼠 Agouti

D

大懒兽 Megatherium
大蕈虫科 Erotylidae
呆鸭 Micropterus
袋狸 Bandicoot
袋熊 Phascolomys
单虫体 Zooid
电鳗 Gymnotus
电鳐 Torpedo
鲽 Flounder
洞鼠 Neotoma
短面翻飞鸽 Short-faced tumbler
短腿羊 Ancon sheep
铎金鸡 Dorking fowl

F

凤颈鸽 Jacobin
浮羽鸽 Turbit

G

㹴 Terrier
关节动物 Articulata
管鼻鹱 Fulmar petrel

H

海豆芽 Lingula
海马属 Hippocampus
海雀 Auk
海豕 Halitherium
海燕 Petrel
海萤属 Cypridina
河狸 Beaver
河乌 Water-ouzel
褐牛鸟 Molothrus badius
褐蚁属 Myrmica
黑蝾螈 Salamandra atra
黑蚁 F. fusca
红足石鸡 Caccabis rufa
胡桃蛤 Nucula
壶蚁 Myrmecocystus
黄蚁 F. flava

J

鸡属 Gallus
激牛狗 Bulldog
极乐鸟 Birds of paradise
棘皮动物 Echinodermata
鹡鸰 Wagtail
骞驴 Koulan of Pallas
鲛齿鲸 Squalodon
角镖水蚤属 Pontella
介壳虫 Coccus
鲸目 Cetacea
锯海燕 Prion

L

喇叭鸽 Trumpeter
雷斯忒羊 Leicester sheep

离角蜂虻属 Cytherea
椋鸟 Starling
猎狐狗 Foxhound
龙虱 Dytiscus

M

盲步行虫属 Anophthalmus
盲螈 Proteus
猫猴 Galeopithecus
美颌龙 Compsognathus
美利奴绵羊 Merino sheep
美洲肺鱼 Lepidosiren
美洲鸵 Rhea
膜胞苔虫 Lepralia
磨齿兽 Mylodon
貘 Tapir

N

南乳鱼 Galaxias attenuatus
泥蜂 Sphex
牛鸟属 Molothrus

P

鸊鷉 Grebe
平原鴷 Colaptes campestris
泣海牛 Lamantin

Q

蜣螂 Ateuchus
球胸鸽 Pouter
驱逐蚁 Anomma
鼩鼱 Sorex

R

绒鼠 Bizcacha
儒艮 Dugong
乳齿象 Mastodon

S

三角蛤属 Trigonia
三叶虫类 Trilobites
三趾鹑 Quail
三趾马 Hipparion
三趾长颈兽 Macrauchenia
扇尾鸽 Fantail
麝鼠 Muskrat
虱蝇属 Hippobosca
石鳖 Chiton
石䳭 Whinchat
食虫兽 Insectivora
水貂 Mustela vison
水豚 Capybara
四甲石砌 Ibla
四甲藤壶 Pygoma
穗䳭 Wheatear

T

鳎 Sole

苔藓虫 Polyzoa

湍鸭 Merganetta

W

弯腿狗 Turnspit dog

腕足类 Brachiopod shells

猬团海胆属 Spatangus

蜗牛 Helix pomatia

无翼鸟 Apteryx

X

细蜂属 Proctotrupes

象鼻虫 Curculio

小唇沙蜂 Tachytes nigra

小松鸦 Garrulus cristatus

笑鸽 Laughter

械齿鲸 Zeuglodon

新斑蝶 Ithomia

血猎狗 Blood-hound

血蚁 Formica sanguinea

Y

鸭嘴兽 Ornithorhynchus

蚜属 Aphis

岩鸫 Rock-thrush

靥甲 opercular valves

羊驼 Guanaco

摇蚊 Chironomus

野鸽 C. oenas

野生鸡 Gallus bankiva

野岩鸽 Columba luvia

贻贝 Mussel

意大利种蜜蜂 Ligurian bee

隐角蚁 Cryptocerus

印齿兽 Typotherium

英国信鸽 English Carrier

鹦鹉螺 Nautilus

瘿蚊 Cecidomyia

庸鲽 Hippoglossus

有孔虫类 Foraminifera

原鸽 Columba（livia）intermedia

圆口螺 Cyclostoma elegans

Z

侦察狗 Setter

植虫 Zoophyte

竹节虫 Ceroxylus laceratus

植物名

B

白三叶草 Trifolium repens

半日花属 Helianthemum

变形半日花 Helianthemum mutabile

C

长筒紫茉莉 Mirabilis longiflora

长叶文殊兰 Crinum capense

川续断属 Dipsacus

刺菜蓟 Cardoon

D

大红罂粟 Papaver bracteatum

对花蒲包花 Calceolaria Plantaginea

F

肥皂草 Saponaria officinalis

G

高蓟 Tall thistle

灌木蒲包花 Calceolaria integrifolia

H

红花属 Carthamus

红三叶草 Trifolium pratense

花椒属 Zanthoxylum

花楸属 Sorbus

花荵科 Polemoniaceae

喙花族 Rhinanthideae

J

寄生石砌属 Proteolepas

尖叶烟草 Nicotiana acuminata

金合欢属 Acacia

金鱼草族 Antirrhinideae

菊芋 Jerusalem artichoke

K

苦爹菜 Helosciadium

盔唇花属 Coryanthes

L

莲花 Nelumbium

M

马利筋属 Asclepias

麦瓶草属 Silene

毛蕊花属 Verbascum

墨西哥半边莲 Lobelia fulgens

N

南斯梯斯属 Cnestis

人类和动物的表情

达尔文　原著
曹　骥　原译
李绍明　校订

《人类和动物的表情》导读

詹姆斯·D. 沃森

《人类和动物的表情》（以下简称《表情》）是达尔文关于进化论的最后一本书，大约也是他所有著作里面酝酿最长久的一本。该书出版于 1872 年，但达尔文在导言里说，他从 1838 年起就开始思考这一课题了。

很有可能，是达尔文与火地人的遭遇肇始了他对这一课题的兴趣。达尔文说，那些人跟文明人之间的差别让他震惊。他描述道，他们“是一些最低等、处于最野蛮状态的人”，而“对我们来说，他们的手势和表情……比家养牲畜的还难于理解。”

在先前的著作里，达尔文有力地证明，“物种都是从其他较低等形态嬗递而来。”他写作《表情》一书的宗旨，就是要进而探索表情的原因或起源。

> 很有可能的是，用某些动作来表情的习惯，虽然现在是与生俱来的，当初却是以某种方式逐渐获得的。要想找出这种习惯是如何获得

的，其复杂程度亦不低。整个课题应以一种新的角度去观察，每种表情都需要有个合理的解释。这种信念促使我尝试本书的习作，不管它写得是多么不够完善。

按照自己的习惯，达尔文花费多年去积累广泛的相关资料。在研究过程中，他曾求助于查尔斯·贝尔的经典著作《表情的解剖和生理》，那本书出版于1806年。（贝尔还写了一本题为《手的机制及其重要禀赋——设计的证明》。那是布里奇沃特论文集的一种，认为人体某些部分比如眼睛和手的完善，使得一个设计者——上帝，成为必要。）达尔文不满于贝尔的结论。他不像贝尔那样，认为只有人类才被创造了这些表达最高等情感所必需的肌肉。相反，达尔文觉得，人的情感，像他的躯体一样，也是进化的产物，跟在动物身上观察到的类似表情有着共同的渊源。他在是书导言中写道：

人的一些表情，如在极度恐怖下的头发竖直，或在狂怒时的张唇露齿，除非相信人类过去曾在低级的兽样状态下存在过，否则是无法理解的。在有区别但有关联的物种之间，某些表情有共同性，如在发笑时人和多种猿猴是一些相同的面部肌肉在动，如果我们相信他们源出于一个共同祖先，这就变得更好理解了。那些在大体上承认动物的构造和习性都是逐渐演变来的人，就会以一种新的、有趣的眼光去看待表情这整个课题了。

校改完《人类由来》清样、退还出版商之后仅过了两天，达尔文便开始本书的写作。多年来积累的大量笔记，这时候任他驱遣自如。这些笔记中有些是关于自己家人的。达尔文很高兴密切观察几个小达尔文的成长。关于威廉和丹妮他记了长篇大论的笔记。还在威廉四个月大的时候，达尔文就“发出许多怪声，也作了许多鬼脸，尽力显出野蛮的样子来；可是，除了那些太大的声响，其他全都被当作好意的玩闹，那些鬼脸也是一样。”

这个达尔文，跟我们从晚年画像里想象的那个达尔文，性格是多么不同啊！好像整个唐恩老屋的人全都卷入他的项目，就连小㹴狗泡利都不例外。泡利本来属于达尔文的第二个孩子亨利埃塔。（亨利埃塔在达尔文的科学事业中扮演了重要角色，帮他做研究，尤其重要的是编校他的著作。）泡利直到亨利埃塔结婚才离开唐恩老屋，它的照片在《表情》初版里亮相，作为犬类被提起兴趣时通常采取的姿态的例证。

在其他项目里，达尔文早就用过问卷法，这一次自然故伎重施。他设计好一份用来调查非欧洲人的问卷，于1867年散发。还有些其他问题，这些达尔文在《表情》一书中有所举例。其中一个是：大笑能否达到眼里出泪的极端？问卷散发极广，从英属哥伦比亚纳斯河流域的Atnah人和Espyox人部落，到南非的卡菲尔人和芬哥人部落，当然也发到离家门口更近处。达尔文还征求外科医生詹姆斯·佩吉特爵士的帮助，请教他麻醉后的病人会不会脸红。

· · ·

像往常一样，达尔文也做实验。法国医生吉劳姆·杜欣（也是他描述了那种以他命名的遗传性病症——杜欣氏肌肉营养障碍）一直在探究面神经损伤病人的面部肌肉对电刺激的反应。达尔文使用杜欣这些显示人为引发表情的照片，是要看是否不同的人会把同一幅照片归于同样的表情。《表情》初版使用了大量的杜欣照片（只有一幅，即图片III中的图8，显示的是杜欣所用的电极）。达尔文也使用一个演员，让他作出种种姿态来图解各种表情，拍成照片，刊发在初版里。因有这些照片，这本书的初版实在好看。从没有任何著作使用过这样的照片。书的影响力因之大增，当然，这些照片成本不菲，达尔文的收入因之有所减少。尽管如此，它们仍是非常重要的。这本书销路很好。它的话题是每个人都有兴趣的，而融入书中的那些趣闻轶事和新奇的照片，也有助于书的成功。

书中，达尔文质疑了认为上帝为人类保留了表情语言的那种俗见。他说，事情不是这样。人的表情，是由动物的表情和行为，通过自然选择发展而来的。在他先前的几种著作里，达尔文早经表明，对于人类起源最令人信服的解释，莫过于认为那是通过了自然的使因：是进化通过了自然选择作用造成的结果；于是，他又极其令人信服地显示，那些长期以来被认为专属于人类的特征，乃是从动物的类似特征派生而来。所有有机体都有联系，这一事实，至今还让我思之敬畏，就像小时候在芝加哥菲尔德博物馆里眼盯着展品体验到的敬畏之感一样，丝毫未减。

· · ·

达尔文对于我们世界观的贡献是压倒性的。尽管有时候感觉不到，但他的著作还是有助于改变我们对于世界的看法：从一个一旦创造就永远如此的世界，变成了一个无处不在变化的世界。曾几何时，古人还相信，永远不变的苍穹是神创的证明。现在我们知道，天穹也在变化，超新星爆炸，新的星辰从星际尘埃创生。18 世纪化学家认为，原子是不可分割、不可毁坏的成分。而今，我们已经可以随意地创造原子并毁灭它们。19 世纪生物学家认为，有生世界奇妙的多样性是造物主仁慈的反映；现在我们知道，每一种有机体都有一个长久的、不断变化的历史，而只要地球上还存在生物，进化和自然选择就将继续在我们的世界中起作用。

直到现在，我还没有写到达尔文其人。看起来，几乎所有与他相识的人，见过面的也好，通信认识的也好，都被他激发出伟大的爱心和感情。他的家人也都卷入他的工作，然而却是满怀热情地参加的。他和爱玛度过感情深笃的婚姻生活；两人关于亡女安妮的通信，我每次重读都禁不住流泪。诚然，他利用朋友去获取资料、推进自己的想法时，是有些手段在其中的；但是，他们的通信显示，朋友们是多么甘愿为他搜集事实，为他提供种子、藤壶、泥巴和花的标本——实际上为他提供他所追求的任何东西。

最后，我要引用常常为朋友以笔作刀、挺身而出的赫胥黎的另一段话，说的是我们为什么做科学，以及达尔文在生物学里的作用，令人感动：

"已知的有限，而未知的无限；在心智上，我们是站在无边无涯的奥秘之海洋中的一个小岛上。我们每一代人所要做的，就是开拓一小块土地，让我们的地产有所拓展，也更加坚实。"

赫胥黎说，达尔文做了非凡的一块儿。单是《物种起源》一书，就是一个空前绝后的成绩。对那本书，赫胥黎的赞扬是慷慨的。他说，那是"在牛顿的《数学原理》之后，对于拓展人类自然知识疆域最为有力的工具。"

校订者言

查尔斯·达尔文所著 *The Expression of the Emotions in Man and Animals*，在我国已经有多种译本。据我所知，早期的有周建侯先生的掺杂文言的译本，题为《人及动物之表情》，商务印书馆版，出版年份不详，“译者弁言”所署日期是民国二十六年二月二十八日；第二种是周邦立先生的现代语译，题为《人类和动物的表情》，“汉译者前言”所署日期是1958年6月，现在通行的是北京大学出版社2009年版；第三个译本是曹骥先生的现代语译本，题为《人和动物的感情表达》，通行本是科学出版社1996年版。我选择的是曹骥先生的本子，书名却姑从周邦立本，改为《人类和动物的表情》，以其广为人知，几成定译也。这个译法自有其问题，比如，“表情”一语，一般人是理解为“面部表情”，而作名词使用的。曹的译法亦有问题，比如，“感情”一词，一般人的理解，是以“正面的情感”为主，不如“情感”一词切合原意。再者，“人和动物”，读起来似不如“人类和动物”为郑重其事；而“和”字究不如“及”字意思明划。因达尔文是为了说人，才兼及动物，而“人和动物”云云，初见给人的感觉，似乎要说“人和动物之间的”什么。所以，综合上面几点，校订者原先曾考虑过改作《人类及动物的情感表达》。聊志于此，以备一案，敬希方家指教。

案达尔文氏原书共有两个版本，一是老达尔文（查尔斯）在世时，于1872年出版的，世称第一版；另一是他的一个继承父业的儿子弗朗西斯于老达尔文去世后，于1890年校订出版的，世称第二版。出版时书前附有弗朗西斯的一则说明，现抄录曹骥先生的译文如下：

第二版前言

我父亲在世时，本书第一版尚未售完，他因此没能把一些为第二版收集的资料亲自予以发表。这些资料包括大量信件、书籍、小册子和述评的摘要以及文献处理。这些已被我用到这一版里来。我还用了本书第一版出书后的一些著作，但是我见到的还很不全面。

遵照我父亲在他自己的那本书上用铅笔做的备注，我在本版文字上做了几处订正。别的一些添加则作为脚注，并用方括号括起，以示区别。

弗朗西斯·达尔文

1889年9月2日于剑桥

上述其他两个本子，也是依据原书第二版翻译的。

然而，这次沃森氏选编本系列，用的却是第一版。于是，出版社给我的任务，就是从旧有的译本中选择一种，而依据第一版校订之。就正文说话，粗看之下，实在没能看出两个版本有若何显著不同，而所不同者，端在注解，这些正如弗朗西斯所说的，都加了方括号作了标记，一目了然。询之我的编辑，她同意我保留第二版的全部注解（对我而言，也就是曹本的全部注解），因标记明显，故第一版原貌，并未掩盖，而读者还能得到第二版所加内容的益处。至于弗朗西斯所言在第二版文字上做的几处订正，经山东师大的徐彬学弟用先进软件过细对比，结果发现共有三处，第一处，已见之于第二版绪论部分的注解（我们的校订本的注 16），就是那个 hideous（可怕的）一词，据弗朗西斯的注解，是因第一版问世后有人提出异议，老达尔文决定删去的；第三处，是第四章里，有个地方称“在欧洲的所有语言中，toad（蟾蜍）一词表示吹胀的习性。”第二版将 all（所有）一词改为 several（好几种）。只有第二处“订正”，牵涉文字稍多些，是第一章里说到狗的扒土习性时，在同一段文字里，第二版比第一版少了一句“然而，所有上述动物，都会埋藏一时吃不完的食物”，多了一句“至于把吃剩的东西埋藏起来的习性，则又是另外一码事了”；一增一减之间，显然是老达尔文自己改变了这一点意见。多的一句在文内用方括号标明。我们这样处理，我以为是既不违反沃森氏选编的初衷，又能让读者最大程度获益的。

至于文字的校订，包括正文和大量注解，改好了抑或是改坏了，改对了抑或是改错了，读者朋友自有明鉴，校订者就没必要在此多言了。

高密李绍明

2013 年 8 月 24 日

于威海寓中

绪　　论

关于情感的表达已有很多著作发表，[1]但大多涉及人相学——即通过研究面相来认识人的性格。我在本书里不讨论这个问题。我查阅的古籍，[2]对我几乎毫无用处。1667 年出版的画家勒布龙（Le Brun）的著名《论著》，[3]是早期作品中最负盛名的，也的确有些高明的见识。另一本较早的专论，荷兰著名解剖学家坎普尔（Camper）于 1774～1782 年发表的《讲演集》，[4]就很难认为在这个课题上有什么像样的进展了。相反，下列一些著作却很值得予以充分的重视。

查尔斯·贝尔（Charles Bell）爵士，以其在生理学上的发现而名重当世，于 1806 年首版他的《表情的解剖学与哲学》，[5]并于 1844 年出到第三版。平心而论，他不仅为这个分支学科奠定了基础，还为它构成了宏伟的框架。他的这本著作在各方面都是饶有趣味的；包括对各种情感的生动的描述，插图也令人赞叹。一般认为，他的贡献主要在于说明了表情动作与呼吸运动之间的密切关系。在他的最重要的见解中，有一个乍看似乎是无关紧要的，这就是在剧烈向外呼气时，眼周肌就作不随意的收缩，以保护双眼免受血压的迫害。乌得勒支（Utrecht）的东得斯（Donders）教授曾盛情地为我审查了这一事实，它对了解人类面部表情的一些最主要方面拨开了云雾。这一点我们在下文中即可见到。贝尔爵士著作的功绩，纵然有某些外国著作者不重视甚至忽视，也还是受到一些人的赏识。如勒穆瓦纳（Lemoine）曾作出这样的公正的评价："查尔斯·贝尔的这本书值得每一位将作为哲学家或艺术家，并想理解人的面部表情的人予以思考。本书虽然写得失之浅显，并涉及美学多一些，但仍不失为论述体征和心态关系的一部优秀的科学巨著。[6]

由于下面将要提到的原因，贝尔爵士不曾打算把他的观点拓展到最大限度。他并未试图解释为何情绪不同、掣动的面肌也不同。再如为何当一个人处在忧愁或焦虑时，眉毛的内端上扬，同时嘴角下坠。

1807 年，莫罗编辑出版了拉瓦特的《面相学》[7]，并往里面加进了几篇他自己的论文，包括对面部肌肉运动的卓越描述和不少有价值的提示。可惜他在该课题的哲理方面无多建树，例如当他谈到蹙额的动作时，提到 *sourcilier*（法语，学名为 *Corrgator supercilii*，即皱眉肌）要收缩，正确地提到，"皱眉肌的这种动作乃是心情悲痛或紧张的最明显的表征之一。"然而他又补充说，这些肌肉，从它们的附着点和位置看，"很适于压缩并集中面部的主要特征，通过它们的收缩和变短，好像能使压抑的心情以及机体遭受的重压有所减轻，从而使可怕或可厌的印象造成的影响减少到最小限度。"凡是认为这一类说法对不同表情的意义和起源有什么贡献的人，那末他对这个课题所持的观点和我的可以说是截然不同的。

在上引段落中，在本课题的哲理方面并不比画家勒布龙达到的境界前进了多少。勒布龙在 1667 年描述恐怖的表情时说，"眉毛的一侧下垂，另一侧上举，上举的一侧好像要去保护脑子，使它少受见到的神灵的侵害；下垂的一侧好像是受从脑子里输送出来的脑液的压力而造成的。这种脑液之所以出现是为了要保护自己免受神灵的侵犯。张开大嘴的原因是这样的：心脏由于紧张而收缩，导致呼吸困难，必须用力才行。这就使嘴极度张大。同时声带也被拉紧，只能发出音节不明的声音来。如果肌肉和血管都处在膨胀状态中，那就表明神灵已被脑子派送到身体的这些部分来了。”我以为上面的语句是值得称引的，因为它是对本课题曾发表过的惊人的胡说的一个标本。

1839 年面世的、伯吉斯（Burgess）博士写的《脸红的生理或机制》将在本书第十三章中一再引用。

1862 年，杜欣博士用两种版本，对开本和八开本，出版了他的《人相的机制》（*Mecanisme de la Physionomie*），书中他用通电的方法对面部肌肉的运动进行了分析，并用精美的照片来形象地说明。他慷慨地允许我尽管去引用他的照片。他的一些同国人却很少提到他的著作，或干脆只字不提。杜欣博士也许过分强调在表情时单一肌肉收缩的重要性；因为，根据亨利（Henle）的解剖图[8]（这是已发表各图中最好的），各肌束都是紧密地联接在一起的，很难相信它们独自的作用。尽管如此，很显然杜钦博士对这个和别的错误来源是很清楚的，而且人们知道他在用电来说明手的肌肉生理方面是非常成功的，因此在面部肌肉的看法上他很可能也是对的。我的看法是，杜欣博士以他的处理办法已将这一课题大大地推进了一步。别人都不曾更细致地研究过单块肌肉的收缩和由此在皮肤上形成的皱褶。再一个重要的贡献是，哪些肌肉是最少受意志左右的。他很少进入理论性思考，更不曾试图解释为何某些肌肉在特定的情感影响下收缩而另外一些则否。

一位法国著名解剖学家皮埃尔·格拉休莱（Pierre Gratiolet）在索尔邦*开了一门表情课。他死后人们把他的讲稿编成一本书，书名为《人相学与表情动作》（*De la Physionomie et des Mouvements d'Expression*），于 1865 年出版。这是一部很有趣的著作，充满有价值的观察材料。他的理论相当复杂，可概括于原书第 65 页上的这样一句话：“从上面列举的事实就可以知道，感觉、想象甚至思想本身（无论这思想有多么伟大和抽象），

* Sorbonne，巴黎大学文理学院的别称。——译者注

在不引起相应的情感的时候就不可能实现；再者，这种情感要直接用交感、象征和隐喻的方式在外部器官相应地加以表现，即按照它们特殊的活动方式，把同一情感分别传达出来，好像每种器官都是直接被激动起来的。”

格拉休莱似乎忽略了先天的习性，甚至还有些忽视个体的习惯；因此据我看他未能做出正确的解释，甚至对许多姿态与表情全然未加解释。拿他所谓的象征性动作为例，我不妨引他书中第 37 页上的一段话，这话是他从谢弗若尔（Chevreul）先生观察一位玩台球的人时说的：“你们恐怕已经看见过几百次，如果台球偏离了打球人希望它去的方向，这时打球人的眼睛、头甚至双肩都会动起来，好像这样会纠正台球的路线似的。还有，在台球打出去的力量不够时，也会使打球人发生同样特有的动作。没有经验的打球人常会不自觉地表现出这些动作来，从而引起观众们的哄笑。”据我看，这些动作是可以简单地归之为习惯的。因为通常当一个人想要把一件东西往边上移动时，他总要把它往那推；想让它往前就往前推；如果想重新抓住它，就会将它拉回来。因此，当一个人看着他的球走的路线不对时，他非常盼望它能走上正轨。由于习惯，他没法不下意识地去做出他在别的场合行之有效的动作。

格拉休莱举出下面的事件作为交感性动作的例子（见原书第 212 页）：“有一只竖起耳朵的小狗，当它的主人从远处拿一块有诱惑力的肉给它看时，它用双眼急切地注视着这块肉，并目不转睛地跟着张望；与此同时，它的耳朵也跟着转，好像肉也在发出可以听到的声音似的。”在这里，他谈的虽说是耳朵和眼睛的情感传递，但在我看来要简单得多。若干代下来，狗已习惯于当深切注视什么东西时也竖起双耳，以便觉察声息；反过来，当它听到什么声音时也必然朝着声音的方向深切地望去。长时间的习惯已使得这两个器官的活动密切地联系到一起了。

皮特利特（Piderit）博士于 1859 年发表了一篇关于表情的文章，我虽未读过，但知道（据他自己所说）他的许多观点领先于格拉休莱。1867 年他发表了他的《表情和人相学的科学体系》（*Wissenschaftliches System der Mimik und Physiognomik*)。用三言两句来为他的观点给一个恰如其分的总括是不大可能的；也许用他自己的下列两句话更能表述他的观点："肌肉的表情动作一方面和想象中的事物相联系，另一方面又和想象的感觉的印象相联系。理解所有的表情肌肉动作的关键就在这命题中。"（见原书第 25 页）再就是表情动作主要靠的是面部无数的随意肌，部分地由于使它们动起来的神经发源自思维器官的附近，部分地由于这些肌肉是用来支持感觉器官的（见原书第 26 页）。如果皮特利特博士阅读过贝尔爵士的著作，他也许就不会说出狂笑是因为带有痛苦的性质所以引起皱眉（第 101 页），或婴儿的眼泪刺激眼睛因而引起眼围肌的收缩了（第 103 页）。该书到处可见很多好的见解，我在后面还要引用。

在各种著作里都可以找到有关表情的简短的讨论，在此无须一一指出。但在贝恩（Bain）先生两篇著作中却有相当篇幅探讨了这一课题。他说：[9] "我把所谓的表情看成是情感的主要部分。我相信除去内在的情感或者意识之外，心理的通则是，它还有一个导向身体各部的扩散性的行为或刺激。"在另一处他又说："大量的事实可以纳入下面这个原理，即生活机能（vital function）主宰一切，当它部分或全部上升时，人就会高兴；当它部分或全部减弱时，人就会痛苦。"但上述关于情感的扩散性行为的规律似乎太过浮泛，对一些特殊的表情没有多大启发。[10]

赫伯特·斯宾塞（Herbert Spencer）先生在他的《心理学原理》中（1855）讨论到情感时做了如下叙述："十分害怕时将表现为哭、想藏起来或逃跑、心怦怦跳和发抖，这些都是会伴随亲身经历可怕事物时表现出来的。而破坏性的激情则表现为肌肉系统的普遍紧张，牙关咬紧，爪子伸张，眼睛和鼻孔张大，咆哮。这都是伴随着杀死猎物这种行动的一些较弱的行为形式。"我认为这就是许多表情的真正理论；但本课题的重要之点和难点还在于要去追踪这形式异常复杂现象的原因。我推想曾有一人（但我已无法断定他是谁）在此前提出过一个差不多的观点，因为贝尔爵士说过："业已确定，所谓激情的外部征象只是随意运动的伴侣，是根据身体的构造必然会有的。"[11]斯宾塞先生也出版过一篇有关笑的生理学的有价值的论文，[12]其中他坚持一条普遍法则，即“情感超过一定程度就会习惯性地用身体行为来发泄”；再即“不受任何动机支配的神经力（nerve－force）的泛滥，将明显地首先向最熟悉的路线流去；如果这还不够，也会流到不太熟悉的路线。”这一法则我认为对阐明我们的课题具有高度的重要性。[13]

除去斯宾塞先生这位进化论原理的卓越解释者之外，所有写过关于表情问题的文章的作者似乎都对包括人类在内的物种生来就是今天这个状况的想法深信不疑。贝尔爵士因为这样信了，就认为我们的许多面部肌肉“纯粹是表情的工具”或者是单为这个目的的特殊设备。[14]但再简单不过的事实是：类人猿和我们具有同样的面部肌肉，[15]认为这些肌肉在人脸上完全是为了表情的就太说不过去了。我想没人愿意承认猿猴被赐给特殊肌肉完全是为做［可怕的］鬼脸用的。[16]可以相当有把握地说，几乎所有的面部肌肉都可以指出其明显的用途，与表情无关。

贝尔爵士显然主张把人和低等动物的区别扩得越大越好，他于是就断言：“低等动物根本没有表情，有的只是一些欲望的行为或必要的本能还多少值得一提。”他进而主张，动物的面部“似乎主要能表示愤怒和恐惧”。[17]但是，人类却不能像狗那样明白无误地表示爱情和恭顺——当狗遇见亲爱的主人时，就用垂耳、吐舌、屈身、摆尾等外部体征来表达。它的这些动作难道能用欲望的行为或必要的本能来解释么？还不是像人碰见老朋友时闪光的眼睛和微笑的面颊一个样？如果有人问贝尔爵士，狗的亲昵表情是怎么一回事，他无疑会这样回答：狗生来具有特殊本能，好让它与人相处。再问下去显然就是多余的了。

虽然格拉休莱一再否认任何肌肉的生成单单是为了表情，[18]他似乎从未反映过进化的原理：他显然把每个物种都看成是单独生成的。其他关于表情问题的作者也是如此。例如，杜欣博士于叙述四肢的动作之后，又提到何以给面部以表情的动作，说道：“因此，创世主就不必去管技术上的要求，而可以按照自己的智慧并按照自己的怪癖（如果可以允许我这样说），在他高兴的时候，去牵动某一组或几组肌肉，以便把那些甚至是最容易消失的表情，暂时地加盖在人的颜面上。为了使这种偶然创造出来的面型永久化，创世主只需把经常用同一组肌肉、同样的收缩方法来表现自己情感的本能赐与众生，也就足够了[19]。”

许多作者认为，表情的整个课题是说不清楚的。如杰出的生理学家米勒（Müller）就曾说过：“面部在各种激情发生时的完全不同的表情显示，根据引发的感情的种类，完全不同的面部神经纤维束在起作用。至于其原因则尚不了解。”[20]

无疑，当人类和所有其他动物被看成是独立的创造时，要想对表情的原因进行极其深入研究的愿望就会受到有效的阻止。用这个信条，对无论什么事都能同样地加以圆满的解释。对表情来说，特创论的有害程度并不在对博物学的任何别的分支之下，这是业已证明的。人的一些表情，如在极度恐怖下的头发直竖，或在狂怒时的张唇露齿，除非相信人类过去曾在低级的兽样状态下存在过，否则是无法理解的。在有区别但有关联的物种之间某些表情上有共同性，如在发笑时人和多种猿猴是一些相同的面部肌肉在动；如果我们相信他们源出于一个共同祖先，就变得更好理解了。那些在大体上承认动物的构造和习性都是逐渐演变来的人，就会以一种新的、有趣的眼光去看待表情的整个课题了。

研究表情是困难的，这是因为表情动作细微而易逝。差别可以很清楚地觉察到，但可能说不出，至少我碰到过这样的事，说不出区别的内容。当我们眼看任何深沉的情绪时，我们的同情心被强烈地激发，就忘了仔细观察，或几乎无法去观察。这件事实我有过许多有趣的例证。我们的想象力是另一个而且更严重的错误来源；因为如果从环境的性质看我们预期的表情时，我们就已经想象它存在了。纵然杜欣博士经验丰富，他也说过，他曾长时间幻想在某些情绪支配下应有某些肌肉要收缩，可是到头来他说服了自己，其实只有一条肌肉在动。

为了获取尽可能好的基础，并且不去管一般人的见解，要掌握面貌和体态的特殊活动确实是心理状态的表现这一点，我发现下列方法最有助益。首先要观察婴儿，因为正如贝尔爵士所指出的，他们在显示其情绪时“具有非凡的力量”，而在以后的生活中，我们的一些表情“已不再有孩提时期所涌现出来那种单纯的源泉了”。[21]

其次，我认为应对疯人进行研究，因为他们怀有最强烈的激情，并且毫不加以控制。我自己没有机会去研究他们，我就求助于毛兹利（Maudsley）博士，他介绍我去找 J. 克莱顿·布朗（J. Crichton Browne）博士，后者掌管着威克菲附近的一间大型精神病院，而且我发现他已经注意到这个课题。这位卓越的观察者不厌其烦地惠赠我丰富的笔记和描述，在很多方面都有些颇有价值的提示；对他的帮助我怎么评价都不算过分。在另外一些方面，我还应感激苏塞克斯疯人院的帕特里克·尼科尔（Patrick Nicol）先生的饶有兴味的叙述。

第三，正如我们见过的，杜欣博士把电流通到一位皮肤已不太敏感的老人的某些面部肌肉上，从而获得多种表情，这已经留有放大照片。我有幸把其中一些最好的给二十几位不同年龄的受过教育的人（男女都有）看，不加任何说明，问他们每一张代表老人被激发的是什么情绪；我把他们的原话记录了下来。其中有些表情几乎被每一位立刻指认出来，尽管用的语句不尽相同。我仍然认为这应该是真实可信的。对此下文还将加以详述。另一方面，对一些照片却出现极不一致的判断。这一点从另一个角度告诉我，我们是如何容易被我们的想象所迷惑。当我初次审阅杜欣博士的照片，边看边对照文字说明时，我知道了所要表达的内容。除去几张外，我均为照片和说明的真实性所折服。尽管如此，如果我只看照片而不看说明，毫无疑问，我也会和别的人一样，对某些照片的内容表示困惑。

第四，我曾希望从一些具有深邃观察力的画家和雕刻大师那里寻求助益。为此，我看了许多摄影和雕塑的名作；但除去少数例外，所获甚少。其原因就在于，在美术作品中，美是主题，而强烈抽搐的面肌是会破坏美的。[22]一件作品的产生靠的是神奇的力量和信仰，而技巧只不过是从属物而已。

第五，所有人种，特别是与欧洲人很少来往的人种，是否没有多少根据地被说成是具有同样的表情和姿态呢？弄清楚这一点对我说来是非常重要的。如果几个不同的人种都以面部或身体的动作表示相同的情绪，我们就会较有把握地说，这种表情是真正的表情——它们是天生的或本能的。在不同人种中，个人在幼年获得的习惯上的表情大概是不一样的，正如他们的语言那样。据此，我在1867年初，分发过下面这份印制的调查表，并附带要求填表人只根据实际观察，而不去凭记忆填写。他们都照着做了。这张表断断续续编了好长时间，不时被别的事所打断。今天看来，它大有可改进之处。对后来的几份，我又用笔做了些附加说明：

(1) 吃惊是不是用眼睛和嘴张大及用眉毛上扬来表达？

(2) 在肤色容许现出脸红的情形下，羞惭会不会引起脸红？特别是向身体下部扩展到多远？

(3) 当一个人愤慨或反抗时，他是不是皱眉、挺直身体和头部、耸起双肩和握紧双拳？

(4) 在深思某一个问题或者设法去理解某一个难题的时候，他是不是皱眉，或使下眼睑下面的皮肤皱缩起来？

(5) 在意气消沉的时候，是不是嘴角向下压、眉毛的内尖被一种法国人所称做“悲哀肌”(grief muscle) 的肌肉所拉起来？眉毛此时是不是就变得略微倾斜，而它的内端也略微膨胀；前额在中央部分出现横皱纹，但并不像在眉毛因惊奇而上扬时那样出现横过全额的皱纹？

(6) 在精神焕发的时候，眼睛是不是闪闪发光，同时眼睛的周围和下面的皮肤略微起皱，而且嘴角稍向后缩？

(7) 在一个人冷笑或咒骂另个一人的时候，是不是他的上唇角举升到那颗偏于被笑骂的人一边的犬齿的上面去？

(8) 能不能够辨认出固执或顽固的表情来，那主要是以嘴唇紧闭、蹙额和略微皱眉来表示的？

(9) 轻蔑是不是用嘴唇略微突出、鼻子向上掀和轻微的呼气来表现？

(10) 厌恶是不是用下唇降下、上唇微升、连带着一种有些像开始呕吐或者嘴里要吐出什么东西来时候的急速呼气来表现？

(11) 极度的恐惧是不是也用那种和欧洲人相同的一般方式来表现？

(12) 笑到极点时，是不是也会使眼睛含有泪水？

(13) 当一个人想要表示出他不能阻止某种事情、或者不去干某种事情时，他是不是把自己的双肩耸起、臂肘向内曲弯、摊开双手、张开手掌而且扬起眉毛来？

(14) 婴儿在愠怒的时候，是不是鼓起双颊或者把嘴巴撅起？

(15) 能不能辨认出自觉有罪、狡猾、或妒嫉这些表情来，尽管我不知道怎样去定义这些表情？

(16) 点头是不是表示肯定；摇头是不是表示否定？

当然，去观察那些很少和欧洲人来往的土人的表情而得到的资料是最有价值的，不过我对于从观察任何土人方面所得到的资料都是会感到很大兴趣的。那些对于表情的一般意见则价值较小；而记忆都具有这样的性质，所以我诚意请求不要去信赖它。关于在任何一种情绪或者心绪发生时候的相貌的明确叙述，还有关于使它发生的周围情况的说明，都具有很大价值。

就这些调查内容，我从不同的观察者那里一共收到36张答卷，他们中间有传教士或土著的保护者。我深深地感激他们为我出了大力，使我得到宝贵的支援。我将在本章结尾的时候再一一列举他们的姓名等，为的是不打断现时的叙述。答案是关于几个最特殊和野蛮的人种的。有些还记录了在什么环境下对表情做出的观察并描述了表情实况。我对所有答案都是很相信的。当答案简单到只有是或否时，我就要取审慎态度。从这样获得的信息看，可以认为：全世界各地的人都用高度一致的表情去表达同一心情。这一事实本身就是饶有兴味的，因为它可作为各人种间身体结构和心理素质的极其相似的证据。

第六，也是最后一点。我曾尽可能细致地注意一些常见动物的几种激情的表现，我相信这是无比重要的；这自然不是靠它来决定人类的某些表情代表相应的心态的程度，而在于它能提供最可靠的依据去对各种表情动作的原因或根源做出概括。在观察动物时，我们不大会为自己的想象所左右，而它们的表情也决不会受习俗的影响。

从上面提出的原因，即有些表情的多变性质（面容的变化常常是非常细微的），当我们把握任何一种强烈情绪时，我们的同情心易被唤起，而我们的注意力也就被分散。我们的想象在欺骗我们，我们好像知道期待着什么，其实只有少数人知道什么是面貌的真正变化。最后，把各种原因综合在一起，观察表情绝非易事，即使个中老手也不例外。很多受我委托去观察某些细节的人都有此共识。因此很难有把握地确定面部和身体的动作通常是代表什么心态。尽管如此，我希望通过观察婴儿、疯子、不同的人种、美术作品、以及杜欣博士所用的给面部肌肉通电的实验等办法，能使某些疑点和难点得到消除。

然而，要想了解几种表情的原因和根源，并判断哪些理论性的解释可信，就会遇到更大的困难。此外，不借助于任何规定，单凭我们自己的论理，很难判断哪两个或多个解释中的一个最好或很差。我认为检验我们的判断只有一个办法，那就是去观察用以解释一种表情的原理是否对类似的其他情况同样适用，特别是应用到人和动物两方面都可获得满意的结果。我认为这个办法是最适用的。对任何理论性解释是否正确加以判断和用一些明确的调研路线加以检验这两大困难，对此项研究本该引起的兴趣是很不利的。

最后谈一下我自己的观察，可以说这是在1838年开始的。从那时起到现在，我时常注意这个课题。那时我已经倾向于相信进化论，或物种是由其他较低类型演变来的理论。因此，当我读到贝尔爵士大作中这样的观点：人生来就有某些肌肉专门适合于表情时，我感到很不满。更可能的是，用某些动作来表情的习惯，虽然现在是与生俱来的，却是以某种方式逐渐获得的。要想找出这种习惯是如何获得的，其复杂程度亦不低。整个课题应以一种新的角度去观察，每种表情都需要有个合理的解释。这种信念促使我尝试本书的写作，不管它写得是多么不够完善。

我现在要照我说过的，举出一些先生们的名字，为他们向我提供不同种族显示的表情方面的信息致以深深的谢意。我还要列举一些进行观察时的背景。感谢肯特郡海斯普累斯（Hayes Place）威尔逊（Wilson）先生的盛情和威信，使我从澳洲收到关于我的调查表的 13 份答卷。这真是大幸，因为澳洲土著称得上是最特殊的人种。观察主要是在南部的维多利亚地区的外围部分进行的，也有几份非常杰出的答卷来自北部。

戴森·莱西（Dyson Lacy）先生寄给我得自昆士兰腹地的一些详尽的、宝贵的观察材料。R. 布拉夫·史密斯（R. Brough Smith）先生住在墨尔本。他亲自进行了观察，并给我寄来好几封信，对此我深表感谢。信的来源有：惠灵顿湖（Lake Wellington）的哈根敖尔（Hagenauer），他是维多利亚州的吉普斯兰地方的传教士，与本地人打交道富有经验。维多利亚维姆拉区（Wimmera）朗奇烈农（Langerenong）的土地经营者塞缪尔·威尔逊（Samuel Wilson）先生。乔治·塔普林（George Taplin）神父，麦克利耶港（Port Macleay）当地工业殖民团体的总监。维多利亚科朗德利克（Coranderik）的阿基巴德·G. 兰（Archibald G. Lang）先生，是位学校教师，学生来自当地各部落的土著，老少全有。维多利亚贝尔法斯特（Belfast）的莱恩（H. B. Lane）先生，警察局长和教会主持，他的观察我认为应予以高度信赖。厄初卡（Echuca）的坦普尔敦·邦耐特（Templeton Bunnett）先生，他的工作站地处维多利亚的边境，因而他能观察到许多极少跟白人来往的土人。他将他的观察同长时间住在邻近的两位先生所做的观察进行了比较。再一位就是布尔默（J. Bulmer）先生，吉普斯兰边远地方的一位传教士。

我还要感谢著名的植物学家费迪南德·米勒（Ferdinand Müller）博士，他在维多利亚亲自为我做了一些观察，也寄给我格林（Green）太太所做的一些观察以及一些别的信件。

斯达克（J. W. Stach）神父对我关于新西兰毛利人的询问虽只回答了几个，但答案却非常完整和清楚，并记下了这些观察是在什么环境下进行的。

印度公爵布鲁克给过我有关婆罗洲的达雅克人的资料。

我在马来人方面取得了很大成功。吉奇（F. Geach）先生（这是华莱士先生介绍给我的）曾在马六甲的腹地当过矿业工程师，他观察过许多从未跟白人打过交道的土著。他给我写过两封长信，对他们的表情的观察详尽得令人赞叹。他还观察过一些马来半岛上的中国移民。

英国驻华领事斯温赫（Swinhoe）先生是一位有名的博物学家。他在中国曾替我观察过中国人。他还从一些他信得过的人打听过此事。

印度的厄斯金（H. Erskine）先生在他住在孟买的艾哈迈德纳古尔区担任公职时，注意过居民的表情。由于他们在欧洲人面前习惯地要隐藏起各种情绪，他认为要想得到任何可靠的结论都是很困难的。他还为我从卡那拉（Canara）的韦斯特（West）先生那里获取信息，并就某些问题请教了当地一些睿智之士。在加尔各答，植物园主任斯各特（J. Scott）先生曾在相当长的一段时间内仔细地观察了在园内工作过的不同种族的人。比起别人来，他送给我的详细材料最为完整和可贵。他把他在植物学研究中获得的精确观察习惯运用到现在的课题上。在锡兰方面，* 我要感谢格伦尼（S. O. Glenie）神父，因他回答了我的一些问题。

就非洲黑人而言，我是不太走运的，只有温伍德·里德（Winwood Reade）先生尽力帮助过我。搜集美洲黑奴的资料可能还比较容易些；但由于他们跟白人相处久了，这种观察材料怕是无多价值。在非洲南部，巴伯（Barber）太太观察过卡菲尔人和芬哥人，并寄给我许多确切的答案。曼塞尔·威尔（J. P. Mansel Weale）先生也对土人做过些观察，并为我找来了一份有趣的文件，就是酋长桑第里的兄弟，基督徒盖卡（Gaika）用英文写的有关他的同乡表情的意见。在非洲北部地区，斯比迪（Speedy）上尉曾长期和阿比西尼亚人住在一起，他回答我的问题一半凭记忆，一半凭他对西奥多（Theodore）国王的儿子所做的观察，后者当时是由他看护着。阿萨·格雷（Asa Gray）教授和他的太太在他们沿尼罗河而上时注意过土著表情的一些方面。

在美洲大陆上，一位曾和火地人住过的传教士布里奇斯（Bridges）先生，就他们的表情回答了我几个问题，距我给他去信已有好几年。在北美，罗思罗克（Rothrock）博士注意过纳塞河（Nasse）的两个野蛮民族—阿特那族和艾斯比奥克族人的表情。美国陆军助理军医华盛顿·马修斯（Washington Matthews）先生在见到我登在《史密森报导》上的问题后，也仔细地观察了美国西部一些最野蛮的种族，即铁顿族、格罗斯文特族、曼丹族和阿西纳波因族，而他的回答是极有价值的。

最后，除去这些特殊获得的资料外，我还从游记中散见的少数事实中有所猎获。

由于我要不时地提到人的面部肌肉，在本书后半部会更多，我照抄了贝尔爵士书中的一张解剖图并适当缩小（图1）。另外的两张细节上更加准确，这是从亨利的名著《人体解剖学手册》抄来的（图2和图3）。所有这三幅图上肌肉的大写字母都是一致的，但所注肌肉名称仅限于我将提到的一些比较重要的。面部肌肉错综复杂，据我所知，现有各面部解剖图中几

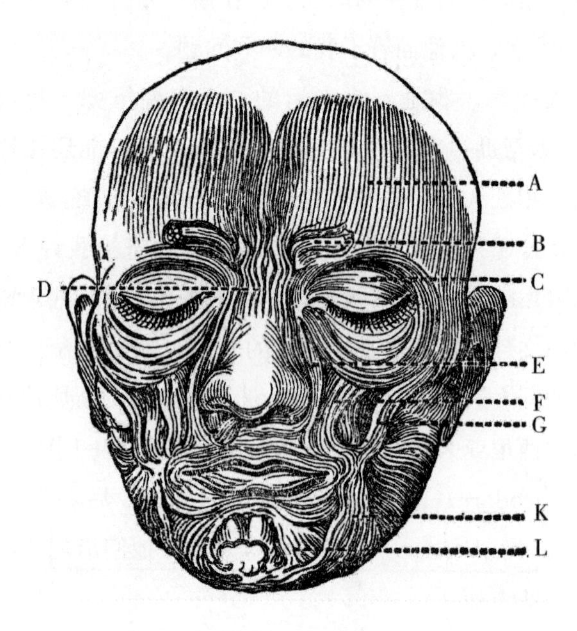

图1　面部肌肉图（引自贝尔爵士）

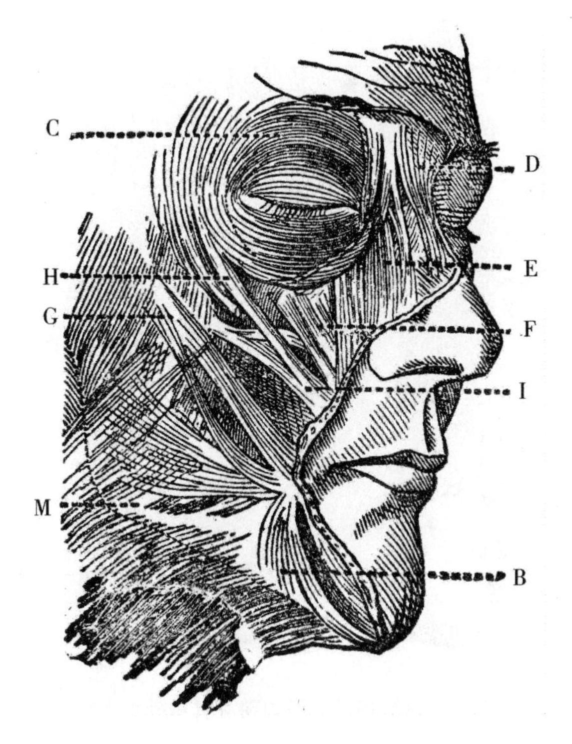

图 2　右侧面部肌肉图（引自亨利先生）

乎没有比这些再清楚的。有的作者认为，面肌共有 19 对及 1 个不成对的[23]，别的作者则认为共有 55 条（据莫罗）。所有就这一课题写过文章的人都承认它们的构造变化很大。莫罗也指出：在 6 篇文章里它们几乎各不相同，[24]它们的功能也不一样。如在不同的人，掀唇露出半边犬齿的本领就差得很多。根据皮特利特博士入的意见，[25]向上掀动鼻翅的能力也有相当程度的不同。别的类似情况还可以举出一些。

最后，我还须高兴地表达我对芮兰德（Rejlander）先生的感谢，他为我拍摄了多种的表情和姿势，费了不少精力。我对汉堡的金德曼（Kindermann）先生也很欠情，是他借给我一些正哭着的婴儿的优良底片；对沃利克（Wallich）博士的一张微笑中小女孩的美妙的底片也应致谢。对杜欣博士准许我用他的一些大照片缩小后使用，我已表达过我的谢忱。这些照片都是用胶版印刷的，复制品的准确性得到了保证。[26]

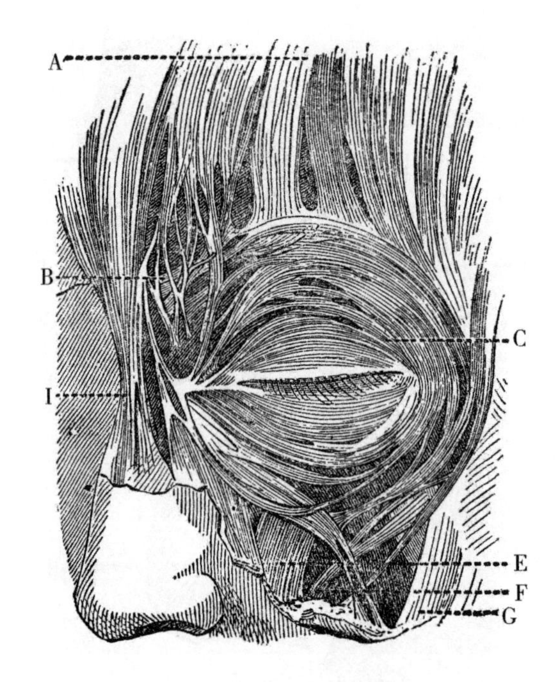

图 3　眼睛周围的肌肉图（引亨勒先生）

图 1-3 的符号说明

A 额肌（*Occipito-frontalis*）

B 皱眉肌（*Corrugator supercilii*）

C 眼围肌（*Orbicularis palpebrarum*）

D 鼻三棱肌（*Dyramidalis nasi*）

E 鼻唇提肌（*Levator labii superioris alaeque nasi*）

F 固有上唇提肌（*Levator labii proprius*）

G 大额肌（*Zygomatic*）

H 颊肌（*Malaris*）

I 小额肌（*Zygomatic minor*）

K 口三角肌（*Triangularis oris*，或者 *depressor anguli oris*）

L 颐方肌（*Quadratus menti*）

M 笑肌，颈阔肌的一部分（*Risorius*，part of the *platysms*，*myoides*

伍德（T. W. Wood）先生费了大力给几种动物的表情写生，对此我深表谢意。又承蒙一位非凡的画家，里维埃（Riviere）先生惠赠他画的两只狗，一只在发怒，另一只则处在谦卑和亲昵的心理状态。A. 梅（A. May）先生也把两幅类似的狗的速写送给我。库柏先生在木刻上出了大力，许多照片和绘画，如 A. 梅先生的狗和沃尔夫（Wolf）先生的狒狒，都是他先用照相的方法复制在木版上才刻的。用这个办法使成品几乎完全忠实于原作。

第一章

表情的一般原理

三个主要原理的叙述——第一个原理——有用的行为在和一定的心态相联系时就成为习惯，并在每个特定情况下不管其有用与否而实现——习惯的力量——遗传——人类的联系性习惯动作——反射行为——习惯向反射行为转移——动物的联系性习惯动作——结语

我将以给出三个原理作为开端，我认为，在各种情绪和感受的影响下，它们可以解释人和动物非故意做出的大多数表情和姿态。[27]我只是在我观察结束时才找到这三个原理。它们将在本章和下面两章里以一般的方式加以讨论。从人和动物观察到的事实都将加以利用；来自后者的事实更可取些，因为不大容易使我们上当。在第四和第五章里，我将描述一些动物的特殊表情，而在以后的几章中描述人的表情。这样读者就可以自己判断我的三个原理对本课题的理论能阐明到何等程度。我认为很多表情能被解释到一个相当令人满意的地步，以便今后所有表情也许能归到同样的或

一些极其相似的标题下面。我甚至无须预述，身体的任何部分的动作或变动（如狗尾巴的摇摆、马耳朵的后掣、人双肩的耸动或皮下微血管的扩张）都是同样好地为表情服务的。我的三个原理如下：

（1）有用的联系性习惯原理。在某些心态下会出现某些复杂的行为，它们被用来减轻或满足某些感觉、欲望等。每当这种心态被引发出来时，哪怕是很弱，出于习惯和联系的力量，它的主人就倾向于做出同样的动作，虽然这些动作在当时一点用也没有。由于习惯，某些通常与某种心态相联系的行为可以有意识地、部分地再现出来。在此情形下，最不受意志约束的那些肌肉也是最容易持续运动的，从而形成了我们称之为表情的动作。在一些别的情况下，须用另外的轻微动作去抑制一个习惯动作，这也同样具有表情意义。

（2）反对的原理。上一原理给出，某些心态会引发出某些有用的习惯性行为。当引发出来的是一种截然相反的心态时，当事人会有一种强烈的、不由自主的倾向，做出完全相反性质的行动，也许它毫无用处。这类行为有时是非常有表情意义的。

（3）受刺激的神经系统，不受意志且不太受习惯支配地直接作用于身体的原理。当感受器受到强刺激时，“神经力”（nerve-force）大量生成。它依据神经细胞的连接，也有些凭习惯，有一定方向地传递着，否则神经力的供应就会中断。由此产生的效果就是我们所说的表情，为简单起见，第三个原理不妨叫做**神经系统直接作用原理**。

第一个原理涉及习惯势力的强大，最复杂和艰巨的行为能按时完成而毋须多大体力和脑力的劳动。习惯怎样会如此高效地做出一些复杂的行为，对这个问题，迄今还没有正面的解答，但生理学家认为，[28]“神经纤维的传导功能随着所受刺激的频度而增强”，这对运动神经、感觉神经以至与思想有关联的神经都是适用的；惯常使用的神经细胞或神经会产生一些物理变化，这是很难有什么疑问的，因为不如此就无法理解某些后天性行为的倾向是如何遗传的。在马身上，我们看到一些遗传来的步态，如小跑和慢步，并非它们的本性却也遗传下来了。如幼小指猎狗就会以鼻指物，小长毛猎狗用蹲坐的方式指物以及某些家鸽品种的特殊飞行方式等。人的怪癖和不常见姿态的遗传也与此类似，这一点我们以后还会提到。对那些承认物种渐变论的人来说，下面是一个最惊人的完美例证，这种完美可以使最难协调一致的行动遗传下来，那就是蜂雀（*Macroglossa*）。这种蛾子从茧里钻出来不久，鳞片上的花纹还不清楚，就会在花前搏翅停下，伸出它的发状口喙，探入花的小孔里去吸蜜。我相信没有一个人看见过这种蛾子学习过执行这件要瞄得很准的困难任务。

虽然有去完成某种行为的遗传的或本能的倾向，也有对某些食物种类的嗜好的遗传，但在个体方面还是需要一定程度的习练。这在马的步态上，也许在两种狗的指物方式上可以窥见。虽然有些小狗在第一次被带出时指物指得很准，但它们常把遗传来的正当姿态去和一种错误的嗅觉，甚至眼力联系在一起。我曾听人说过：如果让初生牛犊去吸一次母奶，以后再想用人工把它喂大就要困难得多。[29]据说用某种树叶喂养的毛虫宁肯饿死也不去吃另一种树叶，尽管在野生状态下，后者可以作为它们的正常食料；[30]还有许多别的事例也是如此。

这种联系的力量是为世人所公认的。贝恩先生说：“动作、感觉状态的同步出现或紧密相连，容易长在或融合在一起，以至当其中之一日后出现在脑海时，别的一些也会如影随形被带到意念中来，[31]对我们来说，充分认识行为间的互相联系以及它们和各种心态的联系是如此重要，以至我要给出许多例证，先是有关人类的，然后是动物的。有的例证是比较微末的，但它们跟重大的习性一样能说明问题。尽人皆知，没有反复试作，要想使我们的肢体朝着从未练习过的某种相反方向移动是多么困难甚至办不到。在感觉方面也有类似情形。在普通的试验里，当我们用交叉着的两个指尖去推动一个石球时，我们就会觉得它好像变成了两个。当人跌倒时，谁都会摊开双臂以保护自己。正像艾利森（Alison）教授说过的，即使是故意地跌倒在软床上，也很少有人能控制自己不这样做。人在出门时会不经意地戴上手套，这似乎是非常简单的举动。但当他教给小孩戴手套出门时，就知道并不简单了。

当我们的心灵受些外界刺激时，我们的行动也会受到影响；但此刻一个习惯以外的原理，即神经力的无定向泛滥，也起一部分作用。莎士比亚戏剧中人物诺福克在形容红衣主教沃尔西时说：

> “某种奇怪的躁动，
> 出现在他的脑海，他咬紧双唇往前走；
> 突然停步，低头朝地，
> 接着又把手指贴在太阳穴上；挺身，
> 跳着飞步前进；接着又停下来，
> 用力捶胸；不久，他把目光投向月亮。
> 我们看到他扮演了最奇怪的举动。
>
> 见《亨利八世》第三幕，第二场

一般人碰见烦心事时多半要挠头，我认为这种举动是来自习惯。当他感到身体有轻微不适时，就像人最容易犯的头皮痒时，这样做可以使他感到轻松。也有人在烦躁时擦眼睛，受窘时来个轻咳，作出的样子就像他眼睛和喉管里有什么不舒服的感觉似的。[32]

因为眼睛经常要用，因此这一器官在不同的心态下，特别容易通过联系被派上用场，即使明明没东西可看时也是如此。格拉休莱说，当人强烈地拒绝一项建议时，几乎肯定要闭眼或把脸转过去；如果他接受这个建议，他将点头同意并张大双眼。后一种表情就好像他清楚地看到这件事，而前一种表情表示他没看见或不愿意看。我曾注意过，当人们在描述一件可怕的事时，常会短时紧闭双眼，或是摇头，好像不去看或在赶走某些不如意事似的。我曾体察自己，当在黑暗中想起某桩可怕的景象时，我也是紧闭双眼的。突然间观察什么事物，或巡视周围，人人都会扬起双眉，使双目得以迅速张大。杜欣也说，[33]想回忆起某件事的人常把眉毛抬起，好像这有助于看见它。一位印度绅士谈起他的同胞时，对厄斯金先生说了同样的话。我注意过一位少妇急于要回忆起一位画家的名字时，先注意天花板的一角，然后是另外一角，把那边的眉毛也拱起来。自然，那里是没什么可看的。

在上面多数事例中，我们可以了解到一些关联性动作是如何从习惯获得的。但是有些人的某些奇特姿态或癖好是通过与某种心态相关联而引发、并且无疑是可以遗传的，其原因还完全无法解释。我在另一本书中曾举出我亲自观察到的一件异常而复杂姿态的事例，与愉快的感觉有关，它是由父亲传给女儿的。那本书里还有几个类似事例。[34]在现在这本书里，我随后还要举出另外一个关于奇异的遗传动作的有趣例子来，这种动作跟一种要获得某种东西的欲望联系在一起。

在某些情况下经常出现的还有别的举动，非习惯所致，而是出于模仿或某种同感。如用剪刀剪东西的人，他的上下颚也许会随着剪刀在使劲。学写字的儿童常常会以一种令人发笑的样子让舌头随着指头转悠。一位可信赖的绅士对我说，当一名歌手突然喉咙变得有些沙哑时，好多观众就会清清自己的喉咙。这里也许是习惯在起作用，[35]因为在类似情况下我们也会这样做的。我还听人说过，在跳远比赛时，当选手跳起时，许多观众（男性居多）的脚也跟着动。但这里还可能是习惯在起作用，因为女人一般是不会这样做的。

反射行为——按严格的意义说，反射行为是由于外围神经的兴奋而发生的。外围神经把冲动传给一定的神经细胞，后者又刺激一定的肌肉或腺体活跃起来。所有这些都不需要感觉或意识的参与即可实现，便有也最多只是伴随而已。由于许多反射行为都有高度表情意义，在这里必须以较大篇幅加以探讨。我们还将看到，有些反射行为融进习惯性行为并很难同后者分清。咳嗽和打喷嚏是反射行为的熟悉的例子。婴儿最初的呼吸动作常是打喷嚏，尽管这需要很多肌肉的协调运动。呼吸有一部分是随意的，但主要是反射行为，它是以一种不受意志干扰的、最自然和最佳的方式进行的。大量的复杂运动是反射性的。最好的例子莫过于常被引证的去头青蛙的例子，它既不能感觉，也不能有意识地进行任何运动。可是当一滴酸滴到它大腿的内侧，它就会用同一条腿足部的上表面去试图抹掉它。如果这只足也被切掉，它就不能这样做了。“经过几次无效的尝试，它放弃这种做法，似乎很难受，并且像普夫吕格（Pflüger）说的，它还在找别的办法，终于它用到另外一条腿的足并成功地抹掉酸液。值得注意的是，这里不仅是肌肉的收缩，而是为一项专门的目的有秩序的复合的、协调的收缩。这些动作完全像是受智力的引导和意志的调教。可是这个动物公认的管智力和意志的器官已经被去掉了。”[37]

在还不会干什么的很小的小孩身上，我们也可以看到反射动作和随意动作之间的区别。亨利·何兰德（Henry Holland）爵士曾告诉过我，他们干不了类似打喷嚏和咳嗽的一些动作。譬如，他们不会擤鼻涕（即捏住鼻孔使劲往外面擤），他们也不会咳出喉咙里的痰。他们必须学着干。然而当他们长大一点，他们就会干得差不多和反射行为一样容易了。然而打喷嚏和咳嗽只能用意志力控制到一定程度或完全不能控制，而清喉咙和擤鼻涕则完全受我们指挥。

当我们意识到鼻腔或气管里有某种刺激物存在时（亦即刺激的是同一组神经细胞，如需要擤鼻涕和咳嗽时），我们能以从鼻管和喉管往外用力排气的办法随意把刺激物带出来。但我们不能像靠反射行为那样，以近乎同样的力度、速度和准确度去做成这件事。在反射行为中，从感觉细胞到运动细胞的刺激是先通过脑半球——人的意识和意志之府，一点力量都不浪费。无论何处好像都存在着同种动作之间的深刻的颉抗作用，既受意志支配，又受反射刺激，在力量来源上和在受激的难易上莫不如此。正如克劳德·伯纳德（Claude Bernard）所说，“大脑的影响具有一种倾向，就是要去阻滞反射运动，并限制它的力量和范围。”[38]

故意要做一个反射行为时常会受阻或受到干扰，最多也只是相关的感觉神经受激发而已。举例说，多年前我和一群青年人打赌说，如果他们闻鼻烟后打了喷嚏就算我输。他们异口同声地说他们赢定了。于是他们每人闻了一点。但由于想成功的愿望太强烈了，以至谁都没有打出来，虽然眼睛已湿润了。他们无一例外地赔了我的赌注。何兰德爵士写道：谁如果专心地注意吞咽动作，反而会影响动作的正常进行。[39]从这儿是否可以看出为何有些人在咽药上感到困难，这至少是部分正确的吧。

另一件反射行为的熟知的例子是当眼球表面受到碰撞时眼睑会自动闭上。当面部即将受到打击时也会引起同样的眨眼动作，但这只是一个习惯性动作，还不是严格的反射行为，因为指令来自中枢神经而不是由外围神经受刺激所致。身体和头部也常会同时急剧后退，只是后退到觉得危险并不太迫近时就被止住。但是单凭理智告诉我们没危险是不够的。我可以举出一件小故事来证明这一点，它在当时使我感到好笑。在动物园里的南非大毒蛇（puff-adder）馆的厚玻璃外面，我把头靠得很近，决心当蛇向我攻击时决不后退。但当攻击真的到来时，我的决心已化为乌有，我以受惊时的速度向后退了一两码远。面对着这种从未经历过的想象中的危险，意志和理智终显得无能为力了。

这种惊起的剧烈程度似乎部分取决于幻想的逼真程度，部分由于神经系统习惯性的或一时性的状况。观察过惊马的人都会注意到：当一匹疲倦的小马看见一些出乎意外的物件时，先是怀疑它有无危险性，一霎时就跳得又快又猛，层次分明，其反应之快大约使它来不及主动打回旋。一匹未用过的又是喂得好的马，其神经系统传令给运动系统是如此之快，以至没有时间去考虑危险是真还是假。一次惊起后，它即受到刺激，血液涌进脑子，它很可能再度惊起。我在年幼的婴儿身上就注意到这一情况。

因突发的大声而惊起时，刺激是通过听觉神经传导的。在成年人中这时常伴随着闭眼。[40]但是我注意过我的未满月的婴儿在听到什么突发的大声时只有惊起，却从不眨眼。我相信这是通例。较大婴儿的惊起似乎表现为想抓住什么东西以免跌倒。我在我出生 114 天的孩子眼前摇撼一个空盒子，他一点都不眨眼。但当我放几颗糖果进去，仍拿到他的眼前，摇得嘎嘎作响，每摇一次他的眼睛都剧烈地眨动，同时惊起。一个一直养育得很好的幼儿显然不可能从经验知道眼前这嘎嘎的声音表示有危险。经过漫长的世代，孩子稍大一点会慢慢获得这种经验。而且，根据我们关于遗传的知识，没有什么习惯是不能传给后代的，孩子们养成习惯的年龄只有比他们父母获得该习惯的年龄更早。

由上所述，起初是有意做的一些行为，经由习惯和联系已经转化为反射行为，现在已牢固地确立并遗传下去。因此，每当发生那些原来由意志激起的反射行为的同样诱因时，尽管毫无用处，这些行为也还是要出现。[41]在此时，感觉神经细胞直接刺激运动神经细胞，用不着先通过管着我们意识和意志的那些细胞。打喷嚏与咳嗽可能原来是由任何刺痒的东西进入气管、用最大的劲把它排出来的习惯形成的。[42]就时间而论，把这些习惯变成自然或转化成反射行为是再充裕不过的了。既然近乎所有的高等四足兽都有反射行为，那它一定是在很遥远的时代就已形成了。至于为什么清喉咙的动作没有形成反射行为，而还要从小学起，我还说不出，但是为什么往手帕里擤鼻涕一定要学则可以知道。

很难使人相信当去掉头的青蛙为从大腿上抹掉一滴酸液或别的东西这一目标，所有的配合良好的动作最初不是有意识动作，经过长期持续的重复，以至最终变成可以不经过大脑半球的无意识动作了。

同样，惊起的动作也似乎是起源于当我们的感官向我们报警时养成的尽快逃离险境的这一习惯。如上所述，惊起伴随着眨眼，以保护眼睛这身上最娇嫩和最敏感的器官。此外，我认为它还伴随着急剧的深呼吸，这是做任何剧烈运动时的必然准备。当人或马惊起时，心脏就会在胸腔内狂跳。这里我们可以说，我们有一个从来不受意志支配的器官，参与了身体的一般反射动作。关于这一点我在下章中还要谈。

当视网膜受到强光刺激时，瞳孔的收缩代表着另一类动作，它不同于先是随意动作然后定型为习惯的那种动作。因为在任何动物中，瞳孔都不是由意志任意支配的。这时就需要要从习惯以外的去寻找解释了。极度受激的神经细胞向与之相连接的细胞放射神经力的现象，如视网膜接受强光时会引起喷嚏，也许会帮助我们了解一些反射行为是怎样形成的。此种神经力的放射如能导致减轻初次刺激，像瞳孔收缩防止过多的光线照到视网膜上那样，将来也许就为此目的而得到了利用和改造。

值得进一步注意的是，反射行为完全可能像身体构造和本能一样，产生轻微变异，而任何有益的和重要的变异都会被保存起来、遗传下去。同样，反射行为一旦为一个目的确定下来，在以后就可以不顾意志或习惯，被改造得为某些不同的目的服务。我们有充分理由相信，这种情况同那些在本能上发生过的情况是并行的。虽然有些本能只是从长久的、遗传的习惯发展来的，一些高度复杂的本能则是由保存了原有本能的变异，即经过自然选择发展而来的。

在反射行为的形成上，我已谈了不少，但我深知，谈得还很不完善，因为它们常常是和表达我们情感的动作联系在一起的。有必要在此申明，至少某些反射行为，最初是由于想满足欲望或排遣厌恶的感觉而形成的。

低等动物的联应性习惯动作。在人的方面，我已举出一些行为的例子，它们或与心理、或与身体的各种状态有关。这些动作现在好像已无目的，但在原来是有用的，今后在一定条件下也还会有用。因为这一课题对我们很重要，所以在此我要给出较多关于动物的类似事实，其中有些是小事情。我的目的是想表明，某些动作开始是有确定目的的，而在近于相同的情境下，由于习惯，尽管现已毫无用处，但它们仍被执着地表现出来。下列事例中的多数都倾向于有遗传性，所以我们可以推断，这些动作在同种动物中，不分老幼，所有个体都是以同种方式在执行。我们还将看到，它们可由花样繁多的、迂回的、有时是错误的联应作用所激发。

当狗想睡时，不管是在地毯上还是在地板上，它通常要兜上几个圈子并用前掌去挠地，好像要把草踩平并挖出一个洞，就像它们的祖先居住在草原或树林里睡前要做的那样。[43]动物园里的豺狼（jackal）、大耳狐（fennecs）和其他近缘动物就是这样对待褥草的。但是狼却不这样干，管园人观察了几个月也没见过，这倒有点奇怪了。一只半痴呆的狗（此等动物是最容易去干一些无意义的事的）被我的朋友见到在地毯上足足转了13圈才躺下去睡。

很多食肉动物，在它们爬向猎物并准备冲上或跳上去时，总是降低头和胸的高度，看上去就像又想藏起来，又准备出击，这一习性以一种夸张的形式已在指猎狗和波状长毛猎狗中遗传下来了。我还多次注意到，当两只互不相识的狗在大路上相遇时，尽管相距一两百码，先看见对方的狗总是把头低下来，身躯微伏或卧倒。显然，尽管路很宽、距离也远，但它还是采取隐藏自己并准备出击的标准姿势。再有，所有的狗类在专心注视并慢慢接近猎物时，常要把一只前腿抬起来好一会儿，谨慎地准备下一行动，这在指猎狗身上尤其突出。只要被唤起注意，什么狗都会这样做，这是它们的习性（图 4）。我见到过一只狗站在高墙之下，倾听墙那一面的什么声音，也是把一只前腿拳起来，这时它是无意采取谨慎步骤的。

图 4　小狗在监视桌上的猫。（从芮兰德先生所摄照片）

狗即使在光秃的石子路上大便后，也常要用四条腿向后做扒土动作，好像要用土把大便给埋上似的，猫也差不多一样，动物园里的狼和胡狼则完全一样。可是看园人向我保证说，狼、胡狼和狐狸，在它们有土可盖自己的大便时，也不会像狗盖得那样好。然而，所有上述动物，都会埋藏一时吃不完的食物。因此，如果我们正确理解上述像猫的习性的意义，这一点是无可置疑的：我们可以认为它是一种习惯动作的失去目的的残余，开头是由狗属的远祖为了一定目的而采取，并在极其长久的时间里被保存了下来。［至于把吃剩的东西埋藏起来的习性，则又是另外一码事了。］

狗和胡狼很喜欢在腐肉上打滚并磨蹭颈和背。[44]它们大概喜欢这个气味，虽然狗（至少是吃饱的狗）是不吃腐肉的。巴特利特先生曾替我观察过狼，把腐肉扔给它们，而从未看见狼在上面打滚。我听人提到过并相信，狼狗的祖先是狼，所以它们不像起源于胡狼的小型狗那样喜欢在腐肉上打滚。我有一只小猎犬，在它不饿的时候我给它一块棕色饼干。它开头抛掷饼干，叼起又放下，像对待老鼠或别的猎物那样。然后又一再地在它上面打滚，和在腐肉上打滚相同，最后才把它吃掉。这种情形有点像它在给一份不够味的食物加点假想的调料，用一种习惯动作，想把饼干当成活物或闻着像腐肉，尽管它比我们还明白不是那么回事。我曾见过这只小猎犬在杀死小鸟或老鼠时做同样动作。[45]

狗常用一只后腿急速地给自己搔痒，当我用小棍去搔它的背部时，它还会急速地用后腿抓空或者抓地，呈现一种无用又可笑的样子，可见习惯性动作驱力之强大。当我用小棍去给上面提到的那只小猎犬搔痒时，有时它会高兴地伸出舌头舐空气，就像在舐我手一样。这是另一种习惯动作。

马用牙啃它们所能达到的身体部位去解痒；更常见的是一匹马向另一匹示意它需要搔痒的部位，于是它们就互相啃起痒来。我曾叫一个友人帮我观察这一课题，他发现当他给他的马挠脖子时，它就扬头露齿，甚至嚼动，像是在给另一匹马啃脖子那样，因为它永远无法替自己解脖子上的痒。马如果被搔痒很久，比如在被梳洗时那样，它想咬什么东西的欲望变得难耐地强，它就要磨牙，且并非恶意去咬它的主人。同时它还要习惯性地并拢双耳以防被咬着，好像它是在同另一匹马在打架。

一匹马急于要上路的时候，会用蹄子去踏地，做出一种很像行进的习惯动作。[46]再者，当马在马厩里等着喂草秣有点等不及时，它也要击打地面或褥草。当我的两匹马看到或听到邻居的马在吃谷物时就有这种表示。但在这里这些动作不妨叫做真正的表情，因为以蹄击地已被公认为一种急躁的信号。

猫无论大小便都要用土盖起；而我的祖父曾看到[47]一只小猫见到洒在壁炉前地上的一匙清水也要往上盖灰，它的习惯或本能行为仅靠视觉，而不是靠小便行为或气味而被错误地唤起的。尽人皆知，猫怕脚沾湿，这可能是由于它们祖先住在埃及的干燥地区之故。当它们的脚受湿时，它们赶快用力把水甩掉。我的女儿紧挨着猫头往玻璃杯里倒水，它立即以常用方式抖它的脚。在这里，一个习惯动作是被一种有关联的声响而不是根据触觉而被错误地激发出来的。

小猫、小狗、小猪还会有许多别的小动物，会用前脚轮流地去推压母畜的乳腺，使乳汁更容易分泌或流出。在小猫和普通种及波斯种的老猫（后者被某些博物学家认为是另外一个种）中，当舒服地躺在暖和的披肩或别的柔软物件上时，就用前脚安静地、轮流地敲打这物件，它们脚趾开张，脚爪略微突出，活像吸吮母乳时那样。它们还时常咬住一点披肩吸吮着，并闭上眼睛，高兴得呜呜叫，足以说明这是与吃奶相同的动作。这一奇特动作只有当它感觉到一个暖和柔软物件时才会因联想而受到刺激。我还看见一头老猫，当有人给它抓背时，也用脚在空中踢动。因此这种行为几乎已成为感到愉快的表示了。

在讲过吸乳行为后，我要加一句，即这个复杂的动作跟交替伸出前脚一样，也是反射动作。因为当把沾有奶汁的手指送进大脑的前部已被切除的小狗的嘴里时，它还会这样做。[48]法国近来传闻，吸奶的动作单纯是由嗅觉受激引起的；因此如小狗的嗅神经受到破坏，它就再也不会吸奶了。同样，新出壳的小鸡只要几个小时就会啄食小粒食物的神奇能力也是靠听觉启动的；因为靠人工加温孵出的小鸡，只要用指甲叩击木板，模仿母鸡的声音，就可以教会他们琢食。[49]

关于习惯性而无目的的动作，我想再举另外一个例子。冠鸭（*Tadorna*）于退潮后在沙滩上觅食。发现有虫类时，就在虫洞的上面用脚踏击，像是在跳舞，这样一来，虫子就钻出沙面了。据圣约翰（St. John）先生说，他的养熟了的冠鸭“找东西吃时，也会急躁、迅速地踏击地面”，[50]因此这一动作可以认为是它们饥饿时的表情。巴特利特（Bartlett）先生告诉我，红鹳和冠鹭（*Rhinochetus jabatus*）在急于让人喂食时，也以同样奇怪的姿势以足击地。还有鱼狗鸟在捕到一条鱼时，常把它摔打到死为止。[51]而在动物园里，有时喂它们生肉，它们也是先摔打一阵才吃。

现在可以认为，我们已把第一原理的事实说清了。那就是：当任何感受、欲望、不满等在无数世代中已形成某些自觉行动，那么当同样的、类似的或有联系的感受（哪怕很微弱）出现时，受者就倾向于被激起去做类似的动作，全然不顾这种动作在此时此地也许一点用也没有。这种习惯动作常常是遗传的，因此它们和反射行为没什么区别。本章一开头就谈到第一原理。当我们论及人的特殊表情时，本章后半部分也同样适用，那就是，通过习惯与某种心态相联系的动作，只是部分地受意志的压抑；而严格的不随意肌，以及那些最不受意志管束的部分，却还会在行动，而且它们的行为是富有表现力的。反过来说，当意志暂时地或永久地衰退了，随意肌则要比不随意肌先不听使唤。如贝尔·C. 爵士说的那样，[52]“如果因脑子患病引起了无力症，受影响最大的是在正常情况下最听命于意志的那些肌肉。”这对病理学家是一件熟知的事实。

在以下几章里，我们还将考虑包括在第一原理中的另一个命题，即，要想阻止一个习惯动作，有时需要旁的小动作，后者也是为表情服务的。

第二章

表情的一般原理（续一）

反对的原理——狗和猫的事例——本原理的来源——惯用的姿势——反对论并非起源于在相反的冲动下有意采取的相反行为

现在我们来考虑我们的第二个原理，即反对论。[53]正如我们在上章中见到的，某些心态将导出某些原先是或现在还是有用的习惯动作。下面我们将看到，当一种截然相反的心态被诱发时，一种强烈的、不由自主的势头要去做出一种性质完全相反的动作，而且这种动作从来就没有过任何好处。当我们谈到人的特殊表情时，将举出一些反对论的惊人例证。但这样一来，我们会特别容易把习惯的和人为的姿势与表情同天生的与普遍的表情搞混，分不清哪个应该被列为真正的表情。为此在本章中我还是主要先谈动物的。

当一条狗在野蛮或粗暴的心态下迫近生狗或生人时，它跑得径直和僵硬，头部略举或微低，尾部直立挺拔，毛被炸开如鬣，尤以颈部和背部的

毛为甚，双耳耸立朝向前方，同时双目炯炯有神（见图 5 和图 6）。这种动

图 5　一只抱着敌意的狗在走近另一只狗（里维埃先生画）

图 6　杂种的牧羊狗抱着敌意在走近另一只狗（梅伊先生画）

作来自狗的想向敌人进攻的意图，而且在很大程度上是好理解的，我们以后还要详加解释。当它狂嗥着准备扑向敌人时，犬齿露出，双耳向后紧贴头部。但我们暂时不去管这后一姿势。假定狗忽然发现它所迫近的不是什么生人，而是它的主人，我们且来看看它的整个态度是反转得多么迅速和彻底。这时它不再挺进了，身子往下缩或爬在地上，做着屈曲不定的动作。它的尾部不是向上直竖了，而是降下来左右摇摆。它的毛被立刻变得柔顺了，耳朵并拢向后，但不是紧贴头部，它的嘴唇也耷拉下来了。由于双耳的向后掣，眼睑也被拉长，眼睛不像先前那样圆睁而有神了。此时此刻，应该说狗已处于一种因快乐而引起的兴奋状态，它的神经力大量产生，自然会导出某种行为来。上述各种充分表达恋情的动作，没有一种对狗有一点直接用处。据我看只能这样解释，即它们纯粹是为了反对或抵销先前的态度和动作，这种动作，根据易于理解的原因，被假定为想寻衅的狗所特有的，而且也就可认为是愤怒的表现。请读者们看看这四张附图(图 5～图 8)，把它们放在这里是为了让读者生动地回忆起狗在两种不同心态下的表现。可惜要表现狗的顺从不无困难，当它亲它的主人并摇尾乞怜时，表情的精髓全在是连续的动作。

图 7　同图 5 的狗，在向主人讨好（里维埃先生画）

图 8　同图 6 的狗，在向主人讨好（梅伊先生画）

我们现在再看看猫。当猫受狗威胁时，它受惊地弓起背，并张嘴喷气。这种常见的体态是恐惧夹杂着愤怒，我们在此无须多谈。我们最关心的还是猫的狂怒与愤怒。这不太常见，可见于两只猫打架的时候；我还看到一只被一个男孩惹急了的野猫也有这种表现。它的姿势酷似老虎在受到打扰并为占有食物而咆哮时，人们在兽笼前都会见到过的那个样子。猫采取的是低姿势，身体伸长，尾巴（或只有端部）左右摆动或卷曲。毛一点都不竖立。至此，它的姿势与动作与它准备扑食时很相近，无疑，它此时已陷入狂怒了。但当它准备打架时，姿势却有些不同，双耳并紧向后，嘴半开着露出牙齿，前脚有时伸出脚爪，还时不时地发出凶狠的叫声（见图9）。这一切（或近乎一切）动作自然是因向猫攻击的敌人的意志和态度而来的，下文还将加以说明。

图9 一只发狠并准备打架的猫（伍德先生写生）

现在让我们看一只心情截然相反的猫，也就是当它觉得高兴并亲它的主人的时候，注意它的各项姿态和上述的有多么不同。它现在直立着，背部微弓，体背毛看上去有点粗糙但非刚硬，尾部一不后伸、二不摇摆，而且直竖起来，双耳直立向前，嘴闭着，拿项背往主人腿上蹭，还发出呜呜声（见图10）。我们还可以比较一下温顺的猫和温顺的狗在表情上是多么的不同。狗是低下身躯并扭动着，尾部朝下并摇摆着，两耳服帖地取悦于主人。两者都是食肉动物，它们姿态和动作的反差，尽管处于同样愉悦和亲密的心情，据我看只能用这个道理来解释，即与它们发狠变野，准备打斗或扑食时所采取的动作完全相反有关。

就狗和猫而言，完全可以说凶狠和温情的两种姿态是天生的或遗传的，因为它们在同种的不同族类间几乎完全相同，在同族的个体间，不分

图 10　一只正在表示亲热的猫（伍德先生写生）

老幼，更是完全一样了。

在此我将再举出一个在表情上相反的事例。从前我有一条大狗。和别的狗一样，它很喜欢外出散步。它表示高兴的动作是郑重地在我面前小跑，头抬得很高，两耳略竖，尾巴高举但不挺直。距我家不远的右方有一条小路，通向温室，我时常去那里待一会儿，去看我的试验植物。狗怕我在去那里后不再接着散步，因此只要当我身体稍微有一点向小路倾斜时(我时常故意拿这个做试验)，它就立即完全变换了表情，那样子很可笑。全家人都熟悉它那种沮丧的样子，给它取名曰“温室嘴脸”。它表现为头部低垂，全身略沉并保持不动，耳朵和尾巴突然耷拉下来，尾巴也不摇了。随着耳朵和大下巴的下垂，眼光的变化也很大，我觉得它不那么亮了。它的样子是那样可怜、无望和沮丧。如我说过的，确实很可笑，因为我的暗示只有那么一点点啊。它姿态的每一细节都与它先前高兴而又自持的态度完全相反。对我来说，这只有一种解释，也就是依照反对论。要不是变化这么迅速，我还可以把它归之于情绪低落，像人似的，影响到神经系统和循环，最终影响到整个肌肉框架的强度。当然这也许有一点影响。

现在再来看看表情反对原理的根源所在。对社会性动物，在同社群的各成员间，与别种动物间，在异性和老幼成员间的互相沟通，对它们是至关重要的。这通常是靠声音来表达，但姿势和表情在一定程度上的互相理解也是可以肯定的。人类不但会用不连贯的哭喊、身姿与表情，还发明了连贯的语言，如果“发明”一词能用在这个多半是不自觉的，经过无数代才完成的过程的话。凡是注意过猿猴的人都不会怀疑它们完全领会彼此的姿势和表情，并如仁格（Rengger）所说，[54]对人的也行。一头动物，要去攻击另一头动物、或惧怕另一头动物的攻击，总要使自己看着可怕，竖毛以假充身体庞大，以及露齿，晃角或发出凶恶的声音等。

因为互相沟通的能力肯定对多种动物有用，按照推理，应该可以假定：显然，与某种已经表示过心情的姿态在性质上相反的姿态，当心情处于相反状态的影响下时，在当初曾经是有意做出的。如今这种姿态已成天生的事实并不能驳倒它们在开始时是意志行为的信念，因为当在多代实行之后，它们最终可能被遗传下去。虽然如此，我们即将看到，是不是每一件置于反对论的标题下的事例都是这样发生的，还是很可怀疑的。

至于非天生的传统姿势，如聋哑人或野蛮人所用的手势，反对原理也曾部分地发挥作用。西斯廷教堂的神父们认为说话是有罪的，但由于他们不可避免地要保持有某些交往，他们发明了一种姿态语，反对原理似乎被他们利用过。[55]艾克塞特（Exeter）聋哑研究所的斯各特（W. R. Scott）博士写信给我说："相反姿势在教育对它敏感的聋哑人时是很常用的。"虽然如此，我对为什么只能举出很少的鲜明例证曾深感诧异。这部分地由于所有的手势都曾有些自然的起源，部分地由于聋哑人或野蛮人为了图快尽量压缩他们的手势。[56]因此它们的自然来源或起源常常定不下来或根本无法确定，正如语言的起源定不下来一样。

再者，很多手势是明显地互相反对的，似乎双方各有一有意义的起源。聋哑人用的手势语如光和暗，强和弱等似乎就是这样。下章中我将试图表明肯定与否定的相反姿势，亦即点头和摇头，都可能有一个天然的起源。某些野蛮民族用于表示否定的从右往左一摆手，可能是握手的一种摹拟，但他们表示肯定的相反动作，把手从面颊呈直线挥动，究竟源于反对原理还是出于某种完全不同的缘由，还是个疑问。

如果我们现在转向同一物种所有成员共有的或天生的姿势，又照顾到反对原理这个标题，则哪个姿势是当初经过商讨才创出并得到悉心遵守，是大可怀疑的。就人类而言，耸肩是直接表示反对其他行动的姿势的最好例证。它是在反对的心境下自然流露的。它表示无能为力或歉意——既不能做什么又不能阻止某件事。这一姿势有时是有意地和随意地被利用着，但说它是当初经过商讨才创出，后来形成固定习惯，则绝对是不可能的。因为不仅小孩有时也会耸肩（当他们处于上述心态的时候），而且像下章将要细说的，这一动作要伴以多种附加动作，这种现象一千个人中未必有一个人懂得，除非他专门研究过这个课题。

当狗靠近一条生狗，必会觉得做出友好的姿态，不想打架较为有利。当两只小狗玩在一起，嗷叫着并互相咬面颊和腿部时，很显然它们全知道对方的姿态的含意。诚然，在小狗和小猫身上有某些本能赋与的知识，如它们在打着玩的时候不可以太放纵地用它们的小牙和小爪。有时出现这种情况，打闹就以一方的尖叫声而告终，否则非弄得双方眼睛受伤不可。当我的小猎犬咬着我的手玩的时候，常边玩边叫唤，如果它咬重了而我说轻点、轻点，它还接着咬，但会摆动几下尾巴做为对我的回答，好像在说：

“不要紧，这只不过是游戏。”虽然狗对人或对别的狗会这样表示，至少愿意表示它们是抱有好意的，但很难设想它们曾过细地考虑到让两耳向后并拢而不是直竖，垂下尾巴摇几摇，而不是让它挺立等等，只因它们知道前一种姿态与后一种姿态截然相反，而后一种姿态只是在心境粗野时才应该做出的。

同样，当猫或它的远祖出于爱恋，最初弓起背、竖起尾巴、尖起耳朵时，能够相信它是有意地用这个来说明它的心境与另一种想自卫或扑食、因此伏下身躯，卷缩起尾巴，一会这边，一会那边，并压下双耳的心绪相反对的吗？我甚至更不能相信我的狗是故意地摆出沮丧的姿态和“温室嘴脸”，以形成和它先前愉快姿态与健康仪容的完整的反差。不能设想它知道我能了解它的表情，这样它就可以叫我心软并让我放弃去温室了。

如是，为了发展如本章标题所说的动作，一些有别于意志和意识的别的原理，必定也介入了。这个原理似乎在于我们一生中所做的每一项随意动作都要有的肌肉运动；我们所做的截然相反的动作就要有相反的肌肉组织习惯性地在起作用，如向右转和向左转，推东西和拉东西，举重和放重等。由于我们的意志和行动配合得如此紧凑，如果我们极力要把一件物品朝任何方向推动，我们很难阻止我们的身体朝同一方向运动，尽管明明知道此举不会有什么用处。在本书绪论中已就此事举出一个很好的例子，即当一位青年台球爱好者在盯着他打出的球的球路时会做出奇特的动作。这里有一个大人或小孩在发脾气，如果他嚷着叫一个人走开，他常要举臂像要把他推开，虽然那个冒犯他的人没站在近处，而且在这里丝毫无须用手势去解释他的意思。反过来，如果我们急于要使某人向我们靠近，我们也会做出类似拉他的动作。这样的例子是很多的。

因为这种在反对意志冲动下进行的性质反对的常见动作，对我们和动物都已经习以为常，所以当某一种动作和任何一种感觉或情绪紧密地相联时，在截然相反的感觉或情绪的影响下，由于习惯和联应，这种截然相反的动作即使无用，也会无意识地被做出，这似乎是很自然的。单凭这一条原理，我就能了解在反对论标题下出现的姿势和表情是怎么产生的。确实，如果它们对于人或任何别的动物的语言或喊叫有所助益的话，它们总会无意识地被表现出来，这种习惯也会日见牢固。但是不管它们作为交流手段是否有用，根据类比原理去判断，这种要在相反的感觉或情绪下进行相反动作的倾向，就会由于这些动作的长期运用而具有遗传性。然则，一些基于反对原理的表情动作是可以遗传的也就没什么疑问了。

第三章

表情的一般原理（续二）

受刺激的神经系统，不受意志且不太受习惯支配地直接作用于身体的原理——发色的改变——肌肉颤动——分泌失常——出汗——极度痛苦的表情——愤怒、狂喜和恐惧的表情——引起与不引起表情动作的情绪的对比——兴奋和低落的两种心态——总结

我们现在看一下第三原理，即我们认为某种心态的表现的某些动作，乃是由神经系统的结构造成的直接结果，从一开始就是不受意志、在很大程度上也不受习惯支配的。当感官受到强刺激时，神经力大量生成并向某些方向传递，这要看神经细胞的联结如何；就肌肉系统而言，还要看习惯性动作的性质如何。否则神经力的输送，似乎是可以被阻断的了。虽然我们做的每个动作都离不开神经系统的参与，但遵照意志，通过习惯，或根据反对原理的行为在本章中将尽量抛开不论。我们现在的课题相当隐晦不明，但是从它的重要性看又必须以相当篇幅来讨论。越是不明白的事情越

要深究，这总是不会错的。

最惊人的事例，尽管不太常见，就是偶尔在极度惊恐或忧伤之后的头发突然变色。这可以作为当神经系统受强烈刺激后直接影响身体的一个例证。一件可靠的事例这样记录着：在印度有一个人被押赴刑场时，他的头发颜色变得很快，当时就被人看出来了。[57]

另一件事是人和多种动物都存在的肌肉颤抖现象。它本身无济于事，甚至还能坏事，当初绝不会是由意志而发抖，然后与某种情绪相联而成为习惯的。一位卓越的权威学者肯定地告诉我，儿童从不发抖，但碰到足以使成年人颤抖不已的情况却容易痉挛。不同个人受刺激后颤抖的程度不同，诱因也是多种多样的——在热病发作前，虽然体温高于正常，也会因体表受寒而发抖。在患血液中毒、狂呓症和别的病时，在老年力气衰竭时，在过度劳累而虚脱时，局部受重创（如烧伤）时，人都会发抖。至于插入导尿管引起的哆嗦，则属于特殊情况了。在所有情绪中，惧怕是出名地最容易诱发哆嗦的，有时大怒与大喜也是如此。我记得一次看到一个男孩头次打中沙鸡的翅膀时乐得双手哆嗦到如此程度，以致好半天不能再上枪弹。[58]我还听说过一件非常相似的情形发生在澳洲土人身上，枪还是我借给他的呢。美妙的音乐，由于它唤起的朦胧的情思，能使有些人发生从脊背向下的战栗。在上述几件用以说明震颤的身体原因和情绪原因的例子中，共同点极少。承蒙告诉我上述一些故事的J. 佩吉特爵士还说，这个课题是一个悬案。因为哆嗦有时由盛怒引起，离身体虚脱还很远，有时又伴随着狂喜。似乎任何对神经系统的强刺激都会阻止神经力稳定地向肌肉流去。[59]

强烈的情绪影响消化道和某些腺体，如肝、肾或乳腺的分泌等情形是感觉中枢直接影响这些器官的又一个极好的例证，它不受意志或任何有用的联合习惯所左右。在不同个人间差别极大，受影响的部位及深刻程度也都不同。

以神奇的方式、日夜不停地跳动着的心脏对外界的刺激是最敏感的。大生理学家，克劳德·伯纳德也曾表明由一根敏感的神经发出的最小刺激是如何作用于心脏的。当这根神经极其轻微地被触动，试验动物还可能觉不到什么痛苦时，心脏已受到了影响。因此当心情非常兴奋时，可以预期它必会立刻直接影响心脏，这是被普遍承认的，我们自己也感觉是这样。克劳德·伯纳德还一再坚持——这一点值得特别注意——当心脏受影响时，它反馈给大脑，大脑的状况又会通过迷走神经再影响心脏。因此在任何外界刺激下，在心与脑之间将出现许多相互作用与反作用，这是身体的最重要的两个器官。[60],[61]

调节小动脉管径的血管运动系统是直接受控于感受器的，像我们在因羞惭而红脸的例子中所见的那样。但在这时神经力停止向面部血管传递的原因，我认为可从习惯的奇特方式得到部分解释。我们还能够（尽管很少）对在惧怕和恼怒时头发直竖作点说明。无疑，泪液的分泌要靠某些神经细胞的联系，但这里我们同样能找出在一定的情绪作用下，神经力经由所需渠道而变成习惯性的某些步骤。

简略地思考一下强烈的感受和情绪的某些向外的流露，将会最好地告诉我们，虽然不是很清楚，我们现在讨论的受激神经系统直接作用于身体的原理，是如何复杂地与第一原理——即联系于习惯的、有用的动作的原理相融合的。

当动物受到剧痛时，它们通常一边翻滚、一边发出可怕的抽搐动作；那些用惯声音的还会发出尖锐的嗥叫。此时它的每条肌肉都在做剧烈运动。若是人，他大概会闭紧嘴，较多的人双唇后缩，或者咬牙。据说，在地狱里可以听到“咬牙切齿“的声音。我曾清楚地听到一头患急性肠炎的牛磨它的大牙的声音。动物园里的雌河马在产仔时痛苦异常，它不停地踱着步，或在地上打滚，一会儿张大嘴，一会儿又闭上，上牙下牙相碰作响。[62]若是人，她就会像吃惊受怕时那样张大眼睛或紧蹙额头，全身浴着汗水，汗珠从脸上往下淌。循环[63]与呼吸[64]全都失常。因此鼻孔通常要扩张并伴以颤动，有时呼吸停滞把脸憋成紫色。如果痛苦时间再长、病征又有所变化，接踵而来的将是虚脱、昏厥和痉挛。

感觉神经受刺激时，在前进中把某些冲动传给神经细胞，细胞再把冲动先传给身体另一侧的相对神经细胞，然后沿着脑脊神经柱或上或下传给别的神经细胞，其程度依刺激的强度而定。从而最终整个神经系统都会兴奋起来。[65]这种神经力的自发的传播，有时能意识到，有时意识不到。为什么神经细胞受激后会产生或释放神经力还不清楚，但这已经是所有大生理学家的结论，他们是米勒、微耳和、伯纳德等。[66]正如赫伯特·斯宾塞先生指出的，这可以当成“不成疑问的真理来接受，即在任何时候，以一种神秘的方式在我们身上产生我们称之为情感的释放出来的神经力的存量，定会在别处耗掉，定会在什么部位以等量显示出来。”因此，当脑脊髓系统高度受激、神经力大量释放时，它可以用于深沉的感受、活跃的思考、狂热的动作或腺体活动的增加。[67]斯宾塞先生还说：无动机指导的神经力泛滥起来，将明显地走最习惯的路线；如果还不满足，将流向较不习惯的路线。”其结果是，面肌和管呼吸的肌肉由于最常用，就易于先被推动起来，其次是上肢肌肉，[68]再次下肢肌肉，终而全身肌肉均被推动。[69]

一种情绪有时虽然强烈，但如果它没有导致为得到缓解或满足的随意行动，它就不会有诱发任何种类动作的倾向；而当动作被激发时，其性质在很大程度上取决于在同样情绪影响下，为某些特定目的惯常有意去做的动作。剧痛促使各种动物，并在它们的无数世代中，去做最激烈的、样式繁多的努力以逃离痛苦之源。甚至当一部肢体或身体别的部分受了伤，常可见到想把伤肢甩掉的倾向，好像这样会甩掉祸根，尽管这显然是不可能的。于是，当经受大的痛苦时，一种竭尽全力用上所有肌肉的习惯，就会形成。由于胸肌和发声器官最常用，出事时它们便最容易行动起来，而大叫、尖叫或喊叫就全都出来了。但是高声喊叫也许以一种重要方式给喊者带来好处。因为多数幼畜在处于灾害或危险中时，就大声喊叫向父母求援，有时同一群中的各成员间为了求助也采用此法。

还有一个原理：动物有一种内在意识，知道神经系统的能量或能力有限的；尽管这种意识只起到从属的作用，也帮助动物在极端受苦时去做出一些剧烈的行动。一个人在使出最大的肌肉力量时便不能够深思。正如希波克拉底早年观察到的那样，如果同时承受两种苦痛，重的就会淡化轻的。殉道者在他们处于宗教热忱的高潮时，好像对最残酷的毒刑也觉不到了。将受鞭笞之苦的水手有时嘴里含一块铅，在挨打时用大力咬紧它，以此来忍受痛苦。临产妇女准备把部分肌肉紧张到极限以减轻她们的受苦。

至此，我们已看到，从最初受激的神经细胞无定向放射出来的神经力，试图挣脱痛苦之源的长期习惯，以及意识到运用随意肌可减轻痛苦等，全都会在极端受苦时一齐来促成一个最剧烈、近乎痉挛的动作，这些动作，包括发声器官的动作，已被公认为这一心态的最好表达。

因为简单碰一条感觉神经就可以直接对心脏起作用，剧痛显然更会直接对它起作用。话虽如此，即便在这个时候，我们也不能忽视习惯对心脏的间接影响。这一点，当我们探讨愤怒的表征时将要看到。

一个人在忍受极度痛苦时，时常要出汗；我曾听一位外科兽医负责地说，他常看见受剧痛时的马出汗出得顺着肚子和大腿内侧往下流，牛也有类似情形。他看到，这种情况并未伴有容易引起出汗的挣扎。上面提到过的雌河马，在产仔时全身布满红色的汗珠。在极度恐惧时也会出汗，这兽医就常看见马因受惊而出汗。再如巴特利特先生也见之于犀牛，至于人的出汗就是尽人皆知的了。因受惊带来的汗水突然迸发的原因尚不清楚，然有些生理学家认为，它与微循环的无力有关。我们知道，调控微循环的血管运动神经系统是颇受意志影响的。至于在忍受巨大痛苦时以及由其他情绪引起的某些面肌的动作，这最好在谈到人和较低等动物的特殊表情时予以探讨。

现在我们将转向人在盛怒时的特殊表现。在这种强烈情绪的影响下，心跳急速加剧，[71]甚至发生紊乱。由于血液回流受阻，面部或红或紫，甚至变成死人般的苍白。呼吸急促，胸部起伏，鼻孔张大并颤动。甚者全身发抖，声音失常。牙齿咬紧或上下相磨，肌肉系统通常是被刺痛到做出剧烈、近乎发狂的举动。这种态势与因忍受极大痛苦时的无目的的折腾和挣扎有所不同，因为它多少总是明显地表示出要同敌人打架的动作来。

所有这些盛怒的表征多数是部分地，有些似乎全部是由于感受器受激后的直接动作。但是各种动物，以及它们的祖先，如遇到敌人的攻击或恫吓，都是竭尽全力来保护自己的。除非一个动物这样作为，是打算或至少是想着要去攻击它的敌人，它就不能认为是处于大怒状态。肌肉用力这样一种可遗传的习性就是因为与大怒联系在一起才获得的。这将直接或间接影响多部器官，与身体受苦的情况是很近似的。

心脏无疑也会以直接方式受到影响，但它也极有可能是由于习惯才受到影响的，并由于完全不受意志支配而更易于受到习惯性联系的影响。我们知道，我们有意做的任何大的出力都会影响心脏，其中原因有机械的也有别的，我们无需在此深论。在本书第一章中已经交代过，神经力容易走熟路，走随意肌或不随意肌神经的路，走感觉神经的路。因此哪怕是出一点力也将会影响到心脏。根据联应的原理（对之我们已举了不少的例），我们可以比较放心地说：任何感觉或情绪，如大痛或大怒，都会习惯性地引出许多肌肉活动，势将立即影响神经力流向心脏，即便此时并没有任何的肌肉用力。

如上所述，心脏由于不受意志支配，势将更易于因习惯性的联系而受到影响。当一个人处于愠怒甚至大怒时，他可以指挥他身体的行动，但他无法阻止他的心跳加快。他的胸部也许起伏不大，鼻孔仅略有抖动，因为呼吸的动作还有一部分是可控的。同样，最不听从意志的面部肌肉，有时却独自露出稍纵即逝的情绪来。腺体也是完全不受意志支配的。当一个人感到悲痛时可以控制的只是面容，但无法控制热泪盈眶。如果把诱人的食品放在一个饥民面前，他可以不露出任何饥饿之态，却阻止不了唾液的分泌。

当内心充满喜悦或欢愉时，就会有一种强烈的愿望，想做一些无意义的事和发出各种声音来。这往往见之于小孩的大笑、拍掌和欢蹦乱跳；见之于一条随同主人外出散步的狗的跳跃和汪汪叫和一匹被放到野地里的马的奔跳。[70]喜悦加速循环，刺激大脑，终于影响到全身。上述无意义的动作和心律的加快可能主要来自感受器的处于受激状态，[71]小部分来自继发的神经力的无定向的溢流，赫伯特·斯宾塞先生一直是这样认为的。值得注意的是，他们之所以做出无目的和过火的动作和发出各样的叫声，主要是由于他们预想到一种快乐，而不是真正享受到快乐。这由我们的小孩子身上，在他盼望什么喜事或优待时；在狗身上，当它看到一盘食物而跳起来时。当它的食物到口时它就连摇尾巴这个起码的表示高兴的表情都没有了。各类动物，除去获得温暖和休息时的愉快以外，其他一切愉快的获得都要伴以高兴的动作，而且久远以来就是如此，如在寻觅和猎获食物时和在求偶时。而且在长时歇息或圈住之后，仅仅让肌肉活动活动就是一种愉快。不但我们有此感觉，小动物在互相打闹时也可以看得出来。因此，单凭后面这个原理，我们大概可以料到即将到来的高兴事会有相反的肌体运动的表现。

在几乎所有的兽类，甚至鸟类，恐怖都会使身体发抖。皮色变白，汗水涌出，毛发直竖。消化道和肾脏分泌增加，而且由于括约肌的松弛大小便失禁，[72]都知道人是这样，但我在牛、狗、猫和猿猴身上也见到过。呼吸急速，心跳加快，又野又狂；但它是否更有效地向周身输送血液还值得怀疑，因为表皮几乎没有血色，而肌肉不久也就乏力了。在一匹受惊的马身上，隔着马鞍我清楚地感觉到它的心跳到可以给它数数的程度。意志力受到很大干扰。接着就是虚脱甚至昏迷。我曾见到一只受惊的金丝雀不但哆嗦而且在鸟嘴基部少毛处变白。[73]还有一次，我在屋里捉到一只知更雀，它昏迷了好长一段时间，我还以为它死了呢。

大约这些现象中的多数都与习性无关，而是感受器受刺激后的直接结果，但它们是否完全应该这样解释还无法肯定。一只动物受惊时，几乎总是有一会儿站着不动，以便集中观察确定危险的来源，有时也是为了避免被发现。随后就径直地飞跑，好像在搏斗时那样不惜力，只要危险还在，它就跑个不停，直至筋疲力尽，弄得呼吸和循环都停顿，肌肉震颤，大量出汗，再也跑不动为止。因此似乎不容许用相关习性原理来解释（哪怕是一部分），或对上述极端恐惧的特殊征候群做出起码的论证。

我想我们不妨从两方面来总结相关习性原理在造成上述几项强烈情绪和感觉表现的动作中确实起了重要的作用。第一，一切别的强烈情绪，通常并不要求任何自觉行动来减缓或满足；第二，所谓精神的兴奋状态与压抑状态间性质上的反差。没有比母爱更强烈的爱心了，但一位作母亲的对她的婴儿有着深深的爱，而在外表上可能不做任何表示，或仅表现为轻轻的爱抚，一个微笑和笑眼。但只要任何人故意伤害她的婴儿，你将会看到一个什么样的变化！她可以用吓人的姿态跳起来，双目炯炯，面红耳赤，胸部起伏，鼻孔张开，心跳加快，此时已看不到母爱，而是恼怒在习惯地指导行动。异性间的爱与母爱有很大区别。当情侣会面时，他们也是心跳加快，呼吸急促，面现潮红。因为这种爱是积极的，与平时的母爱有所不同。

一个人可能内心充满见不得人的仇恨或怀疑，或受到嫉妒心理的腐蚀。但由于这种心情不会立刻引出行动，而常要持续一些时候，所以从外表看不出来。最多这种人肯定不会心情愉快，脾气也不会好。果真这种心情暴发成公开行动，狂怒将代替平静，而径直地显现出来。画家很难绘出怀疑、嫉妒等心理，除非有关于该故事资料的帮助。诗人也用过“绿眼的嫉妒”（green-eyed jealousy）这类含混的、靠想象的表达法。斯宾塞在描述怀疑时，把它说成是“臭气熏天，面目可憎，压低眉毛，斜眼看人。”莎士比亚把嫉妒说成是“丑陋的外衣中的一张歪脸”，在另一处他又说“决不能用黑色的妒忌替我造坟”，以及“为灰色妒忌的威胁所达不到的”。

情绪和感觉常分为兴奋或压抑两种状态。当身体所有器官和心理，包括随意与不随意运动，知觉、感觉、思想等，比平时更强和更快地行使其功能时，那就是处于兴奋状态，这在人畜都是如此。反之，如果弱些和慢些，就是处于抑制状态。愤怒和快乐开头都是兴奋情绪，特别是愤怒，会引向强有力的动作，由此作用于心脏和大脑。有一次一位医生作为愤怒的兴奋性质的例证对我说，当一个人极度疲倦时常会找碴来发火，下意识地以此来恢复自己的精力。听他说过以后，我也时常认识到他的正确性。

有几种心态表现为初时兴奋，而不久变得压抑到了极点。一位突然失掉孩子的妈妈顿时悲痛欲狂，因此是处于一种兴奋状态。她到处狂奔，揪头发或衣服并扭绞双手。后一动作可能与反对理论有关，显示了内在的无助和毫无办法的意识。其他粗野的、过火的行动可部分地用肌肉用劲后体验到的轻松、部分地用兴奋中的感受器无定向发出的神经力泛滥来解释。当突然丧失亲人时，最先并最常出现的想法是想办法救这个人。一位卓越的观察者，[74]在描述一个突然失去父亲的人时说道："她搓着手[75]在屋里踱来踱去，像一个发狂的畜生，还说'这是我的错'，'我真不该离开他'，'要是我一直陪着他'"之类的话。心中存有这类思想活动，根据联合习惯原理，定会生出要做某种强力动作的倾向。

一旦悲痛中人完全意识到已毫无办法，绝望和深愁将代替狂乱的悲哀。他坐着不动，或轻轻地前后摇摆，血行变慢，呼吸变得微弱，[76]并不断叹气。这一切都影响到大脑，不久肌肉乏力，目光迟钝，终至虚脱。因为联合习惯已不再使悲痛中人采取行动，他的朋友们就鼓励他做某些活动，不要陷入无言的、不动的悲痛之中。活动激活心脏，转而作用于脑，这有助于使心灵承受痛苦的重担。[77]

苦难再重时可以很快导致极度的沮丧或虚脱，但它开始时是一种强刺激，可使人动起来。如我们鞭策坐骑时见到的那样。在外国，车夫对已筋疲力尽的阉牛施以可怕的折磨，以唤起它们的体力复元。恐惧在各种情绪中也是最教人低沉的，它可以很快导致完全的、无助的虚脱，好像起因于或联系于最剧烈、最持久的想逃离危险的竭尽全力，实际上他根本没出什么力。无论如何，甚至极端恐惧在开始时也常常成为强有力的刺激。当人或动物被恐怖赶到绝境时，他会获得神奇的力量，从而变得高度凶猛。

总起来我们不妨下这样的结论，即感受器直接作用于身体的原理，由于神经系统的结构和一开始就不依赖于意志，在决定多种表情方面是有高度影响的。良好的事例有肌肉震颤，表皮出汗，消化道和腺体的异常分泌，这都是在各种情绪和感觉影响下出现的。但这类行为常与我们的第一原理，即在某种心态下采取的用以满足或减轻某些感觉、欲望等直接或间接有用的行为，在遇到类似情况，即使已全无用处，但由于习惯还会做出的原理支配的行为相结合的。这种结合至少部分地体现在大怒时的疯狂姿态，剧痛时的痉挛，也许还有心脏与呼吸器官运动的增加等。尽管此类情绪或感觉的唤起相当微弱，但由于长期联属的习惯力量，也还会出现同样行为的倾向；而那些最不受意志支配的行为，一般会保留得最久。我们的第二个原理有时也会起作用。

最后，我相信读者在阅读本书的过程中不难看到，许多表情动作能用我们已讨论过的三个原理去解释。此后我们将看到，所有表情动作，都可以用它们或类似原理得到解释。然而具体到某一件事应用甲原理，某一件事应用乙原理，并决定它们各自所占分量，常常是做不到的。在表情的理论方面还有许多难点等待我们去弄清。

第四章

动物表情的方式

发声——喉声——其他发声——皮肤附属物，毛发、羽毛等在愤怒和恐惧情绪下的竖立——双耳掣后准备战斗，也表示愤怒——竖起耳朵抬起头，注意的表征

在本章及下章中，我将就几种常见动物在不同心态下的表情动作加以描述，但仅以够用的细节来说明这一课题。为了避免不必要的重复，在依次考察各动物之前，先讨论它们的某些共同的表情方式。

发声：多种动物，也包括人，发声器官是非常高效的表情工具。在上章中我们已经看到，当感受器受到强刺激时，身体各部肌肉一般要投入剧烈运动，其结果是，不管这种动物平时多么文静，尽管发声也许无用，大声还是发出来了。举例说，野兔[78]与家兔据我看除非受苦至极点时，例如当野兔被猎人射成重伤时或小兔子被黄鼠狼捉住时，从不使用它们的发声器官。牛马大都默默地承受剧痛，但如果痛得过分时，特别是当与恐惧联

系在一起时，它们也会发出可怖的叫声。我在潘帕斯草原时，远处常传来牛的痛苦的垂死吼叫，这是被套索套住后又割断腿筋时发出的。据说当马受到狼群的攻击时，就发出洪亮又特殊的嘶鸣来。[79]

胸肌和喉头肌的不自主的、无目的的收缩，由于受激，会导致嗓音的发出。但许多动物现在都会运用声音来达成不同的作用，而在别的环境下习惯似乎在使用声音方面发挥重大作用。我相信某些博物学者说过的：社会性动物由于用惯了它们的发声器官作为沟通的方式，比非社会性动物在别的场合下使用它们要便当得多。但也有显著例外，如家兔就是。再者，应用范围相当广泛的联合原理也在发挥一定作用。因此可以说，由于声音已经作为工具在特定的场合被习惯地用以显示快乐、痛苦、愤怒等，换个场合，或在较平和的场合，只要能激起同样的感觉或情绪，就会被运用出来。

多种动物的异性间在繁殖期不断地互相召唤，有些是雄性担当起召唤来，以取悦并刺激雌性。这其实似乎是声音的原始利用和发展方式，如拙著《人类的由来》中所试图表述的。然则，发声器官的利用和动物能感知的强烈的快感的前奏应是联系在一起的。社会性动物当分开时常彼此呼唤，重见时显然会感到莫大快慰，这在一匹马嘶鸣着回到群内时不难见到。妈妈在找不到孩子时会不住地叫它，如母牛叫小牛；而许多动物的幼仔也会呼唤它们的妈妈。当羊群走散时，母羊即不停地叫小羊，当又走到一起时，它们各自的欢快情形是明显可见的。当大而凶猛的兽类听到它们的幼畜痛苦的叫声时，侮弄幼兽的人就要倒霉了。狂怒导致全部肌肉使劲，包括喉部的；有些动物在被惹怒时会用它的力量和粗暴去威吓对手，狮子会狂吼，家犬会狂吠。我说它们是想威吓对手是因为狮子同时还竖起鬣毛，家犬也竖起背毛，尽可能地使自己看上去雄伟而可怕。求偶的雄兽狂叫着试图互相挑战并压倒竞争者，然后就是一场你死我活的战斗。如此，声音的运用，又和愤怒的情绪，不管其起因如何，联系到了一起。我们还曾看到，剧痛和愤怒一样，也会导致粗暴的嗥叫，由于叫时的用力也可减轻一些痛苦；这样，声音的运用又是和各种受苦联系着的了。

情绪与感觉不同时，发出的声音也大不相同，其原因尚未判明。也不是所有情况下都不同。例如就狗来说，发怒时和喜悦时的吠声虽然也听得出来，但差别不大。要把每一种在不同心态下的特殊声音的原因或根源做出个恰当解释，恐怕是不太可能。我们知道，某些动物在家养后已改变习惯，发出的声音不是本来的了。[80]即如，家犬或养熟了的胡狼已学会使它们叫唤的声音不同于同属的任一种动物，只有北美洲的郊狼（*Canis latrans*）的叫声和它们相近。家鸽的某些品种也学会叫一种新的、十分别致的咕咕声。

赫伯特·斯宾塞先生在他关于音乐的有趣论文里谈到了在各种情绪的影响下，人类声音的特征。[81]他清楚地表明，音调在不同条件下变化很大，表现在共鸣、音色、音调和音程诸方面，也就是量和质都受影响。那些听过雄辩的演说家或传教士的讲话，一个人向另一个的怒喊，或什么人的惊呼的人，对斯宾塞先生的论点的正确性是会深信不疑的。人在早年就能使他的语音的调节变得富有表现力，这真是奇妙啊。拿我的一个孩子说，不到两岁，我清楚地察觉到他表示同意的“嗯”声，由于稍加调控变得加重了许多；他还用一种特殊的哭音表示他坚决不答应。斯宾塞先生还显示，情绪语言（emotional speech）在上述各方面与声乐是密切相关的，并因此与器乐相关。他试图从生理学的立场，即按照“情感是肌肉动作的刺激物”这一普遍法则去解释二者特定的性质。不妨承认，音调是受这一法则支配的，但我却认为这种解释太浮泛、太空洞，不足以说明常用语同情绪语言或歌唱、除去响亮程度以外的各种区别。

不管我们是否相信语音的不同质乃起源于强烈感情刺激的说法，这种质后来就被带给声乐；也不管我们像我认为的那样，是否相信发出乐声的习性在人类的始祖，作为求爱的一种手段，就已经发展了，并由此与他们所具有的强烈的情绪如热爱、竞争和胜利相联系，上述论点总是对的。动物发出音符是谁都知道的；我们每天都听得见鸟的歌唱。值得注意的是，一种属于长臂猿类（gibbon）的猿竟发出准确的八度乐声，按照半音在音阶上能升能降。因此这种猿“可算是野兽中唯一会歌唱的了”。[82]从这件事，再从与别的动物相类比，我只能推断：人类的祖先在获得有音节语言的能力前，大概已会发出音符，从而，当在任何强烈情绪下运用声音时，根据联合的原理，它总会带有音乐的色彩。在一些动物中，我们能清楚地感到，雄性在运用声音取悦于雌性的同时也用发声使自己高兴。但为什么老发这一特殊音调，它又是如何带来愉悦的，当前还无法解释。

人的音调的高低与某些情感状态有关是完全清楚的。一个抱怨受了委屈或不舒服的人，几乎总是用高嗓门说话。当狗有点不耐烦时，常从鼻腔发出一种高的哼哼声，像悲鸣一样立即打动我们的心。[83]但若想弄清这种声音真正是悲鸣，或者我们仅是凭经验认为它是那个意思，那还是相当困难的。仁格认为，[84]他在巴拉圭饲养的一些卷尾猴（*Cebusazarae*），用半是哼哼，半是咆哮的噪音来表示惊愕，用低沉的呼呼声来表示愤怒或不耐烦，用尖叫来表示害怕或痛苦。可是对人来说，低的呻吟和高的尖叫同样可以表示剧痛。笑声可高可低，正如哈勒（Haller）早年提到过的，[85]在成年人，这可以分别用德语中的 O 和 A 两个元音来形容；但在儿童和妇女，两种音又像另外两个元音 E 和 I。正像黑勒姆赫尔茨（Helmholtz）说过的，后两个比前两个自然要高得多。然而，两种笑的音调同样表示快乐和喜悦。

在考虑发声表达情感的方式时，我们不禁要问音乐中所谓“表现”的原因。多蒙长期研究音乐课题的利奇菲尔德（Litchfield）先生就这个问题给了我下面的论述：“音乐表现的本质问题包括一些疑点，据我所知，迄今尚未得到解决。然而，任何适用于使用简单声调来表现情绪的法则，也必然适用于歌唱中发展得较好的表现形式，这可以作为一切音乐的原型。一支歌的情绪效果很大一部分依赖于创造歌曲时行为的性质。例如在一些表现热情奋发的歌曲中，其效果时常主要看是否用力唱出需要放开喉咙唱的一两个有特色的乐节。常常可以注意到，一曲这类歌如只是用刚够的力度和音域而不使劲去表现有特色的乐节，它就会失去应有的效果。这无疑也是当人们将一种曲调转变成另一种时常会产生负面效应的原因。可见效果好坏不仅要看实际音响，部分地还要看产生音响的动作的性质。诚然，每当我们感觉到一首歌曲的表现力在于它进行的疾徐，运行是否流畅，发音是否宏亮等，我们实际是在说明发声器官的肌肉动作，和我们说明一般的肌肉动作别无两样。但这还未能解释我们称之为歌曲的音乐表现力这个更加微妙和更加专门的效果，比如，美妙的音乐所给的，甚至只是其中一两句所给的快感。这种效果是很难用文字来表达的。据我所知，还没有人能够分析它，而赫伯特·斯宾塞先生对音乐的起源所做的天才的猜想也基本没有讲清。因为肯定地说，一组音乐的美妙效果完全不依赖于它们的洪亮与柔和，或它们的绝对的音高（absolute pitch）。曲子总归是曲子，不管它唱得洪亮或是柔和，小孩唱或是大人唱，也不管它是用笛子还是长号演奏的。任何曲调的纯音乐效果系于它在所谓“音阶”中位置：同一个音由于它与这个或那个声音组的连接不同，就会产生绝对不同的聆听效果。

“所谓‘音乐的表现’者，正是靠这个相对的音响联合才发生基本特征效果的。但为何某些音响的联合会有这样或那样的效果，还是一个未解之谜。这种效果必须通过某种途径与形成音阶的声音震颤的速率之间的著名的数学关系相联系。很可能，姑作此设想，人类声带的颤动结构从一种颤动调到另一种的机械转变，其间的难易就是各种音响序列所产生快乐大小的主要原因。”

但是，撇开这些复杂的问题，让我们还是回到比较简单的音上来。我们至少可以看出一类声音与某些心态相联系的一点道理。例如，一头幼畜，或社会中的某个成员，喊叫求救时，自然声音要大要高还要长，以便声闻届远。黑勒姆霍尔茨曾指出，[86]由于人耳内腔的构形并由此产生的共鸣作用，高音会造成特别强的印象。当雄兽发声取悦于雌兽时，它们当然就用那种对本种听来悦耳的音调，这种音调也往往使别种动物有好感，因为它们的神经系统有相似处。我们人就觉得鸟叫好听，甚至某些雨蛙（tree-frog）吱吱的叫也使我们高兴。另一方面，如果发出声音是为了吓唬敌人的，就自然会粗哑难听了。

也许有人觉得反对的原理与音响有关系，这点还不能肯定。人和各种猿在高兴时发出的断续笑声或吃吃声及他们在受苦时发出的拉长的尖叫声差得要多远有多远。猪在吃到可口的食物时发出低沉的咕噜声表示满意，这与它遇到痛苦或恐怖时的尖叫声也是大不相同的。但就狗而言，如上文说过的，发怒时与快乐时的吠声彼此间决不是对立的；类似的例子还有一些。

再一个疑点是，在各种心态下发出的声音决定着口型呢，还是口型不是由什么独立的原因决定的，反正声音起了变化。幼婴啼哭时嘴张得很大。为了尽量放大声音，这无疑是必要的。但由于一种完全不同的原因，这一点我们以后还要谈到，由于眼睑的紧闭，导致上唇的上提，嘴于是呈现一种近乎四角形。我不想谈这种方形的嘴会给号哭声带来什么变化，我们只知道，根据黑勒姆赫尔茨等人的研究，口腔和唇部的形状决定发出的元音的性质和高低。

在后面有一章将谈到，在觉着轻视或嫌弃时，由于明显的缘故，人们常会从嘴或鼻孔往出喷气，形成“扑”或“批”的声音。当人突然受惊时，由于明显的原因，为了准备长期奋斗，他会把嘴张大，以便倒吸一大口气。等到随之而来的呼气时，嘴略为闭合，双唇有点突出（其原因下面还要谈）。据黑勒姆赫尔茨说，这种口型发出的声音很像元音“O”。当一群人目击一件吓人的情景时，便会听到一个拉长声的“呕”！如果不但受惊，还觉着疼，人们就会紧缩全身肌肉，包括面肌，此时嘴唇就会向后拉。可能就是这样造成声音变高而发出了“啊”。因为害怕造成全身发抖，声音自然也会发颤，而且由于唾液腺不再工作，口腔变干，声音同时还会嘶哑。人笑和猿“嗁”为何总是又快又反复，我还无法解释。当发出这种声音时，嘴角后拉并向上，嘴被扯大。这一事实将在未来某章中试图加以解释。但是这整个课题，即“不同心态下发出的声音不同”是如此模糊，我想把它搞清，却几乎无功而返，我所做的论述也是意义不大的。

至此我们提到的所有声响都是靠呼吸器官发出的，但是用完全不同的方法发生的声音也同样能表情。家兔用大声踏地传信给它的同伴。如果人知道如何做得像，在一个安静的晚上，他可以听到四周的兔子都在给他回音。兔子和一切别的动物在被惹恼时也以足踏地。豪猪在恼怒时则弄响它

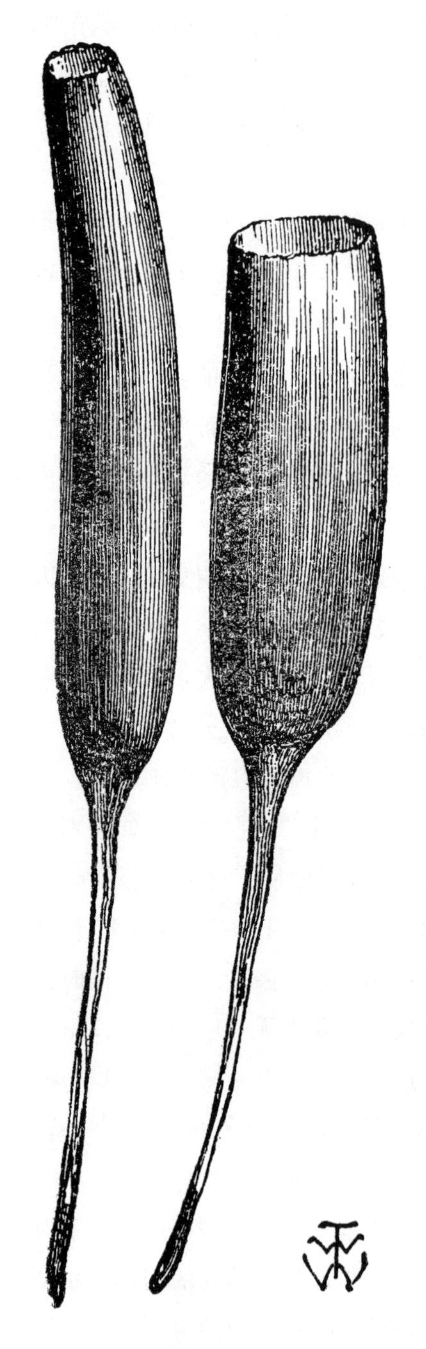

图 11　豪猪尾巴上的空心刺毛

们的空心刺毛（quill），同时摇尾。一只豪猪看到一条活蛇被放进它的笼子时就做出上述动作。它们尾部的刺毛和身上的大不相同：短而中空，外壳像鹅毛管一样薄，端部呈平截状，开口。毛的下段是细长的、带弹性的基柄。当尾巴急速摇摆时，这些空心刺毛互相碰撞，我和巴特莱特先生一起听到了它发出的一种特殊的连续的声音。我们能理解为何豪猪通过它们的保护性刺毛的变异，获得了这种奇特的发声用具（见图 11）。它们是夜行动物，如果它们嗅到或听出一头正在猎食的猛兽，在黑暗中发声对它们来说是很有利的，它们可以警告对手它们是谁和它们身上布满有危险的刺毛。这样它们就可以免受攻击。我还可以加一句：它们对这件武器的威力如此自信，以致在发怒时它们将向后面进攻，刺毛竖起，却仍向后倾斜。

多种鸟类在发情期用它们特殊适应过的羽毛发出各种声音来。鹳在受激时用它们的喙啄出很大的格格声。有些蛇发出敲打声或刮刺声。多种昆虫靠摩擦它们硬表皮上特殊变形的部分而发音。这种摩擦音通常用于取悦或召唤异性，但也用于表示不同的情绪。[87]那些照管过蜜蜂的人都知道当蜜蜂发怒时，它们的蜂鸣声就会变，这说明很快就有被螫的危险。我所以要写这一段，是因为有些作者过分强调发音和呼吸器官好像经过特殊适应用于表情的，为此感到有必要来阐述一下，用别的部位发出的声音同样可以为表情服务。

皮肤附属物的竖起——很少有像毛发、羽毛或其他表皮附属物非随意性的竖起这样常见的表情动作了。这在脊椎动物三个大纲中是普遍存在的。[88]它们在愤怒或恐惧的刺激下，特别是当这两种情绪交织在一起或接连发生时，会竖起来。这种动作可使该动物看上去大些，对它的敌人或情敌更可怕，而且通常伴有各种随意的、为吓唬对方的动作，并发出凶暴的叫声。巴特莱特先生对各种动物全都很有经验，对上述说法表示同意，但这种竖起的能力是否为威慑这一目的才开始获得的就是另一个问题了。

我将先给出相当数量的事实来说明这一行为在哺乳类、鸟类和爬行类是如何的普遍，而把关于人的叙述留到后面一章。独具慧心的动物园管理员萨顿（Sutton）先生曾为我仔细地观察过黑猩猩（chimpanzee）和猩猩（orange），他说：当它们突然吃一惊，如听见打雷，或被惹恼时，它们的毛就会竖起。我看见过一头黑猩猩在看见一个全身乌黑的运煤工人时，吓得全身的毛都立起来了。它往前走了两步，好像要攻击他，但管理员说：它不是真想，只不过想以此吓唬他。福特（Ford）先生形容大猩猩发怒时说："它的冠毛直竖并向前倾，鼻孔大张，下唇耷拉下来，同时发出它特有的狺狺声，好像专为恐吓它的对手似的。"[89]我曾见过大狒狒（Anubis baboon）发怒时，它的毛从后颈到腰，沿着脊背变得刚硬，但臀部和身体其他部分的毛还是原样。我把一条死蛇扔进猴舍，有几种猴的毛立即竖起，尾毛尤其显著。我特别注意到一种长尾猴（*Cercopithecus nictitans*）是如此。布雷姆（Brehm）指出，[90]狮猴（*Midas aedipus*）（属于美洲动物区系）当受惊时，把鬣毛竖立起来，使自己尽可能的狰狞可怖。

就食肉动物而言，竖毛现象似乎是普遍的并常伴以恫吓动作，牙齿外露并发出凶暴叫声。我曾见过獴（*Herpestes*）全身（包括尾部）的毛都竖起来，而鬣狗（Hyaena）和土狼（Proteles）的背脊毛则竖得异常显著。发怒的狮子竖起鬃毛；而狗的背毛，猫全身的毛，尤其是尾部的，都会竖立，则是大家熟知的了。猫竖毛好像只是由于怕，狗呢，则怒和怕都有；但据我观察，狗在将受到厉害的饲养员鞭打、处于可怜的害怕时，却不竖毛。可是如果这狗想反抗（有时会这样），它的毛就竖起来。我还注意到，狗特别容易竖毛，比如它在黑暗中看不太清东西半怒半怕时也要如此。

一位兽医肯定地对我说，经他动过手术的马和牛在做第二次手术前，可见到毛的竖起。当我拿一条假蛇让美洲野猪（Peccary）看时，它背部的毛以一种奇妙的形式竖起，普通野猪（boar）在发怒时也是这样。在美国曾有一只用角顶死人的麋（elk）被人这样描述着：先是舞动双角，接着怒吼并以蹄踏地，“最后看见它的毛竖起来”，冲向前去攻击。[91]在同样情况下，山羊，还有据布莱斯先生说的，某些印度羚羊，都会把毛竖起。我还看到过多毛的食蚁兽（Ant-eater）和属于啮齿目的刺鼠（Agouti）的毛也都会竖立。一只在笼子里育仔的母蝙蝠，只要有谁走近笼子，“背上的毛都要竖起，并恶狠狠地咬伸进来的手指。”[92]

所有主要目里的鸟，在发怒或受惊时都竖起羽毛。谁都会见过两只公鸡，甚至还很小，都会把颈羽竖起准备战斗。这不能成为防御的一种方式，因为斗鸡手体验到：把颈羽剪短更为有利。雄粗颈鸟（*Machetes pugnax*）在相斗时也竖起颈羽。带雏母鸡当有狗接近时，会张开翅膀，翘起尾巴，炸开所有羽毛，装得尽可能凶，向入侵者冲去。尾巴每次不都是翘得一样高，有时太靠前了，中间的尾羽几乎挨着背部了（图 12）。天鹅在发怒时也是扬翅翘尾，并竖起羽毛。它们还张开嘴，一冲一冲地向前划水，朝着任何一个向水边走得太近的人（图 13）。据说红尾热带鸟（*Phaeton rubricauda*）在巢内受惊扰时，[93]并不飞走，而只是张开羽毛、发出尖叫声。仓鸮（barn-owl）在被追时“立即炸开羽毛，伸长两翅和尾巴，用力急速地发出嗞叫并叩响上下颚。[94]别的猫头鹰也是如此。詹纳·韦尔（Jenner Weir）先生告诉我，鹰在同样情形下也展开双翅并张开全身包括尾部的羽毛。有些鹦鹉会竖毛。我还见过一只食火鸡因瞧见一头食蚁兽发

图 12　母鸡在把狗赶离自己的小鸡（伍德先生写生）

图 13　天鹅在赶走侵犯者（伍德先生写生）

脾气也把毛竖起。小杜鹃在窝里常是扬起毛，张大嘴，做出一副怕人的样子。

我还听韦尔先生说，小鸟如雀类（finch）、莺类（bunting）和各种鸣禽，在发怒时振动所有的羽毛或仅限于颈羽；有的则展开翅和尾羽。它们就这样并张着嘴互相奔撞，恐吓对方。韦尔先生根据他的大量经验认为，鸟羽的竖立主要是由于发怒而不是由于恐惧。他举一种性情暴躁的非纯种金翅雀（goldfinch）为例，当家里的佣人走近它时，立刻就装成一个羽毛球样的外形。他认为鸟类在受到惊吓时，通常把全身羽毛贴紧，身体因而缩小到惊人的程度。一旦它们从惊怕中恢复过来，它们做的第一件事就是抖开羽毛。韦尔先生注意到的这种贴紧羽毛、使身体看上去缩小的最好的例子就是鹑（quail）和草地鹦鹉（*Melopsittacus undulatas*）。[95]这两种鸟的习性可以这样理解：当遇到危险时，为了不被发现，它们或者蹲在地上，或安静地栖在枝头，已经习惯了。对鸟类说，发怒虽然是竖起羽毛的主要和常见的原因，然而当巢中小杜鹃被人看时，或带雏母鸡被狗追时，还是有点怕的。特格梅尔（Tegetmeier）先生告诉我：在斗鸡场中，哪只鸡头上的羽毛竖起来就被认为是怯懦的表现。

有些种蜥蜴的雄性，当求偶期互相争斗时会扩大喉囊或皱褶，并竖起背瘤。[96]但根瑟（Gunther）博士认为它们不能竖起刺或鳞。

至此我们已看出，在两类高等脊椎动物和某些爬行类中，表皮附属器因发怒和恐惧竖起的事例是多么普遍。这种动作，根据柯立克（Kölliker）有趣的发现，是靠微细的、平滑的不随意肌（学名竖毛肌，*arrectores pili*）达成的。[97]它们与个别的毛、羽等的基囊相连接。它们一收缩，毛立即竖起，像我们在狗身上见到的：竖毛时还从毛囊拉出少许，然后又很快平下去。令人惊奇的是，一头毛兽周身竟有这样大量的微细肌肉。但是有些时候，例如人的头发的竖起，则要靠皮下的有条纹的随意肌的帮忙。这层肌学名为皮下肌（*panniculus carnosus*）。刺猬竖起棘刺也是靠这种肌的动作。根据雷伊第希（Leydig）等的研究，[98]这种肌纤维是从皮下层伸到某些大毛如四足兽的唇须去的。竖毛肌不仅在有怒、恐情绪时收缩，在往表皮上喷冷水或寒气时也要收缩。我记得我把骡子和狗从一个山下温暖的地方带到寒冷的山上过夜，冻得它们全身的毛都直立着，就像遇到大的惊恐一样。我们在热病发作前打冷战而出鸡皮疙瘩也属这种情况。利斯特(Lister)先生还发现，胳肢皮肤的某一部分，会使邻近部分的汗毛竖起和突出。[99]

从以上事实不难看出，表皮附属器的竖立，是一种不依存于意志的反射行为，而这种行为只能这样看，即在怒或怕的影响之下发生时，它不是为某种好处才获得的一种能力，至少在很大程度上是感官受刺激后的一种偶然结果。正因为它是偶然的，这种结果可与在大痛或大恐时的大量出汗相提并论；然而值得注意的是，只要一点小刺激就足以使毛竖起来，就像两只狗在一起打闹时那样。我们还看到了属于亲缘关系很远的多种动物，毛或羽的竖起几乎经常伴有随意动作——如恫吓姿势、张嘴露齿，鸟类还有展翅分尾动作及发出粗暴声音等，它们的目的性是明白无误的。因此把动物为了显得大一点、凶一点以对付敌人或情敌的表皮附属器的竖起，说成是只是由于感官受扰的偶然的、无目的的结果，就未免很难叫人相信。其难于置信的程度正如把刺猬竖起刺，豪猪竖起刚毛和多种鸟在求偶期竖起装饰性羽毛等一律说成是偶然的、无目的的结果一样。

我们在这里遇到一大困难。平滑的不随意的竖毛肌怎样能和各种随意肌一块儿收缩，为同一特殊目的协调一致呢？如果我们能相信竖毛肌原来也是随意肌，后来才失去条纹变成不随意肌，这问题还比较简单。然而我并不知道有无证据支持这种观点，倒是相反的转变好像没有多大困难，因高等动物胚胎期和某些甲壳类的幼虫期，随意肌还处于无条纹状态。据雷伊第希，[100]成年鸟类皮下深层处的肌肉膜上的纤维仍处于中间状态，只显出一些横纹的迹象。

另一种解释也有可能。我们不妨承认，原始的竖毛肌很少由于神经系统受干扰，在愤怒或恐惧的影响下，受到直接的作用，像因寒热病而造成鸡皮疙瘩的那样。但动物在无数世代中不断受到愤怒和恐惧的刺激，终而受干扰的神经系统对表皮附属物的直接效应，通过习惯和神经力容易沿着熟路走的倾向，几乎肯定业已增强了。在下章中，我们将见到这种习惯力量的观点得到引人注目的验证，即疯子的毛发，由于他们不断发怒和惊恐而受到异乎寻常的影响。动物的竖毛能力一旦得到加强或增进，它们必应时常见到情敌和发怒的雄性的毛或羽的竖起从而使它们的个头增大。这就有可能使它们自己乐于也显得大些并使敌人畏惧，并故意地做出一种恫吓姿势和发出咆哮。这种姿势和发声成为习惯后就变为本能了。就这样，由随意肌收缩形成的动作可能已经和为同一目的由不随意肌收缩引起的动作结合起来了。甚至当动物受激时模糊地意识到自己毛的状态的某些变化，不断运用注意力和意志力对毛施加影响都是可能的。我们有理由相信，意志能够以一种未知的方式影响某些平滑的不随意肌的动作，如小肠蠕动时或膀胱收缩时。我们也不可忽视变异和自然选择可能起的作用，因为当雄性成功地使它们自己比情敌或别的敌人见得更厉害，即便不是具有压倒优势的，一般总会生下较多的比别的雄性更能保有它们这种特殊品质的后代，不管那是什么品质和最初是如何获得的。[101]

使身体膨大和其他使敌手害怕的方法——某些两栖类和爬行类，或无刺毛可资竖立，或缺乏竖毛肌，当受惊或发怒时会大量吸气使自己胀大。著名的例子有蟾蜍和蛙类。在《伊索寓言》中，有一则“公牛和蛙”的故事，说的是蛙为了虚荣和妒忌把自己胀破了。在上古时，这种现象必是有人见过，因为根据亨斯利·韦奇伍德（Hensleigh Wedgwood）先生考证，[102]在欧洲的所有语言中，（第二版将“所有”all一词改为“好几种”several——校订者注）toad（蟾蜍）一词表示吹胀的习性。在动物园里的一些外来动物中，根瑟博士发现并确认整个蛙族都有这个习性。根据类推原则，其首要的目的大约是使身体让敌人看着又大又可怕；但由此却获得了另一个、也许更重要的利益：当蛙被其主要敌害蛇捉住时，它们可以把自己膨大到惊人的地步。所以，如果是一条小蛇，它吞不下蛙，蛙也就逃生了。这是根瑟博士对我讲的。

避役（chameleon）和几种别的蜥蜴在发怒时会把身体胀大。一种产在俄勒冈州的蜥蜴（*Tapaga douglasii*）动作迟缓，也不咬人，但外貌凶恶。

当它被激怒时就以一种极其可怕的样子向面前的东西扑过去，同时把嘴张得很开，嗞嗞出声可辨，过了一会儿它就把身体胀大，表现出别样的愤怒现象。[103]

同样，有些种类的蛇在受激时要胀大身体，非洲蝰蛇（*Clotho arietans*）在这方面尤其显著。但经过仔细观察后，我认为它们这样做并非为了增大其外表体积，只不过吸进大量空气后可以发出一种惊人响亮的、又尖又长的嗞嗞声而已。眼镜蛇（简称 cobra）受激时胀大得不多，叫声中等，但与此同时，它们把头举起，用延伸的前肋和颈部两侧的皮肤撑开形成一个大而平的圆盘，即所谓头盔，再加上张大的嘴，形成一幅可怕的形象。如此获得的效益应该是可观的，这可以弥补因此而减弱了、但仍然是很快的爬行速度，去对付对手或猎物。印度有一种无毒蛇（*Tropidonotus macrophthalmus*）在受激时也把颈部膨大，以致常被误认为致命的眼镜蛇。[104]这种貌似也许对 *Tropidonotus* 蛇有些保护作用。另一种无毒蛇，南非的食蛋蛇（*Dasypeltis*）对侵犯者也是吸气涨颈，一面叫一面扑向它。[105]还有一些蛇遇敌时也叫，同时迅速摆动伸出的舌头以增加恐怖感。

蛇类除去用嘴叫外还有别的发声方法。多年前我在南美见过一种剧毒的三角头蛇（*Trigonocephalus*），在被打搅时，迅速地摆动其尾端，敲打干枯的草和树枝，发出一种嘎嘎的声音，6 英尺外都可以清楚地听到。[106]印度的置人于死地的恶蛇砂蝰蛇（*Echis carinata*）也发出“一种拖长的，近乎嗞嗞的奇怪声音来”，但用的是“大不相同的方法，即用体侧的皱褶互相摩擦发声”，而头部则保持近乎原来的位置。体侧的鳞片，与身体别处的不同，已高度骨质化，而且有齿，像把锯子。当蜷曲着的蛇摩擦体侧时，这些鳞片就互相摩刮发出声来。[107]最后我们还有响尾蛇这个著名的例子。只摇过死蛇响尾的人并不知道活蛇发出响声的真正机制。谢勒（Shaler）教授说它很像同一地区的一种大蝉（同翅目昆虫）的雄虫的鸣声。[108]在动物园里，当响尾蛇和非洲蝰蛇同时受到较大刺激时，我为这二者发出的声音如此相似而感到惊讶。虽然响尾蛇的声音比蝰蛇的大些、尖些，但站到几码的距离外我就简直分不出来了。当一种蛇为某种目的而发声时，它无疑也为同一目的在另一种蛇身上发出来。我的结论是，由于多种蛇伴随着发声还有恫吓的姿态，它们的发声机制（响尾蛇的响尾和三角头蛇的甩尾，砂蝰蛇的摩擦鳞片，以及眼镜蛇的“头盔”等）无一不是服务于同一目的，即让它们自己在敌人眼中显得可怕。[109]

初看也许会得出这样的结论：上面列举的几种毒蛇，由于已有毒牙的良好防护，也许没有敌人敢攻击它，因而没有必要激起更多的恐怖。但事实远非如此，它们在地球的每个角落里都要受别种动物的捕杀。在美国都知道用猪来清除地里的响尾蛇，它们干得还很有成效。[110]在英国，豪猪惯于攻击并吞噬蝮蛇。在印度，据我从杰尔顿（Jerdon）博士那里听到的，几种鹰，至少还有一种哺乳类动物，獴（*Herpestes*），捕杀眼镜蛇和别的毒蛇，[111]在南非也是这样。因此，毒蛇比那些在遇到攻击时不能做出任何真正伤害的无毒蛇能立即发出声响或姿态让人认出它们的危险性，也许对它们用处更大：这种事情也决不是不可能的。

关于蛇类说了这许多之后，我不禁就响尾蛇的响尾是怎么发展的多说几句。多种动物，包括某些蜥蜴，在受惊时或把尾卷起来或加以摆弄。蛇类大半也是这样。[112]在动物园里，一种名叫碎叶蛇（*Coronella sayi*）的无毒蛇，尾巴摆得如此之快，以致几乎看不见了。上面讲过的三角毒蛇也有此习性，它的尾尖膨大呈球状。与响尾蛇亲缘关系极近、曾被林奈放在同一属里的寿神蛇属（*Lachesis*），尾尖变形为一个大的、箭头似的鳞甲。正如谢勒教授所说，有些蛇尾部的皮比身体其他部分的脱得不完全。现在如果我们假定某些美洲种的尾尖已膨大，并被一块大鳞甲覆盖着，在一次又一次的脱皮时，很难甩掉，也就是它要永远留着。随着蛇的长大，一个比上一个还大的鳞甲又要把它盖上，并同样被保留下来。这就打下了响尾的发展的基础。如果这种蛇和多数蛇一样，也有在受惊时摆尾的习惯，它当然还要用它。后来响尾又朝着作为一种有效的发音器械发展也是无可怀疑的。因为尾尖的脊椎骨部已经变形并且愈合了。蛇类的这些构造，如响尾蛇的响尾，砂蝰蛇的侧鳞，眼镜蛇的颈和前肋，以及非洲蝰蛇的全身，它们的变形都是为了警告敌人并把它们赶跑。但这些构造都不能和一种鸟的构造相比并。这种鸟是神奇的食蛇鹫（*Gypogeranus*），它为了捕杀蛇而不受蛇害，已把整个体型都改了。根据我们上面看到的，说这种鹫在攻击蛇时，会把羽毛直竖起来是很可信的。獴在积极地冲上前去攻击蛇时，不正是把体毛，特别是尾部的毛竖起来的嘛。[113]我们还见过，有些豪猪看见蛇时，由于愤怒和警戒，迅速地摇动尾巴，用空心棘刺碰在一起发出特殊的声响。这里攻击一方和受攻一方都尽力使它们自己显得越可怕越好。双方都具备为此而设的特殊方法。说也奇怪，有些方法几乎都一样。最后，我们能看出，一边是某些蛇最能够吓退敌人，免于被吞噬而幸存；一边是蛇的天敌中的某些个体最适应于杀死并吞食毒蛇的危险行当而被大量地保存下来，那么，无论是哪一边，对自己有益的变异（假定我们考察的特征是在变），根据适者生存的法则，总该会被保存下来的。

两耳向后紧贴头部：在多种兽类中，耳的运动很能表情；而人、高级猿类和很多反刍动物已失去这个功能。耳位的细小差别可明白地表达出不同的感情，这是我们每天在狗身上可以见到的。但这里我们将只关注两耳向后并紧贴头部这一情形。它表示那些用牙齿互咬而打架的动物的心境已经发野。这种姿势可以解释为防止耳朵被对方咬住而采取的戒备。结果由于习惯及联应，它们只要觉得有点野，或在嬉戏时装出一种野样，它们的耳朵就要向后抿。在多种动物中，从它们打架的方式和耳朵向后抿之间存在的关系上，可以推断这是一种正确的解释。

所有的食肉目，动物打架时都用犬齿，而且据我所观察到的，它们在发野时全都把耳朵向后抿。这在真正打起来的狗和打着玩的小狗中可以不断地看到。这和狗觉得惬意并受主人爱抚时把两耳垂下来并微向后伸的动作不一样。耳朵后缩在小猫成群打闹时和在大猫当真打架时也同样可以见到，在图 9 中也曾显示过。尽管这样一来它们的耳朵受到很大保护，但在一些老猫互相争斗时仍有耳朵受伤的。同样的动作在兽栏中争食的虎、豹等就更明显了。猞猁（lynx）的耳朵特别长，当有人靠近它的笼舍时，双耳后背也特别显著，显示其狂野的性情。有一种具耳海狗（*Otaria pusil-*

la)，虽然耳朵很小，但当它朝着饲养员的腿猛冲过去时也向后背。

马在相斗时常用门齿咬、前腿踢，较少用后腿向后踹。在公马脱缰斗在一起时常可见到，也可以从它们彼此造成的伤痕加以推论。谁都知道当马的双耳背到后面时凶恶的样子。这和马聆听后面声音时的动作大不相同。一匹豢住的烈性马喜欢向后踢，耳朵也惯于向后背，尽管它不想也不能咬。但当马被放到田野，或刚挨一鞭子时，它同时抬起后腿乱蹦，这时它并不服帖两耳，因为此时它不怀恶意。羊驼（guanaco）打架时用牙咬得很凶，它们大概常这样，因为我发现我在巴塔哥尼亚高原射杀的羊驼，有好几只的皮上都有很深的齿痕。骆驼也这样，这两种动物野性发作时，都把耳朵尽量往后背。羊驼当不想咬时就从远处向来犯者喷出难闻的口水，同时收缩耳朵，这是我见到的。甚至连河马在张开大嘴恫吓它的同类时，也把它的小耳朵向后背，同马一样。

牛、绵羊或山羊在争斗时从不用牙咬，发怒时也不把耳朵背起来，和上述动物大不相同。[114]绵羊和山羊看上去虽很温顺，公的却也常卷入凶猛的厮打。鹿和它们虽不同科，却很接近，因为我不知道它们在打架时用牙咬，所以当我见到罗斯·金（Ross King）少校关于加拿大的麋鹿（moose-deer）的叙述，感到非常惊奇。他说："当两雄碰见时，即把双耳向后背，牙齿咬在一起，用骇人的狂怒互相冲撞。"[115]然而巴特莱特先生却也告诉我，某些种的鹿凶狠地用牙打架，因此麋鹿的背耳朵倒也符合我们的法则。在动物园豢养的几种袋鼠，打架时用前腿抓，用后腿踢，但从不用牙咬。饲养员在它们发怒时也没看见过它们的耳朵背到脑后。家兔主要也是用踢爪相斗，但它们同时还互相咬；我还听说一只家兔把它的对手的尾巴咬下半截。开始打架时，它们背起双耳，但后来当它们向对方跳去并互踢时，它们的耳朵却是直立的或者前后摆动。

巴特利特先生观察过一头雄野猪和雌野猪相当粗野地争吵，它们都张着嘴并将耳朵后掣。[116]但家猪在争吵时通常似乎无此举动。野猪相斗时用獠牙向上顶撞。巴特莱特先生不能肯定它们是否同时往后掣动耳朵。大象在格斗时虽也同样使用象牙，却并不掣动耳朵。相反，在冲向同类或敌人时却把耳朵竖起。

动物园里的犀牛用鼻角格斗，却从未看到它们互咬，除非在打着玩的时候。饲养员相信，它们在野性发作时不像马和狗那样将双耳后掣。贝克（Samuel Backer）爵士[117]的下列叙述因此不好理解，那就是他在北非刺杀的一头犀牛“没有耳朵，说那是与它的同类格斗时被齐根咬掉的，而这种伤残还不是绝无仅有的。”

最后谈谈猿猴。有些种类，如赤长尾猴（*Cercopithecus ruber*），耳朵能动并用牙格斗，被惹怒时像狗一样把耳朵向后背，显出一副凶狠的外貌。再如北非秃尾猴（*Inaus ecaudatus*）则不这样做。还有另外一些种（和大多数猿猴比起来算得上异类），当它们因受到爱抚而高兴时缩耳、露牙并发出叽叽声。我在猕猴属（*Macacus*）的两三个种和黑长尾猴（*Cercopithecus niger*）身上全看到这样子。一般我们对猿猴不太熟悉，只是由于对狗熟悉，才知道这种表情是表示高兴和快乐的。

竖耳动作：这种动作几乎无须注解。所有耳朵能活动的动物（如野兔）在它们警觉时，或在仔细观察什么东西时，都把两耳朝向它们注视的方向，以便听见该方的任何声音，同时还扬起头，这是它们的所有感官的集中处；有些身体较小的动物还要踮起后腿。甚至那些爬行的种类或一遇危险马上跑掉的种类有时也采取这种姿势，以便确知危险的来源和性质。头部扬着，耳眼均朝向前方，这对任何动物来说都是一种不会错认的密切注视的表情。

第五章
动物的特殊表情

狗的各种表情动作——猫、马、反刍动物和猿猴的喜悦和亲昵的表情——痛苦、愤怒、惊愕和恐惧的表情

狗：前面我业已描述了（图 5 和图 6）一只想打架的狗去接近另一只狗的样子，即竖起耳朵，眼睛注视前方，颈背处的毛耸起，步态坚定，尾巴挺立等。这都是人们最常见的，因此我们有时嘲笑一个发火的人时，也说他“拉开架子了。”上述各点中，只有坚定步伐和挺立尾巴两事需要详谈。C. 贝尔爵士说过，[118]当虎、狼受到管理员的鞭打并突然发起狂怒时，“每根肌肉都紧张起来，四肢处于一种绷足了劲、准备扑跳的姿势。”肌肉的紧张和与之俱来的坚定的步态可以用联应习惯解释，因为愤怒会不断地导致凶残的争斗，导致全身肌肉绷足了劲。有理由推测：肌肉系统需要短时的准备或某种程度的神经信息，才能投入大的动作。我自身的感觉使我得出这个推论，但我没能发现这是一个为生理学家所承认的定论。J. 佩吉

特爵士倒是对我说过，肌肉在无准备时突然用最大的力量去收缩，很容易拉伤，就像当人突然滑倒时那样。但是一个动作不管如何激烈，只要是主观要做的，这种拉伤的事就极少发生。

图 14　正在咆哮的狗的头部（伍德先生画）

至于尾巴上翘，虽然我知道的并不确切，它似乎取决于提肌要强于降肌，因此当狗的身体后部肌肉都处于紧张状态时，尾巴就提上去了。一只狗心情愉快、迈着高昂轻快的脚步在它主人面前踱来踱去时，尾巴也是翘得老高，但这和它发怒时挺直竖着不同。一匹马刚被牵出放青时，也是用强劲有力的步伐小跑着，同时头尾都扬得很高。甚至牛当高兴得撂蹦时，也以一种可笑的样子把尾巴朝上甩。动物园的一些动物也是如此。然而在某些情况下，尾巴的位置要看具体环境而定。但马进入全速狂奔状态时，它的尾巴是垂着的，以便尽可能地减少空气的阻力[119]。

当一只狗将要向它的对手扑过去时，辄发出狂吠，两耳向后紧贴，上唇缩后露出牙齿，特别是犬齿。这一动作在狗和小狗玩闹时亦可见到。但如果狗玩着时真急了，它的表情立即发生变化，表现在它的上下唇和两耳更加用力地向后掣动。如果它光是向另一只狗咆哮，此时只有朝向敌人一侧的嘴唇向后缩。

在本书第二章中，狗对主人表示好感的动作已做了描述（图 7 和图 8）。这包括头和全身下伏并投入扭曲动作，尾巴延伸并摇摆不已。耳朵下垂并略向后抻，使眼睑拉长，面容有所改变。嘴唇耷拉着，毛被平伏。我相信所有这些动作或姿态都可以用它们在野性未驯时在一种截然相反的心态下所做的——即用反对论来得到解答。如果人单单对狗说点什么，或做点暗示，狗就轻轻摇尾，身体其余部位，包括耳部一动不动，这就是原始动作的残余。狗还以把身体往主人身上蹭，或叫主人揉、拍自己来表示好感。

格拉休莱用下述方式解释这种亲善的姿态，读者可以判断这种解释是否令人满意。就包括狗在内的一般动物而言，他写道[120]：“动物常用自己身体的最敏感部分去接受爱抚或表示亲善。因肋部的全长都很敏感，所以动物在受到爱抚时，感到舒服而发生震颤，这种震颤动作又沿着背肌而传播开，直到脊柱的末端，因此，尾巴也随着摇摆起来。”此外，他还说，当狗心情温顺时，垂下耳朵是为了摒除一切音响，好使它们的一切注意力都集中在主人的爱抚上！

狗表示亲善的另一套惊人方式，就是用舌舔主人的手或脸。它们有时也舔别的狗，而且总是舔它们的颚部。我们见过狗舔与它们要好的猫。这种习惯大约出自母狗仔细地舔其幼仔（它们最疼爱的对象），为的是帮它们清洗。它们还在暂别重逢的小狗身上舔上几次，显然也是出于母爱。就这样，这种习惯已经和爱情联系在一起了，初不论它以后怎样被引发出来。由于它牢固地遗传着已成为天性，因此已为雌雄两性所共有。我的一只母㹴狗（terrier），有一回下的幼仔全死了；这只㹴狗平时富于感情，现在干脆把它天生的母爱转移到我身上，把我的手来舔个没完，这真使我惊奇不止。[121]

同一原理也许能解释为何狗在心情温顺时喜欢向主人身上蹭，也喜欢被主人抚摸或轻拍，因为在饲养小狗时，与心爱的对象的接触在它们心中已和爱情牢固地联系在一起了。

狗对主人的依恋之情是与强烈的从属意识结合在一起的，有点近乎怕。因此狗在接近主人时不但弯下身子并蜷伏着，有时还腹部朝上躺着。这种动作最明白不过地表示它不想有一点反抗。我从前养了一只大狗，它与别的狗打架毫无惧色，但一只狼样的牧羊犬，论凶狠和体力不如我的狗，但有特殊制服它的办法。于是，当它们在路上遇见时，我的狗时常跑着迎上去，夹着尾巴，毛不竖立，随后就仰面朝天躺下。这样一来，它明白不过地等于说："瞧吧，我是你的奴隶。"

有些狗用极其特殊的方式，露出牙来，[122]以表示与亲善联系在一起的高兴和激动的心态。很久以前萨默维尔（Somerville）就注意到了。他写道：

> "这只摇尾巴的猎狗，露着献媚的齿，
> 伏地向你致敬；它把张大开来的鼻子
> 向上翻起，而把乌黑发亮的大眼睛
> 溶化在温柔的殷勤和卑贱的快乐里。"
>
> ——《打猎集》（*The Chase*），第一册。

W. 司各脱爵士的著名苏格兰细躯猎狗迈达，就有这个习性，这也是小猎狗的共性。我在一头司皮茨狗和一头牧羊狗身上也见过。里维埃先生对这种表情素有研究，他告诉我，狗在做出这种动作时很少做全的，一般都打点折扣。在露齿时和在狂吠时相同，上唇都要向后缩以露出犬齿，耳朵也向后掣；但整个外表清楚表明狗并未发怒。C. 贝尔爵士说：[123]"狗在表示愉快时会把嘴唇外翻，在欢蹦乱跳中露齿和吸气，样子有点像在笑。"有些人把露齿看成是微笑。但是，要真是微笑的话，我们应看到它的唇和耳的动作要大得多，像狗在发出欢快的叫声时那样。但现在还没到这个程度，尽管在欢快的叫声之前总是有露齿动作的。另方面，当狗和它的同伴（或主人）玩耍时，几乎总是装出要咬的样子。这时它们就不太用力地牵动唇和耳。由此我怀疑有些狗在觉得开心伴以温情时，由于习惯和联应的作用，总是会像在打着玩时互相咬（或咬主人的手）那样，使用相同的肌肉群。

在第二章里，我曾描述过狗在高兴时的步态和形象，和它在沮丧和失望时头、耳、躯干、尾巴和下巴耷拉下来，两眼无神这种显著的对立情形。当预料到有什么大喜事时，狗以一种过分的态势，在你周围又是蹦又是跳，高兴得大叫。这种大叫带有遗传性，与品种有关。如细躯猎狗很少叫，而司匹茨狗在和主人去散步时则不停地叫，使人厌烦。

狗遇到剧痛时的表情与许多别种动物差不多，即嚎叫，折腾和全身扭曲。

狗的注意则表现为抬头、竖耳、双目密切注视要观察的事物或角落。如果是声音而且辨不清方向，狗会以一种最认真的态度歪着头转来转去，显然是为了判断准确声音是从哪里发出的。然而我见过一只狗在闻声大惊时，由于习惯把头侧向一边，尽管它已清楚地觉察到声音的来源。如前所述，当狗的注意力被唤起时，不管是看什么东西或听什么声音，多半抬起一只脚，弯向胸前，像是在蹑足潜踪前进（图 4）。

狗在极度恐惧中就卧倒，嗥叫，并排尿。但我坚信，除非它在发怒，就从不把毛竖起来。我见过一只狗因听到屋外的乐队在高声演奏而怕得要死，全身肌肉打战，心跳快到难以计数，张开大嘴喘气，跟受惊的人样子相同。然而这狗并未想跑，它只不过在屋里缓慢地、疲倦地兜圈子。那天天气是比较冷的。

甚至只有轻度恐惧时，狗也无例外地把尾巴[124]夹起来，[125]夹尾巴的动作还伴以双耳向后掣，但和狂叫时的紧贴头部和愉悦或温顺时的下垂有所不同。当两只小狗互相追逐着玩时，跑开去的那只总是夹起尾巴。狗在极度兴奋时，会像疯了似的围着主人绕圈子或绕 8 字，也要夹尾巴。它此时的动作就像被另一只狗追逐似的。这种凡养过狗的人都熟悉的奇特的把戏，特别容易引发，只要它受一点惊吓，如当它的主人在黑暗中突然向它跳过来时那样。此时正如两只小狗互相追逐着玩时一样，跑开的那只好像是怕另一只会抓住它的尾巴。但据我了解，狗极少用这种方式抓住对方的。我问过养了一辈子猎狐狗的老人，他还问过别的有经验的猎人，他们见没见过狗的这种抓狐狸法，他们都说没有。看来当狗被追，或有被从后边打中的危险时，这时它愿意尽快地收缩身体的后半部，而由于肌肉间的某些交感动作，尾巴也就紧紧地向腿里收了。

类似的后胯与尾巴的联合动作，在鬣狗（Hyaena）身上也可见到。巴特利特先生告诉我，当两只鬣狗战在一起时，它们互相了解彼此牙床的威力，因此特别小心。它们深知如果某一只腿被咬住，腿骨就会立即被咬得粉碎。为此它们在互相接近时采取爬的姿势，把腿尽量往里收。躯干同时弓起，尾巴也同时夹在两条后腿中间。就这样，它们斜着身子互相接近，甚至退几步。鹿也是这样。有几种鹿在发野互斗时也把尾巴夹起来。当地里的一匹马在玩耍时想咬另一匹的后胯时，或当一个小孩子从后面打一头驴时，它们在收缩后胯时也收进尾巴，虽然这样做并不表示单是为了保护尾巴不致受伤。我们也见过一种截然相反的动作，当一只动物用大而有弹性的步子奔跑时，尾巴几乎老是高举着。

如上所述，当狗被追着跑开时，它把两耳朝后开着，这显然是为了听追逐者的脚步声。由于习惯，耳朵总是处在这个位置，尾巴夹着，即使危险明显在前方也是这样。我曾多次见到我的一只胆小的小猎狗，当它害怕前方的什么东西时，虽然它完全知道它的性质，用不着再去辨认，可是它还是把耳朵和尾巴放在习惯的位置上，注视这讨厌的形象。讨厌但不害怕也是这样的表情。例如有一天我出门，时间恰好是这小猎狗该进晚餐的时候，我没有叫它，但它极想跟我去，同时又颇想进晚餐。它就站在那儿，一会儿看看这儿，一会儿看看那儿，夹着尾巴，耳朵后掣，明确无误地显出一种为难的样子。

至今所描述的所有表情动作，除去因快乐而露齿这个例外，都是天生的或本能的，因为它们为一切个体、所有品系、从小到老所共有。它们的多数也同样是狗的远祖——狼和胡狼所共有的，其中一些动作甚至连犬科的不同种也能做出。[126]当主人抚摸养熟了的狼和胡狼时，它们欢蹦乱跳，摇尾帖耳，舐主人手，趴下去，甚至肚皮朝上仰卧在地。[127]我在加蓬曾见过一只很像狐狸的非洲胡狼在受到抚摸时贴住耳朵。狼和狐狼在受惊时肯定是夹尾巴的。有一只养熟了的胡狼据说是和狗一样能夹住尾巴绕主人兜圈子或绕成 8 字形。

也有记载说，[128]狐狸不管养得多熟，从来不做上述表情动作，但这不太确切。多年前我在动物园见到一只养得极熟的英国种狐在受到饲养员的爱抚时也是摇尾贴耳，然后仰卧在地，肚皮朝上。北美的黑狐也会贴耳，虽然差一些。但我相信狐狸从不舐主人的手。[129]有人向我保证，狐狸在受惊时从不夹起尾巴。如果我所说的狗的温顺表情得到承认，那么那些从未得到家养的动物——狼、胡狼，甚至狐狸——通过反对原理也应该获得某些表情姿势。因为不能设想，这些关在笼里的动物，是从狗那里学会这些动作的。

猫：我已描述过一只恼怒而不畏惧的猫的动态（图 9）。它全身下伏，有时伸出一只前脚，张开脚爪准备出击。尾向后伸并左右摇动。体毛不竖立，至少我见过的几例是这样。耳朵向后背，牙齿露出来并发出低沉的吼声。我们可以理解当猫准备打架时采取的姿势为什么和一只怀有敌意的狗走向另一只时的姿势有如此大的不同。这是因为猫在打架时惯用前爪，这就使得它以采取低姿势为有利或必要。猫比狗还更惯于隐蔽起来，突然扑向猎物。至于为何尾巴要左右摆动还找不出理由。这种习性为多种动物所共有，美洲豹（puma）就是一例，它在想跳前就摆尾，[130]但狗和狐却很少这样做。我从圣约翰先生讲的狐狸埋伏并捉住野兔的故事而获此结论。我们已经知道某些种蜥蜴和各种蛇在受激时，迅速地摇摆它们的尾端。看上去好像是在强刺激下，由于神经力不受抑制地由受激感官发出，有一种不可控制的愿望要采取某种动作。由于尾部是活动的，它的动作又不影响整个身体的位置，于是它就卷起或甩动起来了。

猫在觉得高兴时，所有动作与上述动作截然相反。它此时直立着，背微上弓，尾巴高举，两耳竖立，用它的脸和肋去擦搓它的主人（图 10）。

猫在这种心态下想擦搓什么东西的愿望是如此强烈，因此我们常看见它们拿身体蹭桌椅腿，或蹭门柱。这种表示温情的方式大概和狗一样，都是起源于联应，即母畜喂养和爱抚幼仔，也许还有幼畜互相亲热并在一起玩耍。猫还有一个业经描述过的表示高兴的与狗不同的姿势，即小猫甚至老猫在高兴时交替伸出前脚，脚趾张开，像是在压挤并吮吸母奶。这一习性非常接近找地方磨蹭的习性，两者显然都是在哺乳期所做的动作演变来的。至于为什么在表示温顺上猫用的揉蹭比狗多（狗也乐于和主人作身体接触），为什么猫偶一用舌舐熟人的手，狗却习以为常，我说不好。猫比狗舐自己的毛被更经常，然而，它们的舌头比起狗的又长又柔软的舌头，干起舐毛的活儿来却不那么得力。

猫在受惊时，尽量往高里站，并把背弓起，呈一种可笑的姿态。它们喷唾沫，发出嘶声或吼声。全身的毛，特别是尾毛竖起。我看到的一个例

图 15　一只在威吓狗的猫（伍德先生画）

子中，尾巴根是立着的，端部则甩到一边；但有时（如图 15）尾部只是略微抬起，几乎从根部就弯向一边。每当两只小猫在一起闹着玩时，其中一只时常这样来吓唬另一只。在读过前几章后，所有上述各种表情都不难理解，只有极度弓起背是个例外。我倾向于相信这和许多鸟有些相像。鸟在想夸大自己伟硕时，就耸起羽毛，伸出翅和尾。猫的尽量往高里站，把背弓起，竖起尾巴根和毛，也是为了同样的目的。猞猁在受到攻击时据说也把背弓起，布雷姆曾为此绘过一图。但动物园的管理员在大型食肉动物，如虎、狮等中却从未看到这种动作的任何迹象。它们也没有必要怕别的动物。

猫常用声音做为表情的一种方式。在不同情绪和欲望的支配下，它们发出至少六、七种不同的声音来。最奇特的是满足时的呜呜声，这是吸气和出气时发出的。美洲狮、印度豹（chectah）和猫豹（ocelot）也会呜呜叫；但老虎在高兴时则发出一种特殊的促音，同时“闭上眼”。[131] 据说狮子、美洲虎和豹不作呜呜声。

马：马在发野时把耳朵向后背，伸着头，露出部分门齿做咬的准备。当想要踢后边时，出于习惯它们一般也要背耳朵，以一种奇特的方式向后转睛。[132] 当马因一些可口食料送进马房给它们吃而高兴时，就昂首伸颈竖耳，注视着友好使者，有时伴以低鸣。不耐烦时则以蹄敲地。

马在受惊时的行为是极富表现力的。一天，我的马因看见旷野里的一架苫着油布的条播机而被吓坏。它昂首过高，颈部几乎直立。它这是习性使然。因为那架机器停在下面的一个坡上，扬头既不能看得更清楚，就算机器有什么声音发出来，也不会因此听得更清楚。它的耳目都密切注意前方，隔着马鞍我也能觉出它的心跳。鼻孔通红并张大。它用力喷气，在原地打转，要不是我拦着它，准会以全速飞奔。鼻孔的扩张不是为了嗅出危险源的味道。因为没受惊的马在仔细嗅什么东西的气味时，是不张大鼻孔的。由于在喉部有个瓣膜，马在大喘气时不是用嘴呼吸而是用鼻孔，这使鼻孔具有很大的扩张能力。这种扩张鼻孔打喷气和心跳加速都是与怕有关，经过多少代传下来的习惯行为。因为怕促使马从危险源用尽全力飞跑开来。

反刍动物：牛羊以不大显露情绪或感觉而著称，除非在剧痛时。公牛在发怒时只不过低着头，放大鼻孔并大喘气，这就是它表示愤怒的方式。它有时也踢地，但这和马不耐烦时的踢地似乎很不相同，因为在松土上，它会扬起大量尘土。我想公牛这样做是为了赶走困扰着它们的蝇类。较野的羊种和高山羚羊（chamois）受惊时也踢地，并从鼻孔发出哨声来，以此来向同伴示警。北极地区的麝牛（musk-ox）在遇敌时也用蹄蹬地。[133]这种动作是怎么来的我不能瞎猜，因为根据我作过的调查，这些动物中没有一种是用前腿互殴的。[134]

某些种鹿在发怒时比牛羊或山羊的动作要多得多。如前所述，它们向后掣动耳朵，咬牙，竖毛，尖叫，捶地，还舞动双角。有一天我去动物园，一头台湾鹿（*Cervus pseudaxis*）以一种可异姿态向我走来，鹿嘴高扬，头也向上歪着，以至鹿角碰着脖子。从它眼部的表情，我断定它在发怒。它走得很慢，等离铁栏杆很近时，它没有低头用角顶我，但突然向里弯，再用角猛力地撞在铁栏上。巴特利特先生告诉我，别的鹿种在发怒时也有这样干的。

猿猴：猿猴有许多属和种，它们的表情方式也有很大不同。这种事实很有趣味，因为这在某种程度上牵连着这样一个问题，即所谓人种应否列为独立的种或变种的问题。正如我们在后面几章里将要看到的，全世界的不同人种在表达感情或感觉时有着惊人的一致，而猿猴的一些表情行为还有另一个有趣之处，即它们和人的极其相像。因为我没有机会在各种环境下观察其中一种，我只好把一些札记依心态的不同加以编排。

快乐、欣喜与亲爱：[135]在猿猴身上，很难区分快乐或欣喜与亲爱这两种情绪的表达，除非谁有着比我更多的经验。小黑猩猩当看到任何一个亲人回来时，辄发出一种类似小狗叫的声音。当这种被管理员看成是笑的声音发出时，它的唇部突出着。在别种情绪下也是这样。但我能察觉它们高兴时的口型和发怒时的口型还是略有区别。如果小黑猩猩被抓痒，和小孩一样，腋窝处对抓痒异常敏感，它就会发出咯咯声或笑声——有时是无声的笑。嘴角向后掣，这有时会带来下眼皮略为皱缩。这种见于人笑时的皱眼皮的特征，在几种别的猿类可更为明显地出现。黑猩猩在大笑时上槽牙不露出来，在这一点上与人不同。据对猿类表情素有研究的 W. L. 马丁先生说，[136]它们的眼睛在笑时发光、变亮。

小猩猩被抓痒时也是露牙并发出咯咯声。马丁先生说它们的眼睛也变亮。笑声一停，脸上却出现另一种表情，华莱士先生对我说，这可以称做微笑。我还注意到黑猩猩也有类似的表情。杜欣博士（我认为他是最有权威的）告诉我，他在家里养了一只很温顺的猴子达一年之久。[137]每当他在两餐中间给它一点精美的小吃，都发现它的嘴角略为上翘，这时候在它脸上就可见到一种像人脸上常见到的一种满意的表情，近于一种淡然的微笑的味道。

卷尾猴（*Cebus azarae*）在与它所爱的人重逢时，高兴得发出一种特有的嘻笑声。它还表现为满意地咧开嘴而不出声。仁格管这种动作叫笑，但叫它微笑也许更合适些。当表示痛或怕时，口型就不一样，并有尖叫声发出。另一种卷尾猴（*Cebus hypoleucus*）常在动物园里见到。在它高兴时要反复地发出尖锐的音调，也要咧开嘴，用来收缩的一组肌肉大概和人用的那组相同。秃尾猴（*Inuus ecaudatus*）在咧嘴上比上一种更厉害，我曾注意到当它这样做时下眼皮的皱纹特别深。与此同时，它还迅速地、不由自主地抖动下颚或双唇，露出牙齿，但发出的声音太低，只能称之为无声的笑。两名管理员都说这种猿就是这样笑。由于我当时缺乏经验，我表示怀疑这种说法，他们就叫野猿去攻击同在一间笼里的与它不和的长尾须猴（*Presbutis entellus*）。立刻这野猿的面部表情就变了，嘴张得更大了，犬齿充分露出，并发出一阵粗哑的吼叫声。

一头狒狒（*Cynocephalus anubis*）被它的饲养员先逗得发起火来（它们很容易发火）。接着饲养员又和它修好并握手。当这种和解生效时，狒狒立即颤动着双颚与双唇，现出一种高兴的样子。当人类开心大笑时，在我们的双颚上也隐约可见类似的震颤动作。只不过人是胸肌动的最厉害，而在狒狒等一些猿猴，则是颚肌和唇肌发生痉挛性动作。

我曾有机会提出过两三种 *Macacus* 属猕猴和黑长尾猴（*Cynopithecus niger*）在受到爱抚而高兴时的怪样子，它们抿着耳朵并发出轻微的喃喃声。就黑长尾猴（图 16 和图 17）而言，它同时还有咧嘴动作，同时把牙露出。对不知情的人，这种表情是无论如何也不能认为是表示高兴的。前额上的毛缨向后背，好像整个头皮都向后拽似的。眉毛从而有些上提，眼睛也放出异采。下眼皮仍然有些皱纹。但由于脸上本来就有横纹，故这些皱缩不太明显。

图 16 黑长尾猴，在平静状态（沃尔夫先生画）

图 17 同左图的黑长尾猴在受到爱抚而愉快的时候（沃尔夫先生画）

苦恼与痛觉 猿猴们小的疼痛的表情或任何苦恼，如悲哀、烦闷、嫉妒等的表情与一般恼怒很难分清。某些种类在悲哀时肯定会哭。一名妇女把一头据说是从婆罗洲弄来的毛鲁猕猴（*Macacus maurus* 或 *M. inornatus*）卖给动物学会，说它太爱哭。而巴特利特先生和管理员萨顿先生也常看见它当悲哀时，甚至当过分怜爱它时，哭得这样伤心以致泪流满面。这事有点蹊跷，因为后来动物园又来了两只据信为它的同种，它们在悲痛时也高声叫唤，但不管饲养员和我怎么仔细去观察，却从未见它们哭过。仁格说，[138]当卷尾猴想拿某种心爱的东西受阻，或大吃一惊时，眼泪就在它眼眶里转，只是还流不出来。洪堡也肯定说，南美短尾猴（*Callithrix sciureus*）“在受惊时立即热泪盈眶。”这种可爱的小猴在动物园里被逗弄得哇哇大叫时也没有眼泪。然我对洪堡的叙述的正确性不愿有丝毫怀疑。

小猩猩和黑猩猩患病时的沮丧神色，与我们小孩患病时的样子同样明显并几乎同样可怜。这种心态和身体状态表现为动作无精打采，面容削瘦，目光呆滞和皮色上的变化。

恼怒 这种情绪多种猿猴都有，正如马丁先生所说，[139]有各种不同表现方式。“有几种猿在发怒时撅着嘴，僵固地、凶狠地注视着敌人，重复做几次小的跳动，好像要扑上去，同时还在喉咙里发出含糊的声音。有些种在发怒时突然向前奔去，张一下嘴却又嘬唇，使齿不外露。同时双睛紧盯对手，呈凶恶的防御姿态。有的，主要是长尾猴（*Guenons*），却露齿张着恶意的嘴，同时发出尖锐的、短促的、重复的叫声。”萨顿证实这个说法，即有些种发怒时露齿，而另些种则鼓唇而不露齿。有些种则向后背耳朵，上述的黑狒狒就是这样，一面还把前额上的毛缨抿下去并露齿。它的这种发怒的面部动作和它在高兴时的动作几乎一样。只有熟识这种动物的人才分得出这两种表情。

狒狒在表示激动并吓唬敌人时的样子很特别，它大张着嘴，像是在打呵欠。巴特利特先生常看见两只放在同一间笼里的狒狒，开始时对坐着，然后一个接着一个张大嘴。这种动作常常闹得它们真打起呵欠来了。他以为它们两个都想互相显露自己有一套难对付的牙齿，这是不容置疑的。[140]因为我不怎么相信这种打呵欠姿势的真实性。巴特莱特先生曾欺侮一只老狒狒，使它发生狂怒，它果真立即“打起呵欠”来。猕猴属和长尾猴属（*Cercopithecus*）的一些种也有这个习性。[114]布雷姆曾在阿比西尼亚养了几只狒狒。他看到它们发怒时是另外一种样子，用一只手捶地，“像人在发怒时用拳头击桌子。”我看见过动物园的狒狒这样干过，但有时似乎更是为了在它们的草褥下面找出石块什么的。

萨顿先生经常观察恒河猕猴（*Macacus rhesus*）大怒后变红的脸。他曾这样对我说过：当它受到另一只猴子攻击时，它的脸红得像充满激情一样，打完架后几分钟，这只猴的脸色又恢复正常了。他还说当脸变红时，本来就红的猴屁股似乎变得更红了。但我无从肯定这一情况。当西非大狒狒（*Mandrill*）被什么事触怒时，它皮肤上颜色鲜艳的无毛部分据说会变得更加鲜活。

有几种狒狒的眉弓突出眼窝很远，上植几根长毛，如同人的眉毛。这些畜生不断巡视周围，想往上看时就把眉毛扬起。似乎它们由此养成时常移动眉毛的习惯。不管是否如此，多种猿猴，特别是狒狒，在发怒时或受些刺激时，确会迅速不断地上下动弹眉毛和前额上多毛的皮肤。[142]我们是把人的扬眉或低眉与特定的心态联系在一起的，而猿猴的这种几乎不停顿地移动眉毛使人觉得它是一种无谓的表情。我曾观察过一个人，他在没有任何情绪时有不断扬眉的怪癖，这使他看上去有点傻。同样，有些人喜欢咧嘴，好像有些微笑，虽然他们并不感到高兴。

一只小猩猩看见饲养员照料另一只猴子多了些而心怀妒忌，就露出牙来，发出一种不平的声音如“替什一什斯替”，并不再理他。猩猩和黑猩猩在有些恼怒时，尽量拱起嘴唇，发出一种粗哑的叫声。一只小的黑猩猩（雌性），它在狂怒时的样子和人的小孩子发脾气时惊人地相似。它张开大嘴、高声喊叫，双唇内收并露出牙齿。它或挥动双臂，或以臂抱头。它满地打滚，有时朝天、有时朝地，见什么咬什么。一只小长臂猿（*Hylobates syndactylus*）曾被人描述过在激怒时的表现也非常近似。[143]

猩猩和黑猩猩小时，双唇在各种情况下都要伸出，有时达到惊人的程度。它们这样干，不光是在愠怒、恼恨或失望时，看见可惊的东西（例如看见一只龟），[144]甚至高兴时也是如此。只不过撅嘴的程度和嘴的形状，我以为在各种情况下并不完全一样，发出的声音也不尽相同。附图（图18）画的是一只黑猩猩生气的样子，因为有人装着要给它一只甜橙而又收回去。小孩子在生气时也可见到撅嘴的情况，当然要怪得多。

多年前我在动物园的两只小猩猩面前地上放了一面镜子。据我了解，

图 18　一只失望的黑猩猩的嘴脸（伍德先生画）

它们从未见过镜子。开头，它们以一种最坚定的惊讶注视着它们自己的样子，并不时变换观察点。它们随即靠近并向影像呶嘴，像是要同它接吻。几天前当这两只猩猩被安放在同一间笼子时，它们也曾互吻过。它们然后做出各种各样的鬼脸，并在镜子前变换身姿。它们按按镜子，擦擦镜子，又把手放在镜子背面的不同距离，再看镜子后边，最后似乎是大吃一惊，呆了一会儿，感到上当，就再也不去看它了。

当我们打算做某种困难而需要细心的活计，如用线穿针时，我们常是紧闭双唇，我猜想，这是为了别让吹气妨碍手的动作。我在一头小猩猩身上也注意到这种动作。这头小动物病了，无聊中它想用指关节去碾死爬在玻璃窗上的苍蝇。这当然是很难的，因为苍蝇会飞走，但在猩猩每次尝试时都闭紧双唇并略为突出。

虽然猩猩和黑猩猩的面容，尤其是身姿，在某些方面表现力很强，在整体上我看它们不见得比别种猿猴的面容和身姿更富于表现力。这部分地归因于它们的耳朵不能动，部分地归因于它们没有眉毛，因而在蹙额时就不太明显。然而，当它们扬眉时，它们的前额和我们的一样出现横纹。与人类相比，它们面部表情能力较差，主要因为它们在任何情绪下都不皱眉。这虽有赖于我们的观察能力，然我在这上面是下过功夫的。皱眉是人的表情中最重要的一种，它是由皱眉肌（corragator）的收缩使眉毛向下向内牵引，因此在眉间就出现纵向皱褶。据说猩猩和黑猩猩也有皱眉肌，[145]却很少用，至少不是明显地用。我用双手抱住一点点诱人的水果，叫一只小猩猩和一只小黑猩猩用力掏却掏不出来。虽然它们都为此很沮丧，但也不皱一点眉。即使它们大怒时也不。有两回我把两只黑猩猩从它们比较暗的房里忽然领到强日光下，要是我们准保要皱眉，它们却只眯起眼又眨巴两下就算了，只有一回我看到一点轻度皱眉。还有一次，我用一根草去桶一只黑猩猩的鼻孔，它的脸在皱拢时，在眉间出现了很浅的纵沟。至于猩猩，我从未看到它额头有蹙起的情况。

发怒的大猩猩（gorilla）曾被描述为竖起冠毛，拉下下嘴唇，扩大鼻孔并发出可怖的号叫。萨维奇（Savage）和威曼（Wyman）两先生说，[146]它的头皮能随意前后移动，当它受激时，头皮就绷得很紧。但我却以为他们的意思是说头皮往下面移动。因为他们还提到小黑猩猩，说它在喊叫时“好像眉弓都在收缩”。值得注意的是：大猩猩、多种狒狒和别的猿猴较大的移动头皮的能力，跟少数人由于返祖现象或残留现象、也能任意移动头皮应该是有关系的。[147]

惊愕、恐怖：我曾让将一只活的淡水龟放在动物园养着许多猴子的笼子里。它们表现出无限惊奇，也有点怕，表现在它们停滞不动，张大眼睛盯着它，同时眉毛忽上忽下。脸好像拉长了。它们不时踮起脚来延长高度，以便看得清楚些。时而后退几步，然后把头歪向一边，再加凝视。值得注意的是：它们怕这只龟的程度远不如怕我过去往它们笼子里放的一条活蛇。因为不过几分钟，有的猴子就胆敢走近龟并用手摸它。与此相反，一些大狒狒却怕得要死，露出牙齿，就差叫出声来。当我把一个小布人给长尾猴时（*Cyncopithecus niger*），它站着不动，睁大眼睛注视着，并把耳朵也往前倾。但当把龟放进它的笼子时，这只长尾猴紧着吧唧嘴。据饲养员说这是要与龟和好的意思。

我从来没有看清楚过受惊的猿猴的眉毛老是保持扬起的，它们更常见的是上下动弹。人在受惊前注视时要把眉毛上扬，而杜欣博士告诉我当他给前面提到过的猿猴一些新见的食品时，它把眉毛往上扬一点，呈现一种密切注视的样子。然后它把食品拿在手里，眉毛往下凑成一字形，抓、嗅并检验它，显出一种沉思的表情。有时它把头略向后仰，忽然又扬起眉毛再次检验，直至最后用嘴去尝。

猿猴类在惊愕时没有一个曾张口结舌。萨顿先生帮我观察小猩猩和小黑猩猩各一只有好长时间了。无论怎样吓唬它们，或在它们倾听某种怪声时，嘴都是闭着的。这事很奇怪，因为对人来说，没有什么表情比在吃惊时张着大嘴更具有普遍性了。据我过去所观察到的，猿猴比人用鼻孔呼吸更通畅，这也许有助于说明它们在受惊时不张嘴。在后面的一章里，我们将会看到：人在受惊时之所以要张嘴，开始是为了尽快吸一大口气，随后是为了尽可能喘息得均匀些。

多种猿猴以发出尖叫来表示恐怖，同时张唇露齿。如同时具有愤怒感，毛发就竖得更厉害。萨顿先生曾清楚地看到恒河猕猴的脸吓白过。猿猴也有吓哆嗦的，有时还吓出尿来。我见过一头猴子在被捉住时，因怕得要命几乎晕过去。

至此，关于各类动物的表情的事实已谈得够多了。我无法同意 C. 贝尔爵士的说法，[148]他说："动物的脸部似乎主要用于表示愤怒和恐惧。"而且他还说它们所有的表情"都可以比较明白地归之于它们意志的行为或先天的本能"。谁要注意一下狗是怎样准备攻击另一只狗或准备咬人，观察一下猴子在受侮弄或受养猴人爱抚时的不同面孔，就不得不承认它们面部五官和身形的动作是几乎跟人一样地富于表情的。尽管对低等动物的表情还不能加以解说，但我想在第一章中给出的三个原理会解释其中很大一部分的。

第六章

人的特殊表情：痛苦与哭泣

婴儿的啼哭与哭泣——面部表情——哭泣开始的年龄——习惯性抑制对哭泣的效果——啜泣——啼哭时眼周肌收缩的原因——眼泪分泌的原因

在本章及此后几章，我将尽我所能将人在各种心态的表情加以描述和解释。我的观察将按照我认为最便当的顺序予以排列。这通常要先从不顺适的情绪和感受谈起。

身心两方面的痛苦：哭泣。在第三章中，我已相当详尽地描述了极端痛苦时的表征，即叫喊与呻吟，全身扭动，牙齿咬紧或互相摩擦。此等表征常伴有或接着出大汗，面色苍白，震颤，猝倒或昏厥。没有比极度恐惧更大的痛苦了。但是在这种情形里，一种全然不同的情绪在发生作用，所以应该暂且搁下，嗣后在别处再谈。心理上的长时悲痛造成情绪低沉、悲哀、沮丧与失望。这将在下一章作为专题介绍。此处我将只谈哭泣或啼叫，特别是婴幼儿的。

婴儿只要有一点不舒服，如饿着点或哪儿不合适，便使劲地、长时地啼叫。此时它们的眼睛是闭着的，眼圈出现皱纹，前额也有点蹙。小嘴大张，嘴唇被向后拉，使嘴几乎接近方形。牙龈或牙有些外露。吸气时几乎呈抽搐状。婴儿啼哭固然容易见到，但我还是认为用一组断续拍摄的照片是最好的观察方法，因为容许我们细瞧。我收集有 12 张照片，多半是我让照的，它们都显示了同一个特征。我这里选其中 6 张用胶版印刷出来（见图片Ⅰ）。它们的作者是伦敦的芮兰德先生（1，3，4，6）和汉堡的金德曼先生（2，5）。

眼睑紧闭和眼球内压。这在各种表情里都是最重要的一着——可起到保护眼球、使不致充血的作用。下面还将就此点详谈。我感谢南安普顿的兰斯塔夫（Langstaff）博士，他为我观察了在紧闭眼睛时几组肌肉收缩的顺序，从此我自己也时常观察。观察其顺序的最佳方案是让一个人先扬眉，这将在他的前额上出现横皱。然后让他慢慢地收缩眼围肌，越用力越好。读者如对面部解剖学不熟，请回看本书绪论中的图 1 至图 3。前额上的皱眉肌似乎是头一个收缩，这使眉毛向着鼻根靠拢，出现纵皱，亦即两眉间出现一个蹙痕，同时还使前额上的横纹消失。眼围肌几乎和皱眉肌同时收缩，在眼周生出皱纹。当皱眉肌收缩给眼围肌支撑时，后者就见得也收缩得更有力。最后收缩的是鼻三棱肌，它进一步把眉毛和前额皮肤朝下拉，在鼻基部形成一条短的横皱。[149]

当这组肌肉用力收缩时，分布在上唇的肌肉也跟着收缩，[150]把上唇拉上去。由于颊肌至少和眼围肌是连着的，这种牵动就是很自然的了。谁要是逐渐收缩眼围肌并加大收缩力，就会觉得上唇和鼻翅也差不多总是有些往上提。如果他闭紧嘴再收缩眼围肌，就会觉得他眼球所受压力跟着增加。再有，当一个人在耀眼阳光下想看远处事物，并被迫眯缝着眼时，他的上唇也总会有些上提。一些近视很深的人习惯地要眯起眼睛，由于同一原因嘴要半开着，带着一种露齿而笑的表情。

上唇的上提把面颊上部肌肉也往上扯动，在双颊上各生出一个深沟，

图片 I

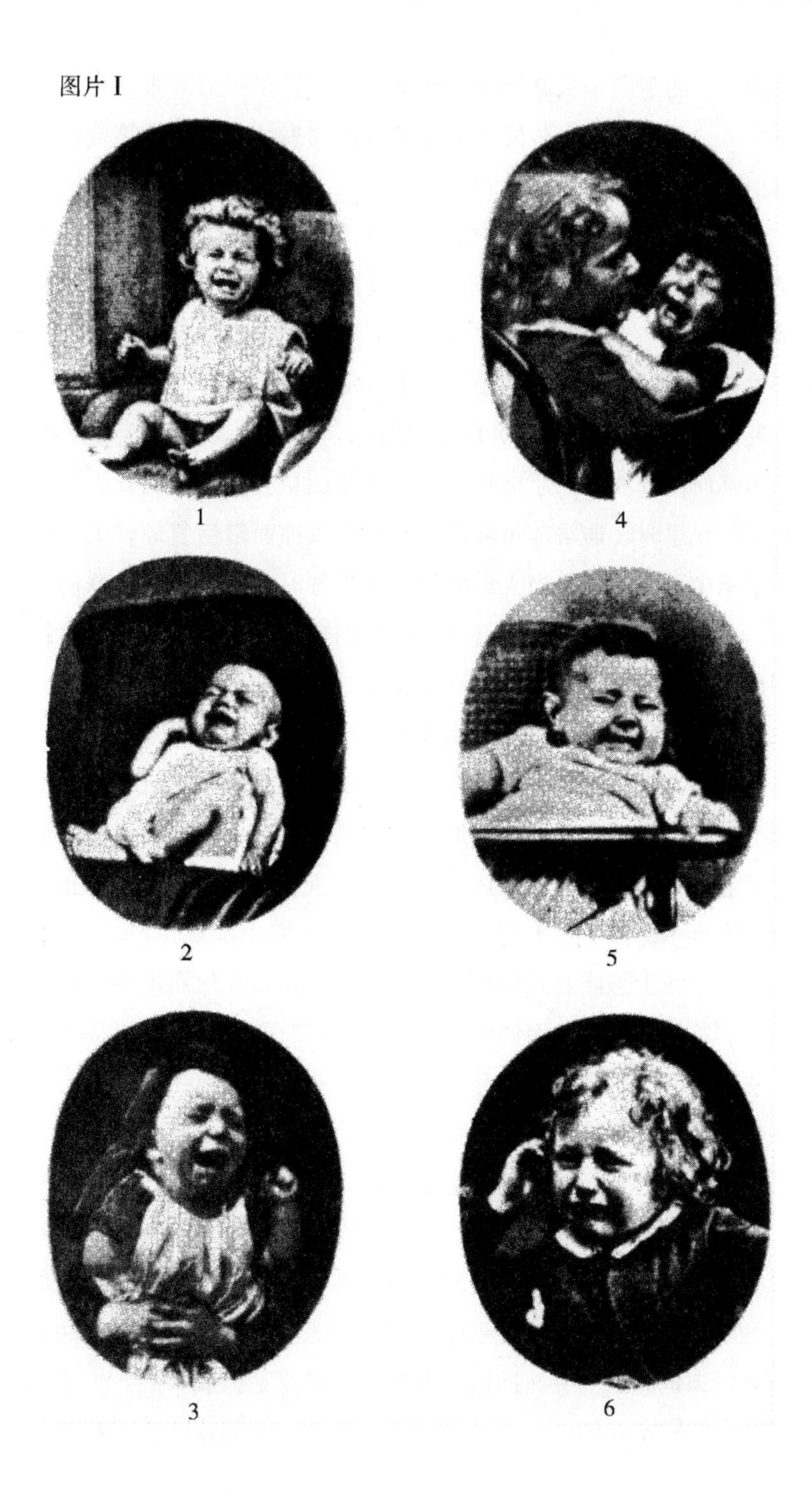

即鼻唇沟，它的走向是从鼻翅附近到嘴角以下。在所给 6 张照片上都可清楚地看到，这是哭泣的小孩的一个非常典型的表情，虽然在笑或微笑时也现出类似的沟。[151]

在发生哭喊的动作时，由于上唇以刚才说明的方式要往上提很多，因而嘴角降肌（图 1，图 2 中的 K）也要极力收缩好使嘴张大，这样就爆出最大的音量。这一上一下两组作用相反的肌肉很容易使嘴呈椭圆形乃至长方形，这在六张照片上都可见到。一位卓越的观察者[152]在形容一个在喂食时啼哭的婴儿说："哭使婴儿的嘴呈方形，把喂的粥从嘴角流出来。"我以为嘴角降肌比其相邻的肌肉较少受到意志的单独支配。因此，如果一个幼儿有哭的意思时，通常嘴角降肌总是首先收缩而最后复原。关于这一点我们在下章中还要提到。当大点的孩子开始哭时，和上唇有关联的肌肉常先收缩。这也许由于大孩子无意像小时那样大声啼哭，并迫使嘴张得很大，因此嘴角降肌也没有被牵扯进那样强烈的动作。

拿我的一个孩子来说，从他出生第八天后，有一阵子我时常观察到，他在啼哭以前，先缓慢地皱一下眉。由于前额上皱眉肌的收缩，光头和小脸的微血管也同时因充血而显得通红。等到他真哭了，眼睛周围的肌肉都强力收缩起来，嘴也以上文描述过的样子大张着。因此这么小的孩子哭时的面容和大得多的孩子差不多。[153]

皮特利特博士强调有几组把鼻头下牵、鼻孔缩小的肌肉的收缩是哭泣表情的显著特征。正如上面谈到的，嘴角降肌时常同时收缩，而据杜欣博士讲，它们也间接起到往下牵鼻子的作用。儿童得了重伤风时也可以有鼻子变狭的外貌。兰斯塔夫博士向我解释说，这至少部分地是由于他们不断用鼻子吸气，鼻翅受压造成的。患重伤风或痛哭中的儿童之所以要把鼻孔收拢，大概是为了减少鼻涕下流，以免流到嘴里去。

经过一阵痛哭后，头皮、脸和眼睛都红了。这是因为头部血液的回流因吃力的呼吸而变慢，眼睛红则是受过多的流泪刺激引起的。哭时强力收缩的面部肌肉，此时仍有些抽搐，上唇也还有点上提或外翻，[154]嘴角也还有点朝下。我有亲身体会，也见过别的成年人，当阅读一本悲惨的小说而强忍住眼泪时，面部肌肉却禁不住要抽搐或颤抖几下。这和幼儿在啼哭时面肌的强力动作是一个道理。

护士和医生都知道，初生儿只会啼不会哭，[155]这主要是由于泪腺还不能分泌眼泪。有一次我无意中用我的袖口碰了一下我孩子的一只眼睛（当时他只有 77 天），他哭得很厉害，被碰着的眼睛流了很多泪，另一只却只不过湿润一下而已。这是我首次注意到这一事实。在这次 10 天前，当孩子哭时，两眼都有过湿润现象。在 122 天时，哭得再厉害，眼泪也不出眶。只有再过 17 天，即 139 天时，他才第一次流泪。别人帮我观察过别的孩子，发现流泪哭开始的时间很不一致。以眼含着泪水的日期而言，有 20 天和 62 天的。有的到 84 和 110 天的婴儿眼泪还不流下来。有一例，这是人家千真万确告诉我的，有个婴儿在 42 天时就不寻常地流下泪来了。[156]正如各种遗传的交感性动作和嗜好在被固定和完善之前需要一些训练一样，泪腺在受到刺激而分泌泪水以前，在个人方面也需要有几分训练。哭泣这种习性一定是人在与同属的不会哭的类人猿的共同祖先分化出来以后才获得的。

人在生下早期不流泪的事实是值得注意的，因为终其一生，没有比哭泣更普遍、更强烈的表情了。一旦婴儿获得了这一习性，它便要在各种难过，包括身体的疼痛和精神的痛苦中，明确地表现出来，有时还夹杂着惧怕和发怒等情绪。然而，人在很小的时候哭的性质就会改变。像我在我孩子身上见到的：发脾气的哭与伤心的哭不同。一位太太告诉我，她的 9 个月的孩子在生气时高声叫喊但哭不出来，但当大人把她坐的椅子转到背对着桌子以惩罚她时，她才泪随声下。正像下面就要见到的，这种差异大致可归因于，人在年龄稍大时，除去悲伤以外，多种情况下都可抑制住哭泣。这种抑制的本能是遗传的，因此它比小孩第一次哭出现还早。

至于成年人，特别是男人，由疼痛引起的哭泣很快就能止住。这可能由于男人，文明人或野蛮人都一样，在身体疼痛时显露出来会被人看作软弱和没有男人气。但也有例外，如卢伯克（Lubbock）爵士[157]就收集了野蛮人为了一点小事哭得很痛的例子。在新西兰有一位酋长“因水手们把他心爱的斗篷撒上了面粉，就哭得像小孩子似的。”我在火地岛看见一个土著人刚死了一位兄长，他一会儿疯了似的号哭，等看见了让他高兴的东西又开心地大笑。在欧洲的文明国度里，哭的频率也有很大不同。英国人除非在最强大的悲痛的重压下则很少哭，而大陆上某些地方，男人则很轻易随便地落泪。

疯子以对他们的各种情绪都不加限制地表达出来而闻名。J. 克赖顿·布朗博士对我说过，不论男女，如患上单纯性忧郁症，它的最大的特征就是爱哭，为一点小事哭，甚至无缘无故地哭。等遇上真正值得伤心的事时，那就更要哭个没完。有些病号哭的时间之长，流的眼泪之多，都是惊人的。一个患忧郁症的少女哭了一整天，事后她对布朗医生说，她想起了某次剃掉眉毛以使它们长多些的蠢事才这样哭的。精神病院里的许多病号长时间坐在那里前后摇动着上身。“如果你跟他说话，他们倒是不摇了，却瞪起眼睛，拉下嘴角，突然哭起来。”有时候和他说话或善意地打招呼，也会唤起他的幻想和忧思来；而在另些时候，尽管没有丝毫可悲的事，却任何表示都会招得他哭。严重的癫狂症患者，在错乱的谵语中，也会发出阵阵的大哭或泣诉。然而，我们也不要过分强调疯人的大量流泪是因为丧失所有抑制能力。有些脑病，如半身不遂、脑组织软化和年老体衰的人也很容易哭。哭是疯人的常见现象，甚至在达到完全痴呆状态并失去语言能力时也是如此。天生呆傻的人会哭，[158]但据说矮呆子不会。

哭似乎是遭受任何苦痛时的最初的和天赋的表达方式，包括身体的和心理的苦痛在内。这一点可由儿童的身上看出。但前述事实和常识告诉我们，与某种心态相联系的一种不断重复的抑制哭的努力在破除这一习惯上很起作用。另一方面，哭的程度也可由于习惯而加强。即如定居在新西兰的 R. 泰勒神父曾说过，[159]妇女能够随意地大量流泪，她们为哀悼死者而相约啼哭，谁哭得最恸可以引以自豪。

强制压抑泪腺的分泌收效不大，而且似乎还适得其反。一位有经验的老大夫告诉我，他的经验是：要想制止向他求医的妇女的痛哭流涕，只有一个办法，那就是老实告诉她们别去抑制哭，长时间的痛哭是减轻病痛的最好办法。

婴儿的啼哭是由长时的排气配合短促的、阵发性的吸气组成的。年纪再大一点的还伴随着啜泣。按照格拉休莱[160]的说法，在啜泣时主要是喉头在动。“当吸气克服了喉头的阻力，空气进入胸部”，就会发出呜咽的声音。但整个呼吸动作也是抽搐的、剧烈的。两肩一般要上抬，这样可使呼吸容易些。我的一个生下才77天的孩子呼吸急促而有力，声音有点近似呜咽。在他138天时我才清楚地听到他在呜咽，以后每次哭闹之后都要呜咽一阵子。呼吸动作兼有随意和不随意两种性质。我知道呜咽是孩子到了一定大小时已有能力管住他们的发声器官不要哭喊，却管不住呼吸器官。在哭时的剧烈呼吸之后，它只能继续以不由自主和啜泣的方式运动一段时间。抽泣似为人类所专有。动物园的管理员肯定地对我说，他们从未听见任何一种猿猴啜泣过。猿猴在被追赶并捉住时高声尖叫，然后长时间喘气。从这里我们可以看出在啜泣与落泪之间有密切关联；就儿童而言，太小的时候不会啜泣，以后突然会了并作为大哭一阵后的收场，直到长大以后这种习惯才得到抑制。

啼哭时眼围肌收缩的原因。已知婴幼儿在啼哭时收缩眼围肌，无例外地紧闭双眼，眼周的皮肤也皱缩。当大孩子以至成人止不住地大哭时，也可见到眼睛周围肌肉收缩，只不过要时常加以抑制好不妨碍视觉。

C. 贝尔爵士用下列的话解释这个动作：[161]“当各种剧烈的排气动作，如大笑、哭泣、咳嗽或打喷嚏时，眼球被眼轮匝肌紧压，以支持和保护眼球内部的供血系统，免遭此时静脉血受回流的冲击。当人们缩胸排气时，颈部和头部的静脉血流动受阻。如果排气的动作再强劲些，静脉血不但要涨满血管，还要向小静脉管倒流。如果此时眼球不压紧，及时挡住冲劲，眼球内部的柔嫩组织就可能受到不可挽救的损害。”他还说：“如果我们当小孩哭闹时掰开他的眼皮，检视他的眼睛，这无异于拿掉眼球的天然保障和防止当时出现的血液冲击的机制。那么眼结膜（conjunctiva）就会突然充血，眼皮也是如此。”

眼围肌不但如C. 贝尔爵士所说和我观察所得的那样，在哭喊、大笑、咳嗽和打喷嚏时要强烈收缩，还出现在另外几种类似动作中。一个人在使大劲擤鼻子时要收缩眼围肌。我让我的一个孩子用最大的劲呼喊。一开始，眼围肌即刻牢固地收缩起来。我不止一次地观察到这种现象，当问到他为什么要闭紧双眼时，我发现他也不知道他闭眼了，他是靠本能或下意识这样做的。[162]

为使这组肌肉收缩，无须真从胸腔把空气排出来，只消用大力收缩胸肌和腹肌，同时闭紧喉头不叫跑气就够了。在剧烈呕吐或干呕时胸腔胀起，横膈膜下降，由于喉头的闭合，它可以保持现状（当然也靠喉头肌的收缩），[163]此时，腹肌剧烈收缩以压迫肠胃，胃的肌肉也随之收缩，胃里的东西就吐出来了。在每次用力呕吐时，头部大量充血，因而涨红了脸，"面颊和太阳穴的静脉也隐约可见。"同时，我由观察得知，眼围肌也收缩得很厉害。这出现在腹肌的强力收缩压迫肠胃里的东西吐出去的时候。

除去胸腹肌用力于呕吐或排出肺内空气这两个动作外，身体其余部分的肌肉用力再大也不会引起眼围肌的收缩。我看过我的男孩们用力进行体育锻炼，如练单杠的引体向上或练举重时，他们的眼围肌没有丝毫收缩的痕迹。[164]

由于眼围肌在剧烈呼气时的收缩间接地起到保护眼睛的作用（这一点我们下面还将提到），这已成为我们几个最重要表情的一个基本要素，为此我对C.贝尔爵士的观点能得到多大的支持深表疑虑。乌得勒支的东得斯教授是全欧驰名的视觉和眼球构造的权威之一，借助于多种现代科学的精巧装置，费心为我进行这方面的研究并将结果发表。[165]他表明，在剧烈呼气时，眼球的外部、内部和后部的血管都要受来自两方面的影响，即：动脉内血压的上升和静脉内血液的回流受阻。因此，在剧烈呼气时眼内的静脉和动脉确实有些扩张。详细的证据可以在东得斯教授的名著中检得。当人因为呛住而剧烈咳嗽时，他的头部静脉突出，面色绀紫。根据这位权威，我还可以说，在剧烈排气时，眼球也略为努出。这是由眼睛后面的血管扩张引起的，从眼与脑的密切联系也不难探知。已知大脑随着每次呼吸而有升有降，开颅后可以见到，在婴儿的囟门尚未长严时亦可见到。同理，被绞死的人眼珠好像要跳出眼眶来。[166]

至于在剧烈呼气时靠眼睑的压力来保护眼球一说，东得斯教授从他的诸多观察中得出结论说，这一动作确实抑制或完全消除了血管的扩张。[167]他还说，当此时常可见到剧咳的人用手压住眼睑，好像可以更好地支撑并保护眼球。

尽管眼下还提不出眼睛在剧烈呼气时如不保护就要受伤的太多证据，但还是有一些。据说出现过在剧烈的咳嗽、呕吐，特别在打喷嚏强力排气时，有时可引起眼球外部小血管破裂。[168]至于内部血管，冈宁（Gunning）博士最近记录了一个由于百日咳造成的眼球外努的病例，他认为这是眼内血管破裂造成的；同样的例子还有一个。但光是感觉不适大约就足以引起眼围肌收缩以保护眼球的联应习惯。同样，当某个物件朝着眼睛逼近时，由于预感到有受伤的可能就足以引起不自主的眨巴眼。因此，根据C.贝尔爵士的观察，特别是东得斯教授更加仔细的研究，我们可以放心地做出这样的结论：儿童在哭时的紧闭双眼是有意义的和大有用处的。

我们已经看到眼围肌的收缩导致上唇的向上拉，那么，如果嘴大张着，嘴角的向下拉就是靠降肌的收缩了。由于上唇的向上拉，在面颊上也就出现了鼻窝。在哭时面部的一切重要的表情活动看来都和眼围肌的收缩有关。下面我还将看到，流泪也要靠眼围肌的收缩，至少和它有一定联系。

在上述一些事例中，特别是打喷嚏和咳嗽的事例中，很可能眼围肌的收缩还可保护眼睛少受剧烈震颤的影响。我是这样想的：因为狗和猫在啃硬骨头的时候都是闭着眼，在打喷嚏时也偶尔如此，但狗在大声吠叫时却不闭眼。萨顿先生为我仔细观察过猩猩和黑猩猩各一头，发现它们在打喷嚏与咳嗽时总是闭起眼，但在激烈叫唤时不闭。我给美洲产的卷尾猴（*Cebus*）闻一点鼻烟，它打喷嚏时闭上眼，但在随后的一次高声呼喊时却不闭。

眼泪分泌的原因。[169]关于人类心情不好时流眼泪的理论必须考虑进去的一个重要事实是：只要眼围肌不自主地强烈收缩以压迫眼部血管从而保护眼睛时，眼泪就会分泌出来，其量足以流到脸上。这可以发生在截然相反的心情之下，甚至找不出理由。唯一的、而且是部分的例外就是初生儿。它啼哭时尽管双目紧闭，却流不出泪来，直到2～4个月大时才行。可是他们的眼睛在小的时候还是有点泪水的。正如前面指出过的，似乎他们的泪腺由于缺乏练习或别的原因，在下生的初期还不能全部投入活动。等孩子稍大，由于痛苦而哭喊或啼叫时无例外地都要流泪，以至泣就成为哭的同义词了。[170]

在相反的大喜或快乐的情绪支配下，只要笑得不过分，眼围肌就不会收缩，也不会皱眉。但如发出阵阵大笑，笑得喘不过气来，就会笑出眼泪来。我不止一次注意过一个人的脸，在一阵狂笑之后，眼围肌和那些跟上唇相连的肌肉还有些收缩，再加上颊上的泪痕，使他活像一个因悲痛仍在抽泣的孩子。这种喜极而泣的事实为各人种所共有，这在下一章还将谈到。

人在剧烈咳嗽中，特别在呛着时，脸憋紫了，静脉扩张，眼围肌强力收缩，泪流满面。甚至光是咳嗽一阵子后，多数人也要擦擦眼睛。从我的亲身体验，也见过别人，在剧烈呕吐或干呕中，眼围肌强力收缩，眼泪有时也流到脸上。有人对我说这可能是由于某种刺激性的东西进入鼻孔，由于反射行为引起眼泪的分泌。于是我请求我的一位联系人，一位外科医生，注意在干呕时胃里没有东西呕上来时的效应。说也凑巧，第二天早晨他本人就有过干呕现象，3天后又观察了一位犯干呕的妇女。他肯定这两例中胃里没有半点东西呕出来，然而眼围肌却仍是收缩得很厉害，并流出眼泪。我还能肯定说：当腹肌以一种超常的力量向内撞击肠道时，眼围肌也会强烈收缩，同时流出眼泪来。

打呵欠是从深吸气开始，继之以长而有力的呼气。此时身体各部肌肉几乎都有些收缩，眼围肌也包括在内。打呵欠常伴有眼泪的分泌，我甚至还看到过泪珠流到脸上。

我经常看到当人抓挠难忍的痒处时，他们使劲闭眼。但我认为他们不是先深吸气再用力把气排出，从而我也从未看到眼里充满泪水，虽然我不准备断定这不会发生。这种紧闭双眼的动作也许是在搔痒时近乎全身肌肉都同时变得僵直的通常动作的一部分而已。它与格拉休莱说的，[171]在闻到美味或尝到佳肴时常伴随着的那种眯缝着眼睛完全不同。那可能起源于企图排除视觉带来的任何干扰。

东得斯教授给我的信中有这样一段话："我观察过一些很有趣的病例，比如当眼睛被衣服碰了一下，既无伤痕又无瘀血，眼围肌痉挛就发生了，并不断流眼泪，持续约一小时之久。此后又过了几个星期，眼围肌再次痉挛，伴以眼泪的分泌和初级或二级的充血。"鲍曼也告诉我，他偶尔也观察过类似的病例，其中一些眼球没有发红或发炎。

我很想查明在动物中是否也有在大喘气时引起眼围肌收缩和分泌眼泪的事，可惜只有极少的动物会收缩眼围肌或落泪的。从前动物园里的毛鲁猕猴（*Macacus maurus*）很爱哭，本来可作为很好的观察对象，但现在那里的两只，据说也是毛鲁猕猴却不会哭。尽管如此，巴特利特先生和我在它们大声尖叫时也去观察过它们，看出它们似乎也收缩眼围肌。但因为它们在笼里动作特快，很难看清。据我核对的结果，别的猿猴在尖叫时都不收缩眼围肌。[172]

据知印度象有时会哭。坦南特（E. Tennent）爵士在锡兰*看过捕象和捆象后描述道："有的躺在地上不动，除去眼里充满泪水并不断外流，没有别的受罪的表示。"在谈到另一头象时他说："当它被制服并捆结实时，它的悲哀极为动人，它的凶劲儿完全垮了。它倒在地上，发出窒息的悲鸣，眼泪从它的面颊流下来。"①在动物园里，印度象的饲养员肯定地说，他有几回看见当小象被人带走时，由于悲哀，老母象泪从脸上流下来。为此我急切地想核实象在尖叫或长啸时是否也收缩眼围肌，作为人有收缩眼围肌和流泪动作的一种引伸。在巴特利特先生的恳求下，饲养员命令老象和小象长啸，我们一再看见它们在开始呼啸时，眼围肌，特别是眼下肌，清楚地在收缩。接下来饲养员又叫老象更大声地呼啸，这次它的上下眼围

---

* 锡兰，现称斯里兰卡。——译者注

肌以同等程度进行强烈收缩。可是非洲象由于跟印度象差别较大，被一些博物学家列为不同的亚属（subgenus），果然在它两次被弄得长啸时，眼睛连一点都没有眨巴。但此类事例只有这一个。

从以上关于人的几个事例中，我认为在用大力呼气或将鼓起的胸腔用大力压下去时，眼围肌的收缩以某种方式与眼泪的分泌紧密相连，对此，我认为已不能有任何怀疑。这在各种激情出现时莫不如此，而不限于任何一种情感。当然这不等于说眼围肌不收缩就不能流泪。人们知道，眼睑不闭合、额头无皱纹时一样可以流泪。但在呛住的时候，这种收缩必然是不由自主的、长时的；而在打喷嚏时它又是非常有力的。仅仅是不自觉的眨眼，尽管很频繁，却不引起眼泪的分泌。故意的、长时的收缩眼围肌也做不到。因为儿童的泪腺容易受刺激。我怂恿几个不同年龄的儿童，有我的和别人的，用最大的力量挤眼睛，而且时间尽可能地长，但几乎没有效果。有的眼睛有些湿润，但这显然可看成是把泪腺早先分泌的一点眼泪挤出来而已。

眼围肌的不自主的，强有力的收缩与眼泪的分泌之间的关系的性质无法从正面予以核实，但可以提出一个近似的看法。眼泪分泌的首要功能是使眼球表面润滑。另一功能，如某些人主张的，是使鼻腔湿润，让吸入的空气潮湿些，[173]对增加嗅觉也有好处（这主要靠鼻涕）。但另一个至少同样重要的功能，在于眼泪可洗出去尘埃和其他进入眼睛的小东西。曾有一个眼球和眼睑不能活动的病例，[174]由于尘埃不能排出，角膜发炎，终至浑浊。它的重要性就很清楚了。

由于异物进眼刺激眼泪的分泌是一种反射行为，亦即，异物刺激末梢神经，把信息传到某些感觉神经细胞，再传给另一组细胞，最后传到泪腺。有理由认为，传到泪腺的冲动引起小动脉管壁扩张，这使得较多的血液渗入泪腺组织，于是眼泪自由泌出。当面部小动脉，包括角膜上的，在完全不同的场合扩张时，如在脸红时，泪腺有时也受影响，眼里因而充满泪水。

要想猜测人体已产生了多少反射行为是困难的，但涉及由于眼球表面受刺激影响到泪腺这个事例，则可作如下说明。当动物的一些中间类型取得了半陆生的习性时，它们就很可能把尘埃弄进眼里，如不及时洗出，就会形成更多的刺激。根据神经力向周围细胞放射的原理，泪腺就会受刺激而分泌。这种事一再出现，又因神经力总是沿着熟路走的，久而久之，稍有一点刺激就足以造成眼泪的分泌了。

一旦这种性质的反射行为建立起来并运用自如，加给眼球表面的别的刺激，如冷风，慢性眼炎或眼皮遭到碰撞，就会引发大量流泪。实际情形正是这样。邻近器官受激也可引起泪腺分泌，如当鼻腔受到辣味刺激时，虽然眼睛紧闭也会流出许多泪来。拳击时鼻管挨打，也会引起流泪。我还见过面部受到鞭笞时而落泪的。在这些事例中，流泪是附带的结果，没有直接的用处。由于颜面各部，包括泪腺在内，都是第五神经的分支所管，故不难理解，任何一支受激的作用都会传到别的分支的神经细胞或其基部。

在一定的条件下，眼球内部也会以反射方式作用于泪腺。但这是一个很复杂的课题，因为眼球各部密切联系在一起，对各种刺激又是非常敏感的。下面的叙述是承蒙鲍曼先生传给我的：一道强光照射在角膜上，在正常情况下这本来不大会引起泌泪的。但由于被照的小孩角膜上有小型的慢性溃疡，变得特别怕光。即便通常的日光也使他长时睁不开眼并大量流泪。当人已到了该戴花镜的年龄却还习惯地费力去调节他的视力，这也常会引起泪液分泌，并使得角膜变得不应有的怕光。总之，眼球表面的病变和分管调节作用的睫状体的病变，都容易伴有眼泪的大量分泌。眼球硬化，虽尚未发炎，但已失去眼内静脉管与球体间液体交换的平衡，一般不会出现流泪。如果“天平”倒向另一边，眼球过于软化，那就很容易流泪了。最后，眼睛有多种病变和构造上的变态，甚至严重发炎，都不会引起或很少引起眼泪的分泌。

除去与泪腺有关的以外，眼睛和邻近部分还存在大量的反射和联应动作，以及各种感觉和行为。因与我们的课题有间接关系，也值得注意。当一道强光仅射向一只眼的网膜时，它的虹膜收缩，但另一只眼的虹膜却要过一会儿才收缩。在看近的和远的东西时，[175]让两眼聚拢来看东西时，虹膜也要做些调整。尽人皆知，在极强的光线下，眉毛会不由自主地往下移。什么东西打眼前过，或突然听见巨响，眼皮也要不自觉地眨动。看亮光使某些人打喷嚏的事例就颇有意思。这里，与视网膜相连的某些神经细胞将神经力传给鼻腔的感觉神经细胞，使它发痒，从这儿传到那些支配呼吸的肌肉（包括眼围肌）的细胞，于是就出现打喷嚏的特殊形式，空气单从鼻孔冲出去。

再回到本题。为何在一阵哭喊时或别的剧烈的排气时要分泌眼泪呢？因为，眼皮挨一下撞就会引出大量眼泪的分泌，那么，用大力压眼球，使眼睑抽缩，至少应该同样引起泌泪。这似乎是可能的，尽管眼围肌的故意收缩（挤眼）并不能产生这种效果。我们知道，人在假打喷嚏或假咳嗽时用的劲远没有真的大，因此眼围肌的收缩也是无力的。C. 贝尔爵士曾做过这类试验，如果在黑暗中突然用大力闭眼，眼前就出现如同以指头叩击眼睑一样的火星。“如果是打喷嚏，对眼球的压迫既快且重，火星也就更亮了。”很清楚火星来自眼睑的收缩，因为如果“在打喷嚏时不合眼，就不会感到有火星”。在上述东得斯教授和鲍曼两先生提供的特例中，一个人在一只眼受点轻伤后的几个星期中，眼睑还在抽缩，同时伴有流泪现象。在打呵欠时流泪，就更完全是眼围肌收缩的结果。撇开后两例不谈，很难说在剧烈呼气的众多情况下，眼睑加给眼球表面的压力大到足以引起分泌眼泪的反射行为来，尽管它们都是在不自禁的情况下发生因而比故意做时的力量大得多。

可能旁的原因也在起作用。已知眼球内部在某些情形下，能以反射方式作用于泪腺。我们还知道，在剧烈呼气时，眼球内血管的动脉压上升，由此引出的眼血管的膨胀，似乎就有可能通过反射对泪腺起作用，而此时眼睑对眼球表面的压力也在增加着。

在考虑这种观点的可靠性时，应该记住，当婴儿哭时，他们的眼睛就是受内外压的双重作用的，而且自来如此。根据神经力易走熟路的原则，当眼球受到中度压迫、眼血管也中度扩张时，也会作用于泪腺，这是习性使然。同一状况可见之于眼围肌。甚至在婴儿轻声哭时，血管既不会扩张，眼内又无不适感觉，眼围肌几乎总有轻度的收缩。

再者，当复杂的动作（或运动）已经长时以互相密切联合的方式在进行着，它们由于某种原因，先是被有意地、以后则被习惯地制止了，则如果原来的刺激条件重现，这种复杂动作中最不受意志约束的部分还时常会不自觉地发生。腺体的分泌动作已知是不受意志影响的。因此，随着个人年龄的增长或民族文化的提高，大声哭喊的习惯受到约束，因而眼血管也不再扩张，可是眼泪照旧分泌得很好。如上所述，眼围肌在一个人阅读伤感小说时，时有不易觉察的极轻的颤抖。此时他既没哭出来，眼血管也没有扩张，然而由于习惯，有些神经细胞仍给管眼围肌的神经细胞送去少量的神经力；后者又把它送给管泪腺的神经细胞，因而眼睛时常也为泪水所湿润。即使眼围肌的抖动和眼泪的分泌已被完全防住，向这两个方向传送的神经力总归是有的。因为众所周知，泪腺是不受意志支配的，它们仍将很好地工作。尽管外表看不出来，但阅读人的哀思却因泪腺的分泌被显露出来了。

为了进一步说明这一观点，我想补充说：在人生的初期，当各种习惯已经确立时，婴儿遇到高兴事惯于发出一连串的笑声（此时眼血管是扩张着的），其频度与长度跟他们因悲伤而痛哭时一样；那么在他们长大后，无论是喜还是悲，眼泪以同样的量和规律分泌是可能的。文雅的笑或微笑，甚至只想笑，就可以引发眼泪的分泌。在下章里我们将见到，当我们涉及温情时，确实存在这种倾向。据弗莱西涅（Freycinet）说，[176]夏威夷人就是把眼泪看成是快乐的象征。但他毕竟是位过路的航海家，因此我们还要求更好的证据。还回到婴孩上来。有一个婴孩犯有干呕的病，每次犯病时都是眼血管扩张、眼泪直流。这很可能已形成联属的习性，以致当他长大时，即使心情没什么不好，只要一想到干呕，眼泪就立刻出现。

总结全章，哭泣大约是下面一连串事件的结果。儿童当饿着或别的难受时，哇哇地哭。和别的动物的叫唤一样，一半是向父母寻求帮助，一半也是因为用力哭叫可起到缓解的作用。长时哭叫定会引致眼血管扩张，这又会引导出，初时是有意地、后来变为习惯地，收缩眼围肌以保护眼睛。此时眼皮加给眼球跳动的压力，和眼球内血管的扩张，不需任何有意识的感觉，而仅凭反射行为，就会影响到泪腺。根据神经力最容易走熟路的三原理之一，即联应原理，它的能力可扩展很远；之二，某些动作比别的更容易受意志支配，终于形成了痛苦就会引起眼泪的分泌，无须任何其他行为作陪。

照此看来，我们岂不是要把哭泣看成是一种偶发事件，和眼睛上挨了一下而流泪，或因视网膜受强光照射而打喷嚏一样无目的的了么？诚然如此，但这不会给我们理解流泪可帮助减轻痛苦带来任何困难。哭泣越是激烈和失控，减轻痛苦的效果也越好。正如在极度痛苦之中，人们会全身扭曲，咬牙切齿和发出刺耳的尖叫声一样。

第七章
情绪低落、焦虑、悲伤、沮丧、失望

悲伤对身体总的影响——眉毛在受苦时的倾斜——眉毛倾斜的缘故——嘴角的下沉

当心灵受到悲伤的急性发作的痛苦之后，同时引起悲痛的原因还在，人们就要陷入一种情绪低落状态，甚至会整个倒下并沮丧下去。长时的身体疼痛，如尚未达到极点，一般也会导致相同心态。想到将要受苦使人焦虑，感到没办法解脱时就会失望。

遭受极度悲伤的人常以激烈的、近乎疯狂的行动来寻求解脱，在上章已作过描述。但当他们的苦处有所减轻，却长期化时，他们不再想动，而是呆滞、消极，偶然把身体前后摇摆；血行趋缓，面色苍白，肌肉无力，眼皮下垂；头好像挂在紧缩的胸前；脸、唇和下巴全都耷拉下来；整个脸型因而拉长。正如形容的那样，“他听到坏消息，脸都沉下来了。”火地岛的一群土著努力向我们解释他们的朋友，即猎捕海豹的船长不高兴的时候，就用双手往下拉他们的面皮，拉得尽可能地长。本内特先生告诉过我，澳洲的土人在不高兴时给人以掉下巴的印象。长时遭受不幸使人眼光呆滞、缺乏表情，并常充满泪水。出现八字眉的不少，这是由于眉毛内端上挑的缘故。这就在额面形成了不同于一般皱眉那样的特殊形状的皱纹(有时则出现相似的皱眉)。嘴角下牵已被普遍认为是不高兴的表现，几乎家喻户晓了。

叹息时呼吸常变得缓慢而微弱。如格拉休莱所指出的，当我们的注意力被吸引到某一事物时，我们常忘了呼吸，随后就长吸一口气以求缓解；[177]但一个愁人的叹息，由于呼吸慢、循环弱，有其显著的特点。[178]因为处在这种状态下的人的悲伤还会再现并加强，由此产生的痉挛影响了管呼吸的肌肉，他会觉得喉咙被所谓歇斯底里球（*globus hystericus*）堵住似的。这种疼挛性的动作明显地与儿童的抽泣有关，并且是一个过度悲伤的人的更严重的痉挛的残余。[179]

眉毛的倾斜：上面的描述有两点还需要进一步澄清，这也是很奇特的两点，即眉毛内端上扬与嘴角下降。有沉重沮丧和焦虑的人，有时双眉呈八字形。比如我就观察到一位母亲在谈到她的病儿时有此表现。有时仅仅为了一点轻微的或暂时的痛苦（还许是假装的)，也能唤起眉毛的倾斜。这一动作是由几组肌肉，即眼围肌，皱眉肌和鼻三角肌的收缩，部分地受力量大得多的额肌的中央筋膜牵制而形成的。筋膜收缩时先把眉毛的内端往上拉，因为皱眉肌同时又把盾毛往里拉，眉内端就有些鼓起来了。这种八字眉的特异的形状可在图片Ⅱ的 2 和 5 两照中见到。同时眉毛有些根根挺起，因为它们都被拉直了。克赖顿·布朗博士也时常见到他的患有忧郁症的病人老是把眉毛吊着，而“上眼皮特别尖，向内拱着”。比较一下图片Ⅱ的 2 中年轻人的左右两只眼就可以看出些许的不同，因为他无法对双眼平均用力。这一点由他前额两边纹路的不同也可以看出来。至于眼皮向内拱，我以为那是因眉毛的内端往上扬而引起的，因为如果眉的全体都往上提，上眼皮也就形不成锐角了。

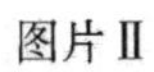

图片Ⅱ

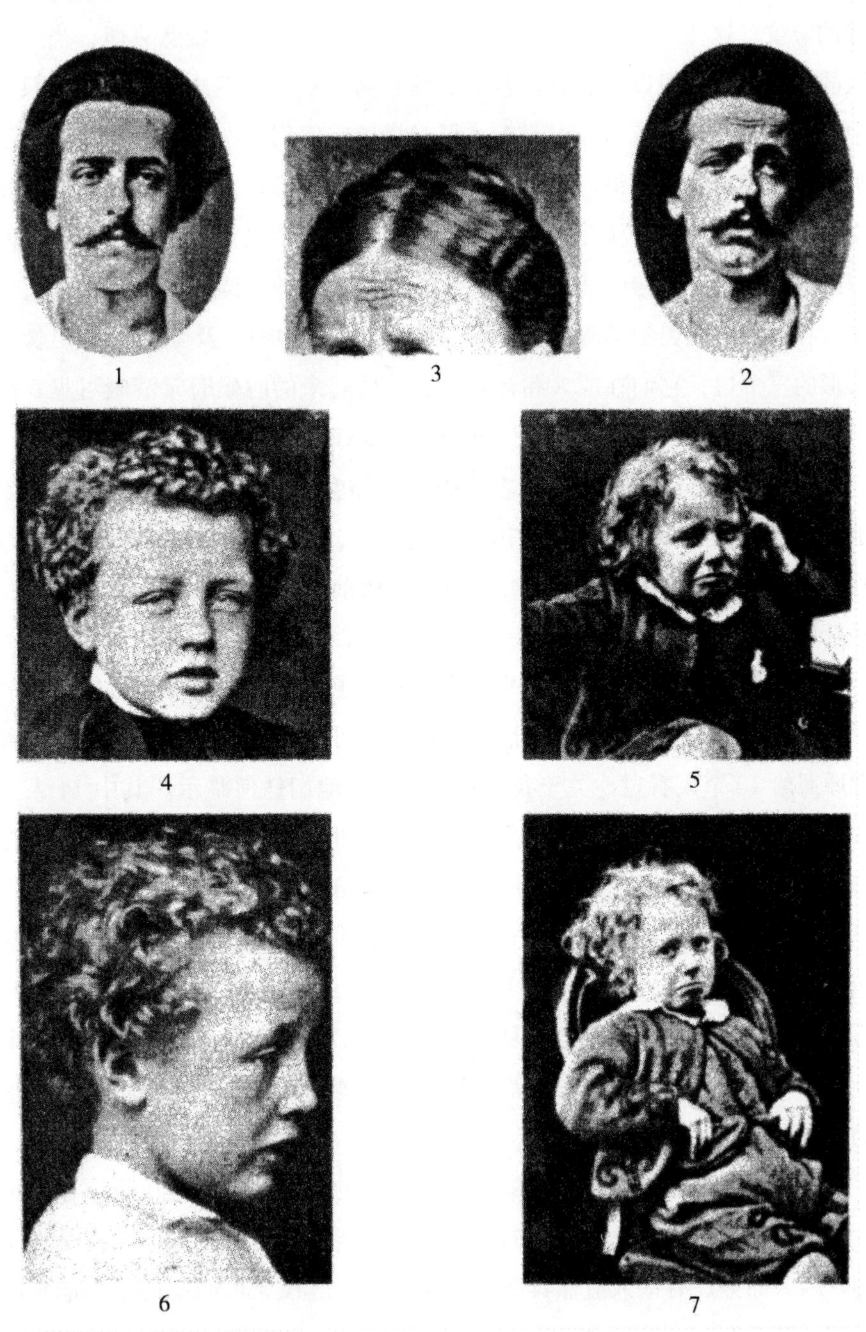

上述几组肌肉不同方向收缩的最明显的结果，还在于前额上形成的特殊的皱纹。这些一同动作、方向却不同的肌肉，不妨叫做悲哀肌，当一个人收缩其全部额肌以举眉时，整个前额布满了横纹；但这里收缩的仅只是中央筋膜，因此只有前额中部上才形成横纹。双眉外端以上的额皮，由于眼围肌外围部分的收缩，此时却被往下拉平了。同样，由于皱眉肌的同步收缩，眉毛也被往一块儿拉近；[180]后一动作又产生纵沟，把前额皮肤靠两边的被拉下的部分与中间被提上的部分隔开。这种纵沟和中间的横纹汇合处，在额上形成类似马蹄铁的图形（见图片Ⅱ中的图 2 及 3)，也许更像四角形的三个边。它们在成人和青年人眉毛吊起来的时候时常清晰可见，但小孩子的皮肤不容易起皱，很少见到，至多有点痕迹罢了。

这种特殊的沟纹在图片Ⅱ之 3 中一位妇女的上部头像上显示得最佳。她有非凡的能力来叫所要的肌肉自由动起来。在拍照时她正作这种努力，她的表情与悲哀毫无关系，因此我只把她的前额印出来。图片Ⅱ之 1 是我从杜欣博士的著作里复制的，[181]仅略有缩小。它是一位优秀的青年演员的自然的面部照片。图 2 中是他装作忧愁的样子。正如此前提到过的，他的双眉使的劲不一样。关于他表情逼真这一点可由这样一个事实看出。我曾把原照给 15 个人看过，关于我的意图，不给他们任何暗示。其中 14 人立即回答“绝望的悲痛”、“受苦”、“忧郁”，如此等等。图 5 的来历有点奇特。我在一处橱窗里看见这幅照片，把它拿给芮兰德先生看，想弄清楚这是谁拍的，并表示了这表情真让人同情。他回答：“是我拍的，它是容易叫人同情，因为这男孩过一会儿就放声大哭了。”他接着又给我看了同一男孩平静时的照片，我也把它复制出来（图 4)。在图 6 中可看出一点眉毛倾斜的样子，但这张图和图 7 都是用来表示嘴角下垂的，这是下一个要谈的课题。

不经一段练习，很少人能随意牵动他们的悲哀肌。经过反复试做，不少人成功了，但也有总学不会的。眉毛的倾斜度，不管是做作的还是自发的，因人而异。有些人显然具有异常发达的鼻三棱肌，额肌的中央筋膜的收缩尽管很有力（这可由额间的方形沟看出)，也无从将眉内端提上，只能起到不使眉内端被拉下的作用。根据我的观察，小孩和妇女比男子更经常动用悲哀肌。男子，至少在成人，很少因身体的疼痛使用它，而几乎完全用于精神上的痛苦。有两个人，经过一阵练习之后会运用悲哀肌了，在照镜时发现当他们让眉心吊上时，同时也不由自主地让嘴角下降了。这在自然出现悲哀表情时是常有的事。

这种自如运用悲哀肌的本领似乎是先天的，和人们的其他本能一样。一个培养出非常多的男女名演员的家庭里的一位妇女能以“惊人的逼真”装出悲哀相。她曾对克赖顿·布朗博士说过，她全家都有这份高超的本领。我还听布朗博士说，这种遗传倾向曾传给一个家族的最后一代，也就是引起瓦尔特·司各特爵士写那本《红手套》小说的那位，书中的男主人公被描述为一旦心情激动就把额头皱成一个马蹄铁形。我还见过一位少妇，她的额头不管当时的心情如何，似乎总是习惯性地蹙着。

悲哀肌使用的频率并不太高，加之动作的时间比较短暂，所以很容易逃过人的眼睛。但只要见到，这种表情会立刻被普遍认出是悲伤或焦虑。可是在从未研究过这课题的人，能准确地说出受难者脸部发生哪些变化的，恐怕不到千分之一。据我所能见到的，除了《红手套》和另外一部小说外，没有哪本文艺作品提到过这种表情。据我听到的，后面这部小说的女著作者也出自上面提到过的著名的演员家庭，因而她的注意力可能早已被引到这一课题上来了。

古希腊的雕刻家熟悉这种表情，可由雕像拉奥孔和阿罗蒂诺中看出。但正如杜欣指出的，他们把横纹刻得有整个前额那么宽，从而在解剖学上犯了一个大错，一些现代雕像也有这种情形。但很可能是这些卓越的善于观察事物的大师有意地为了求美而牺牲了真实，因为在大理石上光刻出四角形的沟纹，终没有通额横纹来得气势。据我所见，过去的名画家的作品中不常见到这种表情的充分体现，无疑也是出于同一原因。但一位对这种表情十分熟悉的夫人对我说，在佛罗伦萨有一幅“基督降架图”，是弗拉·安吉里科画的，图的右侧有一个人清晰地现出愁容。我还可以补充几个别的例子。

克赖顿·布朗博士应我之邀，仔细地观察了西莱察精神病院中他管理的许多精神病患者的这种表情；他也知道杜欣博士关于悲哀肌动作的照片。他对我说，对忧郁症，特别是疑心病的患者，他们的悲哀肌经常在用力地收缩。这两类病人由于这些肌肉习惯性的收缩而产生的永久性皱纹是他们的面相学特征。布朗博士在相当长的时间里仔细地为我观察了三例忧郁症，他们的悲哀肌从未舒展开过。其中一位51岁的寡妇，幻想她的内脏已全部丧失，整个身子是空的。她带着受大苦的表情，并有节奏地用两手互相拍击，一连几个小时。悲哀肌永远是收缩着的，上眼皮永远吊着。这种情况持续了几个月她才痊愈，她的面貌也恢复为自然的表情了。另一例与她具有相同的特点，只是多了嘴角向下吊。

帕特里克·尼科尔先生也费心为我观察了苏塞克斯疯人院里的几个病人，并将其中三名为我做了详细的叙述，此处无须给出。根据他对忧郁症患者的观察，尼科尔先生认为他们的眉毛内端几乎总是有些上提，同时前额上的皱纹也比较明显。其中一名年轻妇女的皱纹还时常在动。有几例嘴角常常有些下吊。各忧郁症患者之间表情上的差异也总是能觉察出来的。眼皮多呈下垂，外眼角及其下的皮肤有皱褶。从鼻翅到嘴角的鼻窝（在儿童哭时特别明显），在这类病人面部也时常显现。

虽然疯人的悲哀肌经常在动，但在平时它们有时因一点可笑的缘故也会不自觉地动起来。一位先生赠给一位少妇一点小小的礼物，她假装生气，当她嗔怪他时，她眉毛倾斜得厉害，同时前额上出现皱纹。另一位少妇和一位青年正在兴高采烈地以极快的速度热烈地谈话，我注意到每当这位少妇被驳倒，不能尽快地反击的时候，她就双眉倒竖、额现方纹。她是以这种表情显示她内心的不快，几乎每分钟都要来一下。我当时没有指出，但在以后的一次机会里我求她做出悲哀相。刚好一个会做悲哀相的女孩在场，就做着给她看。她连试几次都做不出来。可是她说话速度不够这一点小事就足以使她的悲哀肌一再有力地收缩。

由悲哀肌收缩给出的悲伤表情决不限于欧洲人有，而似乎为各个人种所共有。至少我在印度人、但加尔人（印度山区土著人种之一，与印度人有很大不同)、马来人、黑人和澳洲人方面已获得了可靠的报道。就澳洲人而言，两名观察者从正面回答了我的问题，但语焉不详。可是塔普林先生在我的文字叙述后面注上了“这是正确的”。至于黑人，告诉我弗拉·安吉里科的图画的那位夫人见到过一个在尼罗河里划船的黑人，当遇到障碍物时，他的悲哀肌强烈收缩，眉头皱起老高。吉奇先生在马六甲注意过一个马来人，见他嘴角下吊、眉毛倾斜、额生短纹。那种表情瞬间即逝，吉奇先生认为那“是一种奇怪的表情，很像一个受了大损失要哭的样子。”

H. 厄斯金先生发现印度人都习惯于这种表情。加尔各答植物园里的斯各特先生曾应邀寄给我很详细的两个事例。其一，他在暗中观察过一位来自那格浦尔的但加尔族少妇，她是植物园工人之妻，来看护她将要死去的婴儿。他清楚地看到她眉呈八字、眼皮下垂、额中央皱起、嘴微张、嘴角下陷。他看罢从隐身的林障处走出来想跟她搭话。她忽地惊起，眼泪夺眶而出，求他救救她的婴儿。第二例是一个印度土人的，他因为贫病交加被迫卖掉他心爱的山羊。收完钱后一会儿看看手里的钱、一会儿又看看那羊，好像又舍不得卖了。他走到羊身旁，它就要被拴住牵走了。这时羊扬起头并舐他的手。这时他双睛转动，“嘴半张半合，嘴角极力下降。”最后这个可怜人似乎下定决心和他的羊分手，而斯各特先生见到他眉毛微斜，眉头紧皱，但额头则未出现皱纹。此人站了一会儿，随着一声长叹，热泪夺眶而出，并高举双手为羊祝福，转过身去，头也不回地走了。

痛苦时眉毛倾斜的原因：几年来，别的表情似乎都没有我们现在讨论的这个使我困惑过。悲伤或焦虑为什么只使前额肌的中央筋膜以及眼围肌收缩呢？这里我们看到的仅仅为表示悲伤的一组复杂动作，它又是常常被忽略的比较少见的表情。我相信答案不像开始显现的那样困难。杜欣博士给了一个青年的照片（见前）。当他仰视一个被照得很亮的表面时，就用力地不由自主地收缩起悲哀肌。我已完全忘记这张照片。有一天我骑马背着太阳走，碰见一个女孩，当她扬头看我时，因为阳光晃眼，她眉毛极度倾斜，额头出现皱纹。在以后的路上，我还碰见几个人也是这样。当我到家后，我叫了我的三个孩子，不告诉他们我的目的是什么，让他们极力注视以明亮的天空作背景的一棵高大的树巅，能看多久就看多久。他们三个一样，眼围肌、皱眉肌和鼻三棱肌，由于视网膜受激引起的反射行为，都强力收缩起来了。这样可以使他们的眼睛少受些光。当他们继续往上看时，我们就可以观察到前额肌的全部或只有中部、跟管着眉毛下降、眼睛闭合的各肌之间的奇怪斗争，其表现就是哆嗦。鼻三棱肌的不由自主的收缩使他们的鼻根出现深的横纹。一个孩子的眉毛，由于前额肌和眼围肌交替收缩，而不自主地上下移动，连带着整个前额也是一会儿有皱纹一会儿又没有了。另外两个孩子只有前额中部出现四角形沟纹，同时眉毛外梢下降，眉头隆起，二人的程度又有些不同。这种眉毛倾斜度的不同既受制于它们的易动性，也与鼻三棱肌的力量有关。在这两例中，眉毛和前额都是在强光的影响下动的，但和在悲伤或焦虑的影响下的动完全一样，可以说不差分毫。

杜欣博士认为，鼻三棱比眼围肌较少受到意志的支配。他特别指出，一个能驱动悲哀肌和其他颜面肌同样自如的青年，对鼻三棱肌却无能为力。[182]然而，这种能力无疑是因人而异的。鼻三棱肌是用来把眉间的前额皮肤和眉端一起往下拉的。额肌的中央筋膜的作用则与此相反。如果鼻三棱肌的动作受阻，中央筋膜必然收缩。为此，那些鼻三棱肌发达的人，如在强光影响下下意识地想不让眉毛下降，额肌的中央筋膜就必须动起。它们的收缩力如能压过鼻三棱肌的，则配合着皱眉肌和眼围肌的收缩就会形成上述的对眉毛和前额的作用。[183]

我们知道，当儿童尖叫或哭喊时要收缩的有眼围肌、皱眉肌和鼻三棱肌，主要为了压住眼球，不使其充血，其次是由于习惯。因此我就想看一看，当儿童或努力不让自己哭出声来，或在已哭之后止住，是否要控制住上述肌肉的收缩，就像抬头看日光时那样，从而使额肌的中央筋膜发生作用。于是我就观察儿童的这一状况，也请别人，包括一些医生也这样做；由于儿童的前额不像成人那样容易起皱，这两种肌肉奇特的相反动作是不容易看清的，因此必须仔细观察。但是不久我就发现，悲哀肌在这时很频繁地发生明显的动作。若将现有的观察事例全部给出未免太冗长了，我想只举几个。一个一岁半的小女孩受了别的孩子欺负，在哭出来之前，她的眉毛明显地倾斜。一个比她大点儿的女孩也是眉毛倾斜、眉头皱起、嘴角向下。当她哭出来时，面容立刻改变，上述表情消失。再有，当一个小男孩因种牛痘而大哭大闹时，医生有意地递给他一只甜橙，这使他转悲为喜。在他止哭的时候，所有的特征性动作全看到了，包括在前额中央出现的四角形皱纹。最后，我曾在街上碰见一个三四岁的女孩，刚被吓哭，当我问她怎么了，她停止啜泣，而她的眉毛立刻变得异常倾斜起来。

至此，我深信我们已经找到解决问题的关键，即为何额肌的中央筋膜和眼围肌在悲痛的影响下会发生彼此相反的收缩，而且不论是忧郁症患者的长期性收缩，还是小的悲痛引起的暂时性收缩，通是如此。我们每个人，也都和婴儿一样，在尖叫时为了保护眼睛，而一再收缩眼围肌、皱眉肌和鼻三棱肌。我们的祖先在很多世代里也做过同样的动作。虽然随着年龄增长，我们在感到痛苦时较易阻止发出尖叫，但由于长期习惯，却不能完全阻止上述各肌的轻度收缩，事实上这种收缩我们自己既看不见，也不想制止它。可是鼻三棱肌似乎比其他二肌少受意志的支配。如果该肌发育很好，那么就只有靠额肌的中央筋膜的反向收缩来加以阻止。如果筋膜收缩得很有力，接着必然发生的结果是：双眉被向上牵引而倾斜，眉头皱起，前额中央部分形成四角形沟纹。因为小孩和妇女比男人爱哭，而成年男子除遇伤心事极少哭泣，我们便能理解为何小孩和妇女比男人更多地使用悲哀肌（我认为是这样），而成年男子只是在伤心时才用它们。在上面记述的事例里，例如可怜的但加尔族妇女和印度土人，在悲哀肌起动后，紧接着就出现痛苦的哭泣。在所有伤心事，不论大小，我们的脑子倾向于发布一种使某些肌肉收缩的命令，有点像婴儿在啼哭前的那样。但由于意志的惊人力量，也由于习惯，我们却能部分地阻抗这种命令，虽然这种阻抗是靠下意识来完成的，至少阻抗的方式是这样的。

关于嘴角下降：这一动作是由嘴角降肌（*depressores anguliori*s，见图1、2中的K肌）来完成的。它的肌纤维在下部分散，上部集中，固着在嘴角和嘴角与下唇接合处。[184]有的纤维似乎与大颧肌的作用相反；另外一些则与连通上唇外部的几组肌肉有相反的作用。嘴角降肌收缩时将嘴角拉向下方和侧方，同时牵动的还有上唇外部甚至鼻翼。此肌在闭嘴时收缩可使上下唇形成的接缝由直线变成弧线，[185]同时嘴唇，特别是下唇有些撅。此种口型如芮兰德先生所摄的头像（图片Ⅱ之5，7）。图Ⅱ之5显示一被另一男孩打了一记耳光后刚住了哭的情景。给他拍照的时机抓得恰到好处。

由嘴角降肌的收缩表达的情绪低落、悲伤或沮丧已为每一位写这个课题的人所注意到。说一个人“耷拉着嘴”等于说他心情不快。正如业已提到的克赖顿·布朗博士和尼科尔先生的权威意见所认为的，嘴角下吊在忧郁症患者身上和布朗博士寄给我的一些有强烈自杀倾向病人的照片上，都可以见到。在不同种族的人，如印度人，印度黑色山民，马来人以及哈根敖尔牧师先生告诉我的澳洲土著，也都观察到过。

婴儿啼哭时，用力收缩眼围肌，这会把上唇带起来；又因他们要让嘴张大，与嘴角相连的降肌也被带动起来。这通常但并非固定将靠近嘴角的下唇两头略微向下拉。上下唇的这种动作的结果是嘴形接近于长方。降肌的收缩在婴儿啼哭时还不厉害，在他们刚一哭或刚住哭时则看得特别清楚。他们的小脸这时现出一种特别令人怜爱的表情。这是我在我自己的6周到两三个月大的婴儿脸上经常观察到的。有时候，当他们强忍着不哭出来时，嘴部极度弯曲，几乎呈半圆形，悲痛的表情反而变得有些滑稽可笑了。

在情绪低落或沮丧时，嘴角降肌的收缩显然和眉毛倾斜是一个道理。杜欣博士对我说，从他已延续许多年的观察中得出结论：这组降肌是面部肌肉中最少受意志支配的一组。这一事实大可以从刚刚说过的婴儿刚要哭或想停住哭的情形来推断。因为此时他们能有效地命令所有的面肌停止收缩，但却管不住嘴角降肌。有两位对这个问题没有什么理论但却堪称卓越的观察者（其中一位是外科医生），曾为我观察过一些妇女和儿童。在强忍着的情形下，他们非常缓慢地才达到要哭的境地。这两位观察者都确信，嘴角降肌比其余各肌的动作都早。由于多少代来人在婴幼期就一再地动用嘴角降肌，根据长期联属习性原理，神经力自然会流向该肌及其他各颜面肌，稍微觉得痛苦便会如此。但由于该降肌比其他各肌少受意志支配，因此它在其他各肌尚处于静止状态时先略略收缩一下也是可以预期的。值得注意的是，嘴角只要有一点下降就会把面貌变成情绪低落和沮丧，因而嘴角降肌只消极轻微地收缩一下就足以流露出这种心态了。

在此我想以一个小的观察来为本课题作一总结。在一节车厢里，坐在我斜对面的是一位安详却带有出神表情的老年妇女。当我看她时，我看见她的嘴角降肌虽然微弱但也清晰地收缩起来。但由于她的面容和刚才一样平静，我就想这一收缩是多么无意义，人多么会因此而上当。我还没这样想完，就见她的眼睛已是热泪盈眶就要落出，而她的整个面容霎时沉下。无疑一些痛苦的回忆，也许是想起一个失去已久的孩子在困扰着她。一旦她的感官受此刺激，一些神经细胞由于习惯，立即传布命令给管呼吸的肌肉和嘴周围的肌肉，准备大哭一场。但意志不允许她这样做。根据后来形成的习惯，除嘴角降肌略为颤动外，其余各肌都服从意志。嘴既不张开，呼吸也不急促，只有嘴角降肌多少受些影响。

每当这位老妇不自主地、无意识地张嘴要哭时，我们几乎可以肯定，某些神经冲动通过惯常的渠道传输到各组呼吸肌、眼围肌，以及支配向泪腺输送的血液量的血管运动中枢。她眼含泪水就清楚地证明上述事实。这也容易理解，因为泪腺比起颜面各肌来是更不受意志支配的。无疑，与此同时还应有眼围肌为了保护眼球不致充血而收缩的倾向，但这种收缩已完全被压制下去，而她的前额也就没有起皱。如果鼻三棱肌、皱眉肌和眼围肌不太服从意志（有些人就是这样），多少也要起动，那么，额肌的中央筋膜也要以反抗方式收缩起来，她的眉毛就会倾斜，而前额也会现出四角形沟纹的。这样，她的面容就会比实际更显出沮丧甚至悲伤的样子来。

从以上这些步骤，我们就能理解，为什么一旦某些愁思涌进脑海，就会出现勉强可见的嘴角下降，或眉头上抬，或两者同时出现，接踵而至的是眼睛湿润。神经力的激流从几个惯常通道传送出去，在那些意志还没有建立习惯性的干预职能的地点发生作用。上述动作可看成是婴儿期经常并持久进行的嚎哭的退化痕迹。在这里，和在别处一样，把人类面貌的各种表情同它们的起因联系起来的纽带的确是很微妙。这些纽带还阐明了某些动作的意义，这些动作是我们头脑中出现短暂的激情时，不由自主地和无意识地去做的。

第八章

快乐、情绪高涨、爱情、温情、挚爱

笑主要是表示快乐的——可笑的想法——笑时面部的动作——发笑声音的性质——大笑时的泪分泌——从大笑到微笑的分阶——情绪高涨——爱情的表达——温情——挚爱

高度快乐导致多种无目的的举动，如舞蹈、鼓掌、跺脚等，直至大笑。笑似乎首先是为了表达快乐或高兴的。这在玩耍中的孩童身上可以清楚地看出，一高兴就笑起来没个完。对青年人来说，当他们情绪高涨时也常发出无意义的笑。[188]荷马（Homer）曾描述过天神们的笑是“在他们的日宴后，他们的天国快乐的溢流”。当一个人在街上遇见老朋友时，先是微笑，以后又过渡到笑。他对任何使他愉快的小事，如闻到香甜气味，都会这样。[186]劳拉·布里奇曼（Laur Bridgman）这位女聋哑人，很难通过模仿表达快乐。然而当她的爱友给她的一封信被人用哑语传达给她时，“她又是笑又是鼓掌，面颊也有血色了。”她在另外的场合还高兴得跺过脚。[187]

白痴和低能的人也能证明笑或微笑最初是为了表达高兴或快乐的。克赖顿·布朗博士，他的广博的经验已在别处帮我不少忙，这次又告诉我，白痴的笑是所有感情表达中最突出和最常用的。许多白痴脾气坏、容易激动、急躁、心里痛苦或完全麻木，他们永不发笑。有的则常常无端地笑。有一个不会讲话的白痴男孩，一次找到布朗博士，用手势向他诉说，精神病院的另一个男孩打伤了他的眼睛，说时还伴以阵阵"暴发式的笑，同时还满脸堆笑"。另有一大些白痴，他们经常欢快、心情好，不是笑就是微笑；他们的面容时常现出一种呆板的笑意。当把食物送到他们跟前，爱抚他们，给他们看鲜艳的颜色或听音乐的时候，他们快乐程度增加，于是就张嘴笑、咯咯笑或吃吃地笑。有的在散步时比平时笑得多些，做点出力活儿也是如此。布朗博士指出，大多数白痴的快乐常是无缘无故的。他们一时高兴就用笑或微笑表达出来。至于智商稍高的低能儿，个人虚荣似乎是笑的最常见的原因，其次是当其行为受到赞许时的愉快。

对成人来说，能促成发笑的原因比在儿童时代的有所不同，但微笑不在此例。在这方面，笑有些像哭，成人只有心灵受苦时才哭，而儿童则无论身体的疼痛或任何痛苦，怕或怒，都要哭。关于成人笑的原因已发表过许多有兴味的议论。这个课题异常复杂。最常见的原因似乎是某些不和谐的或不可解的事物，使笑的人惊奇和有一种优越感，这个人还必须处于一种高兴的心境。[189]这种心境还不能是一时性的：穷人在突然听到他得到一大笔遗产时是笑不出来的。如果心灵受着令人愉快的感觉的强烈刺激，突然发生一点未料到的小事或想法，那么，正如斯宾塞·赫伯特先生指出的，[190]"大量的神经力不能用于产生等量的新思想和新情绪，流动突然受阻……"；"过剩的精力必须在别的方面发泄，于是就形成一股从运动神经达到各组肌肉的激流，产生了我们称之为笑的半痉挛性的动作。"在近期巴黎被围攻时，一名记者做了一项与此有关的观察，即德国的士兵由于暴露在极端危险之中这一强烈刺激，对哪怕最小的笑话也会爆发出一场大笑。再有，当小孩刚要哭时，一件意外的事情有时会使他们突然破涕为笑。这显然也是为了给他们多余的神经力找出路。[191]

据说人的想象力有时会被一个可笑的念头像抓痒一样抓出来。这种所谓的抓心痒和抓体表的痒处有奇妙的相似。大家知道，当儿童被抓痒时笑得多么毫无节制，身体又是如何扭曲。如我们见到的，类人猿在被抓痒时，特别是在被胳肢时，也发出一种反复的声音，相当于我们的笑声。我用一小片纸去搔我生下只有 7 天的孩儿的脚心，儿脚突然抽回，脚趾下拳，与大孩子无异。这种动作，与被胳肢时的笑一样，显然都属于反射行为。这是由细小的平滑肌完成的，它在被抓痒处收缩，同时使附近的汗毛竖起。[192]由可笑的念头引发的笑虽然也是不由自主的，却不是严格的反射行为。在这里和在被抓痒时一样，本人心情必须是愉快的。如果由一个生人抓一个小孩，小孩一定会怕得叫起来。抓痒时手要轻，可笑的念头或真事儿不能有严重的含义。身体上怕抓痒的部位是那些不常被触及的地方，如腋窝、脚趾缝和脚心等。根据格拉休莱，[193]某些神经对抓痒特别敏感。儿童难于让自己痒，至少抓起来也不如别人抓的痒。这一事实显示要抓的部位不能预先知道。对于心理来说，意外的事，如把惯常的思路打断的一种新颖的或不协调的想法，似乎是笑料中的重要成分。[194]

笑声是由深吸一口气继之以胸腔，特别是横膈膜的短促的、间断的和痉挛式的收缩发出的，于是便有“捧腹大笑”的说法。有时身体和头部都笑得“前仰后合”。下巴时常上下颤动。这和几种狒狒在非常开心时的动作如出一辙。

笑时嘴一般开得较大，嘴角向后并略为向上，上唇也有点上抬。在中度的笑和高度微笑（也就是咧嘴笑）中，嘴角向后见得最明显。图片Ⅲ的 1～3 图记录的是不同程度的中度笑和微笑。戴帽子的小女孩的形象是沃利克博士照的，表情是真实的。另外两张是芮兰德先生拍摄的。[195]杜欣博士一再坚持，[196]在快乐情绪下，只有大颧肌对嘴起作用，它把嘴角向后上方拉。鉴于笑或微笑时，上槽牙总要露出来，再加上我自己的亲身感觉，我确信某些与上唇连着的肌肉也在起一些作用。上下两组眼围肌同时也有某些收缩。在第六章谈到哭泣时曾指明，在眼围肌，尤其是眼下的，和连着上唇的肌肉之间，有着密切的联系。对此亨利曾指出，[197]当人紧闭一只眼时，他不可避免地使他同侧的上唇向上提。反过来，如果谁用手按住下眼皮，然后尽最大可能把上槽门牙露出，他会觉到，在上唇被大力上提时，下眼皮里的肌肉也在收缩。在本书图 2 所录亨利的图中，H 代表颊肌（*musculus malaris*），它既连着上唇，又几乎成为下眼围肌的一部分。

杜欣博士给了我一位老人的 3 张照片，我把它们缩小了选入图片Ⅲ。其中的 4 号是他的平时沉默状，5 号是自然微笑状，看过的人立即认为它确实是自然微笑。他给我的第 3 张照片（6 号）作为不自然笑或假笑的例子。拍照时他的大颧肌正在通电，因此嘴角强烈地向上方收缩。这种表情是如此的不自然，当我把这张照片拿给 24 位朋友看时，其中 3 位完全清楚它的含义；另外的人虽看出来表情的性质是微笑，但答案中有“开玩笑”，“有点想笑”，“咧开嘴笑”，“又惊又喜”等等。杜欣博士把他表情的虚假一古脑儿归之于下方的眼围肌收缩得不够，因为他非常重视这组肌肉的收缩在快乐表情中的作用。无疑他的看法是正确的，但我认为这还不是全部真理。如上所述，下眼围肌的收缩永远伴以上唇的上提。6 号照片中的上唇如通电略轻一些，它的弧度就不会像现在这样僵直，鼻窝也就会略有不同。我相信整个表情也会自然得多，下眼皮强烈收缩的显著作用还在其次。6 号照片中的皱眉肌也收缩得太过分了，拧成一个疙瘩。而这条肌肉在快乐时是不受影响的，除非在强烈的狂笑时。

由于大颧肌的收缩使嘴角向后上方牵引，加上上唇的抬升，面颊也向上提了。于是眼下方出现皱纹，老年人还有鱼尾纹。这是笑或微笑的最显著特征。当人从含笑、微笑到笑逐步升级时，别人都觉得出、看得见。如果他留意自己的感觉并对镜观察，当上唇抬升，下部眼围肌收缩时，下眼皮和其下皮肤的皱纹会变深或增多。如我一再观察到的，眉毛也同时微微下降，显示上部眼围肌也有某种程度的收缩，虽然由我们的感觉来说，它是不易觉察的。试比较老人处在平静状态的面貌的 4 号照片和他在自然微笑的 5 号照片，不难看出后者的眉毛偏低。我推测这是由于长期联属的习惯，上部眼围肌被迫地与下部眼围肌做相当程度的协调动作，而后者则随

图片Ⅲ

着上唇的抬升而收缩。

布朗博士告诉我一个患进行性麻痹的精神病人的事例，足以证明当人心情愉快时大颧肌就要收缩，[198]他写道："这种病的一个共同特征即盲目乐观，对财产、地位、壮丽的事业充满幻想，不正常的高兴、仁慈和慷慨。身体的症状开始时为嘴角和外眼角的抖动。这是公认的事实。下眼睑肌和大颧肌的经常性抖动乃是早期进行性麻痹的症状。患者面带愉快和仁爱表情。随着病程的发展，别的肌肉也有些失控。但未到完全痴呆前，表情的主流是弱者的善意。"

由于人在笑和微笑时面颊和上唇向上移动，鼻子就显得有些短，鼻梁上出现一些细横皱纹。两边则有些斜直纹。上门齿总要露出，鼻窝变深，从鼻翅直达嘴角，老年人还有一道副沟。

明亮而发光的眼睛与面带微笑全是心情愉快的表征。甚至已退化到不会说话的头小型痴呆症患者在高兴时眼睛都有些亮。[199]狂笑时眼内泪水过多反而影响发光，中度的笑或微笑时，由泪腺挤出的少许水分或许有助于加大目光。但这毕竟是次要的，因为人在悲伤时也常眼含泪水，但看上去目光仍不免是暗淡的。眼睛明亮的程度似乎主要由于其紧张程度。[200]这又是由眼围肌的收缩及面颊升高带来的压力造成的。但是根据对这一问题谈得最深的皮特利特博士所说，[201]紧张程度可能主要由于眼球充血及其他液体，这是由愉快心情刺激下血液循环加速造成的。他要我们比较一下循环加快的痨病患者和一个体液几乎榨干的霍乱病患者的眼神，指出任何减少血液循环的原因都会使目光呆滞。我记得我看到过一个男人在大热天长时间干力气活，终于昏倒的情形，一个过路人说他的眼睛像是煮熟的鳕鱼眼那样呆滞。

回过头来再看看笑声是怎样发出的。我们可以模糊地认识到某些笑声天然是和愉快的心态相联系的。纵观动物界的大部分种类，喉音或机械音是一性向另一性招呼或取悦的一种方式。它还是父母和子女间欢乐聚会，或同一社团亲近成员间交流的一种手段。但是为什么人在高兴时发出的笑声具有特殊的阵发的性质，我们还不知道。然而我们能知道笑声照道理应该与尖叫或痛哭声相差越大越好。在哭叫时，呼气长而持续，吸气短而间断。如是应该预料到因快乐发出的声音必然是呼气短而间断，吸气长而持续。笑时正是这样。

还有一个费解之处，即笑时为何嘴角后缩、上唇上抬？嘴还不能张大到极限，因为这样一种情况若出现在一阵大笑中，反而发不出声来，或者变了调，好像发自喉咙的深部。管呼吸的肌肉，甚至四肢的肌肉在笑时都要投入迅速的振动。下颚也时常参与这一动作，这会倾向于不叫嘴张得太大。但由于笑就要笑个痛快，嘴又不能不张大点。很可能为达到此目的才形成嘴角后缩和上唇上举。虽然我们很难说清楚笑时的口型和由此引起的眼下皱纹，也说不清笑的特殊的阵发的声音，更说不清下颚的抖动，然而却可以推断，这些现象都是由一个共同的原因发生的。在多种猿猴身上，这种现象也是专用来表达愉快的心情的。

从狂笑到笑到微笑到含笑，直到单纯显示愉悦，可以有一个等级系列。在狂笑时，身体往往向后仰、摇晃到近乎抽搐，呼吸受到干扰，头面充血、静脉舒张，眼围肌痉挛地收缩起来以保护眼睛。泪止不住地流。如前所述，要想指出一阵狂笑后满脸眼泪的人和痛苦一阵后面带泪痕的人有哪些区别，简直是不可能的。[202]可能正是由于这两种迥异的情绪的阵发式动作极其相似，才使得歇斯底里症表现为大哭与大笑交错。小孩有时能突然由哭变笑或由笑变哭。斯温赫先生告诉我，他常看见中国人在深度忧伤时，发出阵阵歇斯底里式的大笑。

我急于想知道是否多数人种在狂笑时眼泪止不住地流。我的通讯者告诉我，事实正是这样。一个关于印度人的事例表明，笑出眼泪的事时有发生。中国人也是这样。马六甲半岛上的一族野蛮的马来人的妇女们在开怀大笑时也流泪，但不大常见。婆罗洲的达雅克（Dyak）人，至少是女人，则时常如此。因为我从印度公爵布鲁克那里知道，她们有一个口头语就是“笑出泪来了”。澳洲的土著表达情感很直率，据我的通讯者描述的，他们高兴时边跳跃边鼓掌，还时常大叫大笑。不少于 4 个人看到他们此时眼里充满泪水，有的甚至泪流满腮。布尔默先生，一位在维多利亚边区的传教士指出："土著们对可笑的事情很敏感，他们又善于模仿。当一个人模仿族中一些不在场的成员的特点时，就常会听到在场的成员哄然大笑。"欧洲人也是对模仿他人的事最容易发笑；想不到世界上另有差别这样大的一个民族，即澳洲土著，也有同一习俗。

在南非有两个卡菲尔人的部落，其妇女在笑时眼里常常充满泪水。其酋长桑迪里的兄弟盖卡回答我的问题时说："是的，她们习以为常。"安德鲁·斯密斯爵士曾看到霍屯督族的一名妇女在一阵大笑之后，脸上的粉饰被泪水冲成一道道沟。北非的阿比西尼亚人大笑时也要流泪。最后，北美的一个与世隔绝的，显然未开化的部落的妇女中，也可见到笑得落泪的情形。另一部落也有一例。[203]

如上所述，过度的笑可渐变为中度的笑。此时眼围肌已不太收缩，皱眉亦近于消失。在笑与微笑之间很难划一界限，只是在微笑时不发出咯咯的声音，虽然在微笑开始时，随着长呼一口气可听到一息微声，此即笑的萌芽。在微笑的面庞上，由眉毛的略微下降可以看出上眼围肌的收缩。下眼围肌和眼睑肌的收缩则明显得多，可由下眼皮起皱和上唇略微上提看出。微笑也有强弱的不同档次。最弱的微笑（含笑）中，面容只是以缓慢的速度做轻微的变动，而且嘴始终是闭着的。鼻窝也比强微笑时浅。总之，面容从最激动的大笑至弱微笑之间是划不出明确的分界线的。[204]

由是，微笑可以说是发笑的第一阶段。但也不妨提出一个不同的、更近乎真的见解，就是由于愉悦的感受发出大的咯咯声的习惯先导致嘴角和上唇的后缩以及眼围肌的收缩。那么，由于联应和长期的习惯，这种感情一旦被激发，这些肌肉总会运动起来的。如强烈程度还不足引起笑，于是就形成微笑了。[205]

不管我们把笑看成是微笑的充分发挥，或者也许更确切些，把微笑看成是经过多少代形成的、每当我们高兴时就笑的习惯的最后痕迹，在我们的婴儿身上，我们都可找到二者之间的阶段性通道。护理过幼婴的人熟知，很难判断准确何时小嘴的动作真的有表情意义，就是说，他们真会微笑了。为此我仔细地观察过我的小孩。其中之一在45日龄并处在心情愉快的时刻笑了。表现在嘴角后缩，目光同时显着变亮。次日我又观察到。可是到第 3 天，由于孩子不大舒服，一点笑容也没有了。这更加显示前两次微笑是真的。再过 8 天和接下去的一周里，每当他微笑时，他的眼睛显着变亮，同时鼻梁出现横皱。后来还伴以微弱的哼声，也许他想笑出来。当孩子长到 113 天时，这种随着呼气每次都有的小声，性质开始有些转变，有了间断的特征，这肯定是最早的笑了。音调的变化似乎是与微笑越明显，嘴咧的越开有关。

我观察的第二个孩子几乎在同一日龄（45 天）开始微笑；第三个稍早几天。第二个在 65 天大时，比前一个在同一日龄的微笑明显得多，这么大就会发出很像笑的声音来。从婴儿身上这样逐渐获得的关于笑的知识，其情形颇有些像关于哭的理解。想正常地移动身体，如走路一样，必须要练习，笑与哭似乎也是如此。另方面，啼哭（尖叫）的本能，因对婴儿有大用，从一生下就已经发育得很好了。

情绪高涨、高兴：一个情绪高涨的人，即便没有真正微笑，通常也会显示出嘴角后缩的倾向。由于快乐的刺激，循环加快，目光炯炯，脸色红润。大脑因受血流影响转而作用于思考能力，使思想灵活，反应加快，对人也热情了。我听见一个不到 4 岁的孩子在回答什么叫情绪高涨时说：“那就是想笑，想说，想吻人家。”想给一个比这个更真实更实际的定义还不太容易呢。有这种心态的人挺直身躯、昂着头并大张着双眼。面容绝不低沉，眉毛也不会皱缩。相反，正如莫罗观察的，[206]额肌略有绷紧，前额因此趋平，一点皱纹都被驱散，眉毛和上眼皮都有所抬高。拉丁文中 *exporrigere frontem*（展平额头）一词的意思就是高兴或快乐。一个情绪高涨的人的整个表情与一个遭受苦难人的表情恰好相反。C. 贝尔爵士说：“在高涨的情绪中，眉、眼、鼻、嘴无不向上；在低沉的情绪中则一切与此相反。”在后一情形下，额头、眼皮、双颊、嘴巴和整个头部全耷拉着，目光灰暗、面色苍白，呼吸变慢。快乐时脸发胖，悲哀时脸拉长。反对的原理在造成这种相反的表情上是否起了作用，而使那些列举过的并足够明白的直接原因得到更好的施展，我不想妄加评说。

一切人种情绪高时的表情似乎有共同处，并容易辨认。我在新、旧大陆的一些通讯者给我关于这个问题的回答是肯定的，对印度人，马来人和新西兰人，他们还提供一些详细情况。澳洲人高兴时眼神特亮，引起了4名观察者的注意；印度人、新西兰人和婆罗洲的达雅克人也有同样特征。

半开化的人有时对满意的事不仅用微笑来表示，还用由饮食愉快演变来的姿态来表达。如韦奇伍德先生引用佩脱利克的资料中就有，[207]当他向上尼罗河区的黑人炫耀珠串时，他们就搓打起各自的肚子来。李克哈特说，当澳洲土人见到他的马和阉牛，特别是猎袋鼠的狗时，他们就叭唧嘴。格陵兰人在“愉快地肯定什么事时，就用嘴啜气出声。”[208]大概他们吞咽美餐时就是这个样子。

当嘴周围的肌肉收缩紧时，大颧肌和一切别的肌肉不能把嘴唇向后上方拉，笑就此止住。人们有时还用上牙咬住下唇，这就给面部带来一种调皮相。据说盲聋人劳拉·布里奇曼就常做此态。[209]大颧肌的作用有时会变。我曾见过一位少妇为了掩抑其微笑，使口角降肌处于强烈运动状态，但由于她眼睛是亮的，面庞还是显不出愁容。

笑常用于掩盖一些别的心态，甚至愤怒。常见有的人用笑来遮羞。当人撅起嘴巴，好像在阻止住笑，事实上没什么好笑的，也没必要去阻止它，这时他的表情就会显得虚伪、严肃或迂腐。这种杂乱的表情不值得在此细表。在看不起人时，真笑或假笑常常与属于轻视的表情混在一起，发展下去可成发脾气或蔑视。在这种情况下，笑或微笑的含义就变成对找碴的人说，他的攻击只是让人好笑罢了。

爱情、温情等：母亲对婴儿的爱情是人类思念所能达到的最高境界，但很难说它有哪些固定的或特定的表达方式。这是可以理解的，因为它没有养成任何特殊行为的习惯。无疑，因为爱是一种使人愉快的感受，它经常形成一种微笑加上爱怜的目光。想接触所爱的人的愿望是强烈的。靠这种方式表达的爱比任何其他方式更加明白无误。[210]因此我们渴望把我们爱怜的人拥入怀里。这种愿望的来历大致有两个，都属于遗传性，一个是养育儿女，一个是情人间的爱抚。

在动物中，也可见到在爱的影响下接触可导致快乐的道理。狗和猫从向男、女主人擦身和受他们抚摸或轻拍等动作中，明显地得到快慰。动物园管理员曾确切地告诉我，多种猿猴都喜欢互相挨擦，也喜欢被它们所接触的人抚摸。巴特利特先生给我描述过两只黑猩猩，比过去进口的年龄稍大。当把它们放在一起时，它们相对而坐，嘴唇撅得老高接吻，一只还把手搭在另一只的肩膀上，随后就拥抱在一起。不久它们都站起来，彼此各有一只手扶在对方的肩上，扬起头，张大嘴，欢呼起来。

欧洲人惯于用接吻表示亲爱，这难道是人的天性吗？不，不是这样。斯蒂尔说接吻是“自然创造的，初次求爱时开始的”。这是他搞错了。杰米·纽儿这个火地人说，在他那里就不知道接吻这回事。新西兰人、[211]塔希提人、巴布亚人、澳洲人、非洲的索马里人和爱斯基摩人也都不知道。[212]但接吻显然源出于与相爱的人亲密接触的快乐这样一种天生的或自然的习性。在世界的不同角落也被别种方式代替，如新西兰人用鼻头相蹭，拉卜兰人则揉搓或轻拍两臂或胸腹部。有时一个人拉住另一个的手（或脚）来拍打自己的脸。为了表示亲爱，往对方身体各部位吹气，也许是由同一道理来的。[213]

所谓温柔这种感情不太好分析。它似乎是由亲善、快慰、尤其是同情复合起来的。这种感情的本质是令人高兴的。但有时，见闻人或动物受罪所唤起的怜悯心也包括在柔情之内。照我们现有的观点，值得注意之处在于它特容易引起流泪。父子俩久别重逢，特别是意外重逢时总要哭的。无疑，大乐之下必然刺激泪腺，但在上举事例中，父子俩也许有永远见不到了这样一种模糊的想法而感到伤心，在见到时重新映入脑海，因此才引起流泪。试举《奥德赛》史诗中尤利西斯回国时的几句为例：

“……忒勒马科斯

站起身来，哭着贴在他父亲的胸膛。

郁积的悲哀笼罩着他们，就此大哭一场。

· · · · · ·

他们就这样悲痛地号哭，无限伤心。

热泪横流，天日昏暗，

最后忒勒马科斯才想起找话说。”

《奥德赛》，沃斯利的英译本，第16章，第27节。

还有，当珀尼罗珀终于认出她的丈夫时：

“从她的眼里滚滚的泪珠一下抛，

她站起身来扑向自己的丈夫，

把双臂抱住了他的脖子，

而且在他额上留下温柔的吻，同时开言道……”

同上书，第23章，第27节。

生动地想起老家或多年前的好日子本身就足以使双目充满泪水，同时必然想到这种日子不会回来了。在此情况下，将今比昔，我们对自己眼前的处境大有自怜之意。同情他人的痛苦，甚至对悲情故事中女主人公虚构的痛苦，本来与我们毫不相干，也能引起落泪。对别人的快乐，如在名著中某个男子经过千难万险，终于获得爱情上的成功，也会引起落泪。

同情：似乎构成一单独的或独特的情绪，它很容易使人热泪盈眶，无论我们同情别人或接受别人同情时都是如此。人们都会注意到儿童在受点小伤受到大人安慰时多么容易哭。对于忧郁狂者来说，正像克赖顿·布朗博士告诉我的，一句亲切的话往往就会使他们哭个不停。当我们对友人的忧伤表示同情时，我们自己往往先想流泪。同情心一般可理解为，当我们耳闻或目睹旁人受苦，这种受苦的想法生动地涌现在自己的脑海中，使我们也感到痛苦。但这种理解很难说是完备的，因为它没有把同情和亲情之间的密切联系考虑在内。对我们所爱的人，我们无疑会比对一个陌生人要给予更多的同情。我们从前一种得到的心理安慰也要比后一种多得多。然而确切地说，人对没有亲情的人也还是能够同情的。

上章中曾讨论过为什么人在经受痛苦时会哭泣。至于快乐时的笑则是自然的和普遍的。就各色人种而言，大笑之引发流泪比任何其他原因都更容易些，只痛苦除外。至于在大的快乐中总会出现的热泪盈眶，虽然不同于笑，我看来似乎可以用与悲伤时虽然不哭但也落泪是同一道理，即习惯和联应来解释。然而，有的人同情别人的痛苦时比他自己受苦时洒的泪还多，这好像有点奇怪，然而确有其事。不少男子汉在自己受苦时不曾流过一滴泪的，在一位挚友受苦时却禁不住流泪了。更值得一提的是，我们对挚爱的人的喜事或好运因同情而落泪，可是当我们自己遇到类似的喜事时却没有眼泪。然而，应当记住，对身体疼痛能够用大力去阻止流泪的长期的抑制习惯，并不能在阻止因同情别人苦乐时流点眼泪上发生作用。

我曾在别的书里，[214]试图表明音乐具有一种惊人的力量，会以一种模糊不定的方式唤起在多年前感受的强烈情绪。很可能在荒古时代，我们的祖先就是借助于乐声来互相表示爱慕。由于人类的几种最强的情绪——忧伤、大喜、钟爱和同情——都能引起流泪；当我们已被某种温情软化时，音乐能使我们热泪盈眶就没什么可奇怪的了。音乐还有另外一种奇特效果。我们知道，各种强烈感受、激情或兴奋——极度痛苦、大怒、恐惧、快乐或爱情——全都有一种引起肌肉颤动的特定倾向；很多人受到音乐的强烈感染时，从脊背到四肢的轻微寒战和肌肉颤动与上述倾向有关系，就像听音乐流泪与强烈的真情实感所引起的哭泣那种关系正复一样。

挚爱：在某种程度上，挚爱与爱慕有关，虽然它主要包含崇敬，并时常夹杂着畏惧心理。兹就这一心态的表达予以概述。过去和现在的某些教派里，宗教与爱曾奇异地结合在一起。事实尽管有些可悲，但确曾有人这样主张过，即爱的圣洁之吻与男女之吻并无多大区别。[215]挚爱的主要表现为面朝着天，眼珠上翻，贝尔爵士谈到，在人快睡着、晕厥或死亡时，瞳仁内陷并上吊。他认为“当人们进入挚爱感时，对外在表情不再注意，眼睛自然会上吊，这种动作既非学来、亦非获得。”其原因跟前述几种情况是一样的。[216]我听东得斯教授说过，人在睡眠中眼球向上翻确有其事。婴孩在吮吸母奶时，眼珠的这种动作往往给他们以一种十分欣喜的表象。此时可清楚看出他们在吃与睡之间进行斗争。我还听东得斯教授说，C. 贝尔爵士用某些肌肉比另外一些更容易受意志支配的假说来解释这一事实是错误的。因为眼睛在祈祷时常是朝上看，而思想不可能专注到接近睡眠时那种一无知觉的程度；眼的这种动作大概是基于这种传统信念，即我们所祈祷的上天，一切神力的源泉，是至高无上的。

屈膝下跪，双手合十，是由长期习惯形成的一种特别适合于崇拜的姿势，它甚至被认为是一种天生的姿势。但除去欧洲人外，我还没有其他人种在这方面的证据。我从一位卓越的经学家那里知道，古罗马人在祈祷时似乎双手不并拢。亨斯利·韦奇伍德先生似乎给出了真正的解答，[217]即这种姿态是奴隶们表示臣服的。“当乞求者下跪且双手并拢举起，它表示作为俘虏他完全降服，伸出手来请胜利者捆绑。拉丁文中‘服从’的意思，就是用 *dare manus*（给予双手）这个形象来表示的。”因此无论抬眼望天或双手合十，处在挚爱的影响下，都不大可能是天生的或真正的表情行为。这也是很难预期的，因为我们今天把它归入挚爱的这种感情，影响到千万颗心的，是否在人类还处在蒙昧时代时就已如此，是大可怀疑的。

第九章

回想、沉思、坏脾气、干生气、果断

皱眉动作——在努力时或在感到某种困难或不愉快事时的回想——出神的沉思——坏脾气——孤僻——倔强——干生气和撅嘴——决断或果断——嘴的紧闭

皱眉肌一收缩就把眉毛往下往一块儿拉，在前额上生成纵向皱纹——俗称皱眉。C. 贝尔爵士曾错误地以为皱眉肌为人类所特有，把它列为“人脸上最显著的肌肉。它以大力紧锁双眉，它不言自明地道出心里的想法。”他在另一处又说：“双眉紧锁时，意志力显现，思想和情感与动物的野性和狂怒交织在一起。”[218]这种看法虽然正确，但还不全面。杜欣博士曾管皱眉肌叫“回想肌”，[219]但不加限制地这样叫，也不能认为是正确的。

人可以陷入沉思而额头保持平坦，但当他在论理的进程中遇到障碍，或受到外来的干扰时，皱纹就像阴影一样笼罩上他的额头。处于半饥饿状态的人在沉思怎样搞到食物时，可能不皱眉，但当他或在思想或在行动上碰到困难时，或食物虽然到手但令人恶心时就会皱眉。我注意到几乎每个人在进食时尝到怪味或坏味时立刻皱起眉来。我请了几个人来，不讲清我的目的，让他们注意听一个很轻的叩击声，声音的性质和来源他们都十分清楚，也没人皱眉。这时进来一个人，他理解不了我们在沉静中干什么。我也让他一起听，他皱起眉头——虽然还没有发脾气——说他一点也不能理解我们想干什么。皮特利特博士就此问题曾发表过评论，[220]认为口吃的人说话时常皱眉，一个人在穿过紧的靴子这样的小事时也会皱眉。有些人有皱眉的习惯，说话时用的那点劲差不多也老是让他们额头皱起。

各色人种在精神困惑时都要皱眉，这是我接到对我的提问的回答中判定的。那问题提得不好，混淆了沉思和困惑的回忆。虽是这样，仍可看出澳洲人、马来人、印度人和南非的卡菲尔人在迷惘时皱眉。多勃利佐弗（Dobritzhoffer）指出，南美的瓜拉尼人在相同情况下也皱紧其额头。[221]

从这些考察似乎可以得出这样的结论，即皱眉一不是深邃的单纯反思，二不是缜密的注意的表情，而是在一系列的思想或行动中遇见某些困难的或不愉快的事件时的表情。可见，因深刻的回想难保不想到某些困难事，于是通常就会出现皱眉。正如C.贝尔爵士指出的，皱眉通常给该人的面貌以一种智慧的光采。但为了做到这一点，目光还须明澈坚定，或目光向下，这是在深思时常出现的。遇有下列情形之一，形象就会受损，如该人暴躁易怒，或有一副长期受苦之相（目光迟钝、下巴拉长），或因办一点小事（如引线穿针）而为难。在上列情形下，虽然也时常出现皱眉，但由于它还伴以一些别的表情，就会使面貌不再具有智慧的光采或深思熟虑来。

现在我们可以问一下为什么皱眉会表现思想或行动上察觉到了要出现难题或不如意事。对于一个表情动作，要想知其底蕴，最好学习生物学家为了弄清某器官的结构常要追溯到它在胚胎期的发育状况的办法。婴儿生下的第一天最早的也几乎是唯一的表情且为后来经常显示的表情，就是在他啼哭时显现的，而啼哭在当时和以后的一个时期总是由各种苦楚的或不顺心的感觉或情绪引发的，这里面有饿、疼、气、嫉、怕等。此时眼围肌强烈收缩，我认为这就在很大程度上解释了人类皱眉的原因。我反复观察了我自己的幼婴，从几天的到两三个月大的都有，我发现当孩子哭声乍起时，先是皱眉肌牵动一下并皱一下眉，紧跟着眼围肌也收缩起来。我记录本里记着：当婴儿不舒服或有病时，皱眉会不停地像阴影一样掠过他的面庞。这一般（但并非绝对）或迟或早地要发生啼哭。例如，我观察过一个七、八个星期大的小孩，他吃的奶是凉的。这使他不高兴，就边吃边皱起眉头。这虽然没有引发一阵啼哭，但可看到他不时地有想哭的意思。

由于在无数世代里，婴儿在已养成未哭之前先皱眉的习惯，皱眉就与开始感到苦恼或不适牢固地联系起来了。因此人到成年后再遇到这类感觉，虽然不会发展到哭，皱眉却继续了下来。啼哭与哭泣在人生早期就开始受到主动抑制，而皱眉却在任何年纪都未受到抑制。有一件事也许值得注意：对于爱哭的孩子，一个困扰他心灵的小事都会引起他的哭泣，而大多数别的孩子皱皱眉就算了。对几类精神病人也是这样，精神上的一点负担，对爱皱眉的人只能引起轻微皱眉的，却让他们放声大哭。眉毛在刚一感受到某种可悲的事就收缩的习惯，虽然在婴儿期就已形成，却能够保留到老；考虑到在人和动物中有不少这样早期形成，终身保持的习惯，这也就不足为奇了。例如成年的猫在觉得暖和舒服的时候，有轮流舒展两只前脚和脚趾的习惯，这还是它们小时吃奶的时候为一定目的养成的。

每当心思专注于某件事并遇到困难时，另外一个明显的原因也许加强了皱眉的习惯。视觉是一切感觉中最重要的，在人类蒙昧时代里，养成了不停地注视远方的目标以获取猎物和躲避危险的习性。记得我在南美洲某地旅行时，该地以有印第安人存在的危险著称。我为高乔人（Gauchos，一种半开化的民族）的那种不松懈地、看上去又像是无意识地巡视整个地平线的动作所震惊。现今如果有谁头上不戴点东西（像我们祖先那样），想在大白天，特别是晴朗的天里去极力观看远方的物体时，他就会无例外地皱紧眉头以阻止过多的阳光耀眼。下眼皮、双颊和上唇的位置也全都有所抬高，以缩小眼眶。我曾故意地叫几个人，老少全有，在大白天看远方的物体，推说是想试试他们的目力，他们面部肌肉的动作和上面说的完全一样，有人还以手加额以遮住强光。[222]格拉休莱在对同一试验所做的说明[223]中认为，“这是视力困难时特有的姿态。”他的结论是：眼围肌收缩一半是为了挡住过多的光（我认为这是主要的），一半是使视线集中到所要观察的物体，避免其他光线影响视网膜。我就此曾请教了鲍曼先生，他认为眼围肌的收缩在“为了使眼球靠本身固有的肌肉作用达到立体映象之外，还得到更加牢固的支持，以维持两眼的交感动作。”

因为在强光下努力看远处的物体既困难又让眼睛疲倦，又因为经过无数代的这种努力已习惯地和皱眉相伴发生，皱眉的习惯就这样被强化起来，虽然它原来是在婴儿期出于一种完全无关的原因，即作为啼哭时保护眼睛才养成的。至少就心理状态而言，在注意观察远方事物与寻思一种模糊的想法或进行某些细小的、费心思的机械作业之间，确实有许多共同之处。皱眉的习惯延续到没有过多的光线需要去阻挡之时，这种想法可以从前面讲过的事例得到支持，即眉毛和眼睑在一定条件下无目的的运动乃是以前在同样条件下有目的的运动的结果。例如，当我们不愿意看见什么东西时就主动闭上眼睛，当我们拒绝一项建议时也喜欢闭眼，好像我们看不见或不愿看到它一样。我们想到某些可怕的事情时也是这样。反之，当我们乐于对周围的事物尽快看清时，我们就抬起眉毛；正如当我们急切地想回忆起什么事时也会睁大眼睛，好像我们要见到它一样。

出神、沉思：当某人沉思冥想以致做事心不在焉，此时他并不皱眉，而只是两眼无神。下眼皮上提并皱缩，颇像一位近视先生想看清远处的东西，上眼皮也有些收紧。下眼皮的这种皱缩现象在几种野蛮人中曾观察到。如戴森·莱西先生在澳洲昆士兰，和吉奇先生在马六甲腹地几次见到的都是。这是什么原因暂时还不清楚，但这又是眼围肌随着心态动的一个例证。

这种眼神空洞的表情是很特殊的，它立即显出这个人是完全陷入冥想了。东得斯教授以其惯有的善意，为我就此课题进行了研究。他既观察了别人，也让恩格尔曼（Engelmann）教授观察了他本人。出神者眼光并不注视任何事物，因此和我想象的注视远方不同。两眼视线甚至常常有些分散。当出神者头部直立、视线保持水平时，分散度最大可达 2 度。这是由观察远处物体的交叉双重像求得的。但出神者的头部一般肌肉松弛，自然下垂，如果视平面仍要保持水平，眼睛就必须略微上抬，这时分散度变成 3～3.5 度。眼睛再往上抬，分散度可大到 6～7 度。东得斯教授认为，这种分散情形是由于眼睛的某些肌肉几乎完全松弛，这是当人陷入沉思时常要发生的。[224]人眼的肌肉的活动常态是趋中的。东得斯教授在解释眼睛在怔神时分散的含义时说，如果一只眼睛变瞎，过不了多久，这只眼就要向外偏移。因为它的肌肉已不再需要为取得立体映象而使眼球向内靠拢了。

困惑的追思常伴以某种姿势的变动。一般常用双手扶头或托腮。但就我所知，当我们陷入沉思时却不这样（此时未遇到困难）。普劳塔斯在他的一部剧作里[225]描写一个困惑的人时说：“看吧，他在以手支颐了。”像这类不足道并似乎无意义的姿势，如把手举到脸上，在野蛮人那里也见到过。J. 曼塞尔·威尔先生曾见之于南非的卡菲尔人，土人的首领盖卡还加了一句：“他们有时还揪胡须。”华盛顿·马修斯先生在美国西部曾留意过印第安人中的一些最野蛮的部族，他指出，他曾见过他们沉思时常用“手（通常是拇指和食指）和面部（通常是上唇）接触”。我们可以理解，为何在深思时要用手按摩前额，因为深思使大脑疲劳；至于为何要用手摸嘴和脸就不清楚了。

坏脾气：已知皱眉是思想上或行动中遇到某些困难或不如意事的一种自然表现。谁的心灵要是老为困难或不快所困扰，很容易养成坏脾气或爱发脾气，也是往往以皱眉来表现。但是皱眉的这种表情也可以被另外的表情所抵销，如嘴角挂着甜笑，眼光明朗而愉快。如果目光明澈而坚定并带有认真反思的表现那也可以互相抵销。皱眉加上嘴角内缩是悲伤的象征，并有一种急躁之象。像图片Ⅳ中下图的孩子皱着眉头哭但不像平时那样用力收缩眼围肌，就会显出一种发怒夹杂着伤心的表情来。

如果起皱的额头被鼻三棱肌的收缩往下拉，鼻梁上也现出横皱纹，这

图片Ⅳ

1

2

金德曼先生的原版照片要比现在的复制品的皱眉动作更加富于表情，因为它要更加明显地表示出眉上的皱缩情形来。

就是阴郁的表情。杜欣以为鼻三棱肌的收缩，如额头不同时起皱，就给人一种极端且咄咄逼人的印象。[226]但我怀疑这种表情是否真实和自然。我曾把杜欣的一张青年人被通电后鼻三棱肌强烈收缩的照片给 11 个人看（其中有几位美术家），10 个人说不出所以然，只有一个女孩回答对了，说那是“不高兴的沉默”。我自己第一次见到这张照片时知道作者的意图，我的反应是：照片上还差点东西，如果他的额头是皱着的，他的表情对我来说才是真实而极端阴郁的了。

紧闭的嘴，加上下沉并起皱的前额，给人一种有决断的表情，或加上一些顽固和执著。为何紧闭的嘴会有这种外貌是这里要讨论的。我的通讯者曾在澳洲 6 个地区的土著人中清楚地辨识出执着的顽固的表情来。根据斯各特先生所云，印度人也是如此。根据罗思罗克博士所云，马来人、中国人、卡菲尔人、阿比西尼亚人和北美的印第安人都有这种表情，D. 福布斯先生还加上玻利维亚的爱马拉人（Aymaras）。我本人曾在智利南部的阿劳坎人（Arancanos）身上也见到过。戴森・莱西先生指出，澳洲的土著人处在这种心境时，有时把双臂交叉捂着胸部，这在我们欧洲人中也常见到。当决心坚强到顽固后，有时会把双肩耸起加以表达，其意义留待下章中加以解释。

幼儿在生气时会撅嘴，有时也叫“猪拱嘴”。[227]当嘴角高度下压时，下唇有些上翻和向前呶，这也叫撅嘴。但这里撅嘴指的是双唇一齐往前呶，形成管状。如果鼻子不太高，真可以呶到和鼻尖一般齐呢。撅嘴常伴有皱眉，有时还发出“不”或“乎”的声音。据我所知，这种表情值得注意处在于，它是在儿童期比在成年期唯一用得多的表情，至少在欧洲人中间是如此。可是，人在大发脾气时，不管什么人种和成年、少年，都会有撅嘴的倾向。有些儿童在怕羞时也撅嘴，这时很难认为他们是在发脾气了。

从我对一些大家庭所做的调查来看，撅嘴在欧洲儿童中似乎并不普遍，但它流行于全世界，多数野蛮民族有此标志，已为许多观察者所注意到。如在澳洲的 8 个地方的孩子们都有，我的一名通讯者还形容孩子的嘴撅得有多高。两名观察员见到印度的孩子撅嘴；3 名在南非见到卡菲尔人和芬哥人，还有霍屯督人（Hottentots）的孩子撅嘴，两人在北美见到印第安人的孩子撅嘴。撅嘴还在中国人、阿比西尼亚人、马六甲的马来人、婆罗洲的达雅克人，还有新西兰人中间观察到过。曼塞尔·威尔先生告诉我，他不但在卡菲尔人的孩子身上，在生气的男女成人中也都见到把嘴撅得老高。斯达克神父观察到，新西兰的男人偶尔撅嘴，但女人则经常撅嘴。甚至成年的欧洲人也偶尔露出一丝半点这种表情来。

由上可见，撅嘴，尤其是在小孩子身上，乃是世界性的恼怒时特有的表情。这种动作显然是在幼年期保留下来的一种原始习惯，或是它的偶然再现。如上章里描述过的，幼年的猩猩和黑猩猩在不乐意，有点恼火或发怒时；也当它们吃惊、吓一跳，甚至有点高兴时，都会把嘴唇撅得老高。它们这样做显然是为了发出适合于以上各种心态的声音来。我在黑猩猩身上还观察到因高兴而叫与因恼怒而叫时，口型略有不同。一旦它被惹恼了时，口型大变，牙也露出来了。成年猩猩受伤后，据说要发“一种奇特的声音，开始时是高音，最后形成一种低吼。发高音时它把嘴唇伸出如漏斗状，而发低音时则把嘴张得很开。”[228] 据说大猩猩的下唇能够拉得很长。然则，如果我们的尚未进化到人的祖先，和现存的类人猿一样，在懊恼或略微发怒时撅嘴，而我们的孩子在生气时，也要展示出这种表情的痕迹，甚至保留着发声的倾向，这种事似乎很奇怪，但也并非不合理。这种事在动物中也并非罕见，即有一些祖征，在幼小时多少被完全保存着，长大的后却失去了。但在它们的近缘种却一直保存到成年。

野蛮民族的儿童在生气时比开化的欧洲人的儿童更容易撅嘴，这件事也不难理解。因为野蛮的含义似乎就包括保留原始状态，这有时在身体特征上也是适用的。[229] 可用来反对这一点的是，类人猿在吃惊甚至有些高兴时也撅嘴，而我们人类却只在心境恶劣时才有此表情。在下章中，我们将见到，各人种中有时惊讶也可以引起嘴唇的微噘，虽然大惊或惊愕则更多的是张大嘴。由于我们在微笑或笑时将嘴角向后扯动，我们在高兴时已失去撅嘴的任何倾向，即便我们的远祖是这样表示其高兴的话。

这里还可以提一下生气的孩子所做的一个小动作，即“冷冷地耸肩”。我认为这和抬举双肩的意义是不同的。一个撒娇的孩子坐在家长的腿上，先把靠怀的肩头举起，又突然将其缩下，像挨了胳肢似的，然后用肩头向后一推，像是在向家长示威。还有一个孩子，离别人远远的，耸起一肩、向后摆动，然后全身转去，以此来表示他的不满。

决断或果断：紧闭着的嘴可使面貌具有果断或决心的表情。果断的人大概不会老是半张着嘴。因此，小而无力的下巴，好像嘴从来就没有闭拢过似的，就会被人看成是性格懦弱的特征。无论是身体的或心理的耐力都意味着事先下了决断。如果在一桩大而需要持久的肌肉出力的事件中嘴通常要紧闭的话，只要思想在做出决断，嘴几乎可以肯定要闭住。几位观察者都注意到，当一个人开始任何肌肉运动时，他总是先把肺部充满空气，然后收缩胸肌闭住气，这时嘴就必须闭紧。而且，一旦他不得不换气时，胸腔仍然要尽量保持扩大状态。

对这种动态曾做过各种假说。C. 贝尔爵士认为，[230]胸腔吹胀后，在用力时继续保持膨胀，好给与胸腔相连的肌肉以牢固的支撑。他指出，当二人进行一场殊死争斗时就会出现一种可怕的沉寂，只被吃力的、沉闷的喘息声所打断。沉寂是因为吐气时的出声会减弱对臂肌的支持。假定斗争是在暗中进行的，我们若听到一声喊，立刻就知道喊的人必是因无望而放弃斗争的一方。

格拉休莱认为，[231]如某人必须竭尽全力与他人格斗、支撑重物或长时保持同一用力姿势，他有必要先长吸一口气，然后闭住气。但是他以为 C. 贝尔爵士的解释有误。他坚持憋气可降低血行速度，这点似乎无可怀疑。他还举出一些来自动物身体结构上的事例，说明一方面憋气为肌肉持久用力所必需；另方面血行迅速又为迅速动作所必需。据此，当我们开始干任何大的力气活时，我们闭嘴屏息，以减缓血行速度。他于总结这一话题时说：“这也是持续努力的真实理论。”但其他生理学家对此理论承认到什么程度我不清楚。

皮特利特博士解释人在出大力时要闭紧嘴[232]用的是这样的理论，即意志的影响在作出任何特定的努力时，除去那些必须投入做工的肌肉外，也波及其他一些肌肉。呼吸肌和口围肌因为都属于最常用的，因此就产生了联属作用。我认为这个说法或许有点道理。例如当我们使大劲时，常常会咬紧牙关，这并非屏息所必需，大概也是受到胸肌强烈收缩的影响吧。

最后，如果某人要去做精细而困难的操作，尽管无须费什么力气，他也还是要闭住嘴停住呼吸，不过他这样做是不让胸腔的起伏影响手臂的动作。如上面提到的，一个引线穿针的人常紧闭双唇，屏息或尽量把呼吸减弱。一头生病的小黑猩猩看到苍蝇在玻璃窗上乱飞，想用指头去碾死它消遣时，也是闭嘴屏息的。做件困难的事，不管多么微小，都要在事先做出一定的决断。

在各种场合，用上面列举的原因，以不同程度，或综合或独自，似乎没有什么说不通的。这是一个固定的习惯，也许是遗传的，即当任何剧烈的、长时的运动的始终，或当干细活时都要把嘴闭紧。根据联应的原理，一旦心里打算采取任何行动方针时，即便身体一点都没动，或者还无须动作时，这种习惯动作就会出现。于是这种习惯性的闭紧嘴就表明一种果断的性格，而果断是很容易变成固执的。

第十章
憎恨和愤怒

憎恨——盛怒及其对身体的影响——掀唇露齿——疯人的盛怒——愤怒和愤慨——各人种的表达方式——讥笑与蔑视——面部一侧犬齿的露出

如果我们已受到或将受到某人的故意伤害，或者他以任何方式向我们进攻，我们就讨厌他，而讨厌是很容易升级为憎恨的。这种感受若处于中等程度，身体和面部显不出什么动作来表达，最多也许行为会有些严肃或情绪欠佳。少数人却能长久记着他所恨的人，而表面上不露出一点愤恨或愤怒的声色。如果挑衅的人是个小人物，我们对他只有鄙视或蔑视。反之，如果他是个当权派，憎恨将变成恐惧，像奴隶怕凶恶的主人，或野蛮人畏惧嗜血的凶神的那样了。[233]我们多数感情是与表达方式息息相关的。如果体征没有变化就说明无感情可言，而表情的性质又主要看那些在特定的心态下惯常进行的动作的性质而定。例如，当一个知道他的生命处于极端危险之中，特别想挽救自己；然而他却可能像路易十六那样，他在被凶狠的暴民包围时大呼："我害怕了吗？摸摸我的脉吧。"因此，尽管某人深恨另一个人，但只要他的身体结构未受影响，他还不算到狂怒的地步。

狂怒：在第三章中，在论及兴奋的感觉中枢对身体的直接影响和习惯性联合行为的影响的关联时已经提到过这种情绪。狂怒的表达方式最多样化。心血管系统常受影响，脸色红紫，太阳穴和颈侧的血管涨大。曾有人观察到，在南美洲赤褐色的印第安人，[234]据说甚至在黑人身上因伤留下的浅色伤痕上，[235]都可见到泛红现象。猿猴在激动时皮肤也发红。在我的一个未满 4 个月的婴儿身上，我一再看到当他激动时，头一个征象就是光秃的头皮下充血。另一方面，人在盛怒时，心脏活动有时反而受阻，使面色苍白或铁青。[236]由于激情的震撼，不在少数的心脏病人就这样倒地身亡。

呼吸也要受影响，表现在胸腔剧烈起伏和鼻翅震颤。[237]正如丁尼生（Tennyson）所写的那样："愤怒的气流从她娇美的鼻孔喷出。"由是，我们就有了"吐出胸中恶气"和"怒火中烧"等文字表达。[238]

兴奋的大脑给肌肉以力量，同时使意志力加强。身体通常直立以备立即行动，但有时也拉开架子，朝着来犯者探出半身。嘴一般紧闭，显出坚强的决心，牙或咬紧或研磨。这种好像要扑向来犯者的举臂攥拳的姿势是很普遍的。很少有人在发大火并叫别人别管他时能控制住自己不把敌人凶狠地打跑或赶跑。这种打击的意念时常变得无比强烈，以至非摔砸东西不可。但是这种姿势时常变得毫无无目的甚至近于疯狂。儿童在暴怒时满地打滚，边哭边踢，看见什么都又抓又咬。据斯各特先生说，印度儿童就是这样；如我们所知，类人猿幼时也是如此。

但肌肉系统常以完全不同的方式受到影响，如哆嗦是盛怒时常有的现象。嘴也不听使唤了，干着急就是说不出来，[239]说出来也是时尖时粗，很不均匀。如果讲得又多又快，就会口吐白沫。头发有时竖起，此点我将在另一章中谈到怒与怕的混合情绪时重提。在多数情形下，前额上将现出深刻的皱纹，人在遇到任何不如意或不好办的事、连同沉思时都会如此。但有时前额并不起皱，还是平的，同时眼睛睁大，炯炯有光。它们可以亮到像荷马描写的那样，像炽燃的火。[240]眼球有时充血，据说还会鼓出。其结果很清楚，头上青筋暴涨，说明大量充血。据格拉休莱说，[241]人在盛怒中瞳孔缩小。我还从克赖顿·布朗博士那里听到，脑膜炎患者在乱说谵语时也是如此。但瞳孔在不同情绪的影响下究竟如何变化还很不清楚。

莎士比亚把大怒的主要特征概括如下：

> “在和平的时候，一个人显得多么安分，
> 具有最适当的沉静和谦逊；
> 一旦战争的号角送到我们耳朵里时，
> 马上就要扮起老虎般的行动：
> 肌肉变得刚强，血液奔涌，
> 于是双眼带有可怖的外形；
> 现在又再咬紧牙关，扩张鼻孔，
> 保持激烈的呼吸，而且像拉满的弓，
> 鼓足全部精力！最高贵的英国人，前进！”
>
> ——《亨利五世》，第 3 幕，第 1 场。

人在大怒时有时会撅嘴，它的意义我说不清，也许和我们的猿类祖先有关。这方面的例子不但有欧洲人，也有澳洲人和印度人。然而在多数情形下，嘴唇是缩回的，这就使咬紧的牙齿露出。几乎每位在表情上写过文章的都见到过。[242]此时的外貌像是要把牙齿露出，准备咬住敌人，虽然他并不打算这样干。戴森·莱西先生曾在争吵的澳洲人中见过这种露齿的凶相；盖卡也在南非的卡菲尔人中见到过。[243]狄更斯（Dickens）[244]在提到一个刚被捉住的凶恶的杀人犯被暴怒的群众围住时是这样形容的：“人们一个接一个地跳出，咬牙切齿地骂，像野兽一样袭击他。”常跟小孩打交道的人必定见过，当他们发起脾气时是多么自然地想咬人。他们这是一种本能，就像鳄鱼一样，刚出卵壳就会运用它们的大颚了。

有时露齿和掀唇可以同时出现。一个仔细的观察家说：他见过许多强烈憎恨的事例（恐怕和压抑着的愤怒很难区分），有东方人，还有一位年长的英国妇女。他们都露出牙来，但脸上不显怒容，“嘴和脸都耷拉着，双目半开，前额却和平时一样。”[245]

这种突然动怒时的掀唇露齿、像是要咬来犯者的动作，与人在战斗中绝少用牙咬的现实是多么不协调；为此我请教了J. 克赖顿·布朗博士，问他这种习性在控制不住情感的精神病人中是否普遍。他告诉我他屡次在疯人和呆傻人身上见到过，并给我下面的一些事例。

在收到我的信前不久，他在一个女疯子身上目击了一阵管不住的发怒和无根据的嫉妒。开头她大骂她的丈夫，边骂边口吐白沫。然后她走近他，紧闭双唇并皱起眉来。接着她掀起嘴唇（特别是上唇的两头），露出牙来，随即狠狠地咬了他一口。第二例说的是一名老兵。当他被要求服从病院的规章时就表示不满，终于导致狂怒。他先问布朗博士这样待他，难道不感到羞耻吗。然后他大骂并诅咒，来回踱步，挥动双臂，并威胁离他近的人。最后，当他愤怒至极时，他冲向布朗博士，走路时侧着身子，挥动双拳，扬言要毁掉一切。后来他也是掀起上唇，露出大的犬齿，从咬紧的牙齿间吐出咒骂声来。他的整个表情现出极其凶恶的样子。还有一个人和这个差不多，只是他爱吐白沫，以一种奇特的方式蹦蹦跳跳，用假嗓来吐出他的诅咒而已。

布朗博士还告诉我一个不能独自行动的癫痫性白痴的病例。他整天摆弄几样玩具，脾气阴沉又很容易被惹翻。不论谁碰一下他的玩具，他就把惯常低着的头缓缓抬起，瞪着那个人，面带一种迟钝的怒容。如果干扰再次发生的话，他敞开厚嘴唇，露出一排大板牙（其中犬牙特别显眼），然后张开手向来犯者做出快速而凶猛的抓握。据布朗博士说，他平时迟钝到每当听到什么声音，要费 15 秒钟才能把头转过去。这种快速的抓握真是神了。当这样使他兴奋后，人们把一块手帕、一本小书或别的什么放到他的手里，他就送到嘴里用力咬。尼科尔先生也给我举出过两个精神病患者的例子，在发怒时也是掀唇露齿的。

毛兹利博士于分析了白痴的各种奇怪的动物般的特性之余，发出了这是不是原始本能再现的问题，是不是“从人类遥远的过去发出的微弱的回响，证明人早已脱离了的亲缘关系呢?”他又说，人脑在发育过程中要经过低级脊椎动物阶段，由于白痴的大脑处在发育中止的状态，我们可以假定它“将表现出最原始的功能而没有高等功能”。毛兹利博士认为对某些精神病患者处于退化状态的大脑也可套用这个观点，并反问道：否则，“有些精神病人表现的野性的呼叫，破坏的本能，淫猥的语句，挑衅的习性，又是从何而来的呢？若不是由于本身具有兽性，为什么一个人在丧失理智后，就变得行同禽兽呢?”[246]看上去，对这两个问题只能给以肯定的回答。

发怒、愤慨：这两种心态跟狂怒只有程度上的差别，在两者的特征上也没有明显界限。人在发怒时心律加快，面红、眼亮。呼吸同样加快。又因与呼吸有关的各部肌肉协同动作，鼻翅也有些开张以便吸进更多空气。愤慨的显著特征是：口唇紧闭，前额经常出现皱纹。与狂怒时的癫狂姿态不同，愤慨的人不自觉地使自己进入一种准备攻击或打击敌人的姿势，也许还要用藐视的眼光从头到脚打量他。他昂头挺胸，双腿像在地上生了根。两臂可有各种姿势，如一向或双向叉腰，或双臂都僵直下垂。欧洲人还多半攥着拳。[247]图片Ⅵ中的图1和图2两图可算是模仿愤慨时的好榜样。谁都可以对着镜子想象他刚受到侮辱，用一种怒声怒气要求对方予以解释，这时他就会突然地、不自觉地进入这种愤慨的姿态。

狂怒、发怒和愤慨几乎在全世界都是以同样姿态来显示的。下面的叙述就是用来证明这一点，也是为说明以前的某些观点的。在攥拳这方面可是个例外，似乎只有喜欢用拳头打的人才这样。对澳洲人来说，我的通讯者中只有一人说见过攥拳的。他们都说到身板挺直，除两人外，都说额头皱起。有几个提到嘴闭紧、鼻孔扩大和眼睛发光。据塔普林神父说：澳洲人狂怒时撅嘴、瞪眼；妇女还以回来回去地跳并向空中扬土来表示。另一位观察者提到当地土人在狂怒时把双臂乱挥。

关于马来半岛的马来人、阿比西尼亚人和南非的土人，我也获得了类似的情报，除去攥拳这一点外。北美达科他地方的印第安人也是一样，而且据马修斯先生说：发怒时他们昂着头，皱着眉，并时常跨着大步走去。布里奇斯先生说：火地岛土人在发怒时，频繁地用脚踏地，到处乱走，有时还哭白了脸。斯达克神父看着新西兰的一男一女在争吵，在记录本上这样记着："眼睛瞪着，身体剧烈地前后摇晃，头向前斜，拳头攥着，或背着手，或朝着对方的脸比划。"斯温赫先生认为这段描写与他见过的中国人的情形差不多，只差在中国人争吵时身体多向对方倾斜，指着他发出一阵怒骂。

最后，关于印度土人，有J.斯各特先生送给我的一整套发怒时的身姿和表情的描述。两个低种姓的孟加拉人为借债的事体争辩。开始时还算安静，不久就上了火并发出针对各自的亲戚甚至祖宗三代的最难听的谩骂。他们的身姿与欧洲人的有很大的不同；他们虽是挺胸、端肩，但两臂则呈下垂姿态，胳臂肘朝里，手掌一忽儿攥住、一忽儿松开。肩部也是时高时低。他们从紧皱着的双眉下面凶气十足地看着对方，突出的嘴唇紧紧闭着。他们头颈前伸、互相接近，你推我搡地揪在一起。头和上身向前探似乎是人在发怒时的常见身姿。我在英国也见过一个下流妇女用这种姿势在街上和人家大吵。不难设想，用这种身姿是不太怕会挨揍的。[248]

一名孟加拉人受雇于植物园，被土著监工当着斯各特先生的面，告他偷了一种贵重植物。他对这种指控静静地、轻蔑地听着。身姿直立，胸部扩展，嘴唇微呶，目光坚定、直射对方。听完以后才抗辩不是他干的。说时举起双拳，头向前倾，双目大张，眉毛上扬。斯各特先生还在锡金见过两个美奇斯人为分钱而争吵。不大一会儿两人都发起火来。身既站不直，头更往前倾，互相扮鬼脸，肩膀往上抬，上臂向内靠拢，双手痉挛状地握拳，但没有握紧。他们不停地接近又后退，频频举臂作攻击状，但没有真打起来。斯各特先生在列普查人（Lepchas）那里也做过类似观察，看他们吵架时的情景。他注意到他们的双臂僵直、几乎与身体平行，手略微朝后，拳也是握得不实。

讥笑、蔑视（一侧犬齿露出）：这里我将考虑的表情和已经描述过的掀唇露齿区别很小。区别只在上唇掀起的方式仅使面部单侧的犬齿露出；整个面颊有向上翻的味道，故意半扭着不看挑衅的人。大怒的其他表征不一定显现。当一个人没真动怒，只是讥笑或蔑视别人时，有时可出现这种表情，如当某人被人开玩笑地说他犯下某种罪行时回答："我看不起这种污蔑"时那样。这种表情不大常见，但我清清楚楚地看到一位妇人在遭受别人嘲弄时作此表情。早在1746年，帕森斯就配以木刻图，描绘一边犬齿露出的样子。[249]芮兰德先生在我对此课题提出任何建议之前，问我有没有注意过这种表情，他认为这是很值得注意的。他特意为我拍下一张妇女的照片（图片Ⅳ之1），她有时无意识地露出一侧的犬齿，也可故意地做出这种明显的表情。

半开玩笑的讥笑表情，如果加上紧皱的眉头和瞪眼，犬齿再露出，就会变成一副凶相。有人在斯各特先生面前告一个孟加拉男孩犯了错。这个出错的不敢用语言发泄怒气，但脸上明显地表示出来，时而作轻蔑的皱眉，时而"像狗一样咆哮"。与此同时，"对着告发人的一边上唇掀起，露出又大又前突的犬齿来，额头上依然挂着很深的一道皱纹。"C.贝尔爵士说，[250]名演员库克能表演最明显的愤恨。"他双睛斜视，把上唇的一角拉上，并露出那个见棱见角的犬齿。"

犬齿露出是双重动作的结果。嘴角既要向后拉，同时另一条在鼻子附近并与之平行的肌肉把上唇的外侧拉上，于是这一侧的犬齿就露出来了。这条肌肉收缩时在面颊上形成一条沟，并在眼睛下面靠鼻子处形成较深的褶皱。这种动作与咆哮中的狗很像。假装要打架的狗就是将对着它的对手一侧的上唇拉上的。英文中的 sneer（嘲笑）和 snarl（咆哮）同出一源（snar），值得注意。[251]

在所谓嘲弄的或讽刺的微笑中，我觉得也可辨认出这种表情的痕迹来。此时双唇近乎闭着，对着嘲弄对象一侧的上嘴角后缩，这使嘲弄真的像讥笑了。虽然有的人在微笑时两边脸深浅不一，但为什么嘲弄人时的微笑老是限于半边脸就不好理解了。在这种表情中，我还注意到那条把上唇外侧向上拉的肌肉发生轻微痉挛，如果程度加重，就会使犬齿露出，真成了讥笑了。

住在吉普兰边远地区的一位澳洲传教士布尔默先生在回答我的提问时说："我发现当地土人彼此争吵时咬着牙说话，上嘴唇朝一边歪，满脸怒容，但他们的脸却是朝着对方的。"还有三位观察者分别在澳洲，阿比西尼亚和中国，对我提出的问题都表示肯定。但由于这种表情到底少见，他们又语焉不详，对他们的话我不敢深信。然而这种近于动物的表情在野蛮人中比在文明人中更常见却是极其可能的。吉奇先生是一位信得过的观察者，他某次在马来亚的腹地见到一名马来人有此表情。S. O. 格伦尼神父回答说："我们在锡兰土人身上见到过这种表情，但不经常。"最后，在北美，罗思罗克博士曾在一些不开化的印第安人中间见过这种表情，在毗邻阿特纳（Atnahs）的一个部落看到的更多些。

虽然上唇有时在嘲笑或反驳别人时肯定会耸上一边，我不敢说是否总是如此，因为通常只能见到半边脸，而这种表情常常是瞬间即逝的。只有一边上唇动可能不是这种表现的主要部分。也许是另外一侧的肌肉不会动造成的。我叫四个人努力主动做这个动作，两人只会露出左边的犬齿，一人会右边的，第四人两边全不行。尽管如此，这几个人如果认真地反驳某一个人时，会不会下意识地露出任何一边的犬齿还很难说。我们知道，有的人不会主动地让眉毛倾斜，然而当他遇到真实的，即使是微小的悲痛的时候，立刻就能做到。主动露出一侧犬齿的能力之常常完全丧失，说明它很少用并差不多已经绝迹了。相反，人类居然保有这种能力，或显示利用它的倾向，倒是一件奇怪的事。因为萨顿先生在动物园里就从未见过我们的近亲猿猴有过这种动作，他还肯定说：狒狒虽有硕大的犬齿，却不会露出一侧来。当它们野性发作并准备攻击时乃把全部牙齿露出。类人猿公的比母的犬齿大得多，它们在准备战斗时是否露出犬齿还不清楚。

这里讨论的表情，不管是闹着玩的讥笑还是凶恶的咆哮，总是在人身上出现的最有趣的表情。它显出人的动物起源。一个人即使在地面上和敌人做殊死格斗时也许要用牙咬，但他不会光用犬齿不用别的牙。从我们的半人半兽的远祖拥有大犬齿，现代人有的也有大犬齿，并在下颚上留有一定的空隙来看，我们便很容易相信我们与类人猿的亲缘关系了。[252]我们还可推测，尽管还没有可以让我们比类而观的证据的支持，我们的半人半兽的远祖在准备战斗时是露出犬齿的。因为当我们生气时，或只是和别人开玩笑时，虽绝无动齿咬人之意，也还有时要露出犬齿的。

第十一章

鄙视、轻蔑、厌恶、负疚、骄傲、无助、忍耐、肯定和否定

轻蔑、轻侮和鄙视，各种表情法——嘲笑——表现轻蔑、厌恶、负疚、欺骗、骄傲等的姿态——无助或无能——忍耐——倔强——大多数人种有的耸肩——肯定和否定的表示

轻侮和鄙视二者与轻蔑很难区分，只是二者所含愤慨成分较多些。它们与上章所讨论的讥笑与蔑视也很难分清。“厌恶”这种感觉倒是有其特点的，指的是引起反感的事物，首先是与味觉有关的，包括真嗅到的和想象到的。其次是使嗅觉、触觉、甚至视觉产生反感的事物。然而轻蔑至极，也就是常说的令人作呕时，就与厌恶很难分辨了。这几种心态因而是互相关联，同时又各自以不同方式展示的。有的著作者主要坚持这一种表现法，另外的著作者则坚持另外一种表现法。在此情势下，勒穆瓦纳先生认为他们的描述不值得信赖。[253]但是我们即将看到，我们在此考虑的情感由多种途径来表达，是很自然的。因为根据联应的原理，不同的习惯行为

可同样担负起表达它们的任务。

轻侮和鄙视，与讥笑和蔑视一样，都可以通过一边脸微露犬齿来表示。这种动作似乎可过渡到接近微笑。嘲笑有时像是真笑，这表示挑衅者太渺小了，他只能使人发笑——假装的笑。盖卡在回答我的提问时指出：他的同胞，卡菲尔人，就常用微笑表示轻蔑；而印度公爵布鲁克在婆罗洲的达雅克人身上也观察到同一事实。由于笑首先是表达快乐的，我想儿童在嘲笑别人时是不会笑出声的。

杜欣肯定：[254]眯缝着眼，眼珠或上身背过去，都是高度鄙视的表情。这类行为似乎在宣告被鄙视者不值一顾，看了使人不痛快。芮兰德先生所摄照片（图片Ⅴ之1）显示这副鄙视的样子。它代表一位少妇在撕掉她鄙视的恋人相片时的形象。[255]

表示轻蔑最常见的方式是在鼻子和嘴上做动作，但后一动作如太过分则表示厌恶。鼻子可以随着上唇上翻而略为上掀，整套动作可简化为在鼻梁上打起皱褶。鼻孔通常往内收缩，部分地关起呼吸道，[256]这通常还伴以轻微的嗤鼻声或鼻腔的排气声。这些行为都是和我们在嗅到某种难闻的气味，想躲开或排除时的行为一样。正如皮特利特博士指出的，[257]我们探出双唇，或仅掀起上唇，以堵住鼻孔，鼻子也往上耸了。这样我们就像对我们所轻视的人说，他的气味难闻，[258]其方式近于我们对他眯缝眼或转过脸去，表示他不值一顾的表情。然而切莫以为，当我们显出轻蔑时，这种做法是经过脑子的。这和我们闻见难闻的气味或看见难看的物像一样，这类行为已成为习惯或定式，过去是怎么做的，只要遇到任何类似心态，还会怎么做。

多种小动作也可以表示轻蔑，如打响指。这正像泰勒先生指出的，[259]在一般情况下，它的意义是不太明确的。但当我们注意到这种手势其实是一种哑语，表示小、无足轻重和瞧不起的意思。但在哑语中做的要文雅得多，好像用大二两指揉什么小东西并扔掉，或放在大指甲和二指之间弹出去。似乎我们把本来是自然的动作加以夸张和程式化，反而看不出它原有的意义了。斯特拉博对此姿势有过有趣的叙述。[260]华盛顿·马修斯先生告诉我：北美达科他的印第安人的轻蔑不但用上面描述过的把脸转过去来表示，“还习惯地握拳举臂到胸前，然后随着前臂突然前伸，手掌张开并分开手指。如果这种手势所针对的人正在面前，手就向他挥去，头却转开。”这种突然伸臂开掌的动作大概表示丢下或扔掉一个无用的物件。

厌恶一词，简单地说，指不合口味。有趣的是，这种感觉可由食物的色、香、味方面的不正常而引起。在火地岛时，我在露营地正吃一些冷藏肉，一个本地人过来用指头摸摸这肉，明显地表示对它的厌恶；我则对我的食物被一名光着身子的土人摸过表示厌恶，尽管他的手看上去还不脏。一个人胡须上沾上羹汤使人厌恶，厌恶的当然不是羹汤本身。我设想，这种厌恶来自在我们头脑里形成的、在食物的形象与准备吃它之间的牢固的联想，初不论在什么场合。

由于厌恶的感觉主要是与吃或品味的行为相联系而发生的，它的表达自然要以口缘部位的运动为主。但由于厌恶也带来困扰，所以它通常要伴以皱眉和类似推开或避开讨厌的事物的姿态。在图片Ⅴ的 2、3 两图，芮兰德先生所模拟的这种表情相当成功。以面部而言，中度厌恶可有多种表示法：大张着嘴，像是要吐出一口难吃的东西；吐口水；用突出的双唇吹气；或发出一种清喉咙的声音。这种喉音在英文里一般写成 ach（啊哈）或 ugh（呃呵），有时还伴以抖动，即双臂向体侧靠拢，肩膀耸起，像是遇见什么可怕的物事。[261]极端厌恶的表情是模仿准备呕吐的口部动作。大张着嘴，上唇剧烈后掣（使鼻侧出现皱纹）；下唇则尽量突前并外翻。这后一动作要靠管向下牵引嘴角的肌肉的收缩。[262]

值得注意的是：某些人只要一想到吃了某种不寻常的食物（如来自一种不常吃的动物的），就立刻干呕或呕吐起来，尽管这种食物中没有什么可以引起反胃的东西。作为一种反射行为，当由于吃得过饱、或吃了腐败的肉，或服过呕吐剂等实际原因发生呕吐时，它不是立即发生而往往要等一段时间。因此要想说明为何仅仅一个念头就那么快和容易引发出干呕或呕吐，就不得不疑心到我们的远祖从前必定像反刍动物和一些别的动物一样，有随意吐出他们不爱吃的或他们认为可能不好吃的食物的本领。[263]如

图片Ⅴ

1

2

3

今，这种本领已经丧失，但就意志方面而言，它已被导入不随意动作了。借助于一种业已确立的习惯势力，每当心里想到吃了某种食物或碰到厌恶的事物时就想吐。这种猜想从下列事实得到支持。萨顿先生告诉我：动物园的猴类经常好端端的就呕吐，像是一种随意动作。这样看来，因为人能够用语言教他的孩子和旁人要避开哪些食物的知识，人自然没什么机会去运用随意倒出胃纳的能力，因而这种能力因为老不用就丧失了。[264]

由于嗅觉与味觉的密切关系，遇到特别难闻的气味也像想到了难吃的东西时那样容易引发干呕或呕吐，也就不足为奇了。久而久之，稍微闻到一点坏味就会引起各种厌恶的表情动作来。闻到臭味容易恶心这种反应可因屡次出现而加强，但亦可由于长期接触臭气的来源和主观抑制而很快消失。例如，有一回我打算剥制一副鸟的骨架，它用强碱水泡得不够；由于我和我的仆从很少干过这种活儿，它的气味使我们干呕得十分厉害，以致不得不放弃。此前我曾检视过别的几副骨架，尽管气味不太好，但一点都没有影响我。此后几日，每当我重新拿起这些骨架时就引起恶心。

从我的通讯者那里收到的答案看，似乎当前被描述为表示轻蔑和厌恶的各种动作，在世界大部地区是通行的。如罗思罗克对北美的某些野蛮的印第安人部落就是用肯定的语气从正面回答我的。克朗茨说：当一名格陵兰人以轻蔑或厌恶的心情对某事物表示否定时，他把鼻子往上一翘，并哼出某种声音。[265]斯各特先生用草图描画出一名印度青年见到他有时被迫喝的蓖麻油时的面相。斯各特先生看到，上层印度人在走近某些脏东西时脸上也露出同样的表情。布里奇斯先生说，火地人“用努嘴表示轻蔑，[266]同时发出嘘声，有时也用翘鼻子来表示。”有些通讯者还注意到观察对象或用鼻子哼，或发出“呵”、“阿”的惊叹声来表示厌恶。

吐口水似乎是轻蔑或厌恶的近乎普遍的表征，它显然代表从嘴里排出讨厌的东西。莎士比亚剧中的诺福克公爵说道：“我啐他，并管他叫造谣中伤的胆小鬼和流氓。”还有，剧中人福斯塔夫说：“跟你说，哈尔，如果我对你扯谎，只管啐我脸好了。”李克哈特认为，澳洲人“在讲话时停下来吐口水，并发出类似‘扑’的声音，显然是一种厌恶的表示。”伯顿船长[267]也谈到，“某些黑人厌恶时往地上吐唾沫。”斯比迪上尉告诉我，阿比西尼亚人也是这样。吉奇先生说：马六甲的马来人的厌恶表情就是以“从口中吐唾沫作答”。布里奇斯认为火地人“朝人吐口水是表示对他最大的轻蔑”。

我在我的一个5个月大的婴孩脸上，第一次见到比较清楚的厌恶表情，那是因为喂了他点凉水。一个月后的再现，是因为喂他一片熟樱桃。他表现为掀唇咧嘴，口水很快流出来，樱桃很快掉出来，还吐了舌头。这样做时还伴以轻微的哆嗦。眼神和前额表现为惊奇和思虑，看上去有些滑稽，所以我怀疑她是否真的厌恶。吐舌头让可厌物体吐出来也许可以解释为什么伸舌头已成轻蔑和憎恨的普遍性的表征。[268]

我们现在知道，轻侮、鄙视、轻蔑和厌恶可有各种表示法，包含面部的和形体的，而它们在全世界都是一致的。它们全包括表示排除或拒受一些我们不喜欢的或痛恨的实物的行为，这些实物还不足以引起我们更强烈的情绪，如大怒或恐怖。通过习惯和联应的作用，只要在我们头脑中出现类似的感觉，就会做出类似的行为。

嫉妒、羡慕、贪欲、记仇、猜忌、欺骗、狡诈、负疚、虚荣、浮夸、野心、骄傲、谦卑等：这些复杂心态的多数很可能还没有固定表示法能够明确地加以形容或描述。当莎士比亚把羡慕描绘为瘦脸的、黑色的、苍白的，把嫉妒说成是“绿眼妖怪”时；当斯宾塞把猜忌形容为“污秽不堪的、丑恶的”时，他们大概已感到这个困难了。然而，上述感情中的多数，如浮夸，还是有目光泄露机关的。只不过我们往往于不觉间在很大程度上受到我们对某些人和情况的先入观念的指引罢了。

当问及各个人种的内疚与欺骗的表情能否看出来时，我的通讯者几乎全部回答说是。[269]我对他们的回答是信得过的，因为他们对嫉妒多半认为看不出来。当他们讲得深入时，几乎全都提到眼神。自觉有罪的人被说成是不敢看原告，或偷看上几眼。这时的眼睛不是“斜视”，就是“滴溜乱转”，或是“眼皮半睁半闭”。作这样提示的有哈根敖尔先生关于澳洲人的，和盖卡关于卡菲尔人的。眼珠乱转显然是罪犯不敢正视原告的凝视而发生的，这一点在谈到脸红时再做解释。我要补充一点，就是我在我自己的孩子还很小的时候看到过他的内疚表情，其中却并无丝毫畏惧。当一个孩子只有两岁零七个月时，这种表情明白无误地显出是他干的坏事。我当时把他的表情记录为眼睛亮得很不自然，还有一种没法描述的奇特的、拘束的样子。

我认为狡诈也主要是靠眼球运动来体现的。由于长时期的习惯势力，眼球运动比身体运动更少受意志的支配。赫伯特·斯宾塞先生说：[270]“如果想看见视野一侧的东西，而不愿让人觉出来的话，人们就倾向于控制住头的转动，完全靠调整眼光去完成，从而使眼球往那一侧转。因此，当只有眼球往一侧转，脸不跟着转时，我们就以狡诈这一自然语言来表达。[271]

在上举各复杂情绪中，骄傲也许是表达得最清楚的。骄傲的人常以昂首挺胸来显示胜过别人的优越感。他举止轩昂，自视甚高，并尽量夸大自己，也被人比作尾巴翘上天了。孔雀或火鸡打开尾羽、高视阔步的样子不就叫骄傲的象征吗。[272]傲慢的人看不起别人，看人时耷拉着上眼皮，好像不屑一顾的样子。有时也用鼻子或嘴的一些小动作来表示其轻蔑，如已经形容过的。为此使下唇外翻的肌肉曾被命名为骄傲肌（*musculus superbus*）。在克赖顿·布朗博士送与我的一些高傲偏执狂患者的照片里可看出昂首挺胸的样子，嘴则是闭着的。闭嘴是性格决断的表现，我想，这大概因为他们自信心也非常强吧。骄傲与谦卑二者的表现完全相反，因此也就无须对谦卑再说些什么了。

无助、无能——耸耸肩：[273]当人想表示他干不成哪件事，或不能阻止别人干什么事，他常是把两肩往上耸耸。接下去，他还会把胳臂肘往里弯，把手掌往外摊。头部往往略微偏向一侧，眉毛上扬，额头出现皱纹。嘴一般张着。为了表明这种身姿的出现是下意识的，我不妨说说我自己。虽然我时常有意地耸肩，看看我的两臂的位置，但直到我照镜子，我一点都不知道自己眉毛上扬和张着嘴。从此我就注意别人在耸肩时的面部表情。在图片Ⅵ中的3、4两照中，芮兰德先生成功地演示了耸肩的姿态。

英国人比多数其他欧洲国家的人民要含蓄得多，他们比法国人和意大利人肩耸得少，也没有那么用力。姿态的变化有许多等次，从上面描述过的全套动作到仅只一耸即逝的少许抬肩。我还看到过一位坐在圈椅里的太太，只是把双手略分，手指分开。我还没见到年幼的英国儿童耸肩的。一位医学教授、又是卓越的观察者，仔细地看到一个情况并转告给我。这位教授的父亲是巴黎人，母亲是苏格兰人，夫人的父母都是英国血统，教授从未见过她耸过肩。他的孩子都是在英国带大的，保姆是地道的英国人，从未耸过肩。可是他的大女儿在长到16—18个月时却耸起肩来，教授夫人见到就喊："瞧这个耸肩的小法国人！"开头她光是耸肩，有时斜着往后一甩脑袋。但从未见过她像大人那样移动手和臂。这种习惯逐渐消失，到过了4岁时，就再也看不见她耸肩了。教授自己有时候也耸肩，特别在与人辩论的时候。但他的女儿这么一点年纪就能够模仿他是绝对不可能的。据他指出，她怕是连见她父亲耸肩都没见过。而且，就算她这习惯是学来的，又怎么可能没有几年反而在她身上消失了呢，她一直跟着她父亲生活呀。再有一点，这孩子长得特像她巴黎的祖父，简直达到使人难以置信的程度。她在另一点上和她的祖父也特像，就是爱作一种奇特的手势。当她急着要什么东西时，她伸出小手，把拇指在食指和中指上快揉。而这一手势恰好也是她祖父急着要什么东西时常做的。

教授的二女儿在18个月前也爱耸肩，以后不这么做了。自然她有可能是从姐姐学来的，但她姐姐早已不耸肩了，她还在耸。起初她没有她姐姐那么像祖父，但现在比姐姐还像。她直到现在还有着急时把拇指在食指、中指两指间相揉搓的特殊习惯。

于是，我们就像以前某一章里提到的那样，我们找到一个手势或姿势遗传的例证。我相信，没人会把这样一个祖孙两代共有的奇特习惯归之于巧合。要知道这两个孩子都没见过祖父一面啊。

把这两个女孩好耸肩的情况一并加以考虑，这个习惯她们无疑是从法籍祖父遗传来的，尽管她们只有1/4的法国血统，而且她们的祖父还不太爱耸肩。至于说这两个孩子在襁褓中就会做的动作，后来反而丢掉了，这

图片Ⅵ

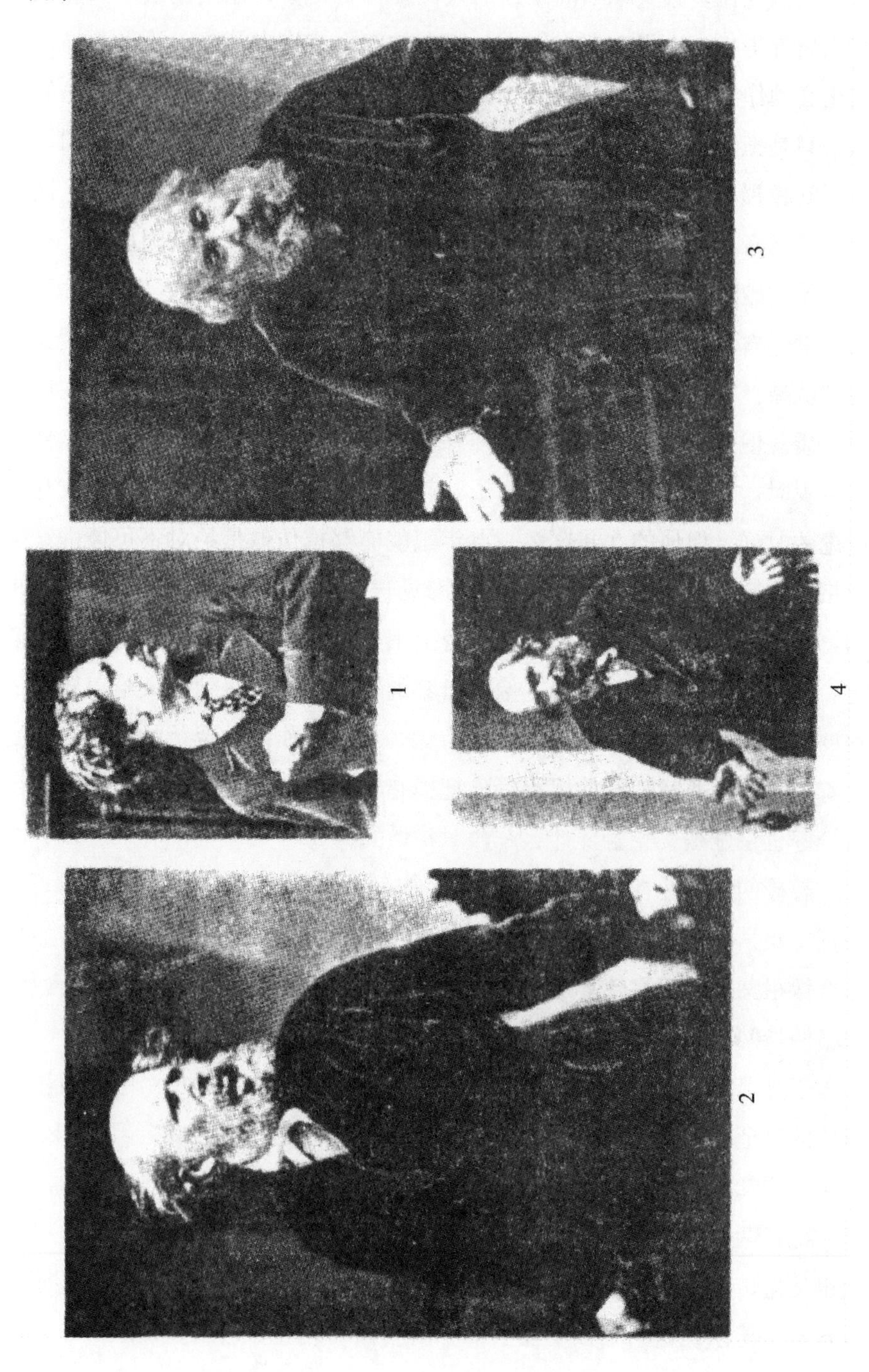

确实很有意思，但并不奇怪。在多种动物中，某些在幼小时拥有的特性长大后反而失去的事是司空见惯的。

我曾一度认为这事非常不可能：像耸肩这种复杂的姿态，加上陪伴的动作，怎么能是天生的呢。为此，我急于想弄清楚那位又瞎又聋的劳拉·布里奇曼，她无法通过模仿获得这一习惯，是否也会耸肩。我从英尼斯博士那里听到，他是听一位最近服侍过她的妇女说的，她和正常人一样，在遇到不如意时，就是耸肩、曲肘、并扬眉。我还想知道这种姿势是否在各人种中都有，特别是那些和欧洲人没有什么来往的人。结果显示他们能耸肩，但缺少陪伴动作。

斯各特先生在加尔各答的植物园里看到孟加拉籍和丹加尔籍（这属于另一人种）的工人们，在声明他干不了某件工作（如抬重物）时会耸肩。他曾让一名孟加拉工人爬一棵大树，这工人把肩一耸，把头一摇，说他不会。斯各特先生知道他会，就是懒，督促他试试。他脸色变白，胳臂悬垂，目瞪口呆，再次打量了一下树，又斜着眼瞧瞧斯各特先生，耸耸肩膀，收拢双肘，摊开手掌，迅速地摇几下头，说他没这份本事。H. 厄斯金先生也同样见过印度土著耸肩，但他从未见过他们像我们这样，把双肘收得这么厉害。他们耸肩时，有时把双手平放在胸前。[274]

在马来半岛腹地的马来土人和布吉人（也是马来人，但语言不同）那里，吉奇先生常看见他们耸肩。我认为他们有整套姿势，因为在回答我关于肩、臂、手、脸的动作时，吉奇用了这样一句话："姿势无可挑剔。"我失掉一本科考远航的记录本，上面有关于太平洋上加罗林群岛土人（密克罗尼西亚人）的耸肩动作的很好的描述。斯比迪大尉告诉我：阿比西尼亚人会耸肩，但没有细说。格雷·阿萨太太在亚历山大港看到一名阿拉伯语翻译，因为他接待的一位老先生不按指给他的方向行走，就耸起肩来，其姿势和我问题中提出的完全一样。

关于美国西部的印第安野蛮部落的情况，马修斯·华盛顿写道："在少数场合，我发觉男的使用一种轻微的耸肩表示致歉，但你信中所描述的其他表示我未曾见过。"弗烈茨·米勒告诉我，他看见过巴西的黑人耸肩。[275]但这也许是因为他们学葡萄牙人才这样干的。巴伯太太在南非的卡菲尔人中从未见过这种姿势；而盖卡，从他给我的回信判断，他连我所描述的问题都没有弄懂。斯温赫先生对中国人耸肩与否持怀疑态度，[276]但是他看到他们在碰到足以让我们耸肩的情形时，把右上臂收拢，扬起双眉，举起右手，手掌对着和他说话的人左右摆动。最后，关于澳洲人，我的4位通讯者回信说没有，一个说有。本奈特先生，他有很好的机会观察住在维多利亚边区的人，也说有，还补充说他们的姿势“比起文明国族来要显得温和而含蓄”。这种状况也许可以解释那4位为何说没有了。

这些关于欧洲人、印度人、印度的山民、马来人、密克罗尼西亚人、阿比西尼亚人、阿拉伯人、黑人、北美印第安人，显然还有澳洲人（其中很多土人很少与欧洲人打过交道）的叙述，已足以显示耸肩，有时还有一些别的辅助动作，是人类固有的表情方法。

这种姿势意味着，有什么事情，是我们自己不愿去做却又不可避免的，或者是我们勉强不来的，看到别人做时我们也无法阻止。它的潜台词是：“这不怪我”，“我爱莫能助”，“他一定要那么办，我管不了。”耸肩还表示忍耐或一点都不想抗拒。为此提肩肌有时也叫“忍耐肌”，这是一位画家告诉我的。莎剧中的夏洛克有这样一段台词：

> “安东尼奥先生，您曾多次而且经常
> 为了我的借金和我的重利盘剥，
> 在里阿多耳交易所里辱骂我；
> 可是我总是用忍耐的耸肩来忍受了它。”
>
> ——《威尼斯商人》，第1幕，第3场。

C.贝尔爵士给一个人画了像，[277]这人一遇到可怕的危险就退缩，卑鄙的恐惧心几乎使他叫出声来。他表现为肩头抬得几乎碰到耳垂，这让人一看就知道他决不想反抗。

由于耸肩一般表示“我干不成这个或那个”，稍微变一变，它有时表示“我不干”，也就是不干的顽强决心。奥姆斯特德（Olmsted）描述[278]在得克萨斯时见到一个印第安人，当他听说来了一队德国人而不是美国人时就把肩头高耸，以此来表示不愿意同他们打交道。爱发脾气又执拗的孩子有时也把肩头抬得老高，但它的含义与真的耸肩不同。一位卓越的观察者[279]于形容一个决心不屈从于父亲意志的孩子时写道：“他把双手深插进衣袋里，把双肩高耸到耳垂。这等于警告说，不管对错，想叫我让步得先把这大石头搬走，任何劝说都是白费。当儿子的意图获胜时，他的肩膀也就恢复原状了。”

顺从往往以叠起手掌平放在下腹部来表示。要不是奥格尔博士向我指出，他有两三次看到他的准备上氯仿动手术的病人有此姿势，我甚至可能以为这种姿势不值得注意了。他们表现不大怕，用这种手势似乎在宣告他们已经下定决心对不可避免的事情由它去罢。

现在让我们问一声，为什么世界各处都有人在感觉到（不管他们愿意表示这种感觉与否）他们不能或不愿做某件事，或看到别人在做又不愿去阻止时，就会耸肩同时收肘，亮出叉开五指的双手，头常向一侧歪，而且扬眉张口呢？这种心态要么是消极的，要么是表示坚决不干。可是上述举动却毫无用处。我认为，答案只能从下意识的反对原理中去找。[280]这条原理在这问题上之起作用，跟过去提到过的狗的情况一样清楚。狗在野性发作时，作好攻击的姿态并装出让敌人怕的样子。但一旦它觉得亲善了，就把全身投入一种截然相反的姿势，尽管这对它没有用处。

让我们来观察一下一个傲慢的人，他发怒，又不愿屈从于某种屈辱，就高扬着头，端着肩膀并挺着胸膛。他常攥着拳，摆出一副准备拳击的架势，肢体肌肉处于紧张状态。他皱眉，亦即把前额向下拉。因下定决心，嘴也闭紧。一个无助的人的行动和姿态在各方面都与此截然相反。图片Ⅵ中图 2 的先生像是在说：“你侮辱我是什么意思?”图 3 的先生像是回答：“我实在没办法呀。”没办法的人下意识地收缩额肌，从而使盾毛扬起（不同于叫额头起皱的动作）。与此同时，他放松了口围肌，使下唇垂下来。此二图种，一切动作尽皆相反，不光是面部动态，还有两臂的位置和整个身体的姿势，从图上都可看出。由于无助的或抱歉的人经常愿意表明心迹，他的表情具有鲜明的或演示的特点。

鉴于各色人种在感到气愤并准备打击敌人时并不都采取弯臂攥拳的姿势，因而在世界各地表示无助或抱歉的心情时也仅限于耸耸肩，不带有肘向内靠、手掌摊开的动作。大人或小孩在固执时，或对某种大的不幸表示顺从时，都没有一点积极反抗的意思；这种心态仅靠耸肩或者双臂交叉抚胸来表达。

肯定或赞成、否定或反对的姿势——点头和摇头：我很想探明我们常用的表示肯定和否定的惯用姿势是否世界通用。这种姿势在某种程度上确实表达了我们的情感。当我们赞许我们的孩子的作为时，我们点头并面带笑容；不赞成时则摇头并蹙额。在婴儿，头一个否定的动作是拒食某种食物。我多次注意到我自己的孩子当不想吃时，或把头偏离奶头，或向侧方躲开送到他们口边的小匙。在接受食物并朝嘴里送时，他们向前探头。在作此观察时，人家告诉我，查马（Charma）也有过同样的见解。[281]值得注意的是，在接受食物时只有一个简单的伸头动作，而把头一点也意味着同意了。在另方面，在拒食时，特别当食物是强加给他们时，孩子们常是把头左右摇摆几次，正如我们为否定而摇头一样。再有，当拒食时，把头向后仰或把嘴闭上也并非少见，因此这种动作也许同样可作为否定的姿势。韦奇伍德先生对此问题做过说明。[282]他说：“当闭着牙齿或嘴唇用力发音时，发出的音像 n 或 m 的音。由此可以解释我们何以用词素 ne 来表示否定，很可能希腊文中的μή也有同样的意义。”

这种姿势非常可能是天生的或本能的（至少对盎格鲁-撒克逊人是如此），可由又瞎又聋的劳拉·布里奇曼在说“是”时总是伴以点头，而当她说“不”时则和我们一样摇头。我原以为这种姿势是她学来的，因为她有惊人的触觉和对别人动作的警觉，可利伯尔先生告诉我不是那回事。[283]头小型白痴的大脑已退化到连说话都不会的地步，沃格特曾描述其中之一，[284]当问及他是否还想要点饮食时，他用低头或摇头来回答。施马尔茨（Schmalz）在他的关于聋哑人和比白痴略高一级的儿童的教育的著名论文中论及他们既能做出也能理解肯定与否定的通用姿势。[285]

然而，当我们看看不同人种，这种姿势并不像我预期的那样得到普遍采用。把它们列为完全的因袭或人为的姿势又显得过于一般。我的通讯者肯定地说：马来人、锡兰的土人，中国人、几内亚海岸的黑人都使用这两种姿势。据盖卡说，南非的卡菲尔人也用，虽然巴伯太太没见过卡菲尔人用摇头表示否定。至于澳洲人，7 名观察者一致认为他们用点头表示肯定，5 名认为用摇头表示否定，有时还伴以语言。但戴森·莱西先生在昆士兰从未见过摇头的，而布尔默先生也说：在吉普兰，人们用把头略微向后一仰并吐舌头来表示否定。在澳洲大陆最北端托雷斯海峡附近，土人在表示否定时“不摇头，但举起右手，挥动半周再反转，如是反复两三次”。[286]据说，现代希腊人和土耳其人用一种把头后仰并用舌头发出咯咯声的方法表示否定。[287]土耳其人还用一种类似我们摇头的动作来表达“是的”。[288]阿比西尼亚人表示否定时把头向右一甩，伴以轻微的咯咯声（嘴是闭着的）。他们表示肯定时则把头向后一扬，眉毛在短时间也有所上扬。这是斯比迪上尉告诉我的。菲律宾群岛的吕宋岛的塔戈尔人（Tagal），据阿道夫·梅耶博士说：在说“是”的时候也是向后扬头。[289]另据印度公爵布鲁克说：婆罗洲的达雅克人用扬眉表示肯定，用略微皱眉表示否定，伴以异常的目光。阿萨·格雷教授及其夫人谈到尼罗河区的阿拉伯人时，认为他们以点头表示肯定偶尔还可见到，至于用摇头表示否定则从来没有，甚至不懂它的意义。爱斯基摩人[290]点头示肯、眨眼示否。新西兰人则“以抬高头和下巴以代替肯定的点头”。[291]

至于印度人，H. 厄斯金先生根据有经验的欧洲人和本地绅士所做的调查报告得出结论说：其肯定和否定的姿势不尽一致。有时和我们一样使用点头和摇头；但否定更常见的表示法为头突然向后并略偏向一边，同时舌头发出咯咯声。我无法想象这种舌头碰上颚发出的声音是什么用意，好几个民族都有此习惯。本地绅士还说同意时常把向左摆。我请斯各特先生为我特别注意这一点。经过反复观察，他相信本地人在表示肯定时不大用点头，而是把头先向后仰，偏左偏右的都有，然后再突然向前一点。在一个不大仔细的观察者看来，这种动作也许就被描述成摇头了。他还说：在肯定时，头常是直立着摇几下。

布里奇斯先生告诉我：火地人于肯定时点头，否定时摇头。照华盛顿·马修斯先生的说法，北美的印第安人点头和摇头都是向欧洲人学的，不是生来就会的。他们表示肯定时“是用食指（其余各指都拳着）划一弧线，先向下，后向外。表示否定是以手背向外推，手心朝自己。”别的观察者则说，这族印第安人表示肯定时是举起食指，然后放平再指着地面，或把手从面部往前挥。至于否定的姿势则是用食指或整个手左右摇摆。[292]这种姿势大概代表在各种情况下的摇头了。意大利人在否定时据说也是举着食指左右摇晃，就像我们英国人有时那样。

总之，我们在不同人种间发现，表示肯定与否定的姿势有相当大的变化。就否定而言，如果我们承认摇摆手指或手是摇头的象征；又如果我们承认头突然向后仰代表儿童们常做的拒食动作的一种，那么全世界的否定姿势就有颇大的一致性，而且我们知道它们是怎么来的。最显著的例外在于阿拉伯人、爱斯基摩人、某些澳洲部族和达雅克人。后者用皱眉表示否定，而我们则在皱眉之外还要加上摇头。

说到以点头表示肯定，例外的民族还要多。如印度人的某些部分、土耳其人、阿比西尼亚人、达雅克人、塔戈尔人和新西兰人。他们多以扬眉表示肯定，因为当人低头时，他总要把眼睛朝上好看着和他说话的人，他也就自然把眉毛扬起来了。因此扬眉可看做是简化的点头。同样，就新西兰人而言，肯定时扬起下巴和头也可以看成是点头后再把头恢复原来位置的下半个动作，也是一种简化。

第十二章

惊讶、吃惊、害怕、恐怖

惊讶、吃惊——举眉、张口、吐舌——惊讶时的身姿——赞美——害怕——恐惧——头发直竖——颈阔肌的收缩——瞳孔放大——恐怖——结语

如果我们遇到突然并靠近的注视，会吓一跳，惊讶可转变为吃惊，吃惊转变为吓呆了。后一种心境很接近恐惧。当人凝视时眉毛略扬，进入惊讶时则眉毛大扬，目张口开。扬眉为眼睛的迅速睁大所必需，它也带来前额上出现横皱纹。眼与口张大的程度视感到惊讶的程度而定，但上下动作必须协调。如果光是嘴张得很大，眉眼没怎么动，就会成一种莫名其妙的怪样，如杜欣博士的一张照片所显示的。[293]另方面，也有人惯于单是以扬眉表示对某事物的惊讶。

杜欣博士给出一位老者的照片，他由于额肌受电流刺激，眉毛抬得很高，嘴也自然开张。这形象真实地反映了惊讶的表情。我曾把它给24个人

看而不加任何解释，结果只有一个人没看出所以然，另一个人说是恐惧，也不能算错。其他人都回答是奇怪或吃惊，还加上诸如恐怖的、忧伤的、痛苦的或厌恶的等等定语。

目张口开已被公认为奇怪或吃惊的表情。例如莎士比亚说："看见一个铁匠师傅站在那儿，张着大嘴吞下裁缝师傅的一个消息。"（《约翰王》第 4 幕第 2 场）还有："他们互相凝视，好像要把眼眶撑开；在他们沉默中也有语言，语言就在他们的姿态上。看上去好像他们已经听到世界毁灭的声音。"（《冬天的故事》第 5 幕第 2 场）

就此问题，我的通讯者关于不同人种的表现，回答得非常一致。上述面部表情还时常伴以如下所述的某些身姿和声音。在澳洲的不同地域，有 12 名观察者对此点回答一致。温伍德·里德先生见到几内亚海岸的黑人有此表情。关于南非的卡菲尔人，盖卡酋长等肯定了我的提问。关于阿比西尼亚人、锡兰人、中国人、火地岛人、北美的各部族人和新西兰人的表现，都是一致的。斯达克先生说：新西兰人的表情有的明显，有的稍差，但他们都试图最大限度地隐瞒自己的感情。印度公爵布鲁克说，婆罗洲的达雅克人在吃惊时睁大了眼睛，前后摆头，并以手捶胸。斯各特先生告诉我，加尔各答的植物园的工人严禁吸烟。但他们时常违反这条禁令。当他们在吸烟时突然被发现，他们先是目瞪口呆，随后常是耸耸肩，好像他们知道迟早要被发现的。有的因懊悔而皱眉或跺跺脚。不久他们就从惊吓中恢复过来，难堪的害怕表现为四肢无力，头部低到与肩膀一般平，还不时用两眼来回偷看，终于开始哀求饶恕。

著名的澳洲探险家斯图尔特先生，[294]曾给出一个从未见过骑马的土人被吓呆还怕得不得了的生动写照。斯图尔特走近时那土人没注意，他在不远处叫那土人。"他转过身来看见我。我不知道他把我幻想成什么。但我却看到从未见过的害怕和吃惊的细微情景。他站在原地已不能动弹，像焊住一样，张嘴瞠目……他一动不动，直到跟随我的黑人走近他只有几码远时，他突然扔掉棍棒，没命地逃进一堆灌木丛中去了。"当我们的黑人伙伴问他话时，他一个字都没有回答，只是一个劲地哆嗦，"还挥手叫我们走。”

扬眉的动作乃是天生的或本能的冲动所引导，这事可由劳拉·布里奇曼在受惊时也这样做得到印证。这是我由近来照料他的太太那里得知的。由于惊讶是由未料到的或不知道的事情引起的，我们在受惊时自然就希望尽快地查明原因，这就要睁大眼睛以扩大视野，并可使眼球向各方转动。但这还很难说明眉毛何以抬得那么高和眼睛何以显得那么怔。我以为只能这样解释，即在霎那间睁眼仅靠抬起上眼皮是不够的。为此必需用力扬眉。谁要想尽快睁大眼睛可照着镜子试试，他就会发现他是在扬眉了。又因扬眉后眼睛睁得太大就显得发怔，这是白眼球大部露出来之故。还有，扬眉有利于朝上看，而低眉则使我们无法朝上看。C. 贝尔爵士给出了[295]关于眉毛在睁眼上的作用的有趣的小试验。一个糊里糊涂的醉汉，全身肌肉都已松弛，上眼皮也耷拉下来，就像睡着时的样子。为了不让自己醉倒，醉汉扬起双眉，这使他脸上带着一种困惑的蠢像，活像赫戛茨画中的人物。扬眉的习惯的获得是为了尽快地观察周围事物。只要我们由于任何原因而吃惊，甚至听到一声巨响或有了某个念头，由于联应的作用就会扬眉。[296]

成人在扬眉时，整个前额都会出现横皱纹，儿童皱的要差一些。皱纹呈与眉毛平行的弧线，在中间部分合拢。它们是惊吓和吃惊这种表情的显著特征。正如杜欣所说：眉毛在上扬时比在平时弯度要大些。

人吃惊时张嘴的原因要复杂得多。显然有几个原因同时引出这一动作。经常有人认为这可以使听觉更敏锐，[297]但我曾见过注意听一种轻微的声音（其性质及来源完全清楚）的人，并没有张着嘴。因此我曾一度设想，张嘴也许有助于在声音前进时辨别其方向，通过耳咽管（欧氏管），也好多一条声音入耳的渠道。但是承蒙 W. 奥格尔博士[298]为我找到关于欧氏管功能的最近权威著作后告诉我：除去在咽东西时之外它是不通的，这点已接近最后结论；有的人欧氏管不正常地老开着，听外部环境的声音时也得不到改善；相反，由于他们听呼吸的声音比常人清楚，听外部声音反而受影响。如果我们把表放在口腔当中，不叫它碰着哪儿，听表走动的声音不如听外边的清楚。生病或伤风时，欧氏管可能堵塞，使听力受损。但这可由管内壅塞着黏液、不通气加以解释。因此我们可以推断：人在受惊时张大嘴不是为了听得更清楚，尽管聋人大都喜欢张着嘴。

任何一种突如其来的情绪，包括吃惊，都会使心跳加快，呼吸也同样。格拉休莱指出，[299]我也认为如此：呼吸时张大嘴比单用鼻孔平静。因此，当我们要仔细倾听某种声音时，要么屏住呼吸，要么张着嘴，使呼吸尽可能平静，同时保持身体稳定。我的一个儿子夜里被一种声音吵醒，这自然唤起他的警觉。过了几分钟，他意识到他的嘴一直在张着。他这才想到张嘴是为了尽量使呼吸平静。这个看法可以从狗的相反情况得到支持。狗在运动后大喘气，或在热天大力呼吸。但如果他的注意力被突然唤起，它立即竖耳倾听，把嘴闭上，呼吸转趋平稳。这是因为它能够靠鼻孔做到这一点。

当人的注意力高度集中在任何事物或问题上一段时间后，他就会把身体的各部器官忘得一干二净。[300]因为每一个人的神经力量都有限，它除去送到加紧工作的部位以外，不再往任何别的地方送。因此大部肌肉呈松弛状态，下巴也自然下垂。这可说明人在惊呆了或还没到那个程度时为何总是张着嘴、耷拉着下巴。我见过这情景并做了记录。那是一些很小的孩子，受惊的程度只有中等，就已经这样了。

当我们吃惊时，特别当我们吓一跳时，还有一个使嘴张开来的高度有效的原因。我们张开大嘴吸气要比从鼻孔吸气容易得多，也深得多。当我为突如其来的大声或形象而惊起时，全身肌肉几乎全不由自主地立即投入紧张行动，以便自卫或逃离险境。如前所述，每当要做任何使大劲的事情时，我们总要下意识地做些准备，头一件就是深深地吸一大口气，嘴也就张开了。如果没有使大劲的事，但我们心有余悸，我们可以屏息片刻，或使呼吸尽量轻，以便不漏掉任何声音。或者，如果我们长时间深切地注意某件事，我们的所有肌肉松弛下来，下巴先是突然下垂，然后就一直耷拉着。如是，每当惊吓、吃惊或惊恐时，就会有几种原因同时促成这同样动作。[301]

虽然在受惊时我们一般要张嘴，但嘴唇时常有些突出。这使我们联想到黑猩猩和猩猩在吃惊时也有突唇动作，当然程度要强烈得多。由于在刚吃一大惊时要深吸一口气，随后要自然而然地把气吐出来；又由于口唇时常突出，这时通常发出的各种声音就显然得到了解释。但有时只听见吐气的声音。即如劳拉·布里奇曼在受惊时就是把口唇变圆、呶出、张开，再作深呼吸。[302]一个最常用的声音是“欧”的长音。据赫姆霍尔茨解说，人在嘴略开、唇突出时自然会出这个声。在一个平静的夜晚，当“贝格尔号”停在塔希提的港湾时，为了让岛民高兴，我们放了几支火箭。每放一支就出现一次宁静，但每次也无例外地出现一片欢呼声，在海湾周围震荡。

华盛顿·马修斯说：北美的印第安人用叹息声表示惊奇。据温伍德·里德说：非洲西部的黑人的表示法是突出唇部，发出咳咳的声音。如果嘴开得不大，光是突唇，就会产生吹气声、嘶嘶声或口哨声。R. 布拉夫·史密斯先生告诉我：一个从内地来的澳洲人被带到剧院去看一名杂技演员迅速翻筋斗的表演。“他感到很惊奇，呶起嘴，发出一种类似吹灭火柴的声音。”据布尔默先生说：澳洲人在吃惊时，发出“靠奇”的惊叹声，发声时嘴要“呶出像是要吹口哨”。我们欧洲人也常在惊奇时吹口哨。如在最近一部小说[303]里写道：“于是这人用长长的一声口哨来表示出他的惊奇和责难。”[304] J. 曼塞尔·威利告诉我，一名卡菲尔女孩，“听见一件东西要价太高时，便扬眉并吹口哨，很像欧洲人。”韦奇伍德先生指出：这种声音写下来就是“咻”，是用来表示惊奇的感叹词。

另外三位观察者反映：澳洲人用一种咯咯声来表示惊奇。欧洲人有时用一种类似的“啧啧”声表示轻度的惊讶。如上所述，当我们受惊时，嘴立时张大。如果此时舌头恰好贴住上颚，口一开、舌一撤，就会发出“啧啧”声，从而就用它代表惊讶了。

谈到身体的姿态，受惊的人常常高举双手过头，或弯臂使双手护耳。[305]手掌面向引起他惊慌的人，手指叉得很开。这种身姿已由芮兰德先生拍下（见图片Ⅶ之图 1）。达·芬奇所画“最后的晚餐”一画中，有两个

图片Ⅶ

1

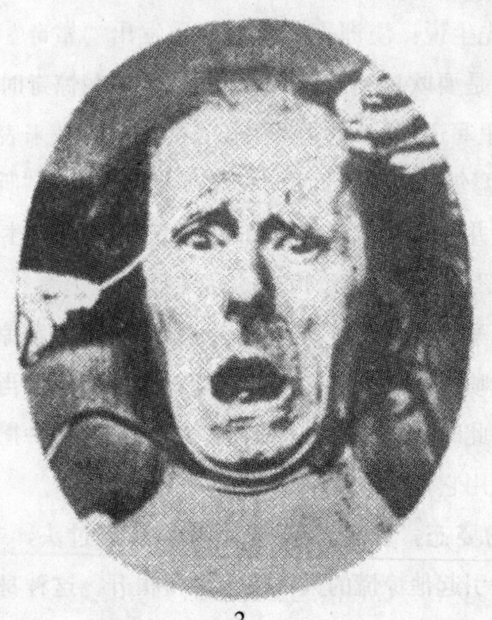

2

使徒半举着双手，明确地表现出惊愕之状。一位靠得住的观察者告诉我：他最近在意想不到的情况下去会见他的妻子。“她吓住了，吓得目瞪口呆，并高举双臂抱头。”

几年前我见到我的几个小孩专心致志地在地上干什么，我很奇怪。因为离得太远，我没法问他们。我就把双手高举、十指叉开。做完此姿态，我马上意识到它的含义。我于是等着，不说什么，看看我的孩子们是否了解这个姿势。随后，他们一边跑过来一边说：“我们看到了，我们让你吃惊了。”我不知道这种姿势是否为各族人所共有，因为我在提问时忘了问这一条。但它是天生的或自然形成的，则可从劳拉·布里奇曼身上得到佐证。她在受惊时，“伸开双臂，并把手张开、手指朝上。”[306]考虑到惊恐的情绪只是一瞬间的事，要说她是凭她敏锐的触觉学会的这一姿势，是不大可能的。

胡希克描述过一种略微不同但有联系的姿势，据他说是人在受惊时表现的。他们身体直立，面貌没什么不同，但双臂伸向身体后方，手指叉开。我虽未见过这种身姿，但胡希克可能是对的。曾有一位朋友问另一个人：他若受大惊时会怎么样，他立即演示出这种姿态。[307]

这种姿势，据我想可用反对的原理加以解释。我们已知一个愤怒的人要昂首、耸肩、拐肘、握拳、皱眉、闭口，而一个无助的人的姿态则与此完全相反。一个心情正常的人，在他既未干什么，也没想什么的情况下，常是双臂自然下垂，手自然弯曲，手指并拢。因此，突然举臂（全臂或前臂），开掌、分指，或像胡希克说的挺臂向后再分指，全都是与心情平静的姿态完全相反的动作，因此一个受惊的人全会在下意识中采取的。另外，人们常有用夸张的形式表现惊吓的意向，这种姿态也能适合此一目的。也许有人要问：为什么只有受惊和少数几种心态要以与别的心态相反的行动来表现呢？是的，这一原理在别的情绪，如恐惧、大喜、苦痛或狂怒支配下，是不起作用的，它们各有各的表现方式，对身体的作用也不一样。它们占据了整个身心，因此已经以最明白的方式加以表达了。

还有一个表示惊讶的小姿势是我无法解释的，即用手捂嘴，[308]或触摸头部。这在许多种族中[309]都曾观察到，因此必有一些道理。一名澳洲土人被带到一个大房间，内有大量文件。这把他吓着了。他一边发出“克拉、克拉”的呼叫声，一边用手背捂嘴。巴伯太太说：卡菲尔人和芬哥人表示惊讶时面容严峻，并用右手捂嘴，发出“吗喔”的声音，意思是好奇怪呀。布什曼人（Bushman）[310]在受惊时据说用右手按住脖子，把头向后转。温伍德·里德先生看到过西非的黑人在吃惊时用双手拍嘴，同时说：“我的嘴忠于我”，亦即忠于我的手。他还听说这是他们受惊时惯用的一种姿势。斯比迪大尉告诉我：阿比西尼亚人惊恐时以手加额，手掌向外。最后，华盛顿·马修斯先生说，美国西部的蛮族惊愕的传统姿势是“用半握的手捂嘴，同时头常向前倾，有时还发出言语或低吟。”卡特林说：[311]曼丹族（Mandans）和其他印第安族人在吃惊时也是用手捂嘴。

赞美：关于这个问题无须多说。赞美显然包括惊叹加上喜悦和赞许。在欢喜赞叹时，眉毛上扬，眼睛发亮，不像在吃惊时那样呆滞。嘴也由开点缝变成微笑状态。

害怕、恐惧：英文中“害怕”一词似乎来自突然和危险，[312]而恐惧则来自身体和发音器官的抖动。我用“恐惧”表示非常害怕，但有些著作家则认为它的使用范围应限定在因幻觉引起的害怕。怕之前常先有惊，二者关系如此密切，它们全可使视觉和听觉立刻兴奋起来。惊怕之时眼嘴大张、眉毛上扬。[313]被吓住的人开头像雕塑一样站着不动并控制呼吸，或蹲下身子，好像本能地要逃避注意。

心跳又快又厉害，它因此触及或撞击肋骨。但此时它工作得是否比平时更加有效还很难说，至少它没有向身体每一部分输送更多的血，因皮肤立即变得苍白，像晕厥开始时那样。[314]然而表皮苍白也许大部或全部乃由于心血管运动中枢受到影响，皮肤的小血管收缩造成的。在感到特别害怕时皮肤受较大影响一事，可由汗水立即由皮肤的一种神奇的、不好解释的方式流出而窥见端倪。流汗更值得注意处在于表皮变冷，从而有“冷汗”

一词。可是汗腺在正常情况下要表面受热才分泌啊。体毛也立起，表面肌肉震颤。随着心脏功能失常，呼吸也加快了；唾液分泌不全，口腔变干，[315]并时张时合。我还注意到：人在害怕得不厉害时总想打呵欠。最显著的特征之一就是浑身战抖，这往往是由唇部开始。嘴唇不听使唤再加上口干，使语音变得沙哑或不清，甚至说不出来。正如古人形容的："余惊呆，发直竖而口难言。"

《约伯记》里有一段关于模糊惧怕的著名的卓越叙述："在思念夜中异象之间，世人沉睡的时候，恐惧，战兢，临到我身，使我百骨打战。有灵从我面前经过，我身上的毫毛直立。那灵停住，我却不能辨其形状；有影像在我眼前；我在静默中，听见有声音说：必死的人岂能比上帝公义么？人岂能比造他的主洁净么？"（见《约伯记》第4章第13节及以下）

当害怕增进到恐惧的苦痛中时，像所有强烈的情绪一样，我们可以见到各种表现。心脏剧烈跳动，甚至短期停跳，造成昏迷，脸像死人一样白，呼吸困难，鼻孔张大，嘴唇出现喘息和痉挛性动作，凹陷的双颊抖动，喉咙梗塞如被扼住。[316]眼球突出，死死盯住恐惧的物象，或不停地来回转，正如古人所说的：转动双睛向四处张望。[317]据说此时瞳孔已大大散开。全身肌肉要么变得僵直，要么抖个不停。双手轮流着拳起、张开，时常伴有痉挛动作。双臂或前伸，像是要抵拒可怕的危险，或放到头上。哈根敖尔先生曾见过一个受惊的澳洲人采取后一种姿势。有时候受惊者会不顾一切地突然向前奔逃，其劲头如此强烈，就连最勇敢的士兵也会弄得不知所措。

当害怕达到极点时，就会发生恐怖的尖叫声。皮肤上渗出汗珠。全身肌肉松弛。不久即陷入虚脱，精神力量衰竭。肠道也受到影响，括约肌失灵，造成大便失禁。[318]

J.克赖顿·布朗博士曾告诉我关于一个35岁疯女人的极端害怕的生动故事，这故事虽然言之痛心，也不该略去。在她发病时，她尖声叫喊："这是地狱！""哪来的黑女人！""我出不去啊！"诸如此类的呼唤。在尖叫时，她的动作一会儿紧张，一会儿战栗。她时而握拳，伸出双臂，呈僵硬的、半屈曲的状态；忽而向前探身，快速地来回摇摆。手一会儿搔头，一会儿掐颈，还要撕掉她的衣服。她的胸锁乳突肌（这是管把头向胸部拉的）显得特别突出，像是浮肿，肌前那部分的皮肤则现出许多皱纹。她脑后的头发是剪短了的，在她平静时也还光洁，现在却竖起来了，前面的头发也被手给弄乱了。面容现出内心的大苦痛。皮肤潮红，从脸、颈直漫到锁骨处。前额和颈部的静脉突出得像线绳般粗。下唇耷拉着并有些外翻。嘴半开半闭，下巴则突出。两颊下陷，鼻窝加深。鼻翅上扬并扩张。眼睛张得很大，下眼皮有些浮肿，瞳孔放大。前额上有几条横皱纹，眉间处则有放射状纵纹，这是由皱眉肌有力和持久的收缩造成的。

贝尔先生也形容过他在都灵见到的一名被押赴刑场的杀人犯的恐惧和绝望的痛苦表情。"在囚车的两侧，各坐着一位身穿法衣的牧师，犯人则坐在中间。谁看见这个倒霉的人而不害怕那是不可能的。然而，好像有什么奇怪的引诱力在强迫着，想不去看一眼如此野蛮、如此可怖的对象也同样是不可能的。他看上去有35岁，是个彪形大汉，面容显出强悍又粗野的样子。他裸着上身，面无血色，为恐怖所苦，四肢紧张，双手痉挛地紧拳着。低垂并收缩的前额上沁出汗来。他不停地吻着挂在他面前的旗子上印的救世主的图像。但是他的这种吻充满着野性和绝望，这是在舞台上绝难再现的。"[319]

我想再加一个例子，说明人可以因恐怖而虚脱。一名凶残的杀死两人的凶手被送往医院，因为怀疑他服了毒。W·奥格尔博士于次晨仔细地巡视了他，那时他正要戴上手铐，被警察带走。他极度苍白，他虚脱的这样厉害，以致不能给自己穿衣服。他皮肤流着汗，眼皮和头都耷拉得太厉害，以致休想看一眼他的双眼。他的下巴垂着，面部肌肉松弛。奥格尔博士基本敢肯定他毛发没有直竖，因为他作过切近的观察，并看出他为了掩人耳目还染过头发呢。[320]

至于不同民族对怕的展现，我的通讯人员一致认为欧洲人的姿势相同。印度人[321]与锡兰人表现的有些过分。吉奇先生看到马来人在受惊时面色苍白并发抖。布拉夫·史密斯先生提到一名澳洲土著"有一次被吓坏，他的肤色本来是黑色，也变得像一个黑人所能达到的那样苍白。”[322]戴森·莱西先生曾看见一名澳洲人极端惊怕时表现为手、足和嘴唇神经质的哆嗦和身上布满汗珠。许多野蛮人不像欧洲人将害怕表情控制的那样好，它们哆嗦是很平常的。至于卡菲尔人，盖卡用他那怪里怪气的英语说道：“浑身战抖是常事，眼睛同时也大开。”至于野人，一般会有大便失禁的表现。我还见过当猿猴被捉时也有类似现象。

毛发直竖：有些恐怖的表征值得详述。诗家经常提到头发竖立。布鲁特斯对凯撒的阴魂道：“它使我浑身发冷，毛发直竖。”红衣主教博福特看到被谋杀的格洛斯特时喊道：“替他把头发梳平，瞧，它还立着呢。”因为我拿不准小说家会不会把他们从动物观察到的现象搬到人身上来，我就去请教克赖顿·布朗博士关于疯人的情况。他回答说他曾多次见到当他们处于突然或极度恐惧时头发直竖。例如一名女疯人特别怕动手术，有时必须给她皮下注射吗啡，虽然只有一点疼。但由于她误认为毒药已进入她的身躯，不久就会骨软筋酥，她像死人一样苍白，四肢像得了破伤风那样抽搐，同时她前额上的头发也直竖起来。

布朗博士进而指出，疯人中常见的头发刚直现象并非总是由恐惧引发的。[323]它也许在慢性癫痫症病人中更常见些。他们胡言乱语并有破坏冲动。每当他们发病时都会看到头发直竖现象。在怒和怕的双重影响下造成的头发直竖与我们在动物身上所见到的情况很一致。布朗博士曾有过这方面的例证。如一个精神病人，每当他癫痫症发作前，“前额上的头发就会竖起，有如一匹设得兰马。”他还送给我两名妇女的照相，都是在发病的间隙拍的。就其中之一他加了这样的按语：“她头发的状态是她心情的可靠而方便的标志。”我已把该照片制版（见图 19）。如果拿得远一点看，刻工还真表达了原照的神情，只是显得粗一点、弯多一点。巴克尼尔(Bucknill) 说过：[324]疯子“直到手指尖都是疯的。”他还可以加一句：常常疯到发巅。

布朗博士提出一个事例来作为疯人头发状态与精神状态之间关系的实

图 19 一个患精神病的妇女的头发直竖起来的姿态

证。一位医务人员的妻子在照看一个患有急性忧郁症的妇人。她最怕她自己、她丈夫和孩子死了。在布朗接到我询问信的前一天，人向他报告说："我看这位太太会很快见好，因为她的头发光溜多了。我一直在留意，谁的头发不再粗糙得不好梳理时，谁就是变好了。"

布朗博士把许多精神病人头发的持久粗硬的状况，部分地归之于他们的心灵经常错乱，部分地归之于在多次重复发病时头发强直竖起。如果病人头发的竖立达到极点，病也就难好甚至是快死了。至于那些头发竖立不那么厉害的，一旦他们的心理健康得到恢复，头发也就恢复原来的光滑。

在以前某一章里，我们已知动物毛的竖立是由与毛囊衔接的微细、平滑的不随意肌的收缩来完成的。J. 伍德先生告诉我，除此之外，他通过实验得到确证，就人来说，向前披下的前额发和向后披下的后颅发在颅顶肌收缩时，会同时向上竖立。因此颅顶肌似乎与人的头发的竖立有关系。这很像动物中同源的皮下肌层（*panniculus carnosus*）有助于或主要作用于它们背部刺毛的直竖。

颈阔肌的收缩：本肌分布于颈侧，下行至锁骨下部，上行至面颊下部。它的一部分名曰笑肌（*risorius*），见本书木刻图 2（M）。收缩此肌可使嘴角和双颊下部向后下方拉。与此同时，它在青年人身上可使颈侧形成显著的、放射状的长脊；而在年纪大的瘦人还要出现细的横纹。据说本肌有时不听使唤，但几乎所有人，你让他下大力往后下方拉嘴角，他就会让它动起来。我倒是听说过有一个人只会自主地让一边的动。

图 20　恐怖（依照杜欣所提供的照片复制）

C. 贝尔爵士等声称本肌在惧怕时会强烈收缩。[325] 杜欣由于极力强调本肌在表现惧怕时的重要作用，竟管它叫恐惧肌。[326] 但是他也承认，光是它的收缩而不伴有口眼张大，还等于没有表情。他给了我一张照片（见所附缩小了的木刻图）。图中人跟图片Ⅲ右侧的老人是同一个人。靠通电使他眉毛高举，口张，颈阔肌收缩。我把原照传给24个人看过，然后不加任何说明地分别问他们，照片表现的什么情感。20人立即回答“大吃一惊”或“恐怖”，3人说是痛苦，1人说是极度不适。杜欣博士还给了我这位老人的另一张照片，照时也是用通电的方法使他的颈阔肌肉收缩，口眼张开，眉尖下垂（见图片Ⅶ之2）。眉尖下吊增加了心灵巨大苦痛的外貌。原图曾拿给15个人看过，12人回答恐惧或恐怖，3人答痛苦或受罪。从这些情况，再看看杜欣博士提供的其他一些照片及他在上面的注解，我认为颈阔肌的收缩能对害怕表情起大作用是不容置疑的。然而本肌却很难名之为恐惧肌，因为它的收缩并不一定是这种心态的必然伴随物。

人可以用各种明显方式表现恐惧，如面如死灰，浑身出汗，全身虚脱，全身肌肉（也包括颈阔肌）松弛。虽然布朗博士在疯人中常见本肌颤抖和收缩，他未能找出这和他们的情绪之间有任何关联，尽管他对有恐惧症的病人是很留心的。尼科尔先生则不同，他见到三例病人的颈阔肌在忧郁症和极度恐怖的联合作用下有些经常处于收缩状态。但在其中一个病例却是头部和颈部的多组肌肉也有痉挛性收缩。

W.奥格尔博士为我观察了伦敦一家医院里的约20位病人，都是准备上氯仿做手术的。他们显出有些发抖，但不太怕。只有4例的颈阔肌看出在收缩，而且是先哭然后收缩。该肌似乎在每次深吸气时才收缩，所以这种收缩是否因怕的情绪引起，还是很值得怀疑的。第5例病人没有上麻醉剂，他比别人惊恐，他的颈阔肌收缩的也比别人强烈而持久。但对他也有可疑之处，因为他的颈阔肌似乎异常发达。这是奥格尔博士在他手术后帮他在枕头上移动头部时看到它也在收缩才发现的。

无论如何，颈部表面的一条肌肉特别容易受惧怕的影响，这使我困惑。于是我请求我的多位志愿通讯者告诉我这条肌肉在别的情况下的收缩情形。若将我收到的回答都给出来未免就太冗长了。这些回答主要表明该肌在许多不同条件下，以多种形式和程度在动作。狂犬病人的颈阔肌收缩得厉害，嚼肌痉挛症（lockjaw）中收缩得轻一些，在因受氯仿麻醉昏迷时有时又很显著。奥格尔博士观察两名呼吸极度困难，不得不切开气管的男病人，他们的颈阔肌都收缩得厉害。其中之一听到了身旁外科医生的谈话，当他可以说话时，还说他没害怕呢。在其他几例呼吸极度困难，但还不需要气管手术的病人，颈阔肌就没有收缩。奥格尔与兰斯塔夫两位博士观察结果一致。

J. 伍德先生曾过细地研究过人体的肌肉，这可由他的各类著作看出。他看到颈阔肌在呕吐、恶心和嫌弃时收缩的较为常见，再就是发怒的儿童和成人。如当爱尔兰妇女在一起以发怒的姿势互相争吵时颈阔肌就收缩。这可能由于她们的嗓门太大了。我认识一位卓越的女歌唱家，在她引吭高歌时，颈阔肌就跟着收缩。我还观察过一名男青年在用笛吹出某些音时也是如此。伍德先生告诉我，他发现颈粗肩宽的人颈阔肌就发育得好。在有此遗传的家族里，还往往伴有与之同源的颅顶肌（使头皮动弹的肌肉）可以由意志支配的能力。

以上各事例似乎没有一个对颈阔肌因怕而收缩一事提供任何线索；但下列事例我想就不同了。上面提到的只会让一边的颈阔肌活动的那位先生，当他吃惊时却两边的全收缩。已有证据表明，当病人呼吸困难，或在手术前哭得需要深吸气时，颈阔肌就收缩，以便让嘴张得大些。当人突然被某种形象或声音吓住时，他会立即深吸一口气，如是颈阔肌的收缩很可能就这样和怕的感觉联系到一起了。可是我以为还有一个更有效的关联。人一觉着怕，或幻想某些可怕的事物，通常要引起发抖。当我有一个痛苦的想法时，身子不自觉地抖了一下，我清楚地看到我的颈阔肌收缩。我模仿一下发抖，它还跟着收缩。我让别人装着发抖，有的该肌收缩，有的则否。我的一个儿子早起出被窝时，冷得发抖。由于他刚巧把双手搁在颈上，他明显地觉出颈阔肌在强力收缩。他又像往常一样，故意抖了几次，但这回该肌却未曾收缩。J. 伍德先生在病人中也有几次观察到颈阔肌的收缩。那是当他们脱衣检查时，因受凉引起轻微哆嗦，与惧怕无关。可惜的是，我却始终未能搞清楚当浑身颤抖（如在疟疾的发冷阶段）时，颈阔肌是否收缩。但鉴于它在发抖时总要收缩，而发抖或哆嗦常伴随怕的感觉而产生，我以为我们已经有了一个它在害怕时收缩的线索了。[327]然而，它的收缩还不是惧怕的无例外的伴生物。它在极度的、压倒性恐怖的影响下或许反而不动了。

瞳孔扩张：格拉休莱反复强调：[328]人在恐怖中瞳孔会大幅度扩张。我没有理由怀疑这一说法的正确性，只是未能找到肯定它的证据，[329]除去以前给过的一个疯女人经常忍受恐惧的例子。当小说家写到眼睛张得很大时，我以为他们指的并非瞳孔。芒罗（Munro）声称，[330]鹦鹉的虹膜受到激情的影响时才动，与光线强弱无关。这似乎涉及本题，但东得斯教授告诉我，他常看见鹦鹉的虹膜在动，他以为这是该鸟调控视线远近的作为，犹如人眼在看近东西时虹膜也要收缩一样。格拉休莱指出：扩大的瞳孔似乎显示它们在凝视黑暗。无疑人的害怕常与黑暗有关，但还不够经常和绝对，因此不足以解释一个固定的和联应的习惯就是这样产生的。假定格拉休莱的说法是对的，那么，认为大脑先受恐惧的强烈情绪的感应再作用于虹膜也许更正确。东得斯教授对我说，这是一个极其复杂的课题。为了给这个课题提点线索，我愿给出：奈特利医院的费夫博士曾见过两个病人在发疟疾的害冷阶段，瞳孔是明显扩张的。东得斯教授也常看见初期昏厥者瞳孔扩张。

恐怖（Horror）：恐怖一词所表示的心态包含恐惧（terror），有时二者意义几乎相同。在氯仿可喜的发现之前，当人们一想到即将面临的外科手术时，都不免有恐怖感。密尔顿曾用“对之恐怖”的语句来形容对某人又怕又恨。当我们见到谁（如一个小孩）祸在眉睫时，就会有恐怖感。当看到一个人正在或将要受酷刑时，几乎人人都会高度体验到这种感觉。虽然这不关我们的事，但由于想象力和同情心，我们把自己摆在受难者的位置上，从而产生类似害怕的感觉。

C. 贝尔爵士指出，[331]“恐怖是给力的；身体极度紧张，并不因怕而松弛。”因此恐怖一般要伴以前额的强烈收缩，嘴眼张开，眉毛上扬，达到皱眉肌的反作用所允许的限度。杜欣有一张照片[332]（图 21），照的还是那

图 21　大惊和苦恼（依照杜欣所提供的照片复制）

个老人。眼睛瞪着，眉毛略扬、同时起皱，嘴张着，颈阔肌收缩着，这些都是通电的结果。他认为这样产生的表情可表达极度恐惧加上可怕的痛苦或受酷刑。一个受酷刑的人，只要他的受罪允许他想到未来还要受罪，恐怕就要展现出极度的恐怖来了。我曾把原照拿给不同年龄的男女共 23 人看，其中 13 人立即回答是恐怖、巨大痛苦、受酷刑或极大痛苦，3 个人回答是大吃一惊。因此 16 个人回答的都接近杜欣的看法。可是还有 6 人说是发怒。无疑他们着重看他蹙起的前额，忽略了那特殊形状的大嘴。另 1 人说是嫌恶。总之，这是一幅表现得相当出色的恐怖与痛苦的实证。此前引用的照片（图片Ⅶ之 2）也是展示恐怖的，但该照的斜眉毛表示大的精神苦痛而不是活力。

恐怖通常有各种姿态，因人而异。从图上看身体常转过去或蜷缩，两臂也许用力前伸像要推开什么可怕的东西。就那些想生动地表现恐怖场面的人的动作推而言之，最常用的姿势是双肩耸起，两臂抚胸，差不多和我们感到寒冷时的姿势一样。[333]它们通常要伴以寒战或深呼吸，这要看当时的胸腔是扩张着的还是收缩着的。这时发出的声像“呜”或“喔”。[334]可是还不清楚为何当我们觉着冷时或表现恐怖感时，我们要曲臂向身，抬起肩部并作寒战。[335]

结语：我是在试图将害怕的各种表情加以综述，按其程度从吓一怔、吃一惊直到极度恐惧和恐怖。有些姿势可以用习惯、联应和遗传的原理来解释，如口眼张大，眉毛上扬，以便尽快看清周围的事物，并听清进入耳朵的声音。我们是这样习惯性地准备发现并应付任何危险的。其他害怕的姿势也至少部分地得到同样解释。人经过无数世代已经成功地用径直奔跑，或与之搏斗来逃脱敌人或危险，这种拼搏会使心跳加快、呼吸急促，胸腔起伏、鼻孔扩大。由于这种拼搏时常要坚持到最后，其结果只能是完全虚脱、苍白出汗、全身肌肉震颤或全部松垮。现今，只要出现怕的情绪，虽然不一定导致拼搏，但通过遗传和联应的力量，同样的结果还会重现。

尽管如此，很可能上述多数恐惧的表征，如心跳加重、肌肉震颤、出凉汗等，大部分是由于精神受的刺激太大，使脑脊髓神经系统发往身体各部神经力的传导受干扰或阻滞引起的。在诸如肠道分泌失常或某些腺体活动停止这类事件，我们可以满怀信心地从这上头找原因，而不必考虑习惯和联应。至于头发自然直竖现象，我们且回顾一下动物的情形。在动物中，此举不管是怎么来的，总是为了让敌人害怕；那么，既然人的近缘动物都有遇惊竖毛现象，我们只能相信：人也遗传得并保留着这样一个残余，虽然现已无用。这确实是一件值得称道的事：当人的体毛已脱得差不多时，在稀疏的汗毛下面，小小的平滑肌竟能保存到现在，而且遇到同样情绪（恐惧和大怒），还能像同一目中的较低级成员一样使毛发直竖起来。

第十三章

自我注意、羞愧、害羞、谦卑：脸红

脸红的性质——遗传——身体上最易受到影响的部位——各个人种的脸红情形——同时发生的身姿——心神迷糊——脸红的原因——自我注意——脸红的基本要素——害羞——羞愧发生于违背道德规范和风俗——谦卑——脸红的理论——摘述

脸红是一切表情中最特殊和最属人的。猿猴由于激情而发红，但要使我们相信任何动物都会脸红，还需要大量的证据。脸红是由于小动脉肌膜的松弛，从而使其充血，这又要靠相当的血管运动中枢的兴奋。如果同时有许多精神刺激，血液循环无疑将受影响，但面部的微血管网络在感到羞耻时的充血却并非由于心脏的作用。我们可以胳肢人让他笑，打人叫他哭或皱眉，教人因害怕疼痛而哆嗦，但我们无法照伯吉斯博士的说法，[336]用物理的方法作用于身体使一个人脸红。这是关于精神的事。脸红不但是不由己的，而且想用引起自我注意的方法去制止它，反而红得更厉害。

青年人比老人爱脸红，但婴幼期不会红脸。这是值得注意的，因为很小的小孩也会哭红了脸。[337]我曾接到可靠的报道说：有两个两三岁的小女孩红过脸，还有一个比她们大一岁的敏感的女孩因犯错挨说而脸红。再大一点的儿童脸就红得很厉害了。似乎婴幼儿的精神作用还没有发育到使他们会脸红的地步。同理，呆傻人也很少脸红。克赖顿·布朗博士为我观察在他管理下的白痴，从未见过一个真正脸红的。当他们发怒或因给他们端来食物而高兴时，倒是见过他们面色红润。然而也有些不太傻的人能脸红。例如一名 13 岁的头小型白痴，他曾被贝恩（Behn）博士形容过的，[338]在他脱衣服作体检时，曾脸红过并把脸背过去。

妇女比男人爱脸红。很难见到老年男人脸红，但看见老年妇女脸红就不那么难了。盲人也逃不出脸红。劳拉·布里奇曼生下来就盲，而且是实聋，也会脸红。[339]沃塞思特学院的校长 R. H. 布莱尔神父告诉我：3 名天生的盲童最爱脸红。开始时他们并不知道有人在观察他们，因为学校教育中很重要的一部分就是不要老是观察别人。这种教育增加了他们的内向性，可能因此反而增加了他们脸红的倾向了。

脸红的倾向是遗传的。伯吉斯博士举出一个有 10 个子女的家庭，[340]他们无例外地爱脸红到使人难堪的地步。当孩子们长大后，“有的被送出去想让他们消除掉这种病态，但一点用没有。”甚至脸红的特有方式好像也是遗传的。杰姆斯·佩吉特爵士在检查一个女孩子的脊柱时，为她的独特的脸红方式所震惊。她先是半边脸出现绯红，随后才出现别的红晕，脸上脖子上都有。他后来问孩子母亲：她是否老是这样脸红？回答是：“她随我。”J. 佩吉特爵士这才注意到，因为提这个问题，他也让妈妈脸红了，而且红的方式和她的孩子一模一样。

在多数情况下，红的部位限于脸、耳和脖子，但许多人在红得厉害时，觉得他们全身发烧和痒痒，这就表明已影响到周身了。有的人认为脸红由额头开始，但以从两颊开始更普遍，随后传到耳朵和脖子。[341]伯吉斯博士曾检视了两名色素缺乏病人，他们的脸红，先是双颊的耳下腺神经丛处出现一个小红斑，后扩大为盘状，与此同时颈部也发红，但它与脸红之间似乎有一条分界线。这种患者的视网膜本来就是红的，此时就变得更红了。[342]人们一定注意过，脸红一经出现，还会有新的脸红追赶上来。脸红前皮肤上会有一种特殊的感觉。据伯吉斯博士说：脸红通常要继之以轻度苍白，这表明微血管在扩张后有所收缩。在稀有情况下，在应该脸红的时候脸色却变得苍白起来。例如，一位年轻太太告诉我：在一次大型拥挤的晚会上，她的头发缠在身边的仆人的纽扣上，她费了好些事才把它松开。当时她觉得她脸上发烧，但一位友人肯定地说当时她的脸色苍白到了极点。

我急于知道脸红能到达身体什么部位。J.佩吉特爵士无疑最有机会作这方面的观察，他在两三年时间里帮助我注意这件事。他发现妇女脸红集中在面部、耳部和脖梗，通常不再下传到更下的部位。极少见到能到达锁骨和肩胛骨处。他还注意到，脸红有时自上而下地消退，不是逐渐地，而是呈不定形的红色斑块而消退。兰斯塔夫博士也为我观察了几名妇女，当她们面色绯红时，身体却一点不红。有些疯子似乎特别爱脸红。克赖顿·布朗博士有几回见到他们的脸红红到锁骨处，有两例到了乳房。他告诉我一名患有羊角疯的年仅 27 岁的已婚妇女的例子。在她住进精神病院的第二天上午，布朗博士和助手们在她躺着的时候去查房。刚一走近，她就满脸通红，一直红到耳根。她激动得厉害并颤抖。他解开她的衬衣领好给她查肺，这时一道红晕涌向病人胸部，在乳房上 1/3 处形成弧线，并向下通过乳沟接近胸骨的剑突。这一事例是有趣的，因为只有当她的注意力被导向身体这一部分时才使该处皮肤发红。在查肺过程中，她逐渐平静，红色也随之消失。但以后几次查房时还是老样子。

上述事例表明，一般地说，英国妇女脸红最多只到颈下胸上。然而佩吉特爵士告诉我，他最近听到一例（这是他完全信赖的），说的是一个小女孩，因受到一种她认为不文雅的举动而吃惊，红了半个身子，直到大腿上部。莫罗也曾[343]根据一位著名画家的权威叙述：一名少女勉强同意充当模特儿。当她首次脱下衣服时红遍全身。

这事有点奇怪：为什么在多数情况下只有脸、耳和颈部发红，而身体的整个表面却常常跟着刺痒并发热？这似乎主要由于脸和附近的皮肤已长期暴露在空气、光线和温度变化之中，它们的小动脉不但已习惯于迅即扩张和收缩，而且似乎已比身体其他部分的小动脉异常发达。[344]可能由于同一原因，像莫罗先生和伯吉斯博士指出的那样，脸在各种情况下都容易变红，如发烧，受热，剧烈运动，生气，挨打等。另方面，它也容易因受寒或害怕而变白。妇女在孕期脸色也总是不好的。颜面还特别容易受皮肤病（天花、丹毒等）的影响。这种看法还得到下列事实的支持，即某些民族的男性经常光着身子外出的，红起脸来会红到双臂、胸部甚至腰部。一位极爱脸红的妇女告诉克赖顿·布朗博士：当她觉着害羞或激动时，她不但满脸通红，连脖子、腕子和手都是红的，[345]那就是说红的是她经常裸露的部分。尽管如此，经常暴露的面部和颈部的皮肤以及由此产生的对各种刺激的反应力，是否足以解释英国妇女的这两部分更易比其他部分发红还值得怀疑。即如双手，其中的神经和小血管也很多，暴露的机会也不比脸和脖子少，可是手就很少发红。我们即将看到：人的注意力总是朝向脸上，远比朝向其他部位为多，这可能是一个充分的解答。

不同人种的脸红：面部小血管由于羞惭情绪而充血，这在几乎所有人种莫不如此，无非在特黑人种这种颜色的变化不易觉察罢了。脸红在欧洲所有亚利安种人和相当一部分印度人都是明显的。但厄斯金先生从未见过印度人的颈部明确地红过。斯各特先生时常注意到锡金的列普查人（Lepchas）的双颊、耳根和颈侧泛红，伴以目光下沉和低头。这出现在当他们作假被识破或因不知感恩而受责时。这民族脸色本来苍白略黄，脸红起来比印度的多数种族更明显。据斯各特先生说：印度多数种族的羞愧与惧怕的表示法为转过头或低头，眼睛乱转或斜视，这远比皮肤的颜色变化明显得多。

塞米族（the Semitic race）因为和亚利安人有一般的类似，他们爱脸红是可以预期的。至于犹太人，正如耶利米书（Book of Jeremiah）第6章第15节中所说："不然，他们毫不惭愧，也不知羞赧。"[346]阿萨·格雷夫人在尼罗河上见到一个阿拉伯人笨拙地驾驶小船，于受到同伴嘲笑时，“脸红一直红到脖梗子。”达芙·戈登夫人提到一个阿拉伯青年在走到她面前时脸红起来。[347]

斯温赫先生见过中国人脸红，但他认为并不多见，[348]可是他们有“臊红了脸”的说法。吉奇先生告诉我：定居在马六甲的华人与内地的马来土著都会脸红。他们常光着上身出门，他特别注意脸红的下延程度。不谈那些光是脸红的，吉奇见到一名24岁的华裔男青年因羞愧弄得脸、臂和胸部都红了。另一名华裔当被问道他为什么没把工作干好时，他整个上身也和脸一样发红。他还看到两个马来人的脸、脖子、胸口和臂部全发红，[349]还有一个布塞族人（Bugis）一直红到腰间。

波利尼西亚人爱脸红。斯达克神父在新西兰人那里见过成百的事例。下个例子值得给出，因为它涉及一名特别黑并且文过身的老年男子。在他把土地租给一名英国人得到小量租金后，他产生一种要买一辆小马车的欲望。这是当时毛利人（Maoris）的一种时髦。他终于盘算着把地租出去4年，好得到足够的租金。他征求斯达克先生的意见。这人不光老，还笨，穷得连件像样的衣服都没有。一想到他这样一个人驾着马车招摇过市，斯达克先生禁不住笑了。顿时“老人脸红到头发根了。”福斯特（J. R. Forster）说：在塔希提岛的最漂亮的妇女面颊上，“你很容易看到脸红的扩展。”[350]在太平洋别的岛屿上的土人也脸红。

华盛顿·马修斯先生在北美各未开化的印第安族妇女中看到脸红。据布里奇斯先生说：在美洲大陆最南端的火地岛的土人“很爱脸红，但多半是妇女，脸红的原因主要是她们的仪容”。这种说法符合于我记忆中的火地岛人杰米·纽儿，当人家问他为何总是擦鞋并想方设法打扮自己时脸就红了。关于玻利维亚高原上的艾玛拉族（Aymara）印第安人，福布斯说：[351]从他们的肤色看，他们的脸红就不可能和白种人一样清楚易见。在碰到会使我们脸红的情况时，“他们会和我们一样表示谦卑和困惑，甚至在暗中也可以觉出脸上发烧，与欧洲人完全相同。”对于那些住在南美终年潮热气候下的印第安人，他们的皮肤显然不如住在美洲大陆或北或南地带，长期暴露在气候变化很大的地方的土著人更易对心理刺激做出反应。例如洪堡就曾无条件地引用西班牙人的嘲讽："怎么能相信那些连脸红都不会的人呢?"[353]冯·斯皮克斯（Von Spix）和马尔丘斯（Martius）在谈到巴西的土著人时说：他们还不能算是会脸红。"只有在和白种人长期打交道、并接受一些教育之后，我们才看到印第安人表达他们心情的一些面色变化。"[353]说这样就能获得脸红的本领不大可信，但由受教育和新的生活方式导致的自重的习惯则总该会增强他们原有的脸红的倾向的。

一些可靠的观察者向我保证说：他们曾在黑人的脸上见到过类似脸红的表情，尽管他们的肤色像乌木一样黑。有人把这描绘成红棕色，但多数人认为这是黑得更深了。皮下充血似乎以某种形式增加了黑的程度，即如某种痘疹病，能使我们脸色变红的，却使黑人脸色显得更黑些。[354]也许皮肤下面的毛细管因充血变得更紧张会反映出一种多少有别于原来肤色的色调来。在觉得羞耻时，黑人的面部毛细管充血是可信的，因为据布丰形容说：[355]一名黑人妇女患有非常典型的白化病，当她露出上身时，两颊现绯红色。黑人皮上的伤疤要白很长时间，而伯吉斯博士由于经常观察一名黑人妇女脸上的伤疤，清楚地看到"每当谁突然向她说话或为点小错受责时，疤痕就无例外地泛红。"[356]见到的情况是红色由疤痕的边缘往里扩展，但没到中心处。黑白混血儿常是爱脸红的人，在脸上红一阵白一阵的。从这些事实可以肯定：黑人也脸红，只是肤色变化不明显罢了。

盖卡和巴伯太太都向我保证：南非的卡菲尔人从不脸红，但这也只能说肤色变化不显著。盖卡还补充说：面对欧洲人碰见要脸红的情况，"他的同胞们却面带羞惭地把头举得老高。"

我的报告人中有 4 位肯定说：澳洲土著人虽黑得跟黑人差不多，却不脸红。第 5 位回答是存疑的，指出由于他们的皮肤太脏，只有当他们脸红得厉害时才能看出。3 名观察者说他们会脸红[357]。威尔逊先生补充说：只有当他们情绪强烈和皮肤清洗过后才看得出。郎先生回答："我注意过羞惭几乎总是引起脸红，有时连脖子都红了。"羞愧有时还引起"眼睛左顾右盼。"由于郎先生是该地小学教师，很可能他主要观察的是儿童，而他们是比成年人更容易脸红的。塔普林先生见过混血儿脸红，他说土著人有表示羞愧的用语。哈根敖尔先生从未见过澳洲人脸红，他说他曾“看见他们因羞愧而低头看地。”传教士布尔默先生指出：“虽然我在成年土著人中发现类似羞愧的表示，可是他们的孩子在感到羞愧时，眼神惶惑，好像不知朝哪儿看才好。”

以上所举事实足以表明：脸红不论有无颜色变化，是多数人种或所有人种所共同的。

与脸红伴生的动作与姿态：当人感到羞愧难当时就会产生掩饰的强烈欲念。[358]或转过身，或扭过头，这都是希图掩饰的表现。害羞的人很难承受别人目光的逼视，故此他几乎不是向下看就是往旁边看。因为他同时又极想遮盖住羞愧的样子，又假装要正视引他羞愧的人。这两种相反的倾向就形成了眼睛的各种盲动。我注意过两位爱脸红的太太，她们在脸红时不断地以超凡的速度眨动眼睑。这是她们获得的一种最奇特的小动作。脸红得厉害时有时会带来少量流泪。[359]我认为这是由于泪腺受充血的影响，而血则会涌向相连部分（包括视网膜）的毛细管的。

古今著作者中，有不少注意到上述动作。前已述及，世界各地的土著人在害羞时常常往下看或往旁边看，或不停地转动眼珠。旧约圣经中的以斯拉喊道：“我的上帝啊，我抱惭蒙羞，不敢向我上帝仰面。”（第9章第6节）。在以赛亚书（第50章第6节）中，我们看到：“人辱我……我并不掩面。”辛尼加指出（《书信集》第11卷、第5封信）：“罗马的演员在表演害羞时不会脸红，只会低眼看着地板而已。”生活在5世纪的马克罗比厄斯说（见《农神祭》第7卷、第11章）：“自然哲学家断言，受羞愧感动的大自然把血当面纱铺在脸上，正如我们见到的脸红的人都要拿手捂上脸。”莎士比亚让马卡斯对他的侄女说（见《泰特斯·安德洛尼克斯》第2幕、第5场）：“啊！现在你羞愧得把脸扭过去了。”一位太太告诉我：她在洛克医院碰见一个她认识的女孩，现已成为一个可怜的弃妇。当她走进病床时，这小可怜就用床单把头盖住，怎么劝也不肯露面。常见一些儿童，在怕羞或怕责备时，扭过身去、站在那里，把小脸往妈妈衣服里藏，或趴在她的膝盖上。

心神迷糊：多数人在脸红得厉害时，心神也是迷糊的。这可用俗话“惊慌失措”来体会。陷入这种处境的人失去神志，常常语无伦次。他们内心痛苦，口齿不清，做出可笑的举动或奇特的嘴脸。有时面部一些肌肉有可见的颤动。一位少妇对我讲：她特别爱脸红，当其时她连自己嘴里说什么都不知道了。当给她提示是否由于她感到脸红被人注意而感到苦恼时，她说不会是这样。“因为有时在自己房里因想起什么事而脸红时，也会发生类似的事。”

关于某些敏感的人的这种极度心神困扰，我想举一个例子。一位我信赖的朋友肯定地和我说，他亲眼看到这样一件事：在为某个特别怕羞的人举行的一个小型宴会上，当这人站起来答谢时，他表面上是把早已熟记在心的答词背诵一遍，实际却绝对无声，一字不出。但他表演得却像是在使劲儿说话。他的朋友们明白了这是怎么回事后，每当他的姿势显出停顿时，就对他的假想的演说报以高声喝采，因而这人始终不知道他演的是一出哑剧。他后来见到我朋友时还洋洋得意地说，他认为他的讲话获得意外的成功。

当一个人羞愧难当或怕见人时，脸红至极，心跳加快，呼吸不畅。这不会不影响到大脑血液的运行，也许还有意志力。但考虑到生气和害怕对血行的影响更大，我们应否就这么简单地理解在极度脸红时的心神迷糊还是个疑问。

真正的解答似乎在于头面部的毛细循环和大脑的毛细循环之间密切的交感作用。为此我曾请教过克赖顿·布朗博士，他给了我许多与本题有关的事实。当头部一侧的交感神经被隔离时，该侧的毛细管将扩张充血，使皮肤发红发热，同时同侧的颅内温度也略有上升。脑膜的发炎导致脸、耳、眼各部充血。癫痫病的早期发作似乎就是脑血管的收缩，其外部征兆就是面色极度苍白；头部丹毒症常引起谵语。我以为甚至用强洗剂烧灼皮肤治疗头部剧痛的办法也是根据同一原理设计的。

布朗博士常用亚硝酸戊酯的蒸气给人治病，[360]它的唯一作用在于使患者在 30～60 秒内面色通红。这种红在各方面都很像脸红。[361]它先从脸上几个明显的点开始，逐渐推开直到覆盖头、颈和胸口的整个表面，只有一例一直扩展至腹部。视网膜的小动脉扩大，两眼发光，有一例还落了几滴泪。病人开头被刺激得满高兴，但当脸红得厉害时又变得困惑不安。一位常接受蒸气疗法的妇女肯定地说，当她热起来时，她心里就糊涂了。从发亮的目光和活泼的举止判断，开始脸红的人似乎意志方面受到一定刺激。只有当脸红得过度时才会感到糊涂，因此在吸入亚硝酸戊酯和自然脸红两种情况中，都是面部毛细管扩大在先，然后主管意志的那部分大脑才受困扰。

反过来说，如果是大脑先受困扰，皮下循环的受阻就是第二位的了。布朗博士告诉我：他常观察到癫痫病人的胸部散布着红色疱疹和斑块。如在他们的胸部或腹部用铅笔轻轻一划，或在重病号的身上用手指一碰，皮肤上不到半分钟就会出现亮红划痕，并向两边扩展，过几分钟才消失。布朗博士指出：这些叫朝梭脑斑（*cerebral maculae* of Trousseau），它们表示表皮血管系统的高度异常状况。如是，在大脑的那一部分（即主管意志的部分）的微循环与面部皮肤之间无疑有一种密切的交感作用。那么，引发脸红的心理因素同样引发精神的困扰，也就不足为奇了。

引起脸红的精神状态的性质：这里包括怕羞、羞耻和谦卑，它们的基本要素是自我注意。有理由相信，起初，自我注意关系到别人对自己仪表的看法乃是刺激源。同一个效应通过联应的力量以后，又可以因与道德行为有关的自我注意而产生。激发脸红的不单纯是想到了我们本身的仪表这一行为，而是出于别人怎么看我们的考虑。离群索居时，再敏感的人也不大在乎他的外表。人总是喜欢奉承而不喜欢斥责或不满，因此对其仪容或行止的指手画脚或嘲弄要比恭维他更容易引起脸红。但无疑恭维和夸奖在这方面也是很有效的。一个漂亮的女孩因受男人的注视而脸红，虽然她明知道他并非轻视她。许多儿童，老人和敏感的人也是一样，因受人过奖而脸红。于是这就是个需要讨论的问题：为什么觉得别人注意上我们的仪表会使得面部毛细管立刻充血呢？

现在我来提一下我相信对个人仪表的注意，而不是对道德行为的注意，乃是人获得脸红的习惯的根本要素的理由。对我来说，这些理由分开看很轻微，但合起来则有相当分量。对于一个怕羞的人，没有比对他的个人外表的指责（不管多轻微）更容易使他脸红了。你只要注意一下爱脸红的妇女的衣服，就会使她脸红。正如科尔里奇指出的：要使人脸红，只要凝视他就够了。“谁知道是何原因呢。”[362]

伯吉斯博士观察的两名白化病人，[363]“每当表示要检查他们的症状时都要”惹得他们满面通红。女人比男人对自己的仪表更敏感，老年妇女更是如此，她们简直随时可以脸红。年轻人又比老人在意仪表，因此他们比老人更容易脸红。极小的小孩不会脸红，他们也没有通常与脸红一起发生的其他自我注意的表示。他们见到生人时会不动眼珠地盯着看，就像看无生命的东西一样。那种姿态我们大人还真学不来呢。

尽人皆知：少男少女对彼此怎么看自己的仪表是非常敏感的，当着异性比只有同性在一起时脸红的次数会多得多。[364]一名还不太容易脸红的男青年，即使受到一名他并不重视其判断能力的女青年对他的外貌的轻微的嘲笑，也会满脸通红的。一对幸福的青年恋人把彼此间的爱慕看得比世界上任何事物都重，估计在他们互相追逐时没怎么脸红过。根据布列奇斯所说：甚至火地岛上的野蛮人也脸红。其原因“主要是为了妇女，但肯定也有个人仪表因素。”

在身体各部位中，脸是最受考虑和关注的；鉴于脸是表情的主要所在又是声音的发生基点，这毋宁说是自然的。脸还是判别美丑的主要所在，就世界范围而言也是装饰最多的。[367]因此脸面从古至今历来是仔细的、热心的自我注意的对象，为身体其他部分所不及。根据本书提出的原理，我们不难理解脸为什么最容易泛红。虽然温度变化等或许大大增加了面部及其外围部分毛细管的涨缩力，然而光凭这一点还难于解释这一部分比身体其余部分更易泛红的原因，例如，手就很少泛红，这又怎么解释？欧洲人在脸红时固然浑身觉着刺痒，而那些男人近乎全裸外出的民族脸红时传的面又比我们大。在一定范围内，这还是好理解的。我们的先民，还有今天仍在裸着身躯进出的民族并不像习惯于着装的人那样把注意力如此集中到面部啊。

我们已经看到：全世界的人只要为一些缺德的事感到羞愧的，都会扭头、垂头或掩面，这时就不管人家怎么看待他的外表了。这样做的用意不大可能是为了掩饰脸红，因为扭头或垂头是在这种场合发生的，即他已承认有罪并表示愧悔，这就排除了文过饰非的企图。然而有可能原始人在取得许多道德概念之前，对自己的外表，至少对异性而言，已经就很注意了。因此，对他外表的任何贬斥都会使他感到苦恼，这也是羞惭的一种形式。由于面部是身上最受注意的部分，那就不难理解：对自己的外表感到羞惭时总想把面部隐藏起来。这样养成的习惯自然会持续到因道德上的原因感到羞愧的场合。不这样看就很难弄清为什么人在羞愧时会想把脸而不是身体其他部分藏起来。

害羞的人通常还习惯于避开目光，垂下双眼，或不停地左顾右盼。这可能是出于想看清眼前的每一个人，是否在密切地注视他。随后他又企图不看他们（特别是他们的眼睛），暂时地逃避一下这种痛苦的负罪感。

害羞（shyness）：此种奇特的心态，常称作羞脸（shame-facedness）、假羞（false shame）或赧颜（*mauvaise honte*）的，似乎是脸红原因中一种最有效的。害羞主要表现在脸红，眼光躲闪或垂下，和身体的笨拙的、神经质的动作上。许多妇女因害羞而脸红，比因为办了应该受责、真感到羞愧的事而脸红的次数可能多上千百倍。害羞似乎与对别人的议论，特别是关于自己外表的议论，不管是好的还是坏的，特别敏感有关。生人从不知道或注意我们的行为或品德方面的事，但他们常会评论我们的仪表。因此害羞的人在生人面前特别容易害羞和脸红。觉着衣服上特别，甚至仅只是新样子，觉着身上、特别是脸上，有什么易引起生人注意的小缺点，就足以使爱害羞的人羞得受不了。另方面，如果缺点是行为方面的，与个人仪表无关，害羞往往就出现在熟人面前，而不是生人面前，因为熟人对我们的议论总要重视的。一个医生告诉我：一位富有的青年侯爵邀他出去旅行，作他的保健医生；当他付钱给他时，侯爵脸红得像个少女。然而如果他付钱的对象是个商人，这位青年也许就不脸红了。有些人过于敏感，只要和别人一说话就会唤起他们的怕难为情，使脸上出现红晕。

由于我们对遭人反对或嘲弄的敏感，它们引起害羞和脸红比受人夸奖要多得多，虽然经不起夸奖的人也还是有。自大者很少怕羞，因他们自视甚高，料想别人也不会轻视他们。为何骄傲的人有时似乎也害羞，原因还不大清楚。除非是这样：尽管他很自信，他还是很在乎别人的意见，只不过常加以鄙视罢了。即使最怕羞的人，跟自己的熟人在一起时也不那么怕羞了。与他们十分信赖的人在一起时也是如此。例如女儿在母亲面前就不怕羞。我在印调查表时忘了问害羞在不同人种中是否易于觉察。但一位印度绅士告诉厄斯金先生说：他的同胞有此表情。

害羞（shyness），如体现在几种文字的语源中的，[366]与害怕是密切相关的，但在通常意义上又与害怕不同。怕羞的人无疑怕受生人注意，但很难说他就怕他们。他在战斗中可以像英雄一样地勇敢，而在生人面前为一点小事却可能失去自信。差不多的人在第一次向群众演说时都要很紧张，不少人甚至终身都是这样。这似乎取决于该人意识到即将来临的一件大事(特别是一件新鲜事)，[367]以及它对身体各系统的联合效应，与害羞无关。[368]只不过胆小的或怕羞的人在这种场合比正常人肯定更难受就是了。从刚会走的孩子身上还分不清害怕和害羞，但据我看他们的害羞带有未经驯服的动物的野性的特征。害羞从很小就开始了。拿我自己的一个孩子来说，当她两岁三个月时，曾离开家一个星期，再见到我时我见到一种完全说得上是害羞的迹象。她脸倒没红，但有几分钟工夫眼睛老躲着我。在其他一些场合我也见过在小孩子还不会脸红以前，害羞、羞脸和真正的羞愧都是在目光上体现的。

由于怕羞明显地与自我注意有关，指责小孩子不叫他们怕羞，对他们非但无益，反而有害，因为这将使他们的注意力更加内向。曾有过这种劝说：“没有比用不慈爱的眼光去注视年轻人的情感，观察他们的面容和他们的敏感程度更让他们伤心的了。在这种考察的约束下，他们别的都不用想，只需想到他们是被监视，就觉得羞愧和发愁。”[369]

道德上的原因：内疚——谈到脸红的道德上的原因，我们遇到的仍是同样的基本原理：太在乎旁人的意见。不是良心让人脸红；人可以真诚地悔恨在独自一人时犯的某些小毛病；他也许为一件尚未侦破的罪行而忍受最深刻的自责，但对这些他都不会脸红。伯吉斯博士说：[370]“我在控诉我的人面前脸红。”让人脸红的不是负罪感，而是想到了别人以为或知道我有罪。人说了句不大的谎话也许会觉得惭愧，但不会因此脸红；可一旦他猜到他已被人，特别是他尊敬的人，察觉出来了，他立刻就会脸红。

另方面，某人也许确信他的一举一动上帝都看得见，他也会为某件错事深感内疚而祈求上帝宽恕，但这并不能使他脸红。为什么“被上帝知道”跟被人知道不一样呢？我猜想这原因就在于别人对我们的不道德行为的责备在本质上有点像对我们外貌的鄙视。因此由于联想，二者都可引起脸红，而上帝的责备却不会引起这联想。

有的人尽管完全是清白的，但当被指控犯有某种罪行时也曾满脸通红。甚至一想到别人以为我们做过一件不友善的或愚蠢的事就够我们脸红的，尽管我们完全清楚我们是被误解了。一个敏感的人做了件值得表扬的事时，如果怀疑别人持有异议时就要脸红。例如当一位太太在无人时给乞丐钱毫不脸红，但如果有人在场，她就会考虑他们是否赞成此举，甚至猜疑他们也许认为她意在夸耀，她就会脸红了。如果她捐款救济一位她过去认识的家境败落的大家妇女的急难，又不能肯定此举别人会怎样看，她也会脸红。但以上两个例子已可归入害羞了。

失礼：礼通指与别人交往时的行为准则。它们与道德观念无必要的联系，并且往往是无大意义的。然而它们却是我们平辈和长辈固定的习俗，而这些人的意见我们应予以高度重视；对一位绅士说来礼俗也如礼法一样必须遵守。为此，违背礼俗的条款，如不客气、不自然，行为或言语的不适当，尽管出于偶然，也会给人闹一个大红脸。过了几年后，只要一想起这事，还会使人浑身刺痒。一位太太告诉我：同情心的力量是如此巨大，以至某个敏感的人见到一个素不相识的人做出极其失礼的事，尽管这事与己无关，他也脸红了。

谦卑：这也是引起脸红的有力原因之一。谦卑一词包括的心态甚广。它体现谦逊，受到一点恭维便高兴得脸也红了。还有人一向自视甚卑，别人的恭维他认为太高抬他了，因而局促不安。脸红于此仍有重视旁人意见的意思。但谦卑常与不文雅的行为有关，如有些民族赤身外出等，这就属于礼俗问题。谦卑者遇到这种事极易脸红，因为这是对既定的文明礼仪的破坏。这由谦卑一词的词源也可看出。按英语中谦卑（modest）出自规范（modus），即行为的准则。由谦卑引起的脸红往往是厉害的，因为它通常发生在异性面前。我们看到过不少这方面的例子。我们用谦卑一词形容那些有自卑感的人和那些对不文雅的言行特别敏感的人，尽管他们没有别的心境上的共同点，但容易脸红这一点却是两者相同的。由于同一理由，害羞也常被误认为带有谦逊意义的谦卑。

有人跟我说过，我也看见过，有些人红晕是因为忽然想起不愉快的事。最常见的似乎是忽然想到答应替别人办的事一直没有办。此时这种想法会下意识地进入脑海："他会怎么看我？"红晕就会形成真脸红了。但在多数情况下，这种红晕是否由于毛细循环受了影响还是疑问。我们要记住：各种剧烈情绪，如愤怒或狂喜，都是先作用于心脏，才让脸发红的。

有时候在一个人单独过活时也会脸红，这似乎与本文所持的脸红的习惯起源于琢磨别人怎样想自己的见解有抵触。有几位最爱脸红的太太都这样认为，有的相信自己曾在暗室脸红。[371]从福布斯先生对艾玛拉人（Aymaras）所做的陈述，和我自己的感觉，我不怀疑后一说法的正确性。因此，当莎士比亚让朱丽叶并非独自一人时，对罗密欧说（《罗》剧第2幕、第2场）：

“你知道我的脸已为黑夜所笼罩；
否则为了你听到的我今晚的话，
处女的羞红就会飞上我的面颊。”

但脸红如果发生在孤独时，起因总是与别人怎样想我们有关，如在别人面前做的事，或受他们的怀疑，或假如人家知道这件事会怎么想。话虽如此，我有一两个通讯者相信：他们曾为了与别人毫不相干的可耻行为而脸红过。果真如此，我们只能把这种现象归之于根深蒂固的习惯和联想的力量，遇到通常引起脸红的非常相似的心态时就要产生。这是不足奇的，如上所述，甚至因为同情一位犯了严重失礼的人，有时还可以引起脸红呢。

在此我可以总结一下：脸红不论由于害羞，由于犯罪感到羞耻，由于违犯了礼法，由于谦逊还是由于不文明，都受同一原理节制。这个原理就是对外来意见，特别是别人的轻视的过分在意。首先是关于我们的仪容，尤其是面容；其次，通过联想与习惯的力量，关于别人对我们行为的意见。

脸红的理论：现在让我们来考察一下，为什么一想到别人对我们的看法会影响我们的毛细循环？C.贝尔爵士坚信，[373]脸红“是表情的准备，这可由发红的部分仅限于暴露最多的脸、颈和胸看出。这不是获得的而是天生的。”伯吉斯博士相信这是造物主的设计，“好让灵魂能有‘无上的权力’把有关道德感情的内在情绪在两颊上表现出来。”这样既可用于约束我们自己，又让别人知道：我们违犯了某些应该虔诚遵守的法则。格拉休莱则这样说：“因为依照事物的规律，在社会上最适生的也是最敏感的。因之人类所特有的脸红和变白的能力，正是他地位优越的表现。”

相信脸红是造物主所特创是有悖于现已为多数人所接受的进化论的，但我没有义务就此问题进行辩论。那些相信特创的人很难说清楚这一现象，即怕羞是脸红的最常见、最有效的原因。它使脸红的人受罪并使看的人不舒服，对双方都没有好处。他们还很难说清楚，黑人和其他肤色深的人也脸红，但他们的肤色变化很难看见或简直看不出来。

无疑，面泛微红可增加少女的美丽；在土耳其苏丹的后宫里，爱脸红的色拉司族妇女无例外地比他族妇女更受宠。[374]但即是坚信性选择的作用的人也很难设想脸红是作为性的装饰的一种后天获得的性征。这种观点与上述暗色种族脸红看不出来的现象也是有抵触的。

有一个乍看起来似乎轻率，但我却认为最为近真的假说是：当你密切注意自己的身体的某一部分，就会使得那部分的小动脉的正常而有节奏的收缩受到干扰。这些血管于是就会有些松弛，并立即充满动脉血。这样一代又一代地经常的注意定会加强上述倾向，这是因为神经力最易走熟路，此外还有遗传的效力。每当我们认为别人在轻视或议论我们的仪表，我们的注意力就会活跃地引向我们身体的暴露部分，而且我们最关心的莫过于脸，今天如此，古代也如此。因此，假定此时毛细管因受密切注意而起变化，面部的毛细管应该是最敏感的：通过联应的作用，每当我们想到别人在议论我们的行为或性格时，也会出现同样的效果。[375]

由于此项理论植根于对毛细循环具有一定影响力的全神贯注上，给出针对本题内涵的相当数量的详细材料将是必要的。有些具有广泛经验和知识并能卓越地形成正确判断的观察者[376]确信，注意或意识（后者为H.何兰德爵士所赞赏）集中于身体的几乎任何部分，都会对该部产生某些直接的物理作用。这包括：不随意肌的运动，随意肌在做不随意的运动，腺体的分泌，感官和感觉的活动，直到该部的营养。

已知如果密切注意心脏跳动会给它带来影响。格拉休莱[377]举出一人为例，此人不断地注视并数脉，终于导致每6跳有1次间歇。另方面，我父亲告诉过我有一名仔细的观察者，他是因心脏病死的。死前他一再述说他的脉搏经常地紊乱已极。然而，令他失望的是，每当我父亲查房时，他的脉搏总是正常的。何兰德爵士指出：[378]“意识在突然固定在身体某一部分后，对该部血行的作用是明显的、迅速的。”雷考克教授曾专门留意过这种性质的现象，[379]坚信“当身体任何部分受到注意时，局部的神经活动和血液循环都要处于兴奋状态，而该部的功能就会有所发展。”[380]

一般认为，于一定周期内注意肠的蠕动，可以对它形成一定的影响。这种蠕动是靠平滑肌即不随意肌来完成的。在癫痫病、舞蹈症和癔病中，有关随意肌的反常动作，据说是受患者本人想着要发病，或看别的病人发病所受的影响。[381]打呵欠和笑这种不随意动作也有传染性。

某些腺体在被想到时，或想到它们已经习惯受激的条件时都会受影响。人人都熟悉“望梅止渴”的故事，一想到酸梅，口水就多起来了。[382]在本书第六章中曾表明：专注的、长时的意愿就可以有效地抑制或增加泪腺的活动。在妇女方面也有一些关于意志力对乳腺的作用的事例，至于对子宫机能的显著事例就更多了。[383]

当我们把全部注意力集中到某一感官时，它的敏锐程度就会增加；[384]而持续密切注意一旦成为习惯，如盲人注意听，又盲又聋的人注意触摸，似乎已永久性地增进了这种官能的功效。从不同种族的能力来衡量，有一定理由使人相信，这种功效是遗传的。回头再看通常的感觉，尽人皆知：你越注意痛处它越疼得厉害。布罗迪（B. Brodie）爵士走得更远，他相信只要把注意力集中到身体任何部分，就会觉得那儿疼。[385] H. 何兰德爵士也认为：在集中注意力的作用下，我们不仅意识到该部位的存在，我们还可以体验它的各种奇特感觉，如重量、冷热、刺痒或痒。[386]

最后，某些生理学家认为，心理可以影响局部的营养。J. 佩吉特爵士给过一个有趣的事例，这例子不是心理的，而是神经系统对头发的作用。“一位太太患有神经性头疼。每当早晨疼过一阵后，都发现有几绺头发变白，像扑了一层粉似的。颜色显然是夜里变的。过了几天，头发又逐渐恢复原来的深棕色。”[387]

由此可见，密切注意确实影响不同的部位和器官，它们一般是不受意志支配的。但注意力（这可能是精神的神奇力量中的最神奇的）是怎样发挥作用的仍是一个非常模糊的课题。米勒认为：[388]人脑的感觉细胞通过意志，变得敏于接受更加深刻和清晰的印象的过程，很像人脑的运动细胞受激后把神经力送给随意肌的过程。感觉细胞与运动细胞在作用上有许多共同点：如熟知的任何感官使用过度，会和用力过度一样疲劳。[389]因此，当我们随意地集中注意身体的某一部分，大脑中接收印象的细胞，或该部分的感觉，很可能以一种未知方式被激活。这也许可以说明该部分会有痛感或异感，而在我们强度注意的该部分却看不出任何外在变化。

但是，如果这一部分附有肌肉，则如米凯尔·福斯特告诉过我的，我们无法肯定某些微小冲动不会下意识地送到该肌肉去，该部分就会产生一种隐隐的感觉。

在大量情况下，注意力似乎主要（或某些生理学家认为完全）以这样一种方式作用于血管运动中枢，以使更多的血液流入唾腺、泪腺、肠道等的毛细管。毛细管血量的增加有时还与感受器的同步增加的活动结合在一起。

可以设想，精神影响血管运动中枢是以下述方式进行的。当我们亲口尝到酸果子时，信号通过味觉神经传到感受器的某一部分，它又把神经力传到血管运动中枢，终于使浸润唾腺的小动脉管松弛。由是更多的血液流入唾腺，使它们泌出大量的唾液来。于是，下面这种假定似乎不算太离奇：即当我们强度地想到某种感觉时，也会有一个相应的感受器进入活跃状态，正如我们真个体验这种感觉一样。果真如此，只要一想到酸味，大脑中的同一组细胞也会像亲口尝到它一样（也许程度差些）受激。因而它们也会同样把神经力传给血管运动中枢而达到同样结果。

再举一个从多方面看来更加恰当的例子。人站在炉火前，脸会发红。米凯尔·福斯特博士告诉我：这可能由于两方面的原因，一是热力的局部效应，二是血管运动中枢的反射作用。[390]后一作用是热力先影响面部神经，信号传到大脑的感觉细胞，再作用于血管运动中枢，再作用于面部小动脉，使其松弛并充血。那么，如果我们一再地、执着地将我们的注意力集中到回想我们灼热的面孔，大脑中使我们觉得真热的感受器也会以稍差的程度受到刺激，结果定会传神经力给血管运动中枢，从而使面部毛细管松弛。人类在无数世代中已经养成注意个人仪容的习惯；在时间的长河中，每有一点影响面部毛细管的倾向，由于神经力总是走熟路以及遗传习惯的原理，必会大大加强。这，我认为就是和脸红有关的主要现象的合理解释。

总述一下：人类对自己的外表和同类的仪容莫不异常重视，尤以年轻时为然。今人之所重主要为面貌，然而在远古人尚不知衣着为何物时，很可能全身外表均为注意之对象。我们对自身的注意几乎完全系因于别人之意见，因为离群索居的人是不会注意其外表的。人类关心批评比关心赞许为重。一旦我们知悉或揣想别人对自身的仪容有了贬词，我们立即把全部注意力引向己身，特别是面部。其可能的结果是：大脑中接受面部感觉神经的感受器被激活，感受器再通过血管运动中枢作用于面部的毛细管。由于在无数世代的经常重现，此过程业已变为习惯。只要相信别人正在议论我，甚至怀疑某人在贬低我，就足以使面部毛细管充血，而不需要想到自己的面容。对一些敏感的人来说，只要注视其衣着就可产生同祥效果。由于联想力及遗传力的作用，每当我们知悉或想象某人在暗中诋毁我们的行为、思想或品德，或当我们被过奖时，都会引发面部毛细管充血。

在此假定之上，不难理解何以面部比身体其他部位更易于泛红。然而今日残存的裸体种族中，全身毛细管都受影响（黑肤色者也受影响，只是看不出其肤色上的变化而已）。从遗传原理看，天生盲人也会脸红是并不奇怪的。年轻人比老年人，妇女比男子，以及当着异性的面更容易脸红也是容易理解的。为什么有关自己的指责最容易引起脸红，为什么脸红的最重要原因是羞怯，这已经很清楚了。因为害羞与旁人的在场和批评有关，而害羞的人都是自我意识较强的人。至于因道德败坏而真该羞愧的人们，我们不难察觉：使他们脸红的不是自觉有罪，但是想到别人会认为他们有罪才使他们脸红。当人想到单身作案而良心发现时他不会脸红，而他在生动地回忆起一件已被查出的或有旁人在场的过失就会脸红，脸红的程度与他对那发现、目睹或怀疑他过失的人的在乎程度密切有关。违反传统的行为准则，如果那是我们的同辈或长辈所极力坚持的，所引起的脸红可能比犯罪被人揭发还厉害，而真正的犯罪行为，如果无人出来责骂，则一点也不会引起脸红。由谦逊或不文明导致的谦卑可引发明显的脸红，因为这二者都与社会既定习俗或看法有关。

由于头颅表面的和大脑的微循环二者之间有密切联系，每当脸红得厉害时，必有心神模糊，并时常伴有可笑的动作，乃至某些肌肉的抽搐。

照这个假说，脸红是间接注意的结果，这种注意原来针对我们的外表（即身体，尤其是面部的表面）。如是我们还能理解世界范围内的与脸红有关的姿势的意义。这包含遮掩面部，或低头、或扭头。目光或斜视或闪烁不定，偷看那个使他感到羞耻或害臊的人，并很快捕捉到这样一种信息：那人也正在注视他呢。通过联想习惯原理，每当人们知道或相信别人正在责备或过分地夸奖他，就很难避免地要使同样动作在面部和眼睛上重现。

第十四章

结论和总结

三个决定主要表情动作的重要原理——表情的遗传——意志和意图在获得各种表情上的作用——认识表情的本能——我们的主题对于人类种的统一问题的意义——人类祖先逐渐获得各种表情的经过——表情的重要性——结论

至此我已尽我所能地描述了人的主要表情行为，旁及少数动物。并且我已试图解释这些行为的起源或发展，见第一章所列的三项原理。其中第一项为：服务于满足某种欲望，或缓解某种感觉的动作，如果不断重复以至成为习惯动作时，则不论其是否仍有这种作用，只要感到同样欲望或感觉时就会这样做，尽管程度上会大大减弱。

第二项是反对的原理。在我们的一生中，每遇到相反的冲动时，就会习惯于自觉地去做相反的动作，这也已根深蒂固了。如根据第一项原理，在特定心境下要依照定式进行某种行为；但如受到相反的心境的刺激，就会出现强烈的、不由自主的倾向去进行截然相反的行为，不管它能否带来好处。

第三项原理是受激的神经系统对身体的直接作用，它不以意志为转移，大体上也不受习惯的影响。经验指出：当脑脊髓系统受到刺激时，神经力便随之产生并释放出来。其走向自然是由神经细胞的连接线最终达到身体各部。但由于神经力总是沿着惯常的通道运行，因此实际方向不免要受习惯的影响。

大怒之人的狂暴和无理行为部分可归因于神经力的溢流，部分则由于习惯的作用，因为这类行为常常隐约地现出要打架的样子。他们可归入第一项原理提示的习惯性动作。例如一个气头上的人总会摆出一副要攻击对方的姿势，虽然他一点都不想真打起来。我们还看到习惯对所谓激动的情绪和感觉的影响。因为它们都曾习惯性地导致过激行为，并间接影响到呼吸和循环系统，而循环又进而影响大脑。即使这种情绪或感觉只是轻微出现，并没有引发任何暴力，我们整个身心由于习惯和联应的作用仍不免受到干扰。另一种情绪和感觉是属于压抑性质的，它们一般不引起暴力行为，除非在特别疼痛、惧怕和悲伤的开始阶段，而最终导致完全衰竭。因此这种情绪和感觉的主要表现是负面的以至于极度虚弱。别的情绪还有恋情等，一般不会引出何种行为，因此也不显露出任何强烈的表征来。属于愉快感受的恋情还是可以激发愉悦表征的。

另一方面，也有许多由神经系统受激后产生的效应，似乎与过去因意志力业已形成的习惯性的神经力沿着“老路”的流动无关。这些效应常常显现受此类刺激人的心态，然而目前对之还无法解释。例如，极端恐惧或悲伤使头发变色；因害怕而出冷汗或肌肉颤抖；肠道的分泌失常；以及某些腺体失去作用等。

虽然于本课题还有许多不可理解的地方，但多数表情动作和行为还是在一定程度上可由上述三项原理加以解释的。今后靠它们或类似的原理把一切都解释清楚也还是大有希望的。

各种行为，只要是顺应某种心态的，立刻就可以被认出带有表情意义。这包括身体某部的动作，如狗的摆尾，人的耸肩，头发直竖，出大汗，毛细循环异常，呼吸困难，以及发出各种声音等（甚至昆虫也靠摩擦发音来表达怒、怕、妒、爱）。就人类而言，呼吸器官在表情上具有特别重要的意义，其中既有直接的意义，而且在更高层次上更有其间接的意义。

在本课题中，很少有比引发某些表情动作的异常复杂的事件链更有趣的了，如处在悲哀或忧虑中人的双眉紧蹙。当婴儿因饿或疼而大声啼哭时，它的循环受到影响，眼球容易充血，于是眼围肌便极力收缩以予保护。在无数代的过程中，此行为已变得确定并可以遗传了。但又过了若干年之后，啼哭的习惯已能稍加抑制，而眼围肌却只要有一点难受还是要收缩。在面部各肌中，鼻三棱肌最少受意志的支配，只有额肌的中央筋膜收缩才能阻止它的收缩。中央筋膜可把眉内端上提，使前额出现异样皱纹，我们立即认出此乃悲哀或忧虑的表情。如上所述的小动作，以及不大容易发现的嘴角下吊，乃是本来非常明显易懂动作的最后遗迹或残存。对我们研究表情的人来说，它们之有意义，正如一些残骨对研究生物系统学和分类学的博物学家有意义一样。

人和动物所展示的主要表情行为多半属于天生的或遗传的，即并非学而知之的，这已为人们所公认。有些根本不需要学习或模仿，以至从很早到终生都是不由意志决定的。即如脸红时皮肤动脉的松弛和发怒时心跳的加速。这可见之于两三岁的儿童或生来的盲人都会因羞愧而脸红，再小的婴儿也会因情绪激动而涨得头皮发红。婴儿自生下起就会因疼痛而啼哭，其面部状态与此后若干年的并无两样。单凭这一点就足以说明我们的许多重要表情决不是学来的。值得注意的是：有些肯定是天生的表情，也还需要习练，才能达到完美的境地，哭与笑就是如此。正如我听 R. H. 布莱尔神父说的：天生盲人哭和笑跟正常人表现得同样好，这一事实可以用我们的多数表情行为是遗传的加以解释。同理我们还可以理解这样一个事实，即不同种族、不同年龄的人均以同一动作表示同一心态。

我们还熟知这样一个事实，即小的和老的动物以同一方式表达感情。

因为太熟了反而不太注意：如小狗在高兴时摇尾巴，发野时抿起耳朵、露出牙齿，和老狗一样。又如小猫在受惊或发怒时弓背并竖毛，和老猫一样。当我们回到人类本身一般被视为做作的或随俗的不太普遍的姿态，如以耸肩表示无能为力，摊开双手以表示惊奇，一旦我们发现这也是天生的，也许不免要有些惊讶。这和别的一些姿势是遗传而由很小的孩子、天生盲人以及血缘极远的人种都会这样做得到启示。我们还应当记住，一些新的、非常特殊的癖性，只要是由某种心态引起的，虽起源于个人，有时也可以遗传给子孙后代。

另外一些姿势因看上去太自然了，很容易被误认为天生的，实际上却是学来的，就像学认字一样。祈祷时的双手合拢并上举、双目向上，似乎就是这样。表示恋情的亲吻也类似，但如果亲吻是出于与爱人接触而获得快感，那就是天生的了。用点头与摇头表示肯定与否定是否天生的，证据还不足，因为还不够一致。只不过有这么多的人种都这样做，很难说他们都是独立获得的罢了。

现在我们将考察意志和意识在发展各种表情动作中起着多大作用。就我们所知，只有前面提到的少数几个表情动作是学而知之的，是人在幼年为了某种目的，或为了模仿他人，有意地或自愿干的，后来就成为习惯。大量的表情动作，而且全都是最主要的，皆为天生的或遗传的，这就不能说是由人的意志决定了。虽然如此，所有那些包含在我们第一项原理下的动作，开始时都是为特定目的而自愿去做的，如为了脱险，减轻痛苦或满足欲望。例如以牙齿为武器的兽类获得了在发狠时习惯地把双耳抿到紧靠头部。这无疑是由于它们的祖先为了不让对手方撕破耳朵有意这样做的。不靠牙咬来厮打的兽类在发狠时就没有这个表现。我们还可以有把握地说：人在不哭出声来的饮泣时眼围肌依旧收缩，这是由于我们的祖先从婴儿期起，每当啼哭时就会觉得眼睛不舒服而做出的动作遗传给了我们。再者，有些表现力很强的动作原来是为了阻止另外一些表情动作才形成的。如儿童强忍着哭时必然会出现眉毛斜、嘴角咧的表情。很明显，此时是意识和意志先发生作用。我们不知道的是：在这种或类似情形里有哪些肌肉参与活动，正像不知道在通常随意动作中的肌肉活动一样。

谈到根据反对的原理发生的表情动作，意志以一种遥远的、间接的方式参与进来。同样，关于第三项原理所包括的动作，由于它们受神经力惯走熟路的影响，总是由初发的和重复发生的意志力所决定的。这些间接由于意志力发生的作用，往往因习惯与联应的力量，与脑脊髓系统的兴奋直接产生的作用互相结合在一起。在任何强烈情绪影响下的心跳加快似乎就是这样。当兽类竖立体毛，摆出恫吓身姿并发出怒吼，借以恐吓敌手时，这些动作有的是随意的，有的是不随意的，二者结合在一起。然而，甚至最不随意的动作也可以受意志的神奇力量所左右。

有些表情动作，如上文提到的癖好，在与某种心态联合在一起时，可能自发出来并遗传下去。但我手头缺乏这方面的证据。

同一种族中各成员间用语言交流的能力，在人类的发展中具有无比重要的意义，而语言还是要借助于面部表情和形体动作的。当我们同一位遮掩起面孔的人会商一件重要的事，我们立刻就会发现这一点。然而没有理由相信哪条肌肉是天生的或改造过以完全用于表情的，至少我还没能发现。声带及其他发声器官似乎是个例外。但我曾在另文中试图说明，发声器官之所以发展是为了性生活的目的，是用于召唤或取悦异性的。我同样不能发现什么理由去相信现在用于表情的任何遗传动作，当初是为此特殊目的而自愿地、有意识地实行的，如聋哑人的某些姿势和手语。相反地，我认为每项真正的、或者说遗传的表情动作似乎都有其自然的、独立的起源。而一旦获得，这种动作就可以自愿地并有意识地被用作交流手段。得到精心照料的婴儿在很小的时候都会发现啼哭带来援助，很快他们就自觉地这样做了。我们可以经常看到人们随意地扬眉以表示惊讶，或微笑以表示假装的满意和默许。人们时常喜欢使他们的姿势更加显著，为了表示惊愕，不惜叉开手指举臂过顶；为了表示对某件事无能为力，恨不得把肩膀端到耳垂。他们有意地、反复地这样干，使得这种夸张性动作倾向于加强，这种效果也许会遗传下去。

有件也许值得考虑的事情是：开头只有少数人用来表达某种心态的动作，有时候是不是也会传开来，并由于有意无意的模仿，最终变成人人皆会的呢？人有很强的模仿意识，不由主观意志决定，这是肯定的。这在某些脑病，特别在大脑的炎性软化症的初期，即所谓“反映症状”（echo-sign）中表现得最为明显。这种病人在不了解其意义的情况下，模仿周围的每种怪样子和说的每一句话，即便是外国话。[391]在动物中，笼养的胡狼和狼学会了狗叫。狗叫能用来表达多种感情和欲望，它是自受人豢养后发展起来的。不同种的狗遗传的程度也不同。狗叫是从哪儿学的，这个我们不清楚。但鉴于狗跟人这个“饶舌的畜生”长期共处，怕是也受到人的一定影响吧。

在本章以及全书中，我常常不太会用意志（will），意识（consciousness）和意图（intention）这三个词。开始时是自愿的行为不久变成习惯并终于遗传下去，这时即使违背意志也要照做。虽然它们常也反映心态，但出现这种后果却不是始料所及的。甚至像“某些动作是用来表情的”这句话也容易发生误解，因为它意味着这就是动作的首要目的。这可是绝少或完全不是那么一回事。动作可能当初有点用，但也可能是感受器兴奋状态的间接效果。婴儿啼哭要吃东西既可能是故意的，也可能是本能的。但是他并不打算把小脸变成一副怪样子用以表示可怜。但正如已经讲过的，人的许多最具特殊性的表情就是从啼哭演变来的。

人人承认，我们的多数表情行为是天生的或本能的。但我们有没有认识它们的本能能力又是另外一个问题。一般人都认为是这样是，但是勒穆瓦纳先生对此曾强烈反对。[392]一位细心的观察者说：猿猴不但能很快地学会辨别其主人的音调，还学会了识别他们的面部表情。[393]狗熟知如何区别爱抚与恫吓的姿势与音调，它们似乎还听得出同情的音调。但经过重复试验后，就我所知，狗弄不懂除去微笑和笑以外的任何面部动作，就是笑它们也是似懂非懂。无论是猴还是狗，通过接受我们对它们的粗暴或和善的对待，可能学到了少量的知识，这种知识肯定不属于本能的。儿童无疑会很快学会大人们的表情动作。进一步说，当儿童哭或笑时，他一般知道他这样做时的情感；因此只需一小点推理就可以使他知道别人的哭或笑意味着什么。问题在于：能说儿童完全是凭联想和推理的经验获得表情的知识的么？

由于大多数表情动作需要逐渐获得，以后才变成本能，似乎存在某种程度的先天可能，即识别它们也同样成为本能。至少相信这一点不会比承认下面两点更困难：①母畜在第一次产仔时就懂得幼仔痛苦的叫唤；②许多动物认识并惧怕它们的天敌是出于本能，而这两点都是没有疑问的。然而要想证明我们的儿童有识别各种表情的本能却极其困难。在我的头一个孩子生下时我就注意这个问题。当时他没有可能向别的孩子学。我相信他懂得微笑，看见我就高兴，并报以他的微笑。在他这样小时，是不可能靠经验学会任何事物的。在他 4 个月大时，我对着他发出一些怪声并做一些鬼脸和怒容。但怪声（也许还不够高）和鬼脸全被他当成是善意的玩笑。我把这归因于在这之前或当时我还笑了。在他 5 个月大时，他似乎已懂得同情的表情和声调。6 个多月时，他的保姆装哭，我看见他的脸立刻就出现一种难过的表情，嘴角明显地下沉。至此这孩子既未见过别的孩子哭，更没见到过大人哭，我奇怪这么大的孩子怎么会理解哭的意义呢。因此我认为必然有一种天生的感觉告诉他：保姆的哭表示哀伤，通过同情的本能，也使得他难过起来了。[394]

勒穆瓦纳先生争辩说：如果人天生具有表情的知识，著作者和艺术家也就不会像现在这样为描写和刻画种种特定的心态的典型特征而犯难了。但据我看来，这算不得有力的争辩。我们可以见到人或动物以一种不会错认的方式变更其表情，然而据我的经验，我们却不能分析出其变化的性质。在杜欣所给的同一老人的两张照片（图片Ⅲ，5、6 两图）中，几乎人人可以认得出来一个表示真笑，另一个表示假笑。但是我感到很难判断整个的区别应包括哪些内容。我常把这个看成是一件怪事：各种层次的表情可以立即认得出来，但我们从不有意识地进行分析。我相信没人能清楚地描写出一个愠怒或狡猾的表情，而许多观察者却一致认为这种表情在各色人种中都可以认得出来。我把杜欣的照片（见图片Ⅱ右上角的斜眉毛的青年头相）拿给一些人看，几乎每一个人都立刻宣称它表示悲哀或类似感情。然而他们中也许没有一个人能事先说出双眉紧蹙或前额中部出现方形皱纹的精确内涵来。许多其他表情也是如此。我在向他们提出讨厌的询问时必须指导他们去观察哪些点。这方面我已有了实践经验。如果对某些细节的忽略并不影响我们准确地、迅速地认识各种表情的话，我看不出这种忽略能被人用来否认我们的认识能力（尽管还很模糊和一般）是天生的。

我已经努力相当详尽地显示所有人类的重要表情是全世界一致的。这一事实的有趣性在于：它提供一个支持诸多种族起源于同一个祖先的新论据。这个祖先必是在各种族分化出去之前就在身心双方都接近完全人的特征。通过变异和自然选择的理论，不同的物种，为了适应同一环境，自然也可以独立地获得同样的体征，但这种观点无法解释不同的物种在大量的、次要的细节上的十分近似。如果我们想到无数的与表情无关的小的身体构造在各人种间的十分一致，再想想表情动作直接或间接依靠的无数构造，有的极为重要，多数极为次要，我认为不由共同祖先而获得身体的构造能如此近似甚至全同是极不可能的。如果现有人种起源于几个不同的物种，那只能承认这种不可能。最大的可能乃是，不同人种间的许多共同点是由于它们是由单一祖先遗传来的，这个祖先是早已具有人的特征了。

在人类进化的长河中，今人具有的各种表情动作是从何时起逐渐获得的呢？这个想法有些奇怪，也许没什么大用。下面的陈述也许至少有助于回顾本书所讨论的一些要点。我们可以确信：作为快乐和惬意表征的笑在我们的祖先配称作人以前就已经有了，因为许多种猿猴在高兴时，发出一种类似我们笑的反复的声音，伴随动作有牙床和嘴唇的颤动，嘴角向上后方牵引，面颊上出现皱纹，甚至还伴有眼睛发亮。

我们还可以推断，在极为遥远的年代，人的远祖就会表示害怕，方式跟现代人差不多，即：哆嗦、毛发竖立、出冷汗、面色苍白、睁大眼睛、大部肌肉松弛、蹲下身子或呆立不动。

今人遇着巨大的痛楚，一开始就会发出叫喊或呻吟，身体扭曲，牙关紧闭等。但是我们的祖先在他们的循环器官、呼吸器官和眼围肌在构造上赶上今人之前只会尖叫和呼喊，没有那么多相伴的面部表情。流泪似乎是一种反射行为，起源于眼睑的痉挛性收缩，可能还有在尖叫时的眼球充血。因此哭泣在人的进化史上较晚出现。这种结论与我们的近支类人猿从不哭泣这一事实是相符合的。但在这个问题上我们应该慎重，因有些跟人关系不太近的猿猴也哭。这种习性可能在人类祖先族类的一个旁支中很久以前就有了。我们的远祖在遇到悲哀或焦虑时不会让眉毛吊起或将嘴角下压。这要等他们养成努力抑制喊叫的习惯以后才行。因此，悲哀和焦虑的表情完全是属于人类的。

在荒古的年代里，人类不用皱眉，而用威吓或狂暴的姿态、皮肤发红、眼睛发亮来表示其盛怒。因为皱眉的习惯似乎是这样获得的，即当婴儿感到疼、气或难过时，他就想哭，这时眼围肌赶忙收缩，形成了皱眉。此外皱眉在费力的深入的注视时还起到遮阳作用。很可能这种遮阳作用直到人完全直立时才成为习惯，因为猿猴在强光照射下就不皱眉。我们的远祖在盛怒时可能比今人更多地露出牙来，有时会像疯子一样，尽情发泄怒气。我们还可以近乎肯定地认为：他们在愠怒或失意时会把嘴唇伸得老长，其长度不但我们的孩子生气时没法比，就是现存野蛮民族的孩子也比不上。

我们的远祖在生气或发怒时，如果还没有获得现代人的通常步态和直立姿势，大概不会昂首、挺胸、端肩、握拳的。用拳或用木棒互殴是身体直立以后的事。在这个阶段到来之前，与此相反的姿势，即用耸肩表示无力或忍耐，肯定也不会得到发展。同理，惊愕肯定也不会举臂开掌，伸向前方。再者，根据猿猴的行为来判断，古代人惊愕时嘴不会大张，但眼睛是张开的，眉毛是弓起的。厌恶在远古时代表现为嘴周肌的动作，好像要呕吐的样子。如果我过去说过的关于这种表情的起源是对的，我们的远祖大概有把不合口味的东西随意地并很快地从胃里倒出来的本领并不断用它。但是表示轻蔑和鄙视的更精致的方式，如低垂眼睑，把眼和脸转过去，像是对那个人不屑一瞧，恐怕要过好长时间才能获得。

在所有表情中，脸红似乎是只有人类才有。然而它却是一切（或近乎一切）人种所共有的，只不过因肤色不同，有的不易看出罢了。脸红发生的依据——皮下小动脉的扩张，似乎主要由于对我们本身仪容，特别是面容的认真重视，再加上习惯、遗传和神经力容易沿着熟路走的特性，终于靠联想的力量引伸到对自己道德行为的重视。不容置疑，多种动物对美丽的颜色和形象也是懂得欣赏的，这可由其中一性的个体煞费苦心地在异性面前炫耀其美丽得到证明。但是，只要动物的精神力量还没有发展到堪与人类相比，要它们高度注意自己的外表似乎是不可能的。因此我们可以认为，脸红在人类发展的长河中是很晚才发生的。

从上面讲述的和本书所给的各种事实看，似乎只要我们的呼吸器官和循环器官的结构发生轻微的变化或偏离现状，我们的多数表情就会奇妙地有所不同。进出头部的动脉和静脉的途径只要变动一点，就可能阻止在剧烈呼吸时血液进入眼球过多，像在极少几种兽类那样。此时我们也许就无须再有我们的一些最具特征的表情了。如果人的呼吸是靠外鳃（这种想法自然是难以想象的），而不靠鼻子和嘴呼吸，他的面部在表达感情上恐怕不比他的手或肢体更有效。盛怒和轻蔑可能还是靠嘴唇的动作，而眼睛比现在是亮一点还是暗一点就要看循环的状况了。如果我们的耳朵还能动弹，它们动作起来一定富有表情，就像一切用牙齿战斗的动物那样。可以推断，我们的远祖在战斗中用牙，因此当我们嘲笑或不服谁时常露出一侧犬齿，而在狂暴的盛怒时，满口牙都会露出。

面部和身体的表情动作，不管其来历如何，对我们的幸福都是至关重要的。它们是母亲和婴儿间交流的第一手段，她用微笑表示赞许，或用皱眉表示不赞许，就把孩子引向正路。我们通过表情就知道别人的同情，这使我们的痛苦减轻、快乐增加，而彼此间的好感就这样加强了。表情动作为我们的讲话增加生动和力量。它们比语言更能揭示别人的思想和意图，因为语言可以掺假。正像哈勒早年指出的：[395]人相学这种科学究竟含有多少真理，取决于不同的人根据其癖性而经常使用不同的面肌。这些肌肉大概就是这样发展起来的。由于惯常的收缩，面部的皱纹就变得更深，更明显了。当一种情绪自由地用外部特点表现时又加强了它。[396]另方面，如果人尽可能地抑制这些外部特点又可使情绪柔和。[397]谁要是对粗暴的姿态不加控制就会增加其怒气，谁要是不控制他的怕相也会大大增加其怕感；还有谁要是在被悲哀压倒时不加节制便会失去恢复其心理弹性的最好机会。这部分是由于几乎所有的情绪和它们的外部表现之间存在着密切的关系；另一部分是由于紧张对心脏并最终对大脑有所影响。甚至对某种情绪的模仿也会在我们心灵上造成影响。莎士比亚以其对人性的惊人知识应该是一位出色的裁判，他说：

> “瞧吧，这里有一个演员，
> 只不过是在扮演假戏，在做着热情的梦，
> 但是却使自己精神高扬，以致达到狂想；
> 由于这种做法，他的脸变得完全苍白，
> 双眼含泪，面部带着绝望的模样，
> 声音断断续续，而他的全部行动符合于
> 他的狂想的形态吗？白费一场！”
>
> 《哈姆雷特》，第二幕，第二场。

我们已经看到，对表情理论的研究在一定程度上证实了人是从较低级的动物形式演变来的这样一个结论，还支持了某些种族的种与亚种的统一性的信念。但是根据我的判断，这种证实是不太需要的。我们还看到了，表情本身，或像某些人所说的“情绪的语言”，确实对人类的幸福至关重要。尽可能了解我们每时每刻都看得见的各种表情的起源或来历，不管是周围人脸上的，还是家养动物的，都应该是满有兴味的。从以上各种原因，我们可以下这个结论，即：本课题的哲理确实值得一些卓越的观察者加以注意，并且还值得受到进一步的注意，特别是来自任何一位有能力的生理学家的注意。

注 释

[1] [约翰·布尔沃（John Bulwei）在他所著的《肌肉病理学》（*Pathomyotomia*，1649年）里，对于各种表情作了相当好的叙述，并且对那些在各种表情里有连带关系的肌肉也作了详细的研讨。哈克·图克（Hack Tuke）博士的《精神对身体的影响》（*Influence of the Mind upon the Body*）第二版，1884年，第1卷，第232页就引用了约翰·布尔沃的“手语法”（Chirologia）这篇文章，并且认为在它里面含有关于表情动作方面的卓越意见。培根勋爵指出，在将来被后代人们所添写的著作当中，应该有《表情姿态理论》（*The Doctrine of Gesture* 或者 *The Motions of the Body with a View to Their Interpretation*）《身体动作以及对于它们的解释的看法》。]

[2] 帕森斯（J. Parsons）在1746年出版的《哲学学报》（*Philosophical Transactions*）的附录里（第41页），发表自己的一篇文章，列举出41位曾经写过表情方面著述的老著作者。[曼特加沙（Mantegazza）

在自己所著的《面相和表情》（*La Physionomie et l'Expression des Sentiments*，世界文库，1885年）这本书的第一章里，提出了人的面相和表情的科学史的概述。]

[3] 即《关于各种激情的特性的表达的讲义》（*Conférences sur l'Expression des différents Caractères des Passions*），巴黎，四开本，1667年。我时常引用该书的再版本。它是1820年由莫罗（Moreau）出版，而由拉伐特（Lavater）编著的文集，第9卷，共257页。

[4] 即《论皮埃尔·坎普尔关于各种激情的表达方法的著作的演讲集》（*Discours par Pierre Camper sur le Moyen de représenter les diverses Passions*，&c.）等，1792年。

[5] 我时常利用这本书的第三版；它在1844年在贝尔爵士去世以后出版，并且包含他的最后的修改部分。它的1806年的初版本的内容价值要比第三版差得多，因当时还没有包含进他的几个最重要的见解。

[6] 参看《面相与讲话》，阿伯特·勒穆瓦纳著（*De la Physionomie et de la Parole*），1865年，第101页。

[7] 书名就是《观相术》（*L'Art de connaître les Hommes*，&c.），拉瓦特编著。在这本书的1820年十卷集版的序文里，讲到这本书的初版时说，它包含有莫罗的观察资料；据说，它的初版本是在1807年出版的；我对这一点认为正确无疑，因为在它的第一卷开头载有一篇"*Notice sur Lavater*"（关于拉瓦特的短笺），而标明写作日期是1806年4月13日。可是，在有几册书目提要里，则认为出版日期是1805～1809年；因此我以为，1805年出版的说法似乎是不可能的。杜欣博士指出（《人相的机制》（*Mécanisme de la Physionomie Humaine*），8开本，1862年，第5页；还有《普通医学文摘杂志》（*Archives Générales de Médecine*），1862年1月和2月号：莫罗先生在1805年里已经写了一篇关于重要题目的著作等；还有，我在1820年的版本的第1卷里看到，除了上面所讲的日期1806年4月13日以外，有几处写有"1805年12月12日"和"1806年1月5日"等日期。因为

有几处的文句是在1805年里写的，所以杜欣博士就认定莫罗先生比贝尔爵士先提出这些研究结果来；大家知道，贝尔爵士的著作是在1806年出版的。这种确定科学著作出版的优先权的方法是十分别致的；然而，这些问题在和著作的相对贡献比较的时候，就显得无足轻重了。我在上面所引用的莫罗先生和勒布朗的著作里的文句，不仅在这种情况下，而且也在所有其他情况下，都是从拉瓦特所编著的1820年的版本（第4卷，第228页和第9卷，第279页）里摘取来的。

[8] 亨勒，《人体系统解剖学手册》(*Handbuch der systematischen Anatomie des Menschen*)，第1卷，第3部分，1858年。

* Sorborme，巴黎大学文理学院的别称。——译者注

[9] 贝恩，《感觉与智力》(*The Senses and the Intellect*)，第二版，1864年，第96页和第288页。这本书的初版本的序文所署的日期是1855年6月。还可参看贝恩先生的《情感与意志》(*Emotions and Will*)的第二版。

[10] [在贝恩先生所著论达尔文的《人类和动物的表情》里，是《感觉与智力》这篇文章的附言，1873年，第698页；这位著作者写道："达尔文先生引用了我在这个法则（扩散法则）里所提出的说法，并且指出，它'显得过于笼统，似乎无助于可靠地去说明特殊的表情问题'；这是十分正确的；可是，他为了这个同样的目的，却去采取了一种使我认为还是更加模糊不清的说法。"查尔斯·达尔文大概已经觉得贝恩先生的批评意见是正确的，因为这是我根据他的"附言"的抄本上的铅笔摘录而判断出来的。]

[11] 贝尔，《表情的解剖学与哲学》，第三版，第121页。

[12] 斯宾塞，《科学、政治和推理的论文集》(*Essays, Scientific, Political, and Speculative*)，第二集，1863年，第111页。在他的论文集的第一集里，有关于笑的讨论；我以为这个讨论的价值非常低。

[13] 斯宾塞在出版上述论文以后不久，又写了一篇论文，《道德和道义感情》（*Morals and Moral Sentiments*），登载在《双周评论》（*Fortnightly Review*）上，1871年4月1日，第426页。现在他又发表了自己的最后结论，载在《心理学原理》（*Principles of Psychology*）的第二版第2卷里，1872年，第539页。为了使大家不至于责怪我侵犯斯宾塞的研究范围，我可以来声明一下，我曾经在自己的《人类的由来》一书里声明，当时已经写好了现在这本书的一部分：我最初关于表情问题的原稿的完成日期，实际上是1838年。

[14] 贝尔，《表情的解剖学》，第三版，第98页，第121页和第131页。

[15] 欧文（Owen）教授明确地肯定说（《动物学会记录》，1830年，第28页），这种情形对于猩猩（Orang）是正确的，并且列举出了一些最重要的肌肉，而大家知道，这些肌肉就是属于那些为了表达人的感情而替人服务的。还有，可以参看麦卡里斯特（Macalister）教授所写的一篇关于黑猩猩的几种面部肌肉的记述文章，发表在《自然史研究杂志》（*Annals and Magazine of Natural History*）里，第7卷，1871年5月，第342页。

[16] [在我这本书的第一版里，把这种歪脸怪相形容做"hideous（可怕的）"。在《雅典神堂杂志 Atheneaum（1872年11月9日，第591页）里，有人批评说，"看不懂歪脸的可怕性对于这个和美观毫无关系的问题有什么关系"；我对这个批评表示同意，因此就把这个形容词（hideous）删去了。]

[17] 贝尔，《表情的解剖学与哲学》，第121及138页。

[18] 格拉休莱，《人相学》（*De la Physionomie*），第12页和第73页。

[19] 杜欣，《人相的机制》，8开本，第31页。

[20] 米勒，《生理学》，英译本，第2卷，第934页。

[21] 贝尔，《表情的解剖学与哲学》第三版，第198页。（后引中多省去"与哲学"字祥——译者注）

[22] 参看莱辛（Lessing）在拉奥孔（Laocoon）里对于这个问题的意见：罗斯（W. Ross）的英译本，1836 年，第 19 页。

* 现称斯里兰卡。——译者注

[23] 参看派特利奇（Partridge）先生在托德（Todd）所编的《解剖学和哲学百科词典》（*Cyclopaedia of Anatomy Physiology*）里的文章，第 2 卷，第 227 页。

[24] 《人相学文集》（*La Physionomie*），拉瓦特编，第 4 卷，1820 年，第 274 页。关于肌肉的数目问题，参看第 4 卷，第 209－211 页。

[25] 皮特利特：《表情和人相学》（*Mimik und Physiognomik*），1867 年，第 91 页。

[26] 本版的照片却不是像第一版用胶板印制，而是用普通版印制的。

[27] 赫伯特·斯宾塞先生，（《论文集》，第二集，1863 年，第 138 页）把情感（emotion）和感觉（sensation）作了明显的区分；他以为感觉就是“在我们的身体组织里发生出来”的。他把情感和感觉都归属于感觉（feeling）。

[28] 米勒，《心理学基础》，英译本，第 2 卷，第 939 页。还可参看斯宾塞对于同样主题和对于神经发生方面的有趣的臆测：见他的《生物学原理》（*Principles of Biology*）第 2 卷，第 346 页和他的《心理学原理》（*Principles of Psychology* 第二版，第 511－557 页。

[29] 很久以前，希波克拉底（Hippocrates）和著名的哈维（Harvey）早已提出了极其相似的见解来，因为他们两人都肯定说，幼年动物在出生不多几天以后忘却吮吸母乳的本领，并且必须要经过相当困难方才会使它重新获得这种本领。我是根据达尔文博士所著《动物生理学》（Zoonomia，1794 年，第 1 卷，第 140 页）而提出这些说法来的。[海恩斯·斯坦利（Haynes Stanley）博士在寄给我的信里也确证了这类情形。]

[30] 参看我的叙述和很多类似的事实，见《动物和植物在家养下的变异》（*The Variation of Animals and Plants under Domestication*），

1868 年，第 2 卷，第 304 页。

[31] 贝恩，《感觉与智力》第二版，1864 年，第 332 页。赫胥黎（Huxley）教授指出（《心理学基础教程》（*Elementary Lessons in Physiology*），第五版，1872 年，第 306 页："可以把下面的情形认为是一条规则：如果有两种精神状态同时或者相继被激发，而且有相当多的次数和相当的活跃程度，那么以后即使只有一种精神状态发生，也足够引起另一种精神状态来，而且不管我们是否愿意。"

[32] 格拉休莱（《人相学》，第 324 页）在谈论到这个问题时，就提出很多这类例子来。参看第 42 页关于眼睛的张开和闭合的叙述。他引用了恩格尔的说法，就是，一个人在想法发生变化时，也会使自己的步态发生变化（第 323 页）。

[33] 杜欣，《人相的机制》，1862 年，第 17 页。

[34] 《动物和植物在家养下的变异》，第 2 卷，第 6 页。对我们说来，习惯性的姿态的遗传情况有这样重要，因此我很高兴在得到高尔顿先生允许后，引用他的原话，来说明下面的显著情形："下面有一段关于出现在三个连续世代的个体身上的习惯的叙述，特别使人感到兴趣；因为它是在熟睡的时候发生，所以也就不可能由于模仿而发生，应该被认为是完全天生的。这些情节是十分可靠的，因为我已经详细调查过，并且还根据很多彼此无关的证据来讲述。曾经有一个地位相当高的绅士，他的妻子发现他有一种怪癖，就是：他在床上仰面朝天而熟睡的时候，会慢慢地把右臂举起到面部上面，达到前额处，然后突然向下降落，因此手腕正好落在鼻梁上。这种怪癖并不是每天夜里发生的，但是有时就会发生，而且毫无明确的原因来引起它。有时在一小时或稍长的时间里，就重复发生这种情形。这个绅士的鼻子很高，所以鼻梁在受到手腕重击以后就发生肿痛。有一次，它肿得很厉害，而且经过了长期的治疗，因为初次引起肿痛的那种打击，会连续发生几夜。他的睡衣的袖口有颗纽扣，在手腕落下的时候，它会造成严重的擦伤。所以他的妻子就不得不把它

除去，而且还曾经有几次设法把他的手臂捆缚起来。

在这个绅士死去以后很多年，他的儿子和一位小姐结婚；这位小姐从来没有听说过丈夫家族里发生过这类事件。可是，她观察到她的丈夫也有同样的怪癖；不过因为他的鼻子不太高，所以从来没有由于这种打击而受伤。[自从第一次写了这一段话以后，发生过一次击伤的事件。有一天，他的身子十分疲倦，就躺在安乐椅里熟睡起来；突然他惊醒过来，发现自己的鼻子被自己的指甲抓破得很厉害。] 在他半醒半睡的时候，例如在安乐椅里假寐的时候，不会发生这种怪癖；但是在熟睡的时候，就容易发生这种情形。他也像自己的父亲一样，间歇地发生这种情形；有时一连很多夜晚都不发生，有时则一连几夜几乎接连发生。在发生这种情形的时候，他也像他的父亲一样，把右手举起来。

在他的孩子当中，有一个女孩也遗传到同样的怪癖。她在发生这种怪癖的时候，也把右手举起，但是以后的动作略微不同，因为她在把手臂举起以后，并不使手腕落下到鼻梁上去，而是把半握的手掌从上面落到鼻子上，相当迅速地从鼻子上滑过去。这个女孩也是间歇地发生这种情形，有时在几个月里不发生，有时则接连不断地发生。”

[莱德克（Lydekker）先生（在没有写明日期的信里）告诉我一个关于遗传特性的例子，就是眼睑发生特征性下垂的情形。这种特征就是眼睑提肌（*lavator palpebre*）麻痹，或者很可能是完全缺乏。起初在一个妇女 A 夫人的身上，发现这种特性；她有 3 个小孩，当中一个小孩 B 就遗传到了这种特性。小孩在长大以后生有 4 个小孩，这些小孩都有这种遗传性的眼睑下垂特性；当中有一个女儿，在出嫁以后生有 2 个小孩，在这两个小孩当中，第二个小孩具有这种特性，但只有一边的眼睑下垂。]

[35] [有一个美国医生在写给我的信里说道，他在看护产妇分娩的时候，有时就觉得自己也在模仿着产妇使肌肉紧张起来。这种情形很有

趣，因为在这里习惯的影响由于必要而被排除了。]

[36] 赫胥黎教授指出（《生理学基础》（Elementary Physiology），第五版，第305页，脊髓所特有的反射行为是天生的；可是，由于脑子的帮助，就是由于习惯，就可以去获得无数人工的反射行为。微耳和（Virehow）认为（*Sammlung wissenschaft. Vorträge*，&c.，1871年，第24页和第31页），有些反射行为很难跟本能区分开来；我们还可以补充说一句：有些本能不能够和遗传的习性区分开来。[关于这种实验方面，一位批评家提出，如果记录得正确无误，那么这种实验就演示出了意志的作用，而没有演示出反射作用；另一位批评家就采用根本怀疑这种实验的正确性的办法，来硬性消灭这种困难。米凯尔·福斯特（Michael Foster）博士在讲到蛙的动作时写道（《生理学教程》，第二版，1878年，第473页）："起初，我们以为这种行为好像是理智的选择。它无疑是一种选择作用；要是拥有许多关于这一类选择作用的例子，而且获得了一些证据，可以去证明也像有意识的意志作用那样，蛙的脊髓会引起各种不同的自动的动作来，那么我们就有理由去推测说，选择作用就由理智来决定。可是，另一方面，也极可能去这样推测说，脊髓的原生质里的抵抗线（lines of resistance）被排列得可以容许交替行为发生；如果考虑到，在去掉脑子的蛙体上，可以证明这些外表上的选择作用的例子是多么的稀少和简单，还有怎样在蛙的脊髓里完全缺乏自发性或者不规则的自动性，这个见解大概就很近于真实情形了。"]

[37] 毛兹利博士，《身与心》（*Body and Mind*），1870年，第8页。

[38] 参看克劳德·伯纳德对这整个问题所写的极其有趣的讨论（《活组织》（*Tissus Vivants*），1866年，第353-356页）。

[39] 《精神生理学讲义》（*Chapters on Mental Physiology*），1858年，第85页。

[40] 米勒指出（《生理学精义》（*Elements of Physiology*），英译本，第2卷，第1311页），在惊起的时候，总是同时发生眼睑闭合现象。

[41] 毛兹利博士指出（《身与心》，第10页）："那些通常能够达到有用目的的反射动作，在患病而情况变化的时候，就会造成重大的害处，有时甚至也会造成严重的苦楚和最痛苦的死亡。"

[42] [巴克斯特（Baxter）博士（1874年7月8日的来信）要我去注意到微耳和的《纪念约翰斯·米勒的演说》（*Gedächtnissrede über Johannes Müller*）里所讲到的事实，就是米勒已经能够控制瞳孔的收缩。根据刘易斯所说（《精神的物质基础》（*Physical Basis of Mind*），1877年，第377页），伯恩大学的比尔教授（Beer）已经具有一种随意把瞳收缩或者张大的本领。"在这里，思想就成为运动机关。当他在想象到自己处在黑暗的空间里的时候，他的瞳孔就张大；而在想象到自己在很明亮的地点时候，瞳孔就收缩。"]

[43] [根据莫斯利对于贝塞尔所写的"北极星"号船的探险记的评论文章（《自然》杂志（*Nature*），1881年，第196页）可知，爱斯基摩人的猎狗在睡下以前从不绕圈子；这个事实也是和上面的说明互相协调的，因为爱斯基摩人的猎狗在无数世代里，都不可能得到机会在草地上践踏出一个睡卧的地方来。]

[44] 参看沙尔文（F. H. Salvin）所写的关于驯顺的胡狼的文章，载《陆与水》杂志（*Land and Water*），1869年10月。

[45] [肯特郡法恩勃罗（Farnborough）地方的特纳（Turner）先生肯定说（1875年10月2日的来信），如果去摩擦有角的牛的尾"紧靠尾根"的部位，它们总是要扭转自己的身体，伸长头颈并舐起嘴唇来。

从这种情形里可以看出，狗的这种舐空气的习惯，大概是和舐主人的手的习惯毫无关系，因为上面所举出的说明就很难被应用到牛的情形方面去。]

[46] [休·埃利奥特勋爵（在没有写明日期的来信里）讲到，有一只狗在被带上摆渡过河时，就作着一种游水的姿势。]

[47] 参看达尔文博士的叙述（《动物生理学》，第1卷，第160页）。在该

卷的第151页上，我还看到一个事实，就是猫在高兴的时候，就要伸出自己的脚来。

[48] 见卡彭特（Carpenter）《出较生理学原理》（*Principles of Comparative Physiology*，1854年，第690页。还有米勒《心理学精义》，英译本，第2卷，第936页。

[49] 莫布雷（Mowbray）《家禽》 （*Poultry*），第六版，1830年，第54页。

[50] 这位卓越的观察者所作的叙述，见《苏格兰高地的野生变态动物》（*Wild Sports of the Highlands*），1846年，第142页。

[51] [如果说鱼狗时常用这样的方式去对付鱼，那么这也是不正确的。参看阿波特（C. C. Abott）先生的文章，《自然》杂志（*Nature*），1873年3月13日和1875年1月21日。]

[52] 《哲学会报》（*Philosophical Transactions*），1823年，第182页。

[53] [关于反对原理方面的批评（这个原理未受到大家的赞同，可参看旺特的《论文集》，1885年，第230页；还有他所著的《生理心理学》（*Physiologische Psychologie*），第三版；还有萨利（Sully）的《感觉和直觉》（*Sensation and Intuition*），1874年，第29页。曼特加沙（《人相学》，1885年，第76页）和迪蒙（L. Dumont，《知觉力的科学理论》（*Theorie Scientifique de la Sensibility*），第二版，1877年，第236页）也反对这个原理。]

[54] 见《巴拉圭哺乳动物自然史》（*Naturgeschichte der Säugethiere von Paraguay*），1830年，第55页。

[55] 泰勒（Tylor）先生在所著《早期人类史》（*Early History of Mankind*，第二版，1870年，第40页）中，讲到西斯廷教会的姿态语，并且对反对原理在姿态方面的应用作了一些说明。

[56] 关于这个问题，可以参看斯各特（W. R. Scott）博士所写的有趣味的著作《聋哑人》（*The Deaf and Dumb*），第二版，1870年，第12页。他说道，“在聋哑人当中，这种把自然的姿态精简为那些比自

然表情所要求的姿态更加简短得多的姿态的现象，是很普遍的。这种简短的姿态往往被节缩得很厉害，以致几乎完全和自然的姿态不同，但是对于那些使用这种精简姿态的聋哑人方面仍具有原来的表情力量。”

[57] 参看布歇（M. G. Ponchet）所收集的有趣的事例，载《两个世界评论杂志》（*Revue des Deux Mondes*，1872 年 1 月 1 日，第 79 页）。几年以前，贝尔法斯特的不列颠协会（British Association）也发表过一个事例。[兰格（《论情感运动》（*Über Gemüthsbewegungen*），由库拉拉从丹麦文译成德文，来比锡，1887 年，第 85 页）从曼特加沙的著作里引用一个关于驯狮人的记事；这个驯狮人在兽笼里作了拼死的决斗以后，头发一夜里就落尽了。还引用了关于一个女郎的类似的例子；这个女郎在房屋倒坍时受到极大惊恐，在此后不多几天里，她的全身毛发，甚至眼睫毛都脱落了。]

[58] [这里所讲到的男孩就是达尔文自己。参看《达尔文的自传与书信集》(*Life and Letters of Charles Darwin*)，第一卷，第 34 页。]

[59] 米勒指出（《生理学基础》，英译本，第 2 卷，第 934 页），当感情十分强烈的时候，“所有一切脊髓神经都受到这种强烈的影响，以致达到不完全的麻痹状态，或者发生全身剧烈颤动。”

[60] 克劳德·伯纳德，《关于活组织的特性的讲义》(*Leçons sur les Prop. des Tissus Vivants*)，1866 年，第 457－466 页。

[61] [关于情绪对脑中血液循环的影响方面，可参看莫索（Mosso）的《论恐惧》（*La Peur*），第 46 页。他在这本书里，对于那些在头盖骨受伤时可以被观察到的脑子里发生脉动的情形，作了有趣的叙述。在他的同一著作里，有很多关于情绪对血液循环的影响的有趣的观察资料。他曾经用自己的血量计来演示情绪在引起手臂等的血量减少方面的影响；他曾用天平去表明血液在极小的刺激下流向脑子去的情形，例如，在病人所睡的房间里，如果作出一种轻微的声音，低到不足以惊醒病人，这种情形也会发生。莫索认为，情绪对

于血管运动系统的作用好像是适应的作用。他以为，心脏在恐怖时的剧烈跳动，对于准备身体去作一般的重大努力方面是有用的。他也同样对恐怖时脸色发青的情形作了如下说明："我们在遇到某种危险的威胁时候，在感受到恐惧的时候，就进入兴奋状态，同时身体就应该去集中自己的一切力量，所以血管系统就自动地收缩起来，而血液则更加迅速地流到神经中枢去。"]

[62] 巴特利特《河马诞生记》(*Notes on the Birth of a Hippopotamus*)，《动物学会通报》(*Proc. Zoolog. Soc.*，1871年，第255页。

[63] [根据曼特加沙的著作 *Azione del Dolore sulla Calorificazione*，米兰，1866年)，在家兔受到轻微而暂时的痛苦时，它的脉搏也会上升；可是，他认为，这种脉搏上升的原因，与其说是由于苦痛本身，倒不如说是由于那种随着苦痛同时发生的肌肉收缩所造成。剧烈的长期苦痛，会引起脉搏速度大减，而且这种脉搏缓慢情形会延长相当长的时间。]

[64] [根据曼特加沙的著作，在高等动物的情形方面，苦痛会引起呼吸变得急促而不规则，此后就使呼吸缓慢下去。参看他的文章，载于《意大利伦巴底医学杂志》(*Gazetta medica Italiana Lombardia*)，第5卷，米兰，1866年。]

[65] 这个问题可参看克劳德·伯纳德所著的《关于活组织的特性的讲义》，1866年，第316、337和358页。微耳和在《论脊髓》(*Ueber das Rüchenmark*，第28页）这篇文章里，也作了差不多完全相同的说明。

[66] 米勒（《生理学精义》，英译本，第2卷，第932页）在讲到神经时说道："无论哪一种条件在发生任何突然的变化时，都会使神经中枢行动起来。"可参看克劳德·伯纳德和微耳和在上面一个附注里所提到的两种著作里所讲到的关于这类问题的文字。

[67] 斯宾塞《科学、政治等论文集》(*Essays, Scientific, Political, etc.*）第二集，1863年，第109页和第111页。

[68]　[亨勒提出了一个有些相似的见解，见《人种学讲义》(*Anthropologische Vortage*)，1876年，第一册，第66页。]

[69]　何兰德爵士在讲到一种叫做手忙脚乱（fidgets）的有趣的身体状态时（《医学摘记和评论》，(*Medical Notes and Reflexions*)，1839年，第328页）指出，这种状态好像是由于"某种刺激的原因蓄积而发的；这种原因要求肌肉动作来减轻自己的蓄积。"

[70]　[贝恩先生在下面一篇文章里对这段文字作了批评[《论达尔文的"人类和动物的表情"》(*Review on Darwin on Expression*)]；这是《感觉和智力》一书中的附录文章，1873年，第699页。]

[71]　在稀有的精神的陶醉（Psychical Intoxication）中，最好地表明出，非常强烈的快乐对脑子起有多么大的兴奋作用，而脑子又对身体起有多么大的影响。J. 克赖顿·布朗博士（《医鉴》(*Medical Mirror*)，1865年）记录一个有强烈神经质的青年；在他接到电报而知道有一份遗产已经遗赠给自己以后，起初他的脸色变得苍白，接着就非常快活，而且立刻精神振作起来，但是他的脸色发红，并且显得十分焦躁不安，此后，他便和自己的朋友去散步，以便使自己的心神镇定下来，但是在回返时候，他的脚步不稳，身子摇摆不定，大声乱笑起来，容易激动，接连不断地讲着话，并且在大街上高声歌唱。虽然大家都以为他醉了，但实际上他肯定是滴酒不沾唇的人。过了一会儿，他就吐起来；吐出的东西也一点没有酒味。后来，他就睡了；睡醒以后，身体恢复正常，只不过感到有些头痛和全身无力罢了。

[72]　[哥本哈根的医学教授兰格博士说道，这种现象并不是由于括约肌松弛而发生，却是由于大肠痉挛而发生。参看他所著《论情感运动》，第85页；在这一页上，举出他以前所写的关于这个问题的著作。莫索也采取同样的见解；参看他所著的《论恐惧》，第137页；在这一页上，他引用了和佩拉卡尼所写的文章《论膀胱的机能》(*Sur les Fonctions de la vessie*)（Archives Italiennes de Biologie,

1882 年)。还可以参看秋克的著作《精神对身体的影响》,第 273 页。]

[73] 达尔文博士,《动物生理学》,1794 年,第 1 卷,第 148 页。

[74] 参看奥里芬特太太(Mrs. Oliphant)的小说《马约利班克丝小姐》(*Miss Majoribancs*)第 362 页。

[75] [有一个通信者问:“这句话是什么意思?为此我昨天去询问了三个人。第一个人说,这是用右手握住左手,并且使右手绕着左手转。第二个人说:这是两只手相合,使手指互相插在一起,接着用力夹紧。第三个人说:不知道这是什么意思。

我说,我认为这是从手腕那里开始的双手的急速摇动,但是我还从来没有看见过这种动作;当时第二个人说,他曾经多次看到一个妇女在做这种动作。]

[76] [亨勒在他所著《人种学讲义》(*AnthropologisheVortige*,1876 年,第 1 卷,第 43 页)里写到关于”叹息的自然史”(NaturalHistoryofSighing)。他把情绪分成压抑的和兴奋的两类。压抑的情绪,例如厌恶、恐惧或大惊,引起平滑肌收缩;而兴奋的感情,例如快乐或愤怒,则使平滑肌麻痹。由此可知,压抑的精神状态,例如忧虑或神经过敏,由于小支气管收缩,引起胸部一种不愉快的感觉,好像有一种障碍物在抑制呼吸。由于横膈膜所进行的呼吸不足,这就促使我们加以注意,因而去召请管呼吸作用的随意肌来帮助,于是我们作出一次深呼吸或叹息。]

[77] 曼特加沙(Azione del Dolore sulla Calorificazione,文载《意大利伦巴底医学杂志》,第 5 卷,米兰,1866 年)指明,苦痛引起一种“延续下去的、严重的”降低体温现象。可以很有趣地注意到。在有些动物方面,恐惧也产生出类似的效果来。

[78] [布兰德·邓巴(J. Brander Dunbar)先生在写给查尔斯·达尔文的信里说,野兔会呼唤它们的小野兔;如果把小野兔从它的母兔所放置它的地点取走,就会引起母兔呼唤声。据说,这种呼唤声是和被

猎取到的野兔的尖叫声完全不同的。]

[79] [有一个妇女对马的尖叫声作了下面的一段叙述："在伦敦的闹区，有一匹马失足跌倒，并被马车轮子辗压；那种尖叫声是我从来没有听到过的最苦痛的表现，以后几天余音还在我的耳边萦绕。"]

[80] 关于这里的证明，可参看我的著作《动物和植物在家养下的变异》，第 1 卷，第 27 页。关于鸽的叫声，也可以参看这本书，第 1 卷，第 154、155 页。

[81] 参看斯宾塞，《科学、政治和推理论文集》（*Essays, Scientific, Political and Speculative*，1858 年）中的《音乐的起源和作用》（*The Origin and Funcition of Music*），第 359 页。

[82] 《人类的由来》，1870 年，第 2 卷，第 332 页。这里所引用的话，来自欧文（Owen）教授的著作。最近有人发表意见说，有些比猿类在生物阶梯上更加低得多的啮齿目动物，也能够发出正确的乐音来，参看 S. 洛克伍德神父所写的《关于一只会唱歌的黄昏鼠（*Hesperomys*）的记述》，文载《美国自然科学家》（*American Naturalist*，第 5 卷，1871 年 12 月，第 761 页。

[83] 泰勒先生（《古代文化》（*Primitive Culture*），1871 年，第 1 卷，第 166 页）在他对于这个问题的讨论里，谈到狗的悲鸣声。

[84] 仁格，《巴拉圭哺乳动物自然史》，1830 年，第 43 页，

[85] 他是在格拉休莱的著作《人相学》里提出来的，1865 年，第 115 页，

[86] 黑勒姆赫尔茨，《音乐的生理学理论》（*Theorie Physiologique de la Musique*），巴黎，1868 年，第 146 页，在这种内容丰富的著作里，黑勒姆赫尔茨曾充分讨论到了口腔形状和元音发出之间的关系。

[87] 我已经在所著《人类的由来》里，对此问题作了一些详细说明，参看该书的第二版，第 1 卷，第 343 页和第 468 页。

[88] [惠特米神父（S. J. Whitmee，《动物学会记录》Proc. Zool. Soc，1878 年，第一部分，第 132 页）记述到，有些鱼在愤怒和恐惧的时

候，把背鳍和臀鳍竖起来。他推测说，这些鳍刺的竖直是为了保护自身，防止被食肉鱼伤害；如果的确是这样，那么也就不难去理解这类动作和这些情绪的联应情形。达伊（F. Day）先生（《动物学会记录》，1878 年，第一部分，第 219 页）批驳了惠特米先生的结论，但是惠特米先生所记述的一种有鳍刺的鱼，会刺痛大鱼的喉咙而使大鱼最后只好把它吐出去，这个事实显然可以去证明鳍刺是有用的。]

[89] 这段话曾被赫胥黎引用在他的《关于人类在自然界地位的证据》（*Evidence as to Man's Place in Nature*），1863 年，第 52 页。

[90] 见《动物生活图说》（*Thierleben*），1864 年，第 1 册，第 130 页。

[91] J. 卡顿勋爵，《渥太华自然科学研究院报告》（*Ottawa Acad. Of Nat. Sciences*），1868 年 5 月，第 36 页和第 40 页。关于山羊的一种 *Capraaegagrus*（角羚），可以参看《陆与水》杂志 *Land and Water*，1867 年，第 37 页。

[92] 《陆与水》杂志，1867 年 7 月 20 日，第 659 页。

[93] 见《彩鹳》（*Ibis*），1861 年第 3 卷，第 180 页。

[94] 关于林鸮 *Strix flammea* 方面，参看奥杜邦（Audubon）所著的《鸟类志》（*Ornithological Biography*），1864 年，第 2 卷，第 407 页。我曾在动物园里观察到另外一些例子。

[95] 参看古尔德（Gould）对于它的习性的叙述，《澳洲鸟类手册》Handbook of Birds of Australia，1865 年，第 2 卷，第 82 页。

[96] 例如，可参看我曾经举出的关于蜥蜴的两个属 Anolis（南美树蜥属）和 Draco（飞蜥属）的记述（《人类的由来》，第二版，第 2 卷，第 36 页）。

[97] 在他的著名著作里讲述到这些肌肉。他曾经写信告诉我关于这个问题的知识，我对他非常感激。

[98] 雷伊第希，《人体组织学》（*Lehrbuch der Histologie des Menschen*），1857 年，第 82 页。我感谢 W. 特纳教授盛意地给了这个著

作的摘录。

[99] 文见《显微科学季刊》(*Quarterly Journal of Microscopical Science*),1853年,第1卷,第262页。

[100] 见《组织学教程》(*Lehrbuch der Histologie*),1857年,第82页。

[101] [克雷·肖(T. Clay Shawe)博士在《精神科学杂志》(*Journal of Mental Science*,1873年,4月)里发表文章,比较怀疑毛发直竖现象是由于立毛肌所造成的说法,却认为这是由于皮下肌层所造成。可是,据麦卡里斯特教授告诉我,猫尾巴上的毛在愤怒或者恐惧时也直竖起来,而这种效果在这里肯定是由于立毛肌所造成的,因为尾巴上没有皮下肌层。]

[102] 见《英语语源学字典》(*Dictionary of English Etymology*),第403页。

[103] 参看库柏博士关于这种动物的习性的叙述,见引于《自然》杂志(*Nature*),1871年4月27日,第512页。

[104] 根瑟博士,《英属印度的爬行动物》(*Reptiles of British India*),第262页。

[105] 参看曼赛尔·威尔先生的文章,载于《自然》杂志,1871年4月27日,第508页。

[106] 《贝格尔舰航行期间始考察日记》(*Journal of Researches During the Voyage of the "Beagle"*),1845年,第96页。我在这里把它所发出的这种嘎嘎声去和响尾蛇的尾部振动声作了比较。

[107] 参看安德森(Anderson)博士所作的叙述,《动物学会记录》,1871年,第196页。

[108] 见《美国自然学者》(*American Naturalist*),1872年1月,第32页。我歉难同意谢勒教授的意见,认为靠了自然选择的帮助,为了要去产生出一些声响去欺骗和引诱鸟类,从而使这些鸟类可以充当蛇的猎物,才使这种响尾发达起来。可是,我并不想去怀疑这些音响可以偶然对这个目的有用。不过我以为,我已经得出的

那个结论，就是发出嘎嘎声来，可以作为警告那些想要捕食蛇的动物的用处这个结论，大概更近于真实，因为这个结论可以用于说明各种各样的事实。如果这种蛇为了要吸引猎物，而已经获得这种响尾和发出嘎嘎声的习性，那么看上去它在被激怒或者受到打扰的时候，也很难经常不变地去使用自己的响尾器。谢勒教授所采取的对于响尾的发展情况的看法，和我的见解差不多相同；自从我观察到了南美洲的三角头蛇以后，我时常坚持着这个意见。

[109] 关于南非洲蛇类的习性方面，根据巴伯太太最近所收集到的记述，载于《林奈学会会刊》(*Joumal of the Linnean Society*；关于北美洲的响尾蛇的习性方面，则根据几位著作者所发表的记述，比如劳森的记述。可以知道，蛇类的可怖的外貌和它们所发出的音响，好像也很可能用作麻痹小动物的方法，或者正像有时所说的那种使小动物着迷的方法，而用来捕取猎物。

[110] 参看布朗 R. 博士所作的报告，载于《动物学会记录》，1871 年，第 39 页。他说道，一只猪在望见一条蛇的时候，就马上向它冲过去，另一条蛇在猪出现的时候，立刻逃走。

[111] 根瑟博士讲到（《英属印度的爬行动物》，第 340 页）眼镜蛇被獴（或称猫鼬）所杀；还有小眼镜蛇可被原鸡（jimgle-fowl）扑杀。孔雀也以杀蛇类闻名。

[112] 科普教授在美国哲学学会（American Phil. Soc.）作的报告《有机体类型的创造方法》(*Method of Creation of Organic Types*，载于该学会会刊，1871 年 12 月 15 日，第 20 页)，列举出很多的蛇种来。科普教授采取了那个和我相同的见解，去说明蛇类所作的姿态和音响的用处。在我所著《物种起源》最近一版里，我简略地谈到了这个问题。自从上述的这本书付印以后，我很高兴地发现，亨德森先生对响尾的用处也采取了同样的见解（《美国自然学者》，1872 年 5 月，第 260 页），就是：它被用来“预防一种已经准备好的攻击”。

[113] 瓦约先生的文章，载《动物学会记录》，1871年，第3页。

[114] [达尔文亲笔写了下面的一段笔记。这大概是从他早年的笔记本里抄来的：长颈鹿用前脚踢，用头背撞击，但从来不把耳朵垂下。它和马有明显的不同。]

[115] 罗斯·金，《行猎者和博物学者在加拿大》（*The Sportsman and Naturalist in Canada*），1866年，第53页。

[116] [李克斯（H. Reeks）先生（1873年3月8日的来信）也作了一次类似的观察。]

[117] 《阿比西尼亚的尼罗河支流》（*The Nile Tributaries of Abyssinia*），1867年，第443页。

[118] 见《表情的解剖学》（*The Anatomy of Expression*），1844年，第190页。

[119] [华莱士先生提出了一个不同的说明（《科学季刊》（Quarterly Journal of Science），1873年1月，第116页）。“因为全部可以利用的神经力都被耗在行动上了，所以一切无助于行动的特殊的肌肉收缩都停了下来。”]

[120] 格拉休莱，《人相学》（*De la Physionomie*），1865年，第187页，第218页。

[121] 鲍德利先生在一封信中指出《罗摩衍那》（*Ramayana*）里的一段话：“当母亲见到儿子的尸体时，呻吟着用舌去舔，活像一头失去小牛的母牛。”

[122] [东印度公司电报局的一位电讯员说道（1875年2月14日的来信），牛的露齿是和性欲的本能有联系的。他写道：“我正要买一头公牛，想要着看它的牙齿，但是它无论怎样都不张嘴”；土人们建议说：“应当牵一头母牛来才行”；母牛一来，“公牛立刻伸长头颈，张开双唇，于是就把牙齿露出来了。”他还讲道，在印度，这种牵一头母牛来使公牛露出牙齿的举动，是一件普遍的事情。]

[123] 见《表情的解剖学》（*The Anatomy of Expression*），1844年，第

140 页。

[124] [大概夹尾的情形不一定是企图要保护尾巴，而是在于要尽量减小暴露面这个一般性企图的一部分（可以和下面所讲的鬣狗跪在地上的情形相对照）。有一个通讯者把夹尾情形去和一种抛球游戏（fives）里的玩者的蹲伏情形作比；玩者在被同伴用球击中时，就被迫退出，而作这种蹲伏姿态。如果鲍德利先生把耸肩和缩头两种动作联系起来方面是正确的（参看第十一章，第 285 页，中译本第 165 页），那么耸肩的情形因此也是和夹尾情形类似的了。]

[125] [在大约 5000 年以前的一种叙述大洪水事件的楔形文字的碑文里，讲到天神们对飓风发生恐怖的情形。有一句写道："这些天神像夹尾巴的狗一样，蹲伏在地上。"这个附注是从报纸上剪取来的，由查尔斯·达尔文所保存，但是没有加写日期和标题。]

[126] [阿瑟·尼科尔斯（Arthur Nicola）先生在《乡野》杂志（*The Country*，1874 年 12 月 31 日，第 588 页）里讲道，差不多在两年里，他具有了关于纯种澳洲野狗（dingo）的"详尽知识"（这只狗是从野狗窝里的小狗当中被他取来饲养的），在这个期间里，他从来没有看到这只狗在走近陌生狗时把尾巴摇摆或者竖起的情形。]

[127] 格顿斯塔特（Gueldenstädt）在（*Nov. Comm. Acad. Sc. Imp. Petrop.*）（1775 年，第 20 卷，第 449 页）里，在叙述到胡狼方面时提供了很多细节。还可参看《陆与水》杂志（*Land and Water*，1869 年 10 月）里关于这种动物的习性和游戏情形的卓越叙述。海军上尉安斯利（Annesley，R. A.）也告诉我一些关于胡狼的细节。我曾经到动物园去作了多次关于狼和胡狼的询问，并且亲自观察过它们。

[128] 《陆与水》杂志，1869 年 11 月 6 日。

[129] [伯明翰的劳埃德（R. M. Lloyd）先生讲过（1881 年 1 月 14 日的来信）一只高兴的狐狸舐主人的手和脸。]

[130] 阿扎拉，《巴拉圭的四足兽》（*Quadrupedes du Paraguay*），1801

年，第1卷，第136页。

[131] 《陆与水》杂志，1867年，第657页。还可以参看阿扎拉在上面所举出的著作里关于美洲狮的叙述。

[132] 贝尔爵士，《表情的解剖学》，第三版，第123页。还可参看第126页，关于马不用嘴进行呼吸的叙述，同时也提到它们的扩大的鼻孔。

[133] 《陆与水》杂志，1869年，第152页。

[134] [哈尔格林地方的胡卡姆（C. Hookham）先生在来信中肯定说，他曾经看到有些羊“用前脚恶意地蹴踢小狗”。可是，根据他所提的意见，好像会使人怀疑，这种动作是不是能够成为羊发怒时用脚踢地的起源。是否可以认为，脚踢地面单单是一种信号，而且因为这种声音和一头惊起的羊惊恐地急逃时候所发出的声音相似，所以能够被羊所理解到?]

[135] 关于这个问题，可参看《人类的由来》，从《自然》（*Nature*，1876年11月2日，第18页）里转载过来的补注。

[136] 马丁，《哺乳动物的自然史》Natural History of Mammalia，1841年，第1卷，第383页和第410页。

[137] 仁格（《巴拉圭哺乳动物自然史》，1830年，第46页）曾经把这些猿类在其巴拉圭当地的兽笼里养了7年。

[138] 仁格，《巴拉圭哺乳动物自然史》，1830年，第46页。洪堡（Humboldt），《见闻随笔》（*Personal Narrative*），英译本，第4卷，第527页。

[139] 见《哺乳类的自然史》（*Nat. Hist. of Mammalia*），1841年，第351页。

[140] [“狒狒在张口作威吓状态时，好像在进行有意识的行动……因为巴特莱特先生曾经饲养几只被截去犬齿的狒狒，它们从来没有作过这种行动，因为它们恐怕不愿把自己变得无能力的情形显示给同伴们看。”见达尔文的笔记中1873年11月14日所记。]

[141] 布雷姆，《动物生活》1864 年，第 1 册，第 84 页，61 页上有狒狒用手敲击地面的情形。

[142] 布雷姆指出（见《动物生活》，第 68 页），野猿在发怒时常把眉毛上下移动。

[143] 贝内特（G. Bennett），《新南威尔士漫游记》（*Wanderings in New South Wales*），第 2 卷，1834 年，第 153 页。

[144] 马丁，《哺乳动物的自然史》，1841 年，第 405 页。

[145] 关于猩猩，可参看欧文教授的文章，载《动物学会记录》，1830 年，第 28 页。关于黑猩猩，可参看麦卡利斯教授的文章，载《自然史记录及杂志》（*Annals and Mag. Of Nat. Hist.*），第 7 卷，1871 年，第 342 页；据他说，皱眉肌是和眼轮匝肌不可分离的。

[146] 见《波士顿博物杂志》（*Boston Journal of Nat. Hist.*），1845～1847 年，卷 5，第 423 页。关于黑猩猩，见同一杂志，1843～1844 年，卷 4，第 365 页。

[147] 均见《人类的由来》，第 2 版，卷 1。前者第 18 页，后者第 108 页。

[148] 见《表情的解剖学》，第 3 版，1844 年，第 138 及 121 页。

[149] 亨勒（《系统解剖学手册》，1858 年，第 1 卷，第 139 页）同意杜欣的说法，认为这是鼻三棱肌收缩的结果。

[150] 这些肌肉就是：鼻唇提肌（*lerator labii superioris alœque nasi*），固有上唇提肌（*levator labii proprius*），颊肌（*malaris*）和小颧肌（*zygomaticus minor*）。小颧肌和大颧肌互相平行，位在大颧肌的上方，并且附着在上唇的外侧部分。在前面的图 2 里表明出这种肌肉（就是肌肉 1），但在图 1 和图 3 里则没有表明出来。杜欣博士第一个指出（《人相的机制》，单行本，1862 年，第 30 页），这种肌肉的收缩对于面部在哭喊时所采取的形态方面有重要的作用。亨勒认为，上面所说的这些肌肉（除了颊肌以外）就是上展方形肌（*quadratus labii superioris*）的各部分。

[151] 虽然杜欣博士仔细研究了各种肌肉在哭喊时候的收缩情形和同时面部所发生的沟纹，但是他的记述好像有些不完全，虽然我也说不出它的缺点是什么。他举出了一幅图（单行本，图 48），在这幅图里，他把电流通在相当的肌肉上，从而使面部的一半显出微笑来；同时也用这个方法使面部的另一半显出要哭的样子。我曾经把这微笑的一半面部给人看，差不多所有看到它的人（就是在 21 个人当中有 19 个人），都立刻辨认出这种表情来。可是，在看到另一半面部的 21 个人当中，只有 6 个人才辨认出它来，就是说，我们还得把他们所回答的用语“悲哀”、“可怜”、“烦恼”，也看做是正确的才行，而另外 15 个人则回答得错误可笑；有几个人竟说，这一半面部的表情是“开玩笑”、“满足”、“狡猾”、“厌恶”等。从这一点我们就可以推断说，在这种表情方面总有一点不对头。可是，在这 15 人当中，也可能有几个人因为没有预料到会看见老年人哭喊，而且也没有看到流泪的现象，所以发生了一部分的错误。杜欣博士另外又举了一幅图（单行本，图 49）；在这幅图里，他把电流通在面部一半部分的肌肉上，使同一侧的眉毛发生相当于悲惨情绪的特征的倾斜，来表明出一个人开始哭喊的情形；大部分的人都能够辨认出这种表情来。在 23 个人当中，有 14 个人作了正确的回答，就是：“悲叹”、“悲痛”、“悲哀”、“正要哭喊”、“苦痛的挣扎”等。在其余 9 个人中，有的回答不出什么来，有的则完全错误地因答成“狡猾的斜视”、“开玩笑”、“在看强烈的光线”、“在望远处的物体”等。

[152] 盖斯凯尔夫人（Gaskell）著《玛丽・巴顿》，新版，第 84 页。

[153] 皮特利特，《表情与人相学》，1867 年，第 102 页。杜欣《人相的机制》，插图本，第 34 页。

[154] 杜欣博士在《人相的机制》一书的第 39 页里如是说。

[155] ［根据马菲（Maffei）和若施（Rosch）所著《矮呆子的研究》（*Untersuchungen über die Cretinismus*），埃朗根，1844 年，第 2

卷，第110页；又见引于哈根（F. W. Hagen）《心理学研究》（*Psychologische Untersuchungen*，布伦瑞克，1847年，第I6页；他们说，矮呆子（克汀病患者，cretins）从来不流泪，只不过有时在通常要发生哭泣的时候，发出咆哮声和尖叫声来。]

[156] [有一个评论家在《柳叶刀》（*Lancet*），1872年12月14日，第852页上肯定说，有一次，他看见一个不足一月大的婴孩自由地从面颊上流下眼泪来。]

[157] 见《文明的起源》（*The Origin of Civilization*），1870年，第355页。

[158] 例如可参看《哲学学报》（*Philsoph. Transact.*），1864年，第526页，马歇尔（Mashall）关于一个白痴的叙述。关于矮呆子方面，可参看皮特利特的著作，《表情与人相学》，1867年，第61页。

[159] 泰勒，《新西兰和当地居民》（*New Zealand and Its Inhabitants*），1855年，第175页。

[160] 见《人相学》，1865年，第126页。

[161] 贝尔，《表情的解剖学》，1844年，第106页。还可以参看他的文章，载《哲学学报》，1822年，第284页；又1823年，第166页和289页，以及他的著作《人体的神经系统》，第三版，1836年，第175页。

[162] [乔叟在描写雄鸡的啼叫声的时候写道：

"这只雄鸡把全身挺直着高站，

伸长了头颈，紧闭住双眼，

喔喔地高声啼叫，唤醒修女们。"

——《修女的故事》

（是W.格尔爵士让著者注意的这一段诗句。）]

[163] 参看布林顿博士关于呕吐作用的报告，载于托德所编《解剖学和生理学百科辞典》（*Cyclop. Of Anatomy and Physiology*），1859年，第5卷，补编，第318页。

［164］ 我非常感谢鲍曼（Bowman）先生介绍我与东得斯教授相识，并且由于他的帮助而使这位大生理学家去进行现在这个问题的研究。又蒙鲍曼先生把这方面的很多要点告诉我，因此我对他更加感谢。

［165］ 这篇研究著作起初发表在 *Nederlandsch Archief voor Genees en Natuurkunde*，第5卷，1870年。W. D. 莫尔博士把它译成英文，题为“On the Action of the Eyelids in Determination of Blood from expiratory Effort”（眼睑在呼气的努力而引起的血液涌集方面的作用），载于 L. S. 比尔博士所编的《医学档案》Archives of Medicine，1870年，第5卷，第20页。

［166］ ［费城的基思博士（在没有署写日期的来信里）请我注意到他所写的关于这个问题的文章，载于《叛乱战争时期的医学与外科学史·外科学部分》(*Med. And Surg. History of the War of Rebellion*，*Surgical Part*，第1卷，第206－207页。里面讲到有一个病人因为受到枪伤而失去头盖骨的一部分，后来虽治愈，但是在他的头部表面出现一个凹陷部分，头皮低降1英寸。在普通呼吸的时候，这个部分没有什么影响，可是在轻轻咳嗽时，就有小圆锥体向上隆起，而在剧烈咳嗽时，这个凹陷部分就转变成突起部分，高出头部表面。］

［167］ 东得斯教授说：（见上页附注里提出的《医学档案》，第28页）“在眼睛受伤后，经过手术，还有某些内部发炎时，我们认为闭住眼睑的均匀支持具有重大意义；在很多病例里，我们使用绷带以增加这种支持。在这两种情形里，我们都谨慎地设法避免呼气时的巨大压力。大家都知道这种压力的害处。”鲍曼先生告诉我说，有一种儿童病，叫做腺病性眼炎症（*Scrofulous ophthalmia*）；这种病的患儿，也同时发生过度怕光症，就是：由于光线非常强烈，病孩在几星期或者几个月里经常用强行闭住眼睑的方法来遮断光线。而一张开眼睑，他就会由于眼贫血而发生这种毛病；这不是一种自然的贫血，但是并没有出现那种在表面有些发炎时所能使

人预料到的发红现象。鲍曼先生倾向于把这种贫血现象看做是由于强力闭住眼睑而引起的。

[168] 东得斯，同上注里的文献，第 36 页。

[169] [亨勒在《人类学报告》(*Anthropologische Vorträge*，1876 年，第 1 册，第 66 页）里，讨论到情绪对于某些身体动作的影响，并且指出说，不管我们去考察肌肉的收缩，血管的变化，或是腺体的分泌，总有一个普遍的倾向，就是情绪状态的征象都在头部附近开始出现，然后向下传开。他指出，在恐怖时，汗水先在额角上分泌出来；并且把这种现象看做是一个适用于分泌方面的法则的例子。他还依同样的见解说道，在发生强烈情绪的时候，最初出现的就是流泪，接着出现的是流口水；如果发生更加激烈的精神状态，那么肝脏和腹部的其他内脏也要受到影响。亨勒完全依据于解剖学方面的观察，因为他说："如果不幸那个使唾液腺兴奋的神经的起端，比引起流泪的神经更加接近于大脑两半球，那么诗人们一定会去赞颂流口水，而不去描写流泪了。"

这一种笼统的说法，还没有说明各种不同的情绪时候的动作，就是没有说明这样一个问题：为什么在悲哀的时候，而不是在恐怖的时候，我们却不流汗？]

[170] 亨斯利·韦奇伍德先生（《英语词源学字典》，1859 年，第 1 卷，第 410 页）说道，"weep（哭泣）这个动词，起源于盎格鲁-撒克逊语的 wop；而 wop 的最初意义就是 outcry（喊叫）。"

[171] 见《人相学》(*De la Physionomie*)，1865 年，第 217 页。

[172] 坦南特《锡兰》(*Ceylon*)，第三版，1859 年，第 2 卷第 364 页和第 376 页。我曾经请求锡兰岛上的思韦茨（Thwaites）先生供给我更多关于象的哭泣的报道，因此后来就接到格伦尼（Glenie）牧师的来信，承蒙他和其他的人替我观察了一群最近被捕捉到的象。他讲到，这些象在发怒时，作着激烈的尖叫；可是值得注意的是，它们在发出这样尖叫的时候，却从来没有把眼围肌收缩。同时，

它们也决不流泪；当地的猎象者们肯定说，他们从来没有观察到象哭过。虽然这样，我以为，却不可能去怀疑坦南特爵士关于它们哭泣的明确的说明，而且伦敦的动物园里的饲养员的肯定的断言也支持这种说法。的确，动物园里的两头象在开始发出高大的喇叭声时，总是把眼轮匝肌收缩起来。我只能够用下面的假定来调和这些矛盾的说法，就是：最近在锡兰岛上所猎捕到的象，因为发生大怒或者惊恐，而希望去观察追捕它们的人，结果就不去收缩眼轮匝肌，而视觉也因此没有受到妨害。坦南特爵士所看到的这些在哭泣的象，则是疲乏无力的，并且是失望而放弃战斗的。还有动物园里的两头听到命令声而发出喇叭声来的象，当然是既没有受惊也没有发怒。

[戈登·卡明（Gordon Cumming），《南非洲的猎狮者》（*The Lion Hunter of South Africa*，1856年，第227页。在描写到一头被来福枪弹严重伤害的非洲象的举动时说道："大量的眼泪从它的眼睛里滴落下来；它缓慢地把眼睛一闭一张。"沃克（W. G. Walker）先生曾经促使著者去注意这个事实。]

[173] 伯尔金（Bergeon）在自己的文章里引用过这种说法，《解剖学和生理学杂志》（*Journal of Anatomy and Physiology*），1871年11月，第235页。

[174] 例如，可参看查尔斯·贝尔爵士所提供的一个例子，见《哲学学报》，1823年，第117页。

[175] 关于这个问题，参看东得斯教授著《论眼睛的调节与折射的异常情形》（*On the Anomalies of Accommodation and Refraction of Eye*），1864年，第573页。

[176] 见引于卢伯克爵士《史前时期》，1865年，第458页。

[177] [维克多·卡鲁斯（Vietor Carus）教授请著者去看纳西（Nasse）的文章；这篇文章载于梅克尔所编的《德国生理学论文集》（第1卷，1816年，第1页）里；其中叙述了这种特征性的叹息类型。]

[178] 上面所记述的说法，一部分是从我自己的观察方面得来，主要部分是出自格拉休莱的（《人相学》，第 53 页和第 337 页；关于叹息问题，第 232 页）；他已经做了细致的研究。还可以参看胡希克的著作《表情与人相学·生理学杂说》，1821 年，第 21 页。关于眼睛晦暗方面，可以参看皮特利特的著作：《表情与人相学》，1867 年，第 65 页。

[179] 关于悲哀对于呼吸器官的作用，可详阅贝尔爵士的著作：《表情的解剖学》，第二版，1844 年，第 151 页。

[180] 在上面所提出的关于使眉毛倾斜的方法的叙述里，我依从着那种虽然成为所有解剖学家的一般意见的说法；我曾经为了写述上面所提出的几种肌肉的动作而查看过这些解剖学家的著作，或者曾经和他们谈论过，因此，在本书的所有各处，我就对于皱眉肌、眼轮匝肌、鼻三棱肌和额肌的动作都采取相似的见解。可是，杜欣博士认为（而他所提出的每个结论，都值得郑重考虑），皱眉肌——就是他所称作 sourcilier 的——把双眉的内角举起，并且和眼轮匝肌的上侧与内侧部分作相反的动作，也和鼻三棱肌作相反的动作（参看《人相的机制》，1862 年，对折本，说明书的第 5 条和图 19－29；八开本，1862 年，说明书第 43 页）。可是，他承认，皱眉肌把双眉挤集在一起，在鼻梁的上方引起纵沟纹，或者引起蹙额。其次，他又认为，皱眉肌和上眼轮匝肌共同对双眉的外侧三分之二部分起作用；这两种肌肉在这里就和额肌发生对抗动作。根据亨勒的面部肌肉图（木刻图，就是前面绪论里的图 3）来作判断，我就不能够理解，为什么皱眉肌会依照杜欣所叙述的方式起作用。还有，关于这个问题，也可以参看东得斯教授的提法，载《医学档案》（*Archives of Medicine*），1870 年，第 5 卷，第 34 页。伍德先生是大家都知道的一位细致研究过人体肌肉的科学家；他曾经告诉我说，我所提出的关于皱眉肌动作的说明是正确的。可是，这对于眉毛倾斜所引起的表情方面，决不是什么重要的一点，

而且对于它的起源的理论也没有重要关系。

[181] 我在这里向杜欣博士表示深切的感谢，因为他允许我从他的对折本的著作里用胶版印刷复制了这两张照片（图片Ⅰ之图1和图2）；上面所提出的关于皮肤在双眉发生倾斜时形成沟纹的说法当中，有很多就是从他关于这个问题的卓越论述借取来的。

[182] 见《人相的机制》，册页本，第15页。

[183] [基恩博士曾获得机会，去用电流试一个刚被绞死的罪犯的肌肉的动作。他的实验已经肯定地得出结论，就是：鼻三棱肌是“后额肌（*occipito-frontal*）中央部分的直接对抗者，而后者也是前者的直接对抗者。”参看基恩的文章，载于《费城医学院学报》（*Transactions of the College of Physicians of Philadelphia*），1875年，第104页。]

[184] 亨勒，《人体解剖学手册》，1858年，第1卷，第148页，图68、69。

[185] 关于这种肌肉动作的说明，可以参看杜欣博士的著作：《人相的机制》，册页本，1882年，viii，第34页。

[186] 赫伯特·斯宾塞，《科学论著集》（*Essays Scientific*），1858年，第360页。

[187] 利伯（F. Lieber）关于劳拉·布里奇曼所发嗓音的文章，载《史密森文献》（*Smithsonian Contributions*），1851年，第2卷，第6页。

[188] 还可以参看马歇尔先生在《哲学学报》（*Phil. Transact.*）里的文章，1864年，第526页。

[189] 贝恩先生（《情感与意志》（*The Emotion and the Will*），1865年，第247页对于可笑的情形作了详细而且有趣的讨论。前面所举关于天神的笑的引用文句，就是从这种著作里摘取来的。还可以参看曼德维耳（Mandevill），《蜜蜂的寓言》（*The Fable of the Bees*），第2卷，第168页。

[190] 赫伯特·斯宾塞，《笑的生理学》（*The Physiology of Laughter*），

见《论文集》，第2集，1863年，第114页。

[191] [旧金山的欣顿先生（1873年6月15日的来信）叙述，他自己曾在金门附近的悬崖上独自处在危险境地的时候，交替发出求救的尖叫声和笑声来。]

[192] 见《显微科学季刊》中J.利斯特文。1853年，卷1，第266页。

[193] 见《人相学》第186页。

[194] [杜蒙（L. Dumont，《感应性的科学理论》（*Théorie Scientifique de la Sensibilité*），第二版，1877年，第202页）企图表明，搔痒的感觉是由于接触的性质发生意外的变化而产生的；他还认为，正是这种意外情形构成了这种由于搔痒和可笑观念而发生的笑的一般原因。海克尔（Hecker）《笑的生理学和心理学》（*Physiologie und Psychologie des Lachens*，1872年）把搔痒和可笑观念联系起来，作为笑的原因，但是采取了不同的观点来解释。]

[195] 贝尔爵士（《表情的解剖学》，第147页）提出了一些关于横膈膜在发笑时候的动作方面的意见。

[196] 杜欣，《人相的机制》册页本，说明文字Ⅵ。

[197] 亨勒，《人体系统解剖学手册》，1858年，第1卷，第144页。参看本书前面的木刻图（就是图2，H）

[198] 还可以参看克赖顿·布朗博士关于这方面的同样效果的记述，《精神科学杂志》（*Journal of Mental Science*），1871年4月，第149页。

[199] 沃格特（C. Vogt）《头小症的记述》（*Mémoire sur Microcéphales*），1867年，第21页。

[200] 贝尔爵士，《表情的解剖学》，第133页。

[201] 见《表情与人类学》，1887年，第63-67页。

[202] 雷诺兹（J. Reynolds）爵士指出：（《论说》杂志 *Discourses*，第12卷，第100页）“可以使人很有趣味地观察到，同样的动作，只要加上极小的变动，就可以表达出相反的激情的极端情形来；这个

事实是千真万确的。”他举出一个在巴克斯神祭时狂欢纵酒的女人的狂喜和抹大拉的玛利亚（Mary Magdalen，基督所赦罪的妇女）的悲哀来作为例子。

[203] [哈特肖内（B. F. Hartshorne）先生最确实有据地肯定说（《双周评论》（*Fortnightly Review*），1876年3月，第410页），锡兰的惠达族人（Weddas）从来不发笑。对他们用尽了一切可能使人发笑的招数，都没有效验。在询问他们以前有没有发笑过的时候，他们就回答说：“没有，究竟有什么好笑的呢?”]

[204] 皮特利特博士已经获得了同样的结论，见《表情与人相学》，第99页。

[205] [根据著者的原稿本的附注，可以认为，他的最后意见大概是：不能完全把眼围肌在平和的笑与微笑时的收缩情形解释为“大笑时候的收缩的痕迹，因为（在微笑时）这就不可以去解释那种主要是下眼围肌的收缩了。”]

[206] G. 拉瓦特编著，《人相学文集》，1820年，第4卷，第224页。又，对于下面的一段引文，可以参看贝尔爵士所著的《表情的解剖学》，第172页。

[207] 《英语语源学字典》（*Dictionary of English Etymology*，第二版，1872年，绪论，第44页。

[208] 泰勒引用克朗茨（Crantz）的话，见泰勒，《原始文化》（*Primitive Culture*），1871年，第1卷，第169页。

[209] 见F. 利伯的文章，《史密森文献》，1851年，第2卷，第7页。

[210] 贝恩先生指出（《精神和道德之科学》（*Mental and Moral Science*），1868年，第239页），“温情是一种受到各种不同的刺激而发生的愉快情绪；这种情绪的旨归就在于要吸引人们去互相拥抱。”

[211] [曼特加沙（《人相学》，第198页）引用韦特·吉尔的话；吉尔曾经在巴布亚人当中看到过接吻。]

[212] J. 卢伯克爵士，《史前时期》（*Prehistoric Times*），第二版，1869年，第552页。他在这里对这些说法提供了十分可靠的证明。我引用的斯蒂尔的话，就是从这本书里摘取来的。[温伍德·里德先生（1872年11月5日的来信）说道："在西非洲全部地区里，大家都不知道接吻为何物；大概这是地球上最广大的无接吻情形的地区了。"]

[213] 参看泰勒所提出的详细说明，有事实可征。E. B. 泰勒，《人类早期史研究》（*Researches into the Early History of Mankind*），第二版，1870年，第51页。

[214] 《人类的由来》，第二版，第二卷，第364页。

[215] 毛兹利博士在他所著的《身与心》（*Body and Mind*），1870年，第85页）里讨论到这种情形。

[216] 贝尔，《表情的解剖学》，第103页；还可以参看《哲学学报》（*Philosophical Transactions*），1823年，第182页。

[217] 见《语言的起源》（*The Origin of Language*），1866年，第146页。泰勒先生（《早期人类史》，第二版，1870年，第48页）提出了双手在祈祷时的位置方面的更加复杂的起源。

[218] 贝尔，《表情的解剖学》，第137页和第139页。不足为奇，人类的皱眉肌确实要比类人猿的皱眉肌更加发达，因为人类在各种不同的情况下使皱眉肌发生继续不断的动作，而且由于使用上的遗传效果而使这些肌肉加强起来和发生变化。我们已经看到，这些肌肉在和眼轮匝肌联合一起的时候，对于保护眼睛以避免在激烈的呼气动作时过度充血方面，起有多么重要的作用。当双眼为了避免受到拳击的伤害而尽可能急速地紧闭起来的时候，皱眉肌就收缩起来。在未开化的人和不戴帽子的其他人方面，他们的眉毛会不断下降和收缩，用来遮掩太强的光线；皱眉肌也在这方面起有一部分作用。自从人类的远祖把头部竖直起来走路的时候开始，这种皱眉的动作一定对他们特别有用处。最后，东得斯教授认为

[《医学档案》(*Archives of Medicine*)，L. 比尔主编，1870 年，第 5 卷，第 34 页]，皱眉肌在引起眼球向前移动以便看近物时的调节方面也有作用。

[219] 见《人相的机制》图册版，文字说明之三。

[220] 《表情与人相学》，第 46 页。

[221] 《阿皮彭人的历史》，英译本，第 2 卷，第 59 页；参看卢伯克的引用文字，《文化的起源》，1870 年，第 355 页。

[222] [亨利·里克斯 (Reeks) 先生 (1873 年 3 月 3 日的来信) 写道："我曾经看到黑熊 (*S. americanus*) 坐在后肢上，在瞧看远处的物体时，就用一对前爪遮在眼睛上面；我听说，这是这种动物惯有的习性。"]

[223] 格拉休莱，《人相学》，第 15 页、第 144 页和第 146 页。赫伯特·斯宾塞说明，皱眉专门是眉毛在明亮的光线里作为眼睛的覆盖物而收缩的习惯。参看斯宾塞，《心理学原理》，第二版，1872 年，第 546 页。美国乌塞斯特大学的校长布莱尔神父说道，生来的瞎子对于皱眉肌的支配力很微小，或者完全没有；因此，在叫他们皱眉的时候，他们就不能够办到，不过他们却能够作不随意的皱眉。但他们能够随意微笑。

[224] 格拉休莱 (《人相学》，第 35 页) 指出：当注意力集中在某种内心形象时，眼睛就会朝向空中，并且自动参加到精神上的默想里去。可是，这种见解恐怕还不能算是一种说明。

[225] 见《光荣的道路》(*Miles Gloriosus*)，第 2 幕，第 2 场。

[226] 见《人相的机制》图册版，文字说明Ⅳ，图 16－18。

[227] 亨斯利·韦奇伍德，《语言的起源》，1866 年，第 78 页。

[228] 米勒的叙述，见引于赫胥黎《人类在自然界里的地位》(*Man's Place in Nature*)，1863 年，第 38 页。

[229] 我已经在我所著的《人类的由来》这本书的第 1 卷第 2 章里，举出了几个例子来。

[230] 见《表情的解剖学》，第 190 页。

[231] 《人相学》，第 118—121 页。

[232] 《表情与人相学》，第 79 页。

[233] 参看贝恩先生在这方面的一些论述，见《情感与意志》，第二版，1865 年，第 127 页。

[234] 仁格，《巴拉圭哺乳动物自然史》，1830 年，第 3 页。[新几内亚（New Guinea）的咖啡色皮肤的巴布亚人（Papuans）是这样；参看米克鲁霍-马克莱的文章，载于 *Natuurkundig Tijdschrift voor Neder landsch Indie*，第 33 卷，1873 年。]

[235] C. 贝尔爵士：《表情的解剖学》，第 96 页。另一方面，伯吉斯博士（《脸红的生理学》，1839 年，第 31 页）讲到黑人妇女的伤疤发红也具有脸红的性质。

[236] 莫罗和格拉休莱曾经讨论到面部在强烈的激情影响下的颜色变化；参看拉瓦特所编的《人相学文集》，1820 年版，第 4 卷，第 282 页和第 300 页；又参看格拉休莱，《人相学》，第 345 页。

[237] C. 贝尔爵士（《表情的解剖学》，第 91 页，第 107 页）曾经充分讨论到这个问题；莫罗指出（参看拉瓦特所编的《人相学文集》，1820 年版，第 4 卷，第 237 页）并且用波特的叙述来作证明说，气喘病患者由于鼻翼提肌的习惯性收缩，而获得永久性扩大的鼻孔。皮特利特博士所作的关于鼻孔扩大的说明（《表情与人相学》，第 82 页），说那就是为了要在把嘴闭住和咬紧牙齿的时候容许自由呼吸；这个说法显然不及贝尔爵士的说法正确；贝尔爵士把鼻孔扩大的原因看作是呼吸方面的一切肌肉的交感作用（就是习惯性的联合）。可以看到，发怒的人的鼻孔扩大起来，不过他的嘴是张开来的。[据杰克逊先生说，荷马曾经注意到大怒对于鼻孔的影响的情形。]

[238] 韦奇伍德，《语言的起源》，1866 年，第 76 页。他还观察到激烈呼吸的声音，“是用拼音字 puff，huff，Whiff 来代表；因此 huff 就

表示恶劣情绪的发作。”

[239] C. 贝尔爵士（《表情的解剖学》，第 95 页）曾经对大怒的表情提出一些卓越的意见。[关于大怒时发生的一种暂时失语的有趣情形，可参看图克的著作：《心理对于身体的影响》（*Influence of the Mind on the Body*），1872 年，第 223 页。]

[240] 荷马，《伊里亚特》（*Iliad*），i，第 104 页。

[241] 格拉休莱，《人相学》，1865 年，第 346 页。

[242] C. 贝尔爵士，《表情的解剖学》，1865 年，第 177 页。格拉休莱（《人相学》，第 369 页）说道：“牙齿显露出来，象征地模仿出咬齿和撕裂的动作来。”如果格拉休莱不采用“象征地”这个模糊不明的副词，而是这样说：这种动作是我们的半人半兽的祖先像现在的大猩猩和猩猩那样在用牙齿互相咬斗的原始时代里所获得的一种习性的痕迹，那么他的叙述就会更容易明白了。皮特利特博士（《表情和人相学》，第 82 页）也讲到上唇在大怒时后缩的情形。在霍加尔特的卓越图画之一的版画上，就用张大的闪闪发光的眼睛、皱缩的前额和露出的咬紧的牙齿，来形容出激情。

[243] [康里博士在其文章（《人类学研究所期刊》（*Journal of Anthropological Institute*），第 4 卷，第 108 页）里讲到新几内亚的土人时写道，他们在发怒时露出犬齿，并且吐口水。]

[244] 《奥列佛·退斯特》，第 3 部，第 245 页。

[245] 见《观察家》，1868 年 7 月 11 日号，总 819 页。

[246] 见《身与心》，1870 年，第 51 - 53 页。

[247] 勒布伦在他的名著《关于表情的讲义》（*Conférence sur l'Expression*，收于拉瓦特所编的《人相学文集》，1820 年，第 9 卷，第 268 页）里指出，愤怒用紧握双拳来表示。参看胡希克所持的同样的说法：《表情与人相学生理学杂说》（*Mimices et Physiognomices, Fragmentum Physio*ogicum），1824 年，第 20 页。还可以参看贝尔爵士所著的《表情的解剖学》，第 219 页。

[248] [“激怒的人用头部和身体朝对着侵犯者突出的姿态，难道不是过去用牙齿进攻对方的痕迹吗?”——达尔文所作的附注。H. N. 毛兹利（《人类学研究所期刊》，第 6 卷，1876～1877 年）提供了一个关于海军部岛土人（Admiralty Islander）在“狂怒”时的情形的报告；他描写当时这个土人的头部“向下降低，朝对着自己的愤怒的对象猛冲，好像要用牙齿去进攻对方似的。”]

[249] 见《哲学学会学报》（*Transact. Philosoph. Soc.*），附录，1746 年，第 65 页。

[250] 见《表情的解剖学》，第 136 页。C. 贝尔爵士（第 131 页）把这些使犬齿显露出来的肌肉叫做咆哮肌（snarling muscles）。

[251] 见韦奇伍德编，《英语语源学字典》，1865 年，第 3 卷，240 页及 243 页。

[252] 见《人类的由来》，第 2 版，卷 1，第 60 页。

[253] 勒穆瓦纳，《面相与讲话》，1865 年，第 89 页。

[254] 杜欣，《人相的机制》，单行本，说明文字Ⅷ，第 35 页。格拉休莱也讲到（《人相学与表情动作》，1865 年，第 52 页）双眼和身体在这种情绪时转动的情形。

[255] [霍尔比奇（H. Helbeach）（《圣保罗杂志》*St. Paul's Magazine*，1873 年 2 月，第 202 页）猜测说，如果“头部向上和向后仰起，为了要尽可能在鄙视者和被鄙视者之间产生一种身体高度方面的很大差异的印象出来，那么眼睑也要来参加这个总的行动，而双眼则要被装扮成从上向下去看那个轻蔑对象的样子。”克莱兰（Cleland,）教授在所著《进化，表情与感觉》（*Evolution, Expression and Sensation*），1881 年）里，也提出了一个相似的说明；他在这本书的第 54 页里写道：“傲慢时候抬头的动作，是和略微向下瞧看的动作互相对立的；它表明满脑子都以为自己高于一切，而把别人看得都低于自己的心态。”

克莱兰教授指出（上引书第 60 页），本书图片Ⅴ图 1 中那位小姐的轻蔑表情，主要依靠双眼的方向和头部的转动之间互相反对的情形所造成，就是这时候头部向上抬起，而双眼则反向下视。他介绍一个试验来证明这个说法（我发现这个试验是十分成功的），就是用一片纸遮蔽去这个女人的颈部，而在这片纸上另外画出一个颈部，使头部好像要低垂下去的样子；这样一来，轻蔑的表情就消除去了，而被另一种表情来代替，就是变成“庄重和沉静”，而且还可以补充说，略微带有一些忧伤的样子。

关于这方面可以去和本书的“骄傲”这个主题下所讲到的情形比较而观。]

[256] 奥格尔博士在一篇关于嗅觉方面的有趣的文章里（见 *Medico-Chirurgical Transactions*，第 53 卷，第 268 页）表明，我们想仔细地闻味时，不是用鼻子去做一次长吸气，而是采取多次连续的迅速而短促的嗅吸方式。如果“在这种动作进行时去观察鼻孔，那么就可以看出，鼻孔不仅不扩大，实际上反而在每次嗅吸时有所收缩。这种动作不包括鼻孔前部，只限于它的后部。”接着他又说明了这种动作的成因。另一方面，据我看来，当我们想要离开这种气味的时候，鼻孔的收缩又是限于它们的前部了。

[257] 皮特利特，《表情与人相学》，第 84 页和第 93 页。格拉休莱（《人相学与表情动作》，第 155 页）对于轻蔑和厌恶两种表情方面的见解，差不多和皮特利特博士的见解相同。

[258] 轻侮被认为是一种强烈程度的轻蔑；依照韦奇伍德先生的意见（《英语语源学字典》，第 3 卷，第 125 页），可知“轻侮”的字根之一的意义，就是“粪便”或“污秽”。一个受到轻侮的人，就被看做像污秽一样。

[259] 泰勒，《早期人类史》第二版，1870 年，第 45 页。

[260] 《昌西·赖特书信集》（*Letters of Chauncey Wright*，自费印行，剑桥，马萨诸塞，1878 年，第 309 页）中，有一段关于这方面的有趣报道；这是从现代希腊语的权威萨福克尔斯（Sophocles）先

生方面得来的。当时萨福克尔斯是哈佛大学的希腊语教授。昌西·赖特写道："有一种姿态，我从来没有看到他（指萨福克尔斯）不加思索地使用它，但是据我后来所知道的，另有一些人看到他也曾使用这种姿态；他曾经向我说明，这是东欧的一种相当于表示轻蔑的捻指发声动作的姿态，被用来更加抽象地表示事情琐屑不足道的意思，而且还表示第二类意义——"没有事"或者否定。这种姿态就是把大拇指的指甲扣住上门齿，接着把它向外弹出，好像要把一片指甲掀走似的。"

《罗密欧与朱丽叶》（第1幕，第1场）里有一句台词："先生，您要向着我们咬您的大拇指吗?"这句话很可能是和一种类似的轻蔑的姿态有关的。

[261] 关于这一点，也可以参看亨斯利·韦奇伍德先生所编的《英语语源学字典》的绪言，第二版，1872年，第37页。

[262] 杜欣认为，在下唇翻出的时候，嘴角被口角降肌（*depressores anguli oris*）向下牵引。亨勒（《人体解剖学手册》，1858年，第1卷，第151页）做结论说，这种动作是由颐方肌（musculus quadratus menti）引起的。

[263] [巴利马洪（Ballymahon）工厂的医生（1873年1月3日的来信）讲述到一个白痴的情形；这个白痴叫做帕特里克·沃尔什，具有一种把胃里的食物呕吐出来的能力。

著者又接到一个显然可以相信的报告，讲述一名苏格兰青年有这种随意把胃容物吐出来的能力（在做这种动作的时候，他并没有发生任何的痛苦或不适）。

卡普尔斯（Cupples）先生肯定说，母狗时常在狗仔达到一定年龄的时候，把胃里的食物吐出来，给狗仔吃。]

[264] [从著者在图克博士的著作《心理对身体的影响》的抄本第88页里的铅笔附注看来，大概查尔斯·达尔文以为，把干呕看做是习惯的说法是错误的。虽然他已经相信，干呕可能单单是由于想象的

影响而发生的。]

[265] 泰勒引用过这句话：《原始文化》(*Primitive Culture*)，1871 年，第 1 卷，第 169 页。

[266] [康里博士(《人类学研究所报告》，第 6 卷，第 108 页)说道，新几内亚的居民用撅嘴巴或者用一种模仿呕吐的样子来表示厌恶。]

[267] 所引的两例都是韦奇伍德先生提供的，见《论语言的起源》，1866 年，第 75 页。

[268] 这是泰勒所说的情形(《早期人类史》，第二版，1870 年，第 52 页)；他还补充说，不明白为什么会发生这种情形。

[269] [根据亨利·梅恩(Henry Main)爵士的叙述，印度的土人在提供证据的时候，很会控制自己的面部表情，而使人辨别不出他们所供认的话究竟是真是假；可是，他们却不能控制自己的脚趾的动作；因此，如果他们的脚趾屈曲起来，那么这就时常泄露出他们的证言是说谎这个事实来。]

[270] 见《心理学原理》，第 2 版，1872 年，第 552 页。

[271] [克莱兰教授(《进化、表情与感觉》，1881 年，第 55 页)指出，隐瞒或者欺骗的表情，就是面朝下，同时双眼向上转动。他写道："一个用说谎来掩饰自己的罪犯……在掩盖自己的秘密时把头下垂，同时他又偷偷地翻起眼睛向上，窥看他所担心的说谎的效果。"]

[272] 格拉休莱(《人相学》，第 351 页)提出这一点，并且对骄傲的表情作了一些卓越的观察。参看 C. 贝尔爵士(《表情的解剖学》，第 111 页)关于骄傲肌的动作的叙述。

[273] [布尔默(《肌肉病理学》(*Pathomyotomia*)，1649 年，第 85 页)描写耸肩动作如下："有些人对于一件已经发生的事情抱有反对态度，但是除了忍耐以外没有其他补救办法；有些人发现自己的行动已成马后炮，并且除了只有默认事实外，已经无法替自己辩护；有些人奉承、惊叹、害臊、恐惧、怀疑、否认、或者心地狭窄，

或者想要道歉——这些人在上面所说的这些情况下，惯常会把头颈部往下缩。]

[274] [《在加尔各答的英国人》(*Calcutta Englishman*，载于《自然》杂志，1873年3月6日，第351页）这篇文章里写道：“一个孟加拉人”肯定说，他没有看到过朴野的孟加拉人耸肩，但是在那些已经学到英国思想和习惯的孟加拉人当中，则见到有这种姿态。]

[275] 温伍德·里德先生也曾经在黑人方面看到过这种姿态（1872年11月5日的来信）。

[276] [在1873年3月26旧的来信里，斯温赫先生肯定说，他从来没有看到中国人耸肩；他们虽然摊开双手，但是双肘并不贴近两肋。]

[277] 见《表情的解剖学》，第166页。

[278] 奥姆斯特德，《得州旅行记》（*Journey Through Taxas*），第352页。

[279] 奥丽芬特夫人，《布朗劳一家》(*The Brownlows*)，第2部，第206页。

[280] [鲍德利先生在来信（1872年12月4日）里提出意见说，不能够用反对原理来说明耸肩；这是一个受到一下打击而不作抵抗的人的天生的姿态。可是，我以为，一个受到吃耳光的威吓的小学生的耸肩，是和道歉的耸肩不同的。那种由于看不到的危险而发生耸肩的动作，是和防卫性的耸肩性质相同的；例如有人把一个板球从背后抛来，而另外有人喊叫道“当心脑袋!”那就会发生这种情形。鲍德利先生把这种动作叫做头颈部的缩进姿态（*faire rentrer*）。大家知道，还有一种略微相似的耸肩，就是由于患感冒而发生的表情动作。这时候，患感冒的人为了保存体温，就把这种由于本能而采取的姿态，有意识地重现出来。鲍德利先生还提出意见说，双手张开的动作表示不采取自卫行动，就是表明做这种动作的人没有武器。]

[281] 《语言学论文集》(*Essai sur le Langage*)，第二版，1846年。我很

感谢韦奇伍德小姐告诉我这件事情，并且还从这种著作里摘录一段文字给我。

[282] 韦奇伍德先生，《论语言的起源》，1866 年，第 91 页。

[283] 利伯，《关于劳拉・布里奇曼的嗓音》，载于《史密森文献》，1851 年，第 2 卷，第 11 页。

[284] 沃格特，《关于头小症的记述》，1867 年，第 27 页。

[285] 泰勒引自《早期人类史》，第二版，1870 年，第 38 页。

[286] J. B. 纠克斯先生，《书信和文摘》(*Letters and Extract*)，1871 年，第 248 页。[根据莫斯利的意见（《人类学研究所报告》，第 6 卷，1876～1877 年），海军部岛的土人普遍用食指去击打鼻子一侧这个动作来表示否定。]

[287] [维克多・卡鲁斯（Victor Carus）教授在来信里说道，在意大利的那坡人（Neapolitans）和西西里人当中，这种动作是正常表示否定的姿态。]

[288] 利伯，《关于…的嗓音》(*On the Vocal Sounds*, etc.)，第 11 页。又泰勒的叙述，参看同上著作，第 53 页。[这个问题有些模糊不明。昌西・赖特（参看他的书信集，J. B. 泰耶尔出版，自费印行，剑桥，马萨诸塞，1878 年，第 310 页）引用萨福克尔斯先生的意见说，土耳其人从不用摇头来表示肯定。萨福克尔斯先生是希腊籍人，当时正在哈佛大学教授现代和古代希腊语；他叙述道，土耳其人在倾听故事的时候，如果表示赞成和同意，就做着严肃的点头；如果他们不同意故事里所讲到的任何一点，那就把头向后仰。布尔沃曾经在他的《肌肉病理解剖学》里引用维萨里乌斯的话道，“你那里的大多数克里特人”用头向上仰来表示否定。

萨福克尔斯曾经时常看到，土耳其人和其他东方民族在愤怒或者表示强烈的不赞成时候，就摇起头来。这种姿态也是我们所熟悉的；昌西・赖特举出了圣经里所讲到的几个关于这种姿态方面的例子。如：马太福音，第 27 章，第 39 节，“从那里经过的人，讥消他，摇着头说……”；还有诗篇（Psalms），第22章，第7节和109章，第25节，也可以对照参看。

昌西·赖特引用了詹姆斯·罗塞尔·洛威尔（James Russel Lowell）先生支持本书所说的话，因为他曾经在意大利境内注意到，当地的人在表示肯定的时候，做着摇头的姿态，好像我们所做的否定姿态。

昌西·赖特先生为了尝试调和肯定时候也摇头的矛盾证据起见，就作出一个细致的理论来，其根据是：头部在思索的时候，采取特殊的倾斜的位置，起初向一侧，然后又向另一侧；例如艺术家在审看自己作品的时候，就采取这种姿态。他以为，从这种姿态方面，就可以产生出一种与思考相结合的同意的表征来，而这种表征又可以和我们所采取的否定姿态——头部绕中轴左右转动——互相混杂不清。]

[289] [根据莫斯利（在前举著作里）的叙述，菲济群岛的土人和海军部岛的土人都用这种把头上仰的动作来表示肯定。]

[290] 参看金博士的文章，载《爱丁堡哲学学报》(*Edinburgh Phil. Journal*)，1845年，第313页。

[291] 见泰勒，《早期人类史》，第二版，1870年，第53页。

[292] 卢伯克爵士，《文化的起源》，1870年，第277页。泰勒，《早期人类史》，第38页，利伯（《关于……的嗓音》，第11页）也提出意大利人的否定姿态。[H. P. 李先生讲到（1873年1月17日的来信）日本人用食指或者全手横摇的动作来作为否定的普遍姿态。]

[293] 杜欣，《人相的机制》，册页本，1862年，第42页。

[294] 见《多种文字通信》，墨尔本，1958年12月。

[295] 《表情的解剖学》，第106页。

[296] 《人相的机制》，册页本，第6页。

[297] 比如，可参看皮特利特博士的著作（《表情与人相学》，第88页）；他对于惊奇的表情作了卓越的论述。

[298] 缪利博士曾经提供给我一个报道，从这里面可得出同样的结论；部分是从比较解剖学推演出来的。

[299] 格拉休莱，《人相学》，1865 年，第 234 页。

[300] 关于这个问题，可参看格拉休莱的《人相学》，第 254 页。

[301] [华莱士先生推测说（《科学季刊》，1873 年 1 月，第 116 页），在我们未开化的祖先当中，时常会把那种对他们本身或者对别人的危险和惊恐之源联系起来；嘴的张开可能是惊慌的或者鼓劲的喊叫的痕迹。

他说明双手的动作是“既能够保护观察者的面部或身体，又能够准备去援助一个遇到危险的人”的适当的动作。他指出，如果“我们向前冲奔，去援助一个遇到危险的人，而我们的双手准备要去抓住或者救出它”，我们也会采取差不多同样的手势。可是，应当注意，在这些情况下，并没有张嘴的倾向。]

[302] 利伯，《劳拉·布里奇曼的嗓音》，《史密森文献》，1851 年，第 2 卷，第 7 页。

[303] Wenderholme，第 2 卷，第 91 页。

[304] [有一位通信者指出，惊奇时候的声音“咻”（whew），是用吸气的动作来发生的；而“延长的啸声”则是一种对“吁”音的有意模仿；有些人时常发出这种啸声，这种动作变成了他们的癖好。]

[305] [曾经观察到，1 岁又 9 个月的小孩也做出这种姿势来。著者曾经作过下面一段笔记：“有个人把一只玩具匣带到自己的一个 1 岁又 9 个月的小孙儿那里，并且当面把它打开来。这个小孩立刻就把一双小手向上举起，手掌朝向前方，而手指则伸出在面部的左右两侧，同时喊叫 oh!（哦）或者 ah!（啊）。”]

[306] 利伯，《劳拉·布利奇曼的嗓音》，《史密森文献》，1851 年，第 2 卷，第 7 页。

[307] 胡希克，《表情与人相学》，1821 年，第 18 页。格拉休莱（《人相学》，第 255 页）提供了一张采取这种姿态的人的照片；可是，我

以为，它好像表现出恐惧与吃惊相混合的表情。勒布伦也提出（拉瓦特所编《人相学文集》，第9卷，第299页），吃惊的人双手张开。

[308] [维也纳的冈珀斯教授在1873年8月25日的来信里推测道，在未开化的人的生活里，往往在必须采取静默的情况下，例如在野兽突然出现或者发出声音的时候，表现出惊奇来。因此，把手搁放在嘴上的动作，大概起初是一种要求别人遵守静默的手势，后来则变得和惊奇感联合起来，而且甚至在用不到静默的时候，或者在觉察者单独一个人的时候也表现出来。]

[309] 约伯记，第21章，第5节："你们要看着我而惊奇，用手捂口……"H.霍尔比奇先生所引，载于《圣保罗杂志》，1873年2月，第211页。

[310] 胡希克，《表情与人相学》，1821年，第18页。

[311] 卡特林，《北美洲的印第安人》，第二版，1842年，第1卷，第105页。

[312] H.韦奇伍德，《英语语源学字典》，第2卷，1862年，第35页。又见格拉休莱（《人相学》，第135页）关于"恐怖、大惊、惶恐、战栗"等词的来源的说明。

[313] [A. J.芒比先生在1872年12月9日的来信里写了一篇关于恐怖的纪实如下："这件事情发生在柴郡塔布地方的一座中世纪的房屋里；该房除了一个管屋人住在厨房里，别无他人。可是，在各个房间里都陈设着很多老式的家具，被这个家族照原样保存着。好像是纪念馆和博物馆大厅的一面，筑有高贵的满布兵器和盾牌的凸出窗；俯临大厅的阳台，绕经它的另外三面；二楼各房间的门就朝向这个阳台开着。我就住宿在一个房间里；这是一个老式的寝室。我站立在地板中央；在我的背后有这个房间的窗，而前面则是敞开的门口；我正在瞧看着门外的阳光穿过大厅照在凸出窗上。由于居丧，我穿着黑色衣服——猎装、马裤和马靴；头上戴着路易十四式黑色宽边软毡帽；这顶帽子的形状正像是戏院里扮

演靡非斯特所戴的帽子。因为窗子在我背后，所以在一个站在前面的人看来，当然我的全部形象就好像是黑色的；我正在专心注视着阳光在凸出窗上的移动，所以完全静止不动地站立着。这时候有拖鞋声沿着阳台近来，一个老年妇女出现在门外（我以为，她是管屋人的姊妹）。她见门户敞开，有些奇怪，于是停步，并且向房间里探望。她在四处张望的时候，当然就瞧见了上面所说的我的站着的样子。立刻她好像触电似的，面朝着我，把自己的整个身体转动，而和我的身体相平行；此后不久，好像她已经认识了我的全部可怖表现，就把全身站得笔直（以前她的身子向前屈曲），真正踮起脚尖站立着，同时她突然伸开双臂，把上臂举起到和她的身子几乎成直角，所以前臂就变得向上直竖。她的双手张开得很大，手掌朝对着我，大拇指和其他各指变得僵直，并且扎撒开来。她的头部略微后仰，双眼张大而成圆形，同时嘴也大张开来。她戴着帽子，所以我不知道她的头发是不是立起来了。她张开着嘴，发出一阵粗野的尖锐的叫喊声；在她踮起脚站着的时间里（大概是两三分钟），还有在以后的长时间里，都连续不断地发出这种叫声来。因为这时候她有些清醒过来，所以她就转身飞跑起来，仍旧发出尖叫声。我不知道她究竟把我当做恶魔还是鬼魂，你可以猜测到，我多么鲜明地把她的举动的一切细节深印在自己的脑子里，因为我从来没有看到过这种极其奇特的情形；这真可说是空前绝后的了。当时我站着呆望她，也好像生了根似的不能动弹。因为以前平静的沉思心情所受到的反动力量十分突然，她的样子也十分奇怪，以致我一半幻想她是居住在一所十分古旧而孤独的屋子里的“可怖的”东西；同时我觉得自己的双眼扩大，嘴也张开了。不过在她还没有逃走以前，我没有发出过声音来。然后，我意识到这种情形的确可怪，就追奔过去安慰她。]

[314] 莫索（Mosso，《论恐惧》，法译本，1866 年，第 8 页）叙述说，家兔在惊起的时候，耳朵就一时显出苍白色来，接着则变成红色。

[315] 贝恩先生（《情绪与意志》，1865年，第54页）写了下面一段话，来说明“印度地方有一种用含米在嘴里的方法判决犯人”的习惯的起源。“法官命被告含一口米，过不久再吐出来。如果这口米仍旧完全干燥，就判决这个被告是犯了罪；这是因为他自己的作恶的良心使唾液分泌器官麻痹住了。”

[316] 参看贝尔爵士的文章，载《皇家哲学会会报》，1822年，第308页。还有他的著作，《表情的解剖学》，第88页和第164-169页。

[317] 参看莫罗关于眼睛转动的文章，汇编于拉瓦特的《人相学文集》，第5卷，第268页。还可以参看格拉休莱的著作，《人相学》，第17页。

[318] 见本书第三章注。

[319] 贝尔，《关于意大利的观察资料》，1825年，第48页；在《表情的解剖学》里，也引用过这一段。

[320] [H.杰克逊先生在引用史诗《奥德赛》里下面一段诗句时指出，荷马“故意把失望的表征和身体疲累的征象同等看待。这一段诗句的情节是，王子忒勒马科斯（《奥德赛》，第18章，第235-242行）向天神们祈祷说，他愿见到那些向他母亲求婚的人都被镇压下去，垂下头，膝盖发软，甚至像伊洛斯（这个乞丐刚才被俄底修斯打成了重伤）一样，坐在地上低着头，好像醉汉般既站不起来，又不能走路，身体下部双膝发软。

[321] [根据斯坦利·海恩斯博士的叙述，印度人在发生恐惧的时候，皮肤颜色也发生变化。]

[322] [米克鲁库-乌克雷肯定说（参看荷文杂志 *Natuurkundig Tijdschrift voor Nederlandsch Indie*），第33卷，1873年），新几内亚岛上的巴布亚人惊恐或发怒时，脸色变成苍白；他讲到这些土人的正常脸色是深巧克力色。]

[323] [圣彼得堡的波兰绅士亨利·斯特基先生讲到（1874年3月的来信）一个高加索妇女的事例；虽然这个妇女没有受到任何强烈情

绪的刺激，但她的头发也会直竖起来。虽然他故意找些快活的话题和这个妇女相谈，但是他仍然观察到，她的头发逐渐变得蓬乱起来。这个妇女声明道，当她受到强烈情绪的影响时，她的头发就“像是活的一样”蓬乱和竖立起来。当时这个妇女没有患精神病，但是斯特基先生认为，她以后就会疯的。]

[324] 转引自莫兹利博士《身与心》，1870 年，第 41 页。

[325] 贝尔，《表情的解剖学》，第 168 页。

[326] 杜欣，《人相的机制》，册页本，说明文字Ⅺ。

[327] 杜欣实际上坚持这个见解（《人相的机制》，第 45 页），因他以为颈阔肌的收缩是由于恐惧的发抖而发生的；可是，他在另一处却把这种动作去和那些惊恐的四足兽的毛发直竖相比拟；这一点让人难于苟同。

[328] 格拉休莱，《人相学》，第 51 页，第 256 页，第 346 页。

[329] [南安普敦的克拉克（T. W. Clark）先生讲述到（1875 年 6 月 25 日和 9 月 16 日的两次来信），下面几种动物由于惊恐而发生瞳孔扩大情形：一种卷毛游泳猎狗（water-spaniel），一种波状长毛猎狗（retriever），一种猎狐小狗（fox- terrie）和一种猫。莫索（《论恐惧》，第 95 页）肯定说，根据费夫的权威言论，苦痛会引起瞳孔散大。]

[330] 怀特（White）在他所著的《人类的等级》（*Gradation in Man*，第 57 页）里引用到这段话。

[331] 《表情的解剖学》，第 169 页。

[332] 《人相的机制》，第 65 页，第 44 页和 45 页。

[333] [这种姿势不是人类所特有的。著者补充道：“猿类在受到寒冷时，互相紧挤在一起，把颈部收缩，并且把双肩耸起。”]

[334] 关于这方面的意见，可参看韦奇伍德先生的《英语语源学字典》，绪论，第二版，1872 年，第 37 页。

[335] [维也纳的冈珀斯教授在 1873 年 8 月 25 日的来信里指出，屈曲双

臂紧靠两胁的姿态，起初可能是和寒冷的感觉有用的联合。因此，这种姿态就去和寒冷所引起的发抖联合起来。所以在大惊引起发抖的时候，上述的这种姿态就可能同时发生，这单单是因为它在经常重现的寒冷感觉时已经变成了发抖的“附属品”。持这个见解就必须放弃发抖原因的说明；可是，如果认为发抖是大惊的表情的一部分，那么这个见解就有助于说明上述这种姿态的出现了。不难推测到为什么这种姿态要用双臂来和寒冷联合起来这个问题：这是因为在把双臂屈曲和紧贴在两胁处的时候，就可以减小外露的体表面积。]

[336] 伯吉斯博士，《脸红的生理或机制》，1839 年，第 156 页。我在本章中将时常要引用这种著作里的文字。

[337] 同上书，第 56 页。在第 33 页上，他也讲到妇女要比男人更容易发生脸红，正像下面所讲到的情形一样。

[338] 这个事例见引于沃格特所著的关于头小症的研究报告里，1867 年，第 20 页。伯吉斯（《脸红的生理或机制》，第 56 页）怀疑白痴究竟会不会脸红。

[339] 利伯，《劳拉·布里奇曼的嗓音》，载于《史密森文献》，1851 年，第 2 卷，第 6 页。

[340] 同注 1，第 182 页。

[341] 莫罗的文章，载于拉瓦特所编《人相学文集》，1820 年，第 4 卷，第 303 页。

[342] 伯吉斯博士，《脸红的生理或机制》，第 38 页；又关于脸红后的脸色苍白情形，参看该书第 177 页。

[343] 参看拉瓦特所编《人相学文集》，1820 年版，第 4 卷，第 303 页。

[344] 伯吉斯博士，《脸红的生理或机制》，第 114 页，第 122 页。还有莫罗的文章，参看拉瓦特所编《人相学文集》，1820 年版，第 4 卷，第 293 页。

[345] [一个青年妇女写道：“我在弹钢琴的时候，如果有人走来瞧我，

我就恐怕他会来看我的手；虽然在他没有来到以前，我的双手没有发红，但是我因为非常恐怕它们会发红，所以反而引起它们发起红来。当我的女教师谈起我的手指长、能够张得开，或者注意到我的手时，它们也发起红来。”]

[346] [据罗伯逊·史密斯教授所说，这句话的意义并不是指脸红。它很可能是表示脸色苍白。可是，在诗篇（Psalm）第 34 章第 5 节里有 haphar 这个词，它的意义大概就是脸红。]

[347] 参看《埃及来信集》（*Letters from Egypt*），1865 年，第 66 页。戈登夫人说，马来人和黑白混血种人决不脸红；这是错误的。

[348] [H. P. 李先生曾经观察到（1873 年 1 月 17 日来信），有些中国人从少年时代起就充当欧洲人的佣人直到长大；他们容易非常显著地脸红起来，这发生在比如他们的外貌受到主人嘲笑的时候。]

[349] 舰长奥斯朋（*Quedah*，第 199 页）在谈到一个因为干了暴行而受到他斥责的马来人时说道，他很高兴看到这个人脸红。

[350] 福斯特，《环球旅行期间考察记》（*Observations during a Voyage round the World*），四开本，1778 年，第 229 页。魏兹（Waitz）提出（《人类学导论》，英译本，1863 年，第 1 卷，第 135 页）一些关于太平洋的其他岛屿上的资料。又可以参看丹比尔的著作：《东昆人的脸红》（*On the Blushing of the Tunquinese*），第 2 卷，第 40 页）；可是，我还没有去参看这种著作。魏兹引用贝格曼的说法道，卡尔墨克人（Kalmucks，蒙古人的一种）不发生脸红的现象，但是我们曾经从中国人方面看到这种现象，所以对这种说法可以存疑。他又引用过罗思的说法；罗思曾经否认阿比西尼亚人会脸红。使我感到遗憾的是，斯比迪上校虽然长期居住在阿比西尼亚境内，却没有回答我关于这方面的提问。最后，我必须补充说，印度公爵勃鲁克从来没有观察到婆罗洲的达雅克人发生丝毫脸红的表征；恰恰相反，他们都肯定说，在那些会激起我们脸红的情况下，“他们反而觉得血液从自己面部向下流走。”

[351] 福布斯的文章，载于《人种学学会通报》，1870 年，第 2 卷，第 16 页。

[352] 洪堡，《见闻随笔》（*Personal Narrative*），英译本，第 3 卷，第 229 页。

[353] 这一段文字被普里查德所引用；参看普里查德的著作，《人类自然史》（*Phys2. Hist. of Mankind*），第 4 版，1851 年，第 1 卷，第 271 页。

[354] 关于这个问题，可参看伯吉斯的著作，《脸红的生理或机制》，1839 年，第 32 页。又参看魏兹的著作：《人类学导论》，英文译本，第 1 卷，第 135 页。莫罗提出一个详细的报导（拉瓦特所编的《人相学文集》，第 4 卷，第 302 页），就是：在马达加斯加岛上有一个女黑奴，当她的残暴的主人强迫她袒胸时，她就脸红起来。

[355] 这一个事实被普里查德所引用；参看普里查德的著作：《人类自然史》，第 4 版，1851 年，第 1 卷，第 225 页。

[356] 伯吉斯，《脸红的生理或机制》，1839 年，第 31 页。关于黑白混血种人的脸红，参看同书第 33 页。我也获得关于黑白混血种人方面的类似报导。

[357] 巴林顿也说道，新南威尔士的澳洲人发生脸红；见引于魏兹《人类学导论》，第 135 页。

[358] 韦奇伍德认为（《英语语源学字典》，第 3 卷，1865 年，第 155 页），"羞愧"（shame）这个英文字，"很可能是起源于'遮荫'（shade）或者'隐藏'（concealment）的观念，也可以用北日耳曼语的 scheme（阴影）来作解释。"格拉休莱（《人相学》，第 357—362 页）对于那些与羞愧同时发生的姿态作了卓越的探讨；可是，我以为他的几点意见未免过于离奇。关于这个问题，还可以参看伯吉斯博士的《脸红的生理或机制》，1839 年，第 69 页，第 134 页。

[359] 伯吉斯，《脸红的生理或机制》，1839 年，第 181 和 182 页。博尔

哈夫（Boerhaave）也注意到（根据格拉休莱所引用的话，《人相学》，第361页），在发生激烈的脸红时，眼泪就有分泌的倾向；我们在前面已经看到，鲍曼先生讲到澳洲土人的小孩发生羞愧的时候，“双眼含有泪水。”

[360] 还可以参看克赖顿·布朗博士关于这个问题的专门研究（Memoir），载《西马场精神病院医学报告集》（*West Riding Lunatic Asylum Medical Report*），1871年，第95－98页。

[361] 菲林教授认为（见引于《宇宙》杂志（*Kosmos*，第3卷，1879～1880年，第480页），在亚硝酸戊酯的作用和自然发生的脸红的机制之间，存在着完全的类似情形。还可以参看他发表在《普吕格尔氏档案》（*Pflüger's Archiv*），第9集，1874年，第491页）里的文章；他在这篇文章里作结论说，“亚硝酸戊酯和心理原因能够使神经系统的同样部分发生作用，并且引起同样的效果来；这个推测大概还不能算是提出得很早的。”

[362] 参看科尔利奇的著作《座谈录》（*Table Talk*）第1卷里关于所谓动物磁性（animal magnetism）方面的讨论。

[363] 伯吉斯博士，《脸红的生理或机制》，1839年，第40页，

[364] 贝恩先生（《感情与意志》，1865年，第65页）指出：“异性间的害羞态度……是由于相互尊重的影响，与一方怕自己配不上对方的心理有关。”

[365] 关于这个问题的证明，可参看《人类的由来》，第二版，第2卷，第78页，第370页。

[366] 韦奇伍德，《英语语源学字典》1865年，第3卷，第184页。还有，拉丁语的verecundus也是这样。

[367] [正文的方括号里的补充语，是根据一个通信人的提示而被著者采用的；这个通信人补充说：“我曾经在一种并不能引起害羞的情况下，发生了最厉害的神经兴奋。这是我在Classical Tripos（英国剑桥大学的名誉毕业考试）里写第一篇论文时发生的。我在一个

半小时半里打完了草稿，又费了一个小时修改，但接着就发现我的手颤抖得很厉害，以至无法抄写出自已的文章来。实际上，我差不多有半小时瞧着这只手，同时乱骂和乱咬自己的双手；只是到了交卷的最后时刻，我才签上了自己的姓名。”]

[368] 贝恩先生（《感情与意志》，第 64 页）曾经讨论到这些情况下所体验到的“手足失措”的感觉，正好像是有些不惯于舞台表演的演员的怯场（stage-fright）。贝恩先生显然认为这些感觉就是简单的担心或害怕。

[369] 埃奇沃思夫妇（Maria and R. L. Edgeworth），《实用教育论文集》(*Essays on Practical Education*)，1822 年新版，第 2 卷，第 38 页；伯吉斯博士（《脸红的生理或机制》，第 187 页）也坚决认为会发生同样的效果。

[370] 同上引书，第 50 页。

[371] [F. W. 哈根（《心理学研究》（*Psychologische Untersuchungen*)，布伦瑞克，1847 年）大概是一个卓越的观察者；他采取相反的意见。他说道：“我对自己做的很多观察使我确信，这种反应（即脸红）决不会在黑暗的房间里发生；可是，当房间里一出现灯光时，就会发生。”]

[372] [托珀姆先生推测说（1872 年 12 月 5 日的来信），莎士比亚所写的这段话的意义，是指脸红不能被人看见，而并不是没有发生脸红。]

[373] 贝尔，《表情的解剖学》，第 95 页。下面所引用的两段话的来源是：伯吉斯所著的《脸红的生理或机制》，第 49 页；格拉休莱所著《人相学》，第 94 页。

[374] 根据马利·沃特利·蒙泰戈夫人的说法而来；参看伯吉斯所著《脸红的生理或机制》，第 43 页。

[375] [哈根（《心理学研究》，布伦瑞克，1847 年，第 54－55 页）采用过差不多相同的理论。他写道，在我们的注意力集中到自己的面

部时，“它就向着感觉神经集中起来，因为我们正是借助于这些神经来觉察到自己的面部状态的。其次，根据很多其他的事实，可以确知（并且这一点大概也可以用一种对于血管神经的反射作用来作说明），在感觉神经被激发起来后，血液流进这个部分的数量也随之增多起来。不但这样，尤其是在面部方面容易发生这种情形；只要在面部发生轻微的疼痛，也容易引起眼睑、前额和双颊发红。”因此，哈根就提出一个假说来：专心对面部所作的考虑，就充当一种刺激物而对感觉神经起作用。]

[376] 我以为，在英国，H. 何兰德爵士第一个在他所著《医学笔记和回忆录》（*Medical Notes and Reflections*，1839 年，第 64 页）里，考察到精神上的注意对于身体各部位的影响。后来 H. 何兰德爵士把这篇论文大量扩充，再把它发表在所著《精神生理学教程》（*Chapters on Mental Physiology*，1858 年，第 79 页）里；我时常引用这种著作里的文字。差不多在同时和以后，莱可克教授也讨论到同样的问题，参看《爱丁堡医学与外科学杂志》（*Edinburgh Medical and Surgical Journal*），1839 年 7 月，第 17－22 页。又参看他的著作，《论妇女的神经疾患》（*Treatise on the Nervous Diseases of Women*），1840 年，第 110 页；又见《心与脑》（*Mind and Brain*），第 2 卷，1860 年，第 327 页。卡彭特博士对于催眠术的见解也是差不多相同的。卓越的生理学家米勒曾经写到注意对于感官的影响（《生理学精义》（*Elements of Physiology*，英译本，第 2 卷，第 937 页，第 1085 页）。J. 佩吉特爵士在他所著《外科病理学讲义》（*Lectures on Surgical Pathology*，1853 年，第 1 卷，第 39 页）里，讨论到精神对于身体各部分的营养的影响。我所引用的文字来自特纳教授所修订的第三版，第 28 页。又可参看格拉休莱所著《人相学》，第 283－287 页。[图克博士（《精神科学杂志》（*Journal of Mental Science*），1872 年 10 月）引用约翰·亨特的话道：“我确信，我能够把注意力集中在身体的任何部分，

一直到我感觉到这个部分为止。”]

[377] 格拉休莱，《人相学》，第 283 页。

[378] 何兰德，《精神生理学教程》，1858 年，第 111 页。

[379] 雷考克，《心与脑》，第 2 卷，1860 年，第 327 页。

[380] [维克多·卡鲁斯教授讲述道（1877 年 1 月 20 日来信），在 1843 年里，他和一个朋友共同进行医学院悬赏征求的一种研究著作；在这个工作里，必须测定脉搏的平均次数；他发现，无论哪一个观察者测定自己的脉搏时，都很难得出正确的结果来，因每次在他的注意力集中到自己的脉搏方面去以后，脉搏次数就显著地增加起来。]

[381] 何兰德：《精神生理学教程》，第 104－106 页。

[382] 关于这个问题，可参看《人相学》，第 287 页。

[383] 克赖顿·布朗博士根据自己对于精神病患者的观察资料，肯定地说，在长期连续的期间里专门对身体上的任何部分或器官加以注意时，就会极度影响这个部分或器官的血液循环和营养情况。他提供给我几个特殊的事例。其中一个是关于一个已婚的 50 岁的妇女方面的。在这里不能把它充分叙述出来。因这个妇女长期顽固地认为自己怀了孕，并由于这种臆想而苦恼。当她所盼望的怀孕足月的日期到来时，她就做出一种完全好像她真正要分娩出孩子来的动作，而且好像发生了极大的阵痛，以致在她的前额上冒出了汗珠来。结果，已经在此前 6 年里没有发生过的现象，又重现出来，继续了 3 天。布雷德先生在他所著《魔术、催眠术等等》（*Magic*，*Hypnotism*，*&c.*，1852 年，第 95 页）和他的其他著作里，提供了类似的事例，并且还提供出其他的事实，来表明意志对于乳腺起有重大影响，甚至可以单对一只乳房。

[384] 毛兹利博士曾经根据可靠的论据（《精神生理学和病理学》（*The Physiology and Pathology of Mind*，第二版，1868 年），提供了几件有关练习和注意能够改进触觉方面的有趣记述，当中一条尤

其值得注意，就是：当触觉在身体上的任何一点（例如在一个手指上）变得更加敏锐的时候，身体另一侧的对应点的触觉也同样敏锐起来。

[385] 见《柳叶刀》（*The Lancet*），1838 年，第 39－40 页；莱可克教授曾经引用过这段记述于《妇女的神经疾患》Nervous Diseases of Women，1840 年，第 110 页。

[386] 何兰德，《精神病生理学教程》，1858 年，第 91－93 页。

[387] 佩吉特，《外科病理学教程》（*Lectures on Surgical Pathology*），第三版，特纳教授增订，1870 年，第 28 和 31 页。[奥格尔博士举出了一个关于伦敦外科医生方面的类似事例；这个医生患了眉上神经痛病；每次发作期间，他的眉毛的一部分就会变白。发作过去以后，眉毛的颜色重又恢复原状。]

[388] 米勒，《生理学基础》，英译本，第 2 卷，第 938 页。

[389] 雷考克教授已经对这个问题作了极有趣味的探讨。参看他所著的《妇女的神经疾患》，1840 年，第 110 页。

[390] 关于血管运动系统的活动方面，还可以参看米凯尔·福斯特博士在皇家研究所里所作的有趣的学术报告；法译本见《科学研究所报告集》（*Revue des Cours Scientifiques*，1869 年 9 月 25 日，第 683 页。

[391] 参看贝特曼博士在所著《失语症》（*Aphasia*，1870 年，第 110 页）里所举的有趣的事实。

[392] 勒穆瓦纳，《面相与讲话》，1865 年，第 103 和 118 页。

[393] 仁格，《巴拉圭哺乳动物自然史》，1830 年，第 55 页。

[394] [华莱士先生（《科学季刊》（*Quarterly Journal of Science*），1873 年 1 月）聪明地反驳说，也许只是保姆面部的奇怪表情吓到了孩子，使他哭起来。

可以去比照《亚当·比德》Adam Bede 这本书里的铁匠查德·克兰内治的表情：当这个铁匠每次在礼拜日洗净自己的面部时，他的小孙女就时常把他当做陌生人而哭起来。]

[395] 这段话是莫罗所引用的，参看拉瓦特所编《人相学文集》，1820年，第4卷，第211页。

[396] 毛兹利在讲到表演动作的效果时说道（《精神的生理学》（*The Physiology of Mind*，1876年，第387－388页），身体的动作可以使情绪更加强化，更加明确。

其他的著作者也提出过类似的意见，例如，旺特的《论文集》（*Essays*），1885年，第235页。布雷德发现，在让被催眠的人采取适当的姿态时，他就会发出相应的激情来。

[397] 格拉休莱（《人相学》，1865年，第66页）肯定说，这个结论是真实可靠的。